Manuel Thiel

Grüne Gentechnik in Deutschland

Einstellungen der Bevölkerung

Ökonomische Forschungsbeiträge zur Umweltpolitik

Herausgeber: Prof. Dr. Rainer Marggraf, Dr. Jörg Cortekar, Falk R. Lauterbach, Dr. Uta Sauer

ISSN 2194-1149

1 *Falk R. Lauterbach, Ann Kathrin Buchs, Jörg Cortekar, Rainer Marggraf (Hg.)*
Handbuch zu den ökonomischen Anforderungen der europäischen Gewässerpolitik
Implikationen und Erfahrungen aus Theorie und Praxis
ISBN 978-3-8382-0343-0

2 *Rainer Marggraf, Uta Sauer, Falk R. Lauterbach, Arno Brandt, Marie Christin Mielke, Daniel Voßen, Benjamin Weppe*
Umsetzung der Meeresstrategie-Rahmenrichtlinie in Deutschland
Untersuchungen zur ökonomischen Anfangsbewertung
ISBN 978-3-8382-0403-1

3 *Falk R. Lauterbach*
Kosten-Wirksamkeits-Analysen zur Auswahl von Maßnahmen gemäß EG-Wasserrahmenrichtlinie
Eine empirische Untersuchung in Niedersachsen
ISBN 978-3-8382-0483-3

4 *Manuel Thiel*
Grüne Gentechnik in Deutschland
Einstellungen der Bevölkerung
ISBN 978-3-8382-0535-9

5 *Anika Busch*
Der deutsche Beitrag zur globalen Waldpolitik
Analyse und Bewertung des Engagements zum Erhalt der Biodiversität und zur Eindämmung des Klimawandels
ISBN 978-3-8382-0513-7

Manuel Thiel

GRÜNE GENTECHNIK IN DEUTSCHLAND

Einstellungen der Bevölkerung

ibidem-Verlag
Stuttgart

Bibliografische Information der Deutschen Nationalbibliothek
Die Deutsche Nationalbibliothek verzeichnet diese Publikation in der Deutschen Nationalbibliografie; detaillierte bibliografische Daten sind im Internet über http://dnb.d-nb.de abrufbar.

Bibliographic information published by the Deutsche Nationalbibliothek
Die Deutsche Nationalbibliothek lists this publication in the Deutsche Nationalbibliografie; detailed bibliographic data are available in the Internet at http://dnb.d-nb.de.

Coverabbildung: © XtravaganT - Fotolia.com.

Zugl. Dissertation zur Erlangung des Doktorgrades der Sozialwissenschaftlichen Fakultät der Georg-August-Universität Göttingen, 2012

∞

Gedruckt auf alterungsbeständigem, säurefreien Papier
Printed on acid-free paper

ISSN: 2194-1149

ISBN-13: 978-3-8382-0535-9

Printed in Germany

„Wir würden viel weniger Streit in der Welt haben, nähme man die Worte für das, was sie sind – lediglich die Zeichen unserer Ideen und nicht die Dinge selbst."

[John Locke, 1632-1704]

DANKSAGUNG

Wenn letztlich das Schreiben einer Dissertation eine recht einsame Arbeit ist, so kann diese aber ohne Begleitung und Unterstützung kaum erfolgreich sein. Demgemäß haben viele Personen zum Gelingen und erfolgreichen Ende dieser Arbeit beigetragen. An erster Stelle gilt der Dank meinen Betreuern Prof. Dr. Steffen Kühnel, Prof. Dr. Rainer Marggraf und Jun.-Prof. Dr. Ulf Liebe. Sie haben auf vielfältige Weise mit wertvollen Ratschlägen und steter Diskussionsbereitschaft wesentlich zum Entstehen dieser Arbeit beigetragen. Ich verdanke Ihnen großzügige Freiräume, in denen Platz für eigene Ideen war, aber auch viele Denkanstöße, die meinen Blick stetig erweitert haben. Daneben bin ich meinen KollegInnen der Abteilung Umwelt- und Ressourcenökonomik zu großem Dank verpflichtet. Ohne den Austausch, die vielen spannenden Diskussionen und Hilfestellungen bei den kleinen und größeren Problemen im Laufe der Dissertationszeit wäre mir viel entgangen. Ich hatte das Glück, mehrere „Generationen" von DoktorandInnen kennen zu lernen, sie alle namentlich aufzuführen wäre jedoch zu weit reichend. Aber auch all den Ungenannten gilt mein Dank. Besonders erwähnen möchte ich Katharina Raupach und Jörg Cortekar, mit denen ich das Vergnügen hatte, im Laufe der Jahre ein Büro zu teilen, was mich sehr bereichert hat. Ebenso hervorzuheben sind Christine Niens und Kristin Schröder, ohne die ich sicher häufiger verzweifelt wäre. Christine Schwenkner (vormals Schnorrer) sei an dieser Stelle gleichsam für alles gedankt wie Antje Wagener, die mich immer fröhlich zu stimmen gewusst hat.

Zudem gilt dem gesamten Team der Göttinger Graduiertenschule Gesellschaftswissenschaften, insbesondere aber Dr. Bettina Roß, mein besonderer Dank für ihre Unterstützung und ihr Verständnis beim Beenden dieser Arbeit. Darüber hinaus danke ich besonders Henning Hotopp, Heinrich Hasselmann und Leif Heimfarth dafür, dass sie neben ermutigenden Gesprächen auch dafür Sorge getragen haben, dass der Ausgleich zur Schreibarbeit nicht zu kurz kam. Dank sei außerdem gerichtet

an das Bundesministerium für Bildung und Forschung, das innerhalb der Sozial-ökologischen Forschung große Teile der Arbeit im Rahmen des interdisziplinären Projektes *GeneRisk* (FKZ: 07VPS14-F) ermöglicht hat sowie an alle TeilnehmerInnen der Befragung.
Tiefer Dank gebührt meinen Eltern, die nie gefordert, mich gleichwohl aber immer gefördert und unterstützt haben und denen ich sehr viel verdanke. Speziell an Conny Höhne ein großes Dankeschön, dass sie mich in all den Jahren liebevoll begleitet und entlastet hat.

Vorwort

Kaum ein anderes Thema bewegt seit Jahren die öffentliche und fachwissenschaftliche Diskussion gleichermaßen und polarisiert dabei so stark wie die Grüne Gentechnik. Die um ihren Nutzen und Schaden entbrannten Debatten erfassen verschiedene wissenschaftliche Fachdisziplinen, die Politik, Verbraucher- und Umweltschutzorganisationen, die Kirche und die Medien ebenso wie sie die Bevölkerung mit ihren Vorstellungen über die Beschaffenheit der Natur und der Lebensmittelerzeugung betreffen. Dabei haben sich die Fronten zwischen Befürwortern und Gegnern der Grünen Gentechnik über die Jahre verhärtet und es ist ein ideologischer Streit entbrannt, der auch vor der Wissenschaft nicht Halt gemacht hat. Die Auseinandersetzungen und auch die Berichterstattung sind vorwiegend geprägt von undifferenzierten Betrachtungen und einer emotionalen Aufladung des Themas. Für die Bevölkerung stellt sich vor allem die Frage, wem man dabei glauben oder vertrauen kann.

Die Diskussionen um Grüne Gentechnik werden meist selektiv geführt und lassen außer Acht, dass oft nicht diese Technik oder Verfahren an sich abgelehnt werden, sondern vielmehr eine grundlegende Kritik an der gegenwärtigen Lebens- und auch Produktionsweise unserer Gesellschaft zum Ausdruck gebracht wird. So ist Deutschlands Bevölkerung prinzipiell weder technikängstlich oder gar technikfeindlich. Die Nutzung der Gentechnik im medizinischen Bereich ist beispielsweise gemeinhin akzeptiert. Wird aber die gleiche Technik im Nahrungsmittelbereich genutzt, wandelt sich die Akzeptanz zu einer mehrheitlichen Ablehnung. Dazu tragen, neben tatsächlichem Wissensmangel um Grüne Gentechnik an sich auch fehlende bis verzerrte Vorstellungen über die landwirtschaftliche Praxis und Nahrungsmittelerzeugung bei. Gleichzeitig werden aber sehr elementare Überzeugungen und Werte der Bevölkerung durch dieses Thema berührt. Im Kern geht es vor allem um die Frage, in welcher Art Gesellschaft, mit welcher Produktionsweise, welchen Naturbildern sowie welchem Umgang mit der Natur und natürlichen Ressourcen wir leben möchten. Dabei spiegeln die Diskussionen um Grüne Gentechnik exemplarisch Teilaspekte aktueller gesellschaftlicher Debatten wider. Diese Arbeit möchte einen Überblick über die Vielseitigkeit und Komplexität des Themas Grüne Gentechnik geben und dabei gleichzeitig den Blick dafür schärfen, dass dieser Bereich der Gentechnik bei einer ernsthaften Auseinandersetzung keinesfalls mit einer einfachen Pro- oder Contra-Antwort enden kann. Dabei richtet sich die Arbeit in weiten Teilen explizit auch an eine breitere Leserschaft über die akademische Fachgemeinschaft hinaus.

Die Nutzung der Grünen Gentechnik mag eine gravierende Änderung auch in unserem Verständnis von Natur und Landwirtschaft darstellen, doch sollte sie vorurteilsfrei im Hinblick auf ihren Nutzen und Schaden beurteilt werden. Dogmatismus und Denkverbote sind dabei schlechte Ratgeber.

An dieser Stelle sei noch darauf verwiesen, dass für Unzulänglichkeiten oder Mängel in dieser Arbeit selbstverständlich allein der Autor verantwortlich zeichnet. Darüber hinaus wird in der vorliegenden Arbeit versucht, der Verschleierung der asymmetrischen Geschlechterverhältnisse durch das generische Maskulinum Rechnung zu tragen. Wo dies nicht geschieht, wurde im Sinne einer verbesserten Lesbarkeit dem Maskulinum der Vorrang gegeben, ohne dabei jedoch den femininen Genus zu ignorieren oder eine Wertigkeit zu implizieren.

Göttingen, im Juli 2013 **Manuel Thiel**

INHALTSÜBERSICHT

DANKSAGUNG vii

VORWORT ix

INHALTSÜBERSICHT xi

TABELLENVERZEICHNIS xv

ABBILDUNGSVERZEICHNIS xix

VERZEICHNIS DER ANHÄNGE xx

ABKÜRZUNGSVERZEICHNIS xxi

KURZZUSAMMENFASSUNG xxiii

EXECUTIVE SUMMARY xxv

I EINLEITUNG 1

II THEMATISCHER HINTERGRUND 7

2.1 Was ist (Grüne) Gentechnik? 8

2.1.1 Begriffsklärung 8
2.1.2 Die Farben der Gentechnik 11
2.1.3 Wichtige geschichtliche Daten zur Gentechnik 13

2.2 Wie ist die gegenwärtige Situation? 16

2.2.1 Die Grüne Gentechnik im Überblick 17
2.2.2 Anbau gentechnisch veränderter Pflanzen: weltweit 21
2.2.3 Grüne Gentechnik in Europa und Deutschland 25
2.2.4 Anbau gentechnisch veränderter Pflanzen: EU und BRD 31
2.2.5 Rechtliche Aspekte der Grünen Gentechnik 35
2.2.6 Grüne Gentechnik und Lebensmittel 47

2.3 Warum Kontroversen um Grüne Gentechnik? 54

2.3.1 Kontroversen im Überblick 56
2.3.2 Ausgewählte Beispiele 63

2.4 Zusammenfassung Kapitel II 68

III Einstellungs- & Präferenzforschung 71

3.1 Einstellungen und Präferenzen 72

3.1.1 Relevanz von Einstellungen 72
3.1.2 Was sind Einstellungen?..79
3.1.3 Präferenzen 84
3.1.4 Präferenzermittlung...88
3.1.5 Synthese: Einstellungen und Präferenzen 94

3.2 Empirische Befunde 99

3.2.1 Internationale Forschung 101
3.2.2 Europa 108
3.2.3 Deutschland 114
3.2.4 Bilanz..119

3.3 Zusammenfassung Kapitel III 122

IV Methodische Hintergründe & Datenbasis 127

4.1 Daten: Eurobarometer 128

4.1.1 Datengrundlage und Variablenauswahl.............................129
4.1.2 Datenbewertung 145

4.2 Daten: Umweltbewusstsein in Deutschland 148

4.2.1 Datengrundlage und Variablenauswahl.............................149
4.2.2 Datenbewertung 157

4.3 Daten: GeneRisk-Befragung...159

4.3.1 Rahmenbedingungen und Konzeption 159
4.3.2 Exkurs Präferenzmessung: Verkaufsexperiment 165
4.3.3 Stichprobenauswahl 173
4.3.4 Umsetzung und Durchführung 178
4.3.5 Der resultierende Datensatz 182
4.3.6 Limitationen 195

4.4 Datenauswertung 198

4.4.1 Anmerkungen zur Sekundäranalyse.................................198
4.4.2 Auswertungsstrategien 200
4.4.3 Datenaufbereitung und Datenmanagement.......................202

4.5 Zusammenfassung Kapitel IV 207

V ERGEBNISSE & INTERPRETATION ... 209

5.1 Gesellschaftliche Dimension im Zeitverlauf ... 210

5.1.1 Staatliche Verantwortung ... 210
5.1.2 Regulierung bei Grüner Gentechnik ... 212
5.1.3 Kennzeichnung von GV-Produkten ... 215
5.1.4 Verfügbarkeit gentechnikfreier Produkte ... 220
5.1.5 Zukunftsszenario ... 222
5.1.6 Gesellschaftliche Dimension kompakt ... 222

5.2 Individuelle Dimension im Zeitverlauf ... 224

5.2.1 Information und Informiertheit ... 225
5.2.2 Wissen um Grüne Gentechnik ... 229
5.2.3 Generelle Überzeugungen und Einstellungen ... 232
5.2.4 Bewertung verschiedener Anwendungsfelder ... 239
5.2.5 Potentielles Kaufverhalten und Umgang mit GV-Produkten ... 249
5.2.6 Individuelle Dimension kompakt ... 259

5.3 Risikobewertung im Zeitverlauf ... 261

5.3.1 Allgemeine Risikobewertung ... 261
5.3.2 Persönliche Gefährdung ... 263
5.3.3 Gesellschaftliche Gefährdung ... 264
5.3.4 Umweltgefährdung ... 265
5.3.5 Gesundheit und Lebensmittel ... 268
5.3.6 Risikobewertung kompakt ... 272

5.4 Vergleichende Analysen ... 274

5.4.1 Grüne Gentechnik im Vergleich: Informationsstand ... 274
5.4.2 Grüne Gentechnik im Vergleich: Kennzeichnung ... 275
5.4.3 Grüne Gentechnik im Vergleich: Risiko ... 277
5.4.4 Bivariate Befunde: Gesellschaftliche Dimension ... 289
5.4.5 Bivariate Befunde: Individuelle Dimension ... 295
5.4.6 Bivariate Befunde: Risikobewertung ... 309
5.4.7 Vergleichende Analysen kompakt ... 314

5.5 Verkaufsexperiment zu Grüner Gentechnik ... 316

5.5.1 Deskriptive Analysen ... 316
5.5.2 Erweiterte Analysen ... 320
5.5.3 Verkaufsexperiment kompakt ... 333

5.6 Ergebnissynthese: Grüne Gentechnik in Deutschland ... 335

VI SCHLUSSBETRACHTUNGEN 351
6.1 Diskussion und Fazit 351
6.2 Abschließende Bemerkungen 359
VII QUELLENNACHWEISE 361
VIII ANHANG I

TABELLENVERZEICHNIS

Tabelle 1: Unterteilung von Biotechnologie und Gentechnik 12
Tabelle 2: Züchtungsziele und Anwendungsbereiche gentechnischer Pflanzenzüchtung 20
Tabelle 3: Anbauflächen weltweit nach Sorten 23
Tabelle 4: Anbau GV-Mais Europa 2005-2008.................................32
Tabelle 5: Anbau GV-Mais in Deutschland 2005-2008 33
Tabelle 6: Bereiche Grüne Gentechnik: Eurobarometer 131
Tabelle 7: Items Eurobarometer: Wissen und Information...............133
Tabelle 8: Items Eurobarometer: Generelle Überzeugungen 134
Tabelle 9: Items Eurobarometer: Bewertung Anwendungsbereiche...137
Tabelle 10: Items Eurobarometer: Risiko.....................................138
Tabelle 11: Items Eurobarometer: Kennzeichnung und Regulierung .139
Tabelle 12: Items Eurobarometer: Potentielles Kaufverhalten..........141
Tabelle 13: Weitere Bereiche Eurobarometer 144
Tabelle 14: Bereiche Grüne Gentechnik: Umweltbewusstsein in Deutschland 150
Tabelle 15: Items Umweltbewusstsein in Deutschland 151
Tabelle 16: Weitere Bereiche Umweltbewusstsein in Deutschland 155
Tabelle 17: Bereiche I Grüne Gentechnik: GeneRisk......................162
Tabelle 18: Bereiche II Grüne Gentechnik: GeneRisk 163
Tabelle 19: Präferenzmessung: Eigenschaften und Ausprägungen....166
Tabelle 20: Aufteilung Fragebogen und Experimentalgruppen..........182
Tabelle 21: Adressausfall und Teilnahmeverweigerungen 183
Tabelle 22: Stichprobenübersicht 185
Tabelle 23: Rücklauf- und Ausschöpfungsstatistik gesamt..............186
Tabelle 24: Vergleich Stichprobe und Statistisches Bundesamt 188
Tabelle 25: Übersicht bereinigter Merkmale 191
Tabelle 26: Anzahl Missings pro Person 192
Tabelle 27: Bereiche Grüne Gentechnik: Zusammenfassung............208

Tabelle 28: Bewertung staatliches Engagement beiGrüner Gentechnik 211
Tabelle 29: Beteiligung an Regulierung von Grüner Gentechnik 213
Tabelle 30: Bewertung gegenwärtiger Regelungen 213
Tabelle 31: Bewertung Kennzeichnungsgrenze 214
Tabelle 32: Bewertung Positivkennzeichnung GV-Lebensmittel 216
Tabelle 33: Wirkung Kennzeichnungsart auf Kaufentscheidung 219
Tabelle 34: Vertrauen in Kennzeichnung und Kontrolle 219
Tabelle 35: Bewertung Verfügbarkeit gentechnikfreier Produkte 221
Tabelle 36: Zukunftserwartung Anbau GVP 222
Tabelle 37: Bekanntheit Anwendungsmöglichkeiten Grüner Gentechnik 226
Tabelle 38: Relevanz Grüne Gentechnik 228
Tabelle 39: Wissen Biotechnologie und Gene 229
Tabelle 40: Wissen Regelungen Grüne Gentechnik 231
Tabelle 41: Bewertung Unnatürlichkeit Grüne Gentechnik 233
Tabelle 42: Generelle Überzeugungen: Meinungsbildung 235
Tabelle 43: Bewertung Nützlichkeit GV-Lebensmittel 236
Tabelle 44: Überzeugung Preisniveau gentechnikfreie Lebensmittel .. 239
Tabelle 45: Allgemeine Bewertung Anwendungsbereich Lebensmittel 240
Tabelle 46: Persönliche Bewertung Anwendungsbereich Lebensmittel 244
Tabelle 47: Bewertung Anwendungsbereich Pflanzenbau 245
Tabelle 48: Bewertung Umweltwirkungen GVP 247
Tabelle 49: Vergleich Bewertung GV-Lebensmittel und Pharmapflanzen 249
Tabelle 50: Potentielles Kaufverhalten: allgemeine Neigung 251
Tabelle 51: Potentielles Kaufverhalten bei Produktzusatznutzen 253
Tabelle 52: Zahlungsneigung GV-Produkt mit gesundheitlichen Vorteilen 256
Tabelle 53: Potentielles Kaufverhalten und Anbauwirkung 258
Tabelle 54: Bewertung Gefährlichkeit Entwicklung Gentechnik 262
Tabelle 55: Einschätzung persönliche Gefährdung durch GVO 264

Tabelle 56: Gesellschaftliche Gefährdung GV-Lebensmittel 265
Tabelle 57: Bewertung I Umweltgefahr durch GVP 266
Tabelle 58: Bewertung II Umweltgefahr durch GVP 267
Tabelle 59: Bewertung Risiko und Gefahr GVO in Lebensmitteln 270
Tabelle 60: Einschätzung Gesundheitsrisiko durch GVO in Lebensmitteln 272
Tabelle 61: Vergleich Information 275
Tabelle 62: Vergleich Kennzeichnung 276
Tabelle 63: Vergleich allgemeines Risiko I 278
Tabelle 64: Vergleich allgemeines Risiko II 279
Tabelle 65: Vergleich persönliche Gefährdung 282
Tabelle 66: Vergleich gesellschaftliche Gefährdung 283
Tabelle 67: Vergleich Gesundheitsgefährdung 285
Tabelle 68: Vergleich Lebensmittelrisiko 287
Tabelle 69: Bivariate Analyse Staatliche Verantwortung 291
Tabelle 70: Bivariate Analyse Regulierung 292
Tabelle 71: Bivariate Analyse Kennzeichnung 293
Tabelle 72: Bivariate Analyse Informationsstand 295
Tabelle 73: Bivariate Analyse Informationsrelevanz 296
Tabelle 74: Bivariate Analyse Wissen 298
Tabelle 75: Bivariate Analyse Generelle Überzeugungen 299
Tabelle 76: Bivariate Analyse Bewertung Anwendungen 301
Tabelle 77: Bivariate Analyse Potentielles Kaufverhalten, allgemein . 303
Tabelle 78: Bivariate Analyse Potentielles Kaufverhalten, Akzeptanz. 305
Tabelle 79: Bivariate Analyse Potentielles Kaufverhalten, Produktattribute 306
Tabelle 80: Bivariate Analyse Potentielles Kaufverhalten, Preisaspekte 307
Tabelle 81: Bivariate Analyse Potentielles Kaufverhalten, Anbauwirkung 308
Tabelle 82: Bivariate Analyse Risikobewertung, allgemein 310
Tabelle 83: Bivariate Analyse Risikobewertung, Gefährdung 311
Tabelle 84: Bivariate Analyse Risikobewertung, Umweltrisiko 312

Tabelle 85: Bivariate Analyse Risikobewertung, Gesundheit und Lebensmittel 313
Tabelle 86: Verkaufsexperiment, Auswahlhäufigkeit je Kennzeichnung 317
Tabelle 87: Verkaufsexperiment, Auswahlhäufigkeit je Produkt........ 319
Tabelle 88: Verkaufsexperiment, bivariate Analyse 320
Tabelle 89: Kennzeichnung produktspezifisch, Basis „Keine Kennzeichnung" 324
Tabelle 90: Preismodelle, produktspezifisch 328
Tabelle 91: Interaktion Zusatzinformationen, produktspezifisch 333
Tabelle 92: Verteilung der Ausfälle auf die Incentive-Gruppen XXXV
Tabelle 93: Ausschöpfungsstatistik Incentive-Gruppen XXXVI

ABBILDUNGSVERZEICHNIS

Abbildung 1: Schema Theorie des geplanten Verhaltens....................74
Abbildung 2: Drei-Komponenten-Modell der Einstellung 81
Abbildung 3: Einfaches Schema ökonomisches Verhaltensmodell.......86
Abbildung 4: Schema Methoden der Präferenzmessung.....................89
Abbildung 5: Zusammenfassendes Schema Einstellungen und Präferenzen..97
Abbildung 6: Beispielhafte Auswahlentscheidung Verkaufs experiment..171
Abbildung 7: Gesamtmodell Kennzeichnung, Basis Mais 325
Abbildung 8: Gesamtmodell Kennzeichnung, Basis Strom...............326
Abbildung 9: Basismodell Preisattribut..327
Abbildung 10: Basismodell Interaktion Geschlecht.........................329
Abbildung 11: Interaktion Geschlecht produktspezifisch, Cornflakes 330
Abbildung 12: Interaktion Geschlecht produktspezifisch, Mais.........330
Abbildung 13: Gesamtmodell Interaktion Geschlecht, Basis Strom...331
Abbildung 14: Basismodell Interaktion Zusatzinformationen 332

Verzeichnis der Anhänge

Anhang 1: Anbauflächen gentechnisch veränderter Pflanzen 2008 weltweit I
Anhang 2: Auswahl Demographie Eurobarometer II
Anhang 3: Auswahl Demographie Umweltbewusstsein in Deutschland III
Anhang 4: Vorankündigung der Befragung IV
Anhang 5: Anschreiben zur Befragung V
Anhang 6: Datenschutzerklärung zur Befragung VI
Anhang 7: Zusatzinformationen zu Grüner Gentechnik VII
Anhang 8: Beispielfragebogen zur Befragung VIII
Anhang 9: Ergebnisinformation XXXII
Anhang 10: Gewinnspielteilnahme XXXIII
Anhang 11: Erinnerungsschreiben zur Befragung XXXIV
Anhang 12: Incentive-Experiment XXXV
Anhang 13: Signifikanz Prozentsatzdifferenzen XXXVIII
Anhang 14: Übersicht fehlende Werte pro Variable XXXIX
Anhang 15: Zusammenfassung der geschätzten Mittelwerte XLII
Anhang 16: Restrukturierung Bereiche GeneRisk-Daten XLV
Anhang 17: Datenquellenübergreifender Vergleich Demographie . XLVIII
Anhang 18: Übersicht gemeinsame soziodemographische Merkmale XLIX
Anhang 19: Thema Biotechnologie: Relevanz LII
Anhang 20: Wissen Regelungen Grüne Gentechnik, korrekte Antworten LII
Anhang 21: Programmausgaben konditionale Logit-Modelle LIII

Abkürzungsverzeichnis

ASC	alternativenspezifische Konstante
BCH	Biosafety Clearing-House
BMU	Bundesministerium für Umwelt, Naturschutz und Reaktorsicherheit
Bt	Bacillus thuringiensis
BVL	Bundesamt für Verbraucherschutz und Lebensmittelsicherheit
CBD	Biodiversitäts-Konvention (*Convention on Biological Diversity*)
CE	Choice Experiment(e)
df	Freiheitsgrad(e) (*degrees of freedom*)
DNA	Desoxyribonukleinsäure (*deoxyribonucleic acid*)
EB	Eurobarometer
EFSA	Europäische Behörde für Lebensmittelsicherheit (*European Food Safety Authority*)
EGGenTDurchfG	EG-Gentechnik-Durchführungsgesetz
EuGH	Europäischer Gerichtshof
GenTG	Gesetz zur Regelung der Gentechnik - Gentechnikgesetz
GenTPflEV	Verordnung über die gute fachliche Praxis bei der Erzeugung gentechnisch veränderter Pflanzen - Gentechnik-Pflanzenerzeugungsverordnung
GESIS	Leibniz-Institut für Sozialwissenschaften (ehem. *Gesellschaft Sozialwissenschaftlicher Infrastruktureinrichtungen e.V.*)
GR	GeneRisk
GV	gentechnisch verändert
GVO	gentechnisch veränderte/r Organismus/Organismen
GVP	gentechnisch veränderte Pflanze(n)

ISAAA	The International Service for the Acquisition of Agri-biotech Applications
MAR	missing at random
MCAR	missing completely at random
MNAR	missing not at random
NGO	Nichtregierungsorganisation (*Non-Governmental Organization*)
OECD	Organisation für wirtschaftliche Zusammenarbeit und Entwicklung (*Organisation for Economic Co-operation and Development*)
RUT	Zufallsnutzentheorie (*Random Utility Theory)*
SEU	subjektiv erwarteter Nutzen (*subjective expected utility)*
TDM	Tailored-Design-Method
TPB	Theorie des geplanten Verhaltens/Handelns (*Theory of Planned Behavior)*
UB	Umweltbewusstsein in Deutschland
UBA	Umweltbundesamt
WGG	Wissenschaftlerkreis Grüne Gentechnik
WTO	Welthandelsorganisation (*World Trade Organization*)
ZUMA	Zentrum für Umfragen, Methoden und Analysen

KURZZUSAMMENFASSUNG

Die so genannte Grüne Gentechnik steht seit vielen Jahren im Mittelpunkt verschiedener Kontroversen und Debatten. Häufig ist dabei von *der* Ablehnung in der Bevölkerung die Rede. Diese Arbeit betrachtet auf einer vergleichsweise breiten Datenbasis die Entwicklung und den Verlauf der Meinungen und Bewertungen der deutschen Bevölkerung zu Grüner Gentechnik und ihren Anwendungsbereichen. Es kann gezeigt werden, dass zwar meist eine deutlich kritische Haltung, aber keinesfalls pauschale Ablehnung existiert. Verschiedene Anwendungsmöglichkeiten werden durchaus differenziert bewertet. So ist insbesondere der Bereich der Lebensmittel sehr sensibel, während beispielsweise gentechnisch veränderte Pflanzen zur Medikamentenherstellung eher akzeptiert werden, ebenso wie lebensmittelferne Anwendungen insgesamt. Wenn auch die allgemeinen Meinungen zu Grüner Gentechnik oftmals von deutlicher Unentschlossenheit und Skepsis geprägt sind, findet sich in der Regel für alle Facetten eine differenzierende Betrachtung, die deutlich macht, dass häufig Risikoerwägungen eine zentrale Rolle spielen, aber je nach Situation unterschiedlich ausfallen können. Zudem kann gezeigt werden, dass Grüne Gentechnik im Verhältnis zu weiteren, als risikoträchtig wahrgenommenen Bereichen nicht an erster Stelle steht. Sie nimmt zumeist eine Mittelposition ein.

Außerdem stellt die Arbeit die Ergebnisse eines Verkaufsexperimentes mit verschiedenen Erzeugnissen unter Verwendung Grüner Gentechnik vor. Auch hier zeigt sich deutlich, dass es keine pauschale Ablehnung gibt. Es bestehen klare produktspezifische Effekte derart, dass trotz einer eindeutigen Kennzeichnung nicht alle Erzeugnisse gleichermaßen hinsichtlich des Einsatzes Grüner Gentechnik bewertet werden. Neben scheinbar besonders sensiblen Produkten scheint ihr Einsatz besonders im Bereich lebensmittelferner Anwendungen stärker akzeptiert. Von den „klassischen" Erklärungsgrößen der Soziodemographie gehen insgesamt betrachtet unterschiedliche, meist schwache oder keinerlei Effekte aus.

Zusammengefasst kann über verschiedene Aspekte und Bereiche Grüner Gentechnik hinweg im Regelfall ein differenzierendes Bild gezeigt werden. Vor diesem Hintergrund stellt die Arbeit unter anderem einen Beitrag für das Verständnis der heterogenen Literaturlage dar, da je nach Fokus situationsspezifische Bewertungen Grüner Gentechnik in der Bevölkerung ermittelt werden.

Executive Summary

For years the so called green genetic engineering has been the subject of controversies and debates. Often times these discussions revolve around the rejection of green genetic engineering by the population. Based on a comparatively wide data base the present work looks at the development of opinions and valuations regarding green genetic engineering and its fields of application for Germany. It can be shown that even though a lot of people think critically about genetic engineering in agriculture most of them do not reject the whole concept in general. This means that the attitude towards green genetic engineering differs depending on the sector it is being used in. Regarding the food sector the usage of genetic engineering usually causes very sensitive reactions by customers, whereas the usage of genetically modified plants to manufacture medicines is widely accepted. This is a tendency that applies for most of all non-food related sectors. Regarding the whole idea of green genetic engineering the general opinion is mostly driven by indecisiveness and skepticism. But besides this general tendency regarding genetic engineering, which often revolves around security considerations, it can be shown that differentiating views can be found for every aspects of its use. The present work also shows that green genetic engineering is not received as a particularly dangerous sector, rather compared with other risky sectors it usually ranks midfield.

Additionally the current work includes the results of a sales experiment featuring various genetically modified products. It turns out that these products are not being generally rejected, but that different products are being judged differently, despite a clear labeling concerning the use of genetically modified organisms. Besides seemingly extra sensitive products (especially in the food sector) there are products where the usage of genetic engineering receives broader acceptance. On the whole, "classical" sociodemographic factors do not seem to have any major influence. In conclusion this work shows how highly differentiated the various aspects and sectors of green genetic engineering are being received. Within this context this work is looking to contribute to the understanding of the heterogeneous state of research where situation-specific evaluations of genetic engineering in agriculture are captured.

I EINLEITUNG

Es gibt gegenwärtig wenige andere Themen, die derart stark polarisieren und bei denen die Auseinandersetzungen so erbittert geführt werden, wie bei der Grünen Gentechnik. Von Befürwortern wird sie als die Lösung für eine Vielzahl der Herausforderungen des 21. Jahrhunderts, vor allem für die Ernährung der wachsenden Weltbevölkerung und als Möglichkeit, der Ressourcenverknappung entgegenzuwirken, gesehen (z.B. BASF o.J.; BASF ET AL. 2003). In dieser Sichtweise stellt Grüne Gentechnik lediglich die nächste Stufe der Anpassung von Pflanzen an die menschlichen Bedürfnisse, also der Pflanzenzüchtung, dar (z.B. BMVEL 2003; HANDELSBLATT 2005). Grüne Gentechnik soll beispielsweise Pflanzen mit höheren Erträgen, verbesserten Resistenzen gegen Schädlinge, Anbauvereinfachungen oder auch auf die industrielle Verwendung hin optimierte Pflanzeneigenschaften erbringen (z.B. KWS o.J.; BVL 2008; DIE WELT 2008). Darüber hinaus hat sie die Entwicklung von stresstoleranten Pflanzen zum Ziel, die z.B. an Extremstandorten mit viel Hitze und/oder wenig Wasser und Nährstoffen gedeihen können (z.B. BVL 2008; Focus 2009; TRANSGEN 2009b). Hierfür werden vor allem in den so genannten Entwicklungsländern große Möglichkeiten gesehen. Für die Verfechter der Grünen Gentechnik bietet sie unter anderem neben Vereinfachungen und Effizienzgewinnen auf der Anbauseite auch die Möglichkeit, auf gleich bleibenden Flächen einen höheren Ertrag zu erzielen oder weitere Flächen für den Anbau zu erschließen, die bislang für diesen nicht geeignet waren. Ferner werden auch explizit für die Verbraucherseite potentielle Vorteile verfolgt, z.B. Pflanzen mit einer verbesserten Nährstoffzusammensetzung, eine Reduzierung allergener Lebensmittelinhaltsstoffe oder auch speziell angereicherte Produkte mit gesundheitsfördernden Wirkungen (z.B. TRANSGEN 2004; SAUTER 2006).

Die Gegner der Grünen Gentechnik hingegen sehen zum einen nicht den Bedarf an dieser Art der Pflanzenzüchtung, vielmehr sei auch die konventionelle Züchtung in der Lage, Ertragssteigerungen, Resistenzen und

Stresstoleranzen zu erzeugen (z.B. GREENPEACE 2004). Zum anderen überwiegen für sie eindeutig die Gefahren und negativen Auswirkungen der Grünen Gentechnik. Dazu gehören vorrangig das Risiko unerwünschter Nebeneffekte durch die Manipulation des Erbguts und die steigende Abhängigkeit der Landwirte von den Agro-Konzernen durch z.B. patentrechtlich geschütztes Saatgut (z.B. GREENPEACE 2005b; VZBW 2008). Zu den befürchteten Folgewirkungen zählt zum einen eine Gefahr für die Umwelt, da die Gentechnik beim Transfer des Erbguts nicht länger an Artgrenzen gebunden ist und sich gentechnisch veränderte Pflanzen (**GVP**) daher mit unabsehbaren Folgen in der Natur ausbreiten könnten (z.B. NABU 2005; BÖLW & CAMPACT 2009). Zum anderen werden auch für den Menschen durch den Verzehr von gentechnisch veränderten Organismen (**GVO**) und GVP große Risiken gesehen. Dies sind vor allem neue oder stärker ausgeprägte Allergien, aber auch bislang nicht abschätzbare Gefahren durch die Aufnahme gentechnisch veränderter (**GV**) DNA über die Nahrung werden angenommen (z.B. GREENPEACE 2007a; UMWELTINSTITUT MÜNCHEN 2008). Betrachtet man diese sehr konträren Standpunkte, so wundert es kaum, dass Diskussionen über die Grüne Gentechnik häufig vehement und emotional geführt werden. So sind vor allem die öffentlichen Diskussionen von medienwirksamen Aktionen von Nichtregierungsorganisationen (**NGO**s) begleitet, die ein deutlich negatives Bild der Grünen Gentechnik zeichnen. Mitunter entsteht gar der Eindruck, dass die Debatten um dieses Thema fast eine Art religiösen Charakter gewonnen haben.

Aber nicht nur in der öffentlichen Diskussion finden sich die gegensätzlichen Lager der Grünen Gentechnik. Auch in der Wissenschaft hat ein mitunter energischer Disput Einzug gehalten. Im Zentrum der Auseinandersetzungen stehen auch hier die Fragen nach der Notwendigkeit und dem Nutzen Grüner Gentechnik sowie deren Gefahren und Folgen für die Natur, den Menschen und die Gesellschaft. Allerdings werden in einem Großteil der fachwissenschaftlichen Debatten für die Verbraucherseite Vorteile durch Grüne Gentechnik für möglich gehalten (z.B. ANDERSON ET AL. 2006; GIANNAKAS & YIANNAKA 2008). Die potentiellen Auswirkungen auf die Umwelt und die Natur bleiben jedoch stark umstritten (z.B.

BROOKES & BARFOOT 2006; MIDDELHOFF ET AL. 2006; MOCH 2006; BRECKLING 2008; EFSA 2008a).
Auch in der Politik gibt es keinen einheitlichen Standpunkt zur Grünen Gentechnik. Auf europäischer Ebene, auf der sowohl die rechtlichen Rahmenbedingungen geschaffen werden als auch die direkte Zulassung von GVO erfolgt, sind regelmäßig kontroverse Einschätzungen und Standpunkte der zuständigen Gremien und Kommissionen zu finden (z.B. LME 2008b; TRANSGEN 2009a; TRANSGEN 2013a). Ähnlich verhält es sich in der deutschen Politik. Es gibt keine klare Linie im Umgang mit Grüner Gentechnik. Während vor allem Bündnis 90/Die Grünen und Die Linke nach wie vor ein Verbot von Grüner Gentechnik fordern (BÜNDNIS 90/DIE GRÜNEN 2009; DIE LINKE 2009; BÜNDNIS 90/DIE GRÜNEN 2013; DIE LINKE 2013), befürwortet die FDP eine transparente und verantwortungsvolle Förderung (FDP 2009a; FDP 2013). Während sich die SPD zunächst nicht eindeutig festlegen wollte und besonders die Sicherung der Wahlfreiheit in den Vordergrund stellte (SPD 2009), positioniert sie sich inzwischen deutlicher und lehnt Grüne Gentechnik explizit ab (SPD 2013). Die CDU legt sich eher in der Tendenz fest. So werden allgemein vor allem die Notwendigkeit der Sicherheitsforschung (CDU/CSU 2009) und die Leistungsfähigkeit bei wichtigen Zukunftstechnologien sowie Aspekte der Kennzeichnung betont (CDU/CSU 2013). Einzelne Parteimitglieder beziehen jedoch deutliche Positionen für oder wider Grüne Gentechnik. Das bekannteste Beispiel für einen grundlegenden Richtungswechsel im Umgang mit Grüner Gentechnik ist die CSU, die mit ihrem aktuellen Parteivorsitzenden Horst Seehofer, dem ehemaligen Bundesminister für Ernährung, Landwirtschaft und Verbraucherschutz, für viele Diskussionen gesorgt hat. So wurde die Grüne Gentechnik in Horst Seehofers Amtszeit als Bundesminister noch als wichtige, zukunftsträchtige Technologie gesehen und gefördert sowie ihre Koexistenz mit anderen Bewirtschaftungsformen angestrebt (z.B. FINANCIAL TIMES DEUTSCHLAND 2006; FOCUS 2006). Mit seinem Wechsel von der Bundes- in die Landespolitik als Ministerpräsident Bayerns im Oktober 2008, wandelte sich seine Einstellung zu einer stark kritischen Sicht auf die Grüne Gentechnik und er setzt sich nachdrücklich für ein gentechnikfreies Bayern ein (z.B. SÜDDEUTSCHE

ZEITUNG 2008b). Seine Nachfolgerin im Amt der Bundesministerin für Ernährung, Landwirtschaft und Verbraucherschutz, die Parteikollegin Ilse Aigner, setzte den neuen Kurs fort. Zuletzt hat sie im April 2009 mit sofortiger Wirkung den Anbau von GVP in Deutschland verboten (BMELV 2009a). Begründet wird dies mit dem Vorsorgeprinzip und dem Schutz der Gesundheit der VerbraucherInnen und der Umwelt vor potentiellen Gefahren. Dieser sehr gentechnikkritischen Einstellung steht die Einschätzung der im Frühjahr 2013 zurückgetretenen Bundesbildungsministerin Annette Schavan (CDU) entgegen. Ihrer Meinung nach kann Deutschland nicht auf Grüne Gentechnik verzichten (z.B. BMBF 2007; FINANCIAL TIMES DEUTSCHLAND 2009). Wenn ihre Nachfolgerin Johnna Wanka (CDU) wie angekündigt den Kurs forstsetzt, bleibt es dabei: es sind beim Thema Grüne Gentechnik auch zwischen den Bundesministerien (siehe auch MÜLLER-RÖBER ET AL. 2007) und innerhalb der Union von CDU/CSU deutlich gegensätzliche Positionen vertreten.

In diesem konträren und unsteten Umfeld liegt vermutlich ein wichtiger Grund für die Verunsicherung der VerbraucherInnen und der Bevölkerung insgesamt. So zeigen Meinungsumfragen zumeist das gleiche Bild: Die bundesdeutsche Bevölkerung ist Grüner Gentechnik und unter ihrer Verwendung hergestellten Produkten gegenüber eher kritisch eingestellt und lehnt sie meist mehrheitlich ab (z.B. DIALEGO 2009; FORSA 2009a; FORSA 2009b; IFD 2009). Diese Ablehnung ist primär durch gesundheitliche Bedenken beim Verzehr derartiger Produkte und vermutete negative Auswirkungen auf die Natur beim Anbau der entsprechenden Pflanzen begründet. Grüne Gentechnik wird in der öffentlichen Wahrnehmung vorrangig als risikoträchtig, unkontrollierbar und ein Eingriff in die Natur wahrgenommen. Sie widerspricht den Vorstellungen weiter Teile der Bevölkerung über „natürliche" Nahrungsmittelproduktion.

Andererseits zeigen wissenschaftliche Studien und Verkaufsexperimente, dass GV-Produkte gekauft werden, wenn sie angeboten werden (z.B. LUSK ET AL. 2005; HARTL 2007). Dies auch dann, wenn sie explizit als „gentechnikhaltig" gekennzeichnet sind.

Vor diesem Hintergrund setzt sich diese Arbeit das Ziel, aus einem möglichst breiten Blickwinkel das Thema an sich zu beleuchten, also aufzuzeigen, wie vielschichtig die Hintergründe, Anwendungsbereiche und Regulierungen, aber auch die Debatten bei Grüne Gentechnik sind. Gleichsam setzt sich die Arbeit das Ziel herauszuarbeiten, warum es trotz langer und umfangreicher Forschung kaum eindeutige Befunde gibt. Hierbei liegt ein Schwerpunkt auf der Betrachtung der Faktoren, die für die Bewertung Grüner Gentechnik von besonderer Bedeutung sind. Die Einstellungen und Einschätzungen der bundesdeutschen Bevölkerung bezüglich Grüner Gentechnik werden mittels einer vergleichsweise breiten Datenbasis im Zeitraum von 1996 bis 2008 betrachtet. Hierzu wird auf quasiamtliche Erhebungen zurückgegriffen und diese durch eigene Daten aus einem Drittmittelprojekt ergänzt. Letztere basieren auf einer Zufallsstichprobe aller volljährigen EinwohnerInnen der Bundesrepublik Deutschland und wurden in schriftlich-postalischer Form einschließlich eines Methodenexperiments zur Incentive-Wirksamkeit bei dieser Erhebungsform generiert. Zudem ist ein mikroökonomisch fundiertes Auswahlexperiment („Verkaufsexperiment") integriert, das auf einem hypothetischen Markt das potentielle Kaufverhalten der befragten Personen bei unterschiedlichen Erzeugnissen aus bzw. unter Verwendung von GVO und GVP erhebt. In der Summe resultiert aus den Analysen über mehrere Datenquellen ein umfassenderes Bild der Grünen Gentechnik als bei Einzelbetrachtung der Quellen. Zudem schließen die Betrachtungen die Bevölkerungssicht auf verschiedene Facetten Grüner Gentechnik und deren Einordnung im Vergleich zu anderen, potentiell risikoträchtigen Bereichen ein. Die Ergebnisse stellen einen Beitrag für das Verständnis der oft konträren Forschungsresultate in den Bereichen der Bevölkerungs- bzw. Verbrauchereinstellungen und des Konsumentenverhaltens bei GV-Produkten dar und verdeutlichen, dass monokausale Betrachtungen und undifferenzierte Bewertungen weder zielführend sind, noch der mehrheitlichen Sicht der Bevölkerung gerecht werden.

Im Anschluss an diese Übersicht zur thematischen Ausrichtung und den inhaltlichen Zielen der Arbeit werden in **Kapitel II** zunächst die Hintergründe der Grünen Gentechnik genauer ausgeführt (**2.1**). Es wird aufgezeigt, was Gentechnik allgemein und Grüne Gentechnik im Speziellen ausmacht, ehe die aktuelle Situation und gegenwärtigen Regelungen

weltweit, besonders aber in Europa und Deutschland näher erläutert werden (**2.2**). Daran schließt sich eine Darstellung der verschiedenen Problembereiche der Grünen Gentechnik an (**2.3**). **Kapitel III** widmet sich der individuellen Ebene und betrachtet zunächst allgemein Einstellungen und Präferenzen (**3.1**). Darauf folgt eine ausführliche Literaturbetrachtung, die über die internationale Forschung und Europa dann speziell auf Befunde aus und für Deutschland eingeht (**3.2**).
Die Beschreibung der verwendeten Datenquellen und methodischen Hintergründe erfolgt in **Kapitel IV**. So werden die sowohl quasi-amtlichen Datenbasen des *Eurobarometers* (**4.1**) und die Studien zum *Umweltbewusstsein in Deutschland* (**4.2**) ausführlich vorgestellt als auch die Daten des Drittmittelprojektes *GeneRisk* (**4.3**). Zudem werden alle Daten an entsprechender Stelle einer kritischen Betrachtung unterzogen und das Analysevorgehen dargestellt (**4.4**). Den umfangreichsten Teil bildet die Ergebnisdarstellung und Interpretation der Sekundäranalysen der verschiedenen Datenquellen in **Kapitel V**. Hier werden die Daten anhand der Bereiche *Gesellschaftliche Dimension* (**5.1**), *Individuelle Dimension* (**5.2**) und *Risikobewertung* (**5.3**) Grüner Gentechnik dargestellt. Sie werden durch vergleichende Analysen (**5.4**) und die Ergebnisse des Verkaufsexperiments ergänzt (**5.5**). Am Ende des Kapitels werden alle Befunde in einer Synthese zusammengeführt (**5.6**). Die Schlussbetrachtungen des Kapitels **VI** bilden die Diskussion und ein Fazit der Arbeit (**6.1**) sowie abschließende Hinweise und ein persönliches Resümee des Autors (**6.2**). Am Ende stehen die Gliederungspunkte Quellennachweise (**Kapitel VII**) und Anhang (**Kapitel VIII**), wo neben ergänzenden und weiterführenden Übersichten auch der Fragebogen des GeneRisk-Projektes sowie zusätzliche Berechnungen zu finden sind.

II Thematischer Hintergrund

Die moderne Biotechnologie und Gentechnik gelten als Schlüsseltechnologien unseres Jahrhunderts. Die wesentlichen Anwendungen erfolgen in den Bereichen der Medizin und Pharmazeutik, der Land- und Forstwirtschaft, der Lebensmittelproduktion und der Umwelttechniken. Darüber hinaus finden biotechnologische Verfahren Anwendung in vielen Industrieprozessen und der Abfallwirtschaft. Wenn auch häufig die Begriffe nicht trennscharf verwendet werden und einige Überschneidungen existieren, soll zunächst kurz auf eine Erklärung von Biotechnologie und Gentechnik eingegangen werden. Dabei wird sich dieser Abschnitt auf die für den weiteren Verlauf notwendige Detailtiefe beschränken. Für ausführlichere und weiterführende Informationen zu Hintergründen und Detailaspekten der Biotechnologie sei stellvertretend auf Kempken & Kempken (2006) und Renneberg (2007) verwiesen.

Im Anschluss an die naturwissenschaftlich-technischen Hintergründe wird die Grüne Gentechnik genauer betrachtet sowie deren Situation weltweit, und in Deutschland im Besonderen, dargestellt. Hierbei liegt ein Fokus auf den gesellschaftlich vorrangig diskutierten Aspekten der Grünen Gentechnik, z.B. dem Anbau transgener Pflanzen insgesamt und der Kennzeichnung von Lebensmitteln, die unter deren Verwendung hergestellt wurden. Anhand der Frage, warum ein Großteil der bundesdeutschen Bevölkerung Grüner Gentechnik gegenüber sehr skeptisch ist, erfolgt die Eingrenzung des Untersuchungsfeldes. Wenngleich sich der Kern vieler Debatten um Grüne Gentechnik seit deren Aufkommen oftmals nicht wesentlich geändert hat, so ist dennoch viel Bewegung in den Diskussionen und Entscheidungen in diesem Kontext. Daher fokussiert dieses Kapitel vorrangig auf den im Rahmen der Datenbasen betrachteten Zeitraum von 1996 bis 2008. Auf Änderungen späteren Datums wird bei entsprechender Relevanz an jeweiliger Stelle verwiesen.

2.1 Was ist (Grüne) Gentechnik?

2.1.1 Begriffsklärung

Unter dem Begriff der Biotechnologie wird im Allgemeinen die Umsetzung von Erkenntnissen aus Biologie und Biochemie in technische bzw. technisch nutzbare Elemente für die industrielle Produktion verstanden (z.B. REHM & PRÄVE 1994; DECKWER ET AL. 1999). Die Organisation für wirtschaftliche Zusammenarbeit und Entwicklung (**OECD**) definiert Biotechnologie als

> „die Anwendung von Wissenschaft und Technik auf lebende Organismen, Teile von ihnen, ihre Produkte oder Modelle von ihnen zwecks Veränderung von lebender oder nichtlebender Materie zur Bereitstellung von Wissen, Gütern und Dienstleistungen" (OECD 2005: o.S.)[1].

Die Einsatzmöglichkeiten der Biotechnologie sind sehr vielfältig und nicht auf ein Gebiet beschränkt. So zählen z.B. Mikroorganismen, die während der Bierherstellung den Zucker der Gerste (bzw. des Gerstenmalzes) zu Alkohol vergären oder in Kläranlagen zur Schmutzwasserreinigung eingesetzt werden gleichsam zur Biotechnologie. Biotechnologie als solche wird von Menschen bereits seit Jahrhunderten z.B. bei der Herstellung von Brot, Bier und Wein angewandt (wenn anfänglich wohl eher unbewusst). In der modernen Biotechnologie hingegen finden vor allem Methoden der Gentechnik und Molekularbiologie Anwendung.

Gentechnik wird gemeinhin definiert als die Methoden und Verfahren der Biotechnologie, mit denen gezielte Eingriffe in das Erbgut möglich sind. HACKER (2001) versteht Gentechnik als *„ein Methodenspektrum, mit dessen Hilfe Gene isoliert und neu kombiniert (kloniert) werden können"* (HACKER 2001: 194). Gentechnische Verfahren haben einen Eingriff auf der Ebene der Desoxyribonukleinsäure (**DNA**) zum Gegenstand. Aus diesen Eingriffen resultiert zunächst rekombinante DNA, aus der dann gen-

---

1 Im Original: "The application of science and technology to living organisms, as well as parts, products and models thereof, to alter living or non-living materials for the production of knowledge, goods and services."

technisch veränderte Organismen (GVO)[2] hergestellt werden können (MADIGAN & MATINKO 2006). Für die Übertragung der Erbinformationen existieren verschiedene Methoden. Dabei werden entweder direkte Methoden (Mikroinjektion, Mikroprojektilbeschuss) oder so genannte Vektoren (Viren, Bakterien) genutzt (SACHSE & GASSEN 1996; REGENASS-KLOTZ 2004; RENNEBERG 2007)[3]. Eine Definition des Begriffs GVO findet sich z.B. in verschiedenen europäischen und nationalen Rechtsvorschriften. Die europäische Richtlinie über die absichtliche Freisetzung gentechnisch veränderter Organismen in die Umwelt versteht darunter *„einen Organismus, mit Ausnahme des Menschen, dessen genetisches Material so verändert worden ist, wie es auf natürliche Weise durch Kreuzen und/oder natürliche Rekombination nicht möglich ist"* (EU 2001/18/EG: 4). Das deutsche Gentechnikrecht definiert GVO etwas ausführlicher als

> „ein Organismus, mit Ausnahme des Menschen, dessen genetisches Material in einer Weise verändert worden ist, wie sie unter natürlichen Bedingungen durch Kreuzen oder natürliche Rekombination nicht vorkommt; ein gentechnisch veränderter Organismus ist auch ein Organismus, der durch Kreuzung oder natürliche Rekombination zwischen gentechnisch veränderten Organismen oder mit einem oder mehreren gentechnisch veränderten Organismen oder durch andere Arten der Vermehrung eines gentechnisch veränderten Organismus entstanden ist, sofern das genetische Material des Organismus Eigenschaften aufweist, die auf gentechnische Arbeiten zurückzuführen sind" (GenTG 2008: 4).

Dabei wird ein Gen, das mit gentechnischen Verfahren in das Erbgut eines Organismus eingebracht wurde als *Transgen* bezeichnet. Transgene Organismen sind gentechnisch veränderte Organismen, die Gene von anderen Arten enthalten. Als Adjektiv wird der Begriff häufig für gentechnisch veränderte Pflanzen, Tiere oder Mikroorganismen gebraucht, seltener auch als Synonym für GVO (BIOSICHERHEIT 2009a).

---

2 Im englischsprachigen Raum wird stattdessen die Abkürzung GMO (*genetically modified organisms*) verwendet, die teilweise auch in deutschsprachigen Veröffentlichungen zu lesen ist und für *gentechnisch modifizierte Organismen* steht. Mitunter wird auch *gentechnisch manipulierte Organismen* verwendet. Mehrheitlich wird jedoch die Form GVO verwendet, der auch in dieser Arbeit der Vorzug gegeben wird.

3 Eine ausführliche Darstellung verschiedener Verfahren und Methoden findet sich auch bei MENRAD ET AL. 2003.

Allgemein kann mittels Gentechnik bestimmtes Erbgut auf gewünschte Eigenschaften hin verändert bzw. diesem neue Eigenschaften hinzugefügt werden. Dabei ist der Transfer der Eigenschaften im Gegensatz zu konventionellen Verfahren oder Kreuzungen nicht länger an die Verwandtschaft zwischen den Arten gebunden. Durch den Einsatz gentechnischer Verfahren kann somit eine Übertragung von Genmaterial auch über Artgrenzen hinweg erfolgen (MENRAD ET AL. 2003; KEMPKEN 2005)[4]. Zu den Zielen gentechnischer Arbeiten zählen z.B. vielseitige medizinische Anwendungen, die Veränderung von Saatgut oder die Optimierung industrieller Prozesse. Außer der Veränderung von Erbanlagen ist auch eine präzise Analyse des Erbguts mittels Gentechnik möglich. Zu den bekanntesten Anwendungen zählen die Identifizierung von Tätern in Strafverfahren („genetischer Fingerabdruck") oder Vaterschaftsnachweise (z.B. KEMPKEN & KEMPKEN 2006)[5]. Kurz gesagt ist die Gentechnik ein Teilgebiet der Biotechnologie und bezeichnet eine Reihe von Methoden zur Isolierung, Übertragung oder gezielten Veränderung des Erbguts. Die Biotechnologie umfasst einen weiteren Bereich und bezieht sich auf die Umsetzung sämtlicher biologischer und biochemischer Erkenntnisse hinsichtlich deren technischen Verwendbarkeit. Verfahrenstechnisch sind (moderne) Biotechnologie und Gentechnik häufig nicht mehr voneinander zu trennen, so dass die Begriffe oft synonym verwendet werden[6].

---

[4] Werden Gene z.B. zwischen Pflanzen übertragen, die auch prinzipiell mittels herkömmlicher Kreuzung kombinierbar wären, so wird von *cisgenen* Pflanzen gesprochen (cis (*lat.*)= diesseits/ innerhalb; trans (*lat.*)= jenseits/über...hinaus).

[5] Bezüglich der Vielzahl an verschiedenen Anwendungsbereichen merken beispielsweise KÄPPELI & SCHULTE (1998) zu Recht an, dass „es nicht **die** Gentechnik als solche gibt, die zur Debatte steht, sondern deren zahlreiche Anwendungen. [...] Die Beurteilung der Gentechnik fordert deshalb ein hohes Maß an Differenzierung, und zu oft werden aus oberflächlichen Analysen vorschnelle Schlüsse gezogen." (KÄPPELI & SCHULTE 1998:8).

[6] In GASSERT (2003) finden sich Verweise zu einer kritischen Diskussion dieser Gleichsetzung, auf die aber an dieser Stelle verzichtet wird. Neben Biotechnologie und Gentechnik wird häufig auch der Begriff Gentechnologie gebraucht, der synonym zu Gentechnik zu verstehen ist.

2.1.2 Die Farben der Gentechnik

Da Bio- und Gentechnologie recht weit gefasste Begriffe sind und sich die Nutzungsmöglichkeiten auf zahlreiche unterschiedliche Technologiesektoren beziehen, hat sich anhand der Anwendungsbereiche und Ziele eine Differenzierung herausgebildet, wenngleich diese nicht immer trennscharf ist. Die bislang größten Anwendungsgebiete der Gentechnik sind der medizinische Bereich, verschiedene industrielle Prozesse sowie der Agrarsektor. Entsprechend diesen Anwendungen wird nach Roter, Weißer (häufig auch Grauer) und Grüner Gentechnik differenziert. Nach KEMME (1996) geht dies darauf zurück, dass bei der Roten Gentechnik die Farbe des Blutes der Säugetiere, das als Ausgangsmaterial für die Isolierung der DNA dient, diesem Anwendungsbereich den Namen gab. Von der Farbe der Bakterienkulturen leitet sich der Name der Grauen Gentechnik ab. Die grüne Farbe des pflanzlichen Gewebes ist der Namensgeber der Grünen Gentechnik, die sämtliche gentechnische Anwendungen bei der Erzeugung von Nahrungs- und Futtermitteln sowie der Produktion landwirtschaftlicher Rohstoffe bezeichnet. Darüber hinaus wird mitunter zusätzlich nach Blauer, Brauner und Gelber Biotechnologie differenziert. Tabelle 1 gibt eine Übersicht der verschiedenen Einteilungen von Biotechnologie bzw. Gentechnik. Die Differenzierung nach Roter, Blauer und Grüner Gentechnik ist vergleichsweise eindeutig. Der Fokus der Blauen Gentechnik liegt auf der technischen Verwendung von Prozessen und Organismen der marinen Biologie. Der Hauptanwendungsbereich von Weißer, Grauer, Brauner und Gelber Gentechnik sind Industrieprozesse. Diese detaillierten Unterteilungen sind erst in jüngerer Zeit entstanden und noch nicht eindeutig definiert, wie auch die Farbzuordnung weniger intuitiv ist. Häufig wurden und werden sämtliche biotechnologischen Anwendungen für industrielle Zwecke unter Weißer oder auch Grauer Biotechnologie zusammengefasst. Mit zunehmender Spezialisierung bilden sich jedoch mehr Bereiche innerhalb der Obergruppe „Industrieprozesse" heraus. Nach LIPPOLD (2006) kann folgende Abgrenzung vorgenommen werden: Auch wenn die Bezeichnungen Graue und Weiße Biotechnologie weiterhin oft synonym verwendet werden, so werden vor allem Prozesse mit Hilfe von GVO der Weißen Biotechnologie zugeordnet, während klassische Vorgänge wie beispielsweise die Fermentierung zur Grauen Biotechnologie zählen.

Tabelle 1: Unterteilung von Biotechnologie und Gentechnik
Quelle: eigene Darstellung nach LIPPOLD 2006.

Zweig	Anwendungsbereich
Rote Biotechnologie/Gentechnik	Medizin, Pharmazeutik
Grüne Biotechnologie/Gentechnik	Pflanzenbiotechnologie, Landwirtschaft
Weiße Biotechnologie/Gentechnik	Industrieprozesse: Umwelttechnik
Graue Biotechnologie/Gentechnik	Industrieprozesse: Abfallwirtschaft
Braune Biotechnologie/Gentechnik	Industrieprozesse: Umweltschutz
Gelbe Biotechnologie/Gentechnik	Industrieprozesse: Lebensmittelgrundstoffe
Blaue Biotechnologie/Gentechnik	Meeresprodukte, Meeresbiologie

Häufig werden auch alle Bestrebungen, Biotechnologie für den Umweltschutz zu nutzen unter Graue Biotechnologie subsumiert, wobei für diesen Anwendungsbereich mittlerweile oft der Begriff Braune Biotechnologie zu finden ist. Vereinzelt wird auch von Gelber Biotechnologie gesprochen, die dann als Biotechnologie der Lebensmittel oder der chemischen Herstellung von Grundstoffen definiert wird. Jedoch ist die Abgrenzung von Gelber Biotechnologie noch nicht schlüssig erfolgt, da die beiden zugeordneten Bereiche bislang zu den Feldern der Grünen und Weißen Biotechnologie zählen.

Aber auch innerhalb der drei Hauptgruppen der Biotechnologie (Rote/Weiße/Grüne) existieren Überschneidungen und ein teilweiser Mangel an Trennschärfe. So werden beispielsweise mittels Weißer Gentechnik viele Futtermittelzusätze, Vitamine sowie Zusatz- und Hilfsstoffe für die Lebensmittelindustrie hergestellt, obwohl üblicherweise die Grüne Gentechnik mit Nahrungsmitteln assoziiert wird. Auch gentechnisch veränderte Fische zählen bislang zur Grünen Gentechnik, wobei ggf. eine Zuordnung zur Blauen Biotechnologie schlüssiger wäre. Darüber hinaus werden gentechnisch veränderte Kartoffeln explizit für die industrielle Weiterverarbeitung optimiert, so dass auch hier die Anwendungsbereiche Grüner und Weißer Gentechnik ineinander übergehen. Auch zur Roten

Gentechnik gibt es fließende Grenzen. So sind gentechnisch veränderte Pflanzen (GVP)[7] für medizinische Anwendungen (z.B. Herstellung von Impfstoffen und Medikamenten) in der Entwicklung[8]. Aufgrund der Vielzahl der Unteraspekte ist eine weitere Differenzierung der Bio- und Gentechnologie wahrscheinlich (LIPPOLD 2006)[9].

2.1.3 Wichtige geschichtliche Daten zur Gentechnik

Der Mensch nutzt die (klassische) Biotechnologie schon seit dem Altertum bei beispielsweise Gärungsprodukten. Aber auch Eingriffe in das Erbgut von Pflanzen finden bereits seit Jahrhunderten statt. So wurde z.B. vor ca. 8000 Jahren in Mexiko eine einheimische Pflanze (*Teosinte*) domestiziert und mit natürlich vorkommenden Mutationen kombiniert, so dass die Vorläufer der heutigen Mais-Sorten entstanden (z.B. KEMPKEN 2005). Im weiteren Verlauf der Geschichte bis hin zur Gegenwart war und ist es ein Ziel der Pflanzenzüchtung, Pflanzen mit bestimmten erwünschten Eigenschaften zu erzeugen. Dabei beruhen die Verfahren zumeist auf wiederholter Auslese bzw. Kreuzung sowie der anschließenden Vermehrung der entsprechenden Pflanzen (z.B. KEMME & SACHSE 1996)[10]. Bei diesen Vorläufern der modernen Pflanzenzüchtung mittels Gen-

---

[7] Prinzipiell gehen auch GVP auf einen GVO zurück, so dass häufig auch im Kontext von Pflanzen von GVO gesprochen wird.

[8] Dieser Bereich wird zumeist unter dem Stichwort *molecular pharming* (oft auch *farming*) oder *gene pharming* zusammengefasst. Siehe dazu z.B. MENRAD ET AL. (2003) und DORFMÜLLER (2005). Seit Juli 2011 sind in Europa erstmals Medikamente aus GVP in der klinischen Testphase (FRAUNHOFER 2011).

[9] Sehr selten wird auch nach Schwarzer Gentechnik differenziert, die sich dann auf lebende Maschinen (synthetische Biologie) bzw. allgemein auf Biowaffen beziehen soll. Allerdings hat diese Unterteilung bislang keinen Eingang in die gebräuchlichen Eingruppierungen der Gentechnik gefunden.

[10] Es werden im Bereich der (klassischen) Pflanzenzüchtung aber auch künstliche Mutationen hervorgerufen, z.B. durch die Bestrahlung von Saatgut mit stark ionisierender Strahlung oder dessen Behandlung mit Chemikalien, um häufiger und schneller Mutationen zu erzielen, als sie unter natürlichen Bedingungen vorkommen (z.B. KEMME & SACHSE 1996). Eine Übersicht über die Entwicklung der Pflanzenzüchtung im 20. Jahrhundert findet sich bei BECKMANN (2009).

technik enthielten die veränderten Organismen jedoch keine rekombinante DNA.
Als wichtige Meilensteine der modernen Biotechnologie und deren Verlauf werden üblicherweise folgende Etappen genannt (TRANSGEN 2003; REGENASS-KLOTZ 2004; CONRAD 2005; KEMPKEN 2005; RENNEBERG 2007): Den Grundstein für die modernen Verfahren der Pflanzenzüchtung legte die Vererbungslehre von Gregor Mendel. Ein weiterer wichtiger Schritt war die Entdeckung der Doppelhelixstrukur (und die weitere Entschlüsselung) der DNA. Die Anfänge der modernen Biotechnologie bzw. Gentechnik liegen in den 1970er Jahren. In diesen Jahren gelang es Forschern, Sequenzen vom Ende eines Genoms abzutrennen und ein erstes genetisch verändertes, rekombinantes Bakterium zu erzeugen. 1977 wurde erstmals ein menschliches Protein in einem Bakterium gentechnisch hergestellt. Ebenso wurden in diesen Jahren Methoden zur effizienten DNA-Sequenzierung entwickelt. In dieser Zeit wurde auch die Basis für die Grüne Gentechnik geschaffen, indem es gelang, fremde Gene in Zellkulturen von Pflanzen einzuschleusen. 1980 wurde das erste Patent auf einen GVO beantragt. Das erste gentechnisch veränderte Medikament war Insulin und kam 1982 in den USA auf den Markt. Als erste transgene Pflanze wuchs Tabak 1983 in einem Gewächshaus in den USA. Die ersten Patente auf GVP wurden 1983 ebenfalls in den USA vergeben. Ein Jahr später wurde der genetische Fingerabdruck entwickelt. Gegen Ende der 1980er Jahre wurde dann das erste Patent auf ein gentechnisch verändertes Tier (Maus) vergeben. Die ersten Freisetzungen von GVP (transgene Petunien) in Deutschland fanden 1990 statt. Im selben Jahr wurde die weltweit erste Gentherapie am Menschen durchgeführt und 1994 kam das erste gentechnisch veränderte Gemüse, eine Tomate (*Flavr Savr*®-Tomate, die so genannte „Anti-Matsch-Tomate"), auf den Markt[11]. 1996 verursachte das erste geklonte Säugetier, das Schaf *Dolly*, öffentliche Kontroversen und es begann der kommerzielle Anbau von GVP. Bereits 1998 waren international 48 GVP bzw. ihre Produkte zugelassen. In diesem Jahr begann auch in Europa der kommerzielle Anbau von GVP

[11] Diese ist zwischenzeitlich auch in den USA wieder vom Markt genommen worden.

mit GV-Mais. Im Herbst desselben Jahres wurde ein Zulassungsmoratorium für GVP in der EU beschlossen, das bis 2003 andauerte[12]. Ab 2005 fand auch in Deutschland der kommerzielle Anbau von GV-Mais statt, ehe dieser im Frühjahr 2009 wieder untersagt wurde. Seit März 2010 ist zudem der Anbau einer GV-Kartoffel (*Amflora*) mit veränderter Stärkezusammensetzung für die industrielle Verwendung in Europa zugelassen.

Dieser kurze Abriss geschichtlicher Eckdaten der Gentechnik ist gewiss nicht erschöpfend, da vor allem auch im medizinischen und industriellen Sektor beständig weitere Entwicklungen gemacht wurden. Er zeigt aber die schnelle Entwicklung, die Bandbreite in diesem Bereich und die teilweise wechselnden Rahmenbedingungen auf[13]. Dabei sei noch darauf hingewiesen, dass sämtliche gentechnischen Anwendungen über verschiedene Vorschriften und Richtlinien streng geregelt sind. Obwohl technisch gesehen in den verschiedenen Anwendungsgebieten der Gentechnik ähnliche Verfahren zum Tragen kommen, gibt es in vielen Bereichen wenig bis kaum Diskussionen über deren Nutzung, so vor allem bezüglich der Roten Gentechnik und der industriellen Nutzung von GVO. Der Einsatz in anderen Gebieten, vor allem der Grünen Gentechnik, wird jedoch sehr kontrovers gesehen. Der folgende Abschnitt geht daher ausführlicher auf die Hintergründe und Rahmenbedingungen der Grünen Gentechnik ein. Neben einem kurzen internationalen Überblick liegt der Schwerpunkt aber auf der Situation in Deutschland und Europa.

---

[12] Formal wurde dieser Zulassungsstopp erst 1999 beschlossen, aber es bestanden bereits Anbauverbote für GVP z.B. in Frankreich, Griechenland und Österreich. Es wird häufig auch von einem „De-facto-Moratorium" gesprochen, da neue Zulassungen lediglich bis zum Inkrafttreten der neuen Rechtsvorschriften ausgesetzt werden sollten. Letztlich wurden von Oktober 1998 bis April 2004 keine Genehmigungen für das Inverkehrbringen von GVO erteilt und in einigen Ländern der EU werden nach wie vor keine GVP angebaut.

[13] Für einen ausführlichen Bericht zu verschiedenen gentechnischen Aspekten und deren potentieller Entwicklung in den kommenden Jahren siehe OECD (2009).

2.2 Wie ist die gegenwärtige Situation?

So sehr auch kontroverse Diskussionen über Gentechnik allgemein und Grüne Gentechnik im Besonderen geführt werden, so wenig lässt sich bestreiten, dass die moderne Biotechnologie längst Alltag ist. Im medizinischen Bereich ist sie neben diagnostischen Verfahren auch bei der Herstellung von Humaninsulin essentiell. Aus einem Großteil heutiger Industrieprozesse ist sie ebenfalls nicht mehr wegzudenken. Neben den bereits erwähnten Anwendungen von beispielsweise (GV-) Mikroorganismen bei Gärungsprozessen und der Käseherstellung, beruhen auch viele weitere Alltagsprodukte wie Waschmittel auf der Verwendung von GV-Enzymen[14]. Ebenso sind in vielen Lebensmitteln Zusatzstoffe oder Enzyme aus GV-Mikroorganismen enthalten. Dazu zählen z.B. Brot, Backwaren, Backmischungen, Fertig- und Tiefkühlprodukte sowie pflanzliche Fette bzw. Öle in Süßwaren. Allerdings sind weder direkt in den Enzymen, noch in den resultierenden Lebensmitteln GV-Mikroorganismen vorhanden (z.B. TRANSGEN 2009c).

Über Mikroorganismen hinausgehend hat auch Grüne Gentechnik in Deutschland längst Einzug gehalten, wobei sie weltweit zumeist noch stärker genutzt wird. So bestehen unter anderem Futtermittel auf dem Weltmarkt häufig aus GVP und Deutschland ist auf deren Import angewiesen. Wenn auch gegenwärtig kein Anbau von GVP in Deutschland stattfindet, so dürfen dennoch verschiedene GVP importiert und zu Lebens- und Futtermittelzwecken weiterverarbeitet werden (siehe auch EUROPÄISCHE KOMMISSION 2013). Allerdings sind in deutschen Supermärkten faktisch keine Produkte zu finden, die deutlich als „gentechnikhaltig" zu erkennen wären. Zum einen veranlasst eine starke Verbraucherablehnung die Lebensmittelhändler dazu, ein möglichst gentechnikfreies Warensortiment anzubieten, zum anderen fallen Zutaten und Zusatzstoffe, die unter Verwendung von GV-Mikroorganismen erzeugt wurden sowie Futtermittel aus GVP nicht unter die Kennzeichnungspflicht. Trotz der

14 Dabei sind bei Waschmitteln vor allem hohe Reinigungskraft bei besonders geringen Temperaturen oder starke Schmutzlöser die Ziele des Einsatzes.

Klonung von verschiedenen Tierarten gibt es bislang (und auch auf mittelfristige Sicht) keine GV-Nutztiere. Die meisten der bisherigen Versuche, in Nutztiere Gene mit neuen Eigenschaften einzuführen wurden aufgegeben oder sind gescheitert. Es gibt lediglich einige GV-Tiere, in deren Milchdrüsen Pharmawirkstoffe gebildet und in die Milch ausgeschüttet werden (z.B. TRANSGEN 2009c)[15]. Zusammengefasst beschreibt HUCHO (2006) die aktuelle Situation in einer prägnanten These:

> „Es ist noch nichts entschieden. Außer daß wir die Gentechnologie nicht wieder ‚abschaffen' können, ist alles offen: vor allem ist in weiten Bereichen unklar, ob sie uns nützen oder belasten wird. Das heißt wir diskutieren nicht mehr darüber, ob wir die Gentechnologie wollen, sondern wir müssen Potential und Umgang mit dieser Technologie abschätzen und in den Griff bekommen" (HUCHO 2006: 13).

2.2.1 Die Grüne Gentechnik im Überblick

Unter dem Begriff Grüne Gentechnik, häufig auch Pflanzenbiotechnologie, werden sämtliche Anwendungen gentechnischer Verfahren in der Pflanzenzucht sowie der Futter- und Lebensmittelproduktion verstanden. Nach PICKARDT (2002a) bezeichnet Grüne Gentechnik *„Wissenschafts- und Anwendungsbereiche, in denen pflanzliche Organismen (in erweiterter Form [...] werden auch Mikroorganismen miteinbezogen) das Ziel gentechnischer Veränderungen darstellen"* (PICKARDT 2002a:3). Dabei zählt neben der landwirtschaftlichen Rohstoffproduktion auch die gentechnische Veränderung von Nutztieren zum Anwendungsbereich Grüner Gentechnik (z.B. BVL 2008). Zu betonen ist, dass auch die Entschlüsselung und Analyse von Genen einer Pflanzenart sowie ein vertieftes Verständnis von Stoffwechselprozessen zu Grüner Gentechnik gehören und nicht einzig die gentechnische Veränderung von Erbgut oder die Schaffung transgener Pflanzen. Im Zentrum der Diskussionen steht aber zumeist ausschließlich letzterer Aspekt.

---

[15] Eine Ausnahme bilden mehrere transgene Fischarten, die zwar bereits bis zur Marktreife gelangt sind, jedoch seit Jahren auf die Zulassung warten. 2013 könnten in den USA nun GV-Lachse zugelassen werden (TRANSGEN 2013d). Im Zierfischbereich sind seit 2003 GV-Fische auf dem internationalen Markt zu finden, so genannte *GloFish*®, deren Vertrieb und Zucht sind aber in der EU verboten.

Die Ziele, die mittels gentechnischer Verfahren verfolgt werden, unterscheiden sich prinzipiell wenig von denen der konventionellen Pflanzenzüchtung. Allerdings gestattet erst die Gentechnik

> „[...] eine direkte Steuerung der Veränderung des Erbgutes und den Austausch genetischer Informationen nicht nur innerhalb einer Art, sondern auch zwischen völlig verschiedenen Organismen. Die Grüne Gentechnik ermöglicht so den Zugriff auf neue Eigenschaften, die mit klassischer Züchtung nicht zu erreichen wären" (BVL 2008: 6).

Diese Einschätzung ist allerdings nicht unumstritten. Eine insgesamt sehr zentrale und strittige Frage ist, ob Grüne Gentechnik ein gänzlich neues und potentiell gefahrenbehaftetes Verfahren oder lediglich eine Weiterentwicklung der schon seit Jahrtausenden stattfindenden Selektion und Züchtung von Pflanzen und Tieren durch den Menschen darstellt.

Als wichtige Ziele, die mit gentechnischen Verfahren verfolgt werden, zählen typischerweise die Verbesserung der Erträge und der Produktqualität sowie eine verbesserte Widerstandsfähigkeit gegen Schädlinge, Herbizide und Witterungseinflüsse. Weiterhin wird eine Veränderung der Inhaltsstoffe von Nutzpflanzen angestrebt (mehr Vitamine, bessere oder gesündere Fettsäurezusammensetzung). Außerdem wird an Pflanzen mit reduziertem Allergie- und/oder Unverträglichkeitspotential gearbeitet (z.B. BVL 2008)[16]. Dabei wird zumeist zwischen so genannten *Input-Traits* und *Output-Traits* sowie Pflanzen (oder Grüner Gentechnik) der ersten und zweiten Generation unterschieden. Input-Traits bezeichnen agronomische Merkmale, die auf eine Verbesserung der Anbaueigenschaften zielen. Dazu zählen z.B. Herbizid- und Insektenresistenzen von GV-Nutzpflanzen. Entsprechende gentechnische Veränderungen stehen im Zentrum der Grünen Gentechnik der ersten Generation.

Die zweite Generation zielt hingegen vorrangig auf eine Veränderung der Qualitäts- und Produkteigenschaften von Pflanzen, die Output-Traits. Zu diesen gehören beispielsweise die Optimierung der Zusammensetzung

---

[16] Auch wenn an einer Vielzahl von Einsatzmöglichkeiten gentechnischer Veränderungen in der Pflanzenzucht gearbeitet wird, täuscht ein Eindruck der „Übermacht" der Gentechnik. Die deutliche Mehrheit der Züchtungen erfolgt durch klassische Verfahren (z.B. WENZEL 2005).

von Proteinen, Ölen, Kohlenhydraten, Vitaminen und Antioxidantien. Aber auch eine veränderte Haltbarkeit von Pflanzen oder die Reduzierung von Allergenen sind den Output-Traits zugeordnet. Hierbei ist neben der Anpassung der Pflanzen an industrielle Bedürfnisse (wie z.B. die Papier- oder Stärkeindustrie) vor allem der Verbraucher der Adressat der Veränderungen der Pflanzen[17]. Die erste Generation der Grünen Gentechnik zielt also auf Vorteile für die Produzentenseite von GVP, die zweite Generation konzentriert sich mehr auf die Verbraucherseite (zu der sowohl industrielle Abnehmer[18] als auch KonsumentInnen von Nahrungsmitteln zählen), wobei der Fokus auf Pflanzen liegt, die als Futter- oder Lebensmittel verwendet werden. Die Ziele und Anwendungen gentechnischer Pflanzenzüchtung lassen sich nach HUCHO ET AL. (2005) wie in Tabelle 2 gezeigt zusammenstellen[19]. Viele dieser Ziele bzw. Anwendungen können in Kombination vorkommen, so z.B. eine gleichzeitige Herbizid- und Insektenresistenz von Pflanzen, die bereits die Marktreife erlangt hat. Seit 2010 ist in den USA ein GV-Mais mit acht veränderten Genen zugelassen, der gleichzeitig gegen mehrere Schädlinge und verschiedene Herbizide resistent ist (*SmartStax*)[20].

---

17 Das bislang bekannteste Beispiel hierfür ist der so genannte *Golden Rice*. Dabei handelt es sich um Reis, der mittels gentechnischer Verfahren mit Vitamin A angereichert wurde und verhindern soll, dass Menschen durch Augenerkrankungen erblinden. Der Hintergrund ist, dass Reis zu wenig Vitamin A liefert, und gerade in Regionen mit Reis als Hauptnahrungsmittel viele Menschen (besonders in Asien) unter Augenkrankheiten, die bis zum Erblinden führen können, leiden. Ein erhöhter Gehalt an *Carotinoiden* verursacht eine deutlich sichtbare Gelbfärbung, von der die Namensgebung herrührt. Für einen kritischen Standpunkt zum Golden Rice siehe z.B. GREENPEACE (2005a).

18 So z.B. die extra für die Bedürfnisse der Stärkeindustrie angepasste GV-Kartoffel *Amflora*.

19 Eine detaillierte Übersicht gibt auch PICKARDT (2002b), die, obwohl schon etwas älter, noch immer die wichtigsten Informationen beinhaltet und ausführlich darstellt.

20 Diese Mehrfachresistenzen werden meist als *stacked genes*, *stacked traits* oder *gene-stacking*, also „gestapelte Gene" oder „gestapelte Merkmale" bezeichnet.

Tabelle 2: Züchtungsziele und Anwendungsbereiche gentechnischer Pflanzenzüchtung

Quelle: HUCHO ET AL. 2006:295.

Input-Traits		Output-Traits	
Resistenz gegen	Schadinsekten, Nematoden, Pilze, Bakterien, Viren, Herbizide.	**Optimierung der Zusammensetzung von**	Kohlenhydraten, Aminosäuren, Fettsäuren, sekundären Pflanzeninhaltsstoffen inkl. Vitaminen.
Toleranz gegenüber	Trockenheit, Hitze, Kälte, salzigem oder saurem Boden, Schwermetallen.	**Reifeverzögerung**	
verbesserte Stickstoffaufnahme **verbesserte Nährstoffeffizienz** **Hybridzüchtung (männliche Sterilität)**		**Verarbeitungseigenschaften** **Haltbarkeit/ Lagerungseigenschaften** **Produktion nachwachsender Rohstoffe** **Herstellung rekombinanter Proteine zu therapeutischen Zwekken (Antikörper, Enzyme, Impfstoffe)**	
Ziel: Verbesserung agronomischer Eigenschaften		Ziel: Verbesserung der Produkteigenschaften	

Die Zulassung von SmartStax zum Import und zur Verarbeitung könnte auch in Europa in baldiger Zukunft erfolgen, gegenwärtig ist die Sicherheitsbewertung abgeschlossen, die diesem Mais dieselbe Sicherheit wie konventionellem Mais bescheinigt. Auch verschiedene weitere Kombinationen aus Input- und Output-Traits sind prinzipiell möglich. Allerdings befindet sich ein großer Teil dieser Ziele noch im Stadium der Forschung oder ist gerade erst in der Entwicklung. Dies trifft vor allem für Veränderungen bei den Output-Traits, aber auch bzgl. abiotischer Stresstoleranzen zu.

Viele Entwicklungen in diesen Bereichen sind zwar bereits weit fortgeschritten, bis zur Markteinführung bzw. dem großflächigen Einsatz werden aber meist noch Jahre vergehen. Ehe es zu einem großflächigen Einsatz bzw. Anbau kommt, sind viele Prüfungen und Kontrollen zu durchlaufen sowie weitere rechtliche Vorgaben zu erfüllen. Üblicherweise vergehen mindestens zehn Jahre von der Entwicklung bis zur Markteinführung. Große Erwartungen werden vor allem in Toleranzen gegen abiotischen Stress gesetzt, da derartige Pflanzen in Zeiten der Ressourcenknappheit und des Klimawandels zur Ressourcenschonung und der Erschließung von bislang ungeeigneten Flächen zur Nahrungsmittel- und Energieproduktion beitragen könnten. Abgesehen von Versuchsanbauten und Freisetzungen liegen aber faktisch nur für die Input-Traits Herbizid- und Insektenresistenz (und deren Kombination) Erfahrungen aus dem großflächigen Anbau vor. Bei Herbizidresistenzen wird Pflanzen mittels gentechnischer Verfahren ein Gen zugefügt, das sie unempfindlich gegen bestimmte Herbizide macht. Wird dann das entsprechende Herbizid eingesetzt, nehmen die Pflanzen keinen Schaden, während die Unkräuter (bzw. Beikräuter) bekämpft werden. Produziert eine Pflanze aufgrund zugefügter Gene Giftstoffe, die auf bestimmte Insekten wirken, spricht man von Insektenresistenz. Eine ausführlichere Darstellung dieses Konzepts findet sich in Abschnitt 2.2.3.

Die folgenden Abschnitte geben einen Überblick über die Entwicklung des kommerziellen Anbaus von GVP weltweit, in Europa und in Deutschland.

2.2.2 Anbau gentechnisch veränderter Pflanzen: weltweit

Seit dem Beginn des kommerziellen Anbaus von GVP im Jahr 1996 steigen die weltweiten Anbauflächen jährlich. Zumeist nimmt auch in den Ländern, in denen GVP angebaut werden, deren Anteil an der Gesamtfläche stetig zu. Die folgenden Darstellungen gehen schwerpunktmäßig auf das Jahr 2008 ein, da dieser Zeitpunkt den Bezugsrahmen für den empirischen Teil (siehe Kapitel IV) markiert, ohne dabei jedoch neuere Ergebnisse auszublenden.

Die Agro-Biotechnologie-Agentur **ISAAA** (*The International Service for the Acquisition of Agri-biotech Applications*)[21] erstellt jährlich einen Statusbericht zum weltweiten Stand der Agro-Biotechnologie, der, wenngleich nicht unumstritten, so doch die umfassendste Zusammenstellung zur Anbausituation von GVP ist. Zu den Staaten mit den größten Anbauflächen zählen seit längerem die USA, Argentinien, Brasilien, Indien und Kanada[22]. Aber auch in China, Paraguay und Südafrika werden auf jeweils mehreren Millionen Hektar GVP ausgebracht (JAMES 2011, 2012). 2008 wurden beispielsweise in 25 Staaten insgesamt auf 125 Millionen Hektar GVP kommerziell angebaut. Damit wurden GVP von 13,3 Millionen Landwirten weltweit genutzt. Dies bedeutet gegenüber 2007 eine Steigerung von knapp 10% der Fläche mit GVP sowie eine Zunahme um 1,3 Millionen Landwirte (JAMES 2008). Dieser Trend setzt sich kontinuierlich fort, so dass 2010 weltweit rund 148 Millionen Hektar GVP in 29 Ländern von etwa 15,4 Millionen Landwirten kommerziell kultiviert wurden (JAMES 2010)[23]. Die gemäß der Entwicklungstrends der letzten Jahre zu erwartende Zunahme des weltweiten Anbaus (z.B. FAO 2011; USDA 2011) bestätigt sich auch für 2011 und 2012. Nach rund 160 Millionen Hektar im Jahr 2011 wurden 2012 weltweit rund 170 Millionen Hektar GVP angebaut (JAMES 2011, 2012). Zudem wurden 2012 erstmals in den so genannten Entwicklungs- und Schwellenländern mehr GVP kultiviert als in den Industrieländern (JAMES 2012).

---

[21] Die ISAAA versteht sich als gemeinnützige internationale Organisation, die unter anderem zum Ziel hat, die Grüne Gentechnik zu fördern, insbesondere die Teilhabe verschiedener Akteure und ressourcenschwacher Bauern in den so genannten Entwicklungsländern. Einen kritischen Standpunkt gegenüber der ISAAA nehmen viele NGOs ein, so z.B. FRIENDS OF THE EARTH EUROPE (2009).

[22] Insgesamt waren zum Beispiel in den USA im Jahr 2009 rund 88% des ausgebrachten Saatgutes bei Mais, Soja und Baumwolle gentechnisch verändert (NASS 2009; TRANSGEN 2009d).

[23] Bei den eher kleineren Anbaustaaten gibt es mitunter eine hohe Variabilität. So hat kürzlich Bolivien, als langer und erbitterter Gegner von Grüner Gentechnik, beschlossen, den Anbau von GVP auszuweiten, während Peru ein mindestens 10-jähriges Moratorium verhängen will.

Zu den wichtigsten Pflanzen der kommerziellen Nutzung zählen Sojabohnen, Mais, Raps und Baumwolle. Aber auch der Anbau von GV-Zuckerrüben nimmt stark zu. Anhang 1 gibt eine Übersicht zur Anbausituation und der Verteilung der Flächen auf die einzelnen Länder für das Jahr 2008. Im Trend bleibt diese Verteilung erhalten, die mengenmäßig größten Zuwächse finden sich in der Regel in den Hauptanbaustaaten. Rund 80% des weltweiten Anbaus von GVP finden in drei Staaten (USA, Argentinien, Brasilien) statt. Betrachtet man die neun größten Anbaustaaten, so decken sie fast 98% des gesamten Anbaus von GVP ab. Der Anteil Europas ist im weltweiten Verhältnis als marginal zu bezeichnen (siehe Abschnitt 2.2.4).
Bei den vier Hauptkulturarten mit gentechnischen Veränderungen liegt der Anteil an GVP zum Beispiel für 2008 zwischen rund 20% und 70% der gesamten weltweiten Nutzfläche der jeweiligen Art (Tabelle 3)[24].

Tabelle 3: Anbauflächen weltweit nach Sorten
Quelle: Darstellung nach JAMES 2008.

	Gesamtfläche (Millionen Hektar)	**Fläche GVP** (Millionen Hektar)	**Anteil GVP**
Sojabohnen	91	65,8	72%
Mais	161	37,3	23%
Baumwolle	33	15,5	47%
Raps	28	5,9	21%

Die dominierende gentechnische Veränderung ist dabei eine reine Herbizidtoleranz, die über 60% der Flächen mit GVP ausmacht. Auf mehr als 15% der Flächen mit GVP sind Insektenresistenzen vorzufinden, kombinierte Herbizid- und Insektenresistenzen auf gut 20% der Flächen (JAMES 2008, 2010). Davon entfällt der Großteil der Herbizidresistenz auf Soja,

[24] Der Anbau der weiteren Pflanzen findet zumeist in ungleich kleinerem Umfang statt. So enthalten die ISAAA Berichte üblicherweise keine weiteren Angaben zum Anbau von GV-Paprika, GV-Tomaten und GV-Petunien. Sie verweisen meistens lediglich darauf, dass diese neben GV-Pappeln und GV-Papayas in China genutzt werden.

Zuckerrüben und Raps. Die Insektenresistenz ist vor allem bei Mais und Baumwolle zu finden, wobei der Trend bei diesen beiden Arten in Richtung Mehrfachresistenzen bzw. kombinierte Resistenzen geht. So war zum Beispiel in den USA für 2008 die größte Zunahme im Bereich von kombiniertem Mais zu verzeichnen, der über Resistenzen gegen zwei Pflanzenschädlinge (Maiszünsler und Maiswurzelbohrer) und eine gleichzeitige Herbizidtoleranz verfügt (JAMES 2008).

In den Folgejahren haben die Flächen (und GVP-Anteile) vor allem bei diesen vier Sorten zugenommen. Insbesondere bei Sojabohnen und Baumwolle machen GVP 2012 nunmehr rund 80% des weltweiten Anbaus aus (JAMES 2011, 2012).

Wie eingangs erwähnt, ist gegenüber den Zahlen der ISAAA kritisch anzumerken, dass sie zum Teil etwas von der tatsächlichen Situation abweichen können bzw. gewisse Unschärfen aufweisen. So wurden für Deutschland oftmals die für den Anbau von GVP angemeldeten Flächen aufgeführt, von denen aber üblicherweise ein Teil zurückgezogen wurde, so dass der tatsächliche Anbau auf einer geringeren Fläche stattfand. So wurden 2008 rund 4500 Hektar für die Bewirtschaftung mit GVP gemeldet, von denen dann knapp 3200 Hektar tatsächlich dafür genutzt wurden (BVL 2009b). Allerdings sind diese Abweichungen auf der Ebene der internationalen Gesamtzahlen eher als marginal zu betrachten[25]. Der Bericht der ISAAA ist der umfassendste seiner Art zum weltweiten Stand und Vergleich der Grünen Gentechnik.

---

[25] So werden auch für Spanien im Jahr 2008 im Bericht der ISAAA 100.000 Hektar GVP angegeben, die reale Anbaufläche lag aber bei knapp 80.000 Hektar (MARM 2009). Häufig werden die Abweichungen aber auf mathematische Rundungsregeln zurückgeführt, was unter anderem wiederum von vielen NGOs als bewusste Verzerrung der Zahlen angesehen wird (z.B. FRIENDS OF THE EARTH INTERNATIONAL 2009).

2.2.3 Grüne Gentechnik in Europa und Deutschland

Um die Grüne Gentechnik werden in Europa und speziell in Deutschland spätestens seit dem ersten offiziellen Import von GVP (GV-Sojabohnen) im Jahr 1996 heftige Kontroversen geführt. Mit der steigenden weltweiten Verbreitung und Nutzung von GVP nehmen auch die Debatten weiter zu. Das bekannteste Beispiel der Grünen Gentechnik hierzulande ist GV-Mais mit dem Input-Trait Insektenresistenz, so genannter *Bt-Mais*. Bei diesem Mais wurden dessen Erbgut DNA-Sequenzen des Bodenbakteriums *Bacillus thuringiensis* (**Bt**) hinzugefügt[26]. Dieses Bakterium produziert ein Gift, das schädlich für Insekten (vor allem der Ordnungen der Käfer, Schmetterlinge und Zweiflügler) ist, aber als harmlos für andere Lebewesen angesehen wird (z.B. WENZEL 2005). Diese Wirkung des Bakteriums ist bereits seit langer Zeit bekannt und wird sowohl im konventionellen Pflanzenschutz als auch in der biologischen Landwirtschaft genutzt (z.B. BVL 2008; PICKARDT 2002b).

Die Vorteile von Bt-Präparaten liegen neben einer prinzipiellen Unschädlichkeit für Säugetiere und Menschen in ihrer spezifischen Wirkung. Einzelne Varianten des Bt-Toxins können zielgerichtet gegen die jeweiligen Schädlinge einer Kulturart eingesetzt werden, ohne die Nützlinge zu gefährden (z.B. RENNEBERG 2007). Die Präparate müssen maschinell auf die Felder ausgebracht werden, was neben der Bestimmung für den optimalen Ausbringungszeitpunkt des Pflanzenschutzmittels auch mit weiterem Aufwand und Kosten verbunden ist[27]. An dieser Stelle setzt das Konzept

---

26 Neben dem Bt-Mais gibt es auch noch zwei weitere gentechnische Veränderungen, die bereits am Mais vorgenommen wurden: Zum einen eine Herbizidtoleranz und zum anderen eine Kombination von Herbizid- und Insektentoleranz. Mais mit diesen Veränderungen ist aber innerhalb der EU nicht zum Anbau zugelassen und ist daher auch weniger Gegenstand der öffentlichen Diskussionen. Siehe dazu auch Abschnitt 2.2.2.

27 Damit Bt-Toxine erfolgreich gegen Fraßinsekten wirken können, müssen die Pflanzenschutzmittel zur richtigen Zeit ausgebracht werden. Das gestaltet sich umso schwieriger, als dass viele dieser Schädlinge lange Zeit im Pflanzeninneren verbringen und so das Zeitfenster für eine Bt-Anwendung sehr gering ist (z.B. JKI 2007; BIOSICHERHEIT 2009d).

des Bt-Mais an. Durch das in das Erbgut des Mais eingebrachte Bakterium exprimiert dieser nun eigenständig ein Bt-Toxin, so dass keine Bt-Präparate mehr ausgebracht werden müssen. Dieses Konzept findet vor allem Anwendung bei zwei Hauptschädlingen im Maisanbau, dem Maiszünsler und dem Maiswurzelbohrer sowie bei Baumwollschädlingen. Auch bei weiteren Kulturarten wird daran gearbeitet, das Bt-Konzept für die Schädlingsbekämpfung einzusetzen, so z.B. bei Kartoffeln, Apfelbäumen oder Kohl (z.B. TRANSGEN 2006). Dass dieses Konzept nicht unumstritten ist und welche Schwierigkeiten gesehen werden, wird in Abschnitt 2.3.2 ausgeführt. In der öffentlichen, teilweise aber auch in der wissenschaftlichen Auseinandersetzung (primär in Deutschland und in Europa) werden oft sämtliche gentechnischen Veränderungen an Mais unter dem Begriff Bt-Mais zusammengefasst. Dies ist insofern nicht trennscharf, da es neben den auf dem Bt-Konzept basierenden Veränderungen auch herbizidresistenten Mais gibt. Weil aber bislang nur insektenresistenter Mais innerhalb der EU angebaut werden darf, kann diese Verallgemeinerung vorwiegend im Kontext mit Importen bzw. der internationalen Situation zu Ungenauigkeiten führen[28].

Weiterhin ist festzuhalten, dass es nicht *den* Bt-Mais gibt. Vielmehr ist es so, dass bei der Entwicklung von GVP zunächst eine Pflanzenzelle transformiert wird mit dem Ziel, das Genkonstrukt in das Genom der Pflanze zu integrieren. Dabei wird jede erfolgreiche Transformation als *Event* bezeichnet und mit einem bestimmten Kürzel versehen. Einzelne Events können sich bisweilen stark voneinander unterscheiden. Als GVO gilt jede Pflanzenlinie, die aus einem bestimmten Event hervorgeht. Das jeweilige Event kann dann später in verschiedene Sorten eingekreuzt werden (BIOSICHERHEIT 2009b). Da es neben verschiedenen Events auch mehrere

---

28 Ferner wird häufig der Begriff *Gen-Mais* verwendet, der zum Ausdruck bringen soll, dass es sich um GV-Mais handelt. Inhaltlich ist dieser Begriff aber irreführend, da sämtlicher Mais (und alle Pflanzen, die von Menschen und Tieren verzehrt werden) Gene bzw. DNA besitzen. Der Mensch nimmt im Durchschnitt mit der täglichen Nahrung ein Gramm Fremd-DNA aus Tieren, Pflanzen und Bakterien auf (z.B. RENNEBERG 2007).

Maissorten gibt, in die die verschiedenen Events eingebracht werden können, existieren faktisch unterschiedliche Bt-Mais-Sorten, die aber üblicherweise anhand des Events charakterisiert werden[29]. Zu dem bekanntesten Event, das auch in vielen Maissorten zu finden ist, gehört MON810 der Firma Monsanto[30]. Da bei GV-Mais innerhalb der EU ausschließlich der Anbau von Bt-Mais der Linie MON810 erlaubt ist, beziehen sich gewöhnlich alle Aussagen zu Bt-Mais in Europa auf diesen (auch wenn in anderen Ländern weitere Bt-Maislinien zugelassen sind). Mais dieser Linie ist resistent gegen den Maiszünsler und exprimiert eigenständig ein Bt-Toxin, dass die Larven dieses Fraßschädlings abtötet[31].

Bis 2010 war ausschließlich der Anbau von Bt-Mais MON810 innerhalb der EU erlaubt[32] und dieser wurde vorrangig als Körner- oder Silomais unmittelbar als Tierfutter verwendet[33]. Seit März 2010 kann auch die GV-Kartoffel *Amflora* für kommerzielle Zwecke angebaut werden. Allerdings dürfen eine Vielzahl weiterer GVP eingeführt und zu verschiedenen Zwecken genutzt werden. Dies betrifft sowohl weitere Bt-Maislinien als

---

29 So z.B. das Kürzel Bt11, das für ein Bt-Mais-Event der Firma Syngenta® steht und dessen Zulassung in der EU beantragt wurde. Das Event 1507 der Firma Pioneer® wurde bereits für die Verwendung als Lebens- und Futtermittel zugelassen.

30 Aktuell sind in Deutschland über zehn verschiedene Sorten Bt-Mais, die alle auf dem Event MON810 basieren, mit einer sortenrechtlichen Zulassung ausgestattet (BSA 2009, 2010). Ihr Anbau ist jedoch seit dem Frühjahr 2009 untersagt.

31 Für weitere Details zur Wirkungsweise des Bt-Konzepts siehe stellvertretend KEMPKEN & KEMPKEN (2006) und RENNEBERG (2007). Für einen Vergleich der Wirksamkeit der verschiedenen Bekämpfungsstrategien gegen den Maiszünsler siehe beispielhaft SCHRÖDER ET AL. (2006).

32 Formal liegt auch eine gentechnikrechtliche Anbauzulassung für GV-Mais mit dem Event T25 der Firma Bayer CropScience vor (EUROPÄISCHE KOMMISSION 2013), jedoch sind keine Sorten mit diesem Event auf dem Markt, so dass dieser Mais für den Anbau in Europa keine praktische Relevanz besitzt. Mangels existierender Sorten (und damit fehlender sortenrechtlicher Zulassung) mit diesem Event ist dessen Anbau auch nicht möglich, daher ist MON810 die einzige zum Anbau in der EU zugelassene GV-Maislinie.

33 MON810 darf auch zu Lebensmittelzwecken weiterverarbeitet werden, ein direkter Verzehr ist aber nicht gestattet (siehe auch EUROPÄISCHE KOMMISSION 2013).

auch GVP wie Raps, Baumwolle oder Soja, für die keine Anbauzulassung in der EU vorliegt[34]. Diese dürfen dann beispielsweise für Lebens- und Futtermittelzwecke verwendet oder weiterverarbeitet werden (z.B. EUROPÄISCHE KOMMISSION 2013). Eine aktuelle Übersicht der in der EU zugelassenen GVO bzw. GVP findet sich auf den Seiten der Europäischen Kommission (EUROPÄISCHE KOMMISSION 2013). Auf längere Sicht ist davon auszugehen, dass neben Bt-MON810 und *Amflora* weitere GVP eine Anbauzulassung in der EU erhalten werden, da bereits mehrere entsprechende Anträge vorliegen, die zum Teil schon die Prüfungen und Sicherheitsbewertungen durchlaufen haben. Allerdings sind sich die europäischen Staaten bei Fragen der Grünen Gentechnik, vor allem der Zulassung von GVO und GVP, häufig nicht einig, so dass die entsprechenden Verfahren über lange Zeiträume andauern können.

Die unterschiedlichen Einstellungen der europäischen Staaten zu Grüner Gentechnik zeigen sich auch bei einem anderen Punkt: So ist zwar der Anbau von Bt-MON810 innerhalb der EU erlaubt und darf nach geltendem Recht nicht von den Mitgliedsstaaten untersagt werden, es sei denn, es gibt neue wissenschaftliche Erkenntnisse, die eine Gefahr für den Menschen oder die Natur annehmen lassen (EU 2001/18/EG). Trotz der wiederholten Unbedenklichkeitseinschätzung von MON810 durch die Europäische Behörde für Lebensmittelsicherheit (**EFSA**)[35] gelten derzeit nationale Anbauverbote z.B. in Österreich, Frankreich, Ungarn und Griechenland (AGRA-EUROPE 2009a) sowie seit Ende März 2009 in Luxemburg. Auch in Deutschland erreichte die Diskussion um Anbauverbote im Frühjahr desselben Jahres einen neuen Höhepunkt. So wies Agrar- und Verbraucherschutzministerin Aigner bereits im Februar 2009 darauf hin, dass *„die Grüne Gentechnik [...] dem Menschen hierzulande bisher kei-*

---

[34] So wurden in Rumänien bis zu dessen Beitritt in die EU 2007 GV-Sojabohnen angebaut. Mit der EU-Mitgliedschaft musste dieser aber unterbunden werden, da GV-Sojabohnen keine Anbauzulassung in der EU besitzen.

[35] Sowohl die Ergebnisse der Untersuchungen als auch die grundsätzliche Zuständigkeit der EFSA für die Sicherheitsbewertung von GVO und GVP werden mitunter in Frage gestellt. Siehe dazu z.B. THEN & LORCH (2008).

nen erkennbaren Nutzen [bringt]" (BERLINER ZEITUNG 2009). Rund zwei Monate später, im April 2009, verhängte sie mit sofortiger Wirkung ein Anbauverbot für MON810 in der Bundesrepublik Deutschland (BMELV 2009a). Unter Berufung auf die so genannte Schutzklausel des Europäischen Gentechnikrechts (Artikel 23 der Richtlinie 2001/18/EG) in Verbindung mit dem deutschen Gentechnikgesetz (**GenTG**) (§ 20 Abs. 2) wird somit das Ruhen der Genehmigung von MON810 angeordnet[36].
Derartige nationale Verbote sind bereits mehrfach von der EFSA überprüft worden, die aktuellen Ergebnisse der Sicherheitsforschung bieten danach aber keine Anhaltspunkte für eine Rücknahme der Anbauzulassung von MON810 (z.B. EFSA 2008b)[37]. Das derzeit in Deutschland geltende Verbot wurde in mehreren Instanzen prinzipiell bestätigt und somit sind die Klage im Eilverfahren und der Einspruch der Firma Monsanto abgelehnt (NOVG 2009)[38]. Um derartigen nationalen Bestrebungen Rechnung zu tragen, wird auf Ebene der EU auch eine Re-Nationalisierung der Zulassung und des Anbaus von GVP diskutiert, siehe

---

36 Wie lange dieses Anbauverbot aufrechterhalten wird, bleibt abzuwarten, allerdings scheint dieser Punkt zu Diskussionen zu führen, nicht zuletzt durch die erneute Sicherheitsbestätigung von MON810, auch durch das nationale Gremium der Zentralen Kommission für die Biologische Sicherheit (ZKBS) (ZKBS 2009).

37 So hat das Expertengremium der EFSA auch über den Wiederzulassungsantrag für MON810 positiv beschieden (EFSA 2009b). Dessen Genehmigung war nach der Erstzulassung von 1998 nach zehn Jahren ausgelaufen und musste neu beantragt werden.

38 Im März 2011 hat der Europäische Gerichtshof (**EuGH**) ein Gutachten vorgelegt, wonach die meisten national verhängten Anbauverbote von MON810 wohl nicht mit den geltenden europäischen Rechtsvorschriften vereinbar sind. Konkret geht es in diesem Fall um das Anbauverbot in Frankreich. Die Begründungen hierfür finden sich auch in vielen anderen nationalen Verbotserklärungen wieder, so dass im Falle eines entsprechenden Urteils auch die weiteren Anbauverbote zur Debatte stünden. Weiterführend siehe hierzu das Schlussgutachten des Generalanwaltes des EuGH (EuGH 2011a). Das Urteil erging im September 2011 (EUGH 2011c) und im November desselben Jahres hat der oberste Gerichtshof in Frankreich das nationale Anbauverbot annulliert. Jedoch strebt Frankreich ein neuerliches Verbot von MON810 an (TRANSGEN 2012a). Für Deutschland liegt ein solches Urteil bislang nicht vor.

hierzu ausführlicher Abschnitt 2.2.5. Es bleibt abzuwarten, ob die aktuellen Anbauverbote (und Re-Nationalisierungstendenzen) wie beim Moratorium 1998 zu einer Auseinandersetzung vor der Welthandelsorganisation (**WTO**) führen, da die Verbote gegenwärtig nur den Anbau, nicht aber den Import und die Zulassung weiterer GVO und GVP betreffen. Damals hatten die USA und zwölf weitere Staaten (mit den USA, Kanada und Argentinien als Beschwerdeführern) das EU-Moratorium als unzulässigen Verstoß gegen das Welthandelsabkommen gesehen und die WTO angerufen. Diese Verfahren gegen die EU sind teilweise noch immer anhängig (z.B. seitens der USA und Argentinien), wobei aber auch gütliche Einigungen zu verzeichnen sind, so zuletzt mit Kanada (AGRA-EUROPE 2009c; EU 2009b)[39].

Zusammenfassend lässt sich die Situation in Deutschland und Europa folgendermaßen beschreiben: Die Grüne Gentechnik hat Einzug gehalten, aber ihr Einsatz ist sehr zögerlich und findet vor allem in den Bereichen der Zusatzstoffe und (importierter) Futtermittel statt. Im Supermarkt ist für den Endverbraucher davon bislang bis auf importierte Lebensmittel faktisch wenig zu merken, da üblicherweise auf kennzeichnungspflichtige Produkte (siehe Abschnitt 2.2.5) verzichtet wird. Innerhalb der EU dürfen verschiedene GVO bzw. GVP importiert und verwendet werden, der Anbau ist aber prinzipiell auf Bt-Mais der Linie MON810 begrenzt. Die GV-Kartoffel *Amflora* wurde kurzzeitig in begrenztem Umfang kultiviert, 2012 wurde ihre Vermarktung eingestellt. Der Umgang mit Grüner Gentechnik ist sehr unterschiedlich, so dass trotz eines gemeinsamen europäischen Rechtsrahmens in einigen Mitgliedsstaaten

[39] Zusätzlich läuft eine Klage der BASF Plant Science gegen die EU-Kommission wegen Untätigkeit vor dem Europäischen Gerichtshof. BASF wirft der Kommission die wiederholte Verzögerung des Zulassungsverfahrens für den Anbau der GV-Kartoffel *Amflora* vor (AGRARZEITUNG 2008). Dieser Antrag wurde bereits 1996 eingereicht und die EFSA hat mehrfach die Sicherheit dieser GV-Kartoffel bestätigt (EFSA 2007a; EFSA 2009a). Letztlich erfolgte die Anbauzulassung für *Amflora* in der EU im März 2010. Zudem hat BASF erklärt, wegen fehlender Fortschritte bei der Zulassung von *Amflora* auch keine neuen Projekte mit weiteren GV-Kartoffeln mehr zu beginnen (AGRARZEITUNG 2009).

GVP angebaut werden, in anderen hingegen nationale Anbauverbote gelten. Die Unterschiede zeigen sich im politischen Bereich zwischen den Mitgliedsstaaten, aber auch innerhalb einzelner Staaten oder parteiintern. Im gesellschaftlichen Bereich zeigt sich ein ähnliches Bild: So ist z.B. in den Niederlanden oder Spanien (Grüne) Gentechnik wesentlich besser akzeptiert als in Deutschland, der Schweiz oder Österreich. Insgesamt herrscht aber eine Skepsis der europäischen Bevölkerung gegenüber Grüner Gentechnik.

2.2.4 Anbau gentechnisch veränderter Pflanzen: EU und BRD

Wenn auch in einigen Mitgliedsstaaten nationale Anbauverbote für GV-Mais erlassen wurden, so darf MON810 nach wie vor offiziell in der EU kultiviert werden, ebenso wie *Amflora*. In einigen EU-Staaten fand zudem vor den aktuellen Verboten ein Anbau von MON810 statt. Der erste kommerzielle Anbau von GV-Mais in der EU erfolgte 1998. Dabei wurden in Spanien ≈30.000 Hektar und in Frankreich ≈3.000 Hektar angebaut[40]. In Deutschland gab es nur einen begrenzten Versuchsanbau (TRANSGEN 1998). In den folgenden Jahren bis 2004 fand – nicht zuletzt im Kontext des de-facto Moratoriums - nur in Spanien ein nennenswerter Anbau von GV-Mais innerhalb der EU statt[41]. Ab 2005 wurde wieder mehr GV-Mais genutzt. Der deutlich meiste Anbau von GV-Mais fand und findet in Spanien statt. Dabei ist anzumerken, dass bestimmte Regionen in Spanien unter einem hohen Befallsdruck des Maiszünslers stehen, so dass viele Landwirte zu Bt-Mais greifen. Über die Entwicklung des Anbaus in Europa in der jüngeren Vergangenheit gibt Tabelle 4 einen Überblick. Obwohl

[40] Bis 2004 konnten in Spanien auch GV-Maissorten mit dem Event Bt176 angebaut werden, deren Vermarktungsgenehmigung wurde dann jedoch auf eine Empfehlung der EFSA hin aufgehoben (EFSA 2004). Zudem lief die Zulassung von Bt176 in der EU 2006 aus.

[41] Zeitweise erfolgte auch in Bulgarien ein Anbau von GV-Mais mit Herbizidtoleranz auf besondere Genehmigung der Regierung. Dieser belief sich auf einige Tausend Hektar. Ab 2004 fand dieser aber auch nicht mehr statt (z.B. JAMES 2004). Darüber hinaus wurden in Rumänien von 1999 bis 2006 GV-Sojabohnen in größerem Umfang angebaut.

seit 2008 in Frankreich kein GV-Mais mehr angebaut werden durfte, wurde der Wegfall dieser Flächen durch einen verstärken Anbau vor allem in Polen, Rumänien und Tschechien in diesem Jahr fast ausgeglichen. Trotz der Anbauverbote in vielen Ländern der EU setzen andere Mitgliedsstaaten den Anbau von GV-Mais fort. Nach einem Rückgang der Anbauflächen in den Jahren 2009 und 2010 stiegen sie 2011 und 2012 insbesondere in Spanien wieder sehr deutlich an (JAMES 2009, 2010, 2011, 2012). Mit rund 116.000 Hektar GV-Mais für das Jahr 2012 entfallen knapp 88% des europäischen MON810-Anbaus auf Spanien. Insgesamt macht GV-Mais einen Anteil von etwa 1% an der Gesamtfläche von Mais in Europa aus.

Tabelle 4: Anbau GV-Mais Europa 2005-2008
Quelle: Darstellung nach BVL 2009b; EUROPABIO 2009

Land	**2005** (Fläche in ha)	**2006** (Fläche in ha)	**2007** (Fläche in ha)	**2008** (Fläche in ha)
Deutschland	342	947	2.685	3.171
Frankreich	492	5.000	21.147	x
Polen	x	100	320	3.000
Portugal	750	1.250	4.500	4.851
Rumänien	x	x	350	7.146
Slowakische Republik	x	30	900	1.900
Spanien	53.225	53.667	75.148	79.269
Tschechische Republik	150	1.290	5.000	8.380
GV-Mais gesamt	***54.959***	***62.284***	***110.050***	***107.717***

Betrachtet man für die vergangenen Jahre bis zum aktuellen Verbot aus 2009 den kommerziellen Anbau von GV-Mais in Deutschland detaillierter, so zeigt sich, dass der stärkste Anbau in den östlichen bzw. nordöstlichen Bundesländern stattfand (Tabelle 5). Auch hier ist im Vergleich zu vielen anderen Bundesländern ein erhöhter Befallsdruck des Maiszünslers zu verzeichnen. Die größten Anbauflächen von Bt-Mais waren in Brandenburg, Sachsen, Mecklenburg-Vorpommern und Sachsen-Anhalt zu finden. Insgesamt machte der Anbau in diesen vier Bundesländern rund 99% des Gesamtanbaus von MON810 in Deutschland aus. Dabei waren die Flächensummen dort deutlich größer als in den anderen Bundesländern, so dass von einem vergleichsweise großflächigen Anbau in diesen Gebieten gesprochen werden konnte.

Tabelle 5: Anbau GV-Mais in Deutschland 2005-2008
Quelle: BVL 2009b (Standortregister 2005-2009)

Bundesland	**2005** (Fläche in ha)	**2006** (Fläche in ha)	**2007** (Fläche in ha)	**2008** (Fläche in ha)
Baden-Württemberg	2,0	4,6	7,3	3,4
Bayern	14,2	5,5	5,9	9,9
Brandenburg	119,4	442,8	1.347	1.244,5
Hessen	0	0,01	0,25	0
Meckl.-Vorpommern	107,2	238	638	745,6
Niedersachsen	10,4	7	17,6	14,1
Nordrhein-Westfalen	0,26	0,52	0,04	0
Rheinland-Pfalz	0	0,17	0,34	0,7
Sachsen	64,1	230,3	556	952,6
Sachsen-Anhalt	24,1	17,5	112,5	196,2
Schleswig-Holstein	0	0,02	0,03	0,04
Thüringen	0,07	0,14	0,24	4,1
BRD gesamt:	***342***	***947***	***2685***	***3171***

Auch die Anzahl der Standorte (für Details siehe BVL 2009b), an denen Bt-Mais angebaut wurde, waren in diesen Regionen deutlich höher als im übrigen Bundesgebiet, wobei sich an deren Zahl auch agrarstrukturelle Bedingungen widerspiegeln. So wurden beispielsweise 2006 an praktisch der gleichen Anzahl von Standorten in Sachsen die über 40-fache Fläche gegenüber Bayern mit MON810 bewirtschaftet[42]. Betrachtet man den Anteil von Flächen mit Bt-Mais gegenüber der gesamten Maisfläche in Deutschland, so war dieser sehr gering[43]. Im Jahr 2005 lag der Anteil bei

[42] Anzumerken ist, dass im östlichen Bundesgebiet zumeist grundsätzlich die durchschnittliche Flächengröße höher als im südlichen Teil der Republik ist, so dass pro Standort mehr Fläche mit Bt-Mais kultiviert wird. Der Durchschnitt der Fläche pro Standort mit GV-Mais liegt in den Jahren 2006-2008 bei rund 16,4 Hektar für Sachsen und zwischen 0,4-0,6 Hektar für Bayern.

[43] Dies nicht zuletzt auch deshalb, weil in den vergangenen Jahren der Maisanbau in Deutschland insgesamt stark zugenommen hat, auf über 2 Millionen Hektar in 2008 (z.B. DMK 2009).

0,02% der Fläche, bis 2008 ist dieser auf 0,15% gestiegen (BVL 2009a). In Bremen, Hamburg und Berlin als kleine Bundesländer mit grundsätzlich geringer Agrarfläche (z.B. STATISTISCHES BUNDESAMT 2008) sowie dem Saarland fand bislang faktisch kein Anbau von Bt-Mais statt. Trotz der Aussetzung des kommerziellen Anbaus von MON810 in Deutschland für 2009[44] wurden an 17 Standorten Freisetzungen mit GV-Mais durchgeführt[45] (BVL 2009b).

Ungeachtet aller Debatten und Bedenken hinsichtlich der rechtlichen Absicherung des Anbauverbotes[46] (siehe Abschnitt 2.2.5) ist bislang nicht absehbar, ob es zu einer Aufhebung der Aussetzung und dann wieder zu einem kommerziellen Anbau von Bt-Mais in Deutschland kommen wird[47]. Der kommerzielle Anbau der GV-Kartoffel *Amflora* mit veränderter Stärkezusammensetzung ist seit 2010 in der EU erlaubt. Ihre Verwendung ist auf industrielle Zwecke begrenzt. Sie wurde 2010 in drei Mitgliedsstaaten auf zusammen rund 245 Hektar angepflanzt[48]. Davon entfielen 15 Hektar auf Deutschland (EUROPABIO 2010). Der Anbau von *Amflora* in 2011 blieb

---

44 Vor dem Verbot waren bundesweit rund 3600 Hektar für den Anbau angemeldet (BVL 2009b).

45 Neben Mais gibt es auch Freisetzungen mit Kartoffeln, Zuckerrüben, Weizen und Gerste. Die Gesamtfläche der Freisetzungen beträgt rund 31 Hektar (BVL 2009b). Auch 2010 und 2011 gab es verschiedene Freisetzungsversuche mit GVP in der Bundesrepublik.

46 So zeigen auch RICROCH ET AL. (2010), dass das derzeit geltende Anbauverbot bzw. dessen Begründungen lückenhaft sind und wichtige Forschungsergebnisse nicht berücksichtigt wurden.

47 In jedem Fall zeichnet sich in vielen europäischen Ländern gegenwärtig ein Trend ab, nicht nur den Anbau sondern auch Freisetzungen von GVP zu reduzieren. Seit 2010 ist die Zahl der Freisetzungen in Europa insgesamt deutlich rückläufig, auf weniger als 30 für das Jahr 2013. In Deutschland selbst wird es 2013 voraussichtlich keinerlei Freisetzungen von GVP geben (TRANSGEN 2013c). Inwiefern dieser Trend der öffentlichen Meinungslage und auch Feldzerstörungen entspringt, kann sicher diskutiert werden.

48 Der Bericht der ISAAA weist dagegen rund 450 Hektar *Amflora* in Europa aus (JAMES 2010). Siehe hierzu die kritischen Anmerkungen zu diesen Berichten im Abschnitt 2.2.2.

sehr gering und fand nur noch in Schweden und Deutschland statt, wobei in der Bundesrepublik rund zwei Hektar angebaut wurden (z.B. TRANSGEN 2011a). In Schweden reduzierte sich die Fläche auf 15 Hektar (2008: 80 Hektar), in Tschechien wurde der Anbau von *Amflora* gänzlich eingestellt (2008: 150 Hektar). Unter anderem aufgrund der geringen Nutzung stellte die BASF Plant Science die Vermarktung von Amflora in Europa 2012 ein.

2.2.5 Rechtliche Aspekte der Grünen Gentechnik

Dieser Abschnitt gibt eine kurze Übersicht über relevante rechtliche Rahmenbedingungen zur Grünen Gentechnik. Die Zahl der Gesetze und Verordnungen ist groß und es gibt kein weltweit einheitliches Verfahren zur Regelung der Pflanzenbiotechnologie. Vielmehr ist es so, dass fast jeder Staat seine eigenen Gesetze zum Umgang mit Grüner Gentechnik hat. Dies gilt (in gewissem Umfang) auch für die EU. Zwar bilden europäische Vorgaben den Rahmen zum Umgang mit Grüner Gentechnik, die länderspezifischen Ausgestaltungen variieren aber mitunter erheblich[49]. Auf den gemeinsamen Vorgaben und den spezifischen Regelungen in Deutschland liegt im Folgenden der Schwerpunkt, ohne dabei eine erschöpfende Darstellung zu beanspruchen. Dabei konzentrieren sich die Ausführungen auf die kommerzielle Nutzung der Pflanzenbiotechnologie. Für weitere, ausführliche und gut aufbereitete Informationen, die zusätzliche Aspekte wie das Sorten- und Patentrecht sowie die Haftungsregeln behandeln, sei beispielhaft auf das *Diskursprojekt „Szenario Workshops:*

---

[49] Es sind vor allem bei dem Thema Koexistenzregeln große Unterschiede zwischen den Mitgliedsstaaten zu finden. So wurden bis April 2009 in 15 Mitgliedsstaaten Koexistenzvorschriften erlassen (bis 2006 war dies erst in vier Mitgliedsstaaten der Fall), die inhaltlich sehr stark, auch hinsichtlich der Kompetenzen für Koexistenzfragen, variieren (EU 2009a). Betrachtet man beispielsweise die Mindestabstandsvorgaben zwischen GV-Mais und konventionellem bzw. ökologischen Maiskulturen, variieren diese zwischen 50 Metern in Frankreich bzw. 50-75 Metern in Irland, über 80-110 Meter in Großbritannien und 150-300 Meter in Deutschland bis hin zu 400-800 Metern in Ungarn (z.B. BIOSICHERHEIT 2009c). Auch bzgl. der Haftungsregelungen bestehen Unterschiede zwischen den europäischen Staaten.

Zukünfte der Grünen Gentechnik" des FORSCHUNGSZENTRUMS KARLSRUHE (2009) verwiesen. Auf internationaler Ebene sind vor allem das Cartagena-Protokoll (*Biosafety-Protokoll*) und der so genannte Biosafety Clearing-House (**BCH**) Mechanismus zu nennen[50]. Ersteres stellt ein internationales Abkommen dar, das erstmalig den grenzüberschreitenden Handel mit lebenden GVO festlegt und völkerrechtlich verbindlich regelt. Es ist ein Folgeabkommen der Konvention über die Biologische Vielfalt (*Convention on Biological Diversity* **CBD**) von 1992[51]. Im Oktober 2010 haben sich nach sechs Jahren Verhandlung die unterzeichnenden Staaten des Cartagena-Protokolls auf ein weiteres internationales Abkommen geeinigt. Das so genannte *Kuala Lumpur-Nagoya-Zusatzprotokoll* regelt Fragen der Haftung und Entschädigung, einschließlich möglicher Schäden an der Biologischen Vielfalt. Es liegt seit März 2011 zur Unterzeichnung aus und kann erst nach der Ratifizierung durch mindestens 40 Staaten Gültigkeit erlangen. Der BCH-Mechanismus ist ein Bestandteil des Cartagena-Protokolls und regelt auf internationaler Ebene den Informationsfluss und –austausch zwischen den Vertragsstaaten und unterstützt diese bei der Umsetzung ihrer Pflichten[52]. Daneben werden auch in der Almaty-Änderung (*Almaty Amendment*) der Aarhus-Konvention die Mindestanforderungen an die Öffentlichkeitsbeteiligung bei Entscheidungen über die Freisetzung und das Inverkehrbringen[53] von GVO geregelt[54].

---

50 Daneben sind auch die Regeln der WTO für den stark international verflochtenen Agrarhandel von hoher Relevanz, insbesondere hinsichtlich Handelsbeschränkungen (die sich aber nicht explizit auf das Thema Gentechnik beziehen).

51 Für weiterführende Informationen siehe das Protokoll im Wortlaut (SCBD 2000), sowie SCBD (2009a).

52 Details zum BCH und Informationen zum aktuellen Stand der Teilnahme und Ratifizierung verschiedener Staaten sind unter SCBD (2009b) zu finden.

53 Unter Freisetzung wird das absichtliche Ausbringen von GVO außerhalb eines geschlossenen Systems (z.B. Labor, Gewächshaus) in die Umwelt verstanden. Inverkehrbringung bedeutet die kommerzielle Nutzung von GVO in der Umwelt, einschließlich Importe. Die Richtlinie 2001/18/EG definiert Inverkehrbringen als „entgeltliche oder unentgeltliche Bereitstellung für Dritte" (EU 2001/18/EG: 5).

54 Siehe dazu auch UNECE (1998) und UNECE (2005).

Auf europäischer Ebene ist es grundsätzlich so, dass gemeinsame Verordnungen und Richtlinien erlassen werden, die entweder unmittelbar in allen Mitgliedsstaaten gelten oder in nationales Recht umgesetzt werden müssen, wobei die gemeinschaftlichen Rahmenvorgaben üblicherweise bereits die internationalen Vorgaben berücksichtigen. Es ist den Ländern mitunter freigestellt, bei Bedarf striktere Vorgaben im Zuge der nationalen Umsetzung einzuführen (vor allem im Kontext der Koexistenz), so lange diese nicht gegen geltendes Recht verstoßen (EUROPÄISCHE KOMMISSION 2006a; EUROPÄISCHE KOMMISSION 2009).

Der zentrale Grundsatz des europäischen Gentechnikrechts ist, dass ohne eine entsprechende Zulassung keine GVO auf den Markt dürfen[55], wobei das europäische Zulassungssystem vergleichsweise komplex und nicht unumstritten ist[56]. Allgemein unterscheidet sich die Regulierung von GVO nach zwei Kriterien: Entweder handelt es sich um einen vermehrungsfähigen GVO (z.B. GVP) oder um verarbeitete Lebens- und Futtermittel. Aufgrund der jeweiligen Eingruppierung gibt es Unterschiede bei den Anforderungen für eine Genehmigung sowie dem Verfahren an sich. Im ersten Fall werden die wesentlichen Kriterien durch die Richtlinie 2001/18/EG („Freisetzungsrichtlinie") festgelegt. Kurz gesagt regelt diese die Freisetzung und Inverkehrbringung (einschließlich Einfuhr, Anbau, Verarbeitung) von GVO. Im zweiten Fall, der Inverkehrbringung von GVO zum Zweck des menschlichen Verzehrs oder der Verfütterung an Tiere, greift die Verordnung 1829/2003/EG[57]. Dazu zählen Lebens- oder Fut-

---

[55] Dass es lange dauern kann, ehe eine derartige Zulassung erteilt wird, zeigt auch die Vielzahl der Anträge, die teilweise bereits seit mehreren Jahren auf eine Entscheidung warten (z.B. EFSA 2009c) oder auch Klagen gegen die EU-Kommission wegen Verzögerung der Zulassung (siehe auch Abschnitt 2.2.3).

[56] So werden auch viele Probleme in der so genannten asynchronen Zulassungspraxis weltweit gesehen. Beispielhaft sei hierzu auf STEIN & RODRÍGUEZ-CEREZO (2009) verwiesen.

[57] Bis zum Erlass dieser Verordnung galten GV-Lebensmittel als „neuartige Lebensmittel" und fielen unter die ab 1997 gültige *Novel Food* Verordnung. Die neue Verordnung (wirksam seit April 2004) verfügt unter anderem über stärkere Sicherheitsanforderungen und eine erweiterte Kennzeichnung.

termittel, die aus GVO bestehen, GVO enthalten oder aus solchen hergestellt wurden. Es ist auch möglich, beide Anträge (also für GVP und die daraus erzeugten Lebens- und Futtermittel) gemeinsam zu stellen bzw. in einem gemeinsamen Verfahren zur Entscheidung zu stellen[58].

Ein Antrag auf Zulassung als Lebens- oder Futtermittel (gemäß 1829/2003/EG) muss nur bei der zuständigen Behörde in einem Mitgliedsstaat der EU gestellt werden[59]. Nach dessen Weiterleitung an die EFSA erfolgt die Sicherheitsprüfung[60]. Die dann von der EFSA erarbeitete Stellungnahme wird an die EU-Kommission und die Mitgliedsstaaten weitergeleitet sowie der Öffentlichkeit zugänglich gemacht. Danach macht die EU-Kommission einen Vorschlag zur Entscheidung, der dann zur Abstimmung in den *Ständigen Ausschuss für die Lebensmittelkette und Tiergesundheit* weitergeleitet wird. Stimmt der Ausschuss dem Vorschlag zu, wird dieser durch die Kommission umgesetzt, also die Zulassung erteilt oder verweigert. Stimmt der Ausschuss dem Vorschlag der Kommission jedoch nicht zu (bzw. es gibt keine qualifizierte Mehrheit), dann muss durch die Kommission ein neuer Vorschlag erarbeitet und dem Ministerrat vorgelegt werden.

Ebenso wird das Europäische Parlament informiert. Nun kann der Ministerrat den Vorschlag der Kommission mit qualifizierter Mehrheit annehmen oder ablehnen. Kommt es im Rat zu keiner Einigung, gilt der Vor-

58 Ferner gibt es die Richtlinie 90/219/EG, die die Anwendung von GV-Mikroorganismen in geschlossenen Systemen regelt sowie die Verordnung 1946/2003/EG über die grenzüberschreitende Verbringung von GVO. Letztere stellt die Umsetzung des internationalen Abkommens über die Biologische Sicherheit in der EU dar. Beide sind aber im Kontext dieser Arbeit nicht relevant und werden daher nicht weiter ausgeführt.

59 Im Rahmen eines Zulassungsantrages müssen auch geeignete Nachweisverfahren angegeben werden, mit denen der GVO später in Lebensmitteln oder anderen Rohstoffen detektiert werden kann.

60 Die Zuständigkeit für die Sicherheitsbewertung liegt bei einem Sachverständigengremium der EFSA, dem so genannten *GMO Panel*. Dieses ist unabhängig von der EU-Kommission und der EFSA und nicht weisungsgebunden. Für eine Übersicht der Leitlinien und Grundsätze bei einer Sicherheitsbewertung siehe EFSA (2006a, 2006b).

schlag der Kommission[61]. Diese Entscheidung ist dann in allen Mitgliedsstaaten gültig und im Falle einer Zustimmung zum Antrag ist der GVO EU-weit zugelassen. Sämtliche Zulassungen sind auf zehn Jahre begrenzt und alle Lebensmittel aus GVO müssen in ein öffentlich zugängliches Register eingetragen werden. Eine Erneuerung der Zulassung für weitere zehn Jahre ist möglich.

Ein Antrag auf Zulassung zur Inverkehrbringung von GVP nach der Freisetzungsrichtlinie (2001/18/EG) kann prinzipiell nach dem gleichen Verfahren entschieden werden. Wird jedoch ein anderer Zweck als die Inverkehrbringung angestrebt, unterscheidet sich das Verfahren stärker. Ehe ein kommerzieller Anbau von GVP möglich ist, sind neben der gentechnikrechtlichen Zulassung außerdem noch sortenrechtliche Prüfungen und Zulassungen erforderlich.

Bei der Bewertung von GVO und GVP stellen die Sicherheit der Menschen und der Umwelt vor potentiell schädlichen Einflüssen durch GVO ein zentrales Moment dar. In diesem Kontext ist das Konzept der *substanziellen Äquivalenz* zu nennen, unter dem die wesentliche Gleichwertigkeit einer GVP bzw. einer GV-Zutat mit dem jeweiligen konventionellen Gegenstück verstanden wird (EFSA 2004). Nur wenn die GVO bzw. die resultierenden Pflanzen und Produkte eine wesentliche Gleichheit in bestimmten Kriterien aufweisen, werden sie als nach derzeitigem Stand der Wissenschaft und Technik als unbedenklich bzw. genauso sicher wie das konventionelle Äquivalent eingestuft und dürfen in den Verkehr gebracht werden. Grundsätzlich unterliegen GVO und GV-Lebensmitteln hohen Anforderungen, denn ohne den Nachweis ihrer Unbedenklichkeit dürfen sie nicht auf den Markt gebracht werden.

Da absolute Sicherheit nie möglich ist, erfolgen umfangreiche Prüfungen und es müssen eine Vielzahl von Sicherheitsanforderungen erfüllt wer-

---

61 Letzteres war und ist bei den meisten Zulassungen in der EU der Fall: Die Kommission folgt der Sicherheitsbewertung der EFSA und spricht sich für eine Zulassung aus. Der Ausschuss teilt diese Einschätzung nicht und im Ministerrat kommt es zu keiner qualifizierten Mehrheit für oder gegen die Zulassung, so dass dann der Vorschlag der Kommission rechtskräftig wird (z.B. EU 2008; TRANSGEN 2009a).

den. Kritiker der Grünen Gentechnik betonen aber, dass die Verfahren und Sicherheitsbewertungen nicht ausreichend sind (z.B. THEN & LORCH 2008).

Generell wichtige Aspekte im Rahmen der Beurteilung und Zulassung von GVO sind (auch im Hinblick auf deren kommerziellen Einsatz in der Landwirtschaft) die Sicherheit, die Rückverfolgbarkeit, die Koexistenz zwischen GVO und GVO-freier Produktion, die Kennzeichnung von GVO und entsprechenden Lebensmitteln sowie die Sicherstellung der Wahlfreiheit für AnwenderInnen und VerbraucherInnen. Insgesamt werden durch die Verordnungen und Richtlinien Bedingungen festgelegt, unter denen GVO (bzw. GVP) und daraus resultierende Lebens- und Futtermittel entwickelt, verwendet und in den Verkehr gebracht werden können. Eine zentrale Rolle spielen hierbei die Kennzeichnung und Rückverfolgbarkeit der GVO, die in den Verordnungen 1829/2003/EG und 1830/2003/EG geregelt sind. Diese legen fest, dass

> „[...] die vollständige und zuverlässige Information der Verbraucher im Zusammenhang mit GVO und aus diesen hergestellten Produkten sowie Lebens- und Futtermitteln gewährleistet sein [muss], damit die Verbraucher eine sachkundige Produktauswahl treffen können" (EU 1830/2003/EG: 25).

Dazu zählen auch die Rückverfolgbarkeit und Speicherung der Informationen, dass ein Produkt GVO enthält oder daraus besteht, und zwar zu jedem Zeitpunkt des Inverkehrbringens. Darüber hinaus müssen Erzeugnisse aus GVO deutlich mit einem entsprechenden Hinweis gekennzeichnet werden. Dies gilt sowohl für Lebensmittel als auch für Futtermittel. Die Verordnung 1829/2003/EG sieht dazu beispielsweise die Formulierungen *„genetisch verändert"*, *„aus genetisch verändertem..."* oder *„enthält genetisch veränderten..."* vor[62].

Die umfassenden Kennzeichnungsvorschriften gelten auch dann, wenn im Enderzeugnis selbst keine GVO mehr nachzuweisen sind[63]. Es müssen

---

62 Neben dem genauen Wortlaut werden auch Vorgaben zur Position und Größe der Kennzeichnung gemacht.

63 In diesem Kontext ist oft von *Prozesskennzeichnung* die Rede, die Informationen über den Einsatz von Gentechnik unabhängig von der stofflichen Zusammensetzung des Produktes gibt (z.B. BVL 2008).

also alle Lebensmittel, Zutaten oder Zusatzstoffe, die GVO enthalten, gekennzeichnet werden[64].

Wenngleich die Kennzeichnung grundsätzlich und auf allen Stufen des Inverkehrbringens gefordert ist (siehe auch die Richtlinie 2001/18/EG), gibt es aber Einschränkungen und Ausnahmen. So fallen üblicherweise technische Hilfsstoffe (z.B. Enzyme aus GV-Mikroorganismen) und Zusatzstoffe nicht unter die Kennzeichnungspflicht, außer die GV-Mikroorganismen sind im Endprodukt noch existent.

Ähnliches gilt für tierische Erzeugnisse. Zwar müssen die Futtermittel an sich gekennzeichnet werden, die tierischen Produkte (Fleisch, Eier, Milch) hingegen nicht[65]. Dies ist einer der Hauptkritikpunkte beim Umgang mit Gentechnik allgemein und Grüner Gentechnik im Speziellen (siehe dazu auch Kapitel 2.3). Konkret formuliert die Verordnung 1829/2003/EG die Kennzeichnungspflicht folgendermaßen:

> „Diese Verordnung sollte Lebensmittel und Futtermittel abdecken, die „aus" einem GVO, jedoch nicht solche, die „mit" einem GVO hergestellt sind. Entscheidend dabei ist, ob das Lebensmittel oder Futtermittel einen aus dem genetisch veränderten Ausgangsmaterial hergestellten Stoff enthält. Technische Hilfsstoffe, die nur während der Herstellung des Lebensmittels oder Futtermittels verwendet werden, entsprechen nicht der Definition der Lebensmittel oder Futtermittel und fallen daher auch nicht in den Geltungsbereich dieser Verordnung. Ebenso fallen Lebensmittel und Futtermittel, die mithilfe eines genetisch veränderten technischen Hilfsstoffes hergestellt wurden, nicht in den Geltungsbereich dieser Verordnung. Dies bedeutet, dass Produkte, die aus Tieren gewonnen worden sind, welche mit genetisch veränderten Futtermitteln gefüttert oder mit genetisch veränderten Arzneimitteln behandelt wurden, weder den

---

64 International gibt es verschiedene Kennzeichnungsregime. Während es in der EU und beispielsweise China, Brasilien und Russland eine verpflichtende Kennzeichnung gibt, sind entsprechende Angaben z.B. in Kanada, den USA oder Argentinien freiwillig. Für eine Übersicht und einen Vergleich der unterschiedlichen Kennzeichnungsstrategien siehe z.B. CARTER & GRUÈRE (2003) oder GRUÈRE & RAO (2007). Darüber hinaus werden in Abhängigkeit der Kennzeichnungsart auch unterschiedliche Wohlfahrtseffekte gesehen (z.B. CRESPI & MARETTE 2003; FULTON & GIANNAKAS 2004; SCATASTA ET AL. 2007).

65 Zu diesem Ausschluss tierischer Erzeugnisse von der Kennzeichnungspflicht ist anzumerken, dass in diesen nicht messbar bzw. nachweisbar ist, welche Art an Futtermitteln verwendet wurden.

Zulassungsbestimmungen noch den Kennzeichnungsbestimmungen dieser Verordnung unterliegen" (EU 1829/2003/EG: 2).[66]

Neben der Festlegung des Gültigkeitsbereichs der Kennzeichnung gibt es eine weitere Einschränkung der grundsätzlichen Kennzeichnung. Ein bestimmter Anteil an GVO darf prinzipiell im Produkt enthalten sein, so lange dieser zufällig oder technisch unvermeidbar, also nicht vorsätzlich dem Produkt beigefügt ist sowie einen festgesetzten Grenzwert nicht überschreitet. Diese Kennzeichnungsschwelle liegt gegenwärtig bei 0,9%[67] der jeweiligen Zutat bzw. des Lebensmittels (EU 2001/18/EG; EU 1829/2003/EG)[68].

So lange der Grenzwert nicht überschritten wird, muss keine Kennzeichnung der entsprechenden Produkte erfolgen. Das heißt, im Falle von Zufall oder technischer Unvermeidbarkeit können GVO-Bestandteile ohne

66 Dazu zählt beispielsweise auch Honig, der als tierisches Produkt nicht unter die Kennzeichnungspflicht fällt. Außerdem kann möglicher GV-Pollen im Honig auch als zufällige, technisch nicht vermeidbare Beimischung aufgefasst werden, die ebenfalls von der Kennzeichnungspflicht ausgenommen wäre. Das Thema Kennzeichnung von Honig ist insgesamt sehr strittig (siehe z.B. MLR 2006; JANY 2007). Zuletzt kam der Europäische Gerichtshof im September 2011 zu dem Urteil, dass Honig, der Pollen eines GVO enthält, nunmehr ein Lebensmittel „aus einem GVO hergestellt" darstellt und entsprechend alle rechtlichen Vorgaben erfüllt sein müssen. Dies betrifft neben der Kennzeichnung auch die „Nulltoleranz". Der Pollen selbst wird aber nicht als GVO gewertet, da er nicht mehr vermehrungsfähig ist (EUGH 2011b). Neue Diskussionen diesbezüglich entbrennen, da nach Prüfung durch die EFSA Pollen von MON810 als unbedenklich eingestuft wurde und somit zugelassen und grundsätzlich erlaubt werden kann. Noch steht die Zulassung aber aus (TRANSGEN 2013b).

67 Bis April 2004 lag der Grenzwert für eine Kennzeichnung bei 1,0%. Grundsätzlich ist die Festlegung eines Grenzwertes eine notwendige Entscheidung, wenn die Wahlfreiheit zwischen Produkten mit und ohne bewussten Einsatz von Gentechnik gesichert werden soll. Allerdings entspringt die Höhe eher einer politischen Motivation als naturwissenschaftlichen Grundlagen.

68 Allerdings gilt die Kennzeichnungspflicht nur für Bestandteile, die im rechtlichen Sinn als Lebensmittel gelten. Trägerstoffe und technische Hilfsstoffe werden üblicherweise nicht als Lebensmittel angesehen und müssen daher weder auf der Zutatenliste des Produktes angegeben, noch hinsichtlich einer gentechnologischen Änderung gekennzeichnet werden.

einen entsprechenden Hinweis in Lebensmitteln vorhanden sein, der bewusste Einsatz von GVO muss aber auch beim Unterschreiten der Kennzeichnungsschwelle angegeben werden (z.B. BVL 2008). Im Übrigen gilt dieser Schwellenwert auch für die so genannten Bio-Produkte, bei denen der bewusste Einsatz von Gentechnik zwar grundsätzlich ausgeschlossen ist, aber geringe, technisch nicht vermeidbare Anteile gemäß EG-Ökoverordnung enthalten sein dürfen (EU 834/2007). Der Grenzwert von 0,9% gilt aber nur für in der EU zugelassene GVO[69]. Gegenüber nicht zugelassenen GVO verfolgt die EU eine „Nulltoleranz", das heißt, es dürfen keinerlei GV-Bestandteile enthalten sein[70]. Im Juni 2011 hat die EU-Kommission allerdings eine Änderung dieser Rechtsvorschriften angenommen, die nunmehr unter bestimmten Bedingungen[71] von dieser Nulltoleranz abrücken, allerdings ausschließlich bei Futtermittelimporten; bei Einfuhren zur Nutzung als Lebensmittel bleibt die Rechtslage unverändert[72]. So soll künftig die technische Nachweisgrenze von 0,1% (unter-

[69] International sind solche Kennzeichnungsgrenzwerte unterschiedlich ausgeprägt. Beispielsweise in Japan, Kanada und Taiwan liegt die Grenze bei 5%, in Süd-Korea bei 3%. In China gibt es keinen Kennzeichnungsgrenzwert, es gilt die 0%-Grenze. Darüber hinaus unterscheiden sich die Kennzeichnungsregime auch bzgl. freiwilliger oder verpflichtender Angaben über den Anteil von GVO. Ferner differieren die Regime hinsichtlich der Entscheidung, ob eine Produkt- oder Prozesskennzeichnung vorgeschrieben wird. Eine sehr gute Übersicht geben GRUÈRE & RAO (2007).

[70] Diese Nulltoleranz wird häufig kritisiert und es werden ihr steigende Rohstoff- und Beschaffungspreise, vor allem bei Futtermitteln, angelastet (z.B. LME 2008a; ZDS 2008; AGRARMINISTERKONFERENZ 2009). Viele NGOs wiederum begrüßen diese strikte Haltung der EU (z.B. FRIENDS OF THE EARTH EUROPE ET AL. 2008). Eine ausführliche internationale Darstellung siehe STEIN & RODRÍGUEZ-CEREZO (2009).

[71] Zu diesen Bedingungen zählen die Zulassung der entsprechenden GVP im Erzeugerland und es muss ein seit mindestens drei Monaten vorliegender Antrag auf Zulassung in der EU gestellt sein. Weiterhin werden bis zur Höhe von 0,1% nun auch Anteile an GVO in Futtermitteln toleriert, deren Zulassung in der EU abgelaufen ist und nicht erneuert wurde (EU 2011).

[72] Dies kann sich aber bald ändern, da seit April 2012 eine ähnliche Regelung für Lebensmittel diskutiert wird. Auch hier soll dann die technische Nachweisgrenze gelten (TRANSGEN 2012b).

halb derer keine verlässlichen Aussagen möglich sind) für derartige Importe gelten (EU 2011).
Neben der Kennzeichnung und Rückverfolgbarkeit von GVO in Lebens- und Futtermitteln gibt es auch für die Koexistenz zusätzliche Leitlinien, in denen Aspekte des Anbaus von GVP berücksichtigt werden und die den parallelen Betrieb verschiedener Formen von Landwirtschaft sicherstellen sollen. Dazu hat die EU-Kommission Leitlinien erarbeitet (2003/556/EG), die konkreten Koexistenzmaßnahmen sollen aber von den Mitgliedsstaaten selbst entwickelt und umgesetzt werden. Die Regelungen zur Koexistenz auf nationaler Ebene sind auch Gegenstand von Überlegungen der EU, die Entscheidung über den Anbau von GVP zurück in die Mitgliedsstaaten zu geben, wie es die Europäische Kommission im Juli 2010 vorgeschlagen hat (EU 2010). In diesem Zusammenhang ist oft von „Re-Nationalisierung" der Anbauentscheidung die Rede. Konkret geht es hierbei um das Recht der Mitgliedsstaaten, den Anbau von in der EU zugelassenen GVP zu regulieren und aus ethischen oder sozioökonomischen Gründen innerhalb ihres Hoheitsgebietes letztlich verbieten zu können. In diesem Zusammenhang wurden neue Leitlinien für die Koexistenz vorgelegt, die die obig beschriebene Richtlinie 2003/556/EG ablösen und den Mitgliedsstaaten ermöglichen sollen, auch geringere Einträge als 0,9% GVP in konventionelle Bestände als Schaden deklarieren zu können. Ebenso besteht nach diesem Vorschlag die Möglichkeit, sehr restriktive Vorgaben, die faktisch einem Anbauverbot gleichkommen, zu erlassen oder auch explizit gentechnikfreie Gebiete vorzuschreiben. Letztlich ist durch diesen Vorschlag auch die Richtlinie 2001/18/EG (Freisetzungsrichtlinie) entsprechend betroffen und muss ergänzt oder geändert werden. Der Vorschlag der Re-Nationalisierung stößt in den Mitgliedsstaaten jedoch nur begrenzt auf positive Resonanz. Die Mehrheit der Länder ist gegen eine Aufweichung der gemeinschaftlichen Zulassungspraxis und Agrarpolitik, auch Staaten wie Deutschland oder Frankreich, die ihrerseits (aus anderen Gründen als ethischen oder sozioökonomischen Bedenken) nationale Anbauverbote für MON810 erlassen haben (z.B. TRANSGEN 2010). So hat der Bundesrat im September 2010 „Bedenken" an den Re-Nationalisierungsvorhaben geäußert

(BUNDESRAT 2010). So hat im November 2010 auch der juristische Dienst des Europäischen Rates deutliche Zweifel an der Vereinbarkeit dieses Vorschlages mit den geltenden Welthandelsverträgen mitgeteilt. Ob unter diesen Vorzeichen der Vorschlag der Kommission umgesetzt werden kann, ist bislang nicht abzuschätzen, da eine Vielzahl der Länder eben jene Verstöße gegen geltende Verträge befürchten. Wenngleich eine Liste mit sozioökonomischen Kriterien, die ein nationales Anbauverbot legitimieren können, erarbeitet werden soll, wird eine abschließende Entscheidung wohl noch länger zurückgestellt.
Auf nationaler Ebene in Deutschland stellt das GenTG ein wichtiges Regelwerk zur Gentechnik dar, das in großen Teilen die direkte Umsetzung des europäischen Rechtsrahmens darstellt. Es verfügt aber über einen gewissen Handlungsspielraum hinsichtlich bestimmter Ausführungsbestimmungen der auf gemeinschaftlicher Ebene erlassenen Verordnungen, Richtlinien und Empfehlungen. Es regelt beispielsweise neben der entsprechenden Umsetzung der gemeinsamen Vorschriften auch den Rahmen der Koexistenz der verschiedenen Bewirtschaftungsformen, die Haftungsvorschriften sowie die Zuständigkeiten der nationalen Behörden[73]. Das GenTG wird durch zahlreiche Verordnungen ergänzt und präzisiert[74]. Dabei ist ein wichtiges Instrument zur Sicherung der Koexistenz die seit der Anbausaison 2008 gültige *Verordnung über die gute fachliche Praxis bei der Erzeugung gentechnisch veränderter Pflanzen* (Gentechnik-Pflanzenerzeugungsverordnung - **GenTPflEV**). Darin werden unter anderem die Pflichten von Landwirten, die GVP anbauen, geregelt. Dazu gehören gewisse Informations- und Auskunftspflichten, Vorgaben für Lagerung, Transport und Maschinenreinigung sowie Kontrollpflichten hinsichtlich eines möglichen Durchwuchses der GVP in den Folgejahren. Daneben

[73] Eine sehr gute Übersicht, insbesondere zum Bereich der Koexistenz, gibt die Stellungnahme des Wissenschaftlichen Beirates für Agrarpolitik beim Bundesministerium für Ernährung, Landwirtschaft und Verbraucherschutz (BMELV) (BMELV 2010).

[74] Dazu zählen z.B. das EG-Gentechnik-Durchführungsgesetz (EGGenTDurchfG), die Gentechnik-Beteiligungsverordnung (GenTBetV) oder die Bundeskostenverordnung zum Gentechnikgesetz (BGenTGKostV). Für eine Übersicht der relevanten Regelungen zur Gentechnik siehe BVL (2009c).

werden die Mindestabstände der GV-Maisflächen zu konventionellen bzw. ökologischen Maiskulturen mit 150 bzw. 300 Metern festgesetzt[75]. Weiterhin werden den Landwirten bestimmte Dokumentationspflichten auferlegt und die Unterlagen müssen für mindestens fünf Jahre aufbewahrt werden.
Darüber hinaus wird vom Bundesamt für Verbraucherschutz und Lebensmittelsicherheit (**BVL**) als zuständiger Behörde für alle beim Bund liegenden Aufgaben zur Gentechnik ein Standortregister gemäß den europäischen Vorgaben geführt, in dem alle Flächen der Freisetzung oder des Anbaus von GVP mit ihrer genauen Lage erfasst sind.
Dabei verfügt das Standortregister (auch im Sinne der Öffentlichkeitsbeteiligung) über einen öffentlichen Teil, so dass sich jedermann über die Pflanzen, gentechnischen Eigenschaften und Standorte (einschließlich Gemeinde, Postleitzahl und Flurstücksnummer) informieren kann[76]. Dieses Register ist über die Internetpräsenz des BVL frei zugänglich (siehe BVL 2009b)[77]. Vor dem Hintergrund der neueren Entwicklungen auf europäischer Ebene und den neuen Koexistenzleitlinien wurde im Mai 2011 auch ein neuer Entwurf für das deutsche GenTG vorgelegt. Zwar werden durch den Bund weiterhin die Gesetze und Mindestabstände festgelegt, es erlaubt aber nunmehr den Bundesländern unter Verweis auf regionale Spezifika deutlich strengere Abstände festzulegen. Dadurch ist prinzipiell auf Länderebene ein de facto Anbauverbot möglich.
Ebenso wurde eine Überarbeitung der GenTPflEV entworfen, die nun auch für GV-Kartoffeln einen Mindestabstand (10 Meter) zu konventio-

---

[75] Auf Absprache der betroffenen Landwirte können aber auch geringere Abstände vereinbart werden.

[76] Unter anderem gegen diese freie Zugänglichkeit hat das Land Sachsen-Anhalt geklagt, da es potentiellen Gegnern der Grünen Gentechnik sehr genaue Informationen für mögliche Feldzerstörungen liefere. Das Bundesverfassungsgericht hat jedoch im November 2010 die Bestimmungen des GenTG im Kern bestätigt (BVERFG 2010).

[77] Im nicht-öffentlichen Teil des Standortregisters werden zusätzlich personenbezogene Daten des Landwirts geführt, über die bei berechtigtem Interesse auf Antrag ebenfalls Auskunft erteilt wird.

nellen Beständen sowie weitere Auflagen festlegt (TRANSGEN 2011b). Ob oder inwiefern bei einem Ende des Anbauverbotes von MON810 bzw. einem Anbau von anderen GVP Anpassungen dieser Rahmenbedingungen erfolgen werden, ist gegenwärtig offen.

2.2.6 Grüne Gentechnik und Lebensmittel

Auch wenn es international bereits beispielsweise GV-Paprika oder GV-Papaya gibt (siehe auch Anhang 1), ist deren Verbreitung noch recht gering. Unmittelbar aus GVP resultierende Lebensmittel sind weltweit eher selten, primär dienen GVP der Futtermittelgewinnung oder als Rohstoffe für weitere Verwendungszwecke[78]. Eine nennenswerte Ausnahme bildet prinzipiell Tofu aus Sojabohnen, wobei dieses zumeist aus Qualitätsmarken hergestellt wird, bei denen bislang nur in geringem Umfang gentechnische Veränderungen zu finden sind (TRANSGEN 2013e).
In der EU sind „reine" Lebensmittel aus GVO bzw. GVP, die direkt verzehrt werden können, nicht zugelassen (siehe auch EUROPÄISCHE KOMMISSION 2013). Das heißt, unmittelbare GV-Lebensmittel sind gegenwärtig ebenso wenig im europäischen Lebensmittelhandel zu finden, wie GVP, die roh konsumiert werden können. Damit ist sämtliches Obst und Gemüse in Europa grundsätzlich „gentechnikfrei".
Betrachtet man aber allgemein den Einsatz gentechnologischer Verfahren bei der Futter- und Lebensmittelproduktion, sind diese vor allem hinsichtlich Zusatzstoffen und Enzymen bereits weit verbreitet und gewissermaßen alltäglich. So finden z.B. viele Vergärungsprozesse oder Verfahren der Käseherstellung kaum noch ohne Gentechnik statt. Auch sind bestimmte Futtermittel bzw. Futtermittelrohstoffe auf den internationa-

[78] Wie bereits unter 2.2.1 und 2.2.2 erwähnt, finden durchaus Forschungen und Freisetzungen im Bereich von GV-Obst und GV-Gemüse statt. Da sich dieser Abschnitt aber auf die kommerzielle Nutzung und die Verfügbarkeit im Lebensmittelhandel bezieht, wird darauf an dieser Stelle nicht weiter eingegangen, zumal innerhalb der EU keine entsprechenden Zulassungen vorliegen.

len Märkten kaum noch ohne Gentechnik zu finden (z.B. DRV 2009)[79]. Zu den Futtermittelrohstoffen zählen vorrangig Soja und Mais, aber auch Raps oder Baumwolle, aus denen beispielsweise Soja- und Rapsschrot oder Rapspresskuchen gewonnen werden. Daneben werden viele Futtermittelzusatzstoffe unter Verwendung von GV-Mikroorganismen hergestellt[80].

Neben der Nutzung als Futtermittel werden viele GVP auch als Lebensmittel oder Lebensmittelzutaten weiterverwendet. Im weiter verarbeiteten Zustand ist der Einsatz von GVP deutlich größer. So können beispielsweise aus GV-Raps oder GV-Soja Öle und Fette gewonnen werden, die dann Bestandteil von Margarine sind oder als Zutaten in Form von Glukose oder Lecithin für z.B. Süßwaren wie Schokolade oder Eis dienen. Darüber hinaus kann GV-Mais grundsätzlich als Maismehl oder Maisgrieß Bestandteil vieler Produkte sein, so z.B. von Cornflakes oder Erdnussflips. Aber auch als Öl oder Stärke gibt es vielseitige Verwendungsmöglichkeiten für Mais und damit potentiell ebenfalls für GV-Mais. Prinzipiell sind viele verschiedene Anwendungen und Nutzungsmöglichkeiten von GVP bei der Lebensmittelherstellung möglich, eine sehr gute Übersicht bietet die Datenbank von TRANSGEN (2013e).

Auch wenn nicht alle der Anwendungsbereiche gegenwärtig in der EU erlaubt sind, kommen bereits viele Möglichkeiten der Gentechnik bei der Lebensmittelproduktion zum Einsatz. Da sich dies aber vordergründig auf Zusatzstoffe und Enzyme konzentriert, bzw. GVP als Basis verwendet werden, kommen zwar viele Lebensmittel mit Gentechnik in Kontakt, sind aber selbst nicht gentechnisch verändert. Daher sind die meisten Produkte in der EU nicht kennzeichnungspflichtig, so dass im Supermarkt

---

79 Die europäische Produktion tierischer Lebensmittel ist auf die Einfuhr erheblicher Mengen Futtermittel angewiesen, um das gegenwärtige Niveau zu halten (z.B. DEUTSCHER BUNDESTAG 2008; TOEPFER INTERNATIONAL 2008). Den wichtigsten Anteil an den Importen haben Sojafuttermittel, Mais und Raps werden von der EU weniger eingeführt.

80 Wie im Abschnitt 2.2.5 dargestellt, führt aber die Verwendung von GV-Futtermitteln oder GV-Futtermittelzusatzstoffen nicht zu einer Kennzeichnungspflicht der tierischen Erzeugnisse.

wenig vom GVP-Anbau zu erkennen ist. Ferner versuchen die Produzenten die europäischen Verbrauchereinstellungen, die meist von einer hohen Skepsis gegenüber GV-Lebensmitteln geprägt sind, zu berücksichtigen[81], so dass auf den Einsatz solcher Rohstoffe, die zu einer Kennzeichnung des Produktes führen würden, möglichst verzichtet wird[82].
Dennoch sind in begrenztem Umfang GV-Lebensmittel in Europa zu finden. In sechs europäischen Staaten sind kennzeichnungspflichtige Produkte auf dem Markt, die meisten in Tschechien, den Niederlanden und Estland (KING'S COLLEGE 2008)[83]. In Schweden, Griechenland und Slowenien sind in den untersuchten Lebensmittelketten keine Produkte mit einer Kennzeichnung hinsichtlich des Einsatzes von Gentechnik vorhanden. Auch in Deutschland sind keine kennzeichnungspflichtigen Lebensmittel im Handel zu finden (außer teilweise als Importware in so genannten „Asia-Shops"). Wichtige Gründe hierfür sind neben der Vermeidungsstrategie der Hersteller aufgrund der Verbraucherhaltung auch die rechtlichen Aspekte der Kennzeichnung, also vor allem die Ausnahmen von der Kennzeichnungspflicht[84].

---

81 Wie allerdings bereits im Abschnitt 2.2.3 erwähnt, sind nicht alle europäischen Verbraucher gleichermaßen skeptisch. In den Niederlanden sind beispielsweise mehrere kennzeichnungspflichtige Produkte im Lebensmittelhandel zu finden, ohne dass dies große Probleme bereitet. Selbiges wäre in Deutschland gegenwärtig kaum vorstellbar, denkt man an bestimmte Aktionen von NGOs, wie z.B. Greenpeace: „Müll-Milch" oder „Verbraucher-Skandal bei Weihenstephan" (für ausführliche Hintergründe siehe GREENPEACE 2009a). Auch hat in Großbritannien jüngst die Skepsis gegenüber Grüner Gentechnik einen neuen Tiefstand erreicht (FSA 2009).

82 Obwohl die Kennzeichnung als Hinweis und Information gemeint ist und vor allem der Wahlfreiheit dienen soll, sehen viele Verbraucher darin eine Art Warnung.

83 Allerdings beschränkte sich die Untersuchung vorrangig auf die jeweils größeren Lebensmittelketten und fand nur in Tschechien, den Niederlanden, Estland, Spanien, Großbritannien, Polen, Schweden, Deutschland, Griechenland und Slowenien statt. In den anderen europäischen Staaten wurden keine Erhebungen durchgeführt.

84 Dies betrifft vor allem Bereiche, in denen gentechnische Verfahren verstärkt zum Einsatz kommen, wie Futtermittel, Enzyme und Zusatzstoffe.

Insgesamt sind in der Bundesrepublik wenige Produkte mit gentechnisch veränderten Bestandteilen vorhanden. Sind entsprechende Anteile in den Produkten nachweisbar, handelt es sich meist um Importware (Soja), die aber die Kennzeichnungsgrenze nicht erreicht oder überschreitet. Dies zeigen auch die Ergebnisse der amtlichen Lebensmittelkontrollen. Die Lebensmittelüberwachung fällt in den Zuständigkeitsbereich der einzelnen Bundesländer, das BVL ist in Form von Vorbereitung und Begleitung von z.B. Überwachungsprogrammen tätig. Im Rahmen der Überwachung werden jährlich mehrere tausend Lebensmittel von den jeweiligen Landesbehörden auf korrekte Kennzeichnung und GV-Bestandteile untersucht. Dabei wird auch auf in der EU nicht zugelassene GVO getestet[85]. Trotz des insgesamt eher geringen Vorkommens von GVO in Lebensmitteln werden in Lebensmitteln auf Sojabohnenbasis allerdings häufig GV-Bestandteile nachgewiesen. Für die Jahre 2005-2007 war dies im Bundesdurchschnitt in rund 25% aller Sojalebensmittelproben der Fall (TRANSGEN 2008). Allerdings sind in der Regel nur sehr geringe Werte deutlich unterhalb der Kennzeichnungspflicht vorhanden, die sich häufig nahe der Nachweisgrenze befinden. Teilweise werden auch in Maisprodukten Spuren von GV-Mais nachgewiesen, aber deutlich seltener als bei Soja. Zwar variieren die Ergebnisse zwischen den einzelnen Bundesländern mitunter erheblich, aber insgesamt gibt es ähnliche Tendenzen: Die Vorschriften werden im Allgemeinen gut eingehalten, die Anzahl der Verstöße gegen die Kennzeichnungsvorschriften ist gering und die meisten GV-Bestandteile werden in Importware nachgewiesen[86]. Dieser Trend bleibt auch für die Folgejahre bestehen. So unterstreichen die Ergebnisse der Länderüberwachungen für 2010 und 2011 die Tendenz der letzten Jahre. 2010 wurden beispielsweise in Baden-Württemberg sowie Berlin

---

85 Aktuell liegt die technische Nachweisgrenze für das Vorhandensein von GVO bei 0,1%.

86 Dies nicht zuletzt auch deshalb, weil große Mengen Soja in die EU und Deutschland eingeführt werden, während im Gegensatz dazu Mais größtenteils aus europäischer Produktion vorliegt, bei der der GV-Anteil insgesamt bei etwa 1% der gesamten Maisfläche liegt.

und Brandenburg die größten Anteile an positiven Proben bei Sojaprodukten gefunden, insgesamt ist aber die Zahl der auffälligen Proben rückläufig, auch Verstöße gegen die Kennzeichnungsvorschriften treten nur vereinzelt auf (CVUA 2011; LANDESLABOR BERLIN-BRANDENBURG 2011).
Neben der verpflichtenden Kennzeichnung der Produkte mit einem Hinweis auf GVO bei deren bewusstem oder gezieltem Einsatz sowie dem Überschreiten des Grenzwertes, gibt es in Deutschland auch die Möglichkeit, bei einem entsprechenden Nachweis, Lebensmittel hinsichtlich ihrer „Gentechnikfreiheit" kenntlich zu machen. Dazu kann eine spezielle „Ohne Gentechnik" Kennzeichnung verwendet werden[87]. Die zu erfüllenden Voraussetzungen für die Nutzung dieses Labels werden im EG-Gentechnik-Durchführungsgesetz (**EGGenTDurchfG**) festgelegt. Weiterhin werden dort die Nachweise für diese Kennzeichnung und die Überwachung geregelt sowie Straf- und Bußgeldvorschriften.
Die Möglichkeit, Produkte als „Ohne Gentechnik" zu kennzeichnen und gegebenenfalls auch zu bewerben, wurde bereits 1998 geschaffen. Allerdings waren die Bedingungen vergleichsweise restriktiv und forderten z.B. den Ausschluss sämtlicher Anwendungen der Gentechnik auf allen Verarbeitungsstufen. Da ein solcher Nachweis sehr schwer zu führen ist, machten nur sehr wenige Produzenten davon Gebrauch[88]. Im Mai 2008 erfolgte eine Ergänzung des EGGenTDurchfG, die eine praktikablere Ausgestaltung der Kennzeichnung „Ohne Gentechnik" ermöglichen soll sowie Begrifflichkeiten und Anforderungen präzisiert. Dabei sind vor allem die geänderten Vorgaben für die Kennzeichnung tierischer Produkte eine wichtige Komponente, die jedoch stark umstritten sind.
Grundsätzlich sind die Anforderungen an die „Ohne Gentechnik" Kennzeichnung abhängig davon, ob es sich um ein Lebensmittel tierischen Ur-

[87] Dies ist durchaus in weiteren europäischen Staaten möglich, wenn auch meist unterschiedlichen Regulierungen unterworfen. In den Niederlanden ist eine spezielle „Ohne Gentechnik" Kennzeichnung allerdings explizit verboten. In Schweden ist eine solche Kennzeichnung ebenfalls rechtlich nicht erlaubt, dennoch existieren mehrere Produkte damit (z.B. KING'S COLLEGE 2008).

[88] Wenn doch Produkte entsprechend beworben wurden, kamen dabei verschiedene, herstellerabhängige Logos der Kennzeichnung zur Anwendung.

sprungs handelt oder nicht. Das Label darf nur verwendet werden, wenn zum einen die Lebensmittel sowie die verwendeten Lebensmittelzutaten keine GVO sind und auch nicht aus GVO hergestellt wurden. Zum anderen dürfen keine durch GVO gewonnenen Zutaten, Lebensmittelzusatzstoffe oder Verarbeitungshilfsstoffe, Aromen, Vitamine, Aminosäuren oder Enzyme, die mit Hilfe von GV- Mikroorganismen hergestellt wurden, für die Lebensmittel verwendet worden sein (siehe auch BMELV 2009b)[89]. Grundsätzlich sind keine Bestandteile (weder zufällige, noch technisch unvermeidbare) oberhalb der Nachweisgrenze mit dem „Ohne Gentechnik" Label vereinbar.

Für Lebensmittel tierischen Ursprungs bezieht sich das Label vorrangig auf die Vermeidung von GV-Futtermitteln[90]. Allerdings müssen die Tiere nicht dauerhaft bzw. ihr Leben lang mit gentechnikfreien Futtermitteln versorgt worden sein. Das EGGenTDurchfG spezifiziert genaue Zeiträume der Fütterung, die ohne GV-Futtermittel erfolgen muss, damit das tierische Erzeugnis als „Ohne Gentechnik" deklariert werden darf. So werden beispielsweise für Geflügel zwischen sechs und zehn Wochen, für milchproduzierende Tiere drei Monate und für Schweine vier Monate festgelegt, in denen vor der jeweiligen Verwendung auf GV-Futtermittel verzichtet worden sein muss, um das Label verwenden zu können.

Im August 2009 wurde ein einheitliches Logo für die Kennzeichnung „Ohne Gentechnik" geschaffen, um die VerbraucherInnen in die Lage zu versetzen, sich bewusst für oder gegen die Anwendung gentechnischer Verfahren bei der Nahrungsmittelproduktion entscheiden zu können. Bei der Vorstellung dieser neuen Kennzeichnung betonte Agrar- und Verbraucherschutzministerin Aigner (CSU): *„Durch die Einführung eines ein-*

---

89 Eine Ausnahme bilden hierbei aber diejenigen GV-Zusatzstoffe, die nach der EG-Ökoverordnung zugelassen sind (und bei denen es keine gentechnikfreie Alternative gibt) (EGGENTDURCHFG 2008).

90 Allerdings sind Futtermittelzusatzstoffe, die mithilfe von GV-Mikroorganismen gewonnen wurden, zugelassen. Es dürfen auch Verunreinigungen mit GV-Futterpflanzen unter 0,9% enthalten sein, solange diese Anteile zufällig oder unvermeidbar sind (BMELV 2009b). Auch dürfen die Tiere mit GV-Impfstoffen oder GV-Arzneimitteln behandelt werden.

heitlichen Logos wird die Wahlfreiheit der Verbraucherinnen und Verbraucher gestärkt und ich wünsche mir, dass von der Kennzeichnungsmöglichkeit rege Gebrauch gemacht wird" (BMELV 2009c).
Allerdings ist die Neufassung der Kennzeichnungsvorschriften nicht unumstritten. Während die Mehrheit der NGOs die Neuregelungen begrüßt und darin eine Stärkung der VerbraucherInnen sowie deren Forderung nach gentechnikfreien Lebensmitteln sieht, sind viele Produzenten und Verbände, aber auch Parteien skeptisch. Diese halten die Änderungen vor allem im Bereich der tierischen Produkte für eine „Verbrauchertäuschung" (z.B. DBV 2007; LME 2007; FDP 2009b; UNIVERSITÄT BAYREUTH 2010), die letztlich zu einer noch größeren Skepsis der KonsumentInnen führt und die Glaubwürdigkeit der Produzenten untergräbt (z.B. DIE WELT 2009). So kommt es zu Aussagen wie „*Ohne Gentechnik bedeutet in Wahrheit ein bisschen Gentechnik*" (AGRA-EUROPE 2009b; DIE WELT 2009) bzw. „*Die ‚ohne Gentechnik'-Kennzeichnung verdient ihren Namen nicht*" (DBV 2009). Problematisch ist darüber hinaus auch grundsätzlich die Kontrolle jedweder Kennzeichnung hinsichtlich der Verwendung oder Vermeidung von GVO bzw. GVP. Kontrollen anhand von Laboranalysen können nur so lange erfolgen, wie noch nachweisfähige DNA im Produkt vorhanden ist. Bei hoch verarbeiteten Produkten wie beispielsweise Öl oder Margarine ist keinerlei DNA mehr im Produkt existent (weder im konventionellen, noch in dem unter Verwendung von GV-Rohstoffen hergestellten). Daher müssen sich die Kontrollen in derartigen Fällen allein auf die Dokumentationen innerhalb der Verarbeitungskette stützen[91].
Bei tierischen Erzeugnissen sind Laboranalysen ebenfalls nicht möglich, da die DNA während des Verdauungsprozesses abgebaut wird und somit in Milch oder Eiern keine DNA des Futtermittels nachweisbar ist (EFSA 2007b; BAYERISCHES STAATSMINISTERIUM 2009)[92].

[91] Dazu zählen vorrangig Aufzeichnungen der Zulieferer sowie Zertifikate und die vorgeschriebenen Rückverfolgbarkeitssysteme.

[92] Dieser Punkt wird zwar ebenfalls kontrovers diskutiert (z.B. GREENPEACE 2009b), aber scheint es gesichert, dass ein Transfer von aktiver bzw. biologisch wirksamer DNA über den Verzehr tierischer Produkte ausgeschlossen ist (siehe EFSA 2007b).

Zusammenfassend kann festgehalten werden, dass zwar keine unmittelbaren GV-Lebensmittel im Supermarkt zu finden sind, gentechnische Verfahren aber bei der Herstellung sehr vieler Nahrungsmittel eine Rolle spielen. Demgemäß können auch in einigen Produkten entsprechende Anteile nachgewiesen werden, die aber zumeist unterhalb der gesetzlichen Kennzeichnungsschwelle liegen.
Der Einsatz von GV-Mikroorganismen oder Hilfsstoffen ist für die VerbraucherInnen nur schwerlich zu erkennen, bzw. ist es insgesamt kaum möglich zu wissen, welche Erzeugnisse letztlich unter der Verwendung von Gentechnik entstanden sind. Wenngleich die neue „Ohne Gentechnik" Kennzeichnung versucht, viele Lücken zu schließen, schafft sie aber aus Sicht Vieler neue Unsicherheiten, so vor allem hinsichtlich der Kennzeichnung tierischer Produkte. Die Sortimente quasi aller Lebensmittelgeschäfte in Deutschland sind zwar „kennzeichnungsfrei", gentechnikfrei sind sie aber keinesfalls.

2.3 Warum Kontroversen um Grüne Gentechnik?

Die um die Grüne Gentechnik geführten Auseinandersetzungen sind vielfältig und in ihrer Gesamtheit im Rahmen einer Abhandlung kaum hinreichend darstellbar. Entsprechend wird daher auch in dieser Arbeit ein Schwerpunkt gebildet und auf weiterführende Diskussionen an den entsprechenden Stellen verwiesen. Allen Diskussionen um Grüne Gentechnik ist jedoch gemein, dass sie seit Jahren mit annähernd gleich bleibender Schärfe geführt werden und sich die Argumente kaum gewandelt haben, so wie auch die immer gleichen Fragen zur Debatte stehen. Es sind verhärtete Fronten vorzufinden, bei denen

> „[...] man sich an ein institutionalisiertes Gegeneinander gewöhnt zu haben scheint. Ein ‚Ritual' läuft ab: Die Beteiligten wissen schon vorher, was ‚die andere Seite' vorbringen wird und was sie jeweils dagegen halten werden. Die Konfrontation wird gefeiert" (BUSCH 2005: 13).

Mitunter haben die Auseinandersetzungen fast eine Art religiösen Charakter gewonnen, bei dem es mehr um eine Weltanschauung als um Fakten oder inhaltliche Fragen zu gehen scheint[93]. So werden beispielsweise von vielen Kritikern wissenschaftliche Untersuchungen und Ergebnisse hinsichtlich möglicher Umweltfolgen durch GVP gefordert, gleichzeitig erfolgt aber oft durch dieselben Gruppen die Zerstörung von wissenschaftlichen (häufig auch universitären) Versuchsanbauten, die eben diese Fragen zu klären versuchen. Die Zerstörungen der Versuchsanordnungen, von Eigentum, Pflanzen oder Feldern werden dann als „Feldbefreiung" gefeiert[94]. Somit bleibt es dann dabei: Die geforderten wissenschaftlichen Ergebnisse aus (Langzeit-) Untersuchungen liegen nicht vor. Zwar ist die juristische Lage in diesen Fällen recht eindeutig[95], das Ziel aber, keinen Anbau von GVP, weder kommerziell noch zu anderen Zwekken, zuzulassen, wird weiter verfolgt. Als Begründungen für entsprechende Aktionen werden häufig neben der moralischen Pflicht, ein „übergesetzlicher Notstand" und die Untätigkeit der Politik, den Wunsch der Bevölkerung nach einer gentechnikfreien Landwirtschaft und Lebensmittelerzeugung umzusetzen, genannt, die unter anderem den „zivilen Ungehorsam" notwendig macht (z.B. GRÜNE JUNGEND 2008; diverse Aktionsbündnisse wie GENDRECK WEG 2009; PROJEKTWERKSTATT.DE 2009)[96].

93 Ähnlich verhält es sich beispielsweise auch mit Bio-Lebensmitteln. Eine Studie der London School of Hygiene & Tropical Medicine (DANGOUR ET AL. 2009) hat die Fachliteratur der vergangenen 50 Jahre ausgewertet und ist zu dem Schluss gekommen, dass sich Bio-Lebensmittel hinsichtlich der Inhaltsstoffe nicht wesentlich von konventioneller Ware unterscheiden und auch nicht gesünder sind. Die Erwiderungen ließen nicht lange auf sich warten und neben einem gewissen Zuspruch war das Gros der Reaktionen „unredlich", „inkompetent", „Quacksalberei" und „gekauft von Monsanto oder der Großindustrie" (THE INDEPENDENT 2009).

94 Die „Feldbefreiungen" beschränken sich nicht einzig auf Versuchsanbauten, auch kommerziellen Pflanzungen wird oftmals entweder mit Zerstörung und/oder mit Protestaktionen, Feldbesetzungen oder sozialem Druck im Umfeld des jeweiligen Landwirtes begegnet.

95 So wurden bereits mehrfach „Feldbefreier" zu Schadensersatzleistungen verurteilt (z.B. LGMD 2009), sehr selten werden auch Gefängnisstrafen verhängt. Das Strafmaß insgesamt ist aber zumeist eher mild (z.B. DIE WELT 2007).

96 Dabei wurde im Juni 2009 bei einer Aktion in Mecklenburg-Vorpommern auch erstmals ein Wachmann angegriffen (MLUV 2009).

Auch die universitäre Forschung kann durch aufgebauten öffentlichen Druck und Feldbesetzungen betroffen sein. So musste im April 2008 an der Hochschule für Wirtschaft und Umwelt Nürtingen-Geilsingen ein Forschungsprojekt mit GV-Maispflanzen eingestellt werden. Der verantwortliche Wissenschaftler folgte einer „dringenden Empfehlung der Hochschulleitung und des Hochschulrates“ (HFWU 2009). Gegen solche Eingriffe in die Forschungsfreiheit verwahren sich führende Forschungsinstitutionen (z.B. DFG 2009; DFG & DLG 2009).

2.3.1 Kontroversen im Überblick

Neben zahlreichen Detailfragen zu bestimmten Themen oder potentiellen Problembereichen der Grünen Gentechnik sind viele Aspekte eher grundsätzlicher Natur[97]. Dazu zählen der bereits erwähnte Punkt der Forschungsfreiheit sowie die Frage nach einer moralischen Verantwortung der Wissenschaften, auch hinsichtlich gesellschaftlich kontrovers behandelter Themen.

Viele Verbände aus Wissenschaft und Forschung haben sich in offenen Briefen, Stellungnahmen und Memoranda gegen eine pauschale Ablehnung und einseitige Diskussion der Grünen Gentechnik an die Politik und Öffentlichkeit gewandt. Sie wünschen sich *„verlässliche Rahmenbedingungen, damit die Forschenden ihre Verantwortung in der Kette ‚Forschung – Entwicklung – Innovation' wahrnehmen können und ein rationaler Umgang mit dieser Technologie möglich ist“* (DFG & DLG 2009: 1). Der Wissenschaftlerkreis Grüne Gentechnik (**WGG**) wendet sich mit der nachdrücklichen Bitte an die Agrar- und Verbraucherschutzministerin

---

97 Grundsätzliche ethisch-moralische Fragen, die eher dem Bereich der Wissenschaftsethik zuzuordnen sind, führen weit über den Rahmen der Arbeit hinaus. Gleichwohl sind sie ein wichtiger Punkt, denn eine zentrale Frage im Kontext der Gentechnik insgesamt ist die danach, ob Wissenschaft alles darf oder tun sollte, was Wissenschaft tun kann. Ebenso geht damit die Frage einher, ob die Forschung noch von wertender Betrachtung jederzeit streng getrennt werden kann oder ob dieser Anspruch durch diverse Faktoren, wie beispielsweise die Zunahme von Auftragsforschung und Verquickung von Forschung und Wirtschaft, nicht mehr gänzlich gültig ist. Hierzu sei beispielhaft auf BESCHORNER & EGER (2005) verwiesen.

Aigner *„nicht eine mit zweifellos großen Potentialen ausgestattete Zukunftstechnologie kurzfristigen politischen Machtkalkülen zu opfern"*. Sie möge *„in einen Dialog mit den Experten der relevanten Forschungsgebiete [treten] und […] deren wissenschaftliches Know-how sowohl für politische Entscheidungen als auch für eine aktive und sachliche Aufklärung der Bevölkerung"* nutzen (WGG 2009: 2). Auch das derzeit in Deutschland geltende Anbauverbot für MON810 wird kritisiert und als „Willkürakt" betrachtet (BDP 2009).

Weitere grundsätzliche Fragen im Zusammenhang mit Grüner Gentechnik entstehen durch z.B. Glaubensvorstellungen, Überzeugungen und Ansichten über den Umgang mit Natur bzw. natürlichen Ressourcen. Auch aus ethisch-moralischen Perspektiven gibt es kritische Erörterungen der Grünen Gentechnik, die vor allem auf die Frage, ob wir Tiere und Pflanzen beliebig nach menschlichen Bedürfnissen verändern dürfen sowie auf die Unterscheidung von „natürlich" und „künstlich" zielen. Weiterhin wird z.B. erörtert, welche Leitbilder im Umgang mit Grüner Gentechnik zum Tragen kommen sollten (z.B. BENDER 1996; HUCHO ET AL. 2005; IRRGANG 2005; IRRGANG 2008). Umweltverbände sehen durch die Grüne Gentechnik vor allem ein Risiko für die Artenvielfalt und das ökologische Gleichgewicht sowie für bestimmte Tierarten wie Bienen oder Schmetterlinge, als auch für Kleinstlebewesen und Bodenorganismen (z.B. NABU 2006; UMWELTINSTITUT MÜNCHEN 2008; BUND 2009a).

Verbraucherschützer betonen neben patentrechtlichen Fragen vor allem, dass GV-Lebensmittel nicht für eine gesunde Ernährung notwendig sind und viele ungeklärte bzw. potentielle Risiken für die Gesundheit und Umwelt bestünden (VZBW 2008; VZBV 2009). Eine wichtige Position nehmen auch Fragen zur Kennzeichnung von GV-Produkten ein: Durch unter anderem den Schwellenwert und die Kennzeichnungsausnahmen (siehe Abschnitte 2.2.5 und 2.2.6) befürchten viele NGOs und Verbände außerdem einen „Einzug der Gentechnik durch die Hintertür" (z.B. BÖLW 2007)[98]. Ferner wird die fehlende Berücksichtigung der Konsumentenab-

[98] Eine umfangreiche und kritische Betrachtung von NGOs und deren Umgang mit Grüner Gentechnik findet sich bei DEICHMANN (2009).

lehnung von Grüner Gentechnik durch die Industrie und die Politik bemängelt (z.B. NGG 2006; ABL 2009). Daneben werden auch für die so genannte Dritte Welt Länder erhebliche soziale Probleme sowie Risiken allgemein für die Ernährungssicherheit durch Monopolisierungen und Monokulturen gesehen (BÜHL 2009). Weitere NGOs betonen vor allem eine soziale Komponente der Grünen Gentechnik, bei der sie z.B. durch potentielle Abhängigkeiten der Landwirte von den so genannten Agro-Konzernen große Schwierigkeiten sehen (z.B. GREENPEACE 2005b; FRIENDS OF THE EARTH INTERNATIONAL 2008)[99].

Die Standpunkte in den Diskussionen um Grüne Gentechnik sind sehr vielseitig und unterscheiden sich entsprechend stark zwischen den jeweiligen „Lagern" der Befürworter und Gegner. Beide Seiten berufen sich auf wissenschaftliche Untersuchungen, in denen – je nach Perspektive – die Unbedenklichkeit oder das Risiko von Grüner Gentechnik gezeigt wird[100]. Vorrangig wird, neben der allgemeinen Frage nach der Notwendigkeit dieser Verfahren und Anwendungen, Kritik an den Methoden[101],

---

99 Die Kritik der Abhängigkeit beruht vor allem darauf, dass GV-Saatgut u.a. durch Lizenzgebühren üblicherweise teurer als konventionelles Saatgut ist und die spezifischen GV-Eigenschaften wie die Herbizidresistenz nur in Kombination mit dem entsprechenden Präparat (Herbizid) des jeweiligen Unternehmens zum Tragen kommt. Darüber hinaus ist entsprechendes Saatgut üblicherweise nicht vermehrbar, so dass die Landwirte es nicht mehr selbst nachbauen können, sondern es in jedem Jahr erneut kaufen müssen. Hierzu ist anzumerken, dass z.B. auch konventionelles Hybridsaatgut nicht (ohne relevante Ertragsverluste und damit nicht mehr ökonomisch sinnvoll) vermehrbar ist (z.B. BECKMANN 2009), so dass dies an sich keine gentechnikspezifische Situation darstellt. Ferner steht es normalerweise jedem Landwirt frei, für welche Anbauform er sich entscheidet, so dass die Frage der Abhängigkeit differenziert betrachtet werden sollte.

100 Ein lesenswerter Aufsatz zu Aspekten widersprüchlicher Expertenaussagen und Inszenierungen im Kontext von Grüner Gentechnik ist KREß & POTTHAST (2000).

101 So wird vor allem der Beschuss mit der Partikelkanone dahingehend kritisiert, dass bei diesem Verfahren nicht kontrollierbar sei, wo in letzter Konsequenz die neu eingeführte DNA in der beschossenen Zelle platziert wird. Es sei eine Art „Glücksspiel" und damit stünde auch die Verlässlichkeit der angestrebten neuen Eigenschaft in Frage (z.B. GREENPEACE 2007b).

der konkreten Umsetzung und den möglichen Folgen für Mensch und Natur geübt, wobei generell auch das Bezweifeln der jeweils von „der anderen Seite" vorgelegten Ergebnisse und Studien fast schon automatisch erfolgt[102]. Daher ist es kaum verwunderlich, dass sich die Verunsicherung im Umgang mit Grüner Gentechnik in vielen Bereichen wieder findet.

Die Politik in ihrer Aufgabe, Rahmenbedingungen für den Umgang mit dieser Technologie zu schaffen, ist entsprechend verunsichert. Auch dort zeigen sich die differierenden Ansichten (siehe Kapitel I). Die auf dem Papier vorhandene klare Trennung von Wissenschaft und Politik scheint in der Realität zu schwinden (BIOSICHERHEIT 2008), so dass bestimmte politische Entscheidungen im Kontext von Grüner Gentechnik trotz oder entgegen wissenschaftlicher Erkenntnisse gefällt werden[103]. Ein Großteil der (begutachteten) wissenschaftlichen Literatur[104] zeigt hinsichtlich der meisten befürchteten negativen Folgen bei Grüner Gentechnik, dass diese unwahrscheinlich oder nicht eingetreten sind, bzw. sich die Auswirkungen kaum bis gar nicht von denen konventioneller Pflanzen, Produktionsverfahren oder Lebensmittel unterscheiden (für einen Überblick siehe z.B. FAO 2004; HUCHO ET AL. 2005, für eine gegensätzliche Position

[102] Eine gute Zusammenstellung der Sicherheitsforschung und Risikobewertung, einschließlich potentieller Risiken, findet sich bei MENRAD ET AL. (2003).

[103] Eine spannende Diskussion wäre in diesem Zusammenhang auch die Frage, ob oder wie stark die Politik sich an Wissenschaft orientieren kann, soll oder gar muss oder ob z.B. nicht auch in der Bevölkerung gefühlte Risiken ein ähnliches Gewicht bei Entscheidungen haben können wie wissenschaftliche Erkenntnisse. Ein interessanter Aufsatz in diesem Kontext ist SCHNURR (2009).

[104] Auf eine Diskussion, welche Kriterien für „gute" wissenschaftliche Literatur anzulegen sind, wird nicht weiter eingegangen. In gewissem Ausmaß problematisch ist, dass sich beide Seiten jeweils auf wissenschaftliche Resultate berufen, von denen ein Teil strengen Kriterien eher nicht genügen dürfte, die aber dennoch als wissenschaftlich bezeichnet werden. Aus diesem Umstand rührt ein nicht unerheblicher Anteil der Verunsicherung im Umgang mit Grüner Gentechnik, den aufzulösen jedoch nicht in dieser Arbeit geleistet werden kann. Vielmehr werden die Ergebnisse als das interpretiert, was sie hauptsächlich sind: Kontroverse Standpunkte zur Grünen Gentechnik.

z.B. GREENPEACE 2007a; FRIENDS OF THE EARTH INTERNATIONAL 2008)[105]. Dennoch wird die Grüne Gentechnik in der öffentlichen Diskussion als Risikotechnologie gesehen und häufig in ihrem Schadenspotential und Unsicherheit ob der Auswirkungen mit Atomtechnologien verglichen oder als weit gefährlicher als diese bewertet (z.B. SÜDDEUTSCHE ZEITUNG 2004). Grundsätzlich ist zu den verschiedenen Problemkreisen Grüner Gentechnik festzuhalten, dass diese nie einheitlich bewertet werden. Vielmehr sind faktisch immer konträre Positionen zu finden, die sich, bis auf wenige Ausnahmen, meist diametral entgegenstehen. Eine zentrale Rolle in prinzipiell allen Diskussionen spielt die Frage nach dem Nutzen und den Gefahren Grüner Gentechnik. Eine gute Übersicht, die ausführlich auf kritische Aspekte der Grünen Gentechnik eingeht, bietet BECKMANN (2009).

Betrachtet man weitere Bereiche der Diskussionen um Grüne Gentechnik wird deutlich, dass neben allgemeinen und grundsätzlichen Belangen auch viele Detailaspekte Fragen aufwerfen und für Kontroversen sorgen[106]. So werden auf der Produzentenseite ebenfalls eine Reihe an Schwierigkeiten im Umgang mit Grüner Gentechnik gesehen, die aber häufig eher praktischer Natur sind. Dazu zählen eine fehlende Kontinuität der Rechtsvorgaben, die viele Landwirte ihre Anbauentscheidungen zu Ungunsten von GVP fällen lässt.

Darüber hinaus ist insbesondere die europäische und auch die nationale Politik im Bereich der (GV-) Futtermittel für viele Produzenten- bzw. Erzeugerverbände ein häufiger Kritikpunkt. Daneben spielen auch die agrarstrukturellen Umstände, einschließlich der Aspekte soziales Umfeld und Verhalten benachbarter Landwirte, eine wichtige Rolle beim Umgang mit dem Thema Grüne Gentechnik. Ferner ist die Haftungsfrage für viele Erzeuger ebenfalls ein wichtiges Moment (BREUSTEDT ET AL. 2007; VOSS ET

---

105 Allerdings werden spezielle ökologische Fragen auch von vermeintlich „gentechnikfreundlichen" Wissenschaftlern durchaus kritisch betrachtet. Siehe hierzu auch MÜLLER-RÖBER ET AL. (2007).

106 Die folgenden Ausführungen konzentrieren sich auf die Beschreibung der Spannungspunkte und setzen voraus, dass jeweils auch innerhalb der Bereiche die Standpunkte von vollständiger Befürwortung bzw. gänzlicher Ablehnung der Grünen Gentechnik vertreten sind.

AL. 2009). Weiterhin ist auch die in der breiten Öffentlichkeit vorherrschende Ablehnung gegenüber GVP und entsprechenden Lebensmitteln eine wichtige Größe für die Produzentenseite. Ein relevanter Aspekt ist außerdem die Frage nach der praktischen Umsetzung und Realisierbarkeit der erforderlichen Koexistenzmaßnahmen. Diese scheinen grundsätzlich mit zusätzlichem betrieblichem Arbeitsaufwand und damit mit höheren Kosten einherzugehen (KOHLER 2005; SCHIMPF 2006; GAWRON & THEUVSEN 2008), deren Verteilung sowohl zwischen den verschiedenen Bewirtschaftungsformen, als auch innerhalb der einzelnen Wertschöpfungsketten strittig ist (z.B. DESQUILBET & BULLOCK 2009)[107].

Des Weiteren empfinden viele Produzenten oft die Rahmenbedingungen als unzureichend oder nicht zuverlässig genug, um GVP anzubauen oder zu verarbeiten[108]. Dies führt auch dazu, dass letztlich wenig bzw. keine entsprechenden Erzeugnisse auf dem Markt zu finden sind. Dieser Umstand stellt nach Ansicht verschiedener Gruppen dahingehend ein Problem dar, als dass eine „echte Wahlfreiheit der Verbraucher" zwischen den verschiedenen Erzeugungsformen somit nicht gegeben ist.

Andere Interessenvertreter sehen hingegen durch die vorherrschende kritische Haltung der KonsumentInnen die Frage nach der Wahlfreiheit bereits klar beantwortet. Die Verunsicherung sowie die zurückhaltende und kritische Position der VerbraucherInnen wird im folgenden Abschnitt (2.3.2) genauer betrachtet, eine grundlegende Ursache ist aber der bislang für die meisten VerbraucherInnen nicht zu erkennende Nutzen von GVO oder GVP bei der Nahrungsmittelerzeugung. Darüber hinaus trägt auch die schnelle Entwicklung in den Bereichen der Gentechnik zu den Kontroversen und der Ablehnung, vor allem auf Seiten der VerbraucherInnen, bei (KEMME 1996; PURCHASE 2002).

[107] Ausführliche Darstellungen zu verschiedenen Koexistenzszenarien finden sich auch in BOCK ET AL. (2002) und MESSEAN ET AL. (2006).

[108] Wie bereits zuvor erwähnt, ist auch die Erzeugerseite keine vollständig homogene Gruppe, so dass einigen z.B. die Koexistenzbedingungen nicht restriktiv genug sind. Andere schließen sich freiwillig in so genannten „gentechnikfreien Gebieten" oder „gentechnikfreien Regionen" zusammen, so dass diese Gebiete dann frei vom Anbau von GVP sind. Siehe hierzu auch MÜLLER-RÖBER ET AL. (2007).

> „Der rasche und für viele nicht nachvollziehbare Fortschritt auf allen Gebieten der Genforschung hat die Vorstellung von uneingeschränkten Möglichkeiten bei der Manipulation biologischer Systeme aufkommen lassen, die nach Meinung der Öffentlichkeit von bedenkenlosen Wissenschaftlern und profitgierigen Managern dieser Zukunftsindustrie auch ausgeschöpft werden" (KEMME 1996:17).

Auch den Medien und ihrer Berichterstattung (besonders entsprechenden NGO-Informationen) wird eine wichtige Rolle bei der Wahrnehmung von (Grüner) Gentechnik zugeschrieben. Hierzu sei stellvertretend auf KALAITZANDONAKES ET AL. (2004) sowie DEICHMANN (2009) verwiesen. Insbesondere tragen auch „Unfälle" der Gentechnik bzw. bei GV-Lebensmitteln, wie z.B. Bestandteile von nicht zugelassenen GVO in Nahrungsmitteln, dazu bei, den Eindruck der Unkontrollierbarkeit Grüner Gentechnik aus Sicht der Bevölkerung zu verstärken[109]. Diesem Eindruck wird entgegengesetzt, dass derartige Beispiele belegen, dass die Kontrollsysteme optimal funktionieren und der Schutz der KonsumentInnen höchste Priorität besitzt und gewährleistet wird (z.B. AGRA-EUROPE 2009d), da umgehend Maßnahmen eingeleitet werden können[110]. Es wird betont, dass GV-Lebensmittel zu den am intensivsten untersuchten Produkten gehören und deren Sicherheit ebenso hoch sei wie die entsprechender konventioneller Produkte (z.B. JANY 2005). Auch wenn es aus dieser Perspektive eher eine Stimmungslage als wissenschaftliche Erkenntnisse sind, die die Ablehnung Grüner Gentechnik in der Bevölkerung ausmacht, haben die Auswirkungen dennoch reale Konsequenzen. Nicht zuletzt aufgrund der attribuierten und erwarteten Gefahren in der öffentlichen Wahrnehmung sind die Verbreitung und Nutzung der Grünen Gentechnik in Deutschland so gering.

---

[109] So hat zum Beispiel der Fund von in der EU nicht zugelassenem Leinsamen im Rahmen der Lebensmittelüberwachung zu erneuten Kontroversen geführt (MLR 2009). Für eine Übersicht weiterer „Unfälle" siehe BÜHL (2009).

[110] Dass Lebensmittelskandale auch unabhängig von GV-Produkten vorkommen, so z.B. fälschlich als „Bio-Ware" deklarierte konventionelle Produkte oder die Belastung mit bestimmten Schadstoffen oberhalb des betreffenden Grenzwertes, kann als allgemein bekannt betrachtet werden. Inwiefern derartige „Skandale" vergleichbar sind oder ob eine grundlegende Verschiedenheit anzunehmen ist, wird an dieser Stelle nicht diskutiert.

2.3.2 Ausgewählte Beispiele

Wie zuvor aufgezeigt, finden die Diskussionen um Grüne Gentechnik in vielen Bereichen statt und sie betreffen verschiedene Dimensionen wie die soziale und ökonomische oder auch die juristische und ethisch-moralische. Bei der Bewertung der Grünen Gentechnik liegt die Gewichtung je nach Betrachtungswinkel meist auf einer dieser Komponenten. In der Wahrnehmung der Bevölkerung gehen die größten Risiken Grüner Gentechnik von potentiellen Umweltauswirkungen durch den Anbau von GVP sowie den möglichen Folgen für die menschliche Gesundheit durch den Verzehr von GV-Nahrungsmitteln aus. Die weiteren Darstellungen fokussieren daher auf die beiden Aspekte der potentiellen ökologischen und gesundheitlichen Folgen, mit dem Schwerpunkt auf der Verbraucherperspektive[111]. Diese Fokussierung erfolgt, da sich gezeigt hat, dass zwar Wertvorstelllungen und Überzeugungen in die Bewertung von Grüner Gentechnik eingehen und auch bei Meinungsumfragen bestätigt werden, ihre Verhaltenswirksamkeit im unmittelbaren Umgang mit GV-Lebensmitteln jedoch eher begrenzter Natur sind. Der maßgebliche Konsum von GV-Nahrungsmitteln wird oft stärker von Nutzen- und Risikoabwägungen determiniert als von Einstellungsfaktoren oder soziodemographischen Größen (z.B. GARNIERE ET AL. 2006; KNIGHT 2006)[112].

Wie bereits erwähnt, ist die Risikoeinschätzung Grüner Gentechnik in Deutschlands Öffentlichkeit in der Regel deutlich negativ. Speziell für die Umwelt werden eine Vielzahl an Gefahren und Risiken befürchtet, die sich im öffentlichen Meinungsbild etabliert haben. Dazu zählen allgemein vor allem die besonders von Umweltverbänden befürchteten Risiken für

---

[111] Daher ist die Darstellung der möglichen Effekte und Kontroversen nicht erschöpfend, was aber auch nicht das Anliegen dieser Arbeit ist. Je nach Blickwinkel stehen verschiedene Schwerpunkte und Kontroversen im Fokus. Allein alle Aspekte potentieller Umweltwirkungen von GVP in ihrer Vielzahl und Vielseitigkeit ausführlich und sachlich zu erörtern wäre eine sehr umfangreiche Arbeit.

[112] Dies mag aus dieser Sicht und in erster Linie beim Konsum von GV-Produkten zutreffen, hinsichtlich der Einstellungen kann dies aber kritisch diskutiert werden und unterschiedlichen Konzeptionen von Einstellungen und/oder methodischen Herangehensweisen geschuldet sein. Siehe hierzu auch später im Kapitel III.

die Artenvielfalt und das ökologische Gleichgewicht sowie für bestimmte Tierarten wie Bienen oder Schmetterlinge, als auch für Kleinstlebewesen und Bodenorganismen. Hinzukommen das Verwilderungspotential bestimmter (GV-) Pflanzen sowie die Gefahren der Auskreuzung bzw. Einkreuzung transgener Pflanzen in konventionelle Bestände (z.B. BRECKLING ET AL. 2004; MARQUARD & DURKA 2005; KOWARIK ET AL. 2006)[113]. In diesem Zusammenhang wird oft die Entstehung von so genannten „Superunkräutern" erwartet, die durch die Vermischung verschiedener GVP entstehen könnten und dann mit sehr aggressiven bzw. umweltschädlichen Mitteln bekämpft werden müssten. Außerdem wird durch die Bewirtschaftung von Flächen mit GVP befürchtet, dass dies zu einer einseitigen Landschaft mit einer Zunahme von Monokulturen führt, die wiederum in der Kritik stehen, vergleichsweise umweltunfreundlich zu sein (z.B. BFN 2008). Ebenso wird von einer Zunahme des Pflanzenschutzmitteleinsatzes ausgegangen, der seinerseits zumeist als umweltschädlich gilt. Im Besonderen wird auch das Bt-Konzept (siehe Abschnitt 2.2.3) kritisch bewertet[114].

Die Umweltwirkungen von GVP werden sowohl im Detail als auch insgesamt kontrovers diskutiert[115]. So werden teilweise genau gegensätzliche

113 Allerdings zeigen die Ergebnisse der Projekte der über 20-jährigen, staatlich geförderten Forschung (BMBF) im Bereich der biologischen Sicherheitsforschung bei GVP keine Belege für ökologische Schäden (LME 2011).

114 Obwohl Bt-Präparate ebenfalls in der biologischen Landwirtschaft zum Einsatz kommen, ist deren Verwendung bei gentechnischen Veränderungen umstritten. Der Hauptgrund dafür ist, dass Bt-Mais potentiell kontinuierlich und dauerhaft das Toxin exprimiert, während die Dauer der Wirkung bei entsprechenden Bt-Präparaten nur in einem festen Zeitfenster um die Anwendung vorhanden ist. Durch eine dauerhafte Abgabe des Toxins werden potentielle Umweltrisiken sowie Effekte auf Nichtzielorganismen angenommen. Eine ausführliche Darstellung ökologischer Auswirkungen findet sich bei HUCHO ET AL. (2005), eine kritische Stellungnahme z.B. bei BÖLW & CAMPACT (2009).

115 Je nach Pflanzenart stehen auch verschiedene potentielle Umweltfolgen in der Diskussion. Eine diesbezügliche detaillierte Diskussion führt aber über den Rahmen der Arbeit hinaus. Es wird daher, wie in der öffentlichen Debatte üblich, eher allgemein auf Umweltaspekte eingegangen.

Wirkungen aufgezeigt, wie positive Effekte für Bodenorganismen oder eine höhere Artenvielfalt auf Flächen mit GVP. Ebenso wird oft ein geringerer Einsatz von Pflanzenschutzmitteln demonstriert, der wiederum als positiv für die Umwelt gilt, ebenso wie geringere Belastungen des Bodens oder des Klimas durch eine geringere Anzahl an Arbeitsgängen auf Flächen mit GVP (z.B. SINEMUS & MINOL 2005; BROOKES & BARFOOT 2006)[116]. Es kann aber festgehalten werden, dass sich trotz wissenschaftlich kontroverser Einschätzungen und Ergebnisse in der Öffentlichkeit das Bild einer sehr umweltschädlichen und risikoreichen Bewirtschaftungsweise etabliert hat, der kaum positive Effekte eingeräumt werden[117]. Hinzukommt, dass in der Bevölkerung nicht allein der Anbau von GVP mit seinen potentiellen Wirkungen auf die Umwelt kritisch gesehen und zumeist abgelehnt wird sondern sowohl unter deren Verwendung erzeugte Nahrungsmittel als auch generell Lebensmittel, die im Laufe der Herstellung mit Gentechnik in Berührung gekommen sind, als risikoträchtig angesehen werden. Letzteres wird vornehmlich mit gesundheitlichen Bedenken begründet. Neben mitunter diffusen Befürchtungen hinsichtlich potentieller (Langzeit-) Folgen stehen vor allem drei Aspekte im Mittelpunkt der öffentlichen Kontroversen. Eine wichtige Frage ist zum einen die nach möglichen allergenen Wirkungen von GV-Lebensmitteln. So weist BÜHL (2009) darauf hin, dass GV-Soja prozentual mehr Allergien auslöst als konventionelles Soja, wobei die Gründe dafür eher in der Er-

---

116 Weitere Studien zeigen beispielsweise eine signifikant geringere Belastung von Bt-Mais mit Mykotoxinen als konventioneller oder biologischer Mais (WU 2006; SCHIER 2008). Dies ist vor allem hinsichtlich der Tier-, aber auch Humangesundheit relevant, da die Verfütterung bzw. der Verzehr von mykotoxinbelasteten Erzeugnissen zu erheblichen Schädigungen führen kann. Hierzu sei auf RAUPACH & MARGGRAF (2009) verwiesen.

117 Ob oder inwiefern diese Einschätzung der Öffentlichkeit unabhängig von der Produktionsweise konstant bleibt, kann an dieser Stelle nicht geklärt werden. Es gibt aber Anhaltspunkte, dass das Wissen um die landwirtschaftliche Realität in weiten Teilen der Bevölkerung nur sehr begrenzt vorhanden ist, so dass vermutlich auch andere Bewirtschaftungsformen bei differenzierter Betrachtung schlechtere Bewertungen erfahren dürften.

höhung der natürlich vorkommenden Pflanzenallergien liegen, als im Entstehen völlig neuer Allergien. Weiterhin ist ein relevantes Problem, dass *„es derzeit keine praktische, akzeptierte Methode gibt, um das allergene Potential [...] überhaupt abschätzen zu können"* (BÜHL 2009: 392)[118]. Dem steht entgegen, dass gerade mittels gentechnischer Veränderungen sowohl Allergene mit reduzierter Allergenität für therapeutische Zwecke hergestellt werden können als auch die Allergenität von Pflanzen oder Pflanzenbestandteilen reduziert werden soll. Letzteres wird als so genannte „Antisense-Strategie" bezeichnet und hat bereits erste Erfolge erzielt. Allerdings ist es ein sehr komplexes Verfahren und es können verschiedene Probleme bei der Unterdrückung von Allergenen in GVP auftreten (REESE ET AL. 2005). Der zweite kritisch diskutierte Punkt im Kontext von potentiellen gesundheitlichen Folgen von GV-Lebensmitteln bezieht sich auf Antibiotikaresistenzen. Da vielfach Antibiotikaresistenzgene als so genannte Markergene bei GVP genutzt werden, wird deren Übertragung auf den menschlichen Organismus für möglich gehalten, so dass ein Risiko besteht, dass zunehmend mehr Antibiotika unwirksam werden und z.B. für den medizinischen Einsatz nicht mehr zur Verfügung stehen (z.B. BUND 2009b)[119]. Auch wenn der EFSA zufolge negative Auswirkungen von Antibiotikaresistenz-Markergenen unwahrscheinlich sind (EFSA 2004; EFSA 2009a), werden sie in der öffentlichen Wahrnehmung aber als ein wichtiges Problem betrachtet.

Als dritter Problembereich wird der mögliche Übergang von Gensequenzen aus pflanzlichen Lebensmitteln auf die Mikroorganismen des Magen-

[118] Das Risiko von sowohl der Zunahme an Allergien an sich als auch die Entstehung neuartiger Allergien wird vor allem darin gesehen, dass z.B. bestimmte Gene aus Nüssen in andere Pflanzen wie Soja eingebracht werden und für Nussallergiker somit eine erhöhte Gefährdung besteht. Aber es werden auch grundsätzlich neuartige Allergien durch eben den Transfer von DNA über Artgrenzen hinweg für möglich gehalten. BÜHL (2009) betont z.B., „dass Allergiker durch gentechnische Veränderungen nicht mehr wissen können, welche Nahrungsmittel sie zu sich nehmen dürfen" (BÜHL 2009: 392).

[119] Daneben werden auch negative Effekte auf verschiedene Umweltmedien und auf die (Nutz-) Tiergesundheit befürchtet.

Darm-Traktes des Menschen gesehen (z.B. BÜHL 2009). Auch wenn dieser Übergang höchst unwahrscheinlich ist (z.B. PHIPPS ET AL. 2006) und von der EFSA ausgeschlossen wird (EFSA 2007b), wird er jedoch von Anderen prinzipiell für möglich gehalten (z.B. GREENPEACE 2009b).

Die meisten Diskussionen haben gemeinsam, dass trotz (oder gerade wegen der Art) der Überprüfungen, z.B. im Rahmen der Zulassung, eine Gefahr für die Umwelt und Gesundheit angenommen wird (siehe auch MARQUARD & DURKA 2005). Die Kritik an der Sicherheitsbewertung von GV-Lebensmitteln besteht vor allem in der Vorgehensweise und den Vergleichsgrößen der Überprüfungen. So werden sowohl die Übertragung von Ergebnissen aus Tierversuchen als unzulänglich betrachtet als auch das Äquivalenzprinzip an sich.

> „Da nur vom bereits Bekannten auf das Unbekannte geschlossen werden kann, besteht folgende Gefahr: Sollte etwas Unbekanntes auftauchen, würde es möglicherweise nicht einmal bemerkt werden, da es durch die angewandten Testraster fällt" (BUND 2009b: o.S.).

Eine dieser Problematik innewohnende Frage ist die danach, wie viel Sicherheit eine Gesellschaft haben möchte. Die Unmöglichkeit sämtlicher potentieller Auswirkungen lässt sich ebenso wenig nachweisen, wie man *„alles testen [kann], was testbar wäre, noch hat man für alles, was man gerne testen würde, geeignete Methoden"* (HUCHO ET AL. 2005: 310). Wenn auch viele Aspekte in der Risikobewertung von GVO und GVP spezifisch auf die Art des Eingriffes hin untersucht werden müssen, sind viele der Vorgänge und potentiellen Auswirkungen keinesfalls auf GVP beschränkt. Auch bei konventionellen Züchtungen ist es nicht möglich, die Folgen des Züchtungseingriffes gezielt zu steuern, sondern es kann erst nach der Kreuzung auf bestimmte Größen wie physiologische und morphologische Parameter getestet werden, wobei es hierbei auch pragmatische und systematische Grenzen gibt (HUCHO ET AL. 2005). Das Bild in der Öffentlichkeit ist aber eher von gentechnischen Katastrophenszenarien geprägt als von einer differenzierten Auseinandersetzung.

2.4 Zusammenfassung Kapitel II

In diesem Kapitel wurden wichtige Hintergrundinformationen zur Gentechnik an sich, ihren Anwendungsbereichen und geschichtlichen Etappen sowie zu Grüner Gentechnik im Besonderen vorgestellt. Dabei wurde gezeigt, dass die Anwendung speziell Grüner Gentechnik weltweit ungleich stärker stattfindet als in Europa und Deutschland[120]. Auch bei der Nutzung gentechnischer Verfahren in der Lebensmittelproduktion ist deutschland- und europaweit eine vergleichsweise Zurückhaltung festzustellen, die insgesamt den Eindruck erweckt, dass Gentechnik für die Lebensmittelerzeugung kaum eine Rolle spielt. Wenngleich weder unmittelbare GV-Lebensmittel noch kennzeichnungspflichtige Produkte im deutschen Lebensmittelhandel zu finden sind, täuscht dieser Eindruck. Viele Produkte kommen mit gentechnischen Verfahren bei der Erzeugung in Berührung. Insbesondere jenseits des Nahrungsmittelsektors ist die Nutzung von Gentechnik sehr verbreitet, so vor allem auch im Bereich industrieller Prozesse. Dieses ist jedoch den meisten VerbraucherInnen kaum bewusst. Auch werden Verfahren der Gentechnik, die im Bereich der Medizin, der so genannten Roten Gentechnik, zur Anwendung kommen, üblicherweise aus Sicht der Bevölkerung weniger abgelehnt, bzw. eher sogar begrüßt, als dies bei Grüner Gentechnik der Fall ist. Generell kann festgehalten werden, dass Gentechnik insgesamt, in all ihren Facetten, zwar unterschiedlich stark ausgeprägt, aber trotz allem bereits Alltag ist. Dennoch werden die verschiedenen Anwendungsbereiche von der Bevölkerung sehr unterschiedlich bewertet und eingeschätzt. So wird besonders der Grünen Gentechnik ein hohes Maß an Ablehnung und Skepsis entgegengebracht, was aus einer Vielzahl von Gründen und mitunter auch einer Mischung dieser resultiert. Die Kontroversen und Debatten sind zahlreich und werden mit kaum verminderter Vehemenz geführt, so dass Fragen der Grünen Gentechnik häufig quasi-religiöse Züge anneh-

[120] Lesenswert als Überblick über viele der relevanten Bereiche einschließlich eines kritischen Vergleichs der Regulierungen in den USA und Europa ist MOSCHINI (2008).

men. Die Uneinigkeit und konkurrierenden Standpunkte sind auch auf der politischen Ebene zu finden, was sich bereits im Rahmen der EU hinsichtlich der Zulassung zeigt, als ebenfalls auf nationaler Ebene widerspiegelt. So finden sich auch in Deutschland kontroverse Standpunkte, nicht nur in den verschiedenen Ministerien und Ressorts. Zusätzlich haben verschiedene NGOs gewissermaßen die Deutungshoheit über GVP und GV-Lebensmittel, zumindest in Deutschland, erworben. Und der Großteil der Bevölkerung ist nicht zuletzt ob der komplexen Thematik und divergierenden Fakten- bzw. Wissenschaftslage zusätzlich verunsichert.

III Einstellungs- & Präferenzforschung

Nachdem sich das vorangegangene Kapitel eher aus globaler Perspektive den Hintergründen und Problembereichen Grüner Gentechnik gewidmet hat, wendet sich dieses Kapitel stärker der individuellen Ebene zu. Der Schwerpunkt liegt dabei auf der Betrachtung von Einstellungen und ihrer Relevanz für das Handeln, primär im Kontext Grüner Gentechnik.
Seit der Einführung von GVP und entsprechenden Nahrungsmitteln ist eine sehr große Anzahl an verschiedenen Beiträgen zu dieser Thematik in den unterschiedlichsten Disziplinen entstanden. Allgemein lassen sich zwei Richtungen der Forschung ausmachen: Zum einen die Akzeptanz- und Meinungsforschung, die sich vorrangig auf die Erfassung und Beschreibung der relevanten Einstellungen und Werte im Umgang mit Grüner Gentechnik konzentrieren, zumeist aber ohne dabei die direkte Verhaltenswirksamkeit dieser Größen explizit im Fokus zu haben. Zum anderen findet man eine Vielzahl an vorwiegend aus wirtschaftswissenschaftlicher Perspektive durchgeführten Verkaufsexperimenten, die auf erklärende Größen für den Kauf oder die Meidung von GV-Produkten abzielen und dabei neben Produktfaktoren meist auch Einstellungsgrößen berücksichtigen.
Das Gros der Arbeiten in Europa und Deutschland konzentriert sich auf Meinungs- bzw. Akzeptanzumfragen, während man Studien mit verschiedenen Kaufexperimenten vor allem im anglo-amerikanischen Raum findet. Dieser Unterteilung folgend, wird sich der individuellen Ebene aus zwei Richtungen genähert. Zum einen aus „klassischer" Perspektive der Einstellungsforschung und zum anderen aus der eher rationalen bzw. ökonomischen Sichtweise der Präferenzen. Während Erstere vor allem in den allgemeinen Diskussionen genutzt werden und darüber häufig die Ablehnung Grüner Gentechnik durch weite Bevölkerungsteile begründet wird, gewinnt Letztere insbesondere im Kontext von potentiellem Kaufverhalten bei GV-Produkten und Fragen der Kennzeichnung eben dieser Produkte entsprechende Relevanz. Diese häufig zu findende Differenzie-

rung mag auch disziplinären Ansätzen und Termini geschuldet sein, eine gemeinsame Betrachtung erweitert in jedem Fall die Perspektive der Bevölkerungssicht auf Grüne Gentechnik.

3.1 Einstellungen und Präferenzen

Zunächst wird der Frage nachgegangen, warum es wichtig ist, die Einstellungen der Bevölkerung zu kennen, gefolgt von Erklärungen und Definitionen des Begriffs Einstellungen. Daran schließt sich die Betrachtung von Präferenzen und Möglichkeiten deren Ermittlung an. Hierauf folgt eine zusammenfassende Betrachtung der beiden Größen Einstellungen und Präferenzen, ehe danach empirische Befunde aus der Einstellungs- und Meinungsforschung sowie der Ermittlung von Präferenzen im Kontext Grüner Gentechnik stehen.

3.1.1 Relevanz von Einstellungen

Weshalb ist es wichtig, die Einstellungen von Personen zu kennen? Diese Frage ist zunächst ebenso einfach gestellt, wie vergleichsweise leicht beantwortet. Versteht man Einstellungen vorerst als *„Disposition einer Person, auf ein Objekt in ihrer Umgebung [...] in einer bestimmten, für die Umwelt voraussagbaren Weise zu reagieren"* (REINHOLD 1997: 126), so ergibt sich daraus schnell die Relevanz von Einstellungen für verschiedene Disziplinen und Anwendungsbereiche. So kann die Kenntnis der Einstellungen von Personen bzw. der Bevölkerung in Bezug auf bestimmte Gegenstände oder Themen (wie die Grüne Gentechnik) hilfreich für die Ausgestaltung der Politik oder für Marketingmaßnahmen (wie zum Beispiel bei GV-Produkten) sein. Ebenso besteht ein wissenschaftliches Interesse an Einstellungen, vornehmlich in der Soziologie und Psychologie. Die Umsetzung und Operationalisierung, also die Messung von Einstellungen, ist indes nicht gleichsam einfach wie die Eingangsfrage[121]. Hierzu

[121] Eine der „klassischen" Methoden der Einstellungsmessung ist die direkte Befragung, wie sie auch die Grundlage für den empirischen Teil dieser Arbeit bildet. Daneben existiert aber noch eine Vielzahl anderer Möglichkeiten.

existiert aber eine Vielzahl an Literatur, auf die hier verwiesen sei, ohne dass sie an dieser Stelle reproduziert wird.
Kurz gesagt, geht es in der Einstellungsforschung neben Bestimmungsgründen (für das Entstehen und die Dauerhaftigkeit) von Einstellungen auch um die Vorhersage und/oder die Veränderung von Verhalten. Ein Ziel, das weit über akademische Fragestellungen hinaus von Belang ist. Zu diesen Zweck wurden über die Zeit eine große Anzahl an Theorien und Modellen entwickelt, die mehr oder minder erfolgreich die Zielsetzung bewältigt oder sich im wissenschaftlichen Diskurs etabliert haben, bei denen aber in der Regel Einstellungen eine wichtige Größe darstellen. Eines der bekanntesten und am meisten verbreiteten Modelle zur Vorhersage von Handeln bzw. Verhalten ist die Theorie des geplanten Verhaltens (*Theory of Planned Behavior,* **TPB**) von AJZEN (1991)[122].
Mit diesem Modell ist es möglich, den Zusammenhang zwischen Einstellungen, Verhaltensintention und dem letztlichen Verhalten zu erklären. Dabei sind sowohl die einzelnen Größen für verschiedene Disziplinen ein relevanter Forschungsgegenstand als auch die Theorie insgesamt von hoher Wichtigkeit. Sie ist nicht auf bestimmte Disziplinen oder Forschungsfragen begrenzt und somit vielseitig einsetzbar bzw. anwendbar, jedoch nicht immer unumstritten (siehe stellvertretend LIEBE 2006). Insgesamt bietet sie aber ein etabliertes Modell zur Verhaltensvorhersage, weswegen sie im Folgenden kurz ausführlicher vorgestellt wird. Denn zum Beispiel gerade im Kontext vom Umgang mit bzw. dem Kauf von GV-Produkten gewinnt die Verhaltensvorhersage entsprechende Relevanz.
Das zentrale Element der TPB ist die (Verhaltens-) Intention, die durch Einstellungen, subjektive Norm und die wahrgenommene Verhaltenskontrolle bedingt wird. Die Verhaltensintention dient als Prädiktor für das

[122] Die TPB ist als Weiterentwicklung der Theorie des überlegten Handelns (*Theory of Reasoned Action*) (FISHBEIN & AJZEN 1975) zu verstehen und lässt sich prinzipiell rationalen Akteursmodellen zuordnen. Gelegentlich wird die TPB auch als Theorie des geplanten Handelns bezeichnet, was wohl unterschiedlichen Übersetzungen geschuldet ist. Die Begriffe können aber synonym verstanden werden.

„tatsächliche" Verhalten (Abbildung 1). Dabei werden ihre drei Determinanten (Einstellungen, subjektive Norm, wahrgenommene Verhaltenskontrolle) ihrerseits durch Überzeugungen und verhaltensrelevante Informationen bestimmt (AJZEN 2005).

Abbildung 1: Schema Theorie des geplanten Verhaltens
Quelle: Darstellung nach AJZEN (1991).

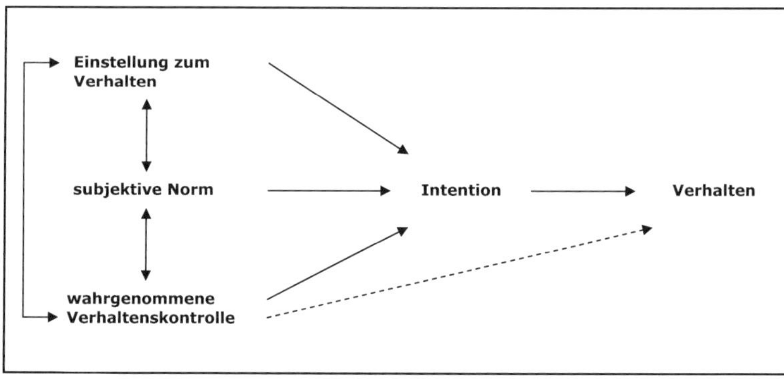

Der Grundgedanke des Modells ist, dass umso stärker die Intention, desto wahrscheinlicher die Handlungsausführung bzw. das Verhalten. Dabei werden die Einstellungen von verhaltensbezogenen Überzeugungen bedingt, wobei die Einstellungen ihrerseits auf die Handlungs- oder Verhaltensabsicht wirken.
Die subjektive Norm beschreibt die individuelle Wahrnehmung eines sozialen Druckes hinsichtlich eines bestimmten Verhaltens, also dieses auszuüben oder zu unterlassen. Dabei stellen subjektive Normen zumeist ebenfalls eine Art von Überzeugung dar, im Sinne von Befürwortung oder Ablehnung des Verhaltens in der Bezugs- bzw. Referenzgruppe. Durch diese normativen Überzeugungen werden das Vorhandensein und die Gültigkeit einer subjektiven Norm erklärt.
Die individuelle Wahrnehmung bzw. Annahme von Schwierigkeiten bei der Ausführung eines Verhaltens wird mittels der wahrgenommenen Verhaltenskontrolle beschrieben. Hierbei hängt die Zuversicht in die Ausführbarkeit des Verhaltens auch von vergangenen Erfahrungen ab. Die

Grundlage für die wahrgenommene Verhaltenskontrolle bilden Kontrollüberzeugungen[123]. Insgesamt stellt die wahrgenommene Verhaltenskontrolle gegenüber dem Vorgängermodell (der Theorie des überlegten Handelns) die wesentliche Erweiterung dar, da das Verhalten von Personen offensichtlich auch hiervon abhängt. Dabei unterliegt diese wahrgenommene Verhaltenskontrolle nicht allein internen Faktoren wie Wissen oder Fähigkeit, sondern wird auch extern determiniert durch Größen wie Zeit oder Geld (die auch als „klassische" Restriktionen in der ökonomischen Theorie zu finden sind). Letztlich soll die wahrgenommene Verhaltenskontrolle umso größer sein, je weniger Hindernisse wahrgenommen werden und je mehr Ressourcen bzw. Möglichkeiten zur Verfügung stehen (bzw. über die ein Akteur zu verfügen glaubt).

Bei der Vorhersage der (Verhaltens-) Intention sind Variationen der drei zentralen Determinanten (*Einstellung, subjektive Norm, wahrgenommene Verhaltenskontrolle*) des Modells in Abhängigkeit der Art des Verhaltens und der Situation möglich. So können sowohl Kombinationen aus diesen Determinanten (z.B. nur Einstellungen und wahrgenommene Verhaltenskontrolle) als auch alle drei Determinanten für die Verhaltensvorhersage relevant sein. In anderen Fällen ist nur eine der drei Komponenten für die Intention bedeutsam (AJZEN 1991)[124]. Besonders wichtig ist zudem die Zeit, die zwischen der Intentionsmessung und der Erfassung

---

[123] Zudem argumentiert AJZEN (1991), dass die wahrgenommene Verhaltenskontrolle zusammen mit der Verhaltensabsicht direkt genutzt werden kann, um das Verhalten vorauszusagen, was neben dem mittelbaren (auf die Intention) auch deren unmittelbaren (direkt auf das Verhalten) Effekt erklärt, da die wahrgenommene Verhaltenskontrolle (unter gewissen Umständen) auch als Substitut der tatsächlichen Kontrolle verstanden werden kann. Vor diesem Hintergrund findet sich die tatsächliche Verhaltenskontrolle zum Teil auch im Schema der TPB als Verbindung zwischen der wahrgenommenen Verhaltenskontrolle und dem Verhalten wieder.

[124] Zudem bezieht sich das Modell auf bewusste, rationale Entscheidungen von Personen, wodurch auch Anknüpfungsmöglichkeiten an stärker ökonomisch orientierte Konzepte, die in der Regel ein vergleichsweise hohes Maß an Rationalität der Akteure voraussetzen, gegeben sind (z.B. SLABY & URBAN 2002).

des tatsächlichen Verhaltens liegt. So kann (insbesondere bei größeren Zwischenräumen) eine Reihe an Ereignissen oder Geschehnissen dazu führen, dass sich sowohl die verhaltensbezogenen und normativen Überzeugungen sowie die Kontrollüberzeugungen ändern als auch damit Modifizierungen der Einstellungen, persönlichen Norm und wahrgenommenen Verhaltenskontrolle einhergehen. Letztlich kann eine geänderte oder gar revidierte Intention resultieren (AJZEN 2011). Gleiches gilt für den Kontext, in dem die Intention ermittelt bzw. dann das Verhalten erfasst wird. Wenn unterschiedliche Überzeugungen im Rahmen der Befragung (Intentionserfassung) und des Verhaltens aktiviert werden bzw. aktiv sind, verursachen sie unterschiedliche Einstellungen, subjektive Normen und/oder wahrgenommene Verhaltenskontrollen. Die erfasste Intention ist in solchen Fällen nur ein unzureichender Prädiktor für das Verhalten, da eine andere Intention beim tatsächlichen Verhalten aktiv ist (AJZEN & SEXTON 1999; AJZEN 2011). Ob Intentionen verlässlich Verhalten vorhersagen, hängt zudem von einer Reihe an Faktoren ab, die jenseits der individuellen Kontrolle liegen. So wird z.B. die Stärke des Verhältnisses von Intention und Verhalten durch die tatsächliche Verhaltenskontrolle abgemildert (AJZEN 2011).

Wie könnte das Modell der TPB nun im Hinblick auf Grüne Gentechnik für diese Arbeit interpretiert werden? Wird die Ablehnung bzw. Befürwortung von Grüner Gentechnik oder der Kauf bzw. das Meiden von GV-Produkten als Intention (bzw. als Verhalten, dass sich gemäß der TPB direkt aus der Verhaltensabsicht ergibt) aufgefasst, so kann man folgende Annahmen für die Determinanten des Modells treffen: Versteht man die subjektive Norm als eine Verhaltenserwünschtheit bzw. als sozialen Druck für oder gegen Grüne Gentechnik, so kann diese als mäßig bis gering beschrieben werden. Zum einen sind zum Beispiel gegenwärtig faktisch keine GV-Produkte im deutschen Lebensmittelhandel zu finden, so dass weder durch ihren Kauf negative, noch durch deren Meiden positive Sanktionen zu erwarten sind[125]. Zum anderen gehört Grüne Gentechnik

[125] Natürlich könnte die Sanktionierung prinzipiell auch gegenläufig sein, was aber unter den gegebenen Umständen als eher unwahrscheinlich zu bezeichnen ist.

trotz aller Brisanz und Debatten weniger stark zu den „Alltagsthemen" wie beispielsweise der Klimawandel oder Atomkraft, als dass sich daraus zwangsläufig ein hoher Druck zur Konformität in die eine oder andere Richtung ergäbe[126]. Damit kann der wahrgenommene soziale Druck für oder gegen Grüne Gentechnik insgesamt als gering angesehen werden.
Die individuell wahrgenommenen Hindernisse für die Befürwortung oder Ablehnung Grüner Gentechnik können ebenfalls als gering eingeordnet werden. Damit einhergehende Kosten sind in der Regel kaum vorhanden, so dass die Zuversicht in die Ausführbarkeit des Verhaltens hoch ist. Zudem kann man argumentieren, dass insbesondere durch die Kennzeichnungspflicht für GV-Produkte die Hürden für den Kauf bzw. das Meiden derartiger Erzeugnisse zusätzlich reduziert werden[127]. Damit kann die wahrgenommene Verhaltenskontrolle als hoch betrachtet werden und hängt damit primär von externen Determinanten bzw. Restriktionen ab.
Schwieriger ist es hingegen, wenn man den Fokus von der Kennzeichnungspflicht löst und berücksichtigt, dass bei vielen Produktionsprozessen GVO zum Einsatz kommen oder GVP als Futtermittel genutzt werden, ohne dass dies auf dem Endprodukt nachvollzogen werden kann. Ist man sich dieses Umstandes und den konkreten Regelungen der Kennzeichnungspflicht (einschließlich der Ausnahmen) bewusst, ist anzunehmen, dass im Falle eines gänzlichen Meidens von Grüner Gentechnik und GVO die wahrgenommene Verhaltenskontrolle sinkt und höhere Kosten im Sinne von Aufmerksamkeit und Aufwand für dieses Meiden resultie-

126 Dies mag natürlich in speziellen Gruppen (z.B. AktivistInnen) anders sein, allerdings erfolgt ein Anschluss an bestimmte Interessengruppen auch auf Basis einer bestimmten Disposition, so dass womöglich weniger ein sozialer Druck als vielmehr eine wechselseitige Bestätigung der Überzeugungen resultiert.

127 Dabei ist allerdings das Meiden von GV-Produkten nicht zuletzt wegen der mangelnden Verfügbarkeit von GV-Produkten in Deutschland und der zunehmenden Kennzeichnung von Produkten mit „Ohne Gentechnik" wohl sicher einfacher als der Kauf von GV-Produkten. Auch wenn die Kennzeichnungsrichtlinien umstritten sind, stellen sie im Zweifel dennoch eine Entscheidungshilfe dar und werden auch von der Mehrheit der Personen grundsätzlich so verstanden, da bzw. obwohl zumeist die Ausnahmen etc. nicht bekannt sind.

ren. Allerdings betont AJZEN (2011), dass das Verhalten insbesondere bei Routine- bzw. Alltagshandlungen („everyday behaviours") meist ohne „viel kognitive Anstrengungen" erfolgt. In solchen Fällen, zu denen das (Lebensmittel-) Kaufverhalten in der Regel wohl zweifelsohne gezählt werden kann, wird angenommen, dass Einstellungen, subjektive Normen und wahrgenommene Verhaltenskontrollen ebenso wie Intentionen in Bezug auf diese Art von Verhalten (also dem Einkauf) zu einem Verhalten führen, dass ohne kognitive Anstrengungen erfolgt und oft unterhalb der bewussten Wahrnehmung liegt (AJZEN & FISHBEIN 2000; AJZEN 2011).
Die getroffenen Annahmen bzw. Interpretationen finden auch empirische Unterstützung. So zeigen TUTKUN & LEHMANN (2009) anhand der TPB, dass die Kaufintention von GV-Lebensmitteln mit Abstand am stärksten von Einstellungen determiniert ist. Die subjektive Norm wird mit einem Koeffizienten von 0,11 trotz Signifikanz als „unbedeutend" befunden. Von der wahrgenommenen Verhaltenskontrolle geht gleichsam kein signifikanter Effekt aus[128].
Ähnliche Befunde zeigen sich auch bei SPENCE & TOWNSEND (2006) sowie SABA & VASALLO (2002)[129]. Weiterhin führen auch SLABY & URBAN (2002) aus, dass *„empirische Befunde zeigen, dass die Effektstärke von Einstellungen bei der Erklärung von Intentionen im Regelfall deutlich höher ist, als die Effektstärke der subjektiven Norm"* (SLABY & URBAN 2002: 22).

128 Im Rahmen der Studie wurden neben der Kaufabsicht von GV-Lebensmitteln auch Daten zu GV-Medikamenten erhoben. Aufgrund entsprechender Voraussetzungen konnte auch eine Kreuzvalidierung der Modelle vorgenommen werden. Laut den Autoren liegen die Gütekriterien in einem „sehr guten Bereich" und die Ergebnisse sind dank der Kreuzvalidierung weiter abgesichert.

129 In der ersten Studie zeigen auch die subjektive Norm und die wahrgenommene Verhaltenskontrolle signifikante Effekte, was aber nach TUTKUN & LEHMANN (2009) daran liegt, dass nach der Bereitschaft zum Probieren von GV-Lebensmitteln gefragt wurde, was einer unterschiedlichen Operationalisierung der Handlungsintention entspricht. In der anderen Studie stellt die wahrgenommene Verhaltenskontrolle den stärksten Effekt dar, was aber, wiederum nach TUTKUN & LEHMANN (2009), auf ein Multikollinearitätsproblem zurückzuführen ist. Zudem sei der Erklärungsanteil der Intention im Modell zu gering.

Ebenso argumentieren sie, dass die subjektive Norm auch als Sonderfall von Einstellungen behandelt werden kann. Was bleibt, sind also vor allem die Einstellungen. Folgt man der Adaption des Modells, sind diese letztlich die zentralen Größen, die (neben den externen Faktoren) für eine Verhaltensabsicht bei Grüner Gentechnik besonders relevant sind. Daher widmet sich der folgende Abschnitt der Frage, was Einstellungen sind, wie sie charakterisiert werden können und wozu sie dienen.

3.1.2 Was sind Einstellungen?

Für den Begriff Einstellungen finden sich in der Literatur verschiedene Definitionen[130]. So definieren beispielsweise ARONSON ET AL. (2004) Einstellungen als *„überdauernde Bewertung von Menschen, Objekten und Ideen"* (ARONSON ET AL. 2004: 265). Die bereits zuvor genutzte Definition von REINHOLD (1997) lautet vollständig:

> „Bezeichnung für die durch vorangegangene Lernprozesse selektive Ausrichtung des Denkens und Verhaltens. Dies manifestiert sich in der Disposition einer Person, auf ein Objekt ihrer Umgebung [...] in einer bestimmten, für die Umwelt voraussagbaren Weise zu reagieren" (REINHOLD 1997: 126).

EAGLY & CHAIKEN (1993) verstehen Einstellungen als *„eine psychische Tendenz, die dadurch zum Ausdruck kommt, dass man ein bestimmtes Objekt mit einem gewissen Grad von Zuneigung oder Abneigung bewertet"* (EAGLY & CHAIKEN 1993: 1)[131]. AJZEN (2001) zieht aus verschiedenen Definitionen das Fazit, dass Einstellungen *„zusammenfassende Bewertungen eines psychologischen Objektes in gewissen Eigenschaftsdimensionen wie gut/schlecht, nachteilig/vorteilhaft, angenehm/unangenehm und sympathisch/unsympathisch"* darstellen (AJZEN 2001: 28)[132].

---

[130] Als Begründer des Begriffs Einstellungen gelten THOMAS & ZNANIECKI (1958), die das Verhalten von USA-Einwanderern in den 20iger Jahren untersuchen. Für einen Überblick über die Geschichte der Einstellungsforschung siehe MCGUIRE (1985).

[131] Im Original: „Attitude is a psychological tendency that is expressed by evaluating a particular entity with some degree of favor or disfavor".

[132] Im Original: „[...] attitude represents a summary evaluation of a psychological object captured in such attribute dimensions as good-bad, harmful-beneficial, pleasant-unpleasant, and likable-dislikable".

Eine weitere Definition findet sich bei TRIANDIS (1975), bei der Einstellungen mit Emotionen verbunden sind und aus kognitiven, affektiven und verhaltensorientierten (konativen) Komponenten bestehen. Die Auflistung an Begriffsbestimmungen bei Einstellungen ließe sich noch länger fortsetzen, was sich jedoch bereits an dieser Stelle zeigt ist, dass es offensichtlich verschiedene „Stufen" von Definitionen gibt[133]. Diese werden zumeist nach eindimensionalen (teilweise auch Zwei-Komponenten-) und Drei-Komponenten-Modellen unterschieden. Unabhängig von dem zugrunde liegenden Einstellungskonzept (eindimensional oder mehrdimensional) helfen Einstellungen unter anderem bei der Umweltorientierung und der Reduzierung von Komplexität, indem sie z.B. Handlungs- bzw. Verhaltensabläufe vereinfachen und Routinen schaffen. Die Zuordnung und Anzahl an Funktionen, die Einstellungen ausüben, variieren zum Teil je nach Forscher oder Disziplin. SHAVIT (1989) bietet einen Überblick der Funktionen wonach sich sechs Aufgaben von Einstellungen unterscheiden lassen[134]:

a) Wissensfunktion (Ausdruck gespeicherter Erfahrungen),
b) instrumentelle Funktion (Erreichen positiver Zustände und Meidung negativer),
c) soziale Identitätsfunktion,
d) Selbstwertgefühl,
e) Selbstüberwachung und
f) heuristische Informationsverarbeitung (Informationsverdichtung und Generalisierung von Werthaltungen).

Da es sowohl für das eindimensionale als auch für das mehrdimensionale System empirische Belege gibt (BOHNER 2003), ist nicht abschließend ge-

---

133 Lesenswert vor dem Hintergrund verschiedener Einstellungskonzepte bzw. -definitionen und den daraus resultierenden Schwierigkeiten und Folgen ist MAYERL (2008).

134 Nach dem Modell von PRATKANIS & GREENWALD (1989) üben Einstellungen drei Funktionen aus: a) heuristische Funktion, b) Wissensstrukturierung und c) Funktion des Selbstkonzepts. Im Modell von KATZ (1960) werden vier Funktionen unterschieden. Da viele Arbeiten auf dem Modell von Katz aufbauen, kann dies auch als das „klassische" Modell verstanden werden.

klärt, welcher Ansatz der „bessere" ist (EAGLY & CHAIKEN 1993). Allerdings hat sich bei der grundlegenden Typologie das Drei-Komponenten-Modell etabliert und wird daher nachfolgend kurz erläutert.
Im Kern geht das Drei-Komponenten-Modell zurück auf KATZ & STOTLAND (1959), wobei in der Regel die Anpassung von ROSENBERG & HOVLAND (1966) noch immer als das grundlegende Konzept gilt[135]. Im Laufe der Jahre erfuhr es Weiterentwicklungen von z.B. TRIANDIS (1975), BRECKLER (1984) oder EAGLY & CHAIKEN (1993). Die Grundannahme des Modells ist, dass Einstellungen eine Kombination von drei konzeptuell unterscheidbaren Reaktionen auf ein spezifisches Objekt darstellen. Diese Reaktionen werden unterteilt nach affektiver, kognitiver und verhaltensbezogener (konativer) Dimension (Abbildung 2)[136].

Abbildung 2: Drei-Komponenten-Modell der Einstellung
Quelle: Darstellung nach EAGLY & CHAIKEN (1993).

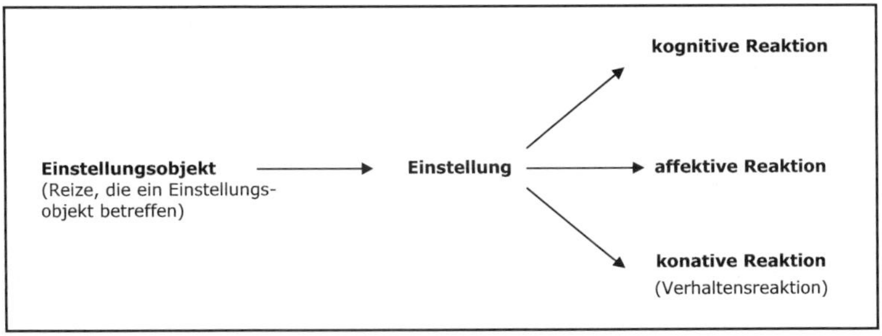

So auch bei der zuvor genannten Definition von EAGLY & CHAIKEN (1993), die vollständig lautend um den Zusatz *„[Die] psychische Tendenz bezieht sich auf einen inneren Zustand einer Person und Bewertung meint alle Arten bewertender Reaktionen, gleich ob offenkundig oder verborgen,*

[135] „Attitudes are typically defined as predispositions to respond in a particular way toward a specified class of objects. [...] The types of response [...] fall in three major categories: cognitive, affective, and behavioral" (ROSENBERG & HOVLAND 1966: 1).

[136] Häufig wird auch entsprechend von affektiv basierten, kognitiv basierten und konativen bzw. verhaltensbasierten Einstellungen gesprochen.

kognitiv, affektiv oder verhaltensbezogen" (EAGLY & CHAIKEN 1993: 1)[137] ergänzt werden muss. Je nach Forscher liegen aber teilweise verschiedene Einstellungsdefinitionen zugrunde, so dass es auch gewisse Variationen bei der Ausgestaltung des Modells gibt.

Die affektive Komponente bezeichnet dabei emotionale Reaktionen auf das Einstellungsobjekt, die sich auf die Bewertung von Gefühlen und Werten stützen. Der gewissermaßen Gegenpol zur affektiven Dimension ist die kognitive Komponente. Sie ergibt sich aus Überzeugungen, Beobachtungen oder Lernen von Fakten über das Einstellungsobjekt und daraus resultierenden kognitiven Bewertungen und bezieht sich auf das „Wissen" über das Einstellungsobjekt. Es werden in der Regel die bekannten Eigenschaften des Objektes bewertet. Die Verhaltensreaktion bzw. verhaltensmäßige Reaktion beschreibt manifeste Verhaltensweisen sowie latente Verhaltensabsichten oder Verhaltenspläne bzw. Verhaltensvorlieben bezüglich des Einstellungsobjektes (MAYERL 2008).

Durch diese dreiteilige Sicht auf Einstellungen wird nach MAYERL (2008) *„eine Verbindung geschaffen zwischen der Einstellungs-Verhaltens-Konsistenzannahme [...], eindimensionalen Einstellungsdefinitionen [...], sowie Einstellungen als Sammelbecken aller möglichen mentalen Gedanken gegenüber einem Objekt bzw. einem Thema*" (MAYERL 2008: 20). Zudem dient das Drei-Komponenten-Modell oftmals dazu, Unterschiede zwischen Einstellungen und Verhalten zu erklären, da nicht zwingend alle Komponenten gleichgewichtig sind. An dieser Stelle setzen kognitive Gleichgewichtstheorien an, nach denen eine Tendenz besteht, mögliche Inkonsistenzen zwischen den Komponenten zu reduzieren (z.B. REINHOLD 1997). Vor diesem Hintergrund konzentrieren sich viele (eindimensionale) Definitionen und Einstellungskonzepte auf die affektiv-bewertende Komponente, die dann als wichtigstes Element von Einstellungen verstanden wird (HÄNZE 2002). Abschließend zum Drei-Komponenten-Modell sei abermals MAYERL (2008) bemüht:

[137] Im Original: „[...] Psychological tendency refers to a state that is internal to the person, and evaluating refers to all classes of evaluative responding, whether overt or covert, cognitive, affective, or behavioural".

> „Das Dreikomponentenmodell hat heute vor allem heuristischen Wert und verweist auf wichtige Aspekte der Einstellungsforschung: Dass Einstellungen ein kognitives belief-System zugrunde liegt, dass mit Einstellungen auch Emotionen verbunden sind und nicht zuletzt dass Einstellungen verhaltensrelevant sein können" (MAYERL 2008: 25).

Betrachtet man nun die Komponenten von Einstellungen im Kontext von Grüner Gentechnik, sind folgende beispielhafte Ausgestaltungen möglich. Berücksichtigt man die Ausführungen zu den Problembereichen und Debatten (siehe Kapitel II), so ist von einer hohen affektiven Komponente bei den Einstellungen zur Grünen Gentechnik auszugehen. Grüne Gentechnik ruft vielfach ein unbestimmtes, „ungutes" Gefühl hervor bzw. wirkt sie aufgrund der komplexen Zusammenhänge für viele Menschen schwer zu greifen, so dass ihr entsprechend eher negative Emotionen und Bewertungen, also Befürchtungen, entgegengebracht werden (affektive Ebene).

Die kognitive Ebene dürfte in puncto Überzeugungen und (subjektiv/vermeintlich gutem) Wissen ähnlich stark ausgeprägt sein, wenngleich aufgrund der zumeist konkurrierenden wissenschaftlichen Befunde ein objektives Wissen nur in begrenztem Umfang möglich ist. Jedoch zumindest hinsichtlich rechtlicher Vorgaben kann ein „echtes" Wissen existieren. Je nach Standpunkt finden sich reichlich unterstützende Ergebnisse, so dass, eine oftmals zu findende Selektivität der Betrachtung und Wahrnehmung des Themas vorausgesetzt, das „Wissen" und damit die kognitive Bewertung demgemäß ausgeprägt ist. Alternativ kann diese Dimension aber auch, im Falle einer kritischen Bewertung der meist diffusen und gegensätzlichen „Fakten" und einer gleichsam das an vielen Stellen scheinbar noch fehlende wirkliche Wissen zu einzelnen Aspekten und Folgen berücksichtigenden Sicht, zu einer weniger stark polarisierten Bewertung Grüner Gentechnik führen, also zu keiner eindeutigen Position für oder wider. Dann würden die Einstellungen wohl weniger stark affektiv-bewertenden Elementen unterliegen als in Fällen einseitiger Überzeugungen. Sprich, diese Sicht nimmt eine hohe Korrelation der Dimensionen Wissen und Affekt an.

Die verhaltensmäßige Dimension ist, vor allem hinsichtlich des Kaufverhaltens bei GV-Produkten, eher weniger eine Verhaltensvorliebe als eine mögliche Verhaltensabsicht, da aufgrund mangelnder realer Kaufmöglichkeiten wenig habitualisierbare Verhaltensweisen (außer dem bewussten Meiden) in diesem Fall möglich sind.

3.1.3 Präferenzen

Eine andere Möglichkeit, das Handeln von Personen zu betrachten, ist über das Konzept der Präferenzen, wie es in der (neoklassischen) ökonomischen Theorie seit längerem verankert ist und faktisch zum Standard gehört[138]. Allgemein gesagt muss, ausgehend von menschlichem Verhalten als rationales Handeln und der Prämisse, dass nicht alle Bedürfnisse gleichzeitig befriedigt werden können, Menschen sich also in einer Situation der Knappheit befinden, stets eine Wahl zwischen mehreren Möglichkeiten getroffen werden. Demgemäß ist rationales Handeln durch eine rationale Auswahl aus Alternativen charakterisiert. Entscheidend bei der Auswahl sind die Präferenzen und Restriktionen. Letztere begrenzen den Handlungsspielraum und erstere spiegeln die Wertvorstellungen, nach denen Personen die verfügbaren Alternativen bewerten, wider. Nach der Abwägung der Alternativen entscheiden sich Personen dann für jene Möglichkeit, die ihren Präferenzen am nächsten kommt (MARGGRAF 2005).

Ausgehend von rationalen Akteuren ist menschliches Verhalten also immer eine Form von Wahl- oder Entscheidungsverhalten. Dabei beschränkt sich dies nicht nur auf typische Situationen des Kaufverhaltens, vielmehr lässt sich (im Zweifel unter bestimmten Randbedingungen) jede Form von Handeln als Auswahlentscheidung in konkreten Situationen modellieren:

> „Das Präferenzkonzept des ökonomischen Verhaltensmodells ist rein formal. Es gibt keine genaue inhaltliche Spezifikation der Präferenzen, insbesondere muss es keine rein materielle Orientierung geben. Jegliches menschliche Verhalten

[138] Dass dem nicht immer so war, einschließlich einer kritischen Betrachtung der neoklassischen Sicht, findet sich bei FREY & BENZ (2001). Es ist nahe liegend, dass es über die Jahre eine Vielzahl kritischer Anmerkungen und Diskussionen an und um die neoklassische Theorie gegeben hat, diese sind aber nicht Gegenstand dieser Arbeit und werden daher ausgespart.

kann als ökonomisches Wahlhandlungsproblem interpretiert werden, unerheblich, ob es sich dabei um den Kauf eines Bildbandes über Naturdenkmäler, die Spende für eine Naturschutzorganisation, die Teilnahme an einer Demonstration gegen ein Straßenbauprojekt oder einen Waldspaziergang handelt" (MARGGRAF 2005).

Grundlegend ist also die Annahme, dass Personen ihre Präferenzen unter Berücksichtigung der Restriktionen per Entscheidungsverhalten zum Ausdruck bringen. Was jedoch genau unter Präferenzen zu verstehen ist, wird oftmals nicht genau spezifiziert, vielmehr liegt eine implizite Definition zugrunde, die vor allem auf den Aspekt des Wahlverhaltens und der Auswahlfunktion abstellt (siehe auch SCHÜßLER 2004; HELM & STEINER 2008). Einen der wenigen expliziten Definitionsversuche findet man bei BÖCKER (1986). Demnach ist eine Präferenz ein *„eindimensionaler Indikator, der das Ausmaß der Vorziehenswürdigkeit eines Beurteilungsobjektes für eine bestimmte Person während eines bestimmten Zeitraumes zum Ausdruck bringt"* (BÖCKER 1986: 556). Aus stärker konsumorientierter Perspektive bezeichnen Präferenzen zumeist eine Form von Wertschätzung für ein bestimmtes Güterbündel (siehe z.B. VOIGT 2009). Nach EISENFÜHR & WEBER (2003) sind Präferenzen *„Einstellungen des Entscheiders zu Konsequenzen oder zu Handlungsalternativen"* (EISENFÜHR & WEBER 2003: 31). BÜSCHGES ET AL. (1998) stellen heraus, dass *„Individuen in der Lage sind, [...] Handlungskonsequenzen hinsichtlich ihrer Wünschbarkeit miteinander zu vergleichen und in eine widerspruchsfreie Reihenfolge zu bringen. Eine derartige Rangfolge nennt man Präferenzen"* (BÜSCHGES ET AL. 1998: 121).

Trotz entweder fehlender bzw. impliziter oder auch mitunter verschiedener Spezifikationen des Präferenz-Begriffes geht es im Kern vor allem um die Relation von beispielsweise Handlungen oder Gütern in Kategorien wie „besser/schlechter" oder „wünschenswert/weniger wünschenswert"[139]. Dabei gibt dieses Verhältnis zunächst keine Auskunft über den quantitativen Unterschied zwischen den Alternativen. Weiterhin werden über die Präferenzen der Akteure üblicherweise zusätzliche Annahmen

139 Allerdings meint die Bewertung einer Alternative als *besser* nicht zwingend, dass diese Option auch *gut* ist.

getroffen, die sich teils zwischen der traditionellen und modernen Ökonomik unterscheiden[140]. Dazu zählen beispielsweise die Stabilität, die Vollständigkeit oder die Transitivität von Präferenzen. Ebenso betrifft dies die Frage, ob eingeschränkte Rationalität oder Altruismus in den Spezifikationen zugelassen werden (Abbildung 3). Zu diesen Fragen und weiteren Diskussionen sei auf die entsprechende Literatur verwiesen, da eine ausführliche Darstellung zu weit über den Rahmen der Arbeit hinausführen würde[141]. Die „klassischen" Restriktionen sind neben Naturgesetzmäßigkeiten vor allem Zeit und Geld (Budgetrestriktion)[142]. Daneben nehmen auch Gesetze, gesellschaftlich sanktionierte Institutionen wie Normen, Sitten und Bräuche ebenso eine wichtige Rolle ein, wie Informations- und Wissensrestriktionen (siehe auch VOIGT 2009).

Abbildung 3: Einfaches Schema ökonomisches Verhaltensmodell
Quelle: eigene Darstellung.

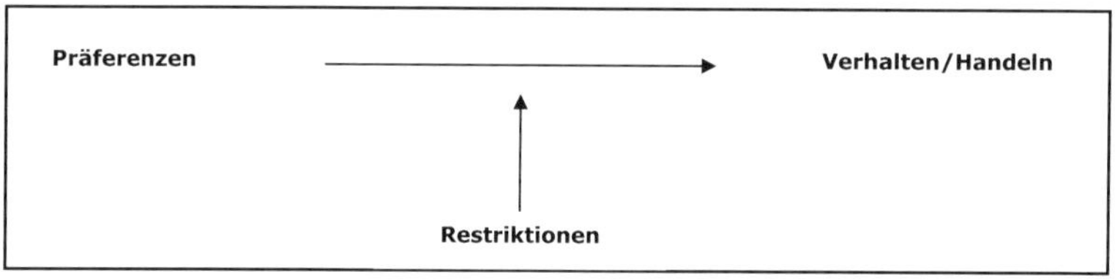

Unter den gegebenen Restriktionen versuchen nun rationale Akteure ihren Nutzen, der häufig auch als „Vorziehenswürdigkeit" einer Alternative verstanden wird, zu maximieren. Diese Annahme der Nutzenmaximie-

140 Eine ausführliche Darstellung verschiedener Konzeptionen und ihrer Folgen sowie dem Verhältnis klassischer mikroökonomischer Betrachtung und Rational-Choice-Theorien findet sich bei ETZRODT (2003).

141 Eine prägnante Übersicht des ökonomischen Konzepts aus Perspektive der Neoklassik bietet MARGGRAF (2005).

142 So kann ich zwar ein Essen in einem ausgewählten Restaurant einem Schnellrestaurant deutlich vorziehen, wenn ich aber beispielsweise nicht über die notwendigen finanziellen Mittel verfüge, werde ich dennoch in letzterem (oder gar nicht) essen. Ebenso besteht ein Tag aus maximal 24 Stunden, so dass sich Zeit auch nicht willkürlich gestalten bzw. anpassen lässt.

rung ist als Entscheidungsregel in der mikroökonomischen Theorie wie auch bei Rational-Choice-Theorien in den Sozialwissenschaften ein zentrales Element[143]. Sind geordnete Präferenzen bzw. eine Präferenzrelation über die Alternativmenge gegeben, so stellt die Nutzenfunktion eine Modellierung der Präferenzen dar[144]. Mittels der Nutzenfunktion werden also den Alternativen Nutzenwerte zugeordnet, die den relativen Wert zu den anderen Alternativen angeben (Ordinalität). Damit ist ein (relativer) quantitativer Vergleich der Alternativen möglich:

> „Mit dem Konzept der Präferenz wird folglich die Vergleichbarkeit verschiedener Ziele (bzw. Handlungskonsequenzen oder outcomes) als Voraussetzung formuliert und quantitativ in Form des Nutzen beschrieben" (BÜSCHGES ET AL. 1998: 122)[145].

Nach ETZRODT (2003) unterscheiden sich aber nun an dieser Stelle Mikroökonomik und Rational-Choice-Theorien durch die verwendete Nutzentheorie. Während in der mikroökonomischen Theorie Handlungen unter Rückgriff auf den Grenznutzen erklärt werden, nutzen Rational-Choice-Theorien zumeist den Ansatz des subjektiv erwarteten Nutzens (**SEU**, *subjective expected utility*)[146]. Wie zuvor bereits ausgeführt, gehen beide Ansätze von menschlichem Handeln als Entscheidungshandeln

---

143 Zudem stellt DIEKMANN (2008) anschaulich mögliche Vorteile aus einer stärkeren Beachtung wirtschaftswissenschaftlicher Erkenntnisse für die Soziologie dar, ebenso wie PREISENDÖRFER (2004) Vorteile aus weiteren ökonomischen Ansätzen und Verfahren (vornehmlich der Umweltökonomie) für die sozialwissenschaftliche Forschung skizziert.

144 Zu beachten ist hierbei, dass es zu jeder Präferenzordnung unendlich viele Nutzenfunktionen gibt und Nutzenfunktionen gleichzeitig keinen Nutzen im eigentlichen Sinne messen. Dies lässt sich unter dem Stichwort ordinaler Nutzenbegriff zusammenfassen, wohingegen kardinale Nutzenkonzepte eine Messung in absoluter Höhe unterstellen. Allerdings geht damit eine Reihe von Schwierigkeiten einher, so dass insbesondere in der Konsumtheorie das kardinale Nutzenkonzept weitestgehend aufgegeben wurde, allerdings wird es bei Entscheidungen unter Unsicherheit weiterhin benutzt.

145 Sehr zu empfehlen ist auch die Arbeit von CLAUSEN (2009), die sich ausführlich Fragen und dem Verhältnis von Präferenzen, Rationalität, Ökonomie und Entscheidungstheorie widmet.

146 Häufig ist auch die Bezeichnung Wert-Erwartungstheorie zu finden.

aus, also als Wahl zwischen Alternativen. Ebenso spielen in beiden Fällen die Präferenzen eine wichtige Rolle und die Entscheidungsregel ist ein Maximierungsprinzip[147]. Die SEU-Theorie hingegen modelliert zudem die Eintrittswahrscheinlichkeit für jede Handlungskonsequenz, die, als Gewicht für die Nutzenwerte verwendet und über eine Handlungsalternative aufsummiert, den subjektiv erwarteten Nutzen eben jener Alternative darstellt (siehe auch BÜSCHGES ET AL. 1998). Dabei ist dieser Ansatz, besonders in seiner direkten Anwendung, nicht immer unumstritten, wie DIEKMANN (1996) anschaulich darstellt[148].

Unabhängig von der Art der weiteren Modellierung, wie kann man nun die Präferenzen von Personen möglichst verlässlich ermitteln? Dieser Frage widmet sich der folgende Abschnitt.

3.1.4 Präferenzermittlung

Im Folgenden werden kurz Möglichkeiten der Präferenzermittlung vorgestellt, wobei der Schwerpunkt auf dem für spätere Ausführungen relevanten Verfahren liegt und keine erschöpfende Darstellung beansprucht. Allgemein lassen sich zwei Hauptarten der Präferenzermittlung, direkte und indirekte Methoden, ausmachen. Während erste vornehmlich auf die geäußerten (*stated*) Präferenzen von Personen, wie sie mittels verschiedener Befragungsformen erhoben werden können, abzielen, stehen bei den indirekten Methoden die beobachteten (*revealed*), also die offenbarten, Präferenzen im Mittelpunkt. Beide Ansätze haben spezifische Vor- und Nachteile und mögen je nach Forschungsfrage zielführender sein, doch ungeachtet der Grundsatzdiskussion, ob nun stated preferences- oder revealed preferences-Verfahren bessere Ergebnisse liefern, hat sich vor allem für den Bereich der Konsumentenpräferenzen in der Regel die Verwendung geäußerter Präferenzen durchgesetzt. Auch innerhalb des stated preferences-Ansatzes gibt es verschiedene Verfahren, zu den ge-

147 Eine ausführliche Darstellung verschiedener (ökonomischer) Sichten auf das Handeln und ein Vergleich von Akteursmodellen in Rational-Choice-Theorien gibt WOLF (2005).

148 Lesenswert ist zudem auch DIEKMANN & VOSS (2004).

äußerten Präferenzen zu gelangen. Dabei lassen sich die Conjoint-Analyse[149] und kontingente Bewertung (*contingent valuation*) voneinander unterscheiden. Dabei hat sich in den vergangenen Jahren die Conjoint-Analyse auch in „traditionellen" Bereichen kontingenter Bewertungen, wie zum Beispiel der ökonomischen Umweltbewertung, etabliert. Bei der Conjoint-Analyse ist es neben der Bewertung eines Gutes auch möglich, den Anteil einzelner Komponenten (Eigenschaften) am Gesamtnutzen zu ermitteln, also die Präferenzen hinsichtlich einzelner Merkmale oder Merkmalsausprägungen zu erheben. Hierzu gibt es verschiedene Arten der Messung, nämlich Rating-, Ranking- oder auswahlbasierte (*choice*) Verfahren (Abbildung 4)[150].

Abbildung 4: Schema Methoden der Präferenzmessung
Quelle: eigene Darstellung nach SCHMITT ET AL. (2005).

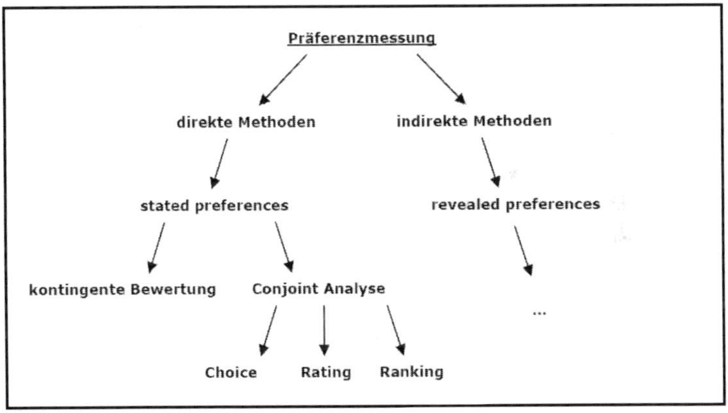

[149] Häufig wird auch von Conjoint Measurement gesprochen, HANLEY ET AL. (2001) bezeichnen den ganzen Bereich als „Choice Modelling", was aber vonseiten der Begrifflichkeiten nicht wirklich trennscharf ist.

[150] Natürlich gibt es auch innerhalb des revealed preferences Ansatzes verschiedene Verfahren, wie zum Beispiel die Reisekostenmethode oder das „Hedonic Pricing", auf die aber in der Darstellung und bei den Ausführungen verzichtet wird. Zudem kann die Zuordnung von Choice-Verfahren zur Conjoint Analyse durchaus sehr kritisch betrachtet werden, wie LOUVIERE ET AL. (2010) anschaulich zeigen.

Dabei gelten inzwischen Choice Experimente (**CE**) als „state-of-the-art". Als ein Verfahren der Conjoint Analyse basieren CE auf einer Kombination aus Befragung und Experiment. Im Rahmen des Experimentes werden Personen verschiedene Wahlmöglichkeiten (Handlungsalternativen) in so genannten *Choice-Sets* vorgelegt, über die die genaue Bedeutung der Eigenschaften bei der Auswahlentscheidung ermittelt werden kann, indem die Eigenschaften der Alternativen systematisch variiert werden und von denen jeweils die präferierte Alternative gewählt werden soll. Die abhängige Variable („Auswahl") ist demnach diskret (Ja-/Nein-Entscheidung der Auswahl).

Klassische Einsatzgebiete von CE sind neben der Produktenwicklung vor allem die Transportwirtschaft und Gesundheitsökonomie sowie in neuer Zeit vor allem die Umweltökonomie. CE verfügen über den Vorteil, dass sie nicht allein auf klassische Produkte oder Marktgüter beschränkt sind. Vielmehr lassen sich damit auch Nicht-Markgüter bewerten, ebenso wie Kombinationen aus „typischen" Produkteigenschaften und bestimmten Maßnahmen. In dieser Form finden CE besonders in der Umweltbewertung Verwendung. Zudem lassen sich mittels CE auch Zahlungsbereitschaften für bestimmte Güter oder Maßnahmen ermitteln, die dann in Nutzen-Kosten-Analysen eingehen können[151], da im Design von CE der Preis als Variable berücksichtigt wird und so die Berechnung von impliziten Preisen möglich ist. Da allerdings die Ermittlung von Zahlungsbereitschaften nicht im Fokus der Arbeit steht, werden diesbezügliche Ausführungen an dieser Stelle ausgespart.

Den Kern von CE bildet die Simulation einer realen Kaufentscheidung, ganz ähnlich einer Supermarktsituation, die mittels Befragung von Personen realisiert wird (wobei wie bereits ausgeführt, nicht nur klassische Produkte, sondern auch bestimmte Maßnahmen oder Kombinationen aus „typischen" Produkteigenschaften und Maßnahmen bzw. Folgen der „Kaufgegenstand" sein können). Dabei sollen die Befragten mehrmals

[151] Zur Ermittlung konsistenter wohlfahrtstheoretischer Maße sind nur CE uneingeschränkt nutzbar (z.B. HANLEY ET AL. 1998; BENNETT & ADAMOWICZ 2001; LOUVIERE 2001).

zwischen Produkten mit variierten Eigenschaften auswählen. Der Grundgedanke ist, dass sich der Nutzen eines Gutes (Produktes) aus einer Anzahl von Eigenschaften zusammensetzt, wobei diese Eigenschaften (*Attribute*) verschiedene Ausprägungen (*Levels*) annehmen können (LOUVIERE ET AL. 2000). Durch den Forschenden erfolgt die Festlegung und Testung von für den jeweiligen Untersuchungsgegenstand relevanten und adäquaten Attributen und Levels. Mittels eines statistischen Designs erfolgt dann eine Kombination der Attribute derart, dass der Einfluss eines einzelnen Attributs isoliert vom Einfluss anderer Attribute ermittelt werden kann (LOUVIERE ET AL. 2000)[152]. Dieses Design bildet die Grundlage für die zuvor genannten Choice-Sets, die den Befragten zur Wahl ihrer präferierten Option vorgelegt werden. Dabei gibt es bei der Designerstellung neben grundlegenden Aspekten prinzipiell eine Vielzahl an relevanten Eigenschaften zu beachtenden, wie Effizienz, Orthogonalität, item balance, level balance, utility balance, minimum overlap oder D-Optimalität (z.B. ZWERINA ET AL. 1996; VINEY ET AL. 2005; STREET & BURGESS 2007; SCARPA & ROSE 2008; GAO ET AL. 2010)[153], die Frage, ob eine so genannte opt-out-Option integriert wird (z.B. KONTOLEON & YABE 2003) und einige mehr, die aber häufig sehr fachspezifische Anforderungen bzw. Betrachtungen darstellen. In der praktischen Forschung werden an dieser Stelle oftmals einfachere Ansätze der Designerzeugung genutzt oder auf eine entsprechende Implementierung in der Software vertraut.

CE betrachten also nicht das tatsächliche Kaufverhalten von Personen, sondern vielmehr eine (experimentell erzeugte und kontrollierte) simulierte hypothetische Wahlentscheidung, bei der den Befragten verschiedene Produkte und Alternativen angeboten werden, aus der sie die je-

[152] Nahe liegender Weise kann dann aber auch nur auf solche Effekte gestestet werden, die im Rahmen des Designs berücksichtigt wurden (siehe auch ALPIZAR ET AL. 2001).

[153] Es wird bewusst auf eine Übersetzung der Begriffe ins Deutsche verzichtet, da sich hierfür nach Kenntnisstand des Autors noch keine feststehenden Bezeichnungen etabliert haben. Nahe liegend ließen sie sich aber natürlich als beispielsweise Item-Balance oder Nutzen-Balance übersetzen, wie auch bei AUSPURG & LIEBE (2011) geschehen.

weils bevorzugte Option auswählen sollen. Ausgehend von Konsumenten als Nutzenmaximierern bedeutet dann die Wahlentscheidung, dass eine Person jeweils die Alternative (bzw. das Produkt) auswählt, die ihr den größeren Nutzen stiftet. Da der Preis eine Eigenschaft bei CE darstellt, reduzieren sich dadurch zudem maßgeblich mögliche Verzerrungen bei der Ermittlung der Zahlungsbereitschaft. Dabei finden soziodemographische Größen ebenso wie klassische Einstellungen primär Verwendung als Prädiktoren für die Zahlungsbereitschaft bzw. als erklärende Größen der Präferenzen bzw. des Wahlverhaltens. Ferner erlaubt die Methode die Integration zusätzlicher, auch hypothetischer, Produkteigenschaften (CARLSSON ET AL. 2007). Dieses Verfahren ermöglicht (verglichen mit revealed preferences-Verfahren, bei denen das unmittelbare Kaufverhalten erfasst wird) eine höhere Flexibilität bei der Ausgestaltung der Entscheidungssituation und eine bessere Präzisierung der Fragestellung (LOUVIERE ET AL. 2000). Zudem sind CE besonders geeignet, die tatsächlichen Konsumentenpräferenzen zu erfassen, da sie neben der Reduzierung strategischer Antworten auch einen höheren Informationsgehalt bieten. Für eine Diskussion dieses Ansatzes sowie einer ausführlichen Gegenüberstellung von traditioneller Conjoint Analyse und CE bzw. stated preferences- und revealed preferences-Ansätzen siehe stellvertretend ENNEKING (2003) sowie SCHMITT ET AL. (2005) und LIEBE (2007). Zu Fragen der konkreten Durchführung, der Implementierung des CE in den Fragebogen und spezifischer Anpassungserfordernisse sei neben den Standardwerken (LOUVIERE ET AL. 2000; BATEMAN ET AL. 2002; HENSHER ET AL. 2005) und den bereits erwähnten Arbeiten auf die umfangreiche Literatur, z.B. CERDA (2006) oder RAJMIS (2008), verwiesen, ein Anwendungsbeispiel findet sich im Abschnitt 4.3.2.

Auf theoretischer Ebene verfügen CE zudem über den Vorteil, dass sie auf der Zufallsnutzentheorie basieren und eine direkte Verbindung zur mikroökonomischen Nutzentheorie ermöglichen (z.B. ENNEKING 2003). Durch den wahrscheinlichkeitstheoretischen Ansatz werden die Nutzenvorstellungen und das Auswahlverhalten der Personen theoretisch und methodisch miteinander verbunden (HAHN 1997). Der Grundgedanke, dass sich ein Produkt für Konsumenten aus einem Bündel an Eigenschaften zusammensetzt, also nicht die Güter selbst, sondern ihre Eigenschaften Nutzen stiften, geht zurück auf LANCASTER (1966). Die Zufallsnutzentheorie (*Random Utility Theory*, **RUT**, MCFADDEN 1974) kann als Erweiterung von Lancasters Charakteristikaansatz verstanden werden (CHRISTOPH 2008). Sie geht davon aus, dass der Nutzen von Alternativen als latentes Konstrukt beschrieben werden kann, welches nicht direkt beobachtbar ist. Mittels indirekter Messungen ist aber eine wesentliche Nutzenbestimmung möglich. Demnach setzt sich der Nutzen zusammen aus einem beobachtbaren Anteil (V_{in}) (auch als erklärbarer oder systematischer Anteil bezeichnet) und einem nicht beobachtbaren (oder auch nicht erklärbaren bzw. stochastischen) Anteil (ε_{in}). Damit ergibt sich formal für den Gesamtnutzen bzw. den latenten Nutzen U_{in} einer Person n aus der i-ten Alternative:

$$U_{in} = V_{in} + \varepsilon_{in} \quad . \qquad \textbf{(1)}$$

Unter Berücksichtigung der Annahme der Nutzenmaximierung entscheidet sich eine Person genau dann für Alternative i, wenn gilt:

$$U_{in} > U_{jn} \text{ für alle } j \neq i \in A, \qquad \textbf{(2)}$$

wobei A die Alternativmenge beschreibt. Führt man die Gleichungen (1) und (2) zusammen ergeben sich:

$$(V_{in} + \varepsilon_{in}) > (V_{jn} + \varepsilon_{jn}) \text{ und} \qquad \textbf{(3)}$$

$$(V_{in} - V_{jn}) > (\varepsilon_{jn} - \varepsilon_{in}). \qquad \textbf{(4)}$$

Aus den Gleichungen (3) und (4), zusammen mit der Auswahlwahrscheinlichkeit, dass Person n die Alternative i anstelle von j aus dem Choice-Set C_n wählt, ergibt sich für alle $j \neq i$:

$$P(i | C_n) = P[(V_{in} + \varepsilon_{in}) > (V_{jn} + \varepsilon_{jn})] = P[(V_{in} - V_{jn}) > (\varepsilon_{jn} - \varepsilon_{in})]. \qquad \textbf{(5)}$$

Damit ist die Wahrscheinlichkeit der Wahl von Alternative i gleich der Wahrscheinlichkeit, dass systematischer und stochastischer Anteil dieser Alternative aufsummiert für Person n größer ist als die entsprechende Summe der Alternative j. Analog zu AUSPURG & LIEBE (2011) ergibt sich, wenn die erklärte Komponente, Lancaster folgend, als additive Funktion der einzelnen Attribute X_{in} der Alternative aufgefasst wird:

$$U_{in} = V(X_{in}) + \varepsilon_{in} = \beta_i + X_{in}\beta_n + \varepsilon_{in} \,. \qquad \textbf{(6)}$$

Über die Verteilung der stochastischen Komponente ε können verschiedene Annahmen getroffen werden, aufgrund derer dann verschiedene Entscheidungsmodelle zur Anwendung kommen. So führt die Annahme normalverteilter ε zu Probit-Modellen, während mit logistisch (unabhängig identisch Gumbel-) verteilten ε Logit-Modelle einhergehen. Dabei werden in der Praxis vorwiegend Logit-Modelle verwendet, wobei die Annahmen über die Verteilung von ε auch immer mit den Spezifikationen des systematischen Anteils und der Definitionen der Alternativen zusammenhängen (MAIER & WEISS 1990). Mittels der entsprechenden Modelle werden dann die Einflussgewichte der Attribute β_n sowie der Konstante β_i geschätzt. Für ausführliche Darstellungen siehe BEN-AKIVA & LERMAN (1985), MAIER & WEISS (1990) und LOUVIERE ET AL. (2000). Eine übersichtliche Herleitung und anschauliche Beschreibung bietet zudem auch SCHMITZ (2008).

3.1.5 Synthese: Einstellungen und Präferenzen

Nachdem zuvor Einstellungen und Präferenzen sowie ihre Messung kurz allgemein vorgestellt wurden, widmet sich dieser Abschnitt dem Anliegen, wie beide Aspekte für die weitere Arbeit verstanden und verwendet werden sollen.

Wenn der Fokus bei der Betrachtung von Präferenzen und ihrer Messung auch eher auf grundlegenden Fragen bzw. Aspekten der Durchführung lag, soll dies nicht darüber hinwegtäuschen, dass es durchaus auch kritische Sichtweisen auf ihre Ermittlung, besonders bezüglich von Zahlungsbereitschaften, gibt. So gehen KAHNEMAN ET AL. (1999) davon aus, dass Zahlungsbereitschaftsstudien eher Einstellungen gegenüber einem Gut ermitteln als ökonomische Präferenzen. Nach einer ausführlichen Betrachtung dieser Problematik stellt LIEBE (2006) entsprechend fest, dass *„die Frage, was in Zahlungsbereitschaftsstudien gemessen wird, ob öko-*

nomische Präferenzen oder Einstellungen, [...] bis dato nicht eindeutig beantwortet werden [kann]" (LIEBE 2006: 93)[154].

Allgemein wird davon ausgegangen, dass Einstellungen weit reichender sind als Präferenzen und es eine Reihe an Unterschieden zwischen beiden, so z.B. dass Einstellungen nicht als Wahlverhalten bzw. Wahlhandlung verstanden werden, gibt (KAHNEMAN ET AL. 1999). So sehen auch GREEN & TUNSTALL (1999) den größten Unterschied darin, dass Einstellungen eher eine Form von Erwünschtheit repräsentieren, während sich Präferenzen auf Wahlentscheidungen beziehen. Aber auch Einstellungen bergen gewisse Problematiken, da sie keine objektiven Tatsachen darstellen, können sie framing-Effekten unterworfen sein und verletzen die „Logik der Erweiterbarkeit". Konkret heißt dies, dass ein gleiches Objekt verschiedene Einstellungen bzw. Bewertungen hervorrufen kann, abhängig von dessen Beschreibung bzw. dem Bewertungskontext (siehe KAHNEMAN ET AL. 1999). Zudem unterliegen Einstellungen an sich üblicherweise entgegen den Präferenzen keinen Restriktionen[155]. Insgesamt können daher aber auch trotz prinzipiell positiver Einstellung einem Gut gegenüber auch andere Güter bzw. Handlungen bevorzugt werden (siehe auch LIEBE & MEYERHOFF 2005).

Den Ausführungen von LIEBE & MEYERHOFF (2005) folgend, müssen sich jedoch Einstellungen und Präferenzen nicht ausschließen bzw. miteinander in Konkurrenz treten. So können Einstellungen auch als komplementäre Größe Verwendung in der ökonomischen Bewertung finden. Durch ihre Erhebung kann geprüft werden, ob der geäußerten Zahlungsbereitschaft eine Verhaltensintention zugrunde liegt (SPASH 2000). Da die geäußerten Präferenzen vielfach auf einer hypothetischen Situation bzw. einem hypothetischen Markt beruhen, sind zusätzliche Informationen

[154] Wie LIEBE (2006) betont, handelt es sich dabei aber vorwiegend um methodische Diskussionen, nämlich ob die häufig mit verschiedenen Methoden ermittelten Befunde sich tatsächlich inhaltlich unterscheiden oder ob die Unterschiede nicht vielmehr den methodischen Ansätzen geschuldet sind.

[155] Diese Feststellung mag stark von dem zugrunde liegenden Konzept von Einstellungen bzw. Präferenzen abhängen. So argumentiert z.B. MARGGRAF (2005), dass Präferenzen nicht automatisch bzw. zwangsläufig Restriktionen unterliegen.

darüber erforderlich, ob das beabsichtigte Verhalten der Zahlungsbereitschaft, die als Ausdruck der Präferenzen bzw. Wertschätzung verstanden werden kann, auf einer entsprechenden Verhaltensintention beruht (z.B. MEYERHOFF 2004). Diese Informationen können nach LIEBE & MEYERHOFF (2005) vor allem über die TPB gewonnen werden. Hierbei werden Zahlungsbereitschaften als Verhaltensintention begriffen, die den „typischen" Determinanten (Einstellungen, subjektive Norm, wahrgenommene Verhaltenskontrolle) unterliegen. Dieser Auffassung folgt auch CERDA (2006), die Zahlungsbereitschaften als Handlungsintention begreift: *„Insbesondere geeignet ist die Interpretation von Zahlungsbereitschaften als Handlungsintentionen und deren Erklärung durch die Konstrukte sozialpsychologischer Handlungstheorien"* (CERDA 2006: 33).

Da gemäß dem ökonomischen Verhaltensmodell Präferenzen unter der Bedingung von Restriktionen zu Verhalten führen und Zahlungsbereitschaften als Ausdruck von Präferenzen verstanden werden, können Präferenzen gleichsam als Verhaltensintention interpretiert werden[156]. Damit stellt auch die Kaufabsicht bzw. eine Zahlungsbereitschaft eine entsprechende Verhaltensintention dar. Erfolgt nun die Präferenzmessung mittels CE, die den Preis bereits als Attribut integrieren und auf dessen Basis dann die Zahlungsbereitschaft ermittelt wird, so werden die Restriktionen (Budgetrestriktion) zumindest implizit bereits berücksichtigt. Eine derartig erhobene Verhaltensintention kommt dem „echten" Verhalten nahe.

Folgt man nun den Annahmen in Abschnitt 3.1.1, nämlich dass im Rahmen der TPB bei Grüner Gentechnik Einstellungen den größten Einfluss

---

[156] Wenn auch bei Zahlungsbereitschaftsstudien die konkrete Höhe der Zahlungsbereitschaft im Fokus steht, so können die als Einflussgrößen und Bestimmungsgründe erhobenen Faktoren gemäß obigen Ausführungen gleichsam genutzt werden. Demgemäß werden die Prädiktoren der Zahlungsbereitschaft als Einstellungen bzw. einstellungsrelevante Größen aufgefasst, sofern diese nicht bereits explizit als solche betrachtet werden oder aber soziodemographische Merkmale abbilden. Zudem weicht der Präferenzbegriff in diesem Verständnis vom Standardkonzept ab.

ausüben, dann wäre die entsprechende Präferenz (Verhaltensintention) vor allem durch Einstellungen determiniert (Abbildung 5)[157].

Abbildung 5: Zusammenfassendes Schema Einstellungen und Präferenzen

Quelle: eigene Darstellung.

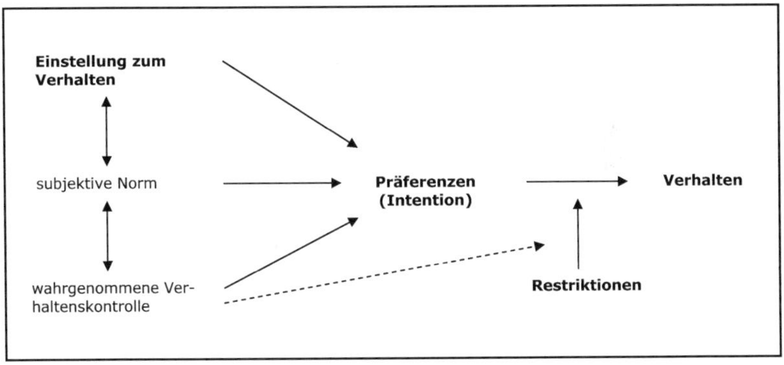

Dabei sollen die subjektive Norm und die wahrgenommene Verhaltenskontrolle nicht völlig ignoriert werden. Doch berücksichtigt man die vorherigen Ausführungen, so kann davon ausgegangen werden, dass subjektive Norm und wahrgenommene Verhaltenskontrolle einen weniger starken Effekt auf die Präferenzen (Verhaltensintention) bezüglich Grüner Gentechnik haben. Die Präferenzen (Verhaltensintention) führen letztlich unter Berücksichtigung der Restriktionen zum tatsächlichen Verhalten bei GV-Produkten. Die gemeinsame Betrachtung von Einstellungen und Präferenzen ermöglicht ein realitätsnäheres Bild sowie wichtige und zusätzliche Einblicke beim Umgang mit Grüner Gentechnik. So kann

157 Neben den inhaltlichen Überlegungen spricht auch die Empirie in vielen Fällen für eine verstärkte Betrachtung von Einstellungen im Kontext von Grüner Gentechnik. So werden die beiden Punkte in den für die Analysen genutzten Datenbasen nicht explizit modelliert, es finden sich nur begrenzt Informationen, die sich in dieser Hinsicht interpretieren ließen. Die Berücksichtigung aller Elemente der TPB findet sich am Beispiel der kognitiven Dimension von Einstellungen bei verschiedenen Anwendungsfeldern von Gentechnik bei SLABY & URBAN (2002).

zum Beispiel beim Kaufverhalten von GV-Produkten gezeigt werden, inwieweit spezifische Einstellungen zur Grünen Gentechnik unmittelbar verhaltenswirksam werden oder in welchem Verhältnis sie zu Produkteigenschaften und/oder Restriktionen stehen. Anders formuliert beinhaltet dies auch die Frage nach der Stärke der Einstellungen. Insgesamt nehmen Einstellungen eine wichtige Rolle, sowohl in einer direkten Wirkung als auch in Form eines Prädiktors für Präferenzen bzw. Zahlungsbereitschaften, bei den Betrachtungen in dieser Arbeit ein. Diese Betrachtungen erfolgen aus drei Perspektiven. Zum ersten wird mittels eines Literaturüberblicks gezeigt, welche Einstellungen bzw. Größen bei Akteuren im Zusammenhang mit Grüner Gentechnik relevant sind. Hierbei stehen Ergebnisse aus der Einstellungs- und Meinungsforschung gleichrangig neben Resultaten aus der Präferenzforschung, wobei bei diesen weniger auf Produktspezifika und die konkrete Zahlungsbereitschaft eingegangen wird als vielmehr auf die Bestimmungsgründe derselben (siehe Abschnitt 3.2). Zum zweiten werden die Einstellungen aus einer Reihe an offiziellen Datenquellen (siehe Abschnitte 4.1 und 4.2) sowie einer eigenen, projektspezifischen Erhebung (siehe Abschnitt 4.3) einer Sekundäranalyse unterzogen, um sowohl relevante Größen aufzuzeigen als auch, so weit wie möglich, aus der Literatur gewonnene Zusammenhänge zu prüfen (siehe Kapitel V). Zum dritten fließen die Befunde des in die eigene projektbezogene Erhebung integrierten Verkaufsexperiments in die Betrachtungen ein, so dass auch unmittelbar anhand einer Studie die beiden Aspekte Präferenzen und Einstellungen betrachtet werden können (siehe Abschnitte 4.3.2 und 5.5)[158].

[158] Wenngleich der Autor grundsätzlich einen großen Nutzen in Verfahren der Präferenzforschung, namentlich der CE, auch für die sozialwissenschaftliche Forschung, sieht, so wird es, vor dem Hintergrund eines nur eingeschränkt als klassisches CE interpretierbaren Experiments im Rahmen der eigenen Daten, vermieden, dieses als CE zu bezeichnen. Aufgrund einiger Limitationen eignet sich das Experiment nur begrenzt zur Ermittlung von Zahlungsbereitschaften. Dennoch stellen die Ergebnisse Auswahlentscheidungen und damit letztlich Präferenzen dar, so dass sie für den Blickwinkel dieser Arbeit wertvolle Einsichten bieten, zumal die eingeschränkten Aspekte nicht zum Fokus der Arbeit gehören.

Aufgrund der Diversität der betrachteten Daten und methodischen Herangehensweisen (und teilweise mangelnder Explizierung hinsichtlich des Fokus) wird im Umgang mit Einstellungen ein pragmatischer Ansatz gewählt, der auf eine eigenständige (Arbeits-) Definition von Einstellungen verzichtet. Vielmehr werden sie, gleich ob in der jeweiligen Datenquelle als eindimensionales oder mehrdimensionales Konstrukt verstanden und gleich welche Methodik oder welches Modell potentiell zugrunde lag, zusammen betrachtet. Da sowohl nicht endgültig geklärt ist, welche Sicht auf Einstellungen validere Ergebnisse liefert als auch vor dem Hintergrund, dass in den Datenquellen die Dimensionen von Einstellungen unterschiedlich berücksichtigt werden, erscheint dieses Vorgehen legitim. Zudem wird nicht explizit zwischen Einstellungen gegenüber einem Ziel (oder Objekt) und Einstellungen gegenüber einem Verhalten differenziert. Der Fokus liegt vornehmlich auf der Bandbreite von Einstellungen im Kontext Grüner Gentechnik, ihrem Einfluss auf das Verhalten und ihrer Verknüpfung mit potentiellem Handeln. Damit folgt dieses Vorgehen der breit anwendbaren Definition von PRATKANIS & GREENWALD (1989), nach der Einstellungen die Bewertung einer Person bezüglich eines „Denkobjektes" darstellen[159].

3.2 Empirische Befunde

In diesem Abschnitt soll ein Überblick über empirische Resultate aus der Einstellungs- und Präferenzforschung zu Grüner Gentechnik gegeben werden. Dabei wird zunächst kurz auf internationale Befunde eingegangen, ehe im Anschluss Ergebnisse aus der EU und aus Deutschland folgen. Dabei werden bewusst einige Ergebnisse nur kurz angerissen, da sie gleichsam im Ergebnisteil selbst reproduziert werden. Zudem erhebt der Überblick keinen Anspruch auf eine erschöpfende Darstellung, da gesamt betrachtet, im Verlauf der Jahre eine „Flut" an Veröffentlichungen und Studien zur Bevölkerungssicht, Einstellungen und (potentiellem)

---

[159] Im Original: „[...] a *person's evaluation of an object of thought*" (PRATKANIS & GREENWALD 1989: 247; Hervorhebungen im Original).

Verhalten bei Grüner Gentechnik aufgekommen ist. Vielmehr konzentriert er sich auf „klassische" Einstellungsforschung und Befunde aus der zumeist ökonomisch geprägten Präferenz- und Verkaufsexperimentforschung. Dabei werden gemäß den Ausführungen in Abschnitt 3.1.5 auch die Prädiktoren von Zahlungsbereitschaften als Form von Einstellungen verstanden. Wenngleich Zahlungsbereitschaften nicht im Fokus dieser Arbeit stehen, erfolgt an der einen oder anderen Stelle ebenfalls ein kurzer Verweis auf diesbezügliche Ergebnisse. Bei der Darstellung der Befunde wird zudem in der Regel nicht zwischen verschiedenen methodischen Ansätzen oder zugrunde gelegten Nutzenmodellen unterschieden, allerdings liegt der Schwerpunkt bei der ökonomisch geprägten Literatur auf Ergebnissen unter Verwendung von CE. Neben dem Ziel, einen begrenzten Einblick in die Vielzahl der Forschung zur Bevölkerungs- bzw. Konsumentenperspektive bei Grüner Gentechnik zu geben, dient dieser Überblick zudem dem Zweck, relevante Größen und Einflussfaktoren für den empirischen Teil zu ermitteln. Demgemäß endet dieses Unterkapitel mit einer entsprechenden Zusammenfassung.

Beginnt man zunächst ganz allgemein aus einer globalen Perspektive, gibt es mitunter konträre Forschungsergebnisse, sowohl was die Befürwortung oder Ablehnung Grüner Gentechnik betrifft als auch hinsichtlich der Bestimmungsgründe hierfür. Die Situation lässt sich folgendermaßen beschreiben: Obwohl eine Vielzahl von Literatur zur Einstellung der KonsumentInnen eine kritische Einschätzung der Grünen Gentechnik zeigt, existiert hierbei jedoch kein einheitliches Bild. Meinungsumfragen zeigen vor allem in Europa eine starke Ablehnung gentechnisch veränderter Produkte und der damit verbundenen Produktionsweise (BMU 2006; HERRMANN ET AL. 2008; SÜDDEUTSCHE ZEITUNG 2008a). Ein Großteil von wissenschaftlichen Artikeln zum Verbraucherverhalten bekräftigt die Ablehnung der Grünen Gentechnik und weist eine entsprechende Zahlungsbereitschaft für die Vermeidung gentechnisch veränderter Lebensmittel nach (LUSK ET AL. 2005; HARTL 2007; DANNENBERG 2008). Allerdings zeigen weitere Aufsätze differenzierte oder positive Einstellungen zur Grünen Gentechnik, die teilweise mit einer Zahlungsbereitschaft *für* gentechnisch veränderte Lebensmittel einhergehen (LARUE ET AL. 2004;

KANEKO & CERN 2005; KIMENJU & DE GROOTE 2008; CANAVARI & NAYGA 2009)[160]. Eine Studie in ausgewählten europäischen Ländern (KING'S COLLEGE 2008) zeigt, dass gegebene Konsumentenaussagen im Konflikt zu ihrem tatsächlichen Verhalten stehen. Im Verlauf von zwei Jahren wurde das tatsächliche Einkaufsverhalten von 41.000 Verbrauchern untersucht. Die Ergebnisse zeigen, dass „wer die Wahl hat, auch gentechnisch veränderte Lebensmittel kauft", trotz gegenteilig geäußerter Einstellungen und Absichten. Diese und weitere Befunde genauer zu betrachten sowie mögliche Erklärungen für potentielle Diskrepanzen zwischen Äußerungen und Handeln zu finden, ist nun das Anliegen der folgenden Abschnitte[161].

3.2.1 Internationale Forschung

Eine große Anzahl an Studien attestiert den VerbraucherInnen ein geringes Maß an allgemeinem ***Bewusstsein und Kenntnissen*** bezüglich Biotechnologie bzw. Gentechnik (z.B. PRIEST 2000; MOON & BALASUBRAMANIAN 2001b; HALLMAN ET AL. 2002)[162]. Für Kenia zeigen KIMENJU & DE GROOTE (2008), dass weder das Bewusstsein, noch eine positive Einstellung der Technologie gegenüber einen signifikanten Effekt auf die Zahlungsbereitschaft haben.

Bezüglich der ***Art der Anwendung*** Grüner Gentechnik stellt z.B. KNIGHT (2006) eine Tendenz dahingehend fest, dass eher lebensmittelferne Nutzungen befürwortet werden als GV-Lebensmittel.

---

160 Speziell zur Sicht auf Grüne Gentechnik der so genannten Entwicklungsländer siehe auch beispielhaft CURTIS ET AL. (2004).

161 Es ist natürlich nahe liegend, dass gerade in puncto Kauf bzw. potentielles Kaufverhalten der Preis der jeweils angebotenen Produkte eine entscheidende Rolle spielt. Dieser Punkt wird aber in den folgenden Ausführungen bewusst ausgeklammert, da Preise entweder als Restriktion verstanden werden können bzw. Fragen der Preissensitivität etc. nicht zum Fokus dieser Arbeit zählen.

162 Eine schön herausgearbeitete Übersicht zu den meisten der relevanten Faktoren findet sich bei COSTA-FONT ET AL. (2008). Zudem bietet auch CHRISTOPH (2008) eine ausführliche Literaturübersicht zu einigen der hier vorgestellten, aber auch weiteren, Aspekten.

Vertrauen ist vor allem hinsichtlich des Vertrauens in (öffentliche) Institutionen von Bedeutung für die Wahrnehmung von Grüner Gentechnik (z.B. HOSSAIN ET AL. 2003; HARRISON ET AL. 2004). Akteure, die mehr Vertrauen in die Institutionen haben, tendieren auch stärker dazu, Gentechnikanwendungen zu unterstützen. Gleiches weisen auch GARNIERE ET AL. (2006) nach, nämlich dass bei „Gegnern" von GV-Lebensmitteln das Vertrauen in die Regierung (bei ihrem Umgang mit der Lebensmittelsicherheit) geringer ausgeprägt ist. Ähnlich auch BUKENYA & WRIGHT (2007), die einen deutlichen Unterschied zwischen den USA und Europa an dieser Stelle sehen. Nämlich, dass in den USA die Akzeptanz von Grüner Gentechnik unter dem Verweis auf die staatlichen Kontrollen und Zulassung steigt, während in Europa eher Interessengruppen, die sich deutlich gegen Grüne Gentechnik positionieren, vertraut wird. Die Schlussfolgerung ist demgemäß, dass in Europa weniger Vertrauen in die Regierung, die Industrie und auch die Wissenschaft herrscht. Bei ONYANGO ET AL. (2004) zeigt sich hingegen kein signifikanter Effekt des Vertrauens in staatliche Organe.

Hinsichtlich der Effekte von ***Wissen*** um Biotechnologie bzw. Grüne Gentechnik finden sich konkurrierende Befunde. Einerseits zeigt eine vergleichsweise große Menge an Studien einen positiven Zusammenhang zwischen Wissen und der Wahrnehmung bzw. Bewertung von Grüner Gentechnik (z.B. HOSSAIN ET AL. 2003; HARRISON ET AL. 2004; VERBEKE 2005). So auch GARNIERE ET AL. (2006), bei denen sich sowohl objektives als auch subjektives Wissen als bedeutende Determinante der Befürwortung von (Grüner) Gentechnik zeigen. Demgemäß stellen sie fest, dass VerbraucherInnen mit mehr Informationen ausgestattet werden sollten, um die Akzeptanz zu erhöhen. Weiterhin zeigen NAYGA ET AL. (2006), dass Personen mit adäquatem Wissen um die Anwendungen und Wirkungen von (Grüner) Gentechnik eher bereit sind, diese zu billigen bzw. gutzuheißen.

Andererseits stellen HOUSE ET AL. (2004) fest, dass es zum Einfluss des Wissens widersprüchliche Befunde gibt und signifikante Effekte auch von der Art der Messung bzw. Erhebung abhängen. Bei BUKENYA & WRIGHT (2007) ist der Effekt des Wissens auf das Kaufverhalten nicht signifikant.

Sowohl BARKER & BURNHAM (2001) als auch BUKENYA & WRIGHT (2007) argumentieren, dass weniger das Wissen als viel mehr das Glauben (im Sinne von meinen/der Überzeugung sein) das Verbraucherverhalten bestimmen. Gegenläufig zu den obigen Befunden, vor allem zu GARNIERE ET AL. (2006) und NAYGA ET AL. (2006), stellen LAWRENCE ET AL. (2001) sowie GRICE & LAWRENCE (2003) fest, dass mit zunehmendem Wissen über GV-Erzeugnisse die Wahrscheinlichkeit steigt, derartige Produkte zurückzuweisen. Bei TERAWAKI ET AL. (2006) findet sich ein negativer Einfluss des objektiven Wissens auf die Zahlungsbereitschaft. Zudem weisen beispielsweise LI ET AL. (2004) einen deutlichen, allgemeinen Wissensmangel bei (Grüner) Gentechnik nach.
Im Rahmen ihrer Studie stellen HU ET AL. (2006) fest, dass es bei Personen, die Grüner Gentechnik gegenüber negativ eingestellt sind, eine Tendenz gibt, auf bereitgestellte ***Informationen*** eher zu reagieren bzw. diese anzunehmen[163]. Nach HUFFMAN ET AL. (2007) werden Personen mit sachkundigem bzw. fundiertem Informationsstand nicht signifikant durch neue Informationen in ihrer Bewertung beeinträchtigt. Personen ohne fundierten Kenntnisstand sind hingegen besonders empfänglich für Informationen von Interessengruppen bzw. Dritten. Zudem stellen HUFFMAN ET AL. (2004) fest, dass von „Umweltgruppen" bereitgestellte bzw. gegebene Informationen zur Gentechnik die Wahrscheinlichkeit dafür erhöhen, dass Verbraucher „sich vom Markt für GV-Produkte fernhalten". So auch ROUSU ET AL. (2004) die zeigen, dass Informationen von „Umweltgruppen" die Nachfrage nach GV-Produkten signifikant reduzieren[164]. Einen relevanten Effekt von „Ausgangseinstellungen" auf die Reaktion und

[163] Diese Tendenz zeigt sich auch in der Zahlungsbereitschaft bzw. im konkreten Fall in der Kompensationsforderung. Diese steigt deutlich an, abhängig davon, ob positive, keine oder negative Informationen zu (Grüner) Gentechnik angeboten werden. Entsprechend ändert sich im Rahmen des verwendeten CE auch das Auswahlverhalten in Abhängigkeit der abgerufenen Information.

[164] Damit geht nach HUFFMAN ET AL. (2003) und ROUSU ET AL. (2004) ein Verlust des sonst vorhandenen Wertes für das Allgemeinwohl durch positive Informationen zu (Grüner) Gentechnik einher.

Verarbeitung von neuen Informationen können auch LUSK ET AL. (2004) demonstrieren.

Andere Befunde weisen ein eher nur begrenztes Interesse an zusätzlich bereitgestellten Informationen nach. So demonstrieren beispielsweise NOUSSAIR ET AL. (2002) oder GAO ET AL. (2005), dass Akteure nicht immer nach Informationen suchen, sie lesen oder beachten bzw. sie auch verarbeiten[165]. LI ET AL. (2004) argumentieren, dass sich mittels wissenschaftlicher und nutzenorientierter Informationen z.B. Preisabschläge für GV-Erzeugnisse vermeiden lassen, da dies uninformierten VerbraucherInnen Basiswissen vermitteln könne und entsprechende Produkte dadurch bei den KonsumentInnen akzeptabler wären. Gestützt auf ihre Ergebnisse stellen sie zudem fest, dass bessere Bildung und Informationen helfen können, die Akzeptanz von GV-Lebensmitteln zu verbessern. Ähnliche Befunde zeigen auch LUSK ET AL. (2004), nämlich, dass Informationen über Nutzen (für die Umwelt, die Gesundheit oder die so genannte Dritte Welt) die Kompensationsforderung für den Konsum von GV-Lebensmitteln signifikant reduzieren[166].

Dem erwarteten ***Nutzen*** im Zusammenhang vor allem mit GV-Produkten wird üblicherweise eine große Bedeutung zugeschrieben. Demnach sind die Wahrnehmung und Bewertung von Grüner Gentechnik umso positiver, je mehr Nutzen („benefits") gesehen oder erwartet werden (z.B. HOSSAIN ET AL. 2003; VERBEKE 2005). Nach einer Literaturübersicht stellt auch KNIGHT (2006) zunächst fest, dass Wissen, Vertrauen, Nutzen und Soziodemographie am stärksten mit der Wahrnehmung von Biotechnologie zusammenhängen. Anhand einer empirischen Prüfung mittels eigener Daten über verschiedene Anwendungsbereiche gentechnologischer Verfahren im Agrarsektor hinweg zeigt KNIGHT (2006) jedoch, dass der

165 Dies geschieht nach NOUSSAIR ET AL. (2004) auch dann, wenn die entsprechenden Informationen herausgestellt und den Befragten unabhängig vom Produkt gegeben werden.

166 Im Rahmen eines Ländervergleichs ließ sich dieser Effekt für die USA und Großbritannien zeigen, während französische VerbraucherInnen davon unbeeinflusst blieben.

(wahrgenommene) Nutzen die einzige Größe ist, die über alle Anwendungsbereiche hinweg signifikante Effekte aufweist[167]. Die anderen Größen variieren in Abhängigkeit der Anwendung. Dieses Ergebnis wird unterstützt von den Befunden von ONYANGO & GOVINDASAMY (2005). Sie zeigen einen deutlich positiven Effekt auf das Auswahlverhalten von GV-Produkten, wenn mit ihnen ein Umwelt-, direkter Gesundheits- oder produktspezifischer Nutzen verbunden ist. Eine hohe Abhängigkeit der Nutzen- und Risikoabwägungen von individuenspezifischen Größen zeigen HU ET AL. (2004).

Wenn, wie zuvor ausgeführt, häufig konkrete Verbrauchernutzen die Akzeptanz von GV-Produkten erhöhen sollen, so können LARUE ET AL. (2004) dies nicht für die Mehrheit ihrer Befragten nachweisen. Vielmehr führen auch funktionelle Gesundheitseigenschaften nicht zu einer Verbesserung der Akzeptanz.

Nach MOON & BALASUBRAMANIAN (2001b) schlagen sich ***Risiko***- und Nutzenwahrnehmungen deutlich in Verhaltensabsichten wieder, wobei Risikowahrnehmungen einen stärkeren Effekt auf die Zahlungsbereitschaft ausüben als Nutzenwahrnehmungen. Ebenso weisen ONYANGO ET AL. (2004) einen deutlichen Zusammenhang zwischen Risiko- und Nutzenwahrnehmungen und der Akzeptanz von GV-Produkten nach. Dabei erstrecken sich die Risiko- und Nutzenwahrnehmungen auch stark auf Fragen der Gesundheit und auf Umweltbelange (z.B. MOON & BALASUBRAMANIAN 2001a; MOON & BALASUBRAMANIAN 2003a; LARUE ET AL. 2004; ONYANGO & NAYGA 2004; KIMENJU & DE GROOTE 2008). Gleichsam bei BUKENYA & WRIGHT (2007), die einen starken Effekt der Sicherheitsabwägungen bei GV-Lebensmitteln auf das Kaufverhalten zeigen. Auch bei LUSK & COBLE (2005) sowie LUSK ET AL. (2006) findet sich ein signifikanter Zusammenhang zwischen Risikowahrnehmung sowie Risikopräferenzen und der Akzeptanz von GV-Lebensmitteln. Weiterhin zeigen KRISHNA & QAIM (2008) für Indien, dass bei risikoaversen Personen nicht einfach

[167] Dies fassen ANDERSON ET AL. (2006) treffend in einer scheinbar Marketingweisheit zusammen: „Verbraucher wollen Nutzen, keine Funktionen" ("*Consumer want benefits not features*") (ANDERSON ET AL. 2006: 182).

Vorteile aus gentechnischer Veränderung gegen wahrgenommene Risiken aufgewogen werden. Nach CURTIS & MOELTNER (2006) sind es aber eher generelle Risikoerwägungen als GVO- oder GVP-spezifische, die den Konsum von GV-Produkten determinieren. GARNIERE ET AL. (2006) empfehlen eine Reduzierung des wahrgenommenen Risikos, um die Akzeptanz von Grüner Gentechnik zu erhöhen. Bei TERAWAKI ET AL. (2006) nehmen Risikowahrnehmungen die Rolle eines Mediators zwischen den Persönlichkeitsmerkmalen und der Zahlungsbereitschaft ein[168].

Weiterhin stellt BREDAHL (2001) fest, dass es eine starke Korrelation zwischen ***generellen Einstellungen*** bzw. Überzeugungen bezüglich Grüner Gentechnik und produktspezifischen Reaktionen gibt. Die Schlussfolgerung ist, dass diese generellen Überzeugungen das Verbraucherverhalten bestimmen. Ebenso zeigen BUKENYA & WRIGHT (2007), dass die Einstellungen gegenüber der Nutzung von Gentechnik zur Lebensmittelerzeugung einen starken Einfluss auf das Kaufverhalten ausüben. Dies wird auch durch die Befunde von BERNARD & GIFFORD (2006) unterstützt. Sie zeigen, dass Personen mit einer allgemein positiven Einstellung gegenüber Grüner Gentechnik nicht bereit sind, eine Zahlungsbereitschaft für „gentechnikfrei“ oder „Bio“ aufzubringen. Allgemeinen Einstellungen attestieren auch LOUREIRO & BUGBEE (2005) eine signifikante Rolle bei der Erklärung der Akzeptanz und Zahlungsbereitschaft. GARNIERE ET AL. (2006) betonen auf Basis ihrer Ergebnisse, dass die Akzeptanz von GV-Produkten nicht gleichbedeutend damit ist, dass sie auch konsumiert werden.

Um die ***Kennzeichnung*** von GV-Erzeugnissen werden ebenfalls kontroverse Diskussionen mit unterschiedlichen Befunden geführt. NAYGA ET AL. (2006) zeigen, dass Personen, die eine entsprechende Kennzeichnung für notwendig erachten, weniger bereit sind, derartige Produkte zu befürworten als jene, die dies nicht für nötig befinden. Nach BUKENYA & WRIGHT (2007) bestimmen die Meinungen zur Kennzeichnung das Kauf-

[168] Zudem betonen ROOSEN ET AL. (2009), dass „[...] Konsumenten nur eingeschränkt mit Ambiguität von Risiken und Nutzen umgehen können“ (ROOSEN ET AL. 2009: 17).

verhalten. Bei ONYANGO ET AL. (2004) findet sich der Effekt, dass Personen, die die Produktkennzeichnung lesen, dann diese Produkte auch seltener kaufen bzw. konsumieren.

Bei BAKER & MAZZOCCO (2005) zeigt sich eine deutliche Präferenz für eine staatliche Garantie der Kennzeichnung von GV-Produkten gegenüber einer „Industrielösung" (der Vermarktung unter einem Markennamen). Personen mit fundierten Vorüberzeugungen verlangen nach HUFFMAN ET AL. (2007) einen höheren Preisabschlag bei Lebensmitteln, die als „gentechnisch verändert" gekennzeichnet sind, als Personen ohne entsprechende Vorüberzeugungen.

Auch hinsichtlich ***soziodemographischer Faktoren*** ist die Literaturlage uneinheitlich. So zeigen zum Beispiel HARRISON ET AL. (2004) und HOUSE ET AL. (2004), dass Geschlecht und Bildung einen nachweislichen Effekt auf die Akzeptanz von Grüner Gentechnik und GV-Produkten haben. Bei KNIGHT (2006) zeigt sich ebenfalls ein begrenzter Einfluss von Geschlecht und Bildung auf einzelne Anwendungsbereiche gentechnischer Verfahren im Agrarsektor, das Alter hingegen hat bei keiner der Anwendungen einen Effekt. Bei GARNIERE ET AL. (2006) erweisen sich soziodemographische Variablen als „wenig bedeutend". Einzig ein Zusammenhang zwischen Alter und einer erhöhten Risikowahrnehmung sei nennenswert. Zudem sind Männer im Vergleich zu Frauen Gentechnik gegenüber eher aufgeschlossen bzw. unterstützend (so auch der Befund bei LOCKIE ET AL. 2005). KAYE-BLAKE ET AL. (2005) können hingegen keine Signifikanz für das Geschlecht nachweisen[169]. JAMES & BURTON (2003) stellen hingegen einen Einfluss des Alters dergestalt fest, dass ältere Personen eher bereit sind, (Grüne) Gentechnik zu akzeptieren. Auch bei BUKENYA & WRIGHT (2007) findet sich, außer bei hohen Einkommen und „Haupteinkäufer" des Haushaltes, keinerlei signifikanter Effekt soziodemographischer Größen. Bei LOUREIRO & BUGBEE (2005) sind die Ergebnisse ebenfalls eher indifferent. Einen insgesamt nur geringen Effekt der Soziodemographie auf die Zahlungsbereitschaft messen auch CURTIS & MOELTNER (2006) sowie

169 Sie argumentieren, dass dies womöglich damit zusammenhängt, dass die Unterschiede verschwinden, wenn beide als „Haupteinkäufer" des Haushaltes fungieren.

LUSK ET AL. (2006). Überhaupt keinen signifikanten Einfluss der Größen Alter, Einkommen und Geschlecht stellen BERNARD & GIFFORD (2006) fest. Dem entgegen haben bei MOON & BALASUBRAMANIAN (2004) soziodemographische Faktoren einen wichtigen Anteil bei der öffentlichen Wahrnehmung von Grüner Gentechnik. Ebenso bei ONYANGO ET AL. (2004), wo das Geschlecht, die Höhe des Bildungsabschlusses und ein Einkommen über US $100.000 einen signifikanten Einfluss auf die Befürwortung von Grüner Gentechnik ausüben. Bei GAO ET AL. (2005) beeinflussen beispielsweise das Geschlecht, der Beschäftigungsstatus oder die Anzahl der Kinder im Haushalt den Informationszugang bzw. die Informationssuche deutlich.

3.2.2 Europa

Das (im weiteren Sinne) ***Bewusstsein*** um Grüne Gentechnik scheint auf europäischer Ebene begrenzt ausgeprägt zu sein. Nach BÁNÁTI & SZABÓ (2006) verfügen die ungarischen VerbraucherInnen offenbar nur über unzureichende Informationen zu Grüner Gentechnik und sind sich (Grüner) Gentechnik und Biotechnologie nicht wirklich bewusst. Ebenso bescheinigt HUTTON (2006) der europäischen Bevölkerung ein geringes Maß an Wissen und Verständnis und folgert daraus, dass oftmals nur befürchtete Risiken die Basis für die Ablehnung und Kritik sind, ohne dass diese Ängste auf konkreten Erfahrungen oder empirischen Belegen basieren[170]. Zudem zeigt KING'S COLLEGE (2008), dass VerbraucherInnen oftmals gar nicht genau wissen, was sie kaufen, bzw. in ihrer Auffassung hinsichtlich ihrer Einkäufe von GV-Lebensmitteln falsch liegen.

Dass die ***Art der Anwendung*** gentechnologischer Verfahren grundsätzlich verschieden bewertet wird, vor allem die drei großen Bereichen Rote, Grüne und Weiße Gentechnik, wurde schon öfter thematisiert. Aber auch innerhalb eines Anwendungsfeldes gibt es Unterschiede in der Bewertung. Selbiges findet sich auch für das Beispiel der Schweiz (SIEGRIST

[170] Zudem kritisiert HUTTON (2006) viele der empirischen Arbeiten zu Einstellungen, da die Personen diese Fragen eher in ihrer Rolle als Einwohner denn als Verbraucher beantworten würden.

2003). Personen sind bei höher bzw. hochverarbeiteten Produkten weniger besorgt als im Falle unverarbeiteter (GV-) Erzeugnisse.
Das ***Vertrauen*** in verschiedene (öffentliche) Einrichtungen und Wirtschaftseinheiten ist nach BÁNÁTI & LAKNER (2003) in Ungarn nur sehr gering ausgeprägt. In Griechenland steigt nach BATRINOU ET AL. (2008) das Vertrauen in die Kennzeichnung, wenn diese durch eine entsprechende Behörde erfolgt bzw. unterstützt wird[171]. Über eine Analyse der Daten des Eurobarometers von 1996 weisen DURANT & LEGGE (2005) nach, dass die Akzeptanz von GV-Lebensmitteln mit dem Vertrauen in die Regierung zusammenhängt. Je höher das Vertrauen in die Regierung, desto wahrscheinlicher ist die Nutzung oder der Kauf von GV-Erzeugnissen. Dies deckt sich mit den Befunden von CANAVARI & NAYGA (2009). Demnach steigt mit dem Vertrauen in die Wissenschaft auch die Wahrscheinlichkeit, GV-Produkte zu kaufen. Ebenso resümiert GOTTSCHALK-MAZOUZ (2008), dass die Akzeptanz von (Grüner) Gentechnik stark vom institutionellen Vertrauen abhängt.
BONNY (2003) stellt eine generelle Abnahme des Vertrauens in (öffentliche) Institutionen fest. Vor diesem Hintergrund, so die Schlussfolgerung, zollen VerbraucherInnen eher kritischen Stimmen Beachtung, auch bei Grüner Gentechnik. So auch RIGBY ET AL. (2004), bei denen der Regierung in weiten Bereichen eher nicht vertraut wird. Am ehesten genießen Universitäten bzw. Bildungseinrichtungen das Vertrauen der Befragten.
Für Ungarn stellen BÁNÁTI & LAKNER (2003) fest, dass Personen mit oberflächlichem ***Wissen*** zu Grüner Gentechnik besonders anfällig für extremistische Statements sind, diese also eher annehmen bzw. akzeptieren. Bei DURANT & LEGGE (2005) zeigt sich, dass es mit zunehmendem Wissen Personen umso schwerer fällt, sich „für eine Seite", also für oder wider Grüne Gentechnik, zu entscheiden. So kann auch für Personen mit objektiv hohem Wissen keine erhöhte Akzeptanz oder Unterstützung nachgewiesen werden. Zwar auf einer allgemeineren Basis, aber ganz ähnlich, schlussfolgert GOTTSCHALK-MAZOUZ (2008). Demnach habe das Aus-

171 Dennoch hat sich rund ein Drittel der Befragten geweigert, ein Produkt zu probieren, das bereits seit fast zehn Jahren in der EU (behördlich) zugelassen ist.

maß an Wissen (um eine bestimmte Technologie) keinen Erklärungsgehalt für deren Akzeptanz[172].

CANAVARI & NAYGA (2009) belegen hingegen, dass mit zunehmendem Wissen auch die Bereitschaft zum Kauf von GV-Lebensmitteln steigt.

Für Ungarn zeigen BÁNÁTI & SZABÓ (2006), dass die Befragten mehr negative ***Informationen*** zu Grüner Gentechnik abrufen können, als positive: Mehr als 10% der Befragten verfügen ausschließlich über negative Informationen. DURANT & LEGGE (2005) argumentieren, dass Kampagnen „Pro-GV-Lebensmittel", die sich an das Verständnis, wissenschaftliche Hintergründe und Nutzen aus GV-Produkten richten, wenig effektiv und womöglich sogar kontraproduktiv seien. Entgegen anderen Befunden zeigt die Bereitstellung von Hintergrundinformationen bei NOUSSAIR ET AL. (2004) keinen Effekt auf das Kaufverhalten. Vielmehr sind vorherige Überzeugungen bestimmend.

Dem entgegen sehen MARIN & NOTARO (2007) einen positiven Effekt durch bessere, wissenschaftlich fundierte Informationen auf die Akzeptanz von Grüner Gentechnik.

Durch einen entsprechenden ***Nutzen*** via Qualitätseigenschaften (zusammen mit einem geringeren Preis) sehen BÁNÁTI & LAKNER (2003) Potential für GV-Lebensmittel in Ungarn. Auch HUTTON (2006) argumentiert, dass negative Einstellungen gegenüber GV-Produkten durch andere Vorteile wie einen geringeren Preis oder andere Verbrauchernutzen kompensiert werden können[173]. Am Beispiel von Mitgliedern von „Anti-Gentechnik-" bzw. „Umweltgruppen" stellen HALL & MORAN (2006) fest, dass diese kaum von möglichen Nutzen oder Vorteilen aus (Grüner) Gentechnik überzeugt werden können. Es scheint eine inverse Beziehung zwischen wahrgenommenen Risiken und wahrgenommenen Nutzen zu geben. BONNY (2003) zeigt, insbesondere für Frankreich, dass die Risiko-

---

[172] Es wird aber betont, dass Wissensvermittlung deswegen nicht „sinnlos" sei, aber sie könne die Meinungsbildung nur begleiten, jedoch nicht leiten oder bestimmen.

[173] So zeigen auch NOUSSAIR ET AL. (2004) für Frankreich bei mehr als 40% der Stichprobe die Bereitschaft, GV-Produkte zu konsumieren, wenn sie ausreichend günstig angeboten werden.

Nutzenabwägungen deutlich unausgeglichen sind. So werden auch potentielle Nutzen von vielen Personen als nicht ausreichend, also positiv genug, bewertet. Bei der Bewertung von (Grüner) Gentechnik kommt in Aussicht gestelltem Nutzen nur eine geringe Bedeutung zu, so der Befund von MARIN & NOTARO (2007) für Italien. Ebenfalls für Italien zeigen CANAVARI & NAYGA (2009), dass, abgesehen von einer Minderheit, der Großteil der VerbraucherInnen nicht bereit ist, GV-Lebensmittel zu kaufen, selbst wenn sie mit Zusatznutzen wie einem verbesserten Nährwert ausgestattet sind. Personen, die grundsätzlich nicht zu einem Konsum bereit sind, lassen sich auch durch einen verbesserten Nährwert und einen geringeren Preis nicht umstimmen. Eine entscheidende Rolle bei der Akzeptanz von Grüner Gentechnik kommt auch in der Schweiz Risiko- und Nutzenabwägungen zu (SIEGRIST 2003). In der Regel fokussieren Personen entweder auf Nutzen oder Risiken von (Grüner) Gentechnik und daraus entspringt entweder eine höhere oder geringere Akzeptanz dieser Anwendung. Ähnlich auch GOTTSCHALK-MAZOUZ (2008), wo die Akzeptanz vor allem von so genannten „psychometrischen Faktoren" abhängt, wobei bei diesen vor allem Nutzen- und Risikoabwägungen relevant sind. Für die Schweiz stellt SIEGRIST (2003) zudem fest, dass mehr Risiken als Nutzen gesehen werden. Die Frage, wer von Grüner Gentechnik profitiert bzw. wer den höheren Nutzen daraus zieht, ist laut RIGBY ET AL. (2004) die kritische Frage für die Akzeptanz.
Der ***Risiko***wahrnehmung attestieren auch DURANT & LEGGE (2005) eine hohe Bedeutung für die Akzeptanz von GV-Lebensmitteln. So zeigen Personen mit einer hohen Risikobewertung von Forschung, Entwicklung und Vermarktung von GV-Produkten auch eine geringere Wahrscheinlichkeit die (Gen-) Technologie an sich zu unterstützen bzw. gutzuheißen. Die wahrgenommenen Risiken und die Aufmerksamkeit, die diesen in der Öffentlichkeit gewidmet wird, sind nach BONNY (2003) ein wichtiger Grund für die mangelnde Akzeptanz Grüner Gentechnik. Nach MARIN & NOTARO (2007) reichen zudem Kennzeichnungen und Zertifizierungen nicht aus, um „ausreichend Absicherung gegen wahrgenommene Gefahren" zu bieten. Im Rahmen ihrer in Spanien durchgeführten Studie ermitteln MACARIO & SAMIR (2008) für die Attribute Gesundheit und Umwelt (-

wirkung) die höchsten Werte in der Nutzenfunktion. Trotz der angebotenen Vorteile Grüner Gentechnik überwogen vor allem die Bedenken in diesen beiden Bereichen bei der Auswahl. MOON ET AL. (2007) zeigen auch für Großbritannien, dass Risikowahrnehmungen die Akzeptanz von Grüner Gentechnik signifikant stärker bestimmen als entsprechende Nutzenwahrnehmungen. Außerdem sind Risikoüberzeugungen stärker mit einer Kompensationsforderung (für GV-Lebensmittel) als mit einer Zahlungsbereitschaft (für gentechnikfreie Lebensmittel) verbunden. Ein ähnliches Resultat findet sich auch bei KING'S COLLEGE (2008). Auch hier bestimmen kritische bzw. skeptische Argumente die Diskussionen mehr als Nutzenaspekte oder Vorteile.

Für Großbritannien stellen MOON & BALASUBRAMANIAN (2003b) fest, dass GV-Lebensmittel von den Personen gegenüber nicht-GV-Produkten bevorzugt werden, die entweder Grüner Gentechnik gegenüber aufgeschlossen sind oder die sehr preisbewusst sind. Weiterhin schlussfolgern sie, dass es durchaus einen Markt für GV-Produkte in Großbritannien gäbe, da ein „nicht unerheblicher Prozentsatz" bereit wäre, sie zu kaufen, wenn sie denn im Supermarkt angeboten würden. Für die Niederlande zeigen DREEZENS ET AL. (2005) einen „bedeutenden" Zusammenhang zwischen spezifischen Werten, Überzeugungen und lebensmittelspezifischen ***Einstellungen***. Ebenso sind die Einstellungen gegenüber GV-Produkten und Bio-Produkten negativ korreliert. Für die Schweiz weisen TUTKUN & LEHMANN (2009) nach, dass Einstellungen den größten Effekt auf die Kaufabsicht von GV-Lebensmitteln ausüben. Der Erklärungsanteil liegt bei 82%.

CARLSSON ET AL. (2004) zeigen für Schweden zum einen, dass es eine positive Zahlungsbereitschaft für eine verpflichtende ***Kennzeichnung*** von GV-Erzeugnissen gibt und zum anderen, dass VerbraucherInnen bereit sind, deutlich höhere Produktpreise in Kauf zu nehmen, um ein totales Fütterungsverbot von GV-Futter an Tiere zu gewährleisten. Für Ungarn weisen BÁNÁTI & SZABÓ (2006) einen deutlichen Bedarf an Produktkennzeichnung hinsichtlich des GV-Anteils nach. NOUSSAIR ET AL. (2004) zeigen für Frankreich, wie verschiedenen Kennzeichnungen bzw. Grenzwerten begegnet wird. So wird ein garantierter Maximalwert von 1% anders bewertet als die Kennzeichnung „enthält GVO", das heißt als eher GVO-frei denn als GVO-haltig. Ebenso wird ein Grenzwert von 0,1% anders wahrgenommen als „GVO-frei", nämlich als ungleich „GVO-frei", also als „enthält GVO". Mit diesen verschiedenen Bewertungen gehen entsprechend andere Zahlungsbereitschaften einher. Wie bereits im vorherigen Abschnitt (3.2.1) erwähnt, können NOUSSAIR ET AL. (2002) zeigen, dass ein Großteil der VerbraucherInnen die Kennzeichnungen nicht wahrnimmt bzw. liest. Dies bestätigen RIGBY ET AL. (2004). In ihrer Studie geben über 40% an, die Kennzeichnungen nicht aufmerksam zu lesen. So auch KING'S COLLEGE (2008), wonach VerbraucherInnen GV-Lebensmittel trotz Kennzeichnung häufig nicht erkennen. Zudem wird der Zutatenliste in der Regel wenig Beachtung geschenkt[174]. Ähnlich befindet auch SIEGRIST (2003), der betont, dass die Kennzeichnung überbetont bzw. überwertet wird.

Bei DURANT & LEGGE (2005) findet sich der Zusammenhang, dass mit steigendem Alter die Zustimmung zu Grüner Gentechnik abnimmt bzw. die Wahrscheinlichkeit sinkt, dass irgendein Verhalten „Pro GV-Lebensmittel" ausgeführt wird. Ebenso sind Frauen eher GV-kritisch. Ein begrenzter Effekt ***soziodemographischer Größen*** kann bei NOUSSAIR ET AL. (2004) gefunden werden. So geht der höchste Bildungsabschluss mit einer Tendenz zu gentechnikfreien Produkten einher, während sich beim Geschlecht der „typische" Zusammenhang zeigt, nämlich dass Männer eher bereit sind, GV-Lebensmittel zu konsumieren. In der Summe gibt es aber keine nennenswerten Effekte.

MACARIO & SAMIR (2008) finden einen Einfluss soziodemographischer Faktoren, vor allem des Alters, bezüglich der Wahrnehmung der Umweltwirkungen von GV-Cornflakes. Das Alter und der wahrgenommene Umweltnutzen weisen ein inverses Verhältnis auf. Bei SIEGRIST (2003) findet sich

[174] Die Zutatenliste ist vor allem dahingehend relevant, da in der Regel dort GV-Bestandteile als solche kenntlich gemacht sind. Im Gegensatz zu Kennzeichnungen als „Ohne Gentechnik", die meist als großes Label oder Logo an einer exponierten Stelle auf den Produkten zu finden sind, ist im umgekehrten Fall die Information üblicherweise nur über die Zutatenliste zugänglich.

ein deutlicher Effekt des Geschlechtes, nämlich dass Frauen eine höhere Risikowahrnehmung haben bzw. mehr Risiken durch Grüne Gentechnik sehen als Männer. Auch bei RIGBY ET AL. (2004) zeigt das Geschlecht signifikante Effekte.

SPRINGER ET AL. (2005) resümieren zunächst, dass Verbrauchereinstellungen zur Grünen Gentechnik vor allem durch das Ausmaß an Wissen und den soziodemographischen Status bestimmt werden. Allerdings zeigen sie dann, dass die soziodemographischen Unterschiede nicht die unterschiedlichen Einstellungen in den europäischen Mitgliedsstaaten erklären können.

3.2.3 Deutschland

Die Bekanntheit von und das ***Bewusstsein*** um verschiedene Anwendungsmöglichkeiten gentechnologischer Verfahren ist nach SLABY & URBAN (2002) eher gering. Dabei gehören die Anwendungen der Grünen Gentechnik noch zu den bekannteren. Nach HAMPEL & RENN (1998) ist die Bewertung (Grüner) Gentechnik von einem hohen Maß an Ambivalenz und Unbestimmtheit dominiert. Dieser Ambivalenz entgegen finden sich jedoch bei konkreten Anwendungsfällen eindeutige Einstellungsmuster. Auch BOECKER ET AL. (2008) zeigen diese Ambivalenz für Deutschland.

Die ***Art der Anwendung*** gentechnologischer Verfahren insgesamt als auch die verschiedenen Bereiche im Rahmen der Grünen Gentechnik, werden nach HAMPEL & RENN (1998) durchaus differenziert bewertet, wobei vor allem der Bereich der Lebensmittel „extrem kritisch" gesehen wird. Sie schlussfolgern, dass weniger die allgemeine Haltung zur Gentechnik, als vielmehr die jeweilige Anwendung die Basis für die Bewertung bildet. Dem stimmt auch CONRAD (2004) zu, er zeigt eine starke Abhängigkeit der Einstellungen vom spezifischen Anwendungsfall. Auch URBAN & PFENNING (1999) zeigen eine starke Abhängigkeit der Akzeptanz von der Art der Anwendung gentechnologischer Verfahren. So stünden vor allem Anwendungen bei tierischen und pflanzlichen Nahrungsmitteln „auf der Verliererseite". Weiterhin stellen SLABY & URBAN (2002) fest, dass neben dem medizinischen Bereich vor allem der Sektor Lebensmittel die Wahrnehmung und Bewertung von Gentechnik in der Öffentlichkeit bestimmt. Dabei findet sich auch ein „deutliches Akzeptanzgefälle" zwischen Roter und Grüner Gentechnik. Außerdem wird die Handlungsintention zu einem großen Teil durch anwendungsspezifische Einstellungen determiniert, ohne dass deren Prägung von Erwartungswerten darauf einen Einfluss nehmen würde. Einen nennenswerten Unterschied in der Zustimmung zu verschiedenen Anwendungsbereichen zeigt auch CHRISTOPH (2008), wonach GV-Lebensmittel (im Vergleich zu medizinischen oder industriellen Anwendungen) deutlich weniger akzeptiert werden.

Eine Art Zwischenstellung nehmen die Ergebnisse von SCHOLDERER (2000) ein. Danach werden die Einstellungen eines ganzen Anwendungsbereiches (z.B. Grüne Gentechnik) auf ein entsprechend erzeugtes Produkt übertragen, ohne dass es eine produktspezifische Bewertung gibt.

Das ***Vertrauen*** in Gruppen und Institutionen, die für den Umgang mit (Grüner) Gentechnik verantwortlich sind, ist laut HAMPEL & RENN (1998) nur schwach ausgeprägt. Sie sprechen von einer „Vertrauenslücke". Es werde zudem auch die Kontrollfähigkeit der Politik in Zweifel gezogen. Die „Vertrauensdefizite" erstrecken sich aber auch auf wissenschaftliche Experten. Eine grundsätzliche hohe Relevanz von Vertrauen für die Einstellungen gegenüber Grüner Gentechnik zeigt CHRISTOPH (2008), wobei sich Vertrauen hier vor allem auf Konzerne und die Wissenschaft bezieht.

Das subjektive ***Wissen*** befinden HAMPEL & RENN (1998) als „eher dürftig". Gleichzeitig finden sie keinen Zusammenhang zwischen unterschiedlichen Bewertungen der (Grünen) Gentechnik und Wissensunterschieden. Auch bei SLABY & URBAN (2002) ist das subjektive Wissen eher schlecht ausgeprägt. Als Fazit seiner Literaturrecherche zieht CONRAD (2004), dass der Wissensstand kaum mit der Richtung der Einstellungen korreliert, sondern lediglich mit der Entschiedenheit, mit der die Einstellungen vertreten werden. Folglich führe mehr Wissen zwar in der Tendenz zu mehr Klarheit, aber nicht zwangsläufig zu einer positiveren Bewertung der (Grünen) Gentechnik.

Der objektive Wissensstand weist nach SCHOLDERER (2000) keinerlei Zusammenhang zur Bewertung (Grüner) Gentechnik auf. Eine hohe selbst eingeschätzte Kompetenz hingegen bewirkt eine kritische Haltung gegenüber Gentechnikrisiken. Zudem sei die Annahme, dass die Einstellungen von VerbraucherInnen von ihrem Wissen abhängen und daraus das Nachfrageverhalten resultiere, falsch[175]. Einen recht begrenzten objektiven Kenntnis- bzw. Wissensstand zeigt ebenfalls CHRISTOPH (2008). Auch KING'S COLLEGE (2008) stellt in Frage, ob die Ablehnung bzw. Akzeptanz von Grüner Gentechnik vom Wissen abhängt. Nach den Ergebnissen hat Wissen keinen signifikanten Einfluss.

Nach den Befunden von DANNENBERG ET AL. (2009) ist der selbst eingeschätzte ***Information***sstand zu Grüner Gentechnik bei der großen Mehrheit der Befragten sehr gering. Die Gabe neutraler Informationen zur Grünen Gentechnik führt dennoch nicht zu einem Effekt auf die Zahlungsbereitschaft. Ebenso geben bei KING'S COLLEGE (2008) mehr als die Hälfte der Befragten an, sich nicht selbst darüber zu informieren, ob ein Produkt GV-Bestandteile enthält oder nicht. Gleichzeitig sagt fast die Hälfte, dass sie die Zutatenliste vor dem Kauf eines speziellen Produktes lesen würde.

GV-Lebensmittel mit zusätzlichen, funktionellen Eigenschaften können nach dem Befund von HARTL & HERMANN (2009) den ***Nutzen*** der VerbraucherInnen erhöhen und steigern damit auch die Kaufbereitschaft. Allerdings kommt der Nutzen nicht bei allen Personen zum Tragen. Für viele wiegen die zusätzlichen (positiven) Eigenschaften nicht stärker als die (negativ empfundene) gentechnische Veränderung. Im Vergleich zu einem Bio-Produkt reduziert sich nach KLEIN ET AL. (2009) der Verbrauchernutzen durch das GV-Erzeugnis. Dabei reduzieren assoziierte Gesundheitsvorteile den Verbrauchernutzen weniger als assoziierte Umweltvorteile[176]. Die Schlussfolgerung ist letztlich, dass der Widerstand

[175] SCHOLDERER (2000) spricht in diesem Zusammenhang von einem „rationalistischen Fehlschluss".

[176] Zudem bevorzugen deutsche KonsumentInnen lokal (in dem Fall in Deutschland) produzierte Waren im Vergleich zu Importerzeugnissen (in diesem Fall Rapsöl). Eine derartige Herkunftsangabe beeinflusst die Verbraucherhaltung gegenüber dem Produkt positiv, so das Fazit.

gegen GV-Lebensmittel mit zunehmendem, persönlichem Nutzen (z.B. gesundheitliche Vorteile) abnimmt. In ähnlicher Weise befindet auch SCHOLDERER (2000), wonach die Gesamtbewertung (Grüner) Gentechnik vor allem durch den fehlenden (Verbraucher-) Nutzen bestimmt ist.

Nutzen- und ***Risiko***abwägungen spielen auch nach HAMPEL & RENN (1998) eine bedeutende Rolle. Von einseitigen Risikofixierungen könne nicht die Rede sein. Nutzen- und Risikobilanz weisen zudem den stärksten Zusammenhang zur Bewertung von (Grüner) Gentechnik auf. BREDAHL (1999) betont eine höhere Risiko- als Nutzenwahrnehmung deutscher VerbraucherInnen. Einen „statistisch bedeutsamen Effekt der Risikowahrnehmung" zeigen auch URBAN & SLABY (2003). Die Risikowahrnehmung ist bei BOECKER ET AL. (2008) die dominierende Eigenschaft bei Assoziationen zu (Grüner) Gentechnik. Gleichzeitig bringen aber die Befragten einen Mangel an Informationen zum Ausdruck und geben an, die Risiken nicht zu kennen (bzw. dass ihnen die Risiken unbekannt sind). Eine hohe Risikowahrnehmung, vor allem bezüglich negativer Umwelteffekte und Gesundheitsfolgen, zeigen DANNENBERG ET AL. (2009)[177]. Auch laut CHRISTOPH (2008) ist die Wahrnehmung von persönlichen Gesundheitsrisiken eine entscheidende Größe für die Bewertung Grüner Gentechnik und das Kaufverhalten. Einen indirekten Effekt der Risikowahrnehmung zeigt SCHOLDERER (2000). Demnach gewinnt die Risikobewertung erst im Zusammenhang mit fehlendem Nutzen an Bedeutung. Wäre der Nutzen vorhanden, so die Schlussfolgerung, dann wären VerbraucherInnen auch bereit, gewisse Risiken zu billigen.

Den ***generellen Einstellungen*** bzw. Bewertungen (Grüner) Gentechnik liegen nach HAMPEL & RENN (1998) bilanzierende Urteile zugrunde. Außerdem weisen sie der ethischen Dimension von (Grüner) Gentechnik eine sehr hohe Bedeutung zu. CONRAD (2004) zufolge haben sich die generellen Einstellungen als vergleichsweise konstant über die Zeit erwiesen.

177 Wenngleich nicht im Kontext Grüner Gentechnik, so betonen aber CARVALHO ET AL. (2008) eine generelle hohe Angst vor Lebensmittelgefahren bzw. -verunreinigungen aus der üblicherweise eine entsprechende Kosumreduktion bzw. -verweigerung resultiert.

URBAN (1998) befindet die latenten Einstellungsmuster zur Gentechnik als „hochgradig stabil". Dabei sind vor allem bilanzierende Einstellungen besonders stabil, bei einzelnen Anwendungsbereichen nimmt die Stabilität ab, ist aber noch immer sehr hoch. Gleiches zeigen auch URBAN & PFENNING (1999), wonach sich wiederum bilanzierende Einstellungen zur allgemeinen Gentechnik als besonders stabil erweisen. Zudem sind die latenten Einstellungen zur Gentechnik das „Ergebnis von sehr stabilen Bewertungen gentechnischer Referenzobjekte".

WILLERS (2009) zeigt sich hingegen eher kritisch gegenüber bilanzierenden Einstellungen und wirft die Frage auf, ob sie bezüglich GV-Lebensmittel überhaupt existieren oder in der Realität vorzufinden sind. KING'S COLLEGE (2008) stellen fest, dass die Einstellungen gegenüber gentechnischer Veränderung deutlich stärker bzw. elementar von affektiven Aspekten und nicht von kognitiven Bewertungen abhängen.

Wenngleich sich die Mehrheit der VerbraucherInnen eine entsprechende ***Kennzeichnung*** von GV-Produkten wünscht, existieren signifikante Unterschiede zwischen den Erwartungen der KonsumentInnen an „Ohne Gentechnik" und dem rechtlichen Rahmen hierfür bzw. den Produktionsstandards (HENSELEIT ET AL. 2009). Im Rahmen der Untersuchungen des KING'S COLLEGE (2008) konnte gezeigt werden, dass, wenngleich aus einer Vielzahl an Gründen und mit diversen Assoziationen mit dem Label, in diesem Fall Milch bewusst aufgrund der Kennzeichnung „Ohne Gentechnik" gekauft wurde. Dabei war zwar die „Gentechnikfreiheit" ein wichtiger Punkt, aber in über 80% der Fälle waren andere Gründe für die Kaufentscheidung ausschlaggebend.

HAMPEL & RENN (1998) können auch keinen großen Erklärungsgehalt ***soziodemographischer Größen*** zeigen. Einzig vom Geschlecht geht ein Effekt aus, dergestalt, dass Frauen in der Summe (Grüne) Gentechnik negativer bewerten als Männer. Ebenso findet CHRISTOPH (2008) nur einen begrenzten Effekt der Soziodemographie. Allerdings zeigt sich ein Zusammenhang zwischen Geschlecht und Wissen dergestalt, dass der Anteil an Männern mit einem hohen Grad an Wissen signifikant größer ist als der Anteil an Frauen mit diesem Wissensstand. Allerdings üben weder das Wissen noch das Geschlecht einen Effekt auf die Akzeptanz von GV-

Produkten aus. Ähnliches gilt für die Ergebnisse von KING'S COLLEGE (2008). Auch hier zeigt sich kein signifikanter Einfluss soziodemographischer Größen.

3.2.4 Bilanz

Die Auflistung an Befunden und Literatur könnte noch auf einigen Seiten mehr fortgesetzt werden, doch gäbe es, vor allem für den Fokus dieser Arbeit, nur noch einen begrenzten Mehrwert, da sich die Ergebnisse innerhalb der bereits aufgezeigten Bandbreite bewegen. Gleichwohl gibt es besonders aus Perspektive der Risikoforschung viele wichtige und spannende Beiträge, auf die an dieser Stelle nur verwiesen werden soll. Stellvertretend seien genannt KLINKE & RENN (2002), RENN (2006), RENN ET AL. (2007) sowie RENN & KEIL (2008).

Zudem muss noch betont werden, dass die Befunde aus den verschiedenen Erhebungen des *Eurobarometers*, ähnlich den Studien zum *Umweltbewusstsein in Deutschland*, bewusst aus der obigen Darstellung ausgeklammert wurden. Speziell für Deutschland werden sie im Ergebnisteil ausschließlich unter dem Fokus Grüner Gentechnik selbst reproduziert. Daher wird nun nur sehr kurz auf entsprechende Ergebnisse eingegangen. Zudem liegen auch zahlreiche Veröffentlichungen hierzu vor, die die Studien in ihrer Gesamtheit vorstellen. Beim Eurobarometer zeigt sich über die Jahre, trotz gewisser Schwankungen, ein einheitlicher Trend, nämlich eine kritische Haltung zur Grünen Gentechnik und zu GV-Lebensmitteln. Dabei werden die anderen Anwendungsbereiche gentechnischer Verfahren deutlich weniger kritisch betrachtet. Auch die Eurobarometerbefunde stellen die Wichtigkeit von Nutzen- und Risikoaspekten für VerbraucherInnen heraus. Derartige Erwägungen führen unter anderem dazu, dass GV-Lebensmittel in der EU mehrheitlich abgelehnt werden, Ausnahmen bilden hingegen Spanien, Portugal und die Tschechische Republik. Ähnlich ist es auch um das potentielle Kaufverhalten bestellt. Analog zu den Ausführungen in den vorherigen Abschnitten sind Fragen der Gesundheit und der Umweltwirkungen zentrale Größen für die Akzeptanz. Die Genehmigung durch offizielle Behörden oder Preisvorteile führen in der Regel nicht zu einer verbesserten Akzeptanz oder Kaufbereitschaft[178]. Gleichzeitig sei aber das Vertrauen der Akteure in Hochschulen, Industrie und Institutionen über die Jahre zunehmend, wobei die EU ein höheres Vertrauen als die nationalen Regierungen genießt (EUROPÄISCHE KOMMISSION 2006b).

Neben Österreich, Ungarn und Griechenland zählt Deutschland mit zu den skeptischeren EU-Ländern bei Grüner Gentechnik und GV-Produkten. Dies bestätigen (für Deutschland) die Ergebnisse der Umweltbewusstsein in Deutschland-Studien. Auch hier zeigen sich deutliche Vorbehalte gegen diese Nutzung von GVO. Über die Jahre bleiben sowohl die Ablehnung an sich annähernd auf einem gleich hohen Niveau wie auch die Skepsis gegenüber GV-Produkten. Allerdings ist eine Kaufbereitschaft bei vielen nicht generell ausgeschlossen. Als insgesamt aber besonders kritisch zeigen sich Frauen und Personen mit einem hohen Einkommen und einer hohen Bildung. Sie sehen zum Beispiel ein hohes Risikopotential für die Natur. Junge Personen sind eher weniger kritisch (BMU 2008).

Nachdem die Befunde einander zunächst einfach gegenübergestellt wurden, soll an dieser Stelle noch darauf verwiesen werden, dass sich insgesamt betrachtet ein Großteil der unterschiedlichen Ergebnisse offenbar auch aus Länderspezifika erklären lässt. So machen LUSK ET AL. (2006) deutlich, dass aufgrund ihrer Befunde die häufig anzutreffende Annahme der gleichen bzw. identischen Präferenzen von KonsumentInnen (auch über Ländergrenzen hinweg) nicht haltbar ist. Vielmehr weisen sie diese Annahme deutlich zurück[179]. Aber diese Unterschiede scheinen nicht nur zwischen Europa und den USA bzw. anderen, nicht-europäischen Län-

---

178 Es sei an dieser Stelle noch darauf hingewiesen, dass die Fragen nach der Kaufbereitschaft als Statement erhoben werden und nicht, wie bei der zitierten ökonomischen Literatur, über eine Form von Experiment oder einem beobachteten Verhalten.

179 So ist beispielsweise die Kompensationsforderung für den Konsum von GV-Lebensmitteln bei englischen und französischen VerbraucherInnen mehr als doppelt so hoch wie bei US-AmerikanerInnen. Allerdings erklären Unterschiede in Soziodemographie, Einstellungen oder Risikowahrnehmungen nur zwischen rund 20% und 50% der Differenz in der Kompensationsforderung.

dern zu existieren. Wie beispielsweise LUSK ET AL. (2004) sowie LUSK ET AL. (2006) für Großbritannien und Frankreich zeigen, herrschen auch innerhalb Europas offensichtliche Unterschiede. Diese Einschätzung wird von CONRAD (2004) nur begrenzt geteilt. Demnach weisen die Einstellungen der europäischen Bevölkerung in der Regel eine hohe Ähnlichkeit auf, auch wenn es mitunter einzelne Abweichungen gibt. Insgesamt dominiere eine klar skeptische, aber nicht feindliche Haltung gegenüber (Grüner) Gentechnik. Ebenso beschreibt er die Diskussionen als Art von Stellvertreterdebatte für *„ein von breiteren gesellschaftlichen Kreisen geteiltes Unbehagen an der gegenwärtigen gesellschaftlichen Situation und ihrer weiteren Modernisierung"* (CONRAD 2004: 22).

Die vorgestellten Ergebnisse zeichnen, unabhängig ob international oder auf der Ebene Europas bzw. Deutschlands betrachtet, in der Regel ein konträres Bild sowohl hinsichtlich der (möglichen) Akzeptanzgründe von Grüner Gentechnik als auch bezüglich des (potentiellen) Kaufes von GV-Produkten. Dabei erscheinen zwar europäische VerbraucherInnen im internationalen Vergleich häufig skeptischer, nach den Befunden der Studien scheint es hier aber gleichwohl einen (begrenzten) Markt bzw. unter entsprechenden Bedingungen eine entsprechende Akzeptanz zu geben. Die Bedingungen hierfür, bzw. ebenfalls für die Gegenposition, können jedoch nicht eindeutig bestimmt werden. Es gibt eine Vielzahl an Befunden mit jedoch teils konkurrierenden Ergebnissen. Fasst man dies nun alles zusammen, dann zeigt sich eine differenzierte Sicht auf Grüne Gentechnik. Die meisten Studien belegen diese Sicht, häufig in Abhängigkeit der Anwendung der Verfahren oder eines spezifischen Produktes. Wenngleich insgesamt eine kritische Bewertung vorherrscht, kann nicht zwingend von einer pauschalen Ablehnung die Rede sein.

Die unterschiedlichen Befunde zu den Einflussgrößen an sich bzw. ihrer Wirkungsrichtung mögen zum einen sicherlich unterschiedlichen methodischen Ansätzen, verschiedenen Stichproben bzw. Populationen und spezifischen Operationalisierungen geschuldet sein. Zum anderen geben sie aber möglicherweise auch jene Ambivalenz wieder, die bei diesem

Thema herrscht[180]. Demgemäß ist auch eine Antwort auf die Eingangsfrage, nämlich ob es gentechnikspezifische Einstellungen gibt, nur schwer bzw. nicht eindeutig zu beantworten. Zwar scheinen vor allem Risiko- und Nutzenaspekte die Akzeptanz und den (potentiellen) Kauf zu bestimmen, gleichzeitig ist eine Skepsis gegenüber bzw. eine Ablehnung von einer neuen Technologie oder einem neuen Produkt ohne bzw. mit nicht genügend erkennbarem Nutzen nicht ausschließlich bei Grüner Gentechnik gegeben. Ähnliches trifft auf viele der anderen betrachteten Größen zu. Zudem können mangelndes Bewusstsein oder Aufmerksamkeit beim Einkauf, neben anderen Größen wie habitualisierten Kaufgewohnheiten oder auch dem Preis, dazu führen, dass Unterschiede zwischen den geäußerten Absichten bzw. Einstellungen und dem beobachten Kaufverhalten, wie z.B. in der Studie des KING'S COLLEGE (2008), zu finden sind. Selbst wenn man spezifische Einstellungen annehmen möchte, müssen sich diese, wie im allgemeinen Teil ausgeführt, also nicht zwangsläufig in einem entsprechenden Verhalten niederschlagen. Weiterhin mag die Kritik von HUTTON (2006) zutreffen, derzufolge bei Meinungsbildern eher die gesellschaftliche Komponente erfasst wird, während bei Kaufexperimenten (oder beim realen Kauf) dann aber die persönliche Rolle, nämlich jene als KonsumentIn, dominiert.

3.3 Zusammenfassung Kapitel III

Dieses Kapitel widmete sich, ausgehend von der Frage nach möglichen Erklärungen von Verhalten, vor allem im Kontext Grüner Gentechnik, der Betrachtung zweier, in diesem Zusammenhang wichtiger Größen: Einstellungen und Präferenzen. Nachdem beide vorgestellt, diskutiert und

---

[180] Prinzipiell kann natürlich auch die Frage gestellt werden, inwiefern womöglich durch eben die verschiedenen Befunde, seien sie welchen Gründen auch immer geschuldet, jene Ambivalenz erst gefördert wird, in dem Sinne, dass in der Öffentlichkeit ein entsprechend „diffuser" Eindruck entsteht, wenn *die* Wissenschaft ein solches Thema, das ja von der technischen Seite her durchaus „hoch wissenschaftlich" ist, nicht eindeutig greifen kann. Vermutlich kann aber ein Beweis weder in der einen noch in der anderen Richtung verlässlich erbracht werden.

Möglichkeiten ihrer Systematik und Messung beschrieben wurden, erfolgte eine Synthese im Sinne des Verständnisses dieser Größen für den weiteren Verlauf der Arbeit. Daran schloss sich ein Literaturüberblick an, der zunächst unterteilt nach internationalen, europäischen und Befunden aus Deutschland relevante Ergebnisse zum Forschungsstand darlegt.

Die empirische Situation lässt sich dabei folgendermaßen beschreiben: Wenngleich es, international betrachtet, bereits förmlich eine „Flut" an Akzeptanzstudien bzw. Verkaufsexperimenten zu GV-Lebensmitteln gibt, ist dies für Europa bzw. vor allem für Deutschland nur begrenzt der Fall. Die gesellschaftliche Einschätzung Grüner Gentechnik in Deutschland ist zwar einerseits über Meinungsumfragen gut bekannt, anderseits gibt es aber, vor allem auch im internationalen Vergleich, ein deutliches Defizit hinsichtlich des konkreten - oder mangels realer Verfügbarkeit - potentiellen Umgangs der KonsumentInnen mit GV-Produkten. Auch der Großteil an wissenschaftlichen Arbeiten zu diesem Thema fokussiert zum einen auf die Beschreibung der unterschiedlichen Wahrnehmung und Bewertung der verschiedenen Anwendungsbereiche der Gentechnik, zum anderen auf mögliche Erklärungen und Diskussionen dieser Unterschiede. Dabei liegt zwar ein Schwerpunkt auf der Risikowahrnehmung und Risikoattribuierung dieser Technologie, ein konkreter Zusammenhang zum Verhalten, in beispielsweise alltäglichen Situationen wie dem Einkauf, fehlt jedoch zumeist. Es liegen hierzu lediglich Einzelergebnisse vor, die allerdings vorrangig aus internationalen/europäischen Vergleichsstudien stammen und/oder einen Fokus auf funktionelle GV-Lebensmittel legen. Untersuchungen, die neben der reinen Meinungserhebung oder Risikobewertung sowohl die konkrete, im Rahmen der gegenwärtigen Regelungen mögliche, Situation von GV-Produkten berücksichtigen und dabei den Einfluss verschiedener Produkteigenschaften sowie Einstellungsgrößen auf den Umgang der VerbraucherInnen mit GV-Produkten beschreiben und explizit berücksichtigen, liegen für Deutschland nur begrenzt vor.

Wenn nun auch jede der betrachteten Studien für sich genommen nur eine Momentaufnahme darstellen mag, die grundsätzlich schwerlich und vor allem nicht bei der Diversität der Methoden, Stichproben etc. pauschal auf eine ganze Bevölkerung skaliert werden kann, so erscheint es aufgrund der Vielzahl an Befunden, die, teils über Ländergrenzen hinweg, ähnliche Ergebnisse erzielt haben, legitim, einen gewissen Effekt dieser Größen anzunehmen und daraus auch begrenzt Zielgrößen für die empirischen Analysen abzuleiten. Diese lassen sich, zusammen aus den Befunden aus der Literatur und eigenen Überlegungen in folgender Weise formulieren:

(1) Die subjektiv empfundene Informiertheit führt zu einer entsprechenden Entschiedenheit der Einstellungen zu Grüner Gentechnik. Das heißt, mit steigender wahrgenommener Informiertheit nimmt die Entschiedenheit bzw. Vehemenz der Position gegenüber Grüner Gentechnik zu.

(2) Die Gabe von neutralen Zusatzinformationen hat keinen Effekt auf die Bewertung und Akzeptanz von Grüner Gentechnik und GV-Lebensmitteln.

(3) Vom (objektiven) Wissen geht kein Effekt auf die Akzeptanz von Grüner Gentechnik und GV-Lebensmitteln aus.

(4) Mit zunehmender Nutzenwahrnehmung steigt auch die Akzeptanz von Grüner Gentechnik und GV-Lebensmitteln. Dies ist gleichbedeutend mit einer Reduzierung der Akzeptanz bei einer Zunahme der Risikobewertung, wobei davon ausgegangen wird, dass Risiken stärker wirken als Nutzenerwartungen.

(5) Mit dem Vorhandensein von (Klein-) Kindern im Haushalt nimmt auch die Risikowahrnehmung bei Grüner Gentechnik und GV-Produkten zu.

(6) Generelle Einstellungen bzw. bilanzierende Urteile drücken eine allgemeine Haltung aus, die sich in entsprechender Richtung in den anderen Bewertungen und Werturteilen widerspiegelt.

(7) Es gibt einen hohen negativen Zusammenhang zwischen (objektivem) Wissen und der Risikowahrnehmung.

(8) Es gibt einen hohen negativen Zusammenhang zwischen (subjektiver) Informiertheit und der Risikowahrnehmung.

(9) Es gibt einen hohen (positiven) Zusammenhang zwischen (objektivem) Wissen um Grüne Gentechnik und Bildung.

(10) Aus den Punkten 7 und 9 folgt damit ein negativer Zusammenhang zwischen Bildung und Risikobewertung.

(11) Von den soziodemographischen Faktoren Alter und Einkommen geht kein Effekt auf die Bewertung bzw. Akzeptanz von Grüner Gentechnik und GV-Produkten aus.

(12) Es gibt einen negativen Zusammenhang zwischen Geschlecht und der Bewertung Grüner Gentechnik (auch im Sinne der Risikobewertung).

Ein Teil dieser Punkte, insbesondere hinsichtlich der Risikowirkungen, lässt sich auch theoretisch herleiten und erklären bzw. stellt eher eine Form von „empirischen Regelmäßigkeiten" dar. Derartige Herleitungen gehören jedoch nicht zum Gegenstand dieser Arbeit. Deren Ziel ist stattdessen, die verschiedenen Aspekte und Einstellungen zur Grünen Gentechnik anhand verschiedener Datenquellen im Zeitverlauf zu betrachten und zudem die Daten um die Sekundärauswertung einer eigenen, projektbezogenen Studie zu ergänzen, die neben der Betrachtung von Einstellungen auch hypothetische Kaufentscheidungen abbildet und so einen direkten Vergleich zwischen den Bewertungen, Einstellungen und der Kaufintention ermöglicht.

IV Methodische Hintergründe & Datenbasis

Ein Ziel dieser Arbeit ist es, die Einstellungen der bundesdeutschen Bevölkerung über einen längeren Zeitraum zu betrachten. Wenngleich umfangreiche und ausgewogene Studien zu diesem Themenbereich in Deutschland eher selten sind, finden sich jedoch bereits seit den frühen 1990er Jahren regelmäßig einige Fragen hierzu in verschiedenen quasiamtlichen Erhebungen. Hierzu zählt das *Eurobarometer*, das im Rahmen diverser themenspezifischer Studien auch die Einstellungen der europäischen und deutschen Öffentlichkeit zu Grüner Gentechnik erfragt. Weiterhin werden seit 1996 regelmäßig im Rahmen der Studie *Umweltbewusstsein in Deutschland* einige Fragen zu diesem Thema gestellt. Wenngleich diese Daten einen wichtigen Überblick über die Einstellungen und die zeitliche Entwicklung ermöglichen, erlauben sie jedoch nur eine begrenzte Detailtiefe, da der jeweilige Studienfokus nicht explizit auf Grüner Gentechnik liegt. Trotz gewisser Einschränkungen aufgrund anderer thematischer Schwerpunkte, sprechen die vergleichsweise Unabhängigkeit der Erhebungen und Verfügbarkeit der Daten ebenso wie die Kontinuität dafür, die entsprechenden Datensätze mit als Grundlage dieser Arbeit zu verwenden. Ergänzt und erweitert werden diese Daten durch die Ergebnisse einer eigenen Studie, die im Rahmen des Drittmittelprojektes *GeneRisk*[181] durchgeführt wurde. Hierbei ist anzumerken, dass der Studienfokus innerhalb des Projektes auf anderen Aspekten lag, so dass die Daten in erster Linie ebenfalls einer Sekundäranalyse unterzogen werden.

Somit bilden drei verschiedene Datengruppen die Basis der Auswertungen und Sekundäranalyse. Dabei stehen zwei Schwerpunkte im Vordergrund. Zum einen das Aufzeigen der Einstellungen der deutschen Bevölkerung zu Grüner Gentechnik im Zeitverlauf, wobei dieser Zeitverlauf

[181] Weiterführende Informationen zum Projektverbund GeneRisk können unter http://www.sozial-oekologische-forschung.org/de/692.php gefunden werden.

vorrangig als thematischer Verlauf verstanden werden soll, da ein datenbezogener Verlauf nur begrenzt möglich ist. Zum anderen ein ausführlicher Vergleich und eine Synthese der eigenen Erhebung mit den anderen Datenquellen sowie weiterführende Analysen (siehe Kapitel V).

4.1 Daten: Eurobarometer

Die *Eurobarometer*-Erhebungen sind Meinungsumfragen, die in den Mitgliedsstaaten (teilweise auch in den Ländern der Beitrittskandidaten) der Europäischen Union durchgeführt werden. In Auftrag gibt sie die Europäische Kommission. Dabei werden sowohl ein meist gleicher Standardfragenblock verwendet als auch wechselnde Fragen zu spezifischen Themen gestellt. Neben den regelmäßigen Erhebungen (*Standard Eurobarometer*) gibt es auch spezielle Schwerpunktstudien (*Spezial Eurobarometer*)[182]. Geschaffen wurde das Eurobarometer im Jahr 1973, die erste Erfassung der Meinung der europäischen Bevölkerung erfolgte 1974 (EUROPÄISCHE KOMMISSION 2010a). Im Rahmen der Erhebungen werden üblicherweise „repräsentative Stichproben"[183] in allen berücksichtigten Staaten gezogen und Personen ab dem 15. Lebensjahr in persönlichen Interviews (*face to face*) befragt. Für die Durchführung der Eurobarometer-Erhebungen in Deutschland ist seit Herbst 2004 die TNS Infratest Sozialforschung zuständig[184]. Für weiterführende Informationen sei auf die Literatur bzw. die entsprechende Internetpräsenz verwiesen[185].

---

182 Daneben gibt es auch die so genannten *Flash Eurobarometer* und *Eurobarometer Qualitative*, die ad-hoc Telefonerhebungen bzw. Tiefeninterviews zu bestimmten Aspekten bezeichnen und oft in besonderen Zielgruppen durchgeführt werden (EUROPÄISCHE KOMMISSION 2010a). Diese sind aber für die vorliegende Arbeit nicht relevant.

183 Repräsentativ meint in diesem Fall ein mehrstufiges Verfahren der Selektion, dass ein verkleinertes Abbild der Bevölkerung geben soll. Für eine Diskussion des Repräsentativitätskonzepts siehe z.B. DIEKMANN (1998).

184 Siehe auch http://www.tns-infratest.com/.

185 Siehe http://ec.europa.eu/public_opinion/index_en.htm.

4.1.1 Datengrundlage und Variablenauswahl

Wenngleich sich bereits seit 1993 erste Fragen zu Gentechnik an sich (bzw. wird anfänglich eher der Begriff der Biotechnologie verwendet) in den Eurobarometer-Erhebungen finden, werden für diese Arbeit erst die Daten ab 1996 berücksichtigt. Dies geschieht aus zwei Gründen. Zum einen wurde zwar das Thema als solches bereits in der Öffentlichkeit diskutiert, allerdings oftmals eher Biotechnologie oder Gentechnik insgesamt, als speziell Grüne Gentechnik. Weiterhin kam 1994 das erste gentechnisch veränderte Produkt auf den Markt und ein erster Anbau von GVP in Europa fand 1998 statt (siehe Abschnitt 2.1.3), so dass sich die Begrifflichkeiten erst in diesem Zeitrahmen in der Öffentlichkeit zu etablieren begonnen haben. Somit erlangt speziell die Grüne Gentechnik erst in diesem Kontext eine breitere Beachtung, auch in der öffentlichen Auseinandersetzung. Zum anderen sollen möglichst ähnliche Zeitpunkte betrachtet werden, da die insgesamt in dieser Arbeit verwendeten Studien allein aufgrund deren verschiedener Designs und Vorgehen unmittelbare Vergleiche nur begrenzt erlauben. Daher wird in Anlehnung an den Beginn der Umweltbewusstseins-Studie (siehe Abschnitt 4.2) das Jahr 1996 als Startpunkt gewählt. Ebenso werden keine Daten nach dem Jahr 2008 in die Analysen integriert, gleichwohl wird an passender Stelle auf relevante Ergebnisse späteren Datums verwiesen[186]. Außerdem werden im Sinne einer verbesserten Vergleichbarkeit und Interpretation der verschiedenen Datenbasen nur Personen ab 18 Jahre in die Auswertungen aufgenommen. Die Daten wurden über das Online-Portal ZACAT des GESIS – Leibniz-Institut für Sozialwissenschaften bezogen.

Im Laufe der Jahre wurden im Rahmen des Eurobarometers verschiedene Aspekte der Grünen Gentechnik betrachtet, von denen einige auch im Rahmen von Wiederholungsbefragungen in verschiedenen Jahren erhoben wurden. Allerdings folgen die Befragungen nicht einem vergleichbar festen Rhythmus wie die *Umweltbewusstsein in Deutschland*-Erhebungen

---

[186] Genau genommen finden sich in den Daten für 2008 keine relevanten Informationen für den Themenfokus dieser Arbeit, so dass letztlich die Jahre 1996 bis 2007 verwendet werden.

(siehe 4.2). Vielmehr werden zumeist mehrere Erhebungen mit jeweils eigenen Themenschwerpunkten pro Jahr durchgeführt. Entsprechend erfolgte die Auswahl nach jenen Zeitpunkten bzw. Datensätzen, die für die Themenstellung der Arbeit relevante Informationen beinhalten.
Konkret werden die Datensätze (*Wellen*) 46.1 (1996), 49.0 (1998), 51.1 (1999), 52.1 (1999), 53.0 (2000), 55.2 (2001), 58.0 (2002), 63.1 (2005), 64.1 (2005), 64.3 (2005) und 68.2 (2007) in die Auswertungen einbezogen (EUROPÄISCHE KOMMISSION 1997, 1998, 1999, 2000a, 2000b, 2001, 2002, 2006c, 2006d, 2006e, 2010b). Die Daten für 2008 verfügen nur begrenzt über passende Inhalte und können daher nicht genutzt werden. Dabei liegen die Fallzahlen für Deutschland zwischen 1439 im Jahr 2005 (Welle 63.1) und 1989 im Jahr 1999 (Welle 52.1)[187]. In den ausgewählten Datensätzen dieser Jahre werden die in Tabelle 6 aufgeführten Aspekte von Grüner Gentechnik berücksichtigt, wobei die Benennung der Bereiche eigenständig vorgenommen wurde. Kritisch hervorzuheben ist an dieser Stelle, dass seitens der Primärerhebenden nicht immer „sauber" zwischen (moderner) Biotechnologie und eindeutigen Anwendungsbereichen der (Grünen) Gentechnik unterschieden wird[188]. So resultieren oftmals Fragen mit Biotechnologie, die zwar tendenziell auf Anwendungen in der Pflanzenzucht oder im Lebensmittelbereich abstel-

[187] Einschließlich der ab 15-Jährigen liegen die Fallzahlen zwischen 1507 (2005, Welle 63.1) und 2053 (1999, Welle 52.1). Die Abweichungen durch den Ausschluss der Altergruppe 15-17 Jahre beträgt zwischen knapp 1,8% (2007, Welle 68.2) und rund 4,5% (2005, Welle 63.1). Durchschnittlich entfallen 53 Personen pro Datensatz durch die gesetzte Altersbeschränkung.

[188] Aufgrund der vergleichsweise unspezifischen Bezeichnung wird der Bereich Vertrauen bewusst ausgeklammert, wenngleich er gemäß den Literaturbefunden untersuchenswert wäre. Da aber in den Datensätzen lediglich danach gefragt wird, wem im Kontext „moderner Biotechnologie" am ehesten vertraut wird, ist einerseits ein expliziter Bezug zur Grünen Gentechnik nicht so plausibel wie in anderen Fällen herstellbar, zum anderen beziehen sich die Vertrauensfragen aus den anderen Datenquellen direkt auf Grüne Gentechnik oder wie in der Literatur auf bestimmte Anwendungsfälle. Auch vor diesem Hintergrund erscheint der Erkenntnisgewinn aus den vorhanden Items zum Vertrauen in den Daten des Eurobarometers für diese Arbeit wenig hilfreich.

len, dennoch bleibt eine Unschärfe. Diese scheint allerdings gewollt, da im Fragebogen diese Definition zu finden ist: *„Für den Rest dieses Interviews verwenden wir den Begriff "moderne Biotechnologie" im weiteren Sinne, d.h. einschließlich der Gentechnologie und genetisch veränderten Lebensmitteln"*.

Tabelle 6: Bereiche Grüne Gentechnik: Eurobarometer
Quelle: Eurobarometer, eigene Darstellung.

Bereich	Items(s)	Jahr(e)	Skala
Wissen	3	1996, 1999, 2002, 2005	3-Punkt
Information			
Kenntnis	2/1/1	1999/2002/2005	2-Punkt/3-Punkt
Informationsstand	1/1/1	1999/2000/2002	3-/4-/5-Punkt
Verstehen	1	2001	3-Punkt
Relevanz	1/1	1996/2005	10-Punkt/6-Punkt
Generelle Überzeugungen	2/5/10/1	1996/2001/2002/2007	3-Punkt/6-Punkt
Bewertung Anwendung			
Lebensmittel	4/1	1996, 1999, 2002, 2005/2005	5-Punkt/Auswahl
Pflanzenbau	4	1996, 1999, 2002	5-Punkt
Pharmapflanzen	1	2005	Auswahl
Risiko			
generelle Risikobewertung	2/1/2	1999/2001/2002	3-/4-/5-Punkt
Lebensmittelgefährdung	1/1/2/2	1999/2001/2002/2005	3-/5-/6-Punkt
Umweltgefährdung	1/1	2001/2002	3-Punkt
Kennzeichnung	1/3/5	1996/1998/2000	3-Punkt/4-Punkt
Regulierung	4/1/1	1996/2002/2005	3-Punkt/5-Punkt
potentielles Kaufverhalten	1/4/2/3/2	1996, 1999, 2002/1999/2002/2002, 2005/2005	3-Punkt/5-Punkt

Wenn damit auch ein grundsätzlicher Interpretationsspielraum sowohl für die Befragten als auch für das Analysieren der Daten, einschließlich der Sekundärverwertung, gegeben ist, werden nach Möglichkeit eindeutige Fragen oder solche, die von speziellem inhaltlichen Interesse sind, für die Auswertungen herangezogen. In die Auswahl und Zusammenstellung der verschiedenen Aspekte Grüner Gentechnik wurden vorwiegend solche Fragen einbezogen, die eine möglichst klare und deutliche Relevanz für das Themenspektrum der Arbeit besitzen. Mitunter gibt es auch weitere Fragen, die sich in diese Zuordnung integrieren ließen, auf die jedoch aus praktischen Erwägungen verzichtet wurde. Dazu zählen beispielsweise freie Nennungen in eher allgemeinen Kontexten mit geringen Nennungshäufigkeiten oder Fragen danach, woher Informationen zur Grünen Gentechnik (falls vorhanden) bezogen wurden. So sind auch im Bereich des Wissens andere Anwendungsfelder gentechnologischer Verfahren (z.B. Rote Gentechnik) erhoben worden. Ebenfalls wurden Fragen zu den Anforderungen an Lebensmittelkennzeichnungen allgemein nicht einbezogen. Obwohl diese Informationen durchaus von Interesse sein können, wurde auf sie angesichts der bereits vorhandenen Fülle von Daten und Informationen verzichtet, zumal der Fokus auf möglichst vergleichbaren bzw. sich mit den anderen Datenquellen ergänzenden Themenbereichen liegt, so dass entsprechende Abgrenzungen gezogen werden müssen. Somit konzentrieren sich die ausgewählten Fragen auf die Bereiche Wissen und Information, generelle Überzeugungen, Bewertung verschiedener Anwendungsfelder Grüner Gentechnik, Risikoeinschätzung, Kennzeichnung und Regulierung sowie potentielles Kaufverhalten bei GV-Produkten. Wenn auch einzelne Fragen im Zeitverlauf mehrfach gestellt wurden, haben jedoch die wenigsten den Charakter von Wiederholungsbefragungen. So wurde beispielsweise das potentielle Kaufverhalten in den jeweiligen Wellen mit einer unterschiedlichen Anzahl an Items und zum Teil auch mit verschiedenen Items erhoben. Da insgesamt im Verlauf der ausgewählten Jahre eine vergleichsweise große Menge an Fragen zur Grünen Gentechnik zum Einsatz kam, werden diese im Sinne einer besseren Lesbarkeit gemäß den jeweiligen Bereichen vorwiegend in einzelnen Übersichten dargestellt. Die nachfolgenden Tabellen (Tabelle 7 bis Tabelle 12) geben einen Überblick über die Operationalisierung der ausgewählten Fragen.

Tabelle 7: Items Eurobarometer: Wissen und Information
Quelle: Eurobarometer, eigene Darstellung.

Bereich	Item(s)
Wissen	▪ Normale Tomaten enthalten keine Gene, während genetisch veränderte Tomaten Gene enthalten. [*1996-2005*] ▪ Wenn ein Mensch eine genetisch veränderte Frucht isst, können sich seine Gene auch verändern. [*1996-2005*] ▪ Es ist unmöglich, tierische Gene auf Pflanzen zu übertragen.[189] [*1996-2005*]
Information	
Kenntnis	Von welchen Einsatzmöglichkeiten haben Sie schon einmal etwas gehört? [*1999-2002*] ▪ Der Einsatz moderner Biotechnologie bei der Herstellung von Lebensmitteln, um z.B. den Eiweißgehalt zu erhöhen, die Haltbarkeit zu verlängern oder den Geschmack zu verändern. ▪ Die Entnahme von Genen bestimmter Pflanzenarten und ihre Übertragung auf Kulturpflanzen, um sie widerstandsfähiger gegen Schädlinge zu machen. [*nicht 2002*] Haben Sie jemals von genetisch veränderten Lebensmitteln gehört? [*2005*]
Informationsstand	▪ Ich fühle mich über Biotechnologie ausreichend informiert. [*1999*] ▪ Wie gut sind Sie über gentechnisch veränderte Organismen und deren mögliche Auswirkungen informiert? [*2000*] ▪ [Wie gut fühlen Sie sich informiert über] den Einsatz von genetisch veränderten Organismen? [*2002*]
Verstehen	Können Sie mir sagen, ob Sie glauben, dass Sie [das Thema genetisch veränderte Lebensmittel] verstehen, oder nicht? [*2001*]
Relevanz	Wir haben gerade über einige Dinge gesprochen, die mit der modernen Biotechnologie zusammenhängen. Manche halten diese Dinge für sehr wichtig, andere dagegen nicht. Wie wichtig sind diese Dinge für Sie persönlich? [*1996*] / Manchen Menschen liegt sehr viel an den Fragen der Biotechnologie, über die wir in dieser Umfrage gesprochen haben. Anderen dagegen liegt nicht sehr viel an diesem Thema. Wie ist das bei Ihnen? Ganz allgemein gesprochen, wie viel liegt Ihnen an diesem Thema? [*2005*]

[189] Diese Frage ist gemäß der Auflistung in den Datensätzen exakt so für die ausgewählten Jahre vorhanden, allerdings findet sich im deutschsprachigen Fragebogen für 2005 die Formulierung „Übertragung auf den Menschen", was natürlich eine völlig andere Dimension darstellt. Da aber das Item im Datensatz eindeutig auf die Übertragung auf Pflanzen codiert ist, wird es demgemäß in den Auswertungen verwendet.

Im Bereich der Wissensfragen wurden zudem noch weitere Aspekte erhoben, die jedoch vorwiegend auf Elemente der Roten Gentechnik, konkret auf das Klonen von Tieren oder aber auf Fragen zur Genetik und Biotechnologie allgemein zielten. Gemäß der Themenfokussierung der Arbeit wurden diese aber nicht berücksichtigt. Gleichwohl mag es interessant sein, eine Art Index des Wissens um Gene und Genetik insgesamt zu ermitteln, anhand dessen eine Wertigkeit der gentechnikspezifischen Fragen getroffen werden könnte, dies führt aber über die Zielsetzung hinaus. Ähnlich verhält es sich im Bereich der Informationen. Auch hier wurde z.B. die Selbsteinschätzung des Verstehens von mehreren Aspekten, wie dem Treibhauseffekt oder dem Internet erfasst, so dass eine relative Einordnung von GV-Lebensmitteln möglich wäre. Allerdings ist der Vergleichsrahmen vage und der unmittelbare Mehrwert für die eigentliche Zielsetzung diskussionswürdig. Ebenfalls wurden keine Fragen berücksichtigt, die mehr oder minder diffus nach *„Haben Sie [...] irgend etwas über Dinge gehört, die in Zusammenhang mit der modernen Biotechnologie stehen?"* fragen, da der genaue Kontext und das Thema völlig unklar bleiben, da nur das *„Wo?"* erfasst wird, damit der Informationsgehalt fraglich ist sowie nur unpräzise Schlüsse möglich bzw. sehr starke Annahmen zur Nutzung dieser Information notwendig wären.

Tabelle 8: Items Eurobarometer: Generelle Überzeugungen
Quelle: Eurobarometer, eigene Darstellung.

Bereich	Item(s)
Generelle Überzeugungen	▪ Es sollten nur traditionelle Zuchtmethoden angewendet werden und nicht durch Biotechnologie die erblichen Eigenschaften bei Pflanzen und Tieren verändert werden. [*1996*] ▪ Wir müssen gewisse Risiken in Kauf nehmen, die von der modernen Biotechnologie ausgehen, wenn damit die wirtschaftliche Wettbewerbsfähigkeit in Europa verbessert wird. [*1996*] ▪ Ich möchte diese Art von Lebensmitteln nicht. [*2001*] ▪ Ich möchte mehr über diese Art von Lebensmitteln wissen, bevor ich sie esse. [*2001*] ▪ Ich möchte das Recht haben, auswählen zu können. [*2001*] ▪ Es sollte nur eingeführt werden, wenn die Sicherheit wissenschaftlich bewiesen ist. [*2001*]

Bereich	Item(s)
Generelle Überzeugungen	▪ Richtig oder falsch: Lebensmittel auf der Grundlage von genetisch veränderten Organismen [sind] gefährlich?[190]. [*2001*] ▪ Genetisch veränderte Lebensmittel werden mir und anderen Verbrauchern nützen. [*2002*] ▪ Genetisch veränderte Lebensmittel werden im Kampf gegen Hunger in der Dritten Welt nützlich sein. [*2002*] ▪ Genetisch veränderte Lebensmittel und Getreide werden nur für die Industrie gut sein und nicht für den Verbraucher. [*2002*] ▪ Langfristig gesehen wird eine erfolgreiche deutsche Industrie im Bereich genetisch veränderter Lebensmittel gut für die Wirtschaft sein. [*2002*] ▪ Genetisch veränderte Lebensmittel bedrohen die natürliche Ordnung der Dinge. [*2002*] ▪ Ich werde die Möglichkeit haben selbst zu entscheiden, ob ich genetisch veränderte Lebensmittel esse oder nicht. [*2002*] ▪ Ganz gleich was die Gefahren von genetisch veränderten Lebensmitteln sein mögen, die zukünftige Forschung wird erfolgreich damit umgehen können. [*2002*] ▪ Ich bin mir meiner Ansichten zu genetisch veränderten Lebensmitteln sicher. [*2002*] ▪ Es fällt mir leicht, mir eine genaue Meinung zu genetisch veränderten Lebensmitteln zu bilden. [*2002*] ▪ Es ist für mich wichtig, eine genaue Meinung zu genetisch veränderten Lebensmitteln zu haben. [*2002*] ▪ Sind Sie persönlich für oder gegen die Nutzung von genetisch veränderten Organismen? [*2007*]

Zu grundlegenden Überzeugungen zur Grünen Gentechnik bzw. möglichen Anwendungsbereichen wurden vergleichsweise viele Fragen gestellt, wenngleich sich keine Fragen nach 2002 finden und einzelne Items auch nicht in mehreren Wellen erhoben wurden. Allerdings bilden sie ein relativ breites Spektrum an Aspekten der Grünen Gentechnik ab und tra-

190 Bei dieser Frage kann die gewählte Zuordnung zum Bereich der generellen Überzeugungen dahingehend diskutiert werden, ob es nicht eine Frage des Wissens ist. Da jedoch wie in Abschnitt 2.2.5 gezeigt, die Gefahrenprüfung ein wichtiges Element ist und nachgewiesen gefährdende Produkte nicht gehandelt werden dürften, erscheint sie angemessen.

gen in Kombination mit den anderen Aspekten und Daten zur Vervollständigung des öffentlichen Bildes von Grüner Gentechnik bei. Kritisch anzumerken ist die Abänderung des Items zur Bewertung der gesellschaftlichen Dimension von Grüner Gentechnik bei Lebensmitteln im Jahr 2005. Während in den Jahren davor von „Biotechnologie" und konkreten Anwendungszielen wie der Verlängerung der Haltbarkeit oder Geschmacksänderungen gesprochen wurde, erfasste die Frage im Jahr 2005 lediglich „Gentechnisch veränderte Lebensmittel" an sich, was potentiell diffuse/diffusere Vorstellungen produzieren kann.
Gleichwohl dürfte diese Änderung vor dem Hintergrund differenzierterer Begrifflichkeiten im Zeitverlauf bei den (öffentlichen) Gentechnikdebatten notwendig gewesen sein.
Die Bewertung von Pharmapflanzen wird bewusst integriert, obwohl sie nicht zum eigentlichen Themenfokus gehört. Da aber Pharmapflanzen hinsichtlich der generellen Befürchtungen über mögliche Umweltfolgen durch den Anbau von GVP generelle Ähnlichkeiten bzw. auch hohe Besonderheiten aufweisen, wird dieser Bereich als Vergleichsgröße zu „normalen" GVP genutzt[191]. Dies ist vor allem vor dem Hintergrund interessant, dass Rote Gentechnik generell positiver als Grüne Gentechnik bewertet und als weniger risikoträchtig wahrgenommen wird und Pharmapflanzen gewissermaßen eine Kombination oder Zwischenstellung darstellen bzw. einnehmen.

---

191 Diese Besonderheiten sind vor allem hinsichtlich der Diskussionen um Resistenzen und Antibiotika zusätzlich relevant. Allerdings ist fraglich, ob Pharmapflanzen je großflächig angebaut würden oder ob deren Anbau nicht eher unter abgeschlossenen Bedingungen praktikabler und zielführender (und bislang auch so vorgeschrieben) ist, so dass sich medizinisch wirksame Substanzen nicht in der Umwelt verbreiten würden. Dies kann allerdings diskutiert werden.

Tabelle 9: Items Eurobarometer: Bewertung Anwendungsbereiche
Quelle: Eurobarometer, eigene Darstellung.

Bereich	Item(s)
Bewertung Anwendung	
Lebensmittel	[...] Die moderne Biotechnologie bei der Herstellung von Lebensmitteln einzusetzen, z.B. um den Eiweißgehalt zu erhöhen, die Haltbarkeit zu verlängern oder den Geschmack zu verändern [ist]...? [*1996-2002*]/ Gentechnisch veränderte Lebensmittel [sind]... [*2005*] ▪ von Nutzen für die Gesellschaft ▪ ein Risiko für die Gesellschaft ▪ moralisch vertretbar ▪ sollte/n gefördert werden. ▪ Ich befürworte genetisch veränderte Lebensmittel, solange herkömmliche behördliche Richtlinien vorhanden sind. [*2005*] ▪ Ich würde genetisch veränderte Lebensmittel befürworten, wenn sie stärker reguliert wären. [*2005*] ▪ Ich befürworte genetisch veränderte Lebensmittel nicht, es sei denn unter ganz besonderen Umständen. [*2005*] ▪ Ich befürworte genetisch veränderte Lebensmittel nicht, egal unter welchen Umständen. [*2005*]
Pflanzenbau	[...] Gene bestimmten Pflanzen zu entnehmen und sie auf Kulturpflanzen zu überragen, um sie widerstandsfähiger gegen Schädlinge zu machen [ist]...? [*1996-2002*] ▪ von Nutzen für die Gesellschaft ▪ ein Risiko für die Gesellschaft ▪ moralisch vertretbar ▪ sollte gefördert werden.
Pharmapflanzen	▪ Ich befürworte die Nutzung genetisch veränderter Pflanzen zur Herstellung von Medikamenten, solange herkömmliche behördliche Richtlinien vorhanden sind. [*2005*] ▪ Ich würde die Nutzung genetisch veränderter Pflanzen zur Herstellung von Medikamenten befürworten, wenn sie stärker reguliert wäre. [*2005*] ▪ Ich befürworte die Nutzung genetisch veränderter Pflanzen zur Herstellung von Medikamenten nicht, es sei denn unter ganz besonderen Umständen. [*2005*] ▪ Ich befürworte die Nutzung genetisch veränderter Pflanzen zur Herstellung von Medikamenten nicht, egal unter welchen Umständen. [*2005*]

Der Bereich Risiko (Tabelle 10) wird bewusst von den in Tabelle 9 dargestellten Anwendungsfeldern Grüner Gentechnik separiert, obwohl natürlich viele Ähnlichkeiten bestehen bzw. ein Teil der Risikobewertung sich einer der Anwendungen zuordnen ließe.

Tabelle 10: Items Eurobarometer: Risiko

Quelle: Eurobarometer, eigene Darstellung.

Bereich	Item(s)
Risiko	
generelle Risikobewertung	▪ Und sind Sie über [GVO bei Lebensmitteln] heute besorgter oder weniger besorgt als noch vor fünf Jahren? [*1999*] ▪ Wenn Sie nun einmal an Deutschland denken, wie besorgt sind Sie über [die Entwicklung der Biotechnologie]? [*1999*] ▪ Die Gefahren sind durch die Medien übertrieben worden. [*2001*] ▪ Genetisch veränderte Lebensmittel stellen keine Bedrohung für zukünftige Generationen dar. [*2002*] ▪ Wie besorgt sind Sie über den Einsatz genetisch veränderter Organismen? [*2002*]
Lebensmittelgefährdung	▪ Wie besorgt sind Sie gegenwärtig über [die Verwendung von genetisch veränderten Organismen, z.B. genetisch veränderter Mais oder andere Lebensmittel]? [*1999*] ▪ Es gibt keine besondere Gefährdung durch diese Art von Lebensmitteln. [*2001*] ▪ Der Verzehr genetisch veränderter Lebensmittel wird meiner Gesundheit und der Gesundheit meiner Familie schaden. [*2002*] ▪ Ich glaube, dass ich gefahrlos, genetisch veränderte Lebensmittel essen kann. [*2002*] ▪ Nahrungsmittel aus genetisch veränderten Organismen sind gefährlich. [*2005*] ▪ Sagen Sie mir bitte, [wie beunruhigt Sie über genmanipulierte Bestandteile in Lebensmitteln oder Getränken sind]. [*2005*]
Umweltgefährdung	▪ Es [genetisch veränderte Lebensmittel] könnte schlechte Auswirkungen auf die Umwelt haben. [*2001*] ▪ Genetisch veränderte Lebensmittel anzubauen wird für die Umwelt schädlich [sein]. [*2002*][192]

[192] Grammatikalisch würde man ein „sein" am Satzende erwarten, dies war aber im Fragebogen nicht vorgesehen und daher wurde die Frage so übernommen, wie sie gestellt wurde.

Dies geschieht vor allem aus inhaltlichen Überlegungen, da zum einen die Fragen zu den Anwendungsbereichen den Charakter von Wiederholungsfragen haben, was sie von den Risikofragen in unterscheidet, zum anderen zielen sie nicht allein auf Risikobelange ab, was ebenfalls einen Unterschied darstellt und die vorgenommene Unterteilung unterstützt. Die als solche zugeordneten Risikofragen konzentrieren sich auf die Erfassung der Besorgnis bzw. Bedrohung durch Grüne Gentechnik und ihren Anwendungen, wobei eben jene beiden Bereiche (Umwelt und Gesundheit), auf die sich ein Großteil der Kontroversen erstreckt (siehe Abschnitt 2.3.1), Berücksichtigung finden. Die Fragen zu den beiden Bereichen Kennzeichnung und Regulierung decken die Bewertung bzw. den Wunsch der Bevölkerung nach eindeutigen Informationen über den Einsatz von GVO oder GVP bei Nahrungsmitteln ab.

Tabelle 11: Items Eurobarometer: Kennzeichnung und Regulierung
Quelle: Eurobarometer, eigene Darstellung.

Bereich	Item(s)
Kennzeichnung	▪ Es ist nicht notwendig, genetisch veränderte Lebensmittel besonders zu kennzeichnen. [*1996*] ▪ Das Vorhandensein von genetisch veränderten Organismen sollte immer auf den Etiketten angegeben sein. [*1998*] ▪ Im Zweifelsfall sollte auf dem Etikett stehen: „Dieses Produkt könnte genetisch veränderte Organismen enthalten". [*1998*] ▪ Ein Produkt, das keine genetisch veränderten Organismen enthält, sollte auch als solches gekennzeichnet sein. [*1998*] ▪ Wenn ein Lebensmittel völlig frei von gentechnisch veränderten Organismen ist, wären Sie gerne darüber informiert? [*2000*] ▪ Wenn ein Lebensmittel ein Etikett hat, auf dem steht, dass es keine gentechnisch veränderten Organismen enthält, sind Sie dann [...] geneigt, das Produkt zu kaufen? [*2000*] ▪ Und wenn ein Lebensmittel andererseits ein Etikett hat, auf dem steht, dass es gentechnisch veränderte Organismen enthält, sind Sie dann [...] geneigt, das Produkt zu kaufen? [*2000*] Informationen über die Verwendung gentechnisch veränderter Organismen bei der Herstellung von Lebensmitteln... [*2000*] ▪ müssen auf dem Etikett stehen, selbst wenn die gentechnisch veränderten Organismen nur in einigen der Zutaten vorhanden sind. ▪ müssen nur dann auf dem Etikett stehen, wenn die gentechnisch veränderten Organismen im Endprodukt vorhanden sind.

Bereich	Item(s)
Regulierung	▪ Die derzeitigen Regelungen/gegenwärtigen Vorschriften reichen aus/sind ausreichend, um die Menschen vor allen/jeglichen Risiken zu schützen, die mit moderner Biotechnologie/genetisch veränderten Lebensmitteln verbunden sind. [*1996/2002*] ▪ Ungeachtet der Regelungen werden Biotechniker immer machen, was sie wollen. [*1996*] ▪ Die Regelung der modernen Biotechnologie sollte hauptsächlich der Industrie überlassen werden. [*1996*] ▪ Religiöse Organisationen müssen ein Mitspracherecht haben, wenn es darum geht, wie die moderne Biotechnologie reguliert wird. [*1996*] ▪ [...] Wie zuversichtlich sind Sie in Hinblick auf die Sicherheit und gegenwärtigen Vorschriften, die genetisch veränderte Lebensmittel regeln? [*2005*]

Dabei liegt der Schwerpunkt auf der Kennzeichnung von Lebensmitteln. Fragen der Kennzeichnung von z.B. Futtermitteln für Tiere oder der Verwendung von GV-Enzymen sind nur teilweise und eher implizit als unmittelbar beinhaltet. Insgesamt weisen die Fragen eher eine normative Komponente auf bzw. zielen auf normative Elemente, wobei teilweise durchaus grundlegende Überzeugungen hinsichtlich Informationswünschen oder des Vertrauens in gesetzliche Regelungen angesprochen sein können.

Fragen zu einem möglichen Kauf oder Verzehr von GV-Produkten finden sich in fast allen verwendeten Wellen des Eurobarometers. Allerdings sind nur wenige Fragen zu mehr als einem Zeitpunkt erhoben worden, das Maximum liegt bei drei Erhebungszeitpunkten. Die jeweiligen Fragen zielen unterschiedlich präzise auf konkrete GV-Produkte oder GV-Zutaten. Sie reichen von „etwas, das genetisch verändert ist" bis hin zu konkret „genetisch verändertem Soja". Insgesamt decken diese Items eine hohe Bandbreite an Aspekten des Kaufs oder Verzehrs von GV-Produkten ab, so z.B. sowohl Gesundheits- und Umweltbelange als auch die Frage danach, ob es Unterschiede gibt, wenn GVO im Produkt selbst noch vorhanden sind oder wenn sie lediglich im Herstellungsprozess zum Einsatz kamen. Ebenso werden auch eher subjektive Produkteigenschaften wie der Geschmack, aber auch „harte" Attribute wie der Preis berücksichtigt. Trotz (oder wegen) der Vielzahl an Aspekten des Konsumumgangs mit GV-Produkten sind die Fragen aus diesem Bereich jedoch im Zeitverlauf stärkeren Änderungen unterworfen worden als dies bei den anderen Bereichen der Fall ist.

Tabelle 12: Items Eurobarometer: Potentielles Kaufverhalten
Quelle: Eurobarometer, eigene Darstellung.

Bereich	Item(s)
potentielles Kaufverhalten	▪ Ich würde genetisch veränderte/s Früchte/Obst/Lebensmittel kaufen, wenn sie/es/diese besser schmeckten/schmecken würde/n als normale Lebensmittel. [*1996/1999/2002*] ▪ Ich würde mehr für Lebensmittel zahlen, die nicht genetisch verändert sind. [*1999*] ▪ Ich wäre bereit, Speiseöl zu kaufen, das eine kleine Menge an genetisch verändertem Soja enthält. [*1999*] ▪ Wenn alle Spuren von genetischen Veränderungen aus genetisch verändertem Zuckerrohr entfernt würden, dann würde ich diesen Zucker gern essen. [*1999*] ▪ Ich wäre bereit, Eier von Hühnern zu essen, die mit genetisch verändertem Getreide gefüttert wurden. [*1999*] ▪ Es würde mir nichts ausmachen, wenn ich etwas in einem Restaurant essen würde, das genetisch veränderte Zutaten enthielte. [*2002*] ▪ Ich würde genetisch veränderte Lebensmittel kaufen, wenn diese weniger Fett enthielten als normale Lebensmittel. [*2002*] ▪ Ich würde genetisch veränderte Lebensmittel kaufen, wenn diese günstiger wären als normale Lebensmittel. [*2002/2005*] ▪ Ich würde genetisch veränderte Lebensmittel kaufen, wenn diese weniger Rückstände von Schädlingsbekämpfungsmitteln/Pflanzenschutzmitteln enthielten/enthalten würden als normale Lebensmittel. [*2002/2005*] ▪ Ich würde genetisch veränderte Lebensmittel kaufen, wenn diese umweltschonender angebaut würden als normale Lebensmittel. [*2002/2005*] ▪ Ich würde genetisch veränderte Lebensmittel kaufen, wenn diese gesünder als normale Lebensmittel wären. [*2005*] ▪ Ich würde genetisch veränderte Lebensmittel kaufen, wenn diese von den entsprechenden Behörden empfohlen würden. [*2005*]

So wurde je nach Erhebungszeitpunkt entweder nach „genetisch veränderten Früchten“ oder „genetisch verändertem Obst“ oder allgemein nach „genetisch veränderten Lebensmitteln“ gefragt. Ebenso kann diskutiert werden, ob der Wechsel zwischen „Schädlingsbekämpfungsmitteln“ und „Pflanzenschutzmitteln“ nicht auch die Bewertungsgrundlage für die Befragten tendenziell verzerrt hat[193].
Zusammenfassend über alle ausgewählten Fragen kann bei einzelnen Items die gesetzte Zuordnung zu dem jeweiligen Bereich diskutiert werden. Mitunter sind die Fragen (oder aber die Setzung der Bereiche) nicht ganz trennscharf, wie das folgende Beispiel verdeutlicht: Das Item *„Wenn ein Lebensmittel ein Etikett hat, auf dem steht, dass es keine gentechnisch veränderten Organismen enthält, sind Sie dann [...] geneigt, das Produkt zu kaufen?“* erlaubt prinzipiell eine Zuordnung sowohl zum Bereich potentielles Kaufverhalten als auch zu dem gewählten Bereich der Kennzeichnung. Daher erfolgte im Allgemeinen eine pragmatische Zuordnung, da wie im obigen Beispiel, üblicherweise nicht rekonstruierbar ist, ob die jeweilige Frage eher auf den einen oder aber den anderen Bereich zielt. Außerdem ist es dem Thema Grüne Gentechnik immanent, dass sich bestimmte Aspekte nur schwer isoliert betrachten oder trennscharf behandeln lassen.
Weiterhin ist anzumerken, dass im Verlauf der verschiedenen Erhebungen sprachlich bei einzelnen Items zwischen „genetisch verändert“ und „gentechnisch verändert“ gewechselt wird, was vor dem Hintergrund verschiedener Assoziationen, wie z.B. bei den Begriffen „Gentechnik“ und „Gentechnologie“ (GASSERT 2003), kritisch gesehen werden kann. Ebenso findet sich auch insgesamt bei der Darstellung des Themenfeldes Grüne Gentechnik teilweise ein Wechsel zwischen den Begriffen „moderner Biotechnologie“ und „genetisch verändert“ bzw. „gentechnisch verändert“, was aber dem Wandel der Begrifflichkeiten in den allgemeinen Debatten

[193] Trotz der allgemein häufig synonymen Verwendung der Begriffe wecken sie doch oftmals unterschiedliche Assoziationen, ähnlich auch der Nutzung des Begriffs Pestizide, der ebenfalls eher negativ konnotiert ist.

geschuldet sein mag, aber dennoch eine gewisse Unschärfe für den Vergleich der Daten mit sich bringt.

Da in den Datensätzen des Eurobarometers (im Gegensatz zu den Daten der Umweltbewusstsein in Deutschland-Studien) bereits reichlich explizite Fragen zu Grüner Gentechnik enthalten sind und darauf der vorrangige Fokus der Arbeit liegt, werden nur begrenzt weitere Bereiche aus den Daten für die Analysen herangezogen. Neben soziodemographischen Elementen beschränken sich diese auf Vergleiche der Risikoeinschätzung und des Informationsstandes zwischen Grüner Gentechnik und anderen Themen. Tabelle 13 zeigt die ausgewählten Bereiche und Items, ohne die Fragen zur Grünen Gentechnik zu wiederholen.

Bei den ausgewählten Themen finden sich jeweils recht viele weitere Vergleichsgrößen, die jedoch nicht alle aufgeführt oder verwendet werden. Die Auswahl beschränkt sich beispielhaft auf jene Aspekte, die entweder aus der Literatur bekannt sind, als typische oder vergleichbare Kategorie gelten oder datenquellenübergreifend ähnliche Bereiche abdecken bzw. relativ identische Kategorien in den verschiedenen Datenbasen darstellen. Die Besorgnis über verschiedene Aspekte wurde 1999 gewissermaßen doppelt erhoben, nämlich ein Mal mit und ein Mal ohne die explizite Einschränkung auf Deutschland. Zwischen den beiden Fragen gibt es gewisse Formulierungsunterschiede in den Antworten. Wenngleich die Antwortkategorien an sich dann für 2002 relativ gleich geblieben sind, gab es ebenso sprachliche Anpassungen der Antworten, die aber primär Kürzungen waren. Allerdings wurde die Frage nicht wieder explizit in den Kontext der Bundesrepublik gestellt. Die Messung aller ausgewählten Bereiche erfolgte mittels einer 5-Punkt-Skala.

Wenn auch in einzelnen Jahren weitere, allgemeine Einstellungen z.B. gegenüber der Wissenschaft und ihren Möglichkeiten für die Menschen oder auch der Fortschrittsglaube erhoben wurden, so fehlen aber genau zu diesen Zeitpunkten entsprechende Fragen zur Grünen Gentechnik, die es ermöglichen würden, beide Bereiche in ein plausibles Verhältnis zu setzen. Aus diesem Grund wird auf die Berücksichtigung solcher Fragen verzichtet.

Tabelle 13: Weitere Bereiche Eurobarometer
Quelle: Eurobarometer, eigene Darstellung.

Bereich	Item(s)	Jahr(e)
Risikovergleich		
allgemein	Wie besorgt sind Sie gegenwärtig über die folgenden Dinge...? ▪ die globale Erwärmung, den Treibhauseffekt ▪ die Verschmutzung der Luft, des Wassers und des Bodens ▪ Probleme in den Städten, z.B. Verkehr, Lärm, Umweltverschmutzung, usw. ▪ Atomkraftwerke und die Wiederaufbereitung von Atommüll	1999
	[Wenn Sie nun einmal an Deutschland denken] Wie besorgt sind Sie über folgende Dinge...? ▪ die Verschmutzung von Flüssen und Seen ▪ die Luftverschmutzung ▪ [Umwelt-] Verschmutzung durch [die] Landwirtschaft [z.B. durch Insektizide, Unkrautvernichtungsmittel, usw.] ▪ [die Gewinnung von] Kernenergie [und radioaktiven Abfall]	1999 / 2002
	▪ den Einsatz von Pflanzenschutzmitteln	2002
Lebensmittel	Sagen Sie mir bitte für jedes der folgenden Themen [wie beunruhigt Sie darüber sind]... ▪ allergische Reaktionen auf Lebensmittel und Getränke ▪ Zusätze, wie Farbstoffe, Konservierungsmittel oder Geschmacksverstärker in Lebensmitteln und Getränken ▪ Pestizidrückstände in Obst, Gemüse oder Getreideprodukten	2005
Informationsvergleich	[Wie gut fühlen Sie sich informiert über...?] ▪ die Verschmutzung von Flüssen und Seen ▪ die Verschmutzung durch Landwirtschaft ▪ den Einsatz von Pflanzenschutzmitteln ▪ die Luftverschmutzung ▪ Kernenergie und radioaktive Abfälle	2002

Wie bereits zuvor betont, wurden weder sämtliche Fragen, die in irgendeiner Weise Grüne Gentechnik betreffen aufgegriffen, noch kann dies bei den weiteren Aspekten geleistet werden. Es wurde eine bewusste Auswahl getroffen, die auf möglichst über die verschiedenen Datenquellen hinweg ähnliche oder sich ergänzende Bereiche, mehrfache Messzeitpunkte oder explizit für die Zielsetzung der Arbeit relevante Fragen fokussiert. Zu allen anderen Belangen sei auf die einschlägigen Berichte und Veröffentlichungen verwiesen bzw. zur eigenen (Sekundär-) Analyse ermuntert.

4.1.2 Datenbewertung

Im Allgemeinen sind die Daten des Eurobarometers gut dokumentiert und die Hand- bzw. Codebücher gut zugänglich. Aufgrund der Fülle an integrierten Staaten, mit teilweise nationenspezifischen Fragen, und durchführenden bzw. die Daten aufbereitenden Institutionen entsteht eine bestimmte Datensatzstruktur und –fülle, die für den Umgang und die Verwertung der Daten nicht immer unkompliziert, wohl aber unumgänglich ist. Zusätzlich zu mitunter länderspezifischen Fragen werden oftmals auch innerhalb eines Staates verschiedene Fragen bzw. Fragebögen im Rahmen von Splits genutzt. In einzelnen Jahren gibt es beispielsweise für Deutschland neben separaten Fragebögen für Ost- und Westdeutschland jeweils einen weiteren Split mit differierenden Fragen innerhalb dieser Unterteilung. Dies ist prinzipiell nicht unüblich oder übermäßig problematisch, birgt aber für die Auswertungen das Risiko ständigen Wechselns der Bezugsgröße und Fallzahl. Wo sich die Splits nicht auf für den Kontext der Arbeit relevante Bereiche erstrecken, werden sie nicht weiter berücksichtigt, in anderen Fällen wird an gegebener Stelle darauf verwiesen.
Die allgemeine Stichprobenziehung ist ebenfalls nachvollziehbar dokumentiert, allerdings konnten Informationen wie die Rate von versuchten zu durchgeführten Interviews nicht gefunden werden, dafür sind die Interviewdauer und ähnliche Angaben vorhanden. Grundsätzlich beinhalten die Daten ein hohes Maß an Informationen und schließen zahlreiche und vielseitige Aspekte von Grüner Gentechnik ein. Durch die europaweiten Erhebungen sind prinzipiell auch Ländervergleiche möglich, die aber nicht im Fokus dieser Arbeit stehen.

Neben den, in bestimmten Splits, scheinbar gewollten Wechseln der Begrifflichkeiten zwischen Biotechnologie einerseits und Gentechnik oder Gentechnologie andererseits, finden sich aber auch generell oftmals diese verschiedenen Begriffe und ein uneinheitlicher Gebrauch dieser wieder, was vor dem Hintergrund unterschiedlicher Assoziationen mit dem jeweiligen Term problematisch sein kann. Zusätzlich wurde 2005 einmalig auch von „genmanipuliert" gesprochen, was neben einer weiteren begrifflichen Neuerung im Regelfall eine eher negative Bewertung impliziert. Ob dies einem systematischen Zweck dienen sollte, konnte nicht verlässlich geklärt werden.
Weiterhin ist auch die in den Befragungen genutzte Definition von „moderner Biotechnologie" (*„Für den Rest dieses Interviews verwenden wir den Begriff "moderne Biotechnologie" im weiteren Sinne, d.h. einschließlich der Gentechnologie und genetisch veränderten Lebensmitteln."*) nicht ganz unkritisch zu betrachten. Wenn auch die Klarstellung, dass Biotechnologie den Lebensmittelbereich mit umfasst, natürlich präzise ist, bleibt aber das Problem einer klaren Definition bzw. der Vermeidung diffuser Assoziationen mit dem Begriff, da sich dieser als Oberbegriff auch auf den technischen und medizinischen Bereich des Einsatzes von GVO bezieht (siehe Abschnitt 2.1.1). Da häufig nach einer Bewertung von Biotechnologie als solcher gefragt wird, ist die vergleichsweise pauschale Subsummierung ohne Differenzierung der verschiedenen, zugehörigen Aspekte nicht ausreichend trennscharf bzw. kann andererseits die Verwendung dieses Oberbegriffes für nur ausgewählte Bereiche möglicherweise auch zu Unsicherheiten oder Irritationen bei den Befragten führen, wenn diese nur begrenztes Wissen um diesen Bereich haben. Wenn auch womöglich genau dies das Ziel war, nämlich eine Gesamtbewertung von Biotechnologie mit allen ihren Facetten, so ist aber zumindest für die Analysen in dieser Arbeit nicht immer eindeutig nachvollziehbar, ob nun der pflanzenbauliche oder lebensmittelnahe Aspekt die Bewertungsgrundlage für die Befragten ist oder ob eine gesamte bzw. pauschale Einschätzung erhoben wurde. Zumal auch nicht nach einem differenzierenden Kenntnisstand zu oder Assoziationen mit dem Begriff Biotechnologie gefragt wurde, um über diesen Weg eine gewisse Einordnung der

Bewertung zu ermöglichen. Nichtsdestotrotz wird in der Tat üblicherweise der Bereich der Grünen Gentechnik am stärksten mit dem Begriff assoziiert, so dass diese mögliche Unschärfe entsprechend akzeptiert wird. Ein weiterer Punkt betrifft die Datencodierung. Wenn auch nur selten so geschehen, wurden aber in einigen Fällen die Antworten der Kategorien „weiß nicht" und „keine Angabe" zusammen abgelegt, so dass nicht eindeutig ist, welche der beiden Möglichkeiten vorliegt.

Des Weiteren sei auch an dieser Stelle nochmals auf mitunter pragmatische Entscheidungen unter dem Aspekt des Datenmanagements bei der Auswahl von Fragen bzw. der Entscheidung nach Einschluss oder Ausschluss von Items verwiesen. Wenngleich der Großteil der Fragen berücksichtigt wurde, gibt es einzelne Aspekte und Items, auf die zumeist bereits an verschiedenen Stellen hingewiesen wurde, die trotz ihres Kontextes mit Grüner Gentechnik nicht in die Analysen aufgenommen wurden. Dies sind in der Regel Bereiche, die deutlich über die Zielsetzung der Arbeit hinaus führen und/oder das Datenmanagement unverhältnismäßig komplizieren würden. Um eine möglichst ähnliche Basis zwischen den verschiedenen Datenquellen zu haben, wurden in den Eurobarometer-Datensätzen die Personen zwischen 15 und 17 Jahren aus den Analysen ausgeschlossen. Wie zuvor gezeigt, sind deren Fallzahlen eher gering, zudem ist diese Altersgruppe nicht Gegenstand der Betrachtungen in dieser Arbeit. An dieser Stelle wird auf eine bloße Reproduktion soziodemographischer Größen verzichtet. Die Eurobaromter-Erhebungen basieren auf „Repräsentativ-Samples" und Anhang 2 gibt eine Übersicht über die prozentualen Anteile ausgewählter Größen in den verschiedenen Erhebungszeitpunkten.

Insgesamt bieten die Daten der verschiedenen Wellen des Eurobarometers eine Fülle an Aspekten Grüner Gentechnik, die für das Aufzeigen und Nachzeichnen der Bewertung von und Einstellungen zu diesem Anwendungsbereich der Gentechnik wichtige Erkenntnisse bereithalten.

4.2 Daten: Umweltbewusstsein in Deutschland

Seit 1996 werden im zweijährigen Turnus die Einstellungen der bundesdeutschen Bevölkerung zu verschiedenen Bereichen und Aspekten von Umwelt, wie auch ihr Umweltbewusstsein und Umwelthandeln, im Auftrag des Bundesministeriums für Umwelt, Naturschutz und Reaktorsicherheit (**BMU**) und des Umweltbundesamtes (**UBA**) im Rahmen des Surveys *Umweltbewusstsein in Deutschland* erhoben[194]. Die Durchführung der Studien erfolgte im Laufe der Jahre über verschiedene wissenschaftliche Primärforscher. Die Datenerhebung übernehmen in der Regel kommerzielle Marktforschungsinstitute (z.B. GFM-GETAS, EMNID, MARPLAN oder Sinus-Institut) in Form von üblichen „Repräsentativerhebungen". Die Grundgesamtheit für die Umweltbewusstseinserhebungen bildet dabei immer die Wohnbevölkerung der Bundesrepublik Deutschland ab 18 Jahre und die Auswahl der Befragten erfolgt dabei zumeist über ein mehrstufiges Auswahlverfahren (siehe hierzu auch Abschnitt 4.3.3). Die Befragungen selbst werden zumeist mündlich mit einem standardisierten Fragebogen (*face to face*) durchgeführt[195]. Innerhalb der Befragungen werden teilweise Fragen aus den Vorgängerstudien repliziert, so dass durch diese Wiederholungsfragen auch einige Zeitvergleiche möglich sind. Daneben finden auch jeweils neue Themenbereiche in die Erhebungen Eingang. Ebenso findet sich immer ein umfangreicher soziodemographischer Teil. Seit 2008 werden Indikatoren bzw. Modelle des Sinus-Instituts, die so genannten Sinus-Milieus® berücksichtigt[196]. Für weitere Informationen zu den jeweiligen Studien, Schwerpunkten und Methoden sei auf die zugehörigen Publikationen verwiesen. Diese sind z.B. bei der Studienbeschreibung des Datenbestandskatalogs des GESIS aufgeführt.

---

194 Siehe auch http://www.umweltbewusstsein.de/.

195 Im Jahr 2008 wurde auch eine schriftliche Befragung mit einem standardisierten Fragebogen (so genannte „Selbstausfüller") durchgeführt.

196 Siehe dazu auch http://www.sociovision.de/de/loesungen/sinus-milieus.html.

4.2.1 Datengrundlage und Variablenauswahl

Wenn gemäß des zweijährigen Erhebungsrhythmus zwischenzeitlich auch die Ergebnisse aus den Befragungen von 2010 und 2012 vorliegen, werden diese nicht weiter in die eigentlichen Analysen integriert. Dies geschieht aus dem Grund, dass ein möglichst ähnlicher Zeitrahmen für vergleichende Betrachtungen genutzt werden soll, wobei die eigene Erhebung aus dem Jahr 2008 (siehe Abschnitt 4.3) als Endpunkt gewählt wird. Zudem beinhalten die Jahre 2010 und 2012 wenig bis keine Informationen für die Fragestellung der Arbeit (BMU 2010; BMU 2013). Folglich finden die Daten aus den Jahren 1996 bis 2008 Eingang in die weiteren Auswertungen (DIEKMANN ET AL. 1998; PREISENDÖRFER & DIEKMANN 2000; KUCKARTZ & BMU 2000; GRUNENBERG ET AL. 2003; KUCKARTZ ET AL. 2006; KUCKARTZ ET AL. 2007; WIPPERMANN ET AL. 2009). Der Bezug der Datensätze erfolgte ebenfalls über das GESIS Datenarchiv für Sozialwissenschaften.

Insgesamt liegen die Fallzahlen in den verschiedenen Erhebungen bei mindestens 2000 Einheiten, wobei das Minimum bei 2018 Fällen im Jahr 2000 und das Maximum bei 2361 Fällen im Jahr 2002 liegt. Dabei schwankt auch die Zahl der Gesamtvariablen mitunter erheblich. Waren es 1998 beispielsweise 303, so wurden 2006 mehr als doppelt so viele (632) Variablen in den Datensätzen abgelegt. In der folgenden Übersicht (Tabelle 14) werden jene Themenbereiche aus den Datensätzen der verschiedenen Jahre aufgeführt, die einen direkten Bezug zum Thema Grüne Gentechnik aufweisen, wobei die Benennung der Bereiche eigenständig vorgenommen wurde. Neben diesen geschlossenen Fragen gab es in den Jahren 2002 und 2006 im Rahmen von offenen Antworten noch vereinzelte Nennungen von Gentechnik oder gentechnikverwandten Themen. Diese fallen vor allem in die Bereiche *„Assoziationen beim Begriff Fortschritt"*, *„wichtigstes Problem für unser Land"*, *„Aufgabe der Bundesregierung beim Unweltschutz"* oder *„Informationswunsch von staatlichen Einrichtungen zu…"*. Allerdings sind diese Nennungen oftmals nicht trennscharf und benennen meist Gentechnik insgesamt, ohne einen deutlichen Bezug zur Grünen Gentechnik oder aber beziehen sich auf

„genetisch oder chemisch veränderte Lebensmittel", was ebenso uneindeutig ist[197]. Zwar kann gemutmaßt werden, dass dabei vorrangig Grüne Gentechnik gemeint ist, da diese üblicherweise am häufigsten assoziiert wird, der Beweis kann jedoch nicht erbracht werden. Aus diesem Grund sowie den sehr geringen Fallzahlen, werden diese Variablen nicht mit in die Analysen einbezogen[198].

Tabelle 14: Bereiche Grüne Gentechnik: Umweltbewusstsein in Deutschland

Quelle: Umweltbewusstsein in Deutschland, eigene Darstellung.

Bereich	Item(s)	Jahr(e)	Skala
Risiko & Gefährdung			
generelle Risikobewertung	1	1996, 1998, 2000	3-Punkt/5-Punkt
persönliche Gefährdung	1	2002, 2004, 2006	5-Punkt
gesellschaftliche Gefährdung	1	2008	5-Punkt
Umweltgefährdung	1	2006, 2008	4-Punkt
Gesundheitsgefährdung	2	2008	4-Punkt/5-Punkt
staatliche Verantwortung	1	1996, 1998, 2000, 2006	4-Punkt/5-Punkt
potentielles Kaufverhalten	1	1996, 1998, 2000, 2002, 2004, 2006, 2008	4-Punkt
Zukunftsszenario	1	2008	4-Punkt

Damit ergeben sich für die verwendeten Bereiche folgende Frageformulierungen, mit denen sie erhoben wurden (Tabelle 15). Im Laufe der Jahre wurden einzelne Items und/oder deren Skala angepasst. Dazu zählen vor allem das Auslassen von Textpassagen (*geschweifte Klammern*) oder das Variieren der konkreten Frage (*Schrägstrich*).

197 In wenigen Ausnahmen war der Bezug zur Grünen Gentechnik eindeutig, so bei den Nennungen, den Anbau von GVO zu regeln bzw. zu verhindern. Aber auch hier sind die Fallzahlen sehr gering (n=10 / n=24 bzw. 0,5% / 1,2%) und werden daher nicht weiter betrachtet.

198 Die Fallzahlen liegen im Bereich von 0 (0%) bis 28 (1,4%), einzige Ausnahme bildet der Informationswunsch mit 167 Nennungen (8,2%), allerdings bezieht sich dieser auf Gentechnik insgesamt und differenziert nicht zwischen den verschiedenen Anwendungsfeldern.

Tabelle 15: Items Umweltbewusstsein in Deutschland
Quelle: Umweltbewusstsein in Deutschland, eigene Darstellung.

Bereich	Item(s)
Risiko & Gefährdung	
generelle Risikobewertung	Ein umstrittener Bereich in der neueren Umweltdiskussion ist die Gentechnik. Für wie gefährlich halten Sie die technologische Entwicklung in diesem Bereich{: eher für gefährlich oder eher für ungefährlich}?
persönliche Gefährdung	Wie gefährlich ist die Verwendung von genetisch veränderten Organismen (wie genetisch veränderter Mais) in verschiedenen Lebensmitteln Ihrer Meinung nach für Sie und Ihre Familie?
gesellschaftliche Gefährdung	Und inwiefern stellen [Lebensmittel aus gentechnisch veränderten Pflanzen oder Tieren] ein Problem für die Bevölkerung insgesamt dar?
Umweltgefährdung	Wie gefährlich ist Ihrer Meinung nach der Anbau von gentechnisch veränderten Pflanzen für Natur und Umwelt?
Gesundheitsgefährdung	▪ Wie stark fühlen Sie sich selbst bzw. wie stark ist Ihre Familie gesundheitlich gefährdet durch Lebensmittel aus gentechnisch veränderten Pflanzen oder Tieren? ▪ Wie groß sind Ihrer Meinung nach die gesundheitlichen Gefahren durch Verwendung von gentechnisch veränderten Organismen für Lebensmittel?
staatliche Verantwortung	Glauben Sie, dass der Staat im Bereich der Gentechnik genug tut, um die Sicherheit und die Gesundheit der Bevölkerung zu gewährleisten?
potentielles Kaufverhalten	In jüngster Zeit wird viel über gentechnisch behandelte und gentechnisch hergestellte Lebensmittel diskutiert. {Bei entsprechendem Preis und entsprechenden staatlichen Kontrollen}, wären Sie bereit, solche Lebensmittel zu kaufen? / Sind Sie bereit, solche Lebensmittel zu kaufen? / Würden Sie solche kaufen? *ab 2006:* In den kommenden Jahren ist damit zu rechnen, dass der Anbau von gentechnisch veränderten Pflanzen auch in Europa von den Behörden genehmigt wird. Würden Sie Lebensmittel aus gentechnisch veränderten Organismen kaufen?
Zukunftsszenario	Der Anbau gentechnisch veränderter Pflanzen wird [*in den nächsten 10 Jahren*] zunehmen.

Im Falle des potentiellen Kaufverhaltens sind die Anpassungen im Laufe der Jahre am vielfältigsten, besonders mit teilweise essentiellen Änderungen des Frageninhaltes und/oder Kontextes. So haben sowohl die Auslassung des Zusatzes *„bei entsprechendem Preis und entsprechenden staatlichen Kontrollen"* eine wesentliche Randbedingung zu den vorherigen Jahren verändert als auch die teilweise Neugestaltung dieser Frage ab 2006 zu einer nicht unmittelbar vergleichbaren Messung der Kaufbereitschaft geführt[199]. Reduziert man die Frage jeweils nur auf die Kaufbereitschaft an sich, erscheint der Unterschied unter Umständen weniger groß, doch hat sich der Kontext gravierend geändert. So ist in der letzten Fassung dieser Frage der Hintergrund der Anbauzulassung in Europa ein anderer als in den Jahren davor, als eher eine allgemeine Kaufbereitschaft erfasst wurde bzw. jene Bereitschaft, dies unter (der eher komplexen und mitunter uneindeutigen) Bedingung von staatlichen Kontrollen und einem angemessenen Preis zu tun.
Wie bereits Tabelle 14 zeigt, wurden teilweise auch die Skalen im Zeitverlauf angepasst. Der Aspekt der generellen Risikobewertung wurde in den Jahren 1996 und 1998 mit den Kategorien *„eher gefährlich"* und *„eher ungefährlich"* erhoben, im Jahr 2000 erfolgte eine genauere Differenzierung mit der Hinzufügung von *„gefährlich"* und *„ungefährlich"* als oberer bzw. unterer Skalenpunkt. Die staatliche Verantwortung wurde in den ersten drei Erhebungszeitpunkten mittels der drei Kategorien *„ja"*, *„teils/teils"* und *„nein"* ermittelt. 2006 wurde die Mittelposition durch *„eher ja"* und *„eher nein"* ersetzt, so dass eine 4-Punkt-Skala resultiert. Die Kategorien für die Erfassung der potentiellen Kaufbereitschaft bleiben (entgegen den Frageformulierungen) über die Jahre faktisch konstant. Einzig 2008 erfolgte eine systematische Erfassung der Kategorie *„Weiß nicht"*, die jedoch den Befragten nicht explizit als Alternative vorgegeben wurde, sondern eine entsprechende spontane Antwort erfasst.

[199] Insbesondere vor dem Hintergrund, dass der mögliche Kauf von GV-Lebensmitteln nicht zwingend von einem Anbau in Europa abhängt, siehe auch Kapitel 2.2, ist diese Frage durchaus diskussionswürdig, da sie unter Umständen einen Kontext impliziert, der der Realität nicht zwingend gerecht wird.

Trotzdem stellt dieser Umstand eine Veränderung gegenüber den Vorjahren dar, zumal diese Option offensichtlich auch nicht dazu beigetragen hat, die Anzahl der Antwortverweigerungen bei dieser Frage gegenüber den anderen Erhebungszeitpunkten merklich zu ändern.
Inwieweit also diese Änderungen der Items und Skalen auch die Messung verändert haben, im Sinne einer anderen Beurteilung durch die Befragten, kann kritisch diskutiert werden, entspricht aber in weiten Teilen dem üblichen Prozess bei längeren Fragereihen und kann im Rahmen einer Sekundärnutzung der Daten nicht beeinflusst, sollte aber bei der Ergebnisinterpretation berücksichtigt werden.
Bei den anderen Aspekten blieben die Skalen entweder über die Jahre identisch oder es wird nur ein Erhebungszeitpunkt betrachtet. So wurden die persönliche Gefährdung, die gesellschaftliche Gefährdung und das erste Item der gesundheitlichen Gefährdung mit einer 5-Punkt-Skala erhoben. Diese reicht in Abstufungen von *„äußerst gefährlich"* über die Mittelstellung *„etwas gefährlich"* bis hin zu *„überhaupt nicht gefährlich"*, wobei je nach Fragenkontext sprachliche Anpassungen der jeweiligen Skalenpunkte erfolgen. Die Bereiche der Umweltgefährdung, des Zukunftsszenarios sowie die zweite Frage zur Gesundheitsgefährdung wurden anhand von vier Kategorien ermittelt, wobei diese entweder die tendenzielle Zustimmung oder Ablehnung bzw. volle Zustimmung oder Ablehnung zur jeweiligen Frage erfassen. Eine Mittelstellung wurde in der Regel ebenso wie die Kategorie „Weiß nicht" nicht angeboten.
Neben den unmittelbar auf Grüne Gentechnik fokussierenden Fragen, gibt es weitere Themen, die einen Einfluss auf die Einstellung zu dieser Technologie haben bzw. ihre Einordnung im Vergleich ermöglichen. Dabei werden aber nur jene Themen berücksichtigt, die im Kontext relevant erscheinen bzw. über möglichst mehrere Befragungszeitpunkte hinweg erhoben wurden. Dabei wird auf die Bereiche *Risikovergleich* und *Kennzeichnung* fokussiert[200]. Diese beiden Bereiche decken für den weiteren

[200] Diese Einordnung geschieht (in Anlehnung an die Struktur der Literaturbefunde, siehe Abschnitt 3.2) aus eigenem Ermessen und ist so nicht zwingend in den Originalerhebungen vorgesehen, wenngleich es mitunter Ähnlichkeiten gibt.

Verlauf dieser Arbeit die bedeutsamen Aspekte aus den Studien zum Umweltbewusstsein in Deutschland ab. Wie bereits zuvor hinsichtlich der Grünen Gentechnik werden nachfolgend die jeweiligen Bereiche mit den entsprechenden Items aufgeführt (Tabelle 16). Dabei ermöglicht vor allem der Bereich *Risikovergleich* eine relative Einordnung der Grünen Gentechnik im Verhältnis zu anderen potentiellen Risiken oder Gefahren und deren Bewertung, da im entsprechenden Fragenblock die bereits in Tabelle 15 aufgelisteten zugehörigen Items bezüglich Grüner Gentechnik integriert sind. Entsprechend wurde auch dieselbe Skala (5-Punkt) verwendet. Aus der großen Vielzahl an Items werden nur diejenigen herausgegriffen, die entweder zu den anderen Risikobereichen ähnlich sind oder deren Vergleich mit GVO inhaltlich relevant ist.
Insgesamt gibt es in diesem Bereich prinzipiell große Ähnlichkeiten zwischen den verschiedenen Aspekten, doch adressieren die Items anders, wenn entweder nach deren Gefährlichkeit an sich, nach ihrem gesundheitlichen Gefährdungspotential oder ihrer gesamtgesellschaftlichen Problemrelevanz gefragt wird. Gleichwohl bieten sie die Möglichkeit, differenzierter und facettenreicher verschiedene Aspekte von Grüner Gentechnik abzubilden und jeweils eine Relation der anderen Bedrohungen zu dieser Technologie oder ihren Anwendungen zu ermitteln. Der Bereich *Kennzeichnung* bezieht sich auf entsprechende Label und Informationen bei „normalen" Produkten, ohne explizit auf (Grüne) Gentechnik abzustellen. Vor dem Hintergrund der Kennzeichnungsdebatte und der Frage nach dem Einfluss von Informationen auf die Bewertung von Grüner Gentechnik erscheint dieser Bereich aber besonders aufschlussreich, da hier grundsätzlich diesbezügliche Meinungen erfragt werden, die teilweise in ähnlicher Form in der GeneRisk-Befragung (siehe 4.3) spezifisch für Grüne Gentechnik integriert sind. Dabei wird bei der *Produktkennzeichnung* die Zustimmung mittels einer 4-Punkt-Skala gemessen.

Tabelle 16: Weitere Bereiche Umweltbewusstsein in Deutschland
Quelle: Umweltbewusstsein in Deutschland, eigene Darstellung.

Bereich	Item(s)	Jahr(e)
Risikovergleich		
persönliche Gefährdung[201]	▪ Wie gefährlich ist die durch Autos und Industrie verursachte Luftverschmutzung Ihrer Meinung nach für Sie und Ihre Familie? ▪ Wie gefährlich ist das Verschmutzen der Bäche, Flüsse und Seen in Deutschland Ihrer Meinung nach für Sie und Ihre Familie? ▪ Wie gefährlich ist eine durch den „Treibhauseffekt" weltweit verursachte Klimaveränderung Ihrer Meinung nach für Sie und Ihre Familie? ▪ Wie gefährlich sind Atomkraftwerke und der entstehende radioaktive Müll Ihrer Meinung nach für Sie und Ihre Familie?	2002 2004 2006
Gesundheitsgefährdung	*Wie stark fühlen Sie sich selbst bzw. wie stark ist Ihre Familie gesundheitlich gefährdet durch...?* [...] Autoabgase/ Abgase aus Industrieanlagen/ Tabakrauch/ Verschmutzung von Gewässern/ Schadstoffe in Lebensmitteln/ Atomkraftwerke & radioaktiver Müll/ UV-Strahlung von der Sonne (Ozonloch)	2008
gesellschaftliche Gefährdung	Und inwiefern stellen diese Dinge ein Problem für die Bevölkerung insgesamt dar? [*siehe obige Auflistung*]	2008
Kennzeichnung		
Produktkennzeichnung	▪ Die Informationen sind ausreichend, um umwelt- & gesundheitsverträglich einkaufen zu können. ▪ Die Angaben durch die Hersteller nützen wenig, da sie nur der Werbung dienen. ▪ Die vielen verschiedenen Umweltzeichen sind für die Verbraucher und Verbraucherinnen verwirrend. ▪ Jedes Produkt müsste mit einem Etikett versehen sein, das genaue Informationen zu seinen Umwelt- & Gesundheitsauswirkungen enthält. ▪ Es müsste ein einziges Zeichen geben, an dem man erkennt, ob ein Produkt umwelt- & gesundheitsverträglich ist oder nicht.	2008

201 Diese Items wurden bereits in früheren Erhebungen erfasst, aber ohne GVO in die Liste integriert zu haben, daher werden jene Zeitpunkte nicht berücksichtigt.

Neben den zuvor ausgeführten Bereichen, die im weiteren Verlauf der Arbeit berücksichtigt werden, beinhalten die Datensätze noch eine Fülle an weiteren Informationen zu beispielsweise Umwelteinstellungen und Umweltverhalten insgesamt als auch hinsichtlich spezifischer Aspekte. Prinzipiell sind hieraus auch Hypothesen zu einem potentiellen Zusammenhang mit den Einstellungen zu Grüner Gentechnik denkbar, doch ist dies zum einen nicht das Ziel dieser Arbeit, zum anderen fehlen klare Bezugsmöglichkeiten und Übergänge zum eigentlichen Themenfokus, so dass wahrscheinlich bestenfalls diskussionswürdige Konstruktionen resultieren würden. Zu diesen Themengruppen zählen z.B. eine generelle Typisierung der Befragten hinsichtlich ihrer Umweltorientierung und -einstellungen oder ihres Einkaufsverhaltens insgesamt, also beispielsweise „Umweltaktivisten", „Fortschrittsängstliche" oder „Öko-Käufer". Wenngleich Fragen wie *„Wie informieren Sie sich über die Umwelteigenschaften und Gesundheitsverträglichkeit von Produkten vor dem Kauf?"* grundsätzlich auch für den Themenfokus der Arbeit wichtig sind, vor allem hinsichtlich des potentiellen Kaufverhaltens der Bevölkerung, so werden sie dennoch nicht berücksichtigt, da kein expliziter Gentechnikkontext gegeben ist und die gelisteten Informationsmöglichkeiten für Grüne Gentechnik wenig relevant sind, vor allem vor dem Hintergrund, dass faktisch keine solchen (bzw. erkennbar solche) Produkte im Handel zu finden sind (siehe Abschnitt 2.2.6).
Ebenso ist zwar der Vergleich von verschiedenen potentiellen Gesundheitsrisiken, wie er sich in verschiedenen Erhebungszeitpunkten findet, an sich interessant, doch ohne einen klaren Bezug bzw. prüfbaren Zusammenhang zur Bewertung von Gesundheitsaspekten Grüner Gentechnik zum selben Zeitpunkt nur mäßig zielführend. Analog verhält es sich mit verschiedenen Fragen zu einer potentiellen Zahlungsbereitschaft, sprich Mehrzahlungsbereitschaft, für verschiedene Elemente von umweltfreundlichen Produkten. Obwohl dieser Aspekt sowohl vor dem Hintergrund der (internationalen) Literatur zur Grünen Gentechnik als auch im Kontext mit einer potentiellen Kaufbereitschaft von GV-Produkten interessant erscheint, fehlt grundsätzlich ein klarer Bezug zu Grüner Gentechnik als auch eine klare Definition möglicher Umwelteigenschaften

von „umweltfreundlichen" Lebensmitteln, was sonst unter Berücksichtigung von vermeintlichen Umweltwirkungen durch den Anbau von GVP als eine Art Brückenannahme denkbar wäre. Daher wird dieser Bereich ebenfalls nicht weiter betrachtet.
Wenn also weder ein klarer Bezug zur eigentlichen Thematik besteht, noch die konkrete Frage (oder deren Antwortkategorien) einen wenig spekulativen Bezug zum Fokus der Arbeit ermöglicht, erfahren diese Aspekte keine Berücksichtigung im weiteren Verlauf. Aus diesen Gründen finden sich auch die Jahre 1996-2000 nicht in dieser Auswahl, da ein klarer Bezug zur Fragestellung dieser Arbeit nicht über die gentechnikspezifischen Bereiche hinaus gegeben ist. Insbesondere in den Jahren 1996 und 1998 liegt der Fokus der Erhebungen deutlich auf dem Umweltverhalten hinsichtlich Mobilität, Verkehr, Energie und Müll.

4.2.2 Datenbewertung

Allgemein sind nur einzelne Dokumentationen über vertiefende methodische Aspekte und Fragen der Durchführung der Studien, so hinsichtlich der genauen Stichprobengenerierung oder der Rate von versuchten zu durchgeführten Interviews, verfügbar. Methodendokumentationen und Übersichten zu beispielsweise den Ausschöpfungsquoten und Ausfallgründen sind im Rahmen des Datenbezuges für die Jahre 1996, 1998, 2002 und 2004 verfügbar. Allerdings sind mitunter in den weiterführenden Publikationen zu den jeweiligen Erhebungszeitpunkten etwas ausführlichere Informationen vorhanden. Gleichzeitig sind aber in den meisten Datensätzen Variablen wie z.B. die Anzahl der Kontaktversuche codiert, über die weitere Informationen zu Hintergrundaspekten verfügbar sind. Grundsätzlich sprechen vor allem die Regelmäßigkeit, die gute Verfügbarkeit und die, trotz der im Laufe der Jahre wechselnden Primärforscher und durchführenden Institutionen, vergleichsweise hohe Konstanz der abgebildeten Themenbereiche und deren teilweise Reproduzierung im Zeitverlauf für diese Datenbasis. Wenngleich der Anteil an expliziten Fragen hinsichtlich Grüner Gentechnik bei den meisten Erhebungszeitpunkten eher begrenzt ist, ermöglichen sie dennoch zu gewissen Aspek-

ten dieser Technologie und ihren Anwendungen eine Betrachtung der Entwicklung der Einstellungen zu den entsprechenden Bereichen. Zusammen mit den anderen Datenquellen bieten die Studien zum Umweltbewusstsein in Deutschland damit die Möglichkeit, Einstellungen und mögliche Erklärungsvariablen dieser zur Grünen Gentechnik aufzuzeigen. In gewissem Umfang problematisch sind die Änderungen von Items und Skalen im Zeitverlauf. Die vergleichenden Auswertungen werden dadurch erschwert, dennoch können in den meisten Fällen über entsprechende Anpassungen der Kategorien und eine bedachte Interpretation eine gute Vergleichbarkeit erreicht bzw. Tendenzen ausgemacht werden. Ebenso sind jene Fälle schwierig, in denen die Kategorien „keine Angabe" und „Weiß nicht" in den Daten zusammengefasst wurden, obwohl oftmals beide Möglichkeiten durch den Interviewer im Fragebogen vermerkt werden konnten. Somit ist dann nicht nachvollziehbar und nicht trennscharf abgrenzbar, welcher Fall vorliegt. Allerdings ist das Ausmaß dieses Phänomens nicht übermäßig, so dass im Rahmen der Auswertungen an entsprechender Stelle darauf verwiesen wird. Damit verbunden ist der Umstand, dass es quasi keinen item-non-response gibt, was in persönlichen Interviews auch tendenziell häufiger zu finden ist, da z.B. Antwortverweigerungen durch den Interviewer entsprechend vermerkt werden. Wie im zuvor beschriebenen Falle kann dies aber bei uneindeutiger Übertragung in die Datendatei in gewissem Umfang problematisch sein.
Da für die jeweiligen Erhebungszeitpunkte „Repräsentativ-Samples" genutzt werden, die von den durchführenden Institutionen generiert wurden, erfolgt an dieser Stelle keine detaillierte Aufschlüsselung demographischer Faktoren. Diesbezügliche Informationen können in vielen Fällen in den entsprechenden Veröffentlichungen oder Methodenberichten meist ausführlich gefunden werden und es wird daher an dieser Stelle auf eine bloße Reproduktion verzichtet. Anhang 3 bietet aber eine Übersicht über ausgewählte Merkmale aus den verschiedenen Erhebungsjahren. Insgesamt bieten die Daten sowohl im Zeitverlauf als auch mit den jeweiligen thematischen Schwerpunkten die Möglichkeit, einen ausführlichen Einblick in das Umweltbewusstsein und Umwelthandeln der deutschen Wohnbevölkerung zu bekommen.

4.3 Daten: GeneRisk-Befragung

Wie bereits erwähnt, erfolgte die Befragung im Rahmen des Drittmittelprojektes *GeneRisk*, dass schwerpunktmäßig einen anderen Fokus auf Grüne Gentechnik hatte. Allerdings wurden auch hier wichtige, und an vielen Stellen über die bisher abgefragten Größen hinausgehende Einstellungen zu Grüner Gentechnik erhoben, auf denen die Sekundäranalyse dieser Daten vorrangig beruht. Im Folgenden beziehen sich die Ausführungen daher in erster Linie auf diesen Aspekt und gehen nur im erforderlichen Umfang auf die Spezifika der Erhebung ein, die ausschließlich für die Projekterfordernisse relevant sind.

4.3.1 Rahmenbedingungen und Konzeption

Wie in den vorangegangenen Kapiteln gezeigt, handelt es sich bei Grüner Gentechnik um ein sehr brisantes und kontrovers diskutiertes Thema, bei dem viele Befindlichkeiten eine bedeutende Rolle spielen. Dementsprechend herausfordernd ist es, eine neutrale und auf ausgewogenen Informationen basierende Befragung zu diesem Thema durchzuführen. Zumeist ist in der Öffentlichkeit das vorhandene Wissen eher in einer bestimmten Richtung gefärbt und nur selten sachlich fundiert. Außerdem haben verschiedene Interessengruppen mit jeweils spezifischen Blickwinkeln und Schwerpunkten ihrerseits ein eigenes Interesse an bestimmten Aspekten bei dieser Thematik. Um nun aber sowohl inhaltliche Unterstützung und weitere Fundierung zu erlangen als auch möglichst alle relevanten Interessengruppierungen im Vorfeld einzubeziehen, auf dass eine breitere allgemeine Akzeptanz durch einen abgestimmten und hinreichend verzerrungsfreien Fragebogen entsteht, wurde ein Beraterkreis initiiert. Dieser setzte sich aus Vertretern aus verschiedenen relevanten Interessengruppen zusammen. Zu diesen zählten Ministerien und Forschungsanstalten, diverse Umweltschutzverbände und auf eine ökologisch-nachhaltige Produktion konzentrierte Organisationen, Agrarverbände, Verbraucherschutzinstitutionen sowie die beiden großen christlichen Kirchen[202]. Die Mitglieder des Beirates wurden in verschiedenen Stadien aktiv in die Fragebogenentwicklung einbezogen. Dazu zählten z.B. spezielle inhaltliche Fragestellungen, ein ausgewogenes Maß an Pro- und Contradarstellungen der Grünen Gentechnik, die Abstimmungen der Zusatzinformationen für den Informations-Split (siehe Abschnitt 4.3.4), als auch diverse projektspezifische Aspekte. Insgesamt wurden drei große Bearbeitungsrunden und diverse bilaterale Gespräche mit dem Beirat durchgeführt. Am Ende haben alle Beteiligten den Fragebogen in der vorliegenden Form akzeptiert und aus inhaltlicher Perspektive für ausgewogen und verzerrungsfrei befunden.

Neben der Abstimmung mit den verschiedenen Vertretern aus dem Beirat war es außerdem notwendig, den Fragebogen und die sozialwissenschaftlichen Methoden der Meinungserhebung mit den Erwartungen der Projektpartner in Einklang zu bringen. Wie unschwer vorstellbar ist, gibt es bei interdisziplinären Arbeiten einige Hürden zu nehmen, insbesondere wenn die verschiedenen Fachdisziplinen im Allgemeinen eher wenige Gemeinsamkeiten und Berührungspunkte aufweisen. Außerdem galt es, mitunter Kompromisse zwischen den Projektanforderungen bzw. –vorstellungen und aus sozialwissenschaftlicher Perspektive interessanten oder wünschenswerten Aspekten und Überlegungen zu finden. Hinzukommt, dass für das Projekt ein spezielles Verfahren der Präferenzmessung genutzt wurde, das implementiert in den Fragebogen, seinerseits einige spezifische Erfordernisse hat (siehe Abschnitt 4.3.2). Dazu gehört auch, dass die im Fragebogen erhobenen Aspekte von Grüner Gentechnik sich vorrangig an den Bereichen orientieren, die auch für die Präferenzmessung relevant waren. Zusammengenommen führen diese Punkte dazu, dass es möglicherweise dem einen oder anderen Leser als ein vergleichsweise untypisches Befragungsinstrument für eine sozialwissenschaftliche Arbeit erscheinen mag. Allerdings liegt dies natürlich auch gewissermaßen in der Natur der Sache, dass eine interdisziplinäre Projektarbeit eine andere Betrachtungsposition einnimmt und anderen Re-

202 Auf eine namentliche Nennung der Organisationen bzw. Institutionen und den jeweiligen Repräsentanten wird auf deren Wunsch hin verzichtet.

striktionen ausgesetzt ist als eine rein fachspezifische Herangehensweise. Außerdem verfügt das vorliegende Befragungsinstrument über den Vorteil, dass es aus vielen Blickwinkeln betrachtet und abgestimmt und damit kein „fachblinder" Fragebogen ist. Denn insbesondere bei einem gesellschaftlich derartig brisanten Thema wie der Grünen Gentechnik sind Fragen der Akzeptanz von nicht zu vernachlässigender Bedeutung. Ebenso ermöglicht das Präferenzmessungsexperiment Aussagen, die über das übliche Maß der Meinungsforschung hinausgehen, indem es das Verhalten in einer Auswahlsituation betrachtet und zeigen kann, inwieweit die geäußerten Einstellungen in einer solchen Situation zum Tragen kommen. Auf Basis der inhaltlich-thematischen Erfordernisse und der zuvor geschilderten Randbedingungen wurde der Fragebogen in verschiedenen Entwicklungsstadien Praxistests unterzogen. Diese Pretests wurden mit willkürlich ausgewählten Studierenden der Georg-August-Universität Göttingen durchgeführt. Nach diesen Probeläufen und der Abstimmung mit den Projektpartnern und dem Beirat erfolgte im Herbst 2007 die Pilotstudie. Deren Umsetzung erfolgte prinzipiell bereits so, wie es für die Hauptstudie geplant war (siehe Abschnitt 4.3.4). Abweichungen der Pilotstudie von der Hauptbefragung ergaben sich in zwei Punkten. Erstens wurde der Fragebogen der Pilotstudie nicht bundesweit, sondern nur im Großraum Göttingen versand. Zweitens wurden (wie allgemein üblich) mehr Items verwendet, die dann für die Hauptstudie anhand von Faktorenanalyse und Reliabilitätsüberprüfungen auf die „stärksten" reduziert wurden. Folgende Themenbereiche Grüner Gentechnik wurden für die Hauptstudie anhand nachstehender Items in den Fragebogen integriert (Tabelle 17 und Tabelle 18). Weiterhin wurden auch verschiedene, typische soziodemographische Faktoren wie Alter, Geschlecht, Schul- und Ausbildungsabschluss oder das Haushaltseinkommen in Anlehnung an die „Demographischen Standards" des STATISTISCHEN BUNDESAMTES (2004) erhoben. Ein Beispielfragebogen (einschließlich der Projektspezifika[203]) findet sich im Anhang 8.

[203] Zu den Spezifika zählt, dass es sieben Fassungen des Fragebogens gibt, die sich einzig in den Eigenschaftskombinationen für die Präferenzmessung unterscheiden.

Tabelle 17: Bereiche I Grüne Gentechnik: GeneRisk
Quelle: GeneRisk, eigene Darstellung.

Bereich	Items
Informiertheit über Grüne Gentechnik	▪ Über Grüne Gentechnik fühle ich mich gut informiert. ▪ Das Thema Grüne Gentechnik interessiert mich sehr. ▪ Ich hätte gerne mehr Informationen zu Grüner Gentechnik. ▪ Ich weiß, wo ich Informationen zur Grünen Gentechnik finden kann.
Wissen um Regelungen zu Grüner Gentechnik	▪ Es gibt GVP, die als Futtermittel in Deutschland erlaubt sind. ▪ Es gibt GVP, die als Lebensmittel in Deutschland erlaubt sind. ▪ Es gibt GVP, deren Anbau in Deutschland erlaubt ist. ▪ Es gibt eine Kennzeichnungspflicht für GVP in Lebensmitteln. ▪ Es gibt eine Kennzeichnungspflicht für GVP in Futtermitteln. ▪ Wenn Tiere mit GVP gefüttert wurden, muss das auf dem Produkt (z.B. Eier, Milch, Fleisch) stehen.
Risikovergleich potentieller Lebensmittelrisiken	▪ Risiko durch Rückstände von Pflanzenschutzmitteln in Lebensmitteln. ▪ Risiko durch Konservierungsstoffe in Lebensmitteln. ▪ Risiko durch gentechnisch veränderte Pflanzen in Lebensmitteln. ▪ Risiko einer allergischen Reaktion auf Lebensmittel.
allgemeine **Einstellung** gegenüber Grüner Gentechnik	▪ Grüne Gentechnik sichert unsere Ernährung. ▪ Grüne Gentechnik trägt zu einer schonenden Landwirtschaft bei. ▪ Landwirtschaft mit und ohne Grüne Gentechnik kann harmonisch nebeneinander existieren. ▪ Die Wissenschaftler gehen mit der Grünen Gentechnik zu weit. ▪ Grüne Gentechnik ist gegen die Gesetze der Natur. ▪ Der großflächige Anbau von GVP ist zu risikoreich. Wir wissen einfach nicht, was passieren wird.
Lebensmittel und Grüne Gentechnik	▪ GVP in Lebensmitteln stehe ich besorgt gegenüber. ▪ GVP sollten nicht für Lebensmittel verwendet werden. ▪ GVP in Lebensmitteln stellen *kein* Risiko für mich dar. ▪ GVP reduzieren für mich die Lebensmittelqualität. ▪ GVP in Lebensmitteln stellen trotz aller Überprüfungen ein Gesundheitsrisiko dar.

Tabelle 18: Bereiche II Grüne Gentechnik: GeneRisk

Quelle: GeneRisk, eigene Darstellung.

Bereich	Items
Kennzeichnung gentechnisch veränderter Erzeugnisse	▪ Ich vertraue auf die Angaben der Hersteller der Produkte. ▪ Ich vertraue auf die staatlichen Kontrollen der Kennzeichnungen. ▪ Alle Lebensmittel mit GVP sollten gekennzeichnet werden, damit die Kunden selbst entscheiden können. ▪ Der Einsatz von GVP als Futtermittel sollte generell auf tierischen Produkten vermerkt sein. ▪ Es sollte auf allen Lebensmitteln ein Hinweis zu finden sein, ob sie ohne GVP oder ob sie mit GVP hergestellt wurden.
Bewertung potentieller **Umweltwirkungen**	▪ GVP ermöglichen eine umweltschonendere Produktion. ▪ GVP reduzieren den Einsatz von Pflanzenschutzmitteln. ▪ GVP schonen andere Pflanzen & Tiere auf dem Acker. ▪ GVP werden sich in der Natur unkontrolliert ausbreiten. ▪ GVP beeinträchtigen die Pflanzen- und Tierwelt auf dem Acker. ▪ GVP stellen ein Risiko für die Natur an sich dar.
Bedeutung der **Verfügbarkeit** gentechnikfreier Lebensmittel	▪ Lebensmittel ohne GVP *nicht* mehr aus der *Region* erhältlich. ▪ Lebensmittel ohne GVP *nicht* mehr aus *Deutschland* erhältlich. ▪ Lebensmittel ohne GVP *nicht* mehr aus der *EU* erhältlich. ▪ Lebensmittel ohne GVP *gar nicht mehr* erhältlich.
potentielles Kaufverhalten	▪ Ich bin grundsätzlich *nicht* bereit, für Produkte ohne GVP mehr zu bezahlen. ▪ Für ein Produkt, das wirklich frei von GVP ist, zahle ich gerne etwas mehr. ▪ Für ein Produkt aus GVP, das gesundheitliche Vorteile verspricht, bin ich bereit mehr zu bezahlen. ▪ Der Staat muss dafür sorgen, dass ich ohne Preiserhöhung weiterhin Lebensmittel ohne GVP kaufen kann. ▪ Es ist mein gutes Recht, Produkte ohne GVP zu günstigen Preisen kaufen zu können.
Regulierung	▪ Sind Ihnen in den letzten 12 Monaten Lebensmittel aufgefallen, die mit einem Hinweis auf Gentechnik bei der Herstellung versehen waren? ▪ Ab wann würden Sie ein Produkt als „*ohne Gentechnik*" bezeichnen? ▪ Ab wann sollte es Ihrer Meinung nach Pflicht sein, den Anteil an gentechnisch veränderten Pflanzen bei Lebensmitteln zu kennzeichnen?

Die Items der Bereiche *Informiertheit*, *Risikovergleich*, *allgemeine Einstellung* gegenüber Grüner Gentechnik, *Lebensmittel*, *Kennzeichnung*, die Bewertung potentieller *Umweltwirkungen* sowie das *potentielle Kaufverhalten* bezüglich GV-Lebensmitteln wurden mittels einer 5-stufigen Likert-Skala gemessen, die folgende Ausprägungen besitzt: „1: Stimme voll und ganz zu", „2: Stimme eher zu", „3: Bin unentschlossen", „4: Stimme eher nicht zu", „5: Stimme überhaupt nicht zu". Für die Fragen zum Risikovergleich wurden die Skalenpunke auf „Sehr hohes Risiko" bis „Kein Risiko" angepasst. Bei der *Verfügbarkeit* gentechnikfreier Lebensmittel wurde die Besorgnis über deren potentielle Einschränkung ebenfalls anhand einer 5-punktigen Skala erhoben, die von „Bin sehr besorgt" bis „Bin überhaupt nicht besorgt" reicht. Im Bereich *Wissen* sollten die Aussagen den Kategorien „richtig" bzw. „falsch" zugeordnet werden, wobei auch die Option „Ich weiß nicht" angeboten wurde. Bei den Fragen zur *Regulierung* wurden kategorial ja/nein bzw. (sechs) konkrete Werte vorgegeben. Zudem gab es die Kategorie „Darauf habe ich nicht geachtet" bzw. „Ich weiß nicht".

Zur Diskussion der verschiedenen Skalentypen sowie Fragen nach der Anzahl an Skalenpunkten und möglichen Effekten der Einbeziehung bzw. des Auslassens von Mittelpositionen bei der Itembewertung siehe stellvertretend DIEKMANN (1998), MUMMENDEY & GRAU (2008) und FAULBAUM ET AL. (2009). Die Erfahrungen aus den Pretests und einige Rückmeldungen von Teilnehmern der Pilot- bzw. Hauptstudie ergaben für die Ausfülldauer des Fragebogens eine Spanne von ca. 25 Minuten bis hin zu rund 90 Minuten. Die durchschnittliche Dauer lag bei 45-60 Minuten. Ehe weiter auf die Umsetzung und Durchführung der empirischen Studie eingegangen wird, erscheint an dieser Stelle ein kurzer Exkurs angemessen, der die Hintergründe und Inhalte der Projektspezifika genauer erläutert, da diese in einem begrenztem Umfang ebenfalls in die Ergebnisdarstellung einfließen.

4.3.2 Exkurs Präferenzmessung: Verkaufsexperiment

Nachdem im Abschnitt 3.1.4 bereits die theoretischen Grundlagen und allgemeinen Elemente des Präferenzmessungsverfahrens (Choice-Experiment) vorgestellt wurden, erfolgt an dieser Stelle ein kurzer Überblick über dessen Realisierung im Rahmen des GeneRisk-Projektes. Dabei beschränkt sich die Darstellung vornehmlich auf die grundlegenden Aspekte und Restriktionen sowie auf die für die in Abschnitt 5.5 folgende Analyse relevanten Punkte.

Da gemäß des Projektauftrages sowohl der methodische Ansatz als auch insbesondere die Sicht der Bevölkerung in ihrer Rolle als Konsumenten definiert waren, erfolgte damit bereits die Festlegung auf Lebensmittel bzw. allgemein auf Produkte, die aus oder unter Verwendung von GVO bzw. GVP hergestellt werden können. Zudem wurde angestrebt, weitere, sich im Kontext von Grüner Gentechnik und Produkten ergebende Größen, wie zum Beispiel Fragen der Kennzeichnung oder aber auch potentielle Folgewirkungen von GVP auf die Umwelt bei ihrem großflächigen Anbau, ebenfalls abzubilden.

Somit lag die Herausforderung vor allem darin, adäquate Attribute und Levels für diese Fragen zu ermitteln, ohne die Gesamtzahl an Attributen (und damit die Komplexität nicht zuletzt für die Befragten) übermäßig zu erhöhen. Gleichzeitig bestand eine Reihe an Restriktionen, die zu bestimmten Einschränkungen führten, wie sie später noch beschrieben werden. Zu diesen Einschränkungen, die auch dazu führten, dass die Vorteile dieser Präferenzmessungsverfahren nur begrenzt genutzt werden konnten, gehörten die Komplexität des Themas Grüne Gentechnik, die sich nur schwerlich so reduzieren ließ, dass noch alle gesetzten Anforderungen erfüllt werden konnten sowie real existierende rechtliche Bestimmungen, die klare Vorgaben zu möglichen Ausprägungen einzelner Eigenschaften gemacht haben.

Aus der Abwägung von Projekterfordernissen, aus Literaturstudien gewonnenen Größen und Erkenntnissen sowie Beiratsentscheidungen und den Ergebnissen aus diversen Pretests fanden letztlich die in Tabelle 19 aufgeführten Eigenschaften und Ausprägungen Verwendung[204].

Tabelle 19: Präferenzmessung: Eigenschaften und Ausprägungen
Quelle: GeneRisk, eigene Darstellung.

Eigenschaft	Ausprägung	
Laboruntersuchung	▪ nicht nachweisbar ▪ 0,1% ▪ 0,5% ▪ 0,9%	▪ 2,0% ▪ 40% ▪ 99%
Herstellerunterlagen	▪ 0,00% ▪ 0,01% ▪ 0,1% ▪ 0,5%	▪ 0,9% ▪ 2,0% ▪ 40% ▪ 99%
Kennzeichnung	▪ keine Kennzeichnung ▪ ohne Gentechnik ▪ aus GVP	
Herkunft	▪ aus der Region ▪ aus der BRD ▪ aus der EU ▪ von außerhalb der EU	
Umweltwirkung	▪ keine ▪ 5% weniger Pflanzenschutzmittel ▪ 10% weniger Pflanzenschutzmittel ▪ Ausbreitung (GVP) in der Natur ▪ ungünstige Wirkungen auf Artenvielfalt	
Preis	realer Produktpreis mit den Variationen: ▪ -20% ▪ -10% ▪ ±0	 ▪ +10% ▪ +20%

[204] Der Versuch, die sich aus den rechtlichen Vorgaben ergebenden Restriktionen auszulassen im Sinne von alternativen Regelungsmöglichkeiten, also mit dem Argument, dass die gegenwärtigen Vorgaben sich über die Zeit ändern könnten und damit durchaus andere Möglichkeiten denkbar sind, fand weder Projektkonsens noch die Zustimmung des begleitenden Beirates. Zudem würde dies (vermutlich besonders bei einem emotional so aufgeladenen Thema wie Grüner Gentechnik) zu dem Eindruck von Unseriosität oder ähnlichem führen, wenn geltendes Recht nicht entsprechende Berücksichtigung fände.

Eine wichtige Größe für die Bewertung von (GV-) Produkten ist der Einsatz von GVO oder GVP während ihrer Produktion. Diese Information sollte entsprechend auch bei den Eigenschaften verwendet werden. Um aber der Problematik, dass häufig im resultierenden Produkt keinerlei DNA mehr vorhanden ist, mittels derer ein Nachweis von GVO oder auch nicht-GVO möglich wäre, Rechnung zu tragen, wurden zwei Eigenschaften, nämlich *Laboruntersuchungen* und *Herstellerunterlagen* generiert. Dabei meint erstere das Ergebnis einer lebensmitteltechnischen Untersuchung am Produkt, während die zweite sich auf Dokumentationen über den gesamten Produktionsprozess bezieht. Neben dieser inhaltlichen Notwendigkeit ermöglicht diese Unterteilung zudem eine differenzierende Bewertung von produkt- vs. prozessorientieren Nachweisen sowie prinzipiell auch Einblicke, ob der Versuch, ein GVO-freies Erzeugnis herzustellen anderes bewertet wird, als das „in Kauf nehmen" von gewissen Anteilen während des Produktionsprozesses.
Die jeweiligen Ausprägungen werden mittels verschiedener Werte variiert, wobei „nicht nachweisbar" sowohl in Fällen, in denen keine GVO nachgewiesen werden können als auch wenn keinerlei Nachweis (mangels DNA) möglich ist, zum Tragen kommt. Die anderen Werte der Eigenschaft Laboruntersuchung wurden unter anderem anhand der technischen Nachweisgrenze (0,1%), dem teilweise für Saatgut als Schwellenwert diskutierten Prozentsatz von 0,5 oder dem Kennzeichnungsschwellenwert (0,9%) festgelegt. Die verbleibenden Ausprägungen zielen weniger auf die konkreten Zahlen als symbolisch auf „etwas GVP" (2,0%) oder „GV-Produkt" (99%). Ein Wert von 0,00% bei den Herstellerunterlagen meint den über die ganze Produktionskette nachweislich dokumentierten Verzicht auf GVO oder GVP. Ein Anteil von 0,01% soll geringste Mengen an GVO oder GVP repräsentieren, die mittels Dokumentationen prinzipiell nachweisbar wären, aber laboranalytisch zu keinem Befund führen würden. Da unbeabsichtigte Einträge von GVO nicht generell ausgeschlossen werden können, wird eine Diskrepanz zwischen den Hersteller- und Laborangaben zugelassen.
Die Eigenschaft *Kennzeichnung* stellt eine explizite Information darüber dar, ob die Voraussetzungen für ein Label „Ohne Gentechnik" erfüllt sind

oder ob das Erzeugnis unter die formalen Kennzeichnungsvorschriften fällt und entsprechend gekennzeichnet werden muss („aus GVP"). In Fällen, in denen keine Kennzeichnungspflicht vorliegt, gleichzeitig aber nicht die Bedingungen für „Ohne Gentechnik" gegeben sind oder dieses Label nicht angestrebt wird, findet sich kein spezifisches Label („keine Kennzeichnung"), was auch der gegenwärtigen Praxis entspricht[205].

Die Angabe der *Herkunft* mit ihren Ausprägungen zielt auf eine Art latentes Vertrauen in sowohl die Erzeuger als auch staatliche Kontrollen bzw. auf Qualitätsassoziationen in Abhängigkeit vom Produktionsstandort.

Die *Umweltwirkung* deckt potentielle Folgen für die Natur durch den großflächigen Anbau von GVP ab, wobei sowohl positive als auch negative Konsequenzen (wie sie in der Literatur diskutiert werden, siehe Abschnitt 2.3.2) ebenso wie keine besonderen bzw. GVP-spezifischen Folgewirkungen als Ausprägung aufgenommen wurden. Die Ausprägung „ungünstige Wirkung auf Artenvielfalt" ist dabei nicht exklusiv für GVP vorgesehen, da auch der konventionellen (und durchaus auch gentechnikfreien) Landwirtschaft diese Wirkung nachgesagt wird.

Der *Preis* der im Rahmen des Verkaufsexperiments verwendeten Produkte variiert produktspezifisch zwischen ±20%, ±10% und ±0 gegenüber dem Realpreis. Dabei wird die Preisveränderung als „Echtpreis" und nicht als prozentualer Ab- oder Aufschlag angegeben[206].

Eine freie Kombination aller Eigenschaften und Ausprägungen ist aufgrund der Vielzahl an wechselseitigen Restriktionen, wobei die Kennzeichnung den stärksten Einfluss ausübt, nicht zielführend. Daher wur-

---

205 Die geltenden Bedingungen zu Fragen der Kennzeichnung finden sich auch in Abschnitt 2.2.6.

206 Dieser Realpreis wurde für das jeweilige Erzeugnis als Durchschnittspreis eines vergleichbaren Produkts in verschiedenen Geschäften ermittelt, wobei neben Discountern und dem „klassischen" Einzelhandel auch so genannte Bio-Läden zur Preisermittlung herangezogen wurden. Der Durchschnitt mag in der einen oder anderen Richtung zu Verzerrungen gegenüber dem „gewohnten" Kaufpreis für die Personen (in Abhängigkeit ihres Einkaufsverhaltens) geführt haben. Andererseits wären auch prozentuale Preisänderungen für Verzerrungen anfällig, da individuell implizit der „typische" Preis je nach Einkaufsverhalten zugrunde gelegt würde.

den mittels SPSS getrennte orthogonale Designs für jede der drei möglichen Kennzeichnungen erstellt, wobei die Variation der Ausprägungen gemäß den Restriktionen angepasst wurde. Dies führte aber dazu, dass beispielsweise bei „Ohne Gentechnik" der Wert der Herstellerangaben konstant bleibt (nämlich 0,00% ist, da dieses Label den bewussten Einsatz von GVO und GVP ausschließt) und auch bei den Umweltwirkungen keine spezifischen (negativen) GVP-Folgen möglich sind. Auf den Preis oder die Herkunft übt dies allerdings keine Einschränkungen aus. Aus jedem der Designs resultieren 49 Kombinationsmöglichkeiten, in der Summe damit 147 Alternativen[207].

Nun sollten aber neben den drei Kennzeichnungsarten auch verschiedene Produkte zur Bewertung gestellt werden, um zu untersuchen, in welchem Ausmaß die Beurteilung Grüner Gentechnik von der Produktgruppe abhängt bzw. wie unterschiedlich stark die Wichtigkeit einzelner Eigenschaften in Abhängigkeit des Produktes ist. Zu diesem Zweck wurden vier Produktgruppen gewählt, die neben gering- und hochverarbeiteten Produkten auch tierische Erzeugnisse und eine lebensmittelferne Anwendung von GVP abdecken. Als gering verarbeitete Produkte, in denen üblicherweise auch noch DNA vorhanden ist, wurden Cornflakes und Dosenmais gewählt. Die Gruppe der hochverarbeiteten Produkte, in denen zumeist keine DNA mehr für Untersuchungen vorhanden ist, bilden Pflanzenöl und Margarine[208]. Als tierische Erzeugnisse werden Milch und Rindfleisch genutzt, bei denen GVP als Futtermittel zum Einsatz gekommen sein können, deren Nachweis aber, wie in Abschnitt 2.2.6 gezeigt, im Produkt nicht erfolgen kann. Als lebensmittelferne Verwendung von GVP wurde die Nutzung von Mais-Biomasse zur Stromerzeugung gewählt. Die

[207] Um bei den Umweltwirkungen ein ausgewogenes Maß zwischen tendenziell positiven und negativen sowie den neutralen Wirkungen zu haben, wurde bei der Designerstellung die Ausprägung „keine Umweltwirkung" doppelt aufgenommen, so dass diese Eigenschaft dann letztlich über sechs Levels verfügt.

[208] Es sei noch darauf hingewiesen, dass Margarine ihrerseits üblicherweise zum Großteil aus Öl besteht, aber oftmals keine konkreten Angaben zur Art des Öles vorhanden sind. Daher unterscheidet sich Margarine im Verkaufsexperiment vom Öl, wo eindeutig Raps- oder Mais als Ölrohstoff benannt sind.

sich aus den drei Designs ergebenden Kombinationsmöglichkeiten wurden den sieben Produkten zugeteilt. Da für die Schätzungen bei den Ergebnissen zwar alle Kombinationen aus den Designs notwendig sind, gleichzeitig aber nicht eine Person im Rahmen einer Befragung 147 Varianten bewerten kann, muss eine Zuordnung bzw. Unterteilung dieser Alternativen in „Blöcke" erfolgen. Die 49 Kombinationsmöglichkeiten pro Design bzw. die 147 Alternativen insgesamt, lassen sich treffender Weise ohne Rest durch die Anzahl der Produkte teilen, so dass pro Produkt 21 Alternativen bestehen. Anders formuliert, ergeben die 21 Alternativen, geteilt durch die drei verschiedenen Kennzeichnungen, sieben Varianten pro Produkt und Kennzeichnung. Damit gibt es je Produkt sieben verschiedene Karten, die jeweils alle drei Kennzeichnungsarten beinhalten. Die drei Designs wurden mittels einer Zufallszahl so in sieben Blöcke zusammengestellt, dass insgesamt sieben Auswahlentscheidungen (je eine pro Produktgruppe) zu tätigen sind. Dabei stehen pro Produkt drei Alternativen (die drei Kennzeichnungen) zur Wahl. Die Zusammenstellung und Reihenfolge der Auswahlalternativen innerhalb der Produktgruppen basiert auf einer Ordnung anhand einer generierten Zufallszahl.

Da den Befragten in der Regel maximal acht Auswahlentscheidungen (Karten) pro Befragung vorgelegt werden sollen, liegt die generierte Menge im Rahmen dessen. Daraus resultieren letztlich sieben Blöcke der Auswahlentscheidung, die später in den Fragebogen integriert werden und zu sieben, sich jedoch nur in der Zuordnung der Auswahlkarten unterscheidenden, Fragebogenvarianten führen. Zusätzlich wurde bei den Auswahlentscheidungen noch auf jeder Karte eine so genannte opt-out-Option integriert („Ich würde keines dieser Produkte kaufen."), z.B. für den Fall, dass bestimmte Personen einzelne Produktgruppen grundsätzlich nicht kaufen und damit auch keine Auswahl treffen würden. Zu weiteren Belangen und Vorteilen der opt-out-Option siehe auch KONTOLEON & YABE (2003) und VERMEULEN ET AL. (2008). Die nachfolgende Abbildung 6 stellt eine Auswahlkarte am Beispiel von Cornflakes exemplarisch vor.

Abbildung 6: Beispielhafte Auswahlentscheidung Verkaufsexperiment
Quelle: eigene Darstellung.

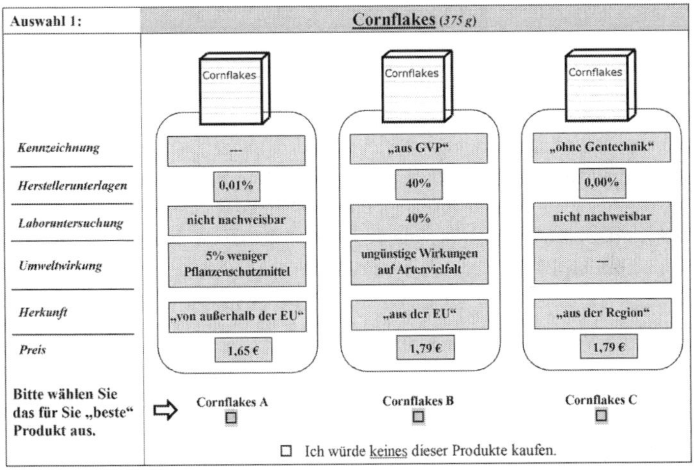

Neben den zuvor beschriebenen Restriktionen, wie sie sich aus der Kennzeichnung ergeben, resultieren auch aus den verschiedenen Produktgruppen Einschränkungen für die gewählten Eigenschaften und deren Ausprägungen. So ist real außer bei gering verarbeiteten Produkten keine Laboruntersuchung hinsichtlich des Einsatzes von GVO oder GVP möglich. Daher verfügt diese Eigenschaft in allen anderen Fällen nur über eine Ausprägung, nämlich „nicht nachweisbar" und ist damit konstant. Wenngleich die Integration verschiedener Produktgruppen prinzipiell interessante Einblicke ermöglicht, da anzunehmen ist, dass zum Beispiel Strom weniger sensibel als Mais oder Rindfleisch bewertet wird, so führt dies nicht zuletzt durch die manuellen Anpassungen dazu, dass als Konsequenz kein klassisches statistisches Design mehr zugrunde liegt und damit auch die Daten nicht als klassisches Choice-Experiment auswertbar sind. Zusammengefasst ist die Problematik wie folgt: Bei der Erstellung des Designs waren viele Restriktionen zu berücksichtigen. Diese entstammten primär zwei Quellen. Zum einen sollte die Bewertung verschiedener Kennzeichnungsarten erfasst werden, zum zweiten wurde an-

gestrebt, mehrere Produkte zur Auswahl zu stellen, um Bewertungsunterschiede (vor allem bei der Kennzeichnung) in Abhängigkeit der Produktart zu erfassen. Zusätzlich gibt es naturwissenschaftliche und realpolitische Restriktionen. Konkret heißt dies, dass ab einem bestimmten Verarbeitungsgrad keinerlei DNA im Produkt nachweisbar ist, die eine Laboruntersuchung ermöglichen würde. Dieses Attribut ist daher bei fünf von sieben Produkten konstant („nicht nachweisbar"). Außerdem gab es zum Zeitpunkt der Erstellung bereits konkrete politische Vorgaben für die „Ohne Gentechnik" - Kennzeichnung, so dass diese entsprechend der realen Situation berücksichtigt werden mussten. Zusätzlich galt es, den Anforderungen sowohl aus dem Projektverbund als auch aus dem Beraterkreis, möglichst nur realistische Produkte bzw. Kombinationen bei den Auswahlentscheidungen zuzulassen, Rechnung zu tragen. Vor diesem Hintergrund und der Brisanz des Themas war es schwierig, die prinzipiellen Vorteile der Methode (vor allem auch hypothetische Szenarien bzw. Kombinationen) entsprechend zu nutzen, um zum Beispiel auch inhaltlich bzw. wissenschaftlich „spannende" Optionen zu integrieren.
Daher wurde das beschriebene Vorgehen gewählt, das allerdings zu den besagten Einschränkungen und Konsequenzen führt. Im Kern liegen die Schwierigkeiten vor allem in der verschachtelten Struktur aus Label und Produkt. Es wurde faktisch ein „Kennzeichnungsdesign" erstellt, den Befragten aber ein „Produktdesign" zur Bewertung vorgelegt[209].

[209] Der Kern der Problematik ist, dass entweder ein Produkt mit den verschiedenen Kennzeichnungsarten in mehreren Auswahlentscheidungen hätte genutzt werden müssen oder aber ein separates Design für jedes Produkt nötig gewesen wäre, bei dem dann aber die Kennzeichnung frei variieren kann. Da aus letzterem aufgrund realpolitischer Vorgaben eine Reihe unplausibler Kombinationen resultiert hätten, wäre die einzige Lösung die Erstellung separater Designs pro Produkt und Kennzeichnung gewesen. Daraus entstünden aber wiederum sehr viele Varianten, eine immense Komplexität und eine hohe Anzahl an erforderlichen Befragungsteilnehmern. Grundsätzlich kann vor diesem Hintergrund natürlich diskutiert werden, inwiefern die gewählten Eigenschaften und ihre Ausprägungen geeignet waren oder ob nicht alternative Attribute und Levels bestanden haben. Zu dem Zeitpunkt und unter den genannten Randbedingungen erschien ihre Wahl zielführend.

Letztlich liegen damit für die Kombination aus Produkt und Kennzeichnung insgesamt jeweils nur sieben verschiedene Varianten vor, was eine geringe Anzahl an Variation darstellt. Trotz der geschilderten Schwierigkeiten und Einschränkungen bleibt, dass die Befragten auf Basis der vorgelegten Karten Auswahlentscheidungen treffen, die wenngleich sie nicht einem klassischen Choice-Experiment genügen, dennoch Wahlentscheidungen abbilden und eine Form von potentiellem Kaufverhalten darstellen. Somit können die daraus gewonnen Daten als Auswahlentscheidungen zwischen den verschiedenen Alternativen analysiert werden. Allerdings nicht in dem Umfang, wie es ohne die Restriktionen bzw. ohne ein „Aushebeln" der Vorteile der Methode möglich wäre. So ist auch die Ermittlung von Zahlungsbereitschaften bei dieser Datengrundlage schwierig. In der Summe resultieren aber dennoch umfangreichere Ergebnisse und Erkenntnisse als auf Basis von reinen Einstellungsfragen, da weiterhin ein Abgleich der Meinungen und Einstellungen mit den geäußerten Präferenzen (Auswahlverhalten) möglich ist. Ebenso können in begrenztem Umfang auch weitere Analysen, wie Schätzungen für einzelne Attribute, durchgeführt werden, so dass daraus wichtige Erkenntnisse für die Diskussionen um das Verbraucherverhalten bei Grüner Gentechnik gewonnen werden können.
Nach diesem kurzen Exkurs zur Realisierung des Verkaufsexperiments im Rahmen des GeneRisk-Projektes wenden sich die folgenden Abschnitte nun Fragen der Zielpopulation und Stichprobenziehung sowie der praktischen Umsetzung der Befragung zu.

4.3.3 Stichprobenauswahl

Zumeist sind empirische Erhebungen an Aussagen über einen bestimmten Zusammenhang in einer spezifischen Zielgruppe interessiert. Dabei ist die Wahl bzw. Definition der Zielgruppe ebenso vermeintlich einfach wie auch entscheidend. Denn, mit dieser Entscheidung gehen wichtige Folgen für die Stichprobenauswahl und später für die Interpretation bzw. deren Generalisierungsrahmen einher. Dabei bilden üblicherweise sämtliche Personen oder Elemente einer definierten Gruppe die Grundgesamtheit, wohingegen sich die Stichprobe aus einer Auswahl von Elementen aus dieser Grundgesamtheit zusammensetzt. Als klassisches Beispiel wird meist auf Wählerbefragungen verwiesen, bei denen sämtliche wahlberechtigten Personen die Grundgesamtheit bilden und eine Auswahl aus diesen (z.B. für die so genannte Sonntagsfrage) die Stichprobe darstellt. Die Wahl der Grundgesamtheit obliegt häufig dem Forschenden oder wird durch Auftraggeber entsprechend gesetzt.

Da nun üblicherweise selten eine Erhebung aller Elemente der Grundgesamtheit (*Totalerhebung*) möglich ist, ergibt sich daraus die Notwendigkeit der Stichprobenziehung (*Teilerhebung*). Diese wiederum sollte bestimmten Kriterien genügen bzw. auch eine Regel beinhalten, auf welche Weise die Elemente der Grundgesamtheit ausgewählt werden. Hierbei wird zumeist zwischen drei Auswahlarten unterschieden, nämlich Verfahren der Wahrscheinlichkeits- oder Zufallsauswahl sowie bewusste und willkürliche Auswahlen, wobei erstere als kontrollierte Stichprobenverfahren gelten und insbesondere für das Ziel, Aussagen über die Grundgesamtheit zu treffen, erforderlich sind. Generell wird dann von einer Wahrscheinlichkeits- oder Zufallsauswahl gesprochen, wenn jedes Element der Grundgesamtheit eine von Null verschiedene und angebbare Wahrscheinlichkeit besitzt, in die Stichprobe zu gelangen. Nutzt man also ein Verfahren der Wahrscheinlichkeitsauswahl, resultiert daraus eine Zufallsstichprobe. DIEKMANN (1998) stellt diesbezüglich fest:

> „Strenggenommen ist nur bei diesen die statistische Theorie, die induktive Statistik des Schließens von der Stichprobe auf die Population, überhaupt anwendbar. Sämtliche Formeln der Statistik zur Abschätzung von Fehlerintervallen setzen die Annahme einer Wahrscheinlichkeitsauswahl voraus.“ (DIEKMANN 1998: 330).

Die Verfahren der Wahrscheinlichkeitsauswahl werden ihrerseits üblicherweise in einfache und mehrstufige Auswahlverfahren unterteilt, wobei es insbesondere bei den mehrstufigen Verfahren Spezialfälle gibt. Bei einfachen Auswahlverfahren erfolgt die Auswahl in einem einstufigen Vorgang, so z.B. bei der Listenauswahl oder der Lotterieauswahl, bei den mehrstufigen Verfahren sind, wie der Name bereits deutlich macht, mehrere Vorgänge nötig. Die einfache Zufallsauswahl setzt jedoch im Regelfall eine vollständige Liste aller Elemente der Grundgesamtheit voraus,

aus denen dann die Stichprobe gezogen wird. Da diese Bedingung in der Praxis (z.B. bei landesweiten Bevölkerungsumfragen) jedoch nicht immer erfüllbar ist, kommen meist mehrstufige Auswahlverfahren zum Einsatz. Dabei wird zunächst über eine Gebiets- oder Gemeindeauswahl in einem ersten Schritt eine Auswahl getroffen. Danach erfolgt die Wahl der Adressen (Haushalte) über z.B. Begehungsanweisungen und anschließend über eine weitere Stufe der Zufallsauswahl, wie den *Schwedenschlüssel* oder *Birthday-Verfahren*, die Zielpersonenwahl im Haushalt. Eine weitere Möglichkeit der Auswahl bietet die Kombination von Gebietsstichprobe und Melderegistern. Dabei wird nach der Stufe der Gebietsauswahl (Gemeinden bzw. Städte) aus den entsprechenden Melderegistern direkt eine Personenauswahl getroffen. Die Schwierigkeit bei diesem Vorgehen liegt nicht zuletzt in der Ressourcenintensität der Adressbeschaffung über die Meldeämter, da für derartige Auszüge häufig Gebühren erhoben werden, nicht immer Kooperation vorherrscht und der Zeitaufwand meist recht hoch ist. Hinzukommt, dass nicht immer alle Informationen aktuell sind. Zu weiteren Details und Informationen zu den verschiedenen Stichprobenverfahren und den jeweiligen Besonderheiten sei einmal mehr stellvertretend auf DIEKMANN (1998) verwiesen sowie auf SCHNELL ET AL. (1999) und ATTESLANDER (2010).
Sieht die Zielsetzung nun also vor, dass die gesamte Bevölkerung (und nicht nur eine bestimmte Region eines Landes) die Grundgesamtheit bildet, ist für eine einfache Zufallsauswahl eine vollständige Liste aller Elemente (also Personen) notwendig. Da es in der Bundesrepublik Deutschland kein solches zentrales Personenregister gibt, auf dessen Basis eine entsprechende einfache Zufallsauswahl von Befragten möglich ist, muss, wie zuvor bereits erwähnt, ein anderer Weg beschritten werden[210]. Jede mögliche Alternative geht jedoch entweder mit einem sehr hohen Aufwand oder aber oftmals mit einer Einschränkung der Aussagekraft über die Grundgesamtheit einher. Die vergleichsweise einfachen Alternativen sind der Kauf von Adressen bei entsprechenden Adresshändlern oder die

[210] Das Fehlen eines solchen zentralen Registers mag jedoch aus Datenschutzsicht durchaus zu begrüßen sein.

Nutzung von Telefonregistern zur Stichprobenziehung. Allerdings sind die meisten derartigen Datensätze von eher geringer Qualität oder sie schränken die Grundgesamtheit deutlich ein. So sind bei Online-Umfragen oder einer Stichprobenauswahl aus dem Telefonregister kaum Aussagen über die bundesdeutsche Bevölkerung insgesamt möglich, da jeweils alle Personen ohne Internetzugang oder Eintrag ins Telefonregister keinerlei Möglichkeit haben, in die Stichprobe zu gelangen[211]. Die damit einhergehenden Verzerrungen der Stichprobe sind zumeist sehr hoch. Wenn also kein zentrales Personenregister für eine einfache Zufallsauswahl vorliegt, bieten mehrstufige Auswahlverfahren die Möglichkeit, mittels statistisch verlässlicher Kriterien die Stichprobenziehung durchzuführen[212].

Da nun im konkreten Fall gemäß des Projektauftrages eine bundesweite Erhebung ohne Einschränkung auf eine spezielle Zielpopulation bzw. Region durchgeführt werden sollte, gleichzeitig aber die Ressourcen begrenzt waren, konnte keine mehrstufige Stichprobenziehung über diesen mitunter langwierigen und ressourcenintensiven Weg erfolgen. Daher bestand die Notwendigkeit, auf vorhandene Datenquellen bzw. Drittanbieter zurückzugreifen, trotz der damit verbundenen Abhängigkeit von deren Datenqualität und Abdeckung der Gesamtbevölkerung. Nach entsprechenden Recherchen fiel die Wahl auf die Deutsche Post AG, die im Rahmen ihrer Sparte Deutsche Post Direkt GmbH, entsprechende Angebote bereithält und die durch ihre Postzustellertätigkeiten über ein prinzipiell vollständiges Register aller deutschen Haushalte verfügt[213]. Au-

[211] Es gibt allerdings computergestützte Möglichkeiten Telefonnummern zu generieren, die dann angewählt werden, so dass genau genommen Personen ohne Telefonanschluss nicht in die Stichprobe gelangen können.

[212] Ein solcher Weg der mehrstufigen Auswahl wird oft auch in der Marktforschung beschritten und zumeist unter dem Begriff *ADM-Stichprobensystem* subsumiert, wobei ADM für den Arbeitskreis Deutscher Markt- und Sozialforschungsinstitute e.V. steht. Für weiterführende Informationen siehe http://www.adm-ev.de/.

[213] Ausgenommen hiervon sind allerdings Personen ohne festen Wohnsitz oder solche, die z.B. in Pflege- oder Arresteinrichtungen untergebracht sind. Diese Personengruppen können aber im Normalfall faktisch nie erreicht werden.

ßerdem wirbt sie mit einer sehr geringen Ausfallquote bei den Adressen von durchschnittlich 5%[214]. Zu beachten ist, dass die Adressen nur auf Ebene der Haushalte vorliegen und daher keine personenspezifische Auswahl ermöglichen. Die Kontaktperson ist jeweils der Haushaltsvorstand, wobei dessen Definition nicht eindeutig reproduzierbar ist und auch seitens des Adressgebers nicht befriedigend erläutert werden konnte[215]. Wenngleich in diesem Register weitere Kriterien wie die Kaufkraft vorhanden sind, wurde für die Befragung nicht weiter auf diese Größen zurückgegriffen.

Die einzige Auswahleinschränkung war ein Alter von 18 Jahren und darüber. Die Selektion erfolgte als reine Zufallsauswahl aus diesem bundesweiten Adressbestand im Umfang von 5000 Fällen (was der Mindestabnahmemenge entspricht)[216], die dann für die Befragung angemietet wurden und wovon 1000 Adressen für die Pilotstudie reserviert waren, so dass 4000 Adressen für die Hauptbefragung zur Verfügung standen.

---

214 Diese geringe Quote soll vor allem aus einer sehr guten Datenpflege, der mindestens jährlich stattfindenden Überprüfung der realen Haushalte des Datenbankbestandes durch die Zusteller sowie einem regelmäßigen Abgleich mit Sterberegistern und weiteren Quellen resultieren.

215 Mit der Verwendung von Haushaltsadressen geht allerdings u.a. das Problem einher, dass der Haushalt unter der gegebenen Adresse z.B. trotz Todesfall des Haushaltsvorstandes weiter bestehen kann, wenn die Hinterbliebenen dort weiter wohnen. Dies kann dann zu Fällen führen, in denen der Haushaltsvorstand weiterhin als Ansprechpartner für den Haushalt geführt wird, so dass beispielsweise Befragungen an diesen adressiert werden. Entsprechend unangenehm ist dies natürlich für die Hinterbliebenen. Dieser Fall trat im Rahmen der eigenen Befragung leider einige Mal auf, im extremsten Fall war der Ansprechpartner bereits seit über 15 Jahren verstorben.

216 Das heißt, dass keine Gewichtung nach sozioökonomischen oder regionalen Kriterien erfolgte. Unter der Annahme, dass das Haushaltsregister vollständig ist und ein entsprechender, nicht systematischer Auswahlalgorithmus seitens des Anbieters zur Anwendung kam, basiert die Stichprobe auf einer Zufallsauswahl im statistischen Sinne (siehe hierzu auch DIEKMANN 1998).

4.3.4 Umsetzung und Durchführung

Konkret wurde also auf Basis von Haushaltsdaten eine Zufallsauswahl getroffen, aus der dann die Zielpersonen ermittelt werden. Um einigen potentiellen Verzerrungen entgegenzuwirken (einschließlich der uneindeutigen Definition des Haushaltsvorstandes), wurde eine zusätzliche Stufe der Zufallsauswahl integriert. Zum Einsatz kam ein *Last-Birthday-Verfahren*, das ein übliches Mittel der Personenauswahl bei Befragungen auf Basis von Haushaltsdaten darstellt (z.B. DIEKMANN 1998)[217]. Ein solches Verfahren ist erforderlich, da sich diese Befragung, ähnlich wie viele andere Erhebungen, auf Personen bezieht, im ersten Schritt der Auswahl jedoch nur Haushalte verfügbar sind. Somit ist es notwendig, im nächsten Schritt eine zufallsgesteuerte Personenauswahl zu treffen. Unter der Annahme, dass der Geburtstag einer Person aus einem Zufallsprozess resultiert, führt dieses Verfahren zu einer Zufallsstichprobe auf Personenebene (LUDWIG-MAYERHOFER 2005)[218]. Wenngleich Birthday-Verfahren vor allem bei telefonischen Befragungen zum Einsatz kommen, steht der Nutzung im Rahmen einer postalischen Befragung wenig entgegen.
Entsprechend dieser zusätzlichen Stufe der Zufallsauswahl wurde das Anschreiben zur Befragung (siehe Anhang 5) mit dem Hinweis darauf versehen, dass diejenige Person den Fragebogen ausfüllen möge, die über 18 Jahre alt ist und zuletzt Geburtstag hatte, auch wenn diese nicht mit dem Haushaltsvorstand, an den der Brief gerichtet war, identisch ist. Am Ende des Fragebogens wurde zusätzlich eine Frage integriert, ob dieses Kriterium eingehalten werden konnte[219]. Die Durchführung der Befragung erfolgte in schriftlich-postalischer Form[220] in Anlehnung an die

---

[217] Alternativ werden auch *Next-Birthday-Verfahren* genutzt.

[218] In persönlichen Interviews wird hierzu häufig der so genannte *Schwedenschlüssel* verwendet (z.B. DIEKMANN 1998; SCHNELL ET AL. 1999).

[219] Die Antworten auf diese Frage waren: 83,5% „ja", 13,6% „nein", 2,9% keine Angabe (n=619).

[220] Auf eine Diskussion der verschiedenen Erhebungsformen wird bewusst verzichtet und auf die entsprechende Literatur (z.B. DIEKMANN 1998; SCHNELL ET AL. 1999) verwiesen. Zudem war diese Erhebungsform projektmäßig vorgegeben.

Tailored-Design-Method (**TDM**) (DILLMAN 2000). Diese Methode gilt als etabliertes Verfahren zur Steigerung der Rücklaufquote bei postalischen Befragungen. Dazu gehören neben verschiedenen Stufen der Kontaktierung der Befragten (also Vorankündigung des Fragebogens, Fragebogenversand, mindestens eine Erinnerungsaktion) auch die Verwendung vorfrankierter Rückumschläge sowie die Berücksichtigung von gestalterischen und formalen Elementen. Diese reichen vom Fragebogenaufbau über Sprache und Ausdruck in der Befragung bis hin zu Design- und Layoutaspekten. Für weiterführende Informationen zu dieser Methode, einschließlich theoretischer Perspektiven, sei neben DILLMAN (1978, 2000) selbst, auf die neuere Literatur (z.B. BERGER 2006; MEHLKOPF & BECKER 2007) verwiesen.

Im Rahmen der TDM wird ebenfalls die Verwendung von so genannten *Incentives* angeregt, die als eine Art Dankeschöngeschenk dazu führen sollen, dass sich sowohl der Rücklauf als auch (im besten Falle) die Datenqualität erhöhen (z.B. JAMES & BOLSTEIN 1990)[221]. Daher wurde im Rahmen der Befragung zusätzlich ein Methodenexperiment zur Wirksamkeit von verschiedenen Incentives hinsichtlich ihrer Rücklaufsteigerung durchgeführt[222].

Zu den wirksamsten Incentives zählen in der Literatur Geld bzw. Geldäquivalente. Gewinnspiele, Gutscheine oder Spenden an gemeinnützige Organisationen sind in ihrer Wirkung meist (aber nicht immer) deutlich schwächer ausgeprägt. Ebenso sind unmittelbar bereitgestellte Incentives in der Regel wirksamer als in Aussicht gestellte Geschenke (z.B. CHURCH 1993; PORST 2001; STADTMÜLLER & PORST 2005; BERGER 2006;

---

221 Eine positive Wirkung von Incentives auf die Datenqualität lässt sich jedoch nicht grundsätzlich ausmachen. Häufig ist ein derartiger Effekt nicht nachweisbar, wie z.B. DAVERN ET AL. (2003) und STADTMÜLLER (2009) zeigen.

222 Die positive Wirkung von Incentives wird in der Mehrheit der Literatur gezeigt (für einen Überblick mit Verweisen auf weitere Metastudien siehe z.B. MEHLKOPF & BECKER (2007)). Die Verwendung von drei „üblichen" Incentives innerhalb *einer* Befragung, so dass ein direkter Vergleich ihrer Wirksamkeit möglich wird, konnte so in der Literatur nicht gefunden werden und stellt daher auch einen Beitrag zur Methodendiskussion dar.

MEHLKOPF & BECKER 2007)[223]. Grundsätzlich ist jedoch üblicherweise jede Art von Incentive besser als keinerlei Anreiz. Ausführliche und praxisnahe Hinweise zum Einsatz von Incentives finden sich z.B. bei PORST (2001) und STADTMÜLLER & PORST (2005). Für weiterführende (aber auch grundlegende und allgemeine) Informationen zu Fragenformulierung, Fragebogenkonstruktion, Befragung, empirischer Forschung, etc. sei auf die einschlägige Literatur verwiesen, so z.B. DIEKMANN (1998), HOFFMEYER-ZLOTNIK & WARNER (1998), PORST (2000b), STOCKÉ (2002), KIRCHHOFF ET AL. (2003), OPPENHEIM (2004), MUMMENDEY & GRAU (2008), PORST (2008), FAULBAUM ET AL. (2009) UND ATTESLANDER (2010).

Innerhalb der eigenen Erhebung wurden drei Incentive-Gruppen und eine Kontrollgruppe verwendet. Die genutzten Incentives waren Geld, Schecks als geldähnliches Gut und es wurde die Teilnahme an einem Gewinnspiel (siehe Anhang 10) ermöglicht. Die Höhe des beigefügten Geldes und der Schecks lag bei 5 Euro. Im Rahmen des Gewinnspiels wurde ein neuwertiger Marken-Laptop verlost[224] (für eine detaillierte Aufstellung der Experimentalgruppen siehe Tabelle 20).

Außerdem gab es im Rahmen der Befragung ein weiteres Experiment, das auf Informationseffekte abzielte. Bei diesem *Informations-Split* wurden Zusatzinformationen über potentielle Umweltwirkungen beim Anbau von GVP (siehe Anhang 7) zufällig über die Hälfte aller Fragebögen (über alle Varianten und Incentive-Gruppen) verteilt, so dass letztlich jedem zweiten Fragebogen dieses Zusatzblatt beigefügt war. Dabei erfolgte die Codierung der verschiedenen Experimentalgruppen über einen entsprechenden Vermerk in der Fußzeile des Deckblattes des Fragebogens, die

223 Es gibt verschiedene theoretische Erklärungsansätze für die Wirksamkeit von Incentives. Diese beziehen sich vorwiegend auf Aspekte der Reziprozität oder des sozialen Austauschs. Für weitere Informationen hierzu siehe beispielhaft BERGER (2006).

224 Die Nutzung eines derartigen (vglsw. hochpreisigen) Gegenstandes mag unkonventionell sein, da oftmals eher Buchgutscheine oder kleinere Elektrogeräte wie USB-Sticks o.ä. verlost werden. Die Resonanz war jedoch sehr positiv und es kann angenommen werden, dass ein solcher Preis durchaus reizvoller als viele andere Alternativen ist.

den Befragten im Rahmen einer Erklärung über Datenschutz und Vertraulichkeit der Angaben entsprechend transparent gemacht wurde (siehe Anhang 6). Überdies wurde allen Befragten angeboten, sie über die Ergebnisse der Studie zu informieren. Hierzu lag jedem Fragenbogen ein separates Blatt (siehe Anhang 9) zur Übermittlung der Kontaktdaten bei, welches später unmittelbar nach Rücksendung des Fragbogens von selbigem getrennt wurde, so dass keinerlei personenbezogene Rückschlüsse möglich sind[225].

Die direkte Abwicklung der Befragung wurde an einen so genannten *Lettershop* übergeben, der auch seitens des Adressgebers entsprechend autorisiert ist[226]. Dieser Lettershop übernahm nach Bereitstellung der Adressdatei und der Befragungsmaterialien den Druck, die Kuvertierung, die Zusortierung aller Unterlagen einschließlich der Incentives, das Freimachen der Rückumschläge und den Versand der Fragebögen. Nachdem bereits die Pilotstudie in dieser Form durchgeführt wurde, erfolgte vor der Hauptstudie eine nochmalige Adressaktualisierung, die dazu führte, dass statt der 4000 Adressen noch 3860 Adressen als potentiell gültig zur Verfügung standen. Aus diesen wurden 3500 Adressen über eine Zufallsauswahl entnommen, auf deren Basis dann die Vorankündigung der Befragung und der Versand der Fragebögen erfolgte.

Die folgende Tabelle 20 gibt eine Übersicht über die Aufteilung der Druckzahlen und Experimentalgruppen für das Incentive-Experiment sowie den Informations-Split. Der Informations-Split erstreckte sich, wie zuvor erläutert, gleichmäßig über alle Incentive-Gruppen hinweg, so dass jedem zweiten Fragebogen dieses Zusatzblatt beilag.

---

225 Einige Personen haben dieses Blatt völlig separat vom Fragebogen zurückgesandt. Insgesamt hatte fast die Hälfte aller Befragten ein Interesse an den Ergebnissen, wobei nicht ausgeschlossen werden kann, dass auch Personen, die den Fragebogen nicht zurückgesandt haben, die Ergebnisse der Studie angefordert haben.

226 Herzlicher Dank gilt dem Lettershop Bornemann in Göttingen (http://www.bornemann-werbung.de), vor allem Frau Thöne und Herrn Eggert für ihre Hilfe und freundliche Unterstützung.

Tabelle 20: Aufteilung Fragebogen und Experimentalgruppen
Quelle: eigene Darstellung.

	Anzahl
Vorankündigung & Fragebogen	**3500**
davon...	
Incentive 1: Geld (5 €)	350
Incentive 2: Scheck (5 €)	350
Incentive 3: Gewinnspiel (Laptop)	1400
Incentive 4: kein Incentive	1400
Informations-Split	*1750*

Die Durchführung der Hauptstudie erfolgte im Zeitraum von Februar bis März 2008, wobei dieses Zeitfenster so gelegt wurde, dass es möglichst wenige Überschneidungen mit Ferien- oder Feiertagszeiten gab. Dabei wurde der Fragebogen knapp eine Woche vor seiner Verschickung vorangekündigt (siehe Anhang 4). Drei Wochen nach der Fragebogenzustellung erfolgte ein Erinnerungsschreiben (siehe Anhang 11)[227]. Weitere Nachfassaktionen wurden nicht durchgeführt. Der letzte Fragebogen ging sechs Wochen nach seiner Verschickung (und damit drei Wochen nach dem Erinnerungsschreiben) ein.

4.3.5 Der resultierende Datensatz

Trotz der vorherigen Adressprüfung seitens des Adressgebers kam es zu einigen Ausfällen an dieser Stelle. Von den 3500 verschickten Briefen konnten 170 Stück aufgrund von Adressproblemen nicht zugestellt werden. Dies entspricht einem Adressausfall von knapp 5% (4,9%), was jedoch im Rahmen der zugesagten Qualität des Datenbestandes (siehe Seite 177) liegt. Damit wurden 3330 Fragebögen potentiell zugestellt. Darüber hinaus haben 54 Personen ihre Nichtteilnahme schriftlich oder telefonisch mitgeteilt. Die folgende Tabelle 21 gibt einen Überblick über die Ausfälle und mitgeteilte Teilnahmeverweigerungen.

[227] Eine erneute Verschickung der Fragebögen mit dem Erinnerungsschreiben erfolgte nicht.

Tabelle 21: Adressausfall und Teilnahmeverweigerungen
Quelle: eigene Darstellung.

Ausfallart		Anzahl	Anteil in %
Adressfehler		170	4,9
Teilnahmeabsage		54	1,5
leerer Fragebogen		14	0,4
Kontrolladressen		18	0,5
	Summe:	*256*	*7,3*

Dabei verteilen sich die Adressausfälle mit im Durchschnitt rund 5% gleichmäßig auf die vier Incentive-Gruppen (siehe Anhang 12). Außerdem wurden 14 Fragebögen leer und ohne Begründung oder Anmerkungen zurückgesandt. Ferner enthält der Adressdatensatz Kontrolladressen des Adressgebers, deren Anteil bis zu 1% beträgt. In obiger Berechnung wurde ein durchschnittlicher Ausfall aufgrund dieser Kontrolladressen von 0,5% zugrunde gelegt. Wertet man nun die Kontrolladressen und Absagen (einschließlich der leeren Fragebögen, was auch eine Form der Absage ist) zusammen, resultieren 86 weitere Ausfälle. Damit summieren sich die Ausfälle auf insgesamt 256, was rund 7% der Gesamtmenge entspricht. So weit es reproduzierbar ist, verteilen sich die Ausfälle auch im Hinblick auf den Informations-Split annähernd gleich. So sind von den 184 nachvollziehbaren Ausfällen 90 mit Zusatzinformationen und 94 ohne diese. Auch bei den retournierten Fragebögen herrscht eine annähernde Gleichverteilung bezüglich der Zusatzinformationen vor, so dass davon ausgegangen werden kann, dass die verbleibenden 72 unzuordenbaren Fälle ähnlich verteilt sind bzw. keine strukturelle Verzerrung an dieser Stelle verursachen.

Unter Berücksichtigung aller Ausfälle gab es letztlich somit 3244 potentielle Befragungsteilnehmer. Von diesen sind nach Ablauf der Rücksendefrist 623 Antworten eingegangen. Allerdings waren in wenigen Fällen faktisch keine brauchbaren Informationen im Fragebogen enthalten, sondern es waren nur sehr wenige Angaben gemacht. Um die Zahl der fehlenden Angaben (*Missings*) für die Auswertungen nicht künstlich zu er-

höhen, wurde die Maßgabe gesetzt, dass mindestens 75% der möglichen Angaben gemacht wurden.
Dies führte dazu, dass vier Fragebögen aus den Auswertungen ausgeschlossen wurden. Damit bilden 619 verwertbare (gültige) Antworten die Basis für die weiteren Analysen[228]. Dabei wurden 503 Fragebögen (81,3%) vor der bzw. ohne Nachfaßaktion zurückgeschickt und 116 Fragebögen (18,7%) sind nach dem Erinnerungsschreiben eingegangen. Wenngleich die Rücklaufquote oftmals mit der Ausschöpfungsquote synonym verwendet wird und deren Definition zudem sehr unterschiedlich sein kann (SCHNELL ET AL. 1999), wird in Anlehnung an DIEKMANN & JANN (2001) zunächst zwischen beiden differenziert. Daher werden an dieser Stelle noch einmal kurz die wichtigsten Kenndaten der Stichprobe zusammengestellt (Tabelle 22).
Ausgehend von der Gesamtstichprobe (Bruttostichprobe) werden die stichprobenneutralen Ausfälle abgezogen und die resultierende bereinigte Stichprobe gleich 100% gesetzt (PORST 2000a). Von dieser subtrahiert werden die systematischen Ausfälle[229], so dass letztlich eine Nettostichprobe von 3244 resultiert. Dabei werden an dieser Stelle bewusst in der Nettostichprobe sämtliche (und nicht nur die stichprobenneutralen) Ausfälle von der Bruttostichprobe abgezogen. Dies mag in manchen Bereichen der Umfrageforschung nicht ungewöhnlich sein, in der sozialwissenschaftlichen Praxis bedarf dies aber tendenziell einer gesonderten Erklärung, da üblicherweise nur unsystematische Ausfälle abgezogen werden, also die bereinigte Stichprobe im Regelfall identisch der Nettostichprobe ist (DIEKMANN 1998; PORST 2000a; DIEKMANN & JANN 2001).

[228] Es kann natürlich diskutiert werden, inwiefern diese 4 Fragebögen eine Form von Protestantworten darstellen und dieser Aspekt daher ausführlicher betrachtet werden sollte. Aufgrund der geringen Anzahl wird darauf jedoch verzichtet. Es ist anzunehmen, dass die Ursachen für diese 4 Fälle im Rahmen der allgemeinen kritischen Diskussion mit abgedeckt werden. Der Vollständigkeit halber sei außerdem erwähnt, dass diese 4 Fragebögen vor der Erinnerungsaktion eingegangen sind.

[229] Dass die Entscheidung zwischen stichprobenneutralen und systematischen Ausfällen nicht immer einfach ist und wie stark sich damit die Ausschöpfungsquote „anpassen" lässt, zeigt z.B. DIEKMANN (1998).

Tabelle 22: Stichprobenübersicht
Quelle: eigene Darstellung.

	n	
Bruttostichprobe	**3500**	**100%**
Adressausfall	170	
Kontrolladressen	18	
Summe stichprobenneutrale Ausfälle	*188*	*5,4%*
bereinigte Stichprobe	**3312**	**100%**
leere Fragebögen	14	
Teilnahmeabsagen	54	
Summe systematische Ausfälle	*68*	*2,1%*
Nettostichprobe	**3244**	
retournierte Fragebögen	623	
nicht verwertbare Fragebögen	4	
verwertbare Fragebögen	**619**	

Da aber, wie bereits ausgeführt, nicht bei allen stichprobenneutralen Ausfällen (Kontrolladressen) eine exakte Zuordnung zu den Gruppen möglich ist, wäre auch hier die bereinigte (Teil-) Stichprobe unpräzise. Daher wird im Sinne eines pragmatischen Ansatzes, der auch das Lesen der Arbeit erleichtern und vor häufigen Wechsel der Berechnungsgrundlagen bewahren soll, der Weg gewählt, die Nettostichprobe konsequent um sämtliche Ausfälle zu bereinigen. Dies erscheint auch vor dem Hintergrund der geringen Anzahl der Ausfälle vergleichsweise vertretbar. Neben der Frage, welcher Kategorie die Ausfälle zuzuordnen sind, gibt es auch unterschiedliche Ansätze bei der Berechung der Rücklaufquote. Allgemein gibt diese das Verhältnis von realisierten (gültigen) Interviews zu den versuchten Interviews (Bruttostichprobe) an (**1**). Allerdings findet für den zweiten Term in der Praxis oft auch die bereinigte Stichprobe (**2**) Verwendung. Bei der Ermittlung der Ausschöpfungsquote kommt die Entscheidung hinsichtlich der Kategorie der Ausfälle besonders zum Tragen. Üblicherweise werden hier die realisierten (gültigen) Interviews zur Bruttostichprobe abzüglich der (unsystematischen) Ausfälle ins Verhältnis gesetzt (**3**). Allerdings wird oft auch der Quotient aus gültigen Interviews und Bruttostichprobe abzüglich sämtlicher Ausfälle (**4**) genutzt. Je nach der Art der Berechnung gibt es daher geringe bis keine Unterschiede zwischen der Rücklauf- und Ausschöpfungsquote, was den häufig vorzufindenden gleichwertigen Gebrauch der Begriffe verdeutlicht, zumal bei der Berechnung Interpretations- bzw. Zuordnungsspielräume zur Verfügung stehen. Nachstehende Tabelle 23 stellt die Berechnungsmöglichkeiten für die Quoten anhand der eigenen Daten gegenüber.

Tabelle 23: Rücklauf- und Ausschöpfungsstatistik gesamt
Quelle: eigene Darstellung.

Berechnungsart	Rücklaufquote	Ausschöpfungsquote
1	17,7%	
2	18,7%	
3		18,7%
4		19,1%

Die für die Incentive-Gruppen getrennt ermittelten Ausschöpfungsquoten finden sich im Anhang 12. Die Unterschiede zwischen den Gruppen sind ausschließlich im Vergleich von Geld zu den anderen Incentives für $\alpha = 0{,}05$ signifikant (siehe Anhang 13). Würden nun die vier Gruppen zusammengefasst, resultierte aus den 619 retournierten Fragebögen eine Ausschöpfungsquote von rund 19% (siehe Tabelle 23). Bildet man das arithmetische Mittel der Teilquoten der Incentive-Gruppen, liegt die Ausschöpfungsquote bei 23,3% (siehe Anhang 12). Setzt man die erreichte Antwortrate ins Verhältnis zu üblichen schriftlichen Befragungen (z.B. DIEKMANN 1998), erscheint sie im besten Falle durchschnittlich. Berücksichtigt man jedoch den Einsatz der TDM einschließlich der Incentives, ist die Rücklauf- bzw. Ausschöpfungsquote als relativ gering zu bewerten. Unter Verwendung der TDM werden meist 50%-75% erreicht, in manchen Fällen auch darüber hinaus (DILLMAN 1978, 2000)[230]. Vor dem Hintergrund, dass der Fragebogen einerseits mit 20 Seiten bereits recht lang ist und andererseits dem Großteil der Befragten als eher untypisches bzw. ungewohntes Befragungsinstrument erschienen sein dürfte

230 Siehe hierzu auch KLEIN & PORST (2000).

(ob des Experiments zur Präferenzmessung), mag sich dieser Wert relativieren. JAMES & BURTON (2003) erzielen in Australien mit ihrem Experiment rund 18% Antwortrate im Rahmen einer Briefbefragung. LOUREIRO & UMBERGER (2007) erreichen bei der postalischen Umsetzung eines Präferenzmessungsexperiments in den USA unter Verwendung der TDM knapp 13% Antwortrate, wobei jedoch auf materielle Incentives verzichtet wurde. ROE & TEISL (2007) vergeben im Rahmen eines ähnlichen, postalisch realisierten Experiments in den USA mit mehrfachen Erinnerungen Incentives für zurückgesandte und vollständige Fragebögen und erreichen damit eine Antwortrate von 39%. Aus der Literatur bekannte Studien, die ein solches Experiment (allerdings ohne Berücksichtigung der TDM) in Europa postalisch umgesetzt haben, erreichen bei ungleich kürzeren Fragebögen Antwortraten von maximal 15%, wobei diese in Deutschland bei lediglich 7% lag (LUSK ET AL. 2003)[231].

Überraschend ist der vergleichsweise geringe Anteil an Verweigerungen bei der Einkommensfrage[232]. So haben knapp 10% die Möglichkeit genutzt, bewusst keine Auskunft zu erteilen („Das möchte ich nicht angeben.") und lediglich knapp 3% haben jegliche Angabe bei dieser Frage verweigert[233]. Vergleicht man nun die Zusammensetzung der eigenen Stichprobe anhand ausgewählter Merkmale mit den offiziellen Zahlen des Statistischen Bundesamtes für das Jahr 2008, zeigt sich das folgende Bild (Tabelle 24). Im Rahmen der Angaben des Statistischen Bundesamtes werden Personen bereits ab dem 15. Lebensjahr berücksichtigt und bilden mit den bis 25-Jährigen eine Gruppe. Da in der Stichprobe erst Personen ab dem 18. Lebensjahr berücksichtigt werden, kann keine Gegenüberstellung dieser Gruppe erfolgen[234].

---

231 Für die USA lag die Antwortrate in dieser Studie bei 29%.

232 Da das Einkommen gruppiert erhoben wurde, erfolgte die Berechung des Durchschnitts (Median) gemäß folgender Formel: $\bar{x} = u_m + \frac{\frac{n}{2} - \sum_{k=1}^{m-1} n_k}{n_m} * (o_m - u_m)$.

233 Dies ist umso bemerkenswerter, als z.B. ACOCK (2005) mit 30% Ausfallrate bei der Einkommensfrage rechnet.

234 Deren Anteil an der Stichprobe macht knapp 4% aus.

Tabelle 24: Vergleich Stichprobe und Statistisches Bundesamt
Quelle: Statistisches Bundesamt (2010), eigene Berechnungen.

Merkmal	Statistisches Bundesamt	Stichprobe	Differenz der Stichprobe
Geschlecht			
männlich	49,0%	58,6%	+9,6%
weiblich	51,0%	39,4%	-11,6%
Staatsangehörigkeit			
Deutsch	91,2%	95,6%	+4,4%
Nicht-Deutsch	8,8%	2,4%	-6,4%
Altersgruppe			
25 bis 45 Jahre	27,3%	31,7%	+4,4%
45 bis 65 Jahre	27,3%	37,2%	+9,9%
65 und mehr Jahre	20,4%	25,0%	+4,6%
Haushaltsgröße			
1 Person	39,4%	20,0%	-19,4%
2 Personen	34,0%	42,2%	+8,2%
3 Personen	13,0%	15,5%	+2,5%
4 Personen	9,9%	14,7%	+4,8%
5 und mehr Personen	3,6%	4,8%	+1,2%
Schulbildung			
Hauptschule	39,3%	16,0%	-23,3%
Realschule	21,1%	22,5%	+1,4%
Fach-/Hochschulreife	24,4%	23,6%	-0,8%
ohne Schulabschluss	3,9%	0,5%	-3,4%
Ausbildung			
Lehre	50,8%	29,9%	-20,9%
Hochschulabschluss	12,0%	29,7%	+17,7%
Promotion	1,0%	4,5%	+3,5%
ohne Ausbildungsabschluss	28,2% [235]	1,9%	-26,3%
∅ Haushaltseinkommen	2914 €	2429,70 €[236]	-16,6%

[235] Bei den Angaben des Statistischen Bundesamtes in dieser Kategorie ist zu beachten, dass auch alle Personen, die *noch* keinen Ausbildungsabschluss besitzen, mitzählen.

[236] Die Gruppen der Verweigerer und Enthaltung wurden nicht berücksichtigt. Bezieht man sie mit ein, läge das durchschnittliche Haushaltsnettoeinkommen bei 2665,60 € und die Differenz zur Durchschnittsangabe des Statistischen Bundesamtes betrüge -8,5%.

Auf den ersten Blick stimmt die Stichprobe hinsichtlich Personen mit Hochschulzugangsberechtigung besonders gut mit den offiziellen Angaben überein. Auch bei weiteren Größen, wie Personen mit Realschulabschluss oder Haushalten mit fünf oder mehr Mitgliedern erreicht sie eine gute Annäherung. Auffällig ist jedoch die schlechte Annäherung der Stichprobe an die Daten des Statistischen Bundesamtes vor allem im Hinblick auf den Ausbildungsabschluss und teilweise bezüglich der Schulbildung. Dieser Punkt ist in erster Linie einem Gestaltungsproblem des Fragebogens geschuldet. So war es aufgrund des Layouts nicht möglich, die Fragen nach dem Schul- und Ausbildungsabschluss getrennt voneinander bzw. nacheinander zu stellen (siehe Anhang 8, Seite XXIX)[237]. Vielmehr wurden beide Abfragen nebeneinander gestellt und mit einer „UND-Anweisung" miteinander verbunden. Allerdings haben viele Befragte nur eine der beiden Angaben (Schul- oder Ausbildungsabschluss) angegeben, so dass wechselseitig fehlende Angaben resultieren. So haben knapp 32% der Befragten keine Angabe bei der Schulbildung gemacht und fast 19% keine Auskunft hinsichtlich des Ausbildungsabschlusses gegeben. Allerdings lassen sich in einem Großteil der Fälle die fehlenden Werte näherungsweise reproduzieren, wenn man zugrunde legt, dass beispielsweise für eine Promotion oder ein Studium ein Abitur (oder vergleichbarer Abschluss) notwendige Voraussetzung ist. So verfügen fast 70% der Personen ohne Angabe des Schulabschlusses über ein abgeschlossenes Studium oder eine Promotion. Im umgekehrten Falle vom Schulabschluss auf den Ausbildungsabschluss zu schließen ist deutlich schwieriger, da auch ein Abitur kein Garant für z.B. eine Lehre ist und die Person somit auch ohne Ausbildungsabschluss sein kann[238].

[237] Dieses Problem geht zu Lasten des Fragebogenerstellers und hätte sich rückblikkend sehr wahrscheinlich reduzieren bis vermeiden lassen. Daran ist jedoch nunmehr nichts zu ändern.

[238] Auch wenn sich Annahmen treffen ließen, so z.B. dass Personen mit einer abgeschlossenen Lehre potentiell eher einen Haupt- oder Realschulabschluss haben, ist dies zum einen sehr vage und zum anderen nicht zeitgemäß, da nicht alle Personen mit Abitur studieren, sondern auch Lehrausbildungen absolvieren.

Da die gegenwärtige berufliche Stellung lediglich in groben Kategorien erfasst wird, können auch über diesen Weg nur sehr begrenzt Rückschlüsse auf den fehlenden Wert beim Ausbildungsabschluss gezogen werden. Daher werden nur bei eindeutigen Fällen die Informationen genutzt, um fehlende Angaben zu ersetzen. Konkret bedeutet dies, dass nur wenn die Person „Studium" oder „Promotion" als Ausbildungsabschluss genannt hat, der fehlende Wert bei Schulbildung auf „Fach-/Hochschulreife" gesetzt wird[239]. Ebenso führt die Angabe von „In Ausbildung/Studium" bei der derzeitigen beruflichen Stellung dazu, dass Personen mit einem fehlenden Wert beim Ausbildungsabschluss der Kategorie „kein Ausbildungsabschluss" zugeordnet werden[240]. Nutzt man nun die vorhandenen Informationen zur Rekonstruktion der fehlenden Werte in besagter Weise, so reduziert sich der Ausfall bei den beiden Items auf knapp 10% bei Schulausbildung und 15,5% beim Ausbildungsabschluss. Die verbleibenden fehlenden Werte gehen zu Lasten nicht reproduzierbarer Fälle, in 2,3% aller Fälle (14 Personen) fehlen beide Angaben. Damit ergeben sich für die Schul- und Ausbildungsabschlüsse nun folgende Näherungen an die Daten des Statistischen Bundesamtes (Tabelle 25). Nun weicht die Stichprobe jedoch gegenüber Tabelle 24 auch bei Personen mit Hochschulzugangsberechtigung sehr deutlich von den offiziellen Daten ab und scheint zugunsten von Personen mit einem durchschnittlich höheren Bildungsgrad verzerrt. Die Korrekturen bei Personen ohne Ausbildungsabschluss führen aufgrund deren geringer Fallzahl zu geringfügigeren Veränderungen in Höhe von rund 3%.

---

[239] Dies soll nicht darüber hinwegtäuschen, dass auch ohne ein formales Abitur die Möglichkeit eines Studiums besteht. Zum einen sind solche Fälle aber vergleichsweise selten und zum anderen kann argumentiert werden, dass ein ähnliches Qualifikationsniveau vorliegt. Daher erscheint diese Zuordnung legitim.

[240] Auch diese Eingruppierung erscheint angemessen, da selbst in Fällen in denen eine Zweitausbildung absolviert wird, die Möglichkeit der Angabe des ersten Ausbildungsabschlusses bestanden hat, so dass davon auszugehen ist, dass diese Personen in der Tat noch keinen Ausbildungsabschluss besitzen.

Tabelle 25: Übersicht bereinigter Merkmale
Quelle: Statistisches Bundesamt (2010), eigene Berechnungen.

Merkmal	Statistisches Bundesamt	Stichprobe	Differenz der Stichprobe
Schulbildung			
Hauptschule	39,3%	16,0%	-23,3%
Realschule	21,1%	22,5%	+1,4%
Fach-/Hochschulreife	24,4%	45,7%	+21,3%
ohne Schulabschluss	3,9%	0,5%	-3,4%
Ausbildung			
Lehre	50,8%	29,9%	-20,9%
Hochschulabschluss	12,0%	29,7%	+17,7%
Promotion	1,0%	4,5%	+3,5%
ohne Ausbildungsabschluss	28,2%[241]	5,0%	-23,2%

Betrachtet man weiterhin die fehlenden Fälle insgesamt, liegt deren Anteil durchschnittlich bei 1,7%. Anhang 14 gibt eine detaillierte Auflistung der Missings je Variable. Dabei sind die höchsten Ausfälle weiterhin bei den Variablen Schulbildung und Ausbildungsabschluss mit den bereits zuvor genannten Werten von knapp 10% und 15,5% zu finden. Bis auf eine weitere Variable (*Alter des jüngsten Kindes „KINDNEU"*; 4,7%) liegt der Ausfall sonst deutlich unterhalb 5%[242]. Bei der Anzahl der Ausfälle pro Person sind in rund 61% der Stichprobe keinerlei Missings zu verzeichnen. Weitere 23% haben lediglich eine fehlende Angabe (Tabelle 26). Im Umkehrschluss bedeutet dies aber auch, dass fast 40% der Befragten unvollständig geantwortet haben, wobei dies oftmals demogra-

[241] Bei den Angaben des Statistischen Bundesamtes in dieser Kategorie ist zu beachten, dass auch alle Personen, die *noch* keinen Ausbildungsabschluss besitzen, mitzählen.

[242] Bei dieser Variablen wurden drei Fälle ergänzt, in denen über die Anzahl der Personen im Haushalt (Angabe: 1 Person) der fehlende Wert bei KIND auf „keine Kinder im Haushalt" gesetzt werden konnte. Eine nennenswerte Änderung der Missing-Quote, sowohl variablenspezifisch als auch insgesamt, wird aber dadurch nicht erzeugt.

phische oder nicht zentrale Variablen betrifft[243]. Grundsätzlich ist bei allen Ausfällen die Frage nach ihrer Art relevant, sprich handelt es sich um zufällige oder systematische Ausfälle. Wie bereits zuvor bei der Rücklauf- bzw. Ausschöpfungsquote stellt sich auch bei den Missings die Frage nach einer Systematik und einer potentiell resultierenden Verzerrung der Stichprobe. Grundsätzlich lassen sich trotz aller Bemühungen Ausfälle in der empirischen Forschung nicht gänzlich vermeiden.

Tabelle 26: Anzahl Missings pro Person[244]
Quelle: eigene Darstellung.

Anzahl Missings	n	%	% kumuliert
0	376	60,7	60,7
1	145	23,4	84,2
2-5	52	8,4	92,6
6-10	22	3,6	96,2
11-15	17	2,7	98,9
16-19	7	1,1	100,0
Summe:	619	100,0	100,0

Der komplette Ausfall (bzw. das Nicht-Antworten) von Personen, also der *unit-non-response*, ist im Falle eines zufälligen Ausfalls dann vergleichsweise wenig dramatisch, wenn die Auswahl auf einer Zufallsstichprobe beruht.

> „Die tatsächlichen Befragten wären dann wiederum nur eine Zufallsstichprobe aus unserer Stichprobe. Lediglich der Stichprobenumfang wäre kleiner und damit unsere Schätzung von Populationsparametern zwar etwas ungenauer, aber unverzerrt" (SCHNELL ET AL. 1999: 289).

Allerdings kann dieser Beweis faktisch nicht erbracht werden, da dazu eben die Daten benötigt werden, die jedoch fehlen (SCHNELL ET AL. 1999).

243 In der unbereinigten Stichprobe, also ohne Rekonstruktion fehlender Werte in eindeutigen Fällen, haben rund 40% keine Missings und 42% eine fehlende Angabe. Faktisch findet durch die Rekonstruktion fast ausschließlich eine Verschiebung von 1 Missing zu 0 Missings statt, was in Anbetracht der hohen Ausfälle beim Schulabschluss plausibel ist und zudem zeigt, dass alle anderen Angaben vorliegen.

244 Aufgrund von Rundungen kommt es zu geringfügigen Abweichungen in der Spalte %-kumuliert.

Ähnlich verhält es sich auch mit den fehlenden Werten, den Missings, die innerhalb eines Falles bei den Variablen auftreten können, dem so genannten *item-non-response*. Solche Ausfälle sind ein typisches Problem in der empirischen Forschung, auch über alle sozialwissenschaftlichen Bereiche hinweg (z.B. JUSTER & SMITH 1997). Die Behandlung fehlender Werte bzw. der Umgang mit ihnen wurde oftmals nicht thematisiert und wird auch heute noch in den verschiedenen Disziplinen sehr unterschiedlich gehandhabt[245]. Gleichwohl sind fehlende Werte, insbesondere in großer Zahl und/oder bei systematischem Ausfall ein Problem, ebenso wie ein falscher oder unreflektierter Umgang mit ihnen. In der statistischen Literatur hat sich hierzu prinzipiell die Klassifikation nach RUBIN (1987) und LITTLE & RUBIN (2002) durchgesetzt[246]. Diese unterscheidet nach drei Fällen von fehlenden Daten, nämlich „vollständig zufällig fehlend" (*missing completely at random* **MCAR**), „zufällig fehlend" (*missing at random* **MAR**) und „nicht zufällig fehlend" (*missing not at random* **MNAR**[247]). Dabei ist MCAR prinzipiell ein Spezialfall von MAR und ist in der Praxis sowohl selten haltbar als auch die stärkste Annahme über fehlende Werte. Der Nachweis, welche Art fehlender Werte vorliegt, ist zumeist schwierig, da oftmals die Annahmen nicht anhand der vorliegenden Daten überprüft werden können, sondern weiterer Informationen bedürfen. Dennoch ist diese Einteilung vor allem für Annahmen über die Ursachen der fehlenden Werte von großem Nutzen (LÜDTKE ET AL. 2007). Im Allgemeinen gehen mit fehlenden Werten drei Hauptprobleme einher. Erstens, reduzieren Missings die Stichprobengröße und können zu einem Effizienzverlust bei der Parameterschätzung führen. Zweitens, erschweren Missings die Auswertungen, da die meisten Analyseverfahren vollständige Datenmatrizen benötigen. Drittens, können Verzerrungen der Parameterschätzungen auch durch systematische Unterschiede zwischen Fällen mit und ohne Missings resultieren (z.B. GRAHAM ET AL. 2003). Beim

---

245 Dies mag auch an dem üblicherweise hohen Aufwand der Datenaufbereitung bei Missings liegen.

246 Mitunter wird bereits auch die Arbeit von RUBIN (1976) als Grundlage gesehen.

247 Teilweise findet sich auch NMAR für *not missing at random*.

Umgang mit Missings gibt es grundsätzlich verschiedene Wege (von Ignorieren bis zu Ersetzungs- bzw. Imputationsverfahren), die meist jedoch mit potentiellen Verzerrungen oder einem hohen Aufwand einhergehen[248]. Diese Aspekte sollen hier nicht weiter ausgeführt werden, vielmehr wird auf die inzwischen zahlreich vorhandene Literatur verwiesen, für die ACOCK (2005), HORTON & KLEINMAN (2007) und LÜDTKE ET AL. (2007) stellvertretend genannt seien.

Bei der Betrachtung fehlender Werte des GeneRisk-Datensatzes zeigen sich grundsätzlich keine auffälligen Muster, die auf einen systematischen Ausfall hindeuten. Hinsichtlich des *unit-non-response* aufgrund möglicher Selbstselektionsprozesse können systematische Ausfälle nicht ausgeschlossen werden (siehe Abschnitt 4.3.6). Die Ausfälle bei den demographischen Items erfüllen die hinreichende (aber nicht notwendige) Bedingung, dass das Auftreten von fehlenden Werten einer Variablen weder von der Variablen selbst, noch von der Ausprägung auf anderen beobachteten Variablen abhängt (*Little's MCAR-Test*, Sig.=0,729). Dieses Testverfahren prüft die Nullhypothese, dass auf der Basis der im Datensatz vorhandenen Variablen MCAR gegenüber MAR gehalten werden kann. Allerdings kann dieser Test die Annahme von MCAR nicht bestätigen, da der Beweis dafür, dass das Fehlen von den Ausprägungen nicht von der Variablen selbst abhängt (was MNAR bedeutet würde), nicht erbracht werden kann (LÜDTKE ET AL. 2007). Bei den anderen Ausfällen ist die MCAR-Bedingung verletzt, so dass ein signifikanter Little-Test resultiert (Sig.=0,000). Ob demnach MAR vorliegt, kann jedoch ebenfalls nicht anhand der vorliegenden Daten überprüft werden, weil man dazu auch die fehlenden Werte kennen müsste (LÜDTKE ET AL. 2007; BALTES-GÖTZ 2008).

---

[248] Als „state-of-the-art" gelten inzwischen Verfahren der multiplen Imputation, die sich zum einen (qualitätsmäßig) deutlich von einfachen Imputationsverfahren absetzen und zum anderen dank der technischen Entwicklung auch breitentauglich nutzbar und bereits in vielen Statistikprogrammen implementiert sind. Siehe hierzu auch KING ET AL. (2001), GRAHAM ET AL. (2003) und HORTON ET AL. (2003).

Wenngleich ein kritisches Bewusstsein für die Belange von Missings vorliegt, wird an dieser Stelle für den Umgang mit diesen ein pragmatischer Ansatz gewählt, der zwar von wenig effizienten Einsetzungsverfahren Abstand nimmt, gleichzeitig aber auch aufgrund der geringen Anteile der Missings (∅ 1,7%) nicht den aufwändigen Weg der multiplen Imputation beschreitet. Somit werden die fehlenden Werte vorerst nicht weiter bearbeitet, sondern in Abhängigkeit der jeweiligen Analyse verwertet. Entsprechend werden die damit einhergehenden potentiellen Limitationen hinsichtlich Verzerrungen der Schätzergebnisse und Präzision bewusst akzeptiert, wobei deren Ausmaß jedoch als sehr begrenzt bewertet wird, wie Anhang 15 auf Basis verschiedener (einfacher) Standardverfahren im Umgang mit Missings verdeutlicht. Dies legt nahe, dass im konkreten Fall der Weg über Ausschlussverfahren zu ähnlichen Resultaten wie einfache Ersetzungsverfahren führt. Bedingt durch die relativ geringe Ausfallquote bei den meisten Variablen kann davon ausgegangen werden, dass auch die multiple Imputation keinen wesentlichen Unterschied zu den demonstrierten Verfahren erbringen würde. Daher wird es als legitim betrachtet, keine übermäßigen Anstrengungen der Missing-Bearbeitung zu unternehmen und im Regelfall einen analysespezifischen Umgang mit den Missings zu wählen.

4.3.6 Limitationen

Wie bereits zum Teil angeführt, bestehen hinsichtlich des Datensatzes einige potentielle Limitationen. Diese beginnen bereits bei der Datenbasis, sprich der Ziehung der Stichprobe. So besteht hier eine gewisse Abhängigkeit von der Vollständigkeit des Adressregisters des Adressgebers sowie der Qualität dieser Daten, als auch hinsichtlich der Auswahlprozedur für die Stichprobe. Dies beinhaltet auch die Frage danach, ob tatsächlich nur Privathaushalte selektiert wurden. Wenngleich nur sehr wenige konkrete Fälle bekannt sind, umfasste die Stichprobe offensichtlich auch Firmenadressen. Daher stellt sich entsprechend die Frage, wie groß deren Anteil unter Umständen war, ohne jedoch darüber verlässliche

Aussagen treffen zu können. Daher bleibt es spekulativ, Rückschlüsse auf eine Veränderung der Rücklauf- oder Ausschöpfungsquote zu ziehen. Ebenso geben einige bekannte Fälle Anlass zu der Vermutung, dass die Frage nach „Woher haben Sie meine Adresse?" für viele potentielle Befragungsteilnehmer eine sehr relevante Rolle spielte. Da gemäß den Vertragskonditionen diese Information innerhalb des so genannten *mailings* nicht übermittelt werden durfte[249], haben sich scheinbar, trotz der positiven Wirkung einer offiziellen/ öffentlichen Forschungseinrichtung als durchführende Instanz (z.B. DILLMAN 2000; PORST 2001), viele Personen aus diesem Grund der Teilnahme enthalten.

Weiterhin spielt das schon klassisch zu nennende Problem der Selbstselektion vermutlich eine wichtige Rolle (siehe auch DIEKMANN 1998; SCHNELL ET AL. 1999), insbesondere bei dem Themenbereich Grüne Gentechnik. Zusätzlich haben die Länge und Komplexität des Fragebogens (auch ob der für viele Personen bislang untypisch erscheinenden Elemente für die Präferenzmessung) zu einem höheren Aufwand für die Befragten und damit sehr wahrscheinlich zu einer höheren Abbrecher- und/oder Verweigererrate geführt. Sprich, aufgrund dieser Aspekte kann ebenfalls gemutmaßt werden, dass aus einem kürzeren und „typischeren" Fragebogen durchaus eine höhere Antwortrate hätte resultieren können. So haben sich aber vermutlich eher Personen mit einer bestimmten Einstellung zu oder Interesse an diesem Thema oder aber solche, die sich gemäß den Theorien zur Befragungsteilnahme bzw. Incentive-Wirksamkeit (z.B. DILLMAN 2000; BERGER 2006; STADTMÜLLER 2009) beteiligten, in die Befragung eingebracht.

Gleichzeitig ist es bei einem so komplexen und mitunter in der Öffentlichkeit verzerrt dargestellten Thema auch notwendig, etwas ausführlichere Informationen in die Befragung zu integrieren. Gleichwohl basiert die Stichprobe auf einer Zufallsauswahl, was aus statistischer Sicht wün-

[249] Diese Beschränkung ist aus verschiedenen Gründen nachvollziehbar und es bleibt ebenfalls spekulativ, ob die Nennung des Adressgebers zu einer erhöhten Teilnahme oder eher zum Gegenteil geführt hätte.

schenswerter als beispielsweise Quotensamples ist und prinzipiell einen „Repräsentationsschluss" erlaubt (z.B. SCHNELL ET AL. 1999)[250].

Ebenso stellt die isolierte Betrachtung der Ausschöpfungsquote einen ungeeigneten Prädikator für die Ergebnisqualität dar, da z.B. ein mehr oder weniger zufällig verteilter non-response unter Qualitätsaspekten unerheblich ist (SCHNEEKLOTH & LEVEN 2003).

Andererseits gilt es, DIEKMANN (1998) folgend, zu beachten, dass niedrige Ausschöpfungsquoten üblicherweise nicht zufällig resultieren und häufig bestimmte Merkmale mehr oder minder systematisch verzerrt sind. So ist die resultierende Stichprobe gegenüber den Daten des Statistischen Bundesamtes zugunsten von Männern, der Altersgruppe der 45- bis 65-Jährigen sowie Personen mit einem höheren Bildungsniveau verschoben[251]. Folgt man wiederum DIEKMANN (1998), handelt es sich hierbei um den „Mittelschichtenbias", der in vielen Surveys zu finden ist und daraus resultiert, dass die Kooperationsbereitschaft mit dem Bildungsgrad ansteigt. Somit müssen bei der Ergebnisinterpretation sowohl ein potentieller Bildungsbias bzw. die Stichprobenzusammensetzung insgesamt als auch die Tatsache, dass (trotz aller mutmaßlichen Erklärungsmöglichkeiten) rund 80% der angeschriebenen Personen nicht geantwortet haben, berücksichtigt werden. Wenngleich es (folgt man dem seit Jahren in verschiedenen Disziplinen und mit vielfältigen Methoden aufgezeigten ablehnenden Standpunkt der deutschen Bevölkerung gegenüber Grüner Gentechnik) unwahrscheinlich ist, so könnten diese prinzipiell eine völlig andere Meinung besitzen, so dass die Ergebnisse andere wären.

Auch auf Ebene des Präferenzmessungsexperiments gibt es einige Limitationen, wie sie bereits im Abschnitt 4.3.2 aufgezeigt und diskutiert wurden. Trotz aller Abweichungen von einem „klassischen" Choice-

[250] Ein „Repräsentanznachweis" einer Stichprobe ist darüber hinaus kein hinlängliches Qualitätsmerkmal, zumal die Frage bleibt, ob die Daten der Grundgesamtheit als fehlerfrei angesehen werden können. Siehe hierzu auch z.B. SCHNELL ET AL. (1999).

[251] Die zuvor (Tabelle 24) betrachteten Abweichungen der GeneRisk-Daten von den Werten des Statistischen Bundesamtes relativieren sich teilweise, vergleicht man die realisierten Anteile ausgewählter soziodemographischer Merkmale mit denen der anderen Datenquellen (Anhang 17).

Experiment resultieren aus der Präferenzermittlung Auswahlentscheidungen, die zeigen, wie sich Einstellungen in einer solchen Situation widerspiegeln. Nicht mehr, aber auch nicht weniger kann mit dieser atypischen Form eines Verkaufsexperiments geleistet werden. Und diese zusätzlichen, über die reinen Einstellungen hinausgehenden Informationen liefern einen wichtigen Beitrag zu Fragen von Intention und Handeln im Kontext Grüner Gentechnik.

4.4 Datenauswertung

Ehe im folgenden Kapitel V auf die Ergebnisse eingegangen wird, erfolgen zunächst noch einige Anmerkungen unter methodischen Gesichtspunkten, vor allem hinsichtlich des analytischen Vorgehens und der geplanten Auswertungen. Als erstes wird dabei kurz allgemein auf die Sekundäranalyse eingegangen, gefolgt von der Beschreibung der Auswertungsstrategien sowie Anmerkungen zur Datenaufbereitung und zum Datenmanagement. Wenn dies auch in den einzelnen Abschnitten bereits zum Teil kurz diskutiert wurde, soll an dieser Stelle nochmals eine gemeinsame Behandlung dieser Fragen stehen.

4.4.1 Anmerkungen zur Sekundäranalyse

Die Analyse von Sekundärdaten ist ein tendenziell zunehmender Bereich der Datenanalyse, vor allem in Fällen, wo es z.B. aufgrund ökonomischer oder zeitlicher Ressourcen nicht möglich ist, selbst Daten zu erheben. Ebenso können Sekundärdaten, wie in dieser Arbeit, hilfreich sein, wenn bestimmte Aspekte über einen längeren Zeitraum betrachtet werden sollen bzw. wenn verschiedene Datenquellen gemeinsam zur Erklärung von Sachverhalten herangezogen werden. Die Vorteile liegen klar bei der (im besten Falle einfachen) Verfügbarkeit der Daten, dem reduzierten bzw. entfallenden zeitlichen und finanziellen Aufwand der Datengenerierung und der meist bereits erfolgten allgemeinen Datenaufbereitung. Somit können häufig eigene Fragestellungen anhand empirischer Daten verfolgt und überprüft werden, ohne selbst die Datenerhebung durchführen zu müssen.

Wie bei jeder Methode bzw. jedem Verfahren gehen aber auch mit der Sekundäranalyse einige Einschränkungen einher. Allgemein unterliegt sie üblicherweise Restriktionen z.B. hinsichtlich des Themenfokus und der Operationalisierung der Fragestellungen, der Umsetzung und Durchführung der Datenerhebung sowie auch der Stichprobenauswahl. Außerdem können häufig bestimmte Störgrößen und Bias-Aspekte, nicht zuletzt auch Übertragungs- oder Eingabefehler, durch den Sekundärnutzer kaum mehr reproduziert und nachvollzogen werden. Kurzum, bestimmte Aspekte der Datenqualität und Validität sind nicht immer kontrollierbar. An dieser Stelle kommt Fragen der Dokumentation der Daten und der Verfügbarkeit von z.B. Originalfragebögen und Methodenberichten eine wichtige Rolle zu.

Weiterhin bietet die Sekundäranalyse allgemein betrachtet die Möglichkeit (den entsprechenden Zugang zu den Daten und Dokumentationen vorausgesetzt), Irrtümer oder auch fehlerhafte Interpretationen seitens der Primärforscher zu erkennen bzw. bestimmte Erkenntnisse und Schlussfolgerungen zu präzisieren. Wenngleich dies häufig sicher nicht der vorrangige Beweggrund für eine solche Analyse ist, kann es aber (im Optimalfall) förderlich für den Erkenntnisgewinn und die Qualitätssicherung wissenschaftlicher Arbeiten sein, wenn auf Basis der Ursprungsdaten bestimmte Aspekte von mehreren Seiten (oder Personen) betrachtet und verifiziert werden[252]. Für weitere Ausführungen zur Sekundäranalyse siehe z.B. FRIEDRICHS (1990), DIEKMANN (1998) und SCHNELL ET AL. (1999).

Für die vorliegende Arbeit werden bei den Auswertungen der Einstellungen zu Grüner Gentechnik schwerpunktmäßig diejenigen Jahre verwendet, die einen Vergleich zwischen den verschiedenen Datensätzen ermöglichen bzw. die für die Trendbetrachtung relevante Einblicke geben. Wie eingangs in diesem Kapitel bereits erwähnt, sprechen (neben dem thematischen Fokus) verschiedene Gründe, wie die vergleichsweise Un-

[252] DIEKMANN (1998) berichtet von einem Beispiel aus der US-amerikanischen wissenschaftlichen Literatur, bei dem die Ergebnisse von Primär- und Sekundäranalysen verglichen wurden und sich „verheerende Divergenzen“ (DIEKMANN 1998: 72) ergaben.

abhängigkeit der Erhebungen sowie die Verfügbarkeit und Kontinuität der Daten, für die gewählten Datenquellen. Allerdings finden sich einige der kritischen Aspekte auch in diesen Datenbasen, auf die genauer an der jeweiligen Stelle eingegangen wird. Insgesamt sind die Analysen auch daran gebunden, was im Rahmen der Primärerhebung (zum jeweiligen Zeitpunkt) von Interesse oder wichtig war.

4.4.2 Auswertungsstrategien

Wie schon öfter betont, liegt ein Schwerpunkt der Analysen auf der Betrachtung der Einstellungen gegenüber Grüner Gentechnik in Deutschland im zeitlichen Verlauf. Da es sich, wie zuvor gezeigt, hierbei um ein sehr komplexes und nicht immer einfach zu operationalisierendes Thema handelt, sind bereits auf dieser Ebene mit jeder empirischen Arbeit Herausforderungen verbunden. Hinzukommt, dass sich verschiedene Datenquellen mit unterschiedlichem Fokus und verschiedener Detailtiefe diesem Thema gewidmet haben. Die Aufgabe ist es daher, die Sekundärdaten in einen gemeinsamen Bezugsrahmen zu integrieren und sie sich im besten Falle wechselseitig ergänzen zu lassen. Daher wurden in den verschiedenen Quellen annähernd gleiche Kategorien der betrachteten Bereiche von Grüner Gentechnik gebildet bzw. nur solche Fragen aufgenommen, die den datenbasenübergreifenden Bereichen zugeordnet werden können oder aber ein spezielles inhaltliches Interesse betreffen. Dies bietet unter anderem die Möglichkeit, den jeweiligen Bereich noch differenzierter abzudecken. Daher werden im späteren Verlauf die Auswertungen, entgegen der getrennten Darstellung der einzelnen Datenbasen, nicht nach der Quelle der Erhebung, sondern nach dem thematischen Bereich vorgenommen (siehe Abschnitt 4.5). Neben einigen Herausforderungen für die Analyse bietet dies aber vor allem den Vorteil, dass die Einstellungen zu den betrachteten Bereichen der Grünen Gentechnik zum einen umfassender dargestellt werden können, da sich die Datenquellen zum Teil an diesen Stellen ergänzen, zum anderen liegt der Mehrwert darin, dass in begrenztem Umfang auch ein Vergleich über die Datenbasen hinweg möglich ist. So lassen sich in der Tendenz auch Fragen nach

der Konstanz der Einstellungen, nicht allein über die Zeit sondern ebenso über verschiedene Erhebungen und Messinstrumente hinweg ausmachen. Sprich, dieses Vorgehen ermöglicht auch Einblicke, ob mögliche Unterschiede in den Ergebnissen allein vom methodischen Vorgehen, der Operationalisierung oder der Stichprobe der jeweiligen Datenquelle abhängen können oder ob sich die Sicht auf Grüne Gentechnik über alle Erhebungen hinweg in ähnlicher Weise wieder findet.
Zusätzlich besteht durch die oft große Anzahl an auch unterschiedlich gelagerten Fragen zu den verschiedenen Bereichen gleichzeitig die Möglichkeit, einzelne Aspekte differenziert zu betrachten bzw. aufzuzeigen, ob bestimmte Anwendungsfelder z.B. pauschal abgelehnt werden oder ob es differenzierte (oder kontextabhängige) Bewertungen in der Bevölkerung gibt. Diese Betrachtungen erfolgen aber vorrangig auf deskriptiver Ebene, da für weiterführende Vergleiche keine unmittelbar gemeinsame Basis gegeben ist. Weiterhin wird innerhalb der jeweiligen Datensätze nach erklärenden Variablen für die Einstellungen und Bewertungen gesucht, wobei sich dies vor allem auf literaturgestützte bzw. in den Daten verfügbare Größen beschränkt. Außerdem ermöglichen die ausgewählten Elemente eine relative Einordnung der Grünen Gentechnik im Vergleich zu anderen, potentiell risikoträchtigen Bereichen.
Überdies werden in begrenztem Umfang auch die Daten des Präferenzmessungsexperiments mit in die Auswertungen einbezogen. Sie ermöglichen (wenngleich auf Basis einer hypothetischen Entscheidung) einen höheren Informationsgehalt als reine Einstellungsabfragen. Das Auswahlverhalten erlaubt erste Einblicke, ob sich die geäußerten Einstellungen in entsprechenden Präferenzen widerspiegeln oder umsetzen. Nicht zuletzt darin liegt ein Mehrwert dieser Arbeit. Da jedoch kein „klassisches" Choice-Experiment (siehe Kapitel III und Abschnitt 4.3.2) durchgeführt wurde, erfolgen die entsprechenden Auswertungen in einem begrenzten Umfang. So wird zum Beispiel aufgrund der Datenlage (als auch der inhaltlichen Schwerpunktsetzung der Arbeit) auf die Berechnung von Zahlungsbereitschaften bzw. Kompensationsforderungen verzichtet. Vielmehr werden die grundlegenden Auswahlentscheidungen analysiert, weiterführende Auswertungen wie komplexere Interaktionen

zwischen Produktattributen und anderen Größen erfolgen in der Regel nicht.
Der Vollständigkeit halber sei noch darauf verwiesen, dass die Analysen mit der Software STATA® und SPSS durchgeführt werden.

4.4.3 Datenaufbereitung und Datenmanagement

Wie in den Beschreibungen der einzelnen Datensätze bereits zum Teil angemerkt, gibt es mitunter innerhalb einer Quelle gewisse Schwierigkeiten und Variationen bei bestimmten Items oder Größen, entsprechend wächst die Herausforderung bei der Harmonisierung möglichst aller Datenquellen. Als ein Problem ist die uneinheitliche Codierung von Antwortverweigerungen und „echten" Missings zu nennen. So sind diese beiden Bereiche mitunter zusammengefasst oder bilden mit der Kategorie „weiß nicht" einen gemeinsamen Wert. Dies tritt nicht zu häufig auf und betrifft vergleichsweise geringe Fallzahlen, so dass vor dem Hintergrund mangelnder Reproduzierbarkeit jene Fälle als Missing („keine Angabe") behandelt werden. Ebenso ist bei Items des Eurobarometers oftmals die Kategorie „weiß nicht" in den Daten als Missing definiert, obwohl dies gemäß der Fragebögen als Antwortoption verfügbar war. Da diese Kategorie nach Meinung des Autors daher durchaus auch „echte" Antworten bzw. Bewertungen darstellt, die mit der Beibehaltung als Missing verloren gingen, wird sie recodiert, so dass sie wieder zu den in den Fragebögen genutzten Antwortoptionen passt. Zusätzlich ist diese Entscheidung auch aus inhaltlicher Perspektive plausibel, da oftmals ein beachtlicher Anteil an unentschlossenen Personen bei diesem Thema zu finden ist. Kritisch anzumerken ist hierzu jedoch, dass in den Handbüchern zu den Eurobarometer-Daten explizit darauf hingewiesen wird, dass es durch seitens der Datenbereitsteller (in diesem Fall GESIS) vorgenommene Recodierungen dazu kommen *kann*, dass „echte" Missings (*nonresponse*) mit „weiß nicht" zusammenfallen. Ob dem so ist und falls ja, in welchem Ausmaß, ist jedoch in keinem Fall reproduzierbar. Vor dem besagten Hintergrund der expliziten Antwortmöglichkeit „weiß nicht" scheint die

getroffene Setzung weiterhin sinnvoll und mit weniger Ungenauigkeiten und Informationsverlust einhergehend als die Alternativen.
Aus praktischen Gründen bei der Auswertung wurden zudem alle einzelnen Datenquellen in einem gemeinsamen Datensatz zusammengeführt, wobei jede Variable einen eindeutigen Identifikationszusatz erhielt. Zudem wurden die Items der Eurobarometer-Daten in Anlehnung an die deutschsprachigen Fragebögen ins Deutsche übertragen, da sie in den Daten noch auf Englisch vorlagen[253].
Somit liegen alle Informationen in einer gemeinsamen Datei vor, bei der in jenen Quellen, wo das Item nicht vorkommt, entsprechend ein System-Missing resultiert. Dabei wurden die soziodemographischen Größen harmonisiert, so dass sie in allen Quellen in gleichen Kategorien vorliegen und Vergleiche erleichtern. Diese Harmonisierung ist jedoch in vielen Fällen nur durch einen „Minimalkompromiss" zu erreichen. Denn auch die soziodemographischen Faktoren wurden in den jeweiligen Quellen zum Teil sehr verschieden erhoben. Gemäß den Zielgrößen aus Abschnitt 3.3 wurde ihre Auswahl zudem auf fünf Aspekte begrenzt, nämlich Alter, Geschlecht, Haushaltsnettoeinkommen, den höchsten Bildungsabschluss und Kinder im Haushalt. Diese Auswahl wurde zusätzlich um die Haushaltsgröße ergänzt.
Dabei sind kritisch betrachtet, lediglich das Alter (*altgrup*) und das Geschlecht (*geschl*) sowie, bis auf wenige Ausnahmen, in denen sie nicht ermittelt wurde, die Haushaltsgröße (*hhpers*) unproblematisch, da sie sonst in allen Datensätzen vorliegen und entsprechend verarbeitet werden können. Das Haushaltsnettoeinkommen (*hheink*) wurde hingegen in einigen Quellen (vorwiegend Eurobarometer) gar nicht erhoben, so dass letztlich in fast 24% aller Daten diese Größe nicht verfügbar ist. Zudem

---

253 Wie bereits zuvor bemerkt, war dies an einer Stelle besonders problematisch, nämlich dort, wo der deutschsprachige Fragebogen von „Übertragung tierischer Gene auf den Menschen" spricht, während der Datensatz und die vorherigen Jahre, in denen dieses Item erhoben wurde, immer die Frage „Übertragung tierischer Gene auf Pflanzen" verwenden. Daher wird von einem Übersetzungsfehler ausgegangen und das Item im Kontext von Pflanzen verstanden.

erfolgte die Ermittlung in teilweise sehr engen und wenigen Kategorien[254]. Ähnlich schwierig ist auch die Anpassung des Bildungsabschlusses (*bildung*). Wenngleich formal eigentlich zwischen Schulbildung und Ausbildung zu differenzieren ist, wird dies in der Praxis häufig kaum gemacht, sondern vielmehr von „Bildungsabschluss" gesprochen. Dabei wird auch z.B. ein Studium häufig zusammen mit schulischer Ausbildung ermittelt, obwohl es formal bereits eine Ausbildung darstellt; andere Ausbildungen oder Ausbildungsabschlüsse werden hingegen nicht berücksichtigt. Dies mag spezifischen Zielen geschuldet sein, ist aber mitunter unpräzise. Auch in den verwendeten Daten sind derartige Probleme zu finden. Die GeneRisk-Daten differenzieren zwar zwischen Schul- und Ausbildung, gehen aber mit hohen Ausfällen an dieser Stelle einher (siehe 4.3.5). Anfänglich unterscheiden die Daten des Umweltbewusstseins in Deutschland ebenfalls zwischen den beiden Größen, jedoch wird später nur noch der höchste Schul- bzw. Hochschulabschluss erhoben. Gänzlich anders ist zudem das Eurobarometer an dieser Stelle. Hier wird ausschließlich das Alter erfragt, das beim „Aufhören" mit der Schul- bzw. Universitätsausbildung vorlag[255].

Um trotz des hohen Maßes an Heterogenität bei dieser Größe einen gemeinsamen Nenner zu schaffen, wurde ein sehr pragmatischer Ansatz gewählt, der durchaus diskutiert werden kann, für die vorliegende Arbeit aber vertretbar und zielführend scheint. Zunächst wird nicht weiter zwischen Schulbildung und Ausbildung differenziert, vielmehr wird etwas unpräzise der Begriff Bildung verwendet, der sich einzig auf Aspekte der Schul- und Hochschulbildung bezieht. Die stärkere Setzung erfolgt aber bei den Daten des Eurobarometers. Um auch hier vergleichbare Größen zu schaffen, da das Alter beim „Aufhören" nur begrenzt informativ ist,

---

254 Aus pragmatischen Gründen wurde zudem das Haushaltsnettoeinkommen bereits auch für die Jahre vor der Einführung der Gemeinschaftswährung in Euro überführt. Dabei wurden aber die Umrechnungen bzw. Kategorien aus den jeweiligen Quellen und Fragebögen übernommen.

255 Dabei ist die Formulierung exakt in der Form „... aufgehört haben", was keinerlei Differenzierung zwischen erfolgreicher Beendigung oder Abbruch beinhaltet.

wurden vergleichsweise starke Annahmen getroffen, die eine Zuordnung zu den Kategorien von Bildung ermöglichen sollen. Konkret heißt dies, dass bei einem Alter unter 14 Jahren davon ausgegangen wird, dass (noch) kein Schulabschluss vorliegt, während bei einem Alter von maximal 15 Jahren ein Hauptschulabschluss unterstellt wird. Ähnlich wird bei Realschulabschluss (max. 17 Jahre) und Abitur (max. 21 Jahre) verfahren. Ein Hochschulabschluss wird bei einem Alter von maximal 30 Jahren angenommen. Weitere Kategorien wie zum Beispiel Promotion sind nicht vorgesehen. Alle anderen Fälle, sprich ein höheres Alter, werden als nicht reproduzierbar gewertet. Dass diese Zuordnung nicht trennscharf ist und in einigen Fällen eine fehlerhafte Einteilung produziert, wird bewusst in Kauf genommen, da sie im Vergleich zu keinerlei Informationen an dieser Stelle als akzeptabel und angemessen erscheint[256].

Auch die Frage nach Kindern im Haushalt bzw. deren Alter wird unterschiedlich operationalisiert. So wird teils das konkrete Alter jedes Haushaltsmitgliedes erfasst, dann wieder in Kategorien, die sich auch zwischen den Quellen unterscheiden oder es wird einzig das Alter des jüngsten Kindes abgefragt. Um wiederum möglichst wenig Informationsverlust zu produzieren, bei gleichzeitiger Harmonisierung der Datenbasen,

[256] Natürlich entsteht durch diese Setzung schnell das Problem untypischer Bildungsverläufe, nämlich wenn der Abschluss entweder schneller als üblich oder aber aus verschiedensten Gründen wie Krankheit, Auslandsaufenthalte, o.ä. später als „normal" erfolgte. Zudem ist auch faktisch das Alter z.B. beim Abitur zwischen einzelnen Bundesländern (12./13. Klasse) verschieden. Ebenso können auch z.B. das Wiederholen von Klassen oder das Nachholen von Schulabschlüssen via Abendschule nicht abgebildet werden und führen zu potentiellen Verzerrungen und einer nicht korrekten Zuordnung. Da jedoch keine anderen Informationen in den Daten verfügbar sind, wurde der beschriebene Weg trotz aller berechtigten Einwände bewusst gewählt. Die Zuordnung orientiert sich an „typischen" Verläufen, nämlich dass ein Hauptschulabschluss in der Regel mit 14-15 Jahren erfolgt, das Alter beim Beenden der Realschule zumeist zwischen 16-17 Jahren liegt und auch Personen, die nach der Realschule auf das Gymnasium gewechselt haben und 13 Schuljahre absolvieren, mit maximal 21 Jahren das Abitur besitzen. Ausnahmen und Sonderfälle gibt es sicherlich, im Rahmen einer pragmatischen Lösung müssen aber gewisse Unschärfen unweigerlich akzeptiert werden.

wurden in Abhängigkeit der Datenpräzision drei Variablen bezüglich des Alters des Kindes generiert. Zum einen recht allgemein, ob ein jugendliches Kind (10-17 Jahre) im Haushalt lebt (*kteen*), zum anderen ob ein Kind unter 15 Jahren im Haushalt wohnt (*kind15*) und zum dritten, sofern verfügbar oder reproduzierbar, das Alter des jüngsten Kindes (*altkind*). Weitere soziodemographische Größen wurden nicht berücksichtigt, da sie meist sowohl für die unmittelbaren Zielsetzungen nicht relevant sind als auch noch heterogener ermittelt und uneinheitlicher vorhanden sind, so zum Beispiel die gegenwärtige berufliche Stellung. Anhang 18 gibt eine zusammenfassende und gemeinsame Übersicht über die verwendeten soziodemographischen Faktoren, ihre Ausprägungen und gesamten (über alle Datensätze hinweg) Häufigkeiten. Eine weitere Anmerkung betrifft die Gewichtung bzw. die Gewichtungsfaktoren. Diese werden analog der jeweiligen Datenquelle verwendet und finden sich entsprechend in den Datensätzen. In den Daten des Eurobarometers existiert ein explizites (Spezial-) Gewicht für Deutschland, in den Umweltbewusstsein-Daten ist zumeist ebenfalls nur ein Gewicht vorhanden. In einigen Jahren (1996, 1998) stehen zudem mehrere Gewichte (personenrepräsentativ, haushaltsrepräsentativ, doppelt gewichtet nach Haushalts- und Personenrepräsentativität) zur Verfügung. In jenen Fällen wird letzteres genutzt. Abschließend sei nochmals darauf hingewiesen, dass es sich bei der Betrachtung der Ergebnisse zumeist um verschiedene Stichproben mit teilweisen Änderungen der Items und/oder Skalen, auch bei Wiederholungsfragen, handelt. Wie mehrfach betont, können Unterschiede allein aus soeben genannten Ursachen resultieren. Wenn dennoch von Variation über bzw. zwischen den Jahren gesprochen wird, soll dies an keiner Stelle den Eindruck von Paneldaten implizieren, der Lesbarkeit wegen wird jedoch drauf verzichtet, stets aufs Neue auf die Restriktionen der Datenbasen für die Ergebnisinterpretation hinzuweisen. Insofern dient diese Anmerkung vor allen Dingen dazu, das beschreibende Moment vieler Darstellungen zu betonen.

4.5 Zusammenfassung Kapitel IV

In diesem Kapitel wurden die verschiedenen Datenquellen, die für den Ergebnisteil Verwendung finden, ausführlich dargestellt sowie deren Limitationen, der Umgang hiermit und die Auswertungsstrategien diskutiert. Es zeigte sich, dass das Thema Grüne Gentechnik zwar einerseits bereits recht lange im Rahmen verschiedener Erhebungen thematisiert wird, es andererseits aber eine Vielzahl an Variationen dabei gibt, die eine vergleichende Betrachtung nicht immer einfach macht. Hinzukommt ein gewisses Maß an Variabilität bei den Skalen zur Messung der Einstellungen. Trotz (oder teilweise auch wegen) der verschiedenen Schwerpunktsetzungen und Realisierungen der Befragungen wird über die gewählten Datensätze ein breites Spektrum an Aspekten von Grüner Gentechnik abgedeckt, die gemäß den entsprechenden Bereichen im Ergebnisteil (Kapitel V) ausgewertet werden. Tabelle 27 gibt einen abschließenden Überblick über die betrachteten Bereiche sowie die zugehörigen Jahre und nimmt dabei eine zusammenfassende Strukturierung der zuvor in den Unterkapiteln benannten Aspekte vor. Die zugehörigen Items wurden, wie im jeweiligen Abschnitt zur Datenbasis aufgeführt, erhoben[257]. Die ausgewählten Bereiche und Aspekte lassen sich, wenngleich mitunter auch andere Einteilungen möglich wären, den drei Kategorien *Individuelle Dimension*, *Gesellschaftliche Dimensio*n und *Risikobewertung* zuschreiben. Damit wird eine übergeordnete Struktur der betrachteten Elemente Grüner Gentechnik sowie eine Systematik für die Auswertungen gesetzt, die nach Ansicht des Autors eine plausible und realitätsnahe Eingruppierung darstellt, auch wenn in Einzelfällen die Zuordnung nicht zwingend trennscharf ist. Bei den betrachteten Bereichen gibt es in der Summe am häufigsten Fragen zu verschiedenen Aspekten der Risikobewertung und -einschätzung von GVO und GVP sowie zum Wissens- und Kenntnisstand der Befragten. Sehr regelmäßig sind auch Fragen zum po-

[257] Eine Übersicht über die „Re-Strukturierung" der Bereiche der GeneRisk-Daten gemäß der Zusammenfassung gibt Anhang 16. Eine Gegenüberstellung ausgewählter soziodemographischer Größen der Datenquellen findet sich im Anhang 17.

tentiellen Kaufverhalten von GV-Produkten in den Daten vorhanden, die jedoch üblicherweise auf die reine Einstellungs- bzw. Meinungsebene fokussieren. Vor diesem Hintergrund verfügt die GeneRisk-Erhebung mittels des integrierten Verkaufsexperiments über den Vorteil, dass gleichzeitig das hypothetische Kaufverhalten erfasst und ins Verhältnis zu den Einstellungen gesetzt werden kann. Somit kann die Perspektive von der geäußerten Kaufabsicht um ein hypothetisches Kaufverhalten erweitert werden. Zusätzlich zu den spezifisch gentechnikorientierten Fragen wurden auch weitere Aspekte vorgestellt, die im Rahmen der Analyse auf ihre Funktion als Prädiktor für die Einstellungen zur Grünen Gentechnik geprüft werden. Ebenso erlauben die Daten eine begrenzte relative Einordnung von GVO und GVP zu anderen, oftmals als potentiell risikoträchtig bewerteten Bereichen.

Tabelle 27: Bereiche Grüne Gentechnik: Zusammenfassung
Quelle: eigene Darstellung.

Bereich	**Jahr**										
	19...					**20...**					
	96	**98**	**99**	**00**	**01**	**02**	**04**	**05**	**06**	**07**	**08**
Individuelle Dimension											
Information & Informiertheit	✓		✓	✓	✓	✓		✓			✓
Wissen	✓		✓			✓		✓			✓
Generelle Überzeugungen	✓				✓	✓				✓	✓
Bewertung Anwendungen	✓		✓			✓		✓			✓
Potentielles Kaufverhalten	✓	✓	✓	✓		✓	✓	✓	✓		✓
Gesellschaftliche Dimension											
Staatliche Verantwortung	✓	✓		✓					✓		
Regulierung	✓					✓		✓			✓
Kennzeichnung	✓	✓		✓							✓
Verfügbarkeit GV-frei											✓
Zukunftsszenario											✓
Risikobewertung											
Allgemeine Risikobewertung	✓	✓	✓	✓	✓	✓					
Persönliche Gefährdung						✓	✓		✓		
Gesellschaftliche Gefährdung											✓
Umweltgefährdung					✓	✓			✓		✓
Gesundheit & Lebensmittel			✓		✓	✓		✓			✓

V Ergebnisse & Interpretation

Das folgende fünfte Kapitel hat die konkreten Auswertungen, Ergebnisdarstellungen und Interpretationen der Themenbereiche aus den zuvor beschriebenen Datenquellen Eurobarometer (**EB**), Umweltbewusstsein in Deutschland (**UB**) sowie GeneRisk (**GR**) zum Gegenstand. Dabei werden die Daten nach Bereichen von Grüner Gentechnik behandelt, so dass ein themenbezogener Überblick der Einstellungen zu den verschiedenen Aspekten möglich wird. Durch diese gemeinsame Betrachtung wird eine relativ große Bandbreite an Themenbereichen Grüner Gentechnik abgedeckt, was trotz aller Limitationen durch verschiedene Datenquellen und deren jeweiligen Methoden oder Vorgehensweisen zu einem umfassenderen Bild dieses Themas beiträgt, deutlich über die Möglichkeiten einer einzelnen Studie hinausgeht und damit zu einem Mehrwert führt. Mit dieser Zielsetzung bringt dieses Kapitel nun die thematischen Hintergründe Grüner Gentechnik aus Kapitel II mit den theoretischen Überlegungen und empirischen Befunden des Kapitels III zusammen und zeigt anhand der verschiedenen Datenquellen aus Kapitel IV, ob und wie sich Einstellungen und Bewertung Grüner Gentechnik in der Bevölkerung über die Zeit entwickelt oder geändert haben. Ergänzt werden diese Darstellungen um die Ergebnisse des Verkaufsexperiments aus Abschnitt 4.3.2. Im Sinne einer verbesserten Lesbarkeit erfolgt bei der Ergebnisdarstellung die Angabe der jeweiligen Datenquelle mittels obiger Abkürzungen, wobei für das Eurobarometer die jeweilige Welle ausgewiesen wird, da teils mehrere Erhebungen innerhalb eines Jahres vorliegen. Für die anderen Datenquellen wird das Jahr angegeben.

Unter Berücksichtigung der Ausführungen zur gemeinsamen Bearbeitung und Betrachtung der verschiedenen Datenquellen aus Abschnitt 4.4 beginnt die Ergebnisdarstellung zunächst mit den deskriptiven Befunden zu den drei Kategorien *Gesellschaftliche Dimension, Individuelle Dimension* und *Risikobewertung*. Diese werden anschließend um Vergleiche mit anderen Größen, mit dem Ziel einer relationalen Einordnung der Bewertung

Grüner Gentechnik, ergänzt. Danach folgen die soziodemographischen Analysen, an die sich die Befunde des Verkaufsexperimentes anschließen. Den Abschluss bildet die Ergebnissynthese der betrachteten Einstellungen über die gewählten Zeitpunkte, die, zusammen mit dem Präferenzmessungsexperiment, die zentralen Schwerpunkte dieses Kapitels zusammenführt. Die wichtigsten Ergebnisse werden anschließend in einer kurzen Zusammenfassung dargestellt.

5.1 Gesellschaftliche Dimension im Zeitverlauf

In diesem Abschnitt werden nun die Bereiche der Daten, die mit gesellschaftlicher Dimension überschrieben wurden, deskriptiv dargestellt. Dabei erstrecken sich die Fragen auf die staatliche Verantwortung und Regulierung bei Grüner Gentechnik, die Bewertung von und Anforderungen an Kennzeichnungen gentechnisch veränderter Erzeugnisse sowie die Relevanz von gentechnikfreien Produkten und die Einschätzung der zukünftigen Entwicklung des Anbaus von GVP. Wenn die einzelnen Aspekte auch mitunter unterschiedlich stark über Items abgedeckt sind, führen sie zusammen zu einem hilfreichen Überblick zu dieser Dimension Grüner Gentechnik.

5.1.1 Staatliche Verantwortung

Die Frage nach der staatlichen Verantwortung bzw. des staatlichen Engagements bei Grüner Gentechnik findet sich in vier verschiedenen Jahren, die insgesamt eine Spanne von zehn Jahren abdecken (UB 1996, UB 1998, UB 2000, UB 2006; $2017 \leq n \leq 2302$). Das Item blieb in dieser Zeit unverändert (Tabelle 28). Der Anteil derer, die das staatliche Engagement als ausreichend bewerten, liegt in der Regel bei rund 11%. Deutlich stärker ist die Verneinung eines ausreichenden staatlichen Schutzes zu allen Erhebungszeitpunkten, wobei diese in der Tendenz aber abnehmend ist. Gleiches gilt für die Gruppe der Unentschlossenen („weiß nicht"), die sich nach rund 22% in den Jahren 1996 und 1998 auf etwa 14% im Jahr 2006 reduziert hat. Die indifferente bzw. differenzierte Einschätzung des staatlichen Engagements verdoppelt sich in etwa im Jahr 2000 gegenüber den vorangegangenen Messzeitpunkten.

Tabelle 28: Bewertung staatliches Engagement bei Grüner Gentechnik
Quelle: Umweltbewusstsein in Deutschland.

Glauben Sie, dass der Staat im Bereich der Gentechnik genug tut, um die Sicherheit und die Gesundheit der Bevölkerung zu gewährleisten?[258]

	Jahr			
	1996	***1998***	***2000***	***2006***
ja	10,7%	11,2%	11,1%	(5,1%)
teils/teils	20,4%	19,6%	39,7%	(52,9%)
nein	47,3%	47,2%	34,8%	(27,9%)
weiß nicht	21,6%	22,0%	14,5%	14,1%

Leider können die Werte nicht unmittelbar für 2006 fortgeschrieben werden. Aufgrund einer Skalenveränderung existiert die Kategorie „teils/teils" nicht länger, so dass zu dieser Gruppe keine genauen Aussagen getroffen werden können und es zunächst offen bleibt, ob sich deren deutlicher Zuwachs aus dem Jahr 2000 auch in 2006 fortgesetzt hat, sprich ob eine differenzierte Sichtweise auf Grüne Gentechnik insgesamt zugenommen hat oder ob es ein einmaliges Auftreten war. Ebenso wurde die Skala um die Punkte „eher ja" und „eher nein" ergänzt, was einerseits in gewissem Umfang die Kategorie teils/teils abzubilden vermag, aber gegenüber dieser eine deutliche Tendenz in Richtung ja oder nein beinhaltet und sich dadurch doch wieder stärker unterscheidet. Dennoch werden in Tabelle 28 für das Jahr 2006 die Kategorien „ja" (5,1%) und „eher ja" (20,1%) nicht zusammen angegeben, ebenso wie die Kategorien „nein" (27,9%) und „eher nein" (32,8%). Die Abnahme einer klaren Positionierung (ja oder nein) der Befragten zum staatlichen Engagement gegenüber den Vorjahren mag (neben immer zu bedenkenden spezifischen Stichproben- oder Datenerhebungsfragen) vor allem an der Ein-

[258] Aufgrund von Rundungen kommt es in der Summe teilweise zu Abweichungen von 100%.

führung der graduellen Abstufung der Kategorien liegen, was jedoch nicht belegt werden kann, so dass es ebenso möglich wäre, dass die Werte genau dem Trend entsprechen. Vor diesem Hintergrund wurden die beiden zusätzlichen Kategorien zusammengefasst unter der Annahme, dass sie trotz aller Bedenken eher eine unentschlossene Haltung denn eine klare Position widerspiegeln. Da lediglich die Kategorie „weiß nicht" denen der vorherigen Jahre genau entspricht, sind alle Werte für 2006 in Klammer gesetzt und sollten mit dem erforderlichen Augenmaß bewertet werden.

5.1.2 Regulierung bei Grüner Gentechnik

Der Bereich der Regulierungen deckt ein vergleichsweise breites Spektrum an Aspekten und einen Großteil des Betrachtungszeitraumes (1996-2008) ab. Allerdings erfolgte bis auf eine Ausnahme keine Wiederholungsbefragung zu diesen Aspekten. In der Summe resultiert aus den verwendeten Items jedoch eine hohe Bandbreite, die von Fragen des Mitspracherechts bestimmter Organisationen bis hin zu Fragen der Kennzeichnungspflicht reicht. Beginnt man nun mit einer chronologischen Darstellung, stehen allgemeine Fragen der Regulierung im Vordergrund. So stimmen 1996 (EB 46.1; n=1938) fast 60% der Stichprobe (59,7%) der Aussage *„Ungeachtet der Regelungen werden Biotechniker immer machen, was sie wollen."* zu. 26,7% stimmen eher nicht zu und knapp 14% (13,6%) sind unentschlossen. Im gleichen Jahr (EB 46.1; n=1933) finden sich auch Fragen zur Beteiligung an Regulierungsentscheidungen (Tabelle 29). Dabei gibt es ein klares Votum gegen eine Federführung der Industrie bei der Ausgestaltung der Regulierungen zur Grünen Gentechnik. Über zwei Drittel der Befragten lehnen dies ab und der Anteil der Befürworter ist mit 16,6% annähernd so groß wie der Anteil der Unentschlossenen (16,1%). Wenngleich etwas weniger stark, aber dennoch ebenfalls recht eindeutig fällt die Einschätzung zur Beteiligung von religiösen Organisationen aus. Die Mehrheit (47,7%) lehnt diese ab und rund 35% befürworten sie. Die Unentschlossenen stellen hier mit 17,2% einen ähnlich großen Anteil wie bei der vorherigen Frage.

Tabelle 29: Beteiligung an Regulierung von Grüner Gentechnik
Quelle: Eurobarometer.

	Die Regelung der modernen Biotechnologie sollte hauptsächlich der Industrie überlassen werden.	**Religiöse Organisationen müssen ein Mitspracherecht haben, wenn es darum geht, wie die moderne Biotechnologie reguliert wird.**[259]
stimme eher zu	16,6%	35,2%
stimme eher nicht zu	67,3%	47,7%
weiß nicht	16,1%	17,2%

Die Bewertung der aktuellen Regelungen bei Grüner Gentechnik findet sich bei zwei Erhebungszeitpunkten (EB 46.1; EB 58.0; 1027 ≤ n ≤ 1937) und zeigt im Abstand von sechs Jahren vor allem eine Zunahme an unentschlossenen Personen (Tabelle 30).

Tabelle 30: Bewertung gegenwärtiger Regelungen
Quelle: Eurobarometer.

Die derzeitigen Regelungen/gegenwärtigen Vorschriften reichen aus/sind ausreichend, um die Menschen vor allen/jeglichen Risiken zu schützen, die mit moderner Biotechnologie/ genetisch veränderten Lebensmitteln verbunden sind.	***Jahr***	
	1996	***2002***
stimme eher zu	27,0%	23,1%
stimme eher nicht zu	58,2%	49,9%
weiß nicht	14,8%	27,0%

In der Stichprobe von 2002 hat sich der Anteil der Unentschlossen am stärksten verändert, auf nunmehr 27,0%. Dem hingegen halten 2002 noch knapp die Hälfte der Befragten (49,9%) die gegenwärtigen Regelungen für nicht ausreichend, in der Erhebung 1996 waren dies 58,2%.

[259] Aufgrund von Rundungen kommt es in der Summe teilweise zu Abweichungen von 100%.

Als ausreichend bewerten 27,0% (1996) bzw. 23,1% (2002) der jeweiligen Befragten die Sicherheitsleistung der derzeitigen Regelungen.
Wird nun die Frage nach der Sicherheit und den aktuellen Vorschriften spezifisch für den Bereich der Lebensmittel gestellt („*Wie zuversichtlich sind Sie in Hinblick auf die Sicherheit und gegenwärtigen Vorschriften, die genetisch veränderte Lebensmittel regeln?*"), überwiegt im Jahr 2005 (EB 64.3; n=747) eine skeptische Einschätzung. So sind nur 3,2% sehr zuversichtlich und 26,0% eher zuversichtlich. Dem entgegen sind 39,3% eher nicht zuversichtlich und 28,2% überhaupt nicht zuversichtlich. Der Anteil der Unentschlossenen fällt mit 3,3% eher gering aus.
Vor dem Hintergrund, dass die Kennzeichnungspflicht ein wichtiges Moment der Regulierungen von Grüner Gentechnik und insbesondere auch bei Lebensmitteln ist, zeigen die Ergebnisse von 2008 (GR 2008; 614 ≤ n ≤ 616) in verschiedener Hinsicht ein deutliches Bild („*Sind Ihnen in den letzten 12 Monaten Lebensmittel aufgefallen, die mit einem Hinweis auf Gentechnik bei der Herstellung versehen waren?*"). Zum einen hat der Großteil der Stichprobe nicht auf eine potentielle Kennzeichnung geachtet (52,3%), während 42,5% keine entsprechenden Lebensmittel aufgefallen sind. Immerhin 5,2% geben an, solche Produkte gesehen zu haben. Zum anderen gibt es eine klare Einschätzung, ab wann ein Produkt als „ohne Gentechnik" bezeichnet werden sollte (Tabelle 31).

Tabelle 31: Bewertung Kennzeichnungsgrenze
Quelle: GeneRisk.

	Ab wann würden Sie ein Produkt als *„ohne Gentechnik"* bezeichnen?	**Ab wann sollte es Ihrer Meinung nach Pflicht sein, den Anteil an gentechnisch veränderten Pflanzen bei Lebensmitteln zu kennzeichnen?**
0,00% / 0,01%	63,1%	51,3%
0,1%	15,0%	22,0%
0,5%	10,2%	12,4%
0,9%	3,1%	4,2%
2%	1,6%	2,9%
höherer Wert	0,5%	1,8%
weiß nicht	6,5%	5,4%

Die Mehrheit ist dabei für sehr geringe Werte, über 60% sehen ein Produkt nur bei absoluter Freiheit (0,00%) von GV-Anteilen als „ohne Gentechnik". Weitere 25,2% der Stichprobe geben einen Wert unterhalb der gültigen Kennzeichnungsgrenze an. Höhere Werte werden nur von einem relativ geringen Prozentsatz gewählt und die Gruppe der Unentschlossenen ist mit 6,5% größer als die Summe derer, die einen Wert größer oder gleich des Kennzeichnungsgrenzwertes gewählt haben.
Ähnlich verhält es sich, wird nach der Grenze für eine Kennzeichnungspflicht von GV-Anteilen bei Lebensmitteln gefragt. Dabei steht der Wert von 0,01% symbolisch für eine Minimalgrenze bzw. einen Minimalanteil, während 0,1% die gegenwärtige technische Nachweisgrenze markiert. Etwas mehr als die Hälfte (51,3%) wählt auch hier den Minimalwert und 22,0% die technische Nachweisgrenze. Die gegenwärtige Kennzeichnungsgrenze von 0,9% würden lediglich rund 4% der Stichprobe als Grenze festlegen. Für höhere Werte als die gegenwärtige Grenze stimmen zusammen 4,7%, nämlich 2,9% für eine Grenze bei 2,0% GV-Anteil sowie 1,8% der Stichprobe für einen darüber liegenden, höheren Wert. Unentschlossen sind etwas mehr als 5% der Befragten.

5.1.3 Kennzeichnung von GV-Produkten

Nachdem zuvor bereits einige, eher aus Perspektive des Grenzwertes relevante, Aspekte der Kennzeichnung von GV-Erzeugnissen im Fokus standen, konzentriert sich dieser Abschnitt auf allgemeine Fragen der Kennzeichnung und des Kennzeichnungsregimes. Zu diesen Fragen liegen vergleichsweise viele Items aus mehreren Erhebungszeitpunkten vor, die ein breites Spektrum zu diesem Bereich Grüner Gentechnik abdecken. Dabei lassen sich die Items vier Gruppen zuordnen. Erstens, Fragen zur Positivkennzeichnung, also einer grundsätzlichen Kennzeichnung, wenn GVO oder GVP zum Einsatz kamen (Tabelle 32). Dabei können die Fragen aus den Jahren 1996 (EB 46.1; n=1932) und 1998 (EB 49.0; n=1918) als annähernd gleich intendiert, nur aus einer anderen Fragerichtung gestellt, betrachtet werden. Entsprechend zeigen auch die Ergebnisse ein ähnliches Bild. In beiden Jahren votiert die Mehrheit der jeweiligen Stichprobe für eine eindeutige Kennzeichnung von GVO. Dabei ist der Anteil der ablehnenden Personen, also jener, die eine solche Kennzeichnung für nicht erforderlich halten, 1996 noch fast 5-mal so hoch wie 1998.

Tabelle 32: Bewertung Positivkennzeichnung GV-Lebensmittel
Quelle: Eurobarometer.

	Jahr			
	1996	***1998***	***2000***	
			Informationen über die Verwendung GVO bei der Herstellung von Lebensmitteln...	
	Es ist nicht notwendig, GV-Lebensmittel besonders zu kennzeichnen.	**Das Vorhandensein von GVO sollte immer auf den Etiketten angegeben sein.**	**müssen auf dem Etikett stehen, selbst wenn die GVO nur in einigen der Zutaten vorhanden sind.**	**müssen nur dann auf dem Etikett stehen, wenn die GVO im Endprodukt vorhanden sind.**
stimme eher zu	21,5%	88,4%	84,5%	44,6%
stimme eher nicht zu	72,6%	4,5%	6,0%	43,5%
weiß nicht	5,9%	7,1%	9,5%	11,9%

Die Items aus dem Jahr 2000 (EB 53.0; $1930 \leq n \leq 1934$) zielen in eine ähnliche Richtung und bei der Frage nach der Kennzeichnung bei der Verwendung von GV-Zutaten zeigen sich ähnliche Ergebnisse wie zuvor. Auch der Anteil der ablehnenden Personen bleibt bei dieser Frage bei einem geringen Wert von 6%. Allerdings unterscheiden die Items in diesem Jahr faktisch zwischen GVO bei der Herstellung und GVO im Endprodukt und stellen damit auf Fragen nach Produkt- oder Prozesskennzeichnung ab. Während letztere scheinbar deutlich bevorzugt wird, wird die Frage nach der Kennzeichnung in Abhängigkeit vom Vorhandensein von GVO im Endprodukt ausgeglichen beantwortet. Die Gruppen der befürwortenden und ablehnenden Personen sind mit rund 45% bzw. rund 44% annähernd gleich groß und die Unentschlossenen machen einen Anteil von rund 12% an der Stichprobe aus.

Vergleicht man nun den Fragetext von 1998 mit dem zweiten Item aus 2000, so zielen beide Fragen, nur verschieden stark differenziert bzw. explizit, letztlich auf das Vorhandensein von GVO im Endprodukt. Vor diesem Hintergrund sind die starken Unterschiede bei der Bewertung zunächst auffällig. Eine wahrscheinliche Erklärung ist, dass das Item aus 1998 eher als „pauschaler" Indikator für die Kennzeichnung insgesamt fungierte, zumal keine differenzierte Fragestellung erfolgte, wie es im Jahr 2000 der Fall war. Eine eher von Vorsicht geleitete Perspektive auf Kennzeichnung wird auch durch eine weitere Frage aus dem Jahr 1998 (EB 49.0; n=1916) nahe gelegt, nämlich: *„Im Zweifelsfall sollte auf dem Etikett stehen: „Dieses Produkt könnte genetisch veränderte Organismen enthalten""*. Knapp 83% (82,9%) stimmen der Aussage zu, während 8,7% sie ablehnen und 8,4% unentschlossen sind. Zum anderen stellt eine Prozesskennzeichnung auch die höheren Anforderungen, da sie sich auf den ganzen Produktionsprozess, unabhängig vom tatsächlichen Vorhandensein von GVO im Endprodukt, bezieht. Zusammen mit der Annahme einer Steigerung der Bekanntheit des Themas und einer Zunahme der Sensibilisierung bei Grüner Gentechnik in diesen Jahren (siehe Kapitel II), mag es erklärbar sein, dass die „höhere Hürde" (womöglich auch aus einer Position der Vorsicht heraus) stärker befürwortet wird, wenn beide Kennzeichnungsvarianten zur Bewertung gestellt werden. So stimmen auch im Jahr 2008 (GR 2008; n=616) rund 89% der Befragten dem Statement *„Der Einsatz von GVP als Futtermittel sollte generell auf tierischen Produkten vermerkt sein."* zu. Diese Form der (im weiteren Sinne) Prozesskennzeichnung wird von 77,4% voll und ganz und von 11,9% eher gewünscht. Abgelehnt wird sie von weniger als 5% der Personen und ein Anteil von 6,5% ist unentschlossen.

Der Wunsch nach sowohl einer grundsätzlichen als auch einer spezifischen Kennzeichnung von GVO und GVP findet sich auch in der Stichprobe von 2008 (GR 2008; n=616). Der Aussage *„Es sollte auf allen Lebensmitteln ein Hinweis zu finden sein, ob sie ohne GVP oder ob sie mit GVP hergestellt wurden."* stimmen zusammen fast 92% der Befragten voll und ganz zu (85,6%) bzw. eher zu (6,3%). Ablehnung erfährt das Statement von zusammen knapp 5%. Eine spezifische Kennzeichnung für GV-Produkte („*Alle Lebensmittel mit GVP sollten gekennzeichnet werden, damit die Kunden selbst entscheiden können.*") wird sogar von rund 97% der Personen gewünscht, wobei 91,4% voll und 5,8% eher zustimmen. Abgelehnt wird die Aussage zusammen von 1% der Stichprobe. Auch der Anteil der Unentschlossenen ist mit 1,8% eher gering.

Die zweite Gruppe der Fragen zur Kennzeichnung bezieht sich im weiteren Sinne auf die Negativkennzeichnung, also die Abwesenheit von GVO und GVP. Eine entsprechende Kennzeichnung („*Ein Produkt, das keine genetisch veränderten Organismen enthält, sollte auch als solches gekennzeichnet sein.*") wünschen sich 1998 (EB 49.0; n=1916) fast 80% (79,2%). Nicht gewünscht wird dies von 12,3% der Befragten und 8,5% sind unentschlossen. Ähnliche Ergebnisse zeigen auch die Daten für das Jahr 2000 (EB 53.0; n=1922). Auf die Frage „*Wenn ein Lebensmittel völlig frei von gentechnisch veränderten Organismen ist, wären Sie gerne darüber informiert?*" geben 80,9% die Antwort ja, während 10,3% dies verneinen und 8,8% unentschlossen sind[260].

Die dritte Gruppe befasst sich mit der Bedeutung bzw. der Relevanz von Kennzeichnung für die Kaufentscheidung und basiert auf Daten aus dem Jahr 2000 (EB 53.0; n=1932) (Tabelle 33). In Abhängigkeit von einer Kennzeichnung „ohne GVO" bzw. „enthält GVO" wird die Kaufneigung für Lebensmittel erfasst. Dabei zeigt sich in beiden Fällen ein entsprechender und deutlicher Effekt der Kennzeichnung. Im ersten Fall („ohne GVO") steigt die Neigung bei 46,2% der Befragten viel stärker, das Produkt zu kaufen und bei knapp 35% nimmt sie etwas zu. Unverändert bleibt die Kaufneigung bei rund 10%. Im umgekehrten Fall, nämlich einer Kennzeichnung „enthält GVO", sinkt bei über der Hälfte der Stichprobe (51,3%) die Kaufneigung deutlich und nimmt bei weiteren 28,5% etwas ab. Unverändert bleibt sie auch hier bei rund 10%. Ebenso sind in beiden Fällen jeweils rund 10% unentschlossen.

[260] Wenngleich in der Frage an sich das Wort Kennzeichnung nicht vorkommt, ist aber davon auszugehen, dass auf eine solche mit der Frage abgestellt wird, zumal dies vor allem auch bei Lebensmitteln ein typisches Vorgehen wäre.

Tabelle 33: Wirkung Kennzeichnungsart auf Kaufentscheidung
Quelle: Eurobarometer.

	Wenn ein Lebensmittel ein Etikett hat, auf dem steht, dass es keine GVO enthält, sind Sie dann [...] geneigt, das Produkt zu kaufen?		Und wenn ein Lebensmittel [...] ein Etikett hat, auf dem steht, dass es GVO enthält, sind Sie dann [...] geneigt, das Produkt zu kaufen?
viel stärker	46,2%	viel weniger	51,3%
etwas stärker	34,6%	etwas weniger	28,5%
nicht stärker	10,1%	nicht weniger	10,1%
weiß nicht	9,1%	weiß nicht	10,1%

In der vierten Gruppe stehen Fragen nach dem Vertrauen in Kennzeichnungen und deren Kontrolle im Mittelpunkt. Dabei zielen die Items aus dem Jahr 2008 (GR 2008; n=616) zum einen auf die Vertrauenswürdigkeit der Herstellerangaben und zum anderen auf das Vertrauen in die staatlichen Kontrollen der Kennzeichnung. Dabei ist das Vertrauen in die Hersteller eher mäßig bis kritisch ausgeprägt (Tabelle 34)[261].

Tabelle 34: Vertrauen in Kennzeichnung und Kontrolle
Quelle: GeneRisk.

	Ich vertraue auf die Angaben der Hersteller der Produkte.	Ich vertraue auf die staatlichen Kontrollen der Kennzeichnung.
stimme voll und ganz zu	6,8%	13,3%
stimme eher zu	20,5%	29,9%
bin unentschlossen	28,2%	27,4%
stimme eher nicht zu	26,8%	18,3%
stimme überhaupt nicht zu	17,7%	11,0%

261 Aufgrund von Rundungen kommt es in der Summe teilweise zu Abweichungen von 100%.

Die Anteile derer, die den Herstellerangaben voll bzw. eher vertrauen, die unentschlossen sind sowie jene, die den Angaben eher nicht vertrauen, liegen bei jeweils rund 27% bzw. 28%. Vollkommen herstellerkritisch sind knapp 18% der Befragten. Dies spricht für ein eher begrenztes Vertrauen in die Hersteller bei Fragen der Kennzeichnung von GV-Produkten und einer entsprechenden, kritischen Tendenz. Das Vertrauen in die staatlichen Kontrollen der Kennzeichnung ist vergleichsweise positiv ausgeprägt. Allerdings stimmt zusammen weniger als die Hälfte (43,2%) dem Statement voll oder eher zu. Eher oder vollkommen abgelehnt wird die Aussage von zusammen knapp 30% (29,3%) der Stichprobe. Die Gruppe der Unentschlossenen ist mit rund 28% annähernd gleich groß wie bei der Frage nach dem Vertrauen in die Herstellerangaben.

5.1.4 Verfügbarkeit gentechnikfreier Produkte

Die unter Umständen etwas kompliziert klingende Frage aus dem Jahr 2008 (GR 2008; $612 \leq n \leq 614$) zielt darauf ab, ob bei einer potentiellen Reduzierung bzw. Verknappung des Angebotes von gentechnikfreien Lebensmitteln unterschiedliche Grade an Besorgnis daraus resultieren, je nach dem wie stark die Verfügbarkeit eingeschränkt ist. Entsprechend „steigert" sich die potentielle Reduzierung von *„nicht mehr aus der Region erhältlich"* bis hin zu *„gar nicht mehr erhältlich"* (Tabelle 35). Die Erwartung ist, dass von einem gänzlichen Mangel an gentechnikfreien Produkten die höchste Besorgnis ausgeht, gefolgt von einem Mangel auf europäischer Ebene hin zu einem Mangel in Deutschland. Die vergleichsweise geringste Besorgnis sollte bei einer Verknappung in der Region bestehen. Die Ergebnisse zeigen zu diesen Fragen an einigen Stellen ein eher gegenläufiges Bild. Wenngleich die Besorgnis bei einer gänzlichen Verknappung erwartungsgemäß am höchsten ist, so rangieren Deutschland und die Region annähernd gleich an zweiter Stelle hinsichtlich der Besorgnis. Die eigentlich „zweitstärkste" Verknappung, nämlich ein Mangel an Verfügbarkeit auf europäischer Ebene, bewirkt, gemessen am Anteil der sehr besorgten Personen, die vergleichsweise geringste Besorgnis. Als mögliche Erklärung liegt ein Lokal- bzw. Regionaleffekt hinsichtlich der generellen Relevanz und Bezugsquelle von Lebensmitteln nahe, ohne dass diese mögliche Erklärung mittels der Datenbasis hinreichend untermauert werden kann.

Tabelle 35: Bewertung Verfügbarkeit gentechnikfreier Produkte
Quelle: GeneRisk.

Wie sehr sind Sie bei den folgenden Einschränkungen der Verfügbarkeit von Lebensmitteln *ohne* GVP besorgt? Lebensmittel ohne GVP nicht mehr erhältlich aus...[262]	**der Region**	**Deutschland**	**der EU**	**gar nicht mehr erhältlich**
sehr besorgt	40,1%	39,6%	36,9%	47,4%
etwas besorgt	19,5%	18,8%	19,4%	12,3%
unentschlossen	17,1%	19,7%	20,3%	13,7%
eher nicht besorgt	12,2%	11,1%	10,1%	9,5%
überhaupt nicht besorgt	11,1%	10,8%	13,2%	17,2%

Insgesamt ist die Mehrheit der Stichprobe aber grundsätzlich sehr oder etwas besorgt, wenn es zu einer Reduzierung der Verfügbarkeit von gentechnikfreien Produkten käme. Der Anteil derer, die eher nicht oder gar nicht besorgt sind, liegt zusammen zwischen rund 22% und 27%. Dabei sind die Anteile der eher nicht Besorgten in allen Szenarien annähernd gleich mit Werten zwischen rund 10% und 12%. Ähnlich jene Personen, die überhaupt nicht besorgt sind. Auch hier liegt der Anteil zumeist zwischen rund 11% und 13%. Allerdings steigt der Wert in dieser Gruppe im letzten Szenario, nämlich wenn gentechnikfreie Produkte gar nicht verfügbar sind, vergleichsweise deutlich an, auf etwas über 17%. Dies stellt den höchsten Anteil in dieser Gruppe in allen Szenarien dar und würde bedeuten, dass diese Personen überhaupt nicht besorgt wären, wenn es keinerlei gentechnikfreie Produkte mehr gäbe.

262 Aufgrund von Rundungen kommt es in der Summe teilweise zu Abweichungen von 100%.

5.1.5 Zukunftsszenario

Zum Bereich der erwarteten zukünftigen Entwicklung von Grüner Gentechnik bzw. zum Anbau von GVP im Speziellen liegt nur ein Item aus dem Jahr 2008 (UB 2008; n=2016) vor. Danach geht die deutliche Mehrheit der Befragten von einer Zunahme des Anbaus von GVP aus, wobei 38,2% dies sicher erwarten und es für weitere 53,9% wahrscheinlich ist. Zusammen knapp 8% erwarten hingegen, dass es nicht oder eher nicht zu einer Steigerung des Anbaus in den folgenden zehn Jahren kommen wird (Tabelle 36).

Tabelle 36: Zukunftserwartung Anbau GVP
Quelle: Umweltbewusstsein in Deutschland.

Der Anbau gentechnisch veränderter Pflanzen wird zunehmen.	
wird nicht eintreffen	0,6%
wird eher nicht eintreffen	7,3%
wird wahrscheinlich eintreffen	53,9%
wird bestimmt eintreffen	38,2%

Da der Bezugsrahmen an dieser Stelle ein globaler ist, können keine unmittelbaren Rückschlüsse auf die Einschätzung der Entwicklungen für Deutschland gezogen werden. Da aber zum Zeitpunkt der Befragung der Anbau von GVP in Deutschland noch erlaubt war und jährlich deutliche Zuwachsraten verzeichnete (siehe Tabelle 5), kann durchaus gemutmaßt werden, dass auch für die Bundesrepublik ein entsprechender Trend für die Zukunft erwartet wurde.

5.1.6 Gesellschaftliche Dimension kompakt

Die mit gesellschaftliche Dimension überschriebenen Aspekte Grüner Gentechnik beziehen sich auf die Bereiche staatliche Verantwortung beim Umgang mit dieser Technologie, deren Regulierung, Fragen der Kennzeichnung entsprechender Produkte, die Verfügbarkeit von gentechnikfreien Erzeugnissen sowie die Erwartung des künftigen Anbaus von GVP. Mittels vieler Einzelitems, aber auch Wiederholungsfragen, können die meisten Bereiche auf eine breite Fragenbasis gestellt werden.

Über mehrere Erhebungszeitpunkte im Verlauf von zehn Jahren wurde das staatliche Engagement im Bereich Grüner Gentechnik von je rund 10% als ausreichend bewertet. Wenngleich die Anteile der entgegengesetzt bewertenden Gruppe in der Tendenz abnehmen, stellt sie zusammen mit dem entsprechend zunehmenden Anteil unentschlossener Personen die deutliche Mehrheit der Befragten dar. Offensichtlich sehen diese Personen noch Kapazitäten bzw. Entwicklungsbedarf der staatlichen Verantwortung bei Grüner Gentechnik. Ebenso fühlt sich nur ein geringer Teil der Befragten durch die gegenwärtigen Regelungen ausreichend geschützt, die Mehrheit ist diesbezüglich eher skeptisch bei nennenswerten Anteilen unentschlossener Personen. Vergleichsweise Einigkeit herrscht aber in der Meinung, dass die Regelungen und Regulierungen bei Grüner Gentechnik nicht alleinig der Industrie überlassen werden sollten.

Zur Kennzeichnung von Produkten, als ein Element der Regulierung, beziehen die Befragten aus den verschiedenen Stichproben in der Regel relativ eindeutig Position. Wenngleich eine entsprechende Kennzeichnung im Alltag scheinbar nur begrenzt Beachtung findet, wird ihr generell ein hohes Interesse entgegengebracht und eine hohe Bedeutung beigemessen. So haben die Befragten auch eine klare Vorstellung, ab wann für sie ein Produkt „frei von GVO" ist und ab wann sie sich eine Kennzeichnung wünschen. In beiden Fällen votiert die Mehrheit deutlich für Werte unterhalb der gegenwärtigen Kennzeichnungsgrenze von 0,9%. Wenn auch der Punkt Produkt- oder Prozesskennzeichnung bei der vorliegenden Datenbasis als vergleichsweise indifferent bewertet wird, herrscht insgesamt ein starker Wunsch nach verlässlicher Information über solche Produkt- und Produktionseigenschaften, die auch als eine Art „vorsichtshalber Kennzeichnung" verstanden werden kann. Diese erstreckt sich auch auf die Kennzeichnung von GV-Futtermitteln bei tierischen Erzeugnissen. Etwas weniger stark, aber weiterhin mehrheitlich, wird auch eine Negativkennzeichnung, also wenn keine GVO bzw. GVP verwendet wurden, gewünscht. Nach entsprechender Selbstauskunft der Befragten würden auch beide Kennzeichnungsarten (Positiv- bzw. Negativkennzeichnung) dazu führen, dass das gentechnikfreie Erzeugnis bzw. das nicht als gentechnisch verändert markierte Produkt eher gekauft würde. Je 10% der

Befragten ist dies jedoch egal und bewirkt keine Änderung der geäußerten Kaufneigung. Wenn der Kennzeichnungswunsch auch hoch ausgeprägt ist, das Vertrauen in die Kennzeichnung ist es eher nur mittelmäßig. In jedem Fall wird den staatlichen Kontrollen noch eher vertraut als den Herstellerangaben.
Bei einer Verknappung von gentechnikfreien Produkten bzw. einer Reduzierung ihrer Verfügbarkeit ist erwartungsgemäß die Besorgnis in dem Szenario am größten, wenn es keinerlei derartige Produkte mehr gäbe. Insgesamt sind die Befragten in allen Szenarien mehrheitlich mehr oder minder besorgt, allerdings scheint es hierbei einen Lokal- bzw. Regionaleffekt bezüglich der Produktherkunft zu geben. Und hinsichtlich der zukünftigen Entwicklung des Anbaus von GVP geht eine sehr deutliche Mehrheit von einer mehr oder weniger sicheren Zunahme aus. Weniger als 10% glauben nicht daran, dass sich der Anbau steigern wird. Allerdings differenziert die Frage nicht klar danach, ob dies eine generelle bzw. globale Erwartung ist oder ob sie sich auch spezifisch auf Deutschland bezieht. Entsprechend muss diese Antwort offen bleiben.

5.2 Individuelle Dimension im Zeitverlauf

Unter der als individuelle Dimension überschriebenen Kategorie findet sich eine Vielzahl an Fragen aus unterschiedlichen Bereichen, wie sie in den jeweiligen Datensatzbeschreibungen vorgestellt wurden. Die Zuordnung zu dieser Dimension basiert, wie die der anderen Dimensionen, auf inhaltlichen Überlegungen und wurde an entsprechender Stelle auch bereits hinsichtlich verschiedener Zuordnungsmöglichkeiten diskutiert. Schwerpunktmäßig konzentrieren sich die Items im Bereich der individuellen Dimension auf Fragen der Information zu Grüner Gentechnik, dem Wissen und generellen Überzeugungen zu diesem Bereich der Gentechnologie sowie dessen Bewertung. Ebenso stehen Fragen zum Umgang mit GV-Produkten und dem individuellen, potentiellen Kaufverhalten solcher Erzeugnisse im Vordergrund.

5.2.1 Information und Informiertheit

Dieser Unterpunkt der individuellen Dimension ist seinerseits in vier wesentliche Bereiche unterteilt, ohne dass diese als eigenständiger Gliederungspunkt notwendig scheinen. Diese Bereiche umfassen *Kenntnisse* hinsichtlich Grüner Gentechnik, den *Informationsstand* zu dieser Technologie, das *Verstehen* entsprechender Informationen sowie die Bewertung ihrer *Relevanz*. Dabei werden die Items, wie bereits zuvor, in der Regel innerhalb eines jeden Bereichs chronologisch über die Datenquellen hinweg dargestellt.

Beginnend mit den **Kenntnissen** zu Grüner Gentechnik (im Sinne von Kennen) zeigt sich, dass die Frage, ob von den entsprechenden Einsatzmöglichkeiten bereits einmal etwas gehört wurde, im Jahr 1999 (EB 52.1; n=1936) („*Die Entnahme von Genen bestimmter Pflanzenarten und ihre Übertragung auf Kulturpflanzen, um sie widerstandsfähiger gegen Schädlinge zu machen.*") von einer klaren Mehrheit der Befragten bejaht wird. Gleiches gilt für 1999 und 2002 (EB 52.1; EB 58.0; $1027 \leq n \leq 1936$) („*Der Einsatz moderner Biotechnologie bei der Herstellung von Lebensmitteln, um z.B. den Eiweißgehalt zu erhöhen, die Haltbarkeit zu verlängern oder den Geschmack zu verändern.*").

Speziell auf GV-Lebensmittel bezogen fällt die Antwort 2005 (EB 64.3; n=747) noch deutlicher aus („*Haben Sie jemals von genetisch veränderten Lebensmitteln gehört?*"). 90% aller Befragten haben bereits etwas darüber gehört, nur 10% verneinen dies (Tabelle 37). Über die Qualität des Gehörten oder die Frage, worin diese Kenntnisse bzw. das „gehört haben" besteht, gibt dieser Wert allerdings keinen Aufschluss.

Zudem ist der schon oftmals diskutierte Wechsel zwischen den Begrifflichkeiten „moderne Biotechnologie" und „genetische Veränderung" zu beachten. Die Bekanntheit von GV-Lebensmitteln als Anwendungsfeld Grüner Gentechnik scheint aber zwischen 2002 und 2005 zugenommen zu haben.

Tabelle 37: Bekanntheit Anwendungsmöglichkeiten Grüner Gentechnik
Quelle: Eurobarometer.

	Die Entnahme von Genen bestimmter Pflanzenarten und ihre Übertragung auf Kulturpflanzen, um sie widerstandsfähiger gegen Schädlinge zu machen.	**Der Einsatz moderner Biotechnologie bei der Herstellung von Lebensmitteln, um z.B. den Eiweißgehalt zu erhöhen, die Haltbarkeit zu verlängern oder den Geschmack zu verändern.**		**Haben Sie jemals von genetisch veränderten Lebensmitteln gehört?**
	1999	**1999**	**2002**	**2005**
ja	62,7%	66,0%	64,6%	90,0%
nein	37,3%	34,0%	35,4%	10,0%

Auf die Frage nach der Kenntnis von möglichen Informationsquellen zur Grünen Gentechnik (*„Ich weiß, wo ich Informationen zur Grünen Gentechnik finden kann.“*) fällt die Antwort 2008 (GR 2008; n=598) recht deutlich aus. Zusammen mehr als die Hälfte der Stichprobe stimmt der Aussage eher (27,3%) oder überhaupt nicht (28,1%) zu. Unentschlossen sind 16,6% und 19,2% meinen eher zu wissen, woher sie entsprechende Informationen beziehen können. 8,9% stimmen dem Statement voll und ganz zu, wissen es also genau. Dies gibt einen Hinweis darauf, dass trotz des Kennens des Themas das Wissen um Informationsquellen weniger gut ausgeprägt zu sein scheint.
Die Selbsteinschätzung des **Informationsstand**es unterstreicht, dass der Themenbereich Grüne Gentechnik an sich vergleichsweise gut bekannt ist, jedoch nur ein begrenztes Gefühl von ausreichender Information vorherrscht. So lehnt 1999 (EB 52.1; n=1920) eine klare Mehrheit von fast 80% (79,5%) die Aussage *„Ich fühle mich über Biotechnologie ausreichend informiert.“* ab. 11,5% stimmen ihr zu und 9,0% haben keine Meinung hierzu. Deutlich wird dies auch im Jahr 2000 (EB 53.0; n=1922). Eine vergleichsweise differenzierte Erfassung der selbst eingeschätzten Informiertheit (*„Wie gut sind Sie über GVO und deren mögliche Auswirkungen informiert?“*) zeigt, dass sich 22,9% der Stichprobe als informiert bezeichnen würden, während der Großteil (65,5%) angibt, zumindest etwas darüber gehört zu haben. 4,5% haben hingegen noch

nie etwas davon gehört und 7,2% können die Frage nicht beantworten. Ähnliche Ergebnisse finden sich auch in der Stichprobe aus dem Jahr 2002 (EB 58.0; n=2013) („*Wie gut fühlen Sie sich informiert über den Einsatz von genetisch veränderten Organismen?*"). Als sehr gut sehen sich 3,9% informiert und 23,0% halten sich für ziemlich gut informiert. Ziemlich schlecht hingehen bewerten 41,2% der Befragten ihren Informationsstand und knapp 26% (25,9%) schätzen ihn als sehr schlecht ein. 6,0% können keine Einschätzung abgeben. Eine ähnliche Selbsteinschätzung ist 2008 (GR 2008; n=601) zu finden („*Über Grüne Gentechnik fühle ich mich gut informiert.*"). Dem Statement stimmen 3,0% voll und ganz zu, weitere 11,8% stimmen eher zu. Eher abgelehnt wird es von 37,6% und 26,1% stimmen ihm überhaupt nicht zu. Der Anteil an Unentschlossenen beträgt etwas mehr als ein Fünftel (21,5%).
Zur Frage des **Verstehen**s liegt nur ein einzelnes Item aus dem Jahr 2001 (EB 55.2; n=1961) vor („*Können Sie mir sagen, ob Sie glauben, dass Sie [das Thema genetisch veränderte Lebensmittel] verstehen, oder nicht?*"). Nach dieser Selbsteinschätzung denkt die Mehrheit (59,6%), diesbezügliche Informationen zu verstehen. Knapp ein Drittel (32,7%) denkt dies nicht und 7,7% können diese Frage nicht beantworten.
Die allgemeine Bedeutung und **Relevanz** des Themas Grüne Gentechnik scheint vom konkreten Kontext bzw. Anwendungsfall abzuhängen. Auf die Frage nach der persönlichen Wichtigkeit des Themas aus dem Jahr 1996 (EB 46.1; n=1767) („*Wir haben gerade über einige Dinge gesprochen, die mit der modernen Biotechnologie zusammenhängen. Manche halten diese Dinge für sehr wichtig, andere dagegen nicht. Wie wichtig sind diese Dinge für Sie persönlich?*") zeigt sich eine eher mittlere Relevanz. Gemessen über eine 10-Punkt-Skala halten als Extrempositionen 4,5% das Thema überhaupt nicht für wichtig und 8% für extrem wichtig. Der Großteil der Befragten misst dem Thema eine mittlere, tendenziell hohe Relevanz bei. So sind die Skalenpunkte 5 bis 8 mit jeweils rund 13% bis 14% besetzt. Eine detailliere Aufstellung zeigt Anhang 19. Für 2005 (EB 64.3; n=1490) zeigen die Daten ein ebenfalls eher mittleres Interesse am Thema Biotechnologie („*Manchen Menschen liegt sehr viel an den Fragen der Biotechnologie, über die wir in dieser Umfrage ge-*

sprochen haben. Anderen dagegen liegt nicht sehr viel an diesem Thema. Wie ist das bei Ihnen? Ganz allgemein gesprochen, wie viel liegt Ihnen an diesem Thema?"). So antworten 1,3% der Befragten, dass ihnen extrem viel an dem Thema läge und 11,3% ist es sehr wichtig. Als etwas wichtig wird es von knapp einem Drittel (32,8%) bewertet. Der größten Gruppe (41,8%) liegt nicht sehr viel daran und für 11,3% ist es völlig unbedeutend. 1,6% können keine Antwort geben[263].

Demgegenüber haben die Fragen aus dem Jahr 2008 (GR 2008; 595 ≤ n ≤ 597) explizit Grüne Gentechnik bzw. Grüne Gentechnik bei Lebensmitteln zum Gegenstand. In diesem Fall wird die Relevanz des Themas merklich höher bewertet (Tabelle 38).

Tabelle 38: Relevanz Grüne Gentechnik
Quelle: GeneRisk.

	Das Thema Grüne Gentechnik in Lebensmitteln interessiert mich sehr.[264]	**Ich hätte gerne mehr Informationen zu Grüner Gentechnik.**
stimme voll und ganz zu	20,9%	25,5%
stimme eher zu	41,0%	39,2%
bin unentschlossen	25,3%	19,0%
stimme eher nicht zu	9,9%	9,4%
stimme überhaupt nicht zu	2,8%	6,9%

So haben zusammen über 60% ein sehr (20,9%) oder eher (41,0%) hohes Interesse am Thema Grüne Gentechnik in Lebensmitteln, rund 13% haben eher wenig bis überhaupt kein Interesse daran. Ein Viertel (25,3%) der Stichprobe zeigt sich unentschlossen. Ebenso wünscht sich eine Mehrheit von rund 65% (64,7%) mehr Informationen zu Grüner Gentechnik, gleichzeitig verneinen dies rund 16% (16,3%). Der Anteil der Unentschlossenen beträgt bei dieser Frage 19,0%.

---

263 Bei beiden Fragen ist zu beachten, dass sie explizit auf Biotechnologie abzielen, mit allen bereits diskutierten potentiellen Schwierigkeiten oder Verzerrungen.

264 Aufgrund von Rundungen kommt es in der Summe teilweise zu Abweichungen von 100%.

5.2.2 Wissen um Grüne Gentechnik

Die eigentlichen Wissensfragen konzentrieren sich auf zwei Schwerpunkte. Einerseits auf Wissen über im weiteren Sinne biologische und biotechnologische Gegebenheiten, andererseits auf Wissen über zeitgenössische Regelungen (Stand 2008) bezüglich GVO und GV-Erzeugnissen. Der erste Fragenbereich verfügt zudem über den Vorteil, dass die Items und die Skalen über vier Messzeitpunkte hinweg unverändert geblieben sind und damit, abgesehen von unterschiedlichen Stichproben, gewissermaßen als Wiederholungsbefragungen verstanden werden können (EB 46.1; EB 52.1; EB 58.0; EB 64.3; $1490 \leq n \leq 2013$) (Tabelle 39)[265].

Tabelle 39: Wissen Biotechnologie und Gene
Quelle: Eurobarometer.

		Normale Tomaten enthalten keine Gene, während GV- Tomaten Gene enthalten.	**Wenn ein Mensch eine GV-Frucht isst, können sich seine Gene auch verändern.**	**Es ist unmöglich, tierische Gene auf Pflanzen zu übertragen.**
richtig	*1996*	44,7%	30,0%	29,2%
	1999	41,5%	25,4%	26,3%
	2002	45,8%	20,1%	29,9%
	2005	37,7%	25,0%	37,3%
falsch	*1996*	35,8%	37,5%	23,4%
	1999	36,2%	37,9%	23,7%
	2002	33,6%	47,2%	22,0%
	2005	48,6%	53,0%	28,6%
weiß nicht	*1996*	19,6%	32,6%	47,4%
	1999	22,4%	36,7%	50,0%
	2002	20,6%	32,7%	48,1%
	2005	13,7%	22,0%	34,1%

Dabei gilt für alle Aussagen, dass die Bewertung als „falsch" die jeweils richtige Antwort darstellt. Die oft zitierte Frage nach Genen in „norma-

265 Aufgrund von Rundungen kommt es in der Summe teilweise zu Abweichungen von 100%.

len" Tomaten und GV-Tomaten wird in allen Stichproben und Jahren von einem nennenswerten Anteil fälschlicherweise als „richtig" beantwortet, wobei sich auch, abgesehen von 2005, jeweils rund ein Fünftel der Befragten unschlüssig zeigt. In 2005 kommt es zu einem deutlichen Anstieg der korrekten Antworten bei einer entsprechender Abnahme der falschen Antworten und dem Anteil Unentschlossener. Die Veränderung menschlicher Gene durch den Verzehr von GV-Früchten wird in der Tendenz im Zeitlauf von zunehmend mehr Personen korrekt beantwortet, im Jahr 2005 war dies bei über der Hälfte (53,0%) der Stichprobe der Fall[266]. Der Anteil unschlüssiger Befragungsteilnehmer schwankt über die Erhebungszeitpunkte ähnlich wie der Anteil falscher, also nicht korrekter, Antworten und erreicht 2005 mit 22,0% den niedrigsten Stand der betrachteten Zeitpunkte. Während die Frage nach der Übertragung tierischer Gene auf Pflanzen in den ersten drei betrachteten Jahren ungefähr gleiche Anteile in den Antwortkategorien aufweist, mit jeweils einer Mehrheit von rund der Hälfte bei den Unentschlossenen, ändert sich dies im Jahr 2005. Nun votieren die meisten Befragten (37,3%) für die falsche Antwort „richtig". Ebenso nimmt aber auch der Anteil an korrekten Antworten auf 28,6% zu. Unentschlossene Personen stellen rund ein Drittel der Stichprobe, der bislang geringste Wert in dieser Kategorie.

Zusammen zeigt sich, dass insbesondere, aber keinesfalls ausschließlich, in den früheren Stichproben bei allen Fragen ein nennenswerter bis beachtlicher Anteil der Befragten unschlüssig hinsichtlich der richtigen Antwort ist, teilweise sogar die Hälfte der Stichprobe. Für 2005 findet sich bei allen Fragen der höchste Wert bei den richtigen Antworten sowie eine deutliche Reduzierung des Anteils Unentschlossener. Ob dies auf eine tatsächliche, langfristige Zunahme des Wissens in diesen Bereichen oder aber auf eine stärkere, z.B. mediale Vermittlung einzelner Aspekte in dieser Zeit des erneut einsetzenden kommerziellen Anbaus ab 2005 zu-

[266] Dies ist auch die einzige Frage aus diesem Bereich, bei der zu allen Betrachtungszeitpunkten die Gruppe jener, die richtig antworten, die höchsten Werte aufweist gegenüber den falschen Antworten oder Unentschlossenen, wenn auch z.T. nur knapp.

rückzuführen ist, kann lediglich gemutmaßt werden. Denn, weiterhin beantworten zwischen 25,0% und rund 38% die Fragen auch in diesem Jahr noch falsch.

Auch der zweite Fragenbereich zum, in diesem Fall, Wissen um Regelungen zu GVO und GV-Erzeugnissen aus dem Jahr 2008 (GR 2008; $611 \leq n \leq 617$) macht deutlich, dass einerseits große Teile der Befragten die richtigen Antworten kennen, gleichzeitig aber, ebenso wie bei dem ersten Fragenkomplex zum Wissen, ein deutlicher Anteil unentschlossen ist (Tabelle 40).

Tabelle 40: Wissen Regelungen Grüne Gentechnik

Quelle: GeneRisk.

	richtig	**falsch**	**weiß nicht**
Es gibt GVP, die als Futtermittel in Deutschland erlaubt sind.	65,1%	6,5%	28,3%
Es gibt GVP, die als Lebensmittel in Deutschland erlaubt sind.	40,7%	23,0%	36,3%
Es gibt GVP, deren Anbau in Deutschland erlaubt ist.	69,5%	8,1%	22,3%
Es gibt eine Kennzeichnungspflicht für GVP in Lebensmitteln.	66,7%	11,7%	21,6%
Es gibt eine Kennzeichnungspflicht für GVP in Futtermitteln.	38,6%	15,2%	46,2%
Wenn Tiere mit GVP gefüttert wurden, muss das auf dem Produkt stehen.	31,4%	31,1%	37,4%

Unter dem zum Befragungszeitpunkt (2008) gültigen Regelungsregime war, außer bei der letzten Frage, jeweils „richtig" die korrekte Antwort. Insbesondere die Fragen nach der Zulassung von Futtermitteln sowie dem Anbau und der Existenz einer Kennzeichnungspflicht bei Lebensmitteln werden von einer klaren Mehrheit korrekt beantwortet. Die Zulassung von GVP als Lebensmittel wird von rund 41% (40,7%) richtig beantwortet, der Anteil unentschlossener Personen ist aber mit 36,3% fast ähnlich hoch. Hinsichtlich der Kennzeichnungspflicht von Futtermitteln stellt die Kategorie „weiß nicht" die größte Gruppe der Befragten, gefolgt von 38,6% korrekter Antworten. Die vergleichsweise am wenigsten eindeutig beantwortete Frage ist die nach der Kennzeichnung von GV-Futtermitteln im Endprodukt. Je rund ein Drittel beantwortet sie falsch bzw. richtig, den relativ größten Anteil machen Unentschlossene mit 37,4% aus. Betrachtet man nun noch die korrekten Antworten pro Person, konnten knapp 10% (9,5%) keine richtige Antwort geben, weitere 7,1% hatten eine richtige Antwort. Alle sechs Fragen korrekt beantwortet haben 5,5%. Die meisten Personen haben drei bzw. vier richtige Antworten gegeben (Anhang 20).

5.2.3 Generelle Überzeugungen und Einstellungen

Zum Bereich genereller Überzeugungen und Einstellungen liegen vergleichsweise viele Items, auch aus verschiedenen Jahren, vor. Allerdings sind diese Items immer einzelne Momentaufnahmen, es gibt keine Wiederholungsfragen. Um diese Anzahl an Fragen einer gewissen Systematik unterzuordnen, werden für die Darstellung vier Bereiche abgegrenzt. Erstens, *allgemeine Überzeugungen zu Grüner Gentechnik und GVP*. Zweitens, *Meinungen und Überzeugungen bei GV-Lebensmitteln*. Drittens, *Überzeugungen zum Nutzen bzw. der Nützlichkeit von Grüner Gentechnik und GV-Lebensmitteln*. Und viertens, *Überzeugungen beim Umgang mit GV-Lebensmitteln* („Wahlfreiheit").
Beginnend mit dem ersten Bereich, den **allgemeinen Überzeugungen zu Grüner Gentechnik und GVP**, wurde im Jahr 1996 (EB 46.1; n=1936) die grundsätzliche Bewertung der Erbgutveränderung („*Es sollten nur traditionelle Zuchtmethoden angewendet werden und nicht durch Biotechnologie die erblichen Eigenschaften bei Pflanzen und Tieren verändert werden.*") erfasst. Eine Mehrheit von 60,6% stimmt dem Statement eher zu, rund ein Viertel der Befragten (25,1%) lehnt es eher ab und 14,4% sind unentschlossen. Ein klares Urteil zur Einführung von GV-Lebensmitteln („*Es sollte nur eingeführt werden, wenn die Sicherheit wissenschaftlich bewiesen ist.*") fällt auch die Stichprobe aus dem Jahr 2001 (EB 55.2; n=1961). Die Aussage wird von 82,8% eher unterstützt, nur knapp 10% (9,7%) lehnen sie ab. Unentschlossen zeigen sich 7,5%. Betrachtet man weiterhin grundsätzliche Bewertungen zu GV-Lebens-

mitteln und Grüner Gentechnik an sich, so werden sie von weiten Teilen der Befragten als „unnatürlich" eingestuft. So stimmen im Jahr 2002 (EB 58.0; n=1027) knapp 63% (62,9%) dieser Sichtweise eher zu („*Genetisch veränderte Lebensmittel bedrohen die natürliche Ordnung der Dinge.*"). Weniger als ein Viertel (23,2%) lehnt sie eher ab. Unentschlossen sind 13,9%. Rückt man nun weniger die Bedrohung in den Fokus als die Frage danach, ob Grüne Gentechnik an sich „unnatürlich" ist, so zeigt sich für 2008 (GR 2008; 612 ≤ n ≤ 614) ein recht ähnliches Bild (Tabelle 41). So stimmen zusammen 58% der Aussage zu, dass Grüne Gentechnik den Gesetzen der Natur entgegensteht. Zusammen rund 27% lehnen diese Einschätzung ab, knapp 25% der Befragten sind unschlüssig.

Tabelle 41: Bewertung Unnatürlichkeit Grüne Gentechnik
Quelle: GeneRisk.

	Grüne Gentechnik ist gegen die Gesetze der Natur.	**Die Wissenschaftler gehen mit der Grünen Gentechnik zu weit.**
stimme voll und ganz zu	40,7%	25,1%
stimme eher zu	17,3%	16,4%
bin unentschlossen	14,9%	27,7%
stimme eher nicht zu	12,1%	16,0%
stimme überhaupt nicht zu	15,0%	14,8%

Die Frage, ob Wissenschaftler mit Grüner Gentechnik zu weit gehen, wird vergleichsweise uneindeutig beantwortet. So vertreten zusammen zwar rund 42% diese Auffassung, fast 31% teilen diesen Standpunkt nicht und weitere rund 28% können sich kein Urteil bilden und sind unentschlossen. Dem entgegen wird, weiterhin für das Jahr 2008 (GR 2008; 616 ≤ n ≤ 618), der Anbau von GVP wieder deutlicher und kritischer gesehen („*Der großflächige Anbau von GVP ist zu risikoreich. Wir wissen einfach nicht, was passieren wird.*"). Mehr als die Hälfte (52,1%) der Stichprobe stimmt diesem Statement voll und ganz zu, weitere 17,2% stimmen ihm eher zu. Lediglich 9,3% lehnen es eher ab, 7,8% stimmen ihm überhaupt nicht zu. Unentschlossene machen 13,6% aus. Ebenfalls kritisch, allerdings etwas weniger stark ausgeprägt, wird die Frage der

Koexistenz im gleichen Jahr bewertet („*Landwirtschaft mit und ohne Grüne Gentechnik kann harmonisch nebeneinander existieren.*"). Zusammen gut 25% der Befragten stimmen der Aussage voll und ganz (11,7%) oder eher (13,6%) zu. Abgelehnt wird sie zusammen von rund 57%, wobei 19,7% sie eher verneinen und die vergleichsweise größte Gruppe mit 37,4% ihr überhaupt nicht zustimmt. Nicht festlegen konnten sich 17,6% der befragten Personen. Entsprechend ist es wenig überraschend, dass eher kein Beitrag von GVP zu einer schonenden Landwirtschaft gesehen wird („*Grüne Gentechnik trägt zu einer schonenden Landwirtschaft bei.*"). Aus derselben Stichprobe wie zuvor, stimmen zusammen rund 20% diesem Statement zu. Lediglich 6,5% der Befragten stimmen voll und ganz zu, 13,6% tun dies eher. Eher Ablehnung erfährt das Statement von 20,9% und etwas mehr als ein Drittel (33,6%) lehnt es voll und ganz ab. Unentschlossen sind 25,3% der Stichprobe.

Der zweite Bereich, **Meinungen und Überzeugungen bei GV-Lebensmitteln**, fokussiert zum einen auf eine mehr oder weniger Pro-vs. Contra-Haltung, zum anderen auf die Relevanz einer eigenen Meinung zu GV-Lebensmitteln. Im Jahr 2001 (EB 55.2; n=1961) wurde die Gefährlichkeitseinschätzung von GV-Lebensmitteln im Stil einer Wissensfrage („*Was meinen Sie, ist es richtig oder falsch, dass Lebensmittel auf der Grundlage von genetisch veränderten Organismen gefährlich sind?*") erhoben. Wie bereits bei der Vorstellung der Datengrundlage diskutiert, ist dies aber keine Faktenfrage im Sinne von Wissen, sondern erfasst vielmehr eine subjektive Haltung und Einschätzung, weswegen die Frage auch an dieser Stelle behandelt wird[267]. So halten es 54,8% der Befrag-

[267] Zwar ist treffender Weise im Datensatz „falsch" als richtige Antwort hinterlegt, was den Charakter einer Wissensfrage unterstreicht. Wie jedoch zum einen in Abschnitt 2.2.5 gezeigt, dürften solche Lebensmittel gar nicht in den Verkehr gebracht werden, wenn eine Gefährlichkeit nachweisbar ist, so dass sie überhaupt nicht als Lebensmittel verfügbar wären. Zum anderen ist die vermeintliche Gefährlichkeit von GV-Lebensmitteln, unabhängig von Überwachung und Kontrollen, zumeist eine Überzeugungsfrage, wie auch Abschnitt 2.3 verdeutlicht. Demgemäß scheint die Frage bei den generellen Überzeugungen besser platziert als im Bereich des Wissens.

ten für wahr, dass solche Lebensmittel gefährlich sind. Lediglich 15,1% der Befragten meinen, es sei falsch. Doppelt so viele Personen (30,1%) sind unentschlossen. Die hohe Gefährlichkeitseinschätzung mag auch zur deutlichen Positionierung der Befragten beim Statement *„Ich möchte diese Art von Lebensmitteln nicht.“* aus demselben Jahr beitragen haben. So neigen fast drei Viertel der Stichprobe (73,0%) zur Zustimmung, während 17,4% eher zur Ablehnung tendieren. Nicht entscheiden können sich 9,5%. Trotz der hohen Ablehnung auf der einen Seite, ist auf der anderen Seite auch ein hoher Informationsbedarf gegeben. Über 84% (84,3%), der weiterhin selben Stichprobe aus dem Jahr 2001, stimmen der Aussage *„Ich möchte mehr über diese Art von Lebensmitteln wissen, bevor ich sie esse“* eher zu. Nur rund 10% (10,4%) lehnen sie eher ab und 5,4% können sich nicht entscheiden. So zeigen auch die Ergebnisse aus 2002 (EB 58.0; n=1027), dass den meisten Befragten eine genaue Meinung zu GV-Lebensmitteln wichtig ist (Tabelle 42). Über 70% stimmen der Aussage eher zu und nur 13,0% lehnen sie eher ab. Etwas größer ist der Anteil an Unentschlossenen mit 14,5%.

Tabelle 42: Generelle Überzeugungen: Meinungsbildung
Quelle: Eurobarometer.

	Es ist für mich wichtig, eine genaue Meinung zu GV-Lebensmitteln zu haben.[268]	**Ich bin mir meiner Ansichten zu GV-Lebensmitteln sicher.**	**Es fällt mir leicht, mir eine genaue Meinung zu GV-Lebensmitteln zu bilden.**
stimme eher zu	72,6%	53,8%	39,8%
stimme eher nicht zu	13,0%	25,8%	41,1%
weiß nicht	14,5%	20,4%	19,1%

Vergleichsweise unsicherer sind die Befragten hingegen bezüglich der Verlässlichkeit ihrer Ansichten. Aber dennoch sind sich über die Hälfte (53,8%) ihrer Meinung sicher, gut ein Viertel ist dies nicht und rund ein

268 Aufgrund von Rundungen kommt es in der Summe teilweise zu Abweichungen von 100%.

Fünftel der Stichprobe vermag dies nicht einzuschätzen. Trotz der Wichtigkeit einer genauen Meinung auf der einen Seite und einer immer noch relativ hohen Sicherheit hinsichtlich der eigenen Ansichten auf der anderen Seite, ist die Meinungsbildung an sich scheinbar für die meisten Befragten aber weniger einfach. So antworten annähernd gleich viele Personen, dass es ihnen eher leicht fällt (39,8%) bzw. eher nicht leicht fällt (41,1%). Nicht einschätzen können es rund 19%. Abschließend zum zweiten Bereich folgen an dieser Stelle die Ergebnisse zu einer allgemeinen Frage der Nutzung von GVO aus dem Jahr 2007 (EB 68.2; n=1475) („*Sind Sie persönlich für oder gegen die Nutzung von genetisch veränderten Organismen?*"). Sie zeigt ähnliche Resultate wie das Statement bezüglich der Erwünschtheit von GV-Lebensmitteln aus dem Jahr 2001 (EB 55.2). Auch 2007 lehnt die Mehrheit von zusammen 71% die Nutzung eher (31,1%) oder vollkommen (39,9%) ab. Eher befürwortet wird sie von 11,5% und 4,0% der Befragten befürworten sie voll und ganz. Zusammen sind somit rund 16% mehr oder weniger stark für die Nutzung von GVO. Nicht entscheiden konnten sich 9,1% und 4,5% antworteten spontan, dass sie von diesem Thema noch nie etwas gehört hätten. Den dritten Bereich der generellen Überzeugungen bilden **Überzeugungen zum Nutzen** von Grüner Gentechnik und GV-Lebensmitteln. Zur Nutzenerwartung bzw. auch Nutzenverteilung liegen drei Fragen aus dem Jahr 2002 (EB 58.0; n=1027) vor (Tabelle 43).

Tabelle 43: Bewertung Nützlichkeit GV-Lebensmittel
Quelle: Eurobarometer.

	GV-Lebensmittel werden mir und anderen Verbrauchern nützen.	**GV-Lebensmittel und -Getreide werden nur für die Industrie gut sein und nicht für den Verbraucher.**	**GV-Lebensmittel werden im Kampf gegen Hunger in der Dritten Welt nützlich sein.**
stimme eher zu	23,3%	48,0%	47,4%
stimme eher nicht zu	60,6%	32,5%	32,1%
weiß nicht	16,1%	19,5%	20,5%

Einen direkten persönlichen Nutzen durch GV-Lebensmittel sieht weniger als ein Viertel (23,3%) der Befragten, die Mehrheit mit über 60% verneint die Aussage. Unentschlossen sind 16,1%. Diese Einschätzung spiegelt sich auch in der folgenden Frage wieder, nämlich dass eher ein Nutzen für die Industrie denn für die VerbraucherInnen gesehen wird. Mit 48,0% stimmt fast die Hälfte der Befragten dem Statement zu, während es von knapp einem Drittel abgelehnt wird und rund 20% es nicht einzuschätzen vermögen.

Fragt man hingegen nach dem Nutzen von GV-Lebensmitteln in der so genannten Dritten Welt, dann sieht fast die Hälfte (47,4%) der Befragten eine entsprechende Nützlichkeit, knapp ein Drittel verneint einen solchen Nutzen und rund ein Fünftel ist unschlüssig. Stellt man dieses Statement in ähnlicher Form im Kontext von Deutschland („*Grüne Gentechnik sichert unsere Ernährung.*"), dann erfährt es im Jahr 2008 (GR 2008; n=617) jedoch nur von 8,9% volle Zustimmung und von weiteren 14,1% eher Zustimmung. Die Mehrheit von zusammen rund 55% lehnt es eher (20,7%) oder voll und ganz (34,5%) ab. Etwas mehr als ein Fünftel (21,7%) ist unentschlossen.

Betrachtet man nun die Nützlichkeit im Kontext wirtschaftlicher Interessen, scheint es eine gewisse Ambivalenz zu geben. Während dem Statement 1996 (EB 46.1; n=1930) („*Wir müssen gewisse Risiken in Kauf nehmen, die von der modernen Biotechnologie ausgehen, wenn damit die wirtschaftliche Wettbewerbsfähigkeit in Europa verbessert wird.*") mehrheitlich eher nicht zugestimmt (59,4%) und es nur von 28,0% eher unterstützt wurde, bei 12,6% unschlüssigen Personen, sind die Ergebnisse für 2002 (EB 58.0; n=1027) andere. In diesem Jahr stand allerdings statt der europäischen Wettbewerbsfähigkeit die deutsche Wirtschaft im Fokus („*Langfristig gesehen wird eine erfolgreiche deutsche Industrie im Bereich genetisch veränderter Lebensmittel gut für die Wirtschaft sein.*"). Nunmehr stimmen annähernd gleich große Anteile an Befragten eher zu (38,3%) bzw. lehnen die Aussage eher ab (37,2%). Unentschlossen zeigt sich knapp ein Viertel der Stichprobe (24,4%). Es kann nun entsprechend diskutiert werden, ob sich die Einschätzung des wirtschaftlichen Nutzens über die Zeit verändert hat oder ob es auf den Referenzrahmen, nämlich EU oder Deutschland, zurückzuführen ist. In jedem Fall findet sich eine weitere uneindeutige Einschätzung in dieser Stichprobe. Hinsichtlich der Erwartung an zukünftige Forschung bezüglich potentieller Risiken von GV-Lebensmitteln („*Ganz gleich was die Gefahren von genetisch veränderten Lebensmitteln sein mögen, die zukünftige Forschung wird erfolgreich damit umgehen können.*") sind die Antwortkategorien annähernd gleich belegt. 34,2% haben eher Vertrauen in die künftige Forschungsentwicklung, 35,6% haben dies eher nicht. Kein Urteil bilden können 30,2% der befragten Personen.

Der vierte Bereich bezieht sich auf **Überzeugungen beim Umgang mit GV-Lebensmitteln**. Betrachtet man den grundsätzlichen Wunsch nach Wahlfreiheit („*Ich möchte das Recht haben, auswählen zu können.*") aus dem Jahr 2001 (EB 55.2; n=1961), überrascht es wenig, dass eine sehr klare Mehrheit von 95,1% der Aussage eher zustimmt. Der Anteil eher nicht zustimmender Personen ist mit 2,6% ungefähr gleich groß wie die Gruppe Unentschlossener. Begreift man das Statement aus 2002 (EB 58.0; n=1027) („*Ich werde die Möglichkeit haben selbst zu entscheiden, ob ich genetisch veränderte Lebensmittel esse oder nicht.*") hingegen als Erwartung, ob eine solche Wahlfreiheit gegeben ist bzw. gegeben sein wird, erklärt sich die vergleichsweise deutliche Reduzierung in der Zustimmung bei entsprechender Zunahme der anderen Antwortoptionen. Gleichwohl stimmt weiterhin eine Mehrheit von knapp 60% (59,9%) eher zu und 23,0% stimmen eher nicht zu. Der Anteil unentschlossener Befragter liegt bei 17,1%.

Ergänzt man den Aspekt der Wahlfreiheit noch um eine Preiskomponente mittels zweier Items aus 2008 (GR 2008; n=609), spricht sich jeweils eine Mehrheit für das entsprechende Statement aus, also für sowohl ein Recht auf günstige Preise als auch eine staatliche Verantwortung, ein solches Preisniveau zu gewährleisten (Tabelle 44). So sind zusammen rund 72% der Befragten mehr oder minder stark davon überzeugt, dass sie ein Recht auf günstige gentechnikfreie Lebensmittel haben. Rund 12% sind eher nicht oder überhaupt nicht davon überzeugt, was eine kleinere Gruppe als die unentschlossenen Personen darstellt, die knapp 16% der Stichprobe ausmachen.

Tabelle 44: Überzeugung Preisniveau gentechnikfreie Lebensmittel
Quelle: GeneRisk.

	Es ist mein gutes Recht, Produkte ohne GVP zu günstigen Preisen kaufen zu können.	**Der Staat muss dafür Sorge tragen, dass ich ohne Preiserhöhung weiterhin Lebensmittel ohne GVP kaufen kann.**
stimme voll und ganz zu	50,7%	52,7%
stimme eher zu	21,7%	17,1%
bin unentschlossen	15,9%	13,0%
stimme eher nicht zu	6,6%	8,0%
stimme überhaupt nicht zu	5,1%	9,2%

Eine Pflicht des Staates, dafür zu sorgen, dass gentechnikfreie Lebensmittel nicht mit einem Preisaufschlag einhergehen, sehen zusammen rund 70%, während rund 17% dies nicht tun. Unentschlossen sind 13,0% der Befragten.

5.2.4 Bewertung verschiedener Anwendungsfelder

Entsprechend der Strukturierung der in den verschiedenen Datenquellen vorhandenen Fragen gliedert sich die Bewertung unterschiedlicher Anwendungsbereiche Grüner Gentechnik in drei Gruppen. Zum einen Anwendungen bei *Lebensmitteln*, zum anderen die Nutzung im *Pflanzenbau* sowie zum Dritten die Verwendung gentechnologischer Verfahren zur Gewinnung von *Pharmapflanzen*. Abgesehen vom letzten Bereich liegen dazu meist mehr oder minder gleiche Items von verschiedenen Erhebungszeitpunkten vor, die in gewissem Umfang eine mögliche Veränderung über die Zeit abbilden können. Diese wiederholt gestellten Fragen werden, ebenfalls ausgenommen der Bereich der Pharmapflanzen, durch weitere Items ergänzt, so dass in der Summe ein entsprechender Überblick über die Bewertung verschiedener Anwendungsfelder Grüner Gentechnik resultiert. Beginnend mit den Wiederholungsfragen zum Bereich der **Lebensmittel** ist zunächst zu beachten, dass nach drei Erhebungen die Itemformulierung deutlich geändert wurde (von „moderne Biotechnologie bei Lebensmittelherstellung" zu „GV-Lebensmitteln" im Jahr 2005), wenngleich die Zielrichtung, nämlich die Bewertung dieses Anwendungsbereiches sowie die Antwortkategorien gleich geblieben sind (EB 46.1; EB 52.1; EB 58.0; EB 64.3; 747 ≤ n ≤ 1941) (Tabelle 45).

Tabelle 45: Allgemeine Bewertung Anwendungsbereich Lebensmittel
Quelle: Eurobarometer.

Die moderne Biotechnologie bei der Herstellung von Lebensmitteln einzusetzen, z.B. um den Eiweißgehalt zu erhöhen, die Haltbarkeit zu verlängern oder den Geschmack zu verändern (ist)...? / Gentechnisch veränderte Lebensmittel (sind)...[269]

	Jahr			
	1996	***1999***	***2002***	***2005***
von Nutzen für die Gesellschaft				
stimme voll & ganz zu	17,8%	13,2%	13,9%	9,7%
stimme eher zu	33,7%	32,8%	29,1%	25,4%
stimme eher nicht zu	22,3%	28,4%	28,2%	27,5%
stimme überhaupt nicht zu	15,6%	15,7%	14,9%	30,9%
weiß nicht	10,6%	9,9%	13,8%	6,5%
ein Risiko für die Gesellschaft				
stimme voll & ganz zu	25,5%	25,2%	23,2%	33,0%
stimme eher zu	35,3%	36,7%	35,5%	31,4%
stimme eher nicht zu	22,1%	22,3%	21,5%	17,9%
stimme überhaupt nicht zu	6,2%	5,0%	3,7%	10,0%
weiß nicht	10,9%	10,8%	16,1%	7,7%
moralisch vertretbar				
stimme voll & ganz zu	11,5%	10,4%	11,3%	12,7%
stimme eher zu	31,7%	30,3%	29,7%	25,5%
stimme eher nicht zu	25,9%	30,5%	27,4%	24,9%
stimme überhaupt nicht zu	18,0%	17,2%	14,1%	31,5%
weiß nicht	12,9%	11,7%	17,5%	5,5%
sollte/n gefördert werden				
stimme voll & ganz zu	11,5%	9,3%	10,2%	5,0%
stimme eher zu	29,1%	26,5%	22,5%	16,0%
stimme eher nicht zu	22,8%	28,1%	26,6%	23,9%
stimme überhaupt nicht zu	23,6%	23,5%	21,5%	49,8%
weiß nicht	12,9%	12,6%	19,2%	5,3%

[269] Aufgrund von Rundungen kommt es in der Summe teilweise zu Abweichungen von 100%.

Betrachtet man zunächst die ersten drei Erhebungsjahre (1996, 1999, 2002), sind in der Regel nur geringe Schwankungen zwischen den Befragungen festzustellen. Großzügig gerundet sind je zwischen 13% bis 18% voll und ganz der Meinung, moderne Biotechnologie bei der Lebensmittelherstellung sei gesellschaftlich von Nutzen, weitere 30% bis 34% stimmen eher zu. Eine eher ablehnende Haltung findet sich bei 22% bis 28% und rund 15% bzw. 16% sind vollständig dagegen. Der Anteil Unentschlossener bewegt sich zwischen 10% und 14%. Eine hohe Ähnlichkeit zwischen den Erhebungen findet sich auch für die gesellschaftliche Risikoeinschätzung hinsichtlich moderner Biotechnologie und Lebensmittel. Die Unterschiede zwischen den Jahren betragen maximal 2,5%, meist weniger. Dabei ist eine deutlich kritische bzw. risikoträchtige Sicht vorherrschend, zusammen je rund 60% stimmen der Aussage eher oder voll und ganz zu, während zwischen rund 25% und 28% diese eher oder voll und ganz ablehnen. Unentschlossene machen die deutlich kleinste Gruppe mit maximal rund 6% aus. Für mehr oder minder moralisch vertretbar halten zwischen 40% und 45% der jeweiligen Befragten diese Anwendung gentechnologischer Verfahren. Fast ebenso viele Personen (rund 41% bis 48%) verneinen dies. Entsprechend liegt der Anteil Unentschlossener zwischen rund 12% und 18%. Auch der letzte Aspekt, nämlich ob diese Anwendung gefördert werden sollte, weist verhältnismäßig geringe Variationen innerhalb der einzelnen Antwortkategorien über die verschiedenen Jahre auf. Allerdings sinkt insgesamt der Anteil der voll bzw. eher zustimmenden Personen kontinuierlich von knapp 41% im Jahr 1996 über rund 36% im Jahr 1999 auf ca. 33% im Jahr 2002. Jedoch führt dies nicht zu einer entsprechenden Zunahme bei der Gruppe der ablehnenden Personen. Hier schwankt der Wert zwischen rund 46% (1996), 44% (1999) und 48% (2002). Der Anteil der unentschlossenen Befragungsteilnehmer liegt für die ersten beiden Jahre bei rund 13% und steigt auf gut 19% für 2002.

Für diese drei Jahre zusammen finden sich keine essentiellen Abweichungen, die nicht z.B. über unterschiedliche Stichproben erklärt werden könnten.

Anders sieht es jedoch für das Jahr 2005 aus. Auffällig ist zunächst, dass bei allen Bereichen der Anteil an unentschlossenen Personen drastisch abnimmt, sich meist halbiert oder fast auf ein Viertel zurückgeht und damit zwischen rund 5% und 7% liegt. Aber auch innerhalb der verschiedenen Kategorien der Zustimmung bzw. Ablehnung finden sich in vielen Bereichen nennenswerte Abweichungen gegenüber den Vorjahren. So wird eine Nützlichkeit für die Gesellschaft nunmehr nur noch von rund 35% der Befragten gesehen, der Anteil jener, die eben diesen Nutzen nicht sieht, erreicht rund 58%. Ein Risiko für die Gesellschaft sehen zusammen rund 64%, während rund 28% die entsprechende Aussage ablehnen. Dabei ist in diesem Jahr für beide Extrempositionen (vollkommene Zustimmung: 33,0%; vollkommene Ablehnung: 10,0%) der jeweils höchste Wert bei diesem Statement bei den betrachteten Zeitpunkten zu verzeichnen. Die moralische Vertretbarkeit wird ebenfalls zunehmend kritisch bewertet. Während der Anteil bei der Zustimmung mit zusammen rund 38% leicht geringer als in den Vorjahren ausfällt, steigt die Ablehnung deutlicher. Etwas mehr als 56% der Stichprobe verneinen diese Vertretbarkeit, was wiederum dem höchsten Wert in den betrachteten Jahren entspricht. Besonders stark ist die Veränderung hinsichtlich der Förderung von GV-Lebensmitteln. Lediglich 21,0% stimmen dem Statement zu, die deutliche Mehrheit von fast 74% lehnt sie mehr oder weniger deutlich ab. Die größte Zunahme findet sich dabei in der Gruppe jener, die überhaupt nicht zustimmen, sie macht knapp die Hälfte der Stichprobe aus.

Die Frage ist nun, ob oder wie sich die zum Teil drastischen Unterschiede in 2005 gegenüber den anderen Jahren erklären lassen. Neben den oftmals betonten Stichprobenunterschieden und daraus resultierenden Änderungen kann ebenfalls der bereits erwähnte, ab 2005 wieder einsetzende, nennenswerte kommerzielle Anbau zu einer verstärkten Auseinandersetzung und/oder kritischen Bewertung geführt haben. Zudem muss vielleicht auch die eingangs getroffene Aussage, nämlich dass mit der Itemänderung im Jahr 2005 weiterhin dieselbe Zielrichtung verfolgt wurde, revidiert werden. Neben den bereits mehrfach betonten Effekten verschiedener Begrifflichkeiten kommt hinzu, dass in den Jahren zuvor

Zusatznutzen (Verbesserung von z.B. Haltbarkeit oder Geschmack) explizit Teil der Frage waren, während 2005 allgemein GV-Lebensmittel bewertet wurden. Womöglich resultiert ein Teil der zunehmenden Ablehnung auch daraus, dass letztlich eben doch etwas anderes gemessen wurde, wenn auch die Intention der Frage vermutlich gleich war.

Festzuhalten bleibt in jedem Fall, dass trotz einer gewissen Tendenz zu einer vorsichtigen bis ablehnenden Haltung einzelne Aspekte kritisch, aber differenziert bewertet werden. Dies zeigt auch eine weitere Frage aus dem Jahr 2005 (EB 64.3; n=747) zum Bereich der GV-Lebensmittel allgemein. Es standen vier Antwortoptionen zur Wahl, wobei *„Ich befürworte genetisch veränderte Lebensmittel, solange herkömmliche behördliche Richtlinien vorhanden sind.*" von 13,2% der Befragten bejaht wurde. Knapp ein Fünftel (19,8%) votierte für *„Ich würde genetisch veränderte Lebensmittel befürworten, wenn sie stärker reguliert wären.*" und 29,4% wählten *„Ich befürworte genetisch veränderte Lebensmittel nicht, es sei denn unter ganz besonderen Umständen.*". Die vergleichsweise größte Gruppe mit 34,7% lehnte GV-Lebensmittel grundsätzlich ab (*„Ich befürworte genetisch veränderte Lebensmittel nicht, egal unter welchen Umständen.*"). Unentschlossen waren 2,9% der Stichprobe.

Eine mehrheitlich kritische und besorgte Haltung zeigen zudem die Daten aus dem Jahr 2008 (GR 2008; $614 \leq n \leq 618$) (Tabelle 46). So stehen zusammen rund 68% der Stichprobe GVP in Lebensmitteln besorgt gegenüber, während 16,5% dies verneinen. Ebenfalls der Großteil der Befragten (rund 64%) ist mehr oder minder stark der Meinung, dass GVP nicht für Lebensmittel verwendet werden sollten. In beiden Fällen liegt der Anteil an Unentschlossenen mit 15,2% bzw. 17,6% unter einem Fünftel der Befragungsteilnehmer. Ob GVP die Lebensmittelqualität reduzieren, wird weniger eindeutig beantwortet. Während dies für zusammen rund 48% der Fall ist, verneinen 29,0% eine solche Wirkung. Die unentschlossenen Personen stellen nun 22,5% der Stichprobe.

Tabelle 46: Persönliche Bewertung Anwendungsbereich Lebensmittel
Quelle: GeneRisk.

	GVP in Lebensmitteln stehe ich besorgt gegenüber.	GVP sollten nicht für Lebensmittel verwendet werden.	GVP reduzieren für mich die Lebensmittelqualität.[270]
stimme voll und ganz zu	46,1%	48,7%	33,9%
stimme eher zu	22,2%	15,4%	14,7%
bin unentschlossen	15,2%	17,6%	22,5%
stimme eher nicht zu	11,0%	10,4%	14,7%
stimme überhaupt nicht zu	5,5%	7,9%	14,3%

Die Wiederholungsfragen zur zweiten Gruppe, der Anwendung im Bereich **Pflanzenbau**, liegen von drei Erhebungszeitpunkten vor und entstammen in den jeweiligen Jahren den gleichen Stichproben wie zuvor die Fragen zum Bereich Lebensmittel (EB 46.1; EB 52.1; EB 58.0; $986 \leq n \leq 1942$) und wurden auch in identischen Kategorien erhoben (Tabelle 47). Zu beachten ist auch bei dieser Frage, dass sie in ihrer Formulierung mit einem direkten Zusatznutzen (Widerstandsfähigkeit) verbunden ist. Ob die Nutzung gentechnischer Verfahren im Pflanzenbau für die Gesellschaft von Nutzen ist, wird mehrheitlich bejaht. Dabei gibt es zwischen den Jahren 1996 und 1999 nur sehr geringe Abweichungen, aber auch die Schwankungen gegenüber 2002 liegen zumeist im Bereich von 2%-3%. So stimmen zusammen zwischen rund 57% und 62% der Befragten der Aussage eher oder voll und ganz zu, rund 27% bis 30% lehnen sie eher oder gänzlich ab. Dabei ist die strikte Ablehnung 2002 vergleichsweise am niedrigsten (7,5%), ebenso aber auch die Zustimmung insgesamt mit etwa 57%, die aber dennoch den Großteil der Stichprobe darstellt. Die Gruppe der Unentschlossenen erreicht mit 14,8% in diesem Jahr ebenfalls den höchsten Anteil.

270 Aufgrund von Rundungen kommt es in der Summe teilweise zu Abweichungen von 100%.

Tabelle 47: Bewertung Anwendungsbereich Pflanzenbau
Quelle: Eurobarometer.

Gene bestimmten Pflanzen zu entnehmen und sie auf Kulturpflanzen zu überragen, um sie widerstandsfähiger gegen Schädlinge zu machen (ist)...[271]

		Jahr	
	1996	***1999***	***2002***
von Nutzen für die Gesellschaft			
stimme voll & ganz zu	23,8%	23,7%	21,9%
stimme eher zu	38,6%	37,5%	35,5%
stimme eher nicht zu	16,7%	18,3%	20,3%
stimme überhaupt nicht zu	10,6%	11,4%	7,5%
weiß nicht	10,3%	9,1%	14,8%
ein Risiko für die Gesellschaft			
stimme voll & ganz zu	16,0%	16,2%	17,1%
stimme eher zu	28,4%	31,2%	32,8%
stimme eher nicht zu	33,2%	30,7%	28,8%
stimme überhaupt nicht zu	10,3%	9,5%	5,3%
weiß nicht	12,2%	12,4%	16,0%
moralisch vertretbar			
stimme voll & ganz zu	15,5%	16,6%	16,8%
stimme eher zu	39,6%	40,3%	35,1%
stimme eher nicht zu	20,0%	20,2%	23,8%
stimme überhaupt nicht zu	12,8%	12,7%	9,8%
weiß nicht	12,0%	10,4%	14,5%
sollte/n gefördert werden			
stimme voll & ganz zu	16,4%	17,5%	16,9%
stimme eher zu	34,0%	31,5%	27,1%
stimme eher nicht zu	20,2%	24,0%	21,6%
stimme überhaupt nicht zu	16,0%	14,9%	15,3%
weiß nicht	13,5%	12,1%	19,2%

Während die Jahre 1996 und 1999 eher geringe Unterschiede, jedoch mit einer zunehmend kritischen Tendenz, bei der Frage danach, ob der Bereich der GVP ein Risiko darstellt, aufweisen, ist diese kritische Sicht im Jahr 2002 nochmals deutlicher. So stimmen nunmehr fast 50%

[271] Aufgrund von Rundungen kommt es in der Summe teilweise zu Abweichungen von 100%.

(49,9%) dem Statement eher bzw. voll und ganz zu, in den vorherigen Jahren waren dies rund 47% (1999) bzw. rund 44% (1996). Ebenso sinkt der Anteil an tendenzieller bzw. vollständiger Ablehnung der Aussage von zusammen 43,5% (1996) über rund 40% (1999) auf etwas über 34% im Jahr 2002. Nachdem die Unentschlossenen für 1996 und 1999 je rund 12% der Stichproben darstellten, sind dies 2002 16%. Dass GVP moralisch vertretbar sind, wird zu allen Befragungszeitpunkten mehrheitlich bejaht, wobei wiederum für 2002 die vergleichsweise größten Abweichungen bestehen. So stimmen zusammen mit rund 55% (1996), 57% (1999) und 52% (2002) der Befragten der moralischen Vertretbarkeit zu. Die Gruppe, die diese Aussage eher oder gänzlich ablehnt, ist mit rund 33% für 1996 und 1999 sowie rund 34% für 2002 quasi unverändert groß. Dabei ist die strikte Ablehnung bei diesem Punkt in den betrachteten Jahren, ähnlich der Frage nach dem gesellschaftlichen Nutzen, in 2002 am geringsten. Durch einen leichten Anstieg der tendenziellen Ablehnung bleibt aber in der Summe rund ein Drittel der Stichprobe kritisch. Gleichsam ist die tendenzielle Zustimmung gesunken, während die volle Zustimmung auf dem Niveau der anderen Jahre verbleibt, so dass zusammen letztlich der bereits genannte Anteil von rund 52% GVP für moralisch vertretbar hält. Die Gruppe unentschlossener Personen macht zwischen rund 10% und 14,5% der Befragten aus. Ob der Bereich des Pflanzenbaus unter Verwendung von GVO gefördert werden sollte, wird zwar über alle betrachteten Jahre von dem größeren Teil der Befragten bejaht, in der Tendenz scheint die Zustimmung aber rückläufig zu sein. Nachdem 1996 zusammen etwas mehr als die Hälfte (50,4%) zustimmten, waren dies 1999 49,0% und im Jahr 2002 noch 44%. Allerdings resultiert die abnehmende Zustimmung nicht nennenswert in einer gesteigerten Ablehnung. Der Anteil dieser Gruppe liegt bei rund 36% für 1996, im Jahr 1999 bei rund 39% und für 2002 bei knapp 37%. Vielmehr machen Unentschlossene 2002 fast ein Fünftel der Stichprobe aus, was den höchsten Wert dieser Antwortkategorie darstellt.

Leider fanden aber die Fragen zum Pflanzenbau in der Erhebung von 2005 (EB 64.3) keine Berücksichtigung, so dass offen bleiben muss, ob der wieder einsetzende Anbau von GVP in Deutschland ab diesem Jahr

die vermuteten Effekte auf die Bewertung verschiedener Aspekte Grüner Gentechnik hat. Insbesondere bei diesen unmittelbar auf GVP bezogenen Fragen wäre sonst ein guter Indikator gegeben.
Ergänzt man die Wiederholungsfragen zum Bereich Pflanzenbau um die Ergebnisse einer weiteren Befragung (GR 2008; $611 \leq n \leq 614$), die ebenfalls die Bewertung von GVP und deren möglichen Effekten, mit einem Fokus auf potentiellen Umweltwirkungen, integriert, zeigt sich ein in der Tendenz eher kritisches Bild, das einerseits jedoch zwischen verschiedenen Wirkungen differenziert, andererseits aber auch von hohen Anteilen unentschlossener Personen gekennzeichnet ist (Tabelle 48).

Tabelle 48: Bewertung Umweltwirkungen GVP
Quelle: GeneRisk.

	GVP ermöglichen eine umweltschonendere Produktion.	**GVP schonen andere Pflanzen & Tiere auf dem Acker.**	**GVP reduzieren den Einsatz von Pflanzenschutzmitteln.**[272]
stimme voll und ganz zu	8,3%	5,9%	19,4%
stimme eher zu	18,0%	11,4%	32,7%
bin unentschlossen	33,1%	25,6%	22,3%
stimme eher nicht zu	14,9%	23,3%	12,5%
stimme überhaupt nicht zu	25,7%	33,8%	13,0%

Eine umweltschonendere Produktion durch GVP wird vom größeren Teil der Befragten eher bzw. überhaupt nicht gesehen. Zusammen sagen dies rund 41%. Dem entgegen stimmen etwas mehr als 26% dem Statement zu. Ein großer Teil von der Befragten (rund ein Drittel) zeigt sich unentschlossen. Deutlicher fällt die Bewertung hinsichtlich möglicher Folgen für die Pflanzen- und Tierwelt aus. Nur zusammen rund 17% erwarten deren Schonung durch GVP, während die deutliche Mehrheit mit rund 57% dem widerspricht. Aber auch hier ist ein nennenswerter Anteil von rund ein Viertel der Befragten unentschlossen. Wenn auch weiterhin

272 Aufgrund von Rundungen kommt es in der Summe teilweise zu Abweichungen von 100%.

rund 22% der Stichprobe unentschlossen ist, so wird aber GVP mehrheitlich ein Reduzierungspotential bei Pflanzenschutzmitteln zugeschrieben. Die mehr oder minder starke Zustimmung zu der Aussage ist mit rund 52% doppelt so hoch wie deren Ablehnung durch zusammen rund 26%.

Die dritte und letzte Gruppe der Fragen zum Bereich Pflanzenbau deckt den Aspekt der **Pharmapflanzen** ab. Dieser wurde in den betrachteten Jahren nur einmalig in 2005 (EB 64.3; n=747) erhoben. Die Einschätzung dieser Nutzungsmöglichkeit, also GVP zur Herstellung von Medikamenten, wurde eher allgemein ermittelt, wobei vier verschiedene Antwortoptionen zur Wahl standen. Für die erste Möglichkeit („*Ich befürworte die Nutzung genetisch veränderter Pflanzen zur Herstellung von Medikamenten, solange herkömmliche behördliche Richtlinien vorhanden sind.*") stimmten 32,0%. Unter der Bedingung einer erhöhten Regulierung („*Ich würde die Nutzung genetisch veränderter Pflanzen zur Herstellung von Medikamenten befürworten, wenn sie stärker reguliert wäre.*") würden 26,0% der Nutzung von GVP für diesen Zweck zustimmen. Mit 20,8% fällt der Anteil jener, die diese Verwendung ausschließlich in Ausnahmesituationen gutheißen („*Ich befürworte die Nutzung genetisch veränderter Pflanzen zur Herstellung von Medikamenten nicht, es sei denn unter ganz besonderen Umständen.*"), etwas geringer aus. Für eine strikte Ablehnung von GVP als Pharmapflanzen („*Ich befürworte die Nutzung genetisch veränderter Pflanzen zur Herstellung von Medikamenten nicht, egal unter welchen Umständen.*") sind 16,0% der Befragten. Unentschlossen zeigen sich 5,2%.

Stellt man nun die Bewertung von GVP zur Medikamentenherstellung der Bewertung von GV-Lebensmitteln aus dem gleichen Jahr und der identischen Stichprobe (EB 64.3; n=747) gegenüber (siehe zuvor in diesem Abschnitt, Seite 243), gibt es deutliche Unterschiede in Abhängigkeit des Verwendungszweckes (Tabelle 49). So erfährt die Nutzung von GVP als Pharmapflanze ein deutlich höheres Maß an Zustimmung unter den genannten Bedingungen als es bei GV-Lebensmitteln der Fall ist. Ebenso sind die Anteile jener, die Pharmapflanzen außer in Ausnahmefällen ablehnen sowie derer, die sie grundsätzlich ablehnen, deutlich geringer. Im letzteren Fall ist der Anteil mit 16,0% gar etwas weniger als halb so groß. Unentschlossene stellen bei beiden Fragen eine vergleichsweise kleine Gruppe dar, wobei sie bei der Frage zu den Pharmapflanzen mit 5,2% größer ausfällt als bei der Frage zu GV-Lebensmitteln. Ob dies ein Indiz für eine klarere Meinung bei GV-Lebensmitteln ist, wird bei den geringen Anteilen und dem ebenfalls eher geringen Unterschied von 2,3% nicht angenommen. Offensichtlicher und stärker scheint der Effekt der konkreten Nutzung zu sein.

Tabelle 49: Vergleich Bewertung GV-Lebensmittel und Pharmapflanzen
Quelle: Eurobarometer.

	Ich befürworte... GV-Lebensmittel	Pharmapflanzen
solange herkömmliche behördliche Richtlinien vorhanden sind.	13,2%	32,0%
wenn sie stärker reguliert wären.	19,8%	26,0%
nicht, es sei denn unter ganz besonderen Umständen.	29,4%	20,8%
nicht, egal unter welchen Umständen.	34,7%	16,0%
ich weiß nicht	2,9%	5,2%

5.2.5 Potentielles Kaufverhalten und Umgang mit GV-Produkten

Für den Bereich des potentiellen Kaufverhaltens bzw. Umgangs mit GV-Produkten liegt die insgesamt größte Anzahl an Items vor, die zudem auch den Großteil der verwendeten Datenquellen abdeckt. Entsprechend sind die Fragen zum Teil recht unterschiedlich und wurden auch nur begrenzt als Wiederholungsfragen gestellt. Oftmals sind es daher Einzelfragen, die jeweils einen spezifischen Aspekt oder eine besondere Situation beschreiben. Um ein gewisses Maß an Strukturierung bei der Vielzahl an Fragen und Aspekten zu gewährleisten, werden die Items aus diesem Bereich ihrerseits in fünf Gruppen unterteilt, die mit *allgemeine Neigung*, *Akzeptanz in konkreten Situationen*, *unmittelbaren Produkteigenschaften*, *Preiskomponente* sowie *Anbauwirkungen* überschrieben werden können. Es sei zudem betont, dass alle Fragen aus diesem Bereich des potentiellen Kaufverhaltens nicht auf konkreten Auswahlsituationen von bestimmten Produkten, also nicht einem Verkaufsexperiment oder einer Supermarktsituation, basieren, sondern eher eine generelle und hypothetische Neigung insgesamt gegenüber derartigen Erzeugnissen erfassen.

Für die erste Gruppe, die **allgemeine Neigung** GV-Lebensmittel potentiell zu kaufen, liegt einerseits ein zu sieben verschiedenen Zeitpunkten erhobenes Item vor (UB 1996; UB 1998; UB 2000; UB 2002; UB 2004; UB 2006; UB 2008; $2012 \leq n \leq 2343$), was somit prinzipiell als Wiederholungsfrage verstanden werden kann und andererseits ein weiteres Item aus dem Jahr 2005 (EB 64.3). Allerdings erscheint das mehrfach vorliegende Item zunächst in verschiedener Hinsicht problematisch. So wurde dessen Formulierung im Zeitverlauf mehrfach variiert, zum Beispiel zielt es 1996 auf mehrere Komponenten, nämlich GV-Lebensmittel als solche, gleichzeitig aber auch auf staatliche Kontrollen und einen „entsprechenden" Preis ab. Damit ist es durchaus diskussionswürdig, worauf sich die Antworten beziehen, nämlich auf den Preis, die Kontrollen oder GV-Lebensmittel an sich oder auf eine Mischung dieser und vermutlich weiterer Komponenten. In den Folgejahren wird nur auf die allgemeine Diskussion verwiesen und die Kaufneigung erfasst. Ab 2006 wird wieder auf eine behördliche Komponente verwiesen (Tabelle 50). Trotz aller zuvor genannten Bedenken scheinen entweder die verschiedenen, mit dieser Frage angesprochenen Aspekte ähnliche Bewertungen hervorzurufen oder es wird eine grundsätzliche Haltung gegenüber GV-Lebensmitteln erfasst, die unabhängig vom Fragenkontext ist, nämlich eine allgemeine Kaufneigung, so dass es für die Befragten keinen Unterschied macht, ob noch weitere Bedingungen hinsichtlich des Kaufs formuliert sind. So sind in den meisten Jahren die entsprechenden Antwortkategorien, trotz gewisser Fluktuationen, annähernd gleich besetzt, unabhängig davon, ob die Frage mit einem Zusatz wie dem Preis und einer staatlichen Kontrolle (1996) versehen war oder nicht (1998, 2000, 2002, 2004) bzw. ob es den Verweis auf die behördliche Genehmigung in Europa (2006, 2008) gibt. In den Jahren 1996 bis 2006 würde die Mehrheit der jeweiligen Stichprobe mit zusammen zwischen rund 73% und 80%

GV-Lebensmittel nicht kaufen. Dem entgegen würden dies zwischen rund 20% und 27% tun.

Tabelle 50: Potentielles Kaufverhalten: allgemeine Neigung

Quelle: Umweltbewusstsein in Deutschland.

In jüngster Zeit wird viel über gentechnisch behandelte und gentechnisch hergestellte Lebensmittel diskutiert. (Bei entsprechendem Preis und entsprechenden staatlichen Kontrollen), wären Sie bereit, solche Lebensmittel zu kaufen? ab 2006: **In den kommenden Jahren ist damit zu rechnen, dass der Anbau von GVP auch in Europa von den Behörden genehmigt wird. Würden Sie Lebensmittel aus GVO kaufen?**[273]

				Jahr			
	1996	***1998***	***2000***	***2002***	***2004***	***2006***	***2008***
ja	5,1%	3,6%	6,4%	5,1%	5,6%	6,5%	7,9%
eventuell	22,3%	15,9%	18,8%	20,8%	17,3%	20,6%	20,5%
eher nicht	32,1%	29,7%	32,4%	35,0%	31,2%	33,1%	31,9%
überhaupt nicht	40,5%	50,8%	42,4%	39,1%	45,9%	39,8%	33,1%
weiß nicht	x	x	x	x	x	x	6,7%

Für 2008 sind einerseits eine leichte Zunahme des sicheren Kaufs, andererseits der niedrigste Stand der sicheren Ablehnung in allen betrachteten Jahren zu verzeichnen. Dennoch lehnt die Mehrheit mit 65,0% einen Kauf ab, während 28,4% GV-Lebensmittel erwerben würden.

Zudem wurde 2008 erstmalig die freie Nennung „weiß nicht" als spontane Antwort erfasst, die 6,7% der Stichprobe ausmacht. Ob dies der Anteil an Personen ist, der sonst eher für das Meiden von GV-Lebensmitteln votiert hätte, muss unbeantwortet bleiben. Die eindeutige Ablehnung von GV-Lebensmitteln erfährt in den Jahren 1998 und 2004 jeweils einen Höhepunkt, allerdings fällt sie in den Jahren danach wieder vergleichsweise deutlich ab. Als mutmaßliche Erklärung kann das 1998 verhängte und bis 2003 gültige Anbaumoratorium dienen, in dessen Vorfeld und Nachgang eine erhöhte kritische Bewertung von GV-Lebensmitteln er-

---

[273] Aufgrund von Rundungen kommt es in der Summe teilweise zu Abweichungen von 100%.

folgte. Gleichzeitig ist aber ab 2002 in der Tendenz eine Zunahme an sicherer potentieller Kaufbereitschaft zu verzeichnen.
Ergänzt man diese Ergebnisse noch um eine Frage einer anderen Quelle aus 2005 (EB 64.3; n=1490), die ebenfalls auf die behördliche Komponente bei GV-Lebensmitteln zielt („*Ich würde genetisch veränderte Lebensmittel kaufen, wenn diese von den entsprechenden Behörden empfohlen würden.*"), sind die Resultate in der Tendenz gleich. Sicher gekauft würden GV-Lebensmittel von 7,1% der Befragten, weitere 20,0% würden sie wahrscheinlich kaufen. Eher meiden würden sie 27,5% und deren Erwerb ganz sicher ausschließend antworten 41,3%. Unentschlossen sind 4,1%.
In der zweiten Gruppe, **Akzeptanz** in bestimmten Situationen, werden unter anderem konkrete Beispiele oder Momente, in denen man mit GV-Produkten konfrontiert werden kann, zur Bewertung gestellt. Dabei wird 1999 (EB 52.1; 1923 ≤ n ≤ 1928) bei drei verschiedenen Aspekten die Tendenz zur Zustimmung bzw. Ablehnung erfasst. Zum einen der Kauf eines hoch verarbeiteten Produktes („*Ich wäre bereit, Speiseöl zu kaufen, das eine kleine Menge an genetisch verändertem Soja enthält.*"). Knapp ein Viertel der Befragten (24,9%) stimmt der Aussage eher zu, rund 60% (59,6%) lehnt sie eher ab, bei 15,5% Unentschlossenen. Zum anderen der Verzehr eines vergleichsweise gering verarbeiteten Produktes („*Wenn alle Spuren von genetischen Veränderungen aus genetisch verändertem Zuckerrohr entfernt würden, dann würde ich diesen Zucker gern essen.*"). Während der Anteil der Zustimmung mit 25,9% ähnlich groß ist wie bei der vorherigen Frage, sinkt die Ablehnung auf unter 50% (47,2). Entsprechend machen unentschlossene Personen 26,9% der Stichprobe aus. Des Weiteren der Verzehr eines tierischen Produktes, dass unter Verwendung von GV-Futtermitteln erzeugt wurde („*Ich wäre bereit, Eier von Hühnern zu essen, die mit genetisch verändertem Getreide gefüttert wurden.*"). Für dieses Bespiel fällt die Bewertung vergleichsweise am deutlichsten aus. Etwas weniger als 20% (19,6%) der befragten Personen wären eher bereit, diese Eier zu verzehren. Die Mehrheit von zwei Drittel (66,6%) ist dies eher nicht. Der Anteil Unentschlossener liegt bei 13,8%.

Eine weitere Situation wurde 2002 (EB 58.0; n=2013) zur Bewertung gestellt („*Es würde mir nichts ausmachen, wenn ich etwas in einem Restaurant essen würde, das genetisch veränderte Zutaten enthielte.*"). Auch hier ist die Tendenz zur Zustimmung mit 25,0% ähnlich hoch wie in der Stichprobe von 1999. Abgelehnt wird die Aussage ebenfalls mehrheitlich von rund 62% (61,9%) der Befragten und 13,2% sind unschlüssig.

Die dritte Gruppe umfasst die unmittelbaren **Produkteigenschaften** bzw. den Produktnutzen und bezieht sich auf potentielle Verbrauchervorteile bei GV-Lebensmitteln. Diese Vorteile sind in diesem Fall ein besserer Geschmack, ein reduzierter Fettgehalt oder eine verbesserte Gesundheitswirkung. Zum ersten Aspekt liegen Ergebnisse von drei Stichproben (EB 46.1; EB 52.1; EB 58.0; 1930 ≤ n ≤ 2013) vor, wobei darauf hinzuweisen ist, dass das Item in jeder Stichprobe variiert wurde. So wurde zunächst auf GV-Früchte, dann auf GV-Obst und letztlich auf GV-Lebensmittel insgesamt abgestellt, jedoch immer mit dem Fokus auf einem verbesserten Geschmack der GV-Produkte (Tabelle 51).

Tabelle 51: Potentielles Kaufverhalten bei Produktzusatznutzen
Quelle: Eurobarometer.

	Ich würde [...] kaufen, wenn sie besser schmeckten/schmecken würden (als normale Lebensmittel).[274]		
	GV-Früchte	**GV-Obst**	**GV-Lebensmittel**
	1996	***1999***	***2002***
stimme eher zu	25,1%	26,4%	29,9%
stimme eher nicht zu	57,5%	62,5%	56,1%
weiß nicht	17,4%	11,2%	14,0%

Das selbstberichtete, potentielle Kaufverhalten bei einer geschmacklichen Verbesserung von GV-Produkten gegenüber „normalen" Lebensmitteln ist über die drei Erhebungszeitpunkte hinweg sehr ähnlich und zeigt

[274] Aufgrund von Rundungen kommt es in der Summe teilweise zu Abweichungen von 100%.

auch keine offensichtlichen „Ausreißer" hinsichtlich der veränderten Itemformulierungen. Die Gruppe jener, die das entsprechende Produkt unter der genannten Bedingung kaufen würde liegt zwischen rund 25% und 30% der Befragten. Den jeweils größten Anteil machen aber Personen aus, die eher nicht zustimmen. Sie stellen zwischen rund 56% und 63% der Stichproben. Unentschlossen sind zwischen rund 11% und 17% der Befragungsteilnehmer. Wenn man vor dem Hintergrund der Itemvariationen dennoch eine vorsichtige Trendbetrachtung erwägt, nimmt die Zustimmung in der Tendenz zu, während bei den Gruppen der ablehnenden und unentschlossenen Personen ein höheres Maß an Variabilität herrscht.

Ergänzt man die Frage nach einem verbesserten Geschmack um die Frage nach der Kaufneigung bei einer Reduzierung des Fettgehaltes („*Ich würde genetisch veränderte Lebensmittel kaufen, wenn diese weniger Fett enthielten als normale Lebensmittel.*") aus dem Jahr 2002 (EB 58.0; n=2013), fällt die Zustimmung etwas geringer aus. So wären 23,0% der Stichprobe eher geneigt, diese Produkte zu kaufen, während knapp zwei Drittel (66,3%) dies eher ablehnen und 10,7% unentschlossen sind. Geht nun aber ein möglicher gesundheitlicher Zusatznutzen mit GV-Lebensmitteln einher („*Ich würde genetisch veränderte Lebensmittel kaufen, wenn diese gesünder als normale Lebensmittel wären.*"), zeigt sich die Stichprobe aus dem Jahr 2005 (EB 64.3; 1490) vergleichsweise ausgeglichen. Knapp 22% (21,8%) würden sie auf jeden Fall kaufen und weitere 26,7% würden dies wahrscheinlich tun. Vermutlich eher nicht gekauft würden GV-Lebensmitteln von 21,2% der Befragten und 28,3% würden sie auf keinen Fall erwerben. Somit sind zusammen fast die Hälfte (48,5%) der Befragten mehr oder weniger stark geneigt zu kaufen, während fast ebenso viele Personen (49,5%) dies nicht sind. Ein kleiner Anteil von 2% zeigt sich unschlüssig.

Die vierte Gruppe der Fragen zum Bereich des potentiellen Kaufverhaltens von GV-Lebensmitteln bezieht sich auf die **Preiskomponente**. Dabei wird ebenfalls auf mehrere Aspekte abgestellt, nämlich einerseits die Kaufneigung, wenn GV-Produkte billiger sind als „normale" Lebensmittel und andererseits auf eine erhöhte Zahlungsbereitschaft für gentechnikfreie Erzeugnisse, um eben diese gentechnische Veränderung zu meiden. Ergänzt werden diese Aspekte durch Fragen zur Zahlungsbereitschaft bei einem Zusatznutzen von GV-Lebensmitteln sowie der grundsätzlichen Zahlungsneigung bei GV-Produkten.

Im Jahr 2002 (EB 58.0; n=2013) wären knapp 26% (25,9%) der Befragten eher bereit, GV-Lebensmittel zu kaufen, wenn sie billiger wären (*„Ich würde genetisch veränderte Lebensmittel kaufen, wenn diese günstiger wären als normale Lebensmittel.*"). Die Mehrheit von 61,6% ist eher nicht bereit und 12,5% sind unschlüssig. Diese Frage, im Jahr 2005 erneut gestellt, wenn auch mit einer anderen Skala gemessen, zeigt ein ähnliches Bild. 7,7% würden GV-Lebensmittel auf jeden Fall kaufen und weitere 18,5% würden dies wahrscheinlich tun. Vermutlich nicht gekauft würden sie von 28,6% der Befragten und 42,3% kaufen sie auf keinen Fall. Lediglich 2,8% der Stichprobe sind unschlüssig. Damit sind zusammen 26,2% mehr oder minder deutlich geneigt, derartige Produkte potentiell zu kaufen, während 70,9% dies eher oder vollkommen ablehnen. Damit hat in dieser Stichprobe die Gruppe der ablehnenden Personen einen in etwa entsprechenden Zuwachs um die Reduzierung an Unentschlossenen erhalten. Zur Frage der Zahlungsbereitschaft für gentechnikfreie Lebensmittel liegen Ergebnisse aus den Jahren 1999 (EB 52.1; n=1933) und 2008 (GR 2008; n=610) vor, die verschiedenen Quellen entstammen. Im ersten Fall (*„Ich würde mehr für Lebensmittel zahlen, die nicht genetisch verändert sind.*") neigt die Mehrheit der Befragten (51,9%) zur Zustimmung und 35,1% lehnen die Aussage eher ab. Nicht entscheiden konnten sich 13,0% der Befragten. Auch der zweite Fall (*„Für ein Produkt, das wirklich frei von GVP ist, zahle ich gerne etwas mehr.*") zeigt ähnliche Resultate. So stimmen 25,7% der Stichprobe voll und ganz und weitere 22,1% eher zu. Eher abgelehnt wird das Statement von 12,6% und 21,5% stimmen ihm überhaupt nicht zu. Damit ist zusammen knapp die Hälfte (47,8%) zu einem bestimmten Grad bereit, Mehrkosten für gentechnikfreie Produkte zu tragen, während 34,1% dies nicht sind. Der Anteil unentschlossener Personen beträgt 18,0%. Fragt man allerdings nach der grundsätzlichen Haltung (*„Ich bin grundsätzlich nicht bereit, für Produkte ohne GVP mehr zu bezahlen.*") ist nur ein kleinerer Teil (37%) derselben Stichprobe (GR 2008; n=609) bereit, Mehrkosten auf sich zu nehmen. Entsprechend stimmen 15,3% dem Statement eher nicht zu und 21,7% lehnen es völlig ab. Eine Mehrzahlung ablehnend, also der Aussage zustimmend, sind zusammen 47,1%, wobei über ein Drittel (34,3%) voll und ganz zustimmen und 12,8% dies eher tun. Somit führen diese beiden Fragen, obwohl auf den ersten Blick gleich intendiert, zu beinahe gegensätzlichen Antworten. Neben möglichen Schwierigkeiten für die Befragten durch die Itemformulierung (z.B., dass das *„nicht"* überlesen wurde) mag aber auch eine grundsätzliche Preissensitivität als Erklärung dienen, die zunächst zu einer Ablehnung jedweder Mehrkosten führt, im Falle einer verlässlichen und als wichtig erachteten Produkteigenschaft (*„wirklich frei von GVP"*) aber relativiert wird. Zudem zielt die letztere Frage auch in Richtung Kennzeichnung als „Ohne Gentechnik" als Indikator für *„wirklich frei von GVP"*, während die vorherige Frage durch ihren allgemeinen Charakter auch „normale" gentechnikfreie, aber nicht als „Ohne Gentechnik" deklarierte Produkte umfassen kann, für die dann entsprechend keine Mehrzahlungsbereitschaft vorhanden ist.

Die letzte Frage zur Preiskomponente bezieht sich auf einen gesundheitlichen Zusatznutzen von GV-Lebensmitteln und eine entsprechende Mehrzahlungsbereitschaft hierfür. Es sind knapp 29% der Befragten, derselben Stichprobe des Jahres 2008 (GR 2008; n=608) wie zuvor, mehr oder weniger deutlich geneigt, eine solche Zusatzzahlung aufzubringen (Tabelle 52).

Tabelle 52: Zahlungsneigung GV-Produkt mit gesundheitlichen Vorteilen
Quelle: GeneRisk.

Für ein Produkt aus GVP, das gesundheitliche Vorteile verspricht, bin ich bereit mehr zu bezahlen.	
stimme voll und ganz zu	13,8%
stimme eher zu	15,1%
bin unentschlossen	19,1%
stimme eher nicht zu	14,0%
stimme überhaupt nicht zu	38,0%

Die Mehrheit von zusammen 52,0% stimmt jedoch eher nicht oder überhaupt nicht zu und rund 19% der Befragten sind unentschlossen. Damit ist der Großteil der Stichprobe nicht bereit, einen erhöhten Preis für GV-Produkte mit gesundheitlichen Vorteilen zu bezahlen, ob sie aber deswegen auch GV-Produkte allgemein ablehnen oder nur einen Preisaufschlag, klärt diese Frage nicht.

Die fünfte und letzte Gruppe stellen Fragen zum Effekt der **Anbauwirkung** auf das Kaufverhalten dar. Hierzu liegen zwei Fragen von zwei unterschiedlichen Erhebungszeitpunkten aus den Jahren 2002 (EB 58.0; n=2013) und 2005 (EB 64.3; n=1490) vor, die zum einen den Aspekt reduzierter Pflanzenschutzmittel und zum anderen einen allgemeinen, umweltschonenderen Anbau von GVP abdecken. Neben einer geringen Itemänderung zwischen den beiden Erhebungszeitpunkten bei der ersten Frage unterscheiden sich die Jahre auch bei der verwendeten Antwortskala. Während 2002 nur die Tendenz zur Zustimmung bzw. Ablehnung erfasst wurde, fand in 2005 eine detaillierte Erfassung statt (Tabelle 53)[275]. Durch die geänderten Antwortkategorien ist eine Gegenüberstellung der beiden Erhebungszeitpunkte nur begrenzt möglich.

Bei einem reduzierten Pflanzenschutzmittelgehalt würden im Jahr 2002 39,0% der Befragten diese GV-Lebensmittel eher kaufen, während dies für 45,7% kein Kaufkriterium darstellt. Der Anteil an Unentschlossenen beträgt 15,2%. Im Jahr 2005 wären 16,0% bestimmt gewillt, solche GV-Lebensmittel zu kaufen, weitere knapp 28% wären dies wahrscheinlich. Einen entsprechenden Kauf wahrscheinlich nicht tätigen würden 22,6% und für rund 30% kommt es keinesfalls in Frage. Mit 3,8% fällt der Anteil unentschlossener Personen relativ gering aus. Wenngleich diese Gegenüberstellung mit Ungenauigkeiten behaftet ist, so können die Antwortkategorien aus 2005 zu einer eher dem Kauf zugeneigten bzw. abgeneigten Kategorie zusammengefasst werden. Es wären dann rund 44% eher zu einem Kauf bereit, während es rund 52% nicht sind. Be-

[275] Aufgrund von Rundungen kommt es in der Summe teilweise zu Abweichungen von 100%.

dingt durch den Rückgang an Unentschlossenen kommt es zu einem annähernd gleichen Zuwachs für beide Kategorien.

Tabelle 53: Potentielles Kaufverhalten und Anbauwirkung
Quelle: Eurobarometer.

	Ich würde GV-Lebensmittel kaufen, wenn diese weniger Rückstände von Schädlingsbekämpfungs-/ Pflanzenschutzmitteln enthalten würden als normale Lebensmittel.		**Ich würde GV-Lebensmittel kaufen, wenn diese umweltschonender angebaut würden als normale Lebensmittel.**	
	Jahr			
	2002	***2005***	***2002***	***2005***
stimme eher zu	39,0%	x	35,9%	x
stimme eher nicht zu	45,7%	x	49,1%	x
ja, bestimmt	x	16,0%	x	12,6%
ja, wahrscheinlich	x	27,9%	x	28,8%
nein, wahrscheinlich nicht	x	22,6%	x	23,4%
nein, bestimmt nicht	x	29,7%	x	30,8%
weiß nicht	15,2	3,8%	15,0	4,4%

Ein allgemein umweltschonenderer Anbau würde 2002 bei knapp 36% zu einer Kaufbereitschaft entsprechender GV-Lebensmittel führen, während mit 49,1% fast die Hälfte der Befragten den Kauf eher ablehnt. Mit 15,0% ist der Anteil unentschlossener Personen auch bei dieser Frage nennenswert groß. Im Jahr 2005 würden 12,6% entsprechende GV-Lebensmittel bestimmt kaufen und rund 29% der Personen wahrscheinlich. Dem entgegen würden dies 23,4% wahrscheinlich nicht und rund 31% bestimmt nicht tun. Unentschlossen sind 4,4% der Befragten. Fasst man auch hier die Antwortkategorien zum Zweck einer bedingten Gegenüberstellung mit 2002 zusammen, dann sind rund 41% eher kaufwillig während rund 54% einen Kauf eher ablehnen. Auch hier ist der Zuwachs in beiden Antwortkategorien ungefähr gleich, bei einer entsprechenden Reduzierung des Anteils unentschlossener Befragungsteilnehmer.

5.2.6 Individuelle Dimension kompakt

Die individuelle Dimension stellt den vergleichsweise umfangreichsten Bereich dar. Sie umfasst die Aspekte Information und Informiertheit, Wissen, generelle Überzeugungen und Einstellungen, die Bewertung verschiedener Anwendungsfelder sowie das potentielle Kaufverhalten von GV-Produkten auf Basis der Selbstauskunft hierzu.

Ganz allgemein scheint die Bekanntheit von Biotechnologie/GVO/GV-Lebensmitteln über die Jahre zu steigen. Jedoch zeigt die Frage nach dem Bezug von verlässlichen Informationen zu diesem Thema, dass an dieser Stelle ein deutlicher Bedarf besteht. Ebenso wird der persönliche Informationsstand mehrheitlich als nicht ausreichend eingestuft, mitunter sogar vom Großteil der Befragten als eher oder sehr schlecht. Dabei wird dem Thema Grüne Gentechnik insgesamt eine mittlere, in der Tendenz auch hohe, Relevanz beigemessen. Insbesondere der Aspekt GV-Lebensmittel stößt auf vergleichsweise hohes Interesse. Ungeachtet des hohen Interesses an diesem Thema scheint das Wissen zu im weiteren Sinne technischen Hintergründen und aktuellen Regulierungen unterschiedlich gut vorhanden zu sein. Zwar steigt der Anteil der richtigen Antworten beim „Hintergrundwissen" über die Zeit an, jedoch sind zumeist ebenfalls deutliche Anteile an falschen Antworten und/oder unschlüssigen Personen zu finden. Die Fragen zur Regulierung werden zumeist richtig beantwortet, aber auch hier ist die Gruppe der Unentschlossenen relativ groß. Auf Ebene der generellen Einstellungen und Überzeugungen findet sich ein vergleichsweise eindeutiges Votum. Grüne Gentechnik wird mehrheitlich skeptisch betrachtet sowie als risikoreich und unnatürlich empfunden und geht zumeist mit einem Wunsch nach „garantierter", zumindest aber verlässlicher Sicherheit einher. Es gibt aber mitunter auch klare Anteile weniger skeptischer bzw. Grüne Gentechnik nicht grundsätzlich ablehnender Personen. Allerdings sind diese vor allem bezüglich GV-Lebensmitteln eher weniger zu finden, da dieser Aspekt besonders sensibel scheint und mit hoher Skepsis und Ablehnung einhergeht. Jedoch fällt es den Befragten nicht immer leicht, sich zu diesem Aspekt eine genaue Meinung zu bilden.

Einen unmittelbaren persönlichen Nutzen durch Grüne Gentechnik sieht zwar ein gewisser Anteil an Personen, die Mehrheit jedoch nicht. Ein Nutzen wird vor allem für die Industrie oder aber im Kampf gegen den Hunger in der so genannten Dritten Welt wahrgenommen. Mehrheitlich ebenfalls stark ausgeprägt ist der Wunsch nach „Wahlfreiheit", also selbstbestimmt entscheiden zu können, ob GV-Lebensmittel konsumiert werden oder nicht. Ebenso wird auch eine staatliche Verantwortung für gentechnikfreie Lebensmittel und deren Preisniveau gesehen. Insgesamt wird der Bereich GV-Lebensmittel am kritischsten gesehen. Trotz einer vergleichsweise differenzierten Einschätzung sehen die Befragten hier den verhältnismäßig geringsten Nutzen und das höchste Risiko, während dem Bereich des Pflanzenbaus ein höherer Nutzen zugeschrieben wird und er eher als ein zu fördernder Bereich gesehen wird. Verhältnismäßig am unkritischsten bzw. mit dem höchsten Nutzen einhergehend wird der Bereich der Pharmapflanzen bewertet. Dieser wird im Vergleich am wenigsten abgelehnt.

Da GV-Lebensmittel kritisch gesehen werden, ist es wenig überraschend, dass ihr Kauf grundsätzlich mehrheitlich mehr oder weniger stark abgelehnt wird, wenngleich es einen gewissen Anteil an Personen gibt, denen der Kauf nichts ausmachen würde bzw. die solche Erzeugnisse auch sicher kaufen würden. In Abhängigkeit der spezifischen Situation gibt es bei deren Anteilen gewisse Schwankungen, aber die Mehrheit ist zumeist eher gegen solche Produkte. Auch wenn mit GV-Erzeugnissen ein Zusatznutzen einhergeht, ist weiterhin der kleinere Teil der Befragten bereit, diese Produkte zu kaufen. Die Mehrheit, wenn auch vergleichsweise etwas geringer, lehnt derartige Produkte in der Regel ab. Einzig bei gesundheitlichen Vorteilen durch GV-Lebensmittel ist die Bewertung quasi ausgeglichen. Je rund 50% würden sie dann eher kaufen bzw. weiterhin ablehnen. Führen GV-Lebensmittel zu einer umweltschonenderen Anbauweise oder zu weniger Pflanzenschutzmittelrückständen auf dem Produkt, resultiert daraus ebenfalls eine erhöhte Akzeptanz bzw. Kaufbereitschaft, jedoch überwiegt die Skepsis bzw. Ablehnung in diesen Fällen mehr. Ein reduzierter Preis von GV-Lebensmitteln ist für die Mehrheit der Befragten kein verkaufsförderndes Kriterium, ein nennenswerter Anteil würde die Produkte dann aber erwerben. Eine grundsätzliche Mehrzahlungsbereitschaft für Produkte ohne GVP lehnt zwar die Mehrheit der Befragten ab, für eine garantierte „Gentechnikfreiheit" ist eine solche Zahlungsbereitschaft hingegen zu finden. Wenn auch ein gesundheitlicher Nutzen von GV-Lebensmitteln deren Akzeptanz zu erhöhen scheint, so würden aber Mehrkosten für diesen Vorteil nur von einem Teil der Befragten getragen werden. In der Tendenz lehnt die Mehrheit dies ab. Zudem finden sich insgesamt, in fast allen Bereichen, immer nennenswerte Anteile an unentschlossenen Personen.

5.3 Risikobewertung im Zeitverlauf

Dieses Kapitel befasst sich mit verschiedenen, potentiell risikoträchtigen Bereichen Grüner Gentechnik und deren Bewertung durch die Befragten in den verschiedenen Studien. Dabei werden neben einer allgemeinen Risikobewertung auch spezielle Aspekte wie die Umweltgefährdung oder Fragen der Gesundheit und Lebensmittelsicherheit behandelt. Ebenso differenzieren einzelne Fragen explizit zwischen einer Bewertung aus persönlicher und gesellschaftlicher Perspektive, so dass jener Bereich, dieser Unterteilung folgend, auch gesondert behandelt wird.

5.3.1 Allgemeine Risikobewertung

Beginnt man mit einer allgemeinen Risikobewertung aus dem Jahr 1999 (EB 51.1; n=1942), die retrospektiv danach fragt, ob sich die Besorgnis hinsichtlich GV-Lebensmitteln gesteigert hat („*Und sind Sie über GVO bei Lebensmitteln heute besorgter oder weniger besorgt als noch vor fünf Jahren?*"), antwortet die Mehrheit von fast 60% (57,9%), dass sie mehr besorgt sei. Weniger als ein Fünftel (18,3%) ist zum Befragungszeitpunkt weniger besorgt als fünf Jahre zuvor und 17,6% sehen spontan keine Veränderung ihrer Besorgnis. Unentschlossen zeigen sich 6,2%. Gefragt nach ihrer Besorgnis über die Entwicklung in Deutschland („*Wenn Sie nun einmal an Deutschland denken, wie besorgt sind Sie über die Entwicklung der Biotechnologie?*") zeigen sich fast 20% (19,7%) in dieser Studie sehr besorgt, weitere 32,8% sind etwas besorgt. Wenig oder gar nicht besorgt äußern sich 31,9% und 10,0% der Befragten, 5,7% sind unschlüssig. Zusammengenommen ist also etwas mehr als die Hälfte in einem gewissen Ausmaß besorgt, während etwas über 40% der Stichprobe wenig oder gar nicht besorgt ist. Ebenfalls auf die technologische Entwicklung in diesem Bereich bezogen und als Wiederholungsfrage zu drei Messzeitpunkten gestellt, findet sich eine weitere Frage in den Daten (UB 1996; UB 1998; UB 2000; $2015 \leq n \leq 2302$) (Tabelle 54). Wie bereits bei der Darstellung der Datenquellen kritisch erwähnt, expliziert diese Frage nicht einen eindeutigen Bezug zur Grünen Gentechnik, gleichwohl kann dieser, wie gezeigt, unterstellt werden.

Tabelle 54: Bewertung Gefährlichkeit Entwicklung Gentechnik
Quelle: Umweltbewusstsein in Deutschland.

Ein umstrittener Bereich in der neueren Umweltdiskussion ist die Gentechnik. Für wie gefährlich halten Sie die technologische Entwicklung in diesem Bereich?[276]

	Jahr		
	1996	***1998***	***2000***
für gefährlich	x	x	36,9%
für eher gefährlich	68,5%	67,2%	34,9%
für eher ungefährlich	11,5%	12,1%	15,3%
für ungefährlich	x	x	2,9%
weiß nicht	20,1%	20,7%	9,9%

Die Skala wurde im Jahr 2000 verändert, so dass über die zwei zusätzlichen Antwortkategorien eine höhere Abstufung der Bewertung möglich ist. Betrachtet man nun die Jahre 1996 und 1998, sind die Ergebnisse quasi unverändert: In beiden Jahren halten über zwei Drittel der Stichprobe die technologische Entwicklung bei Gentechnik für gefährlich. Die grundsätzliche Tendenz findet sich auch in den Daten für 2000 wieder, die Entwicklung wird mehrheitlich für gefährlich gehalten. Der Anteil unentschlossener Personen fällt mit knapp 10% nunmehr noch halb so hoch aus wie zuvor. Es kann vermutet werden, dass diese eher auf die

[276] Aufgrund von Rundungen kommt es in der Summe teilweise zu Abweichungen von 100%.

zusätzlichen Antwortkategorien ausgewichen sind, da die nun neben einer deutlichen gefährlich/ungefährlich-Einschätzung auch Tendenzen in die eine und andere Richtung ermöglichen.
Im Jahr 2001 (EB 55.2; n=1961) findet sich zudem eine Frage nach der medialen Berichterstattung zum Bereich der Grünen Gentechnik („*Die Gefahren sind durch die Medien übertrieben worden.*"). Die oftmals gezeigte kritische Sicht auf Grüne Gentechnik findet sich auch bei dieser Aussage wieder. So stimmen ihr nur 28,7% eher zu, die Mehrheit von 52,3% lehnt sie eher ab, hält also die Gefahren in den Berichterstattungen für nicht übertrieben. Unentschlossen sind 18,9%. Für 2002 (EB 58.0; 1027 ≤ n ≤ 2013) stellen die Fragen wieder stärker auf die eigentliche Risikokomponente ab. Die Nutzung von GVO („*Wie besorgt sind Sie über den Einsatz genetisch veränderter Organismen?*") wird dabei eher kritisch gesehen. Sehr besorgt sind 26,2% und weitere 34,0% sind ziemlich besorgt. Wenig und gar nicht in Sorge sind 24,6% bzw. 6,8%. Ebenso sind 8,4% unschlüssig. Insgesamt sind damit rund 60% der Befragten mehr oder minder besorgt, während sich rund 30% wenig oder gar nicht sorgen. Auch auf GV-Lebensmittel und die Zukunft bezogen („*Genetisch veränderte Lebensmittel stellen keine Bedrohung für zukünftige Generationen dar.*") herrscht Skepsis. Mehr als die Hälfte (51,8%) stimmen eher nicht zu und 20,7% bejahen das Statement. Der Anteil der Unentschlossenen ist mit 27,5% höher als die Zustimmung.

5.3.2 Persönliche Gefährdung

Die Gefährdung durch GVO, unmittelbar aus der eigenen bzw. familiären Perspektive, wird in drei Erhebungen (UB 2002; UB 2004; UB 2006; 2004 ≤ n ≤ 2346) erfasst (Tabelle 55). Die persönliche Gefährdung durch GVO wird zu allen Erhebungszeitpunkten vergleichsweise ähnlich bewertet, wobei im Jahr 2004 die kritischste Bewertung auszumachen ist. Während 2002 zusammen rund 44% (44,4%) eine hohe oder äußerste Gefahr sehen, steigt dieser Anteil auf fast 51% (50,8%) im Jahr 2004, ehe er wieder auf knapp 42% (41,6%) im Jahr 2006 fällt. Ebenso ist die Gruppe derer, die GVO für kaum oder überhaupt nicht gefährlich halten, 2006 mit 28,9% vergleichsweise am größten und knapp 2,5% über dem Wert von 2002 (26,5%).

Tabelle 55: Einschätzung persönliche Gefährdung durch GVO
Quelle: Umweltbewusstsein in Deutschland.

Wie gefährlich ist die Verwendung von genetisch veränderten Organismen (wie genetisch veränderter Mais) in verschiedenen Lebensmitteln Ihrer Meinung nach für Sie und Ihre Familie?[277]

		Jahr	
	2002	***2004***	***2006***
äußerst gefährlich	17,1%	22,7%	17,8%
sehr gefährlich	27,3%	28,1%	23,8%
etwas gefährlich	29,0%	26,8%	29,5%
kaum gefährlich	19,8%	17,9%	21,3%
überhaupt nicht gefährlich	6,7%	4,6%	7,6%

Insgesamt unterscheiden sich die Stichproben aus den Jahren 2002 und 2006 nur wenig, nachdem in 2004 eine deutliche Zunahme der empfundenen Gefährdung zu verzeichnen ist. Eine mögliche Erklärung hierfür ist, dass das offizielle Ende des Anbaumoratoriums für GVP in Deutschland 2003 erfolgte (siehe Abschnitt 2.1.3), was sich entsprechend in der Erhebung im Frühjahr 2004 widerspiegelte.

5.3.3 Gesellschaftliche Gefährdung

Eine explizit für die Gesellschaft geforderte Bewertung der Gefährlichkeit Grüner Gentechnik erfolgt einmalig in 2008 (UB 2008; n=2019). Dabei hält die Mehrheit GV-Lebensmittel für mehr oder weniger stark problematisch (Tabelle 56). Der Anteil an Personen, die entweder ein sehr großes oder aber überhaupt kein Problem sehen ist mit 9,8% bzw. 9,2% ungefähr gleich. Knapp ein Viertel der Befragten (23,6%) befindet GV-Lebensmittel als ein großes Problem für die Gesellschaft, ebenso viele (24,9%) halten sie für ein kleines Problem.

[277] Aufgrund von Rundungen kommt es in der Summe teilweise zu Abweichungen von 100%.

Tabelle 56: Gesellschaftliche Gefährdung GV-Lebensmittel
Quelle: Umweltbewusstsein in Deutschland.

Und inwiefern stellen Lebensmittel aus gentechnisch veränderten Pflanzen oder Tieren ein Problem für die Bevölkerung insgesamt dar?[278]	
überhaupt kein Problem	9,2%
kleines Problem	24,9%
mittelmäßiges Problem	32,4%
großes Problem	23,6%
sehr großes Problem	9,8%

Wenn man jene Personen, die gar kein Problem sehen, mit denen, die GV-Lebensmittel für ein kleines Problem halten, zusammenfasst, erreicht man damit zunächst eine ungefähre Gleichgewichtung von jeweils ein Drittel aller Personen in denjenigen Gruppen, die entweder wenig bis keine Probleme, ein mittelmäßiges Problem oder aber ein großes bis sehr großes Problem sehen. Allerdings ist ein kleines Problem nicht gleichbedeutend mit gar keinem Problem, so dass die Zusammenfassung der beiden Kategorien nur begrenzt legitim erscheint. Daher kann auch bei der Frage nach der gesellschaftlichen Gefährdung durch GV-Lebensmittel eher von einer kritischen Einschätzung gesprochen werden.

5.3.4 Umweltgefährdung

Fragen zur Bewertung eines möglichen Umweltrisikos durch GVO bzw. GVP finden sich zu vier Erhebungszeitpunkten, beginnend 2001. In diesem Jahr (EB 55.2; n=1961) stimmen knapp 58% (57,9%) der Aussage *„Genetisch veränderte Lebensmittel könnten schlechte Auswirkungen auf die Umwelt haben.“* eher zu. 14,2% stimmen eher nicht zu und fast doppelt so viele Befragte (27,9%) sind unentschlossen. Im darauf folgenden Jahr (2002) (EB 58.0; n=1027) wurde die Frage in veränderter Formulierung, aber mit ähnlicher Intention gestellt: *„Genetisch veränderte Lebensmittel anzubauen wird für die Umwelt schädlich [sein].“* Nun stim-

[278] Aufgrund von Rundungen kommt es in der Summe teilweise zu Abweichungen von 100%.

men nur noch knapp 44% (43,8%) der Aussage eher zu, während sich der Anteil der eher ablehnenden Personen gegenüber der Stichprobe von 2001 auf 28,7% verdoppelt. Die Gruppe der Unentschlossenen ist hingegen mit 27,5% fast exakt so groß wie zuvor. Dieser deutliche Unterschied, trotz der weiterhin vorhandenen Mehrheit bei der Gruppe jener, die eine Gefahr erwarten, mag neben den bereits mehrfach bemühten Hinweisen auf die begrenzte unmittelbare Vergleichbarkeit zwischen den Jahren und Datenquellen auch stärker der veränderten Formulierung der Frage geschuldet sein als man zunächst erwarten könnte. Während 2001 die Frage eher hypothetisch bzw. im Konjunktiv formuliert wird, weist sie für 2002 eine eher deterministische Komponente auf, die keinen Zweifel am Eintreten dieser Folge lässt. Entsprechend könnten die Unterschiede genau aus diesem Umstand resultieren.
Etwas allgemeiner und ohne Änderung der Itemformulierung wird 2006 (UB 2006; n=2022) und 2008 (UB 2008; n=2005) nach der Einschätzung der Gefährlichkeit von GVP gefragt (Tabelle 57).

Tabelle 57: Bewertung I Umweltgefahr durch GVP
Quelle: Umweltbewusstsein in Deutschland.

Wie gefährlich ist Ihrer Meinung nach der Anbau von gentechnisch veränderten Pflanzen für Natur und Umwelt?[279]

	Jahr	
	2006	***2008***
sehr gefährlich	38,4%	33,8%
etwas gefährlich	41,4%	42,4%
kaum gefährlich	18,0%	19,7%
überhaupt nicht gefährlich	2,1%	4,1%

Wenn auch in beiden Jahren die deutliche Mehrheit der Befragten den Anbau von GVP für etwas oder sehr gefährlich für die Umwelt hält, fällt der Anteil derer mit der höchsten Risikobewertung 2006 niedriger aus. Im fast selben Ausmaß nimmt der Anteil jener zu, die den Anbau von

[279] Aufgrund von Rundungen kommt es in der Summe teilweise zu Abweichungen von 100%.

GVP als kaum oder überhaupt nicht gefährlich für Natur und Umwelt werten. Die Gruppe, die ein gewisses Maß an Gefahr sieht („etwas gefährlich") bleibt fast unverändert gleich groß.
Ebenfalls kritische Mehrheiten finden sich bei weiteren Items aus dem Jahr 2008 (GR 2008; 611 ≤ n ≤ 614) zum Umweltrisiko von GVP und ihren potentiellen Folgen (Tabelle 58). So halten fast 40% (39,7%) GVP für ein Risiko für die Natur an sich, weitere 21,2% sehen dies tendenziell ebenso. Knapp 10% gehen eher nicht davon aus, während es 6,0% überhaupt nicht glauben. Der Anteil an unentschlossenen Personen macht mehr als ein Fünftel der Stichprobe aus.

Tabelle 58: Bewertung II Umweltgefahr durch GVP
Quelle: GeneRisk.

	GVP stellen ein Risiko für die Natur an sich dar.	**GVP werden sich in der Natur unkontrolliert ausbreiten.**	**GVP beeinträchtigen die Pflanzen- und Tierwelt auf dem Acker.**
stimme voll und ganz zu	39,7%	44,0%	38,3%
stimme eher zu	21,2%	23,7%	23,8%
bin unentschlossen	22,9%	21,9%	22,6%
stimme eher nicht zu	10,1%	6,7%	9,9%
stimme überhaupt nicht zu	6,0%	3,6%	5,4%

Auch bei der Frage nach einer konkreten Umweltgefahr, nämlich der unkontrollierten Ausbreitung von GV-Konstrukten, votiert der Großteil der Befragten für einen kritischen Standpunkt, nur rund 10% (10,3%) sehen dieses Risiko eher nicht oder überhaupt nicht. Aber auch hier ist der Anteil der Unentschlossenen mit rund 22% (21,9%) ähnlich stark ausgeprägt wie bei der allgemeinen Risikobewertung für die Umwelt.
Und bei der nächsten konkreten, potentiellen Umweltgefahr für die Pflanzen- und Tierwelt setzt sich der kritische Trend ebenso fort wie auch der Anteil der unschlüssigen Personen bei mehr als einem Fünftel (22,6%) der Stichprobe bleibt. Ebenfalls ist der Anteil derer, die eher nicht oder

überhaupt nicht zustimmen wiederum mit rund 15% (15,3%) deutlich geringer als die Gruppe der Unentschlossenen.
Gegenüber der allgemeinen Einschätzung des Umweltrisikos in Tabelle 57 gibt es ungeachtet einer ähnlichen Tendenz auch einige Unterschiede, trotz ähnlicher Antwortkategorien, was neben verschiedenen Stichproben auch unterschiedlichen Skalen geschuldet sein kann. So ermöglicht die Kategorie „bin unentschlossen" eine neutrale und vielleicht auch realistische Antwortmöglichkeit und drängt die Befragten weniger in die eine oder andere Richtung, was auch die relativ hohen Anteile von jeweils mehr als 20% in dieser Kategorie nahe legen.

5.3.5 Gesundheit und Lebensmittel

Zur Einschätzung des Risikos und potentieller Gesundheitsgefahren von GVO und GV-Lebensmitteln finden sich vergleichsweise viele Fragen in den betrachten Datensätzen, die zudem auch mehrere Jahre bzw. Erhebungszeitpunkte abdecken.
Beginnt man mit einer mehr oder minder allgemeinen Besorgnis- und Risikoeinschätzung, so zeigen sich 1999 (EB 51.1; n=1929) („*Wie besorgt sind Sie gegenwärtig über die Verwendung von genetisch veränderten Organismen, z.B. genetisch veränderter Mais oder andere Lebensmittel?*") rund 30% (29,5%) sehr besorgt und weitere 33,9% etwas besorgt. Demgegenüber sind 22,6% nicht sehr besorgt und 9,4% sind überhaupt nicht besorgt. Unentschlossen sind lediglich knapp 5% (4,6%). Ähnliche Ergebnisse zeigen auch die Daten für das Jahr 2005 (EB 64.1; n=1465) („*Sagen Sie mir bitte, wie beunruhigt Sie über genmanipulierte Bestandteile in Lebensmitteln oder Getränken sind.*"). Hier sind ebenfalls knapp 30% (29,3%) sehr besorgt und 33,2% etwas besorgt. Auch der Anteil der nicht sehr besorgten Personen liegt mit rund 24% (23,9%) in dieser Stichprobe bei einem ähnlichen Wert wie zuvor. Überhaupt nicht besorgt sind 12,6% und ein geringer Teil von 1,1% bleibt unentschlossen.
Für das Jahr 2008 liegen zwei Items aus verschiedenen Datenquellen (UB 2008; GR 2008) zu diesem Aspekt vor, die, mit unterschiedlichen

Skalen erhoben, auch gewisse Unterschiede in den Ergebnissen zeigen, aber in der Tendenz den Trend aus den vorherigen Jahren fortschreiben. So halten in der ersten Stichprobe (UB 2008; n=2005) rund 34% (33,9%) der Befragten GVO in Lebensmitteln für sehr gefährlich („*Wie groß sind Ihrer Meinung nach die gesundheitlichen Gefahren durch Verwendung von gentechnisch veränderten Organismen für Lebensmittel?*") und 42,4% befinden sie für etwas gefährlich. Kaum eine Gefahr sehen 19,3% und keinerlei Gefahr schreiben 4,3% der Befragten GVO in Lebensmitteln zu.

In der zweiten Stichprobe (GR 2008; n=611) wurde eine Einschätzung des Gesundheitsrisikos durch GV-Lebensmittel erhoben („*Wie hoch schätzen Sie das Gesundheitsrisiko von gentechnisch veränderten Pflanzen in Lebensmitteln ein?*")[280]. Auch hier erwarten über 30% (32,1%) ein sehr hohes Risiko, von einem hohen Risiko gehen 28,5% der Befragten aus. 11,3% schreiben GVP in Lebensmitteln ein geringes Risiko zu und ebenfalls 4,3% sehen kein Risiko. Der Anteil an Unentschlossen liegt mit knapp 24% (23,9%) in dieser Stichprobe recht hoch, was aber auch an einer entsprechenden, expliziten Antwortkategorie liegen mag, die nicht eine Tendenz in eine der Richtungen forciert.

Einen zusammenfassenden Überblick der zuvor beschriebenen Ergebnisse bietet die folgende Tabelle (Tabelle 59)[281], wobei in Anbetracht der unterschiedlichen Skalen gewisse Abstriche in der Darstellung bzw. der gemeinsamen Antwortkategorien nicht zu vermeiden sind.

---

280 Wie stark ggf. unterschiedliche Effekte von der Frageformulierung, trotz aller Ähnlichkeit, ausgehen, da einerseits nach „gesundheitlichen Gefahren" und andererseits nach „Gesundheitsrisiko" gefragt wird, soll an dieser Stelle offen bleiben.

281 Aufgrund von Rundungen kommt es in der Summe teilweise zu Abweichungen von 100%. Zudem wurde die Kategorie „hoch" bewusst aufgeführt und nicht mit der Kategorie „etwas" zusammengeführt, da dies dem Autor als nicht angemessen scheint, da es seines Erachtens deutliche Unterschiede zwischen einer Bewertung als „hoch" oder als „etwas" gibt.

Tabelle 59: Bewertung Risiko und Gefahr GVO in Lebensmitteln
Quelle: Eurobarometer, Umweltbewusstsein in Deutschland, GeneRisk.

Besorgnis / Risiko / Gefahr	**Jahr**			
	1999	**2005**	**2008 (UB)**	**2008 (GR)**
sehr hoch	29,5%	29,3%	33,9%	32,1%
hoch	x	x	x	28,5%
etwas	33,9%	33,2%	42,4%	x
kaum	22,6%	23,9%	19,3%	11,3%
keinerlei	9,4%	12,6%	4,3%	4,3%
weiß nicht / bin unentschlossen	4,6%	1,1%	x	23,9%

Betrachtet man nun nach der mehr oder minder allgemeinen Risikoeinschätzung die Items, die unmittelbar auf eine Gefahr oder Schädigung abzielen, erwartet in 2002 (EB 58.0; n=1027) fast die Hälfte aller Befragten (47,5%) einen gesundheitlichen Schaden durch GV-Lebensmittel („*Der Verzehr genetisch veränderter Lebensmittel wird meiner Gesundheit und der Gesundheit meiner Familie schaden.*"). Die Gruppe derer, die das Statement ablehnen ist mit 23,3% kleiner als die Gruppe der Unentschlossenen, die 29,1% an der Stichprobe ausmacht. Ein weiteres, in derselben Stichprobe zur Bewertung gestelltes Statement („*Ich glaube, dass ich gefahrlos, genetisch veränderte Lebensmittel essen kann.*") zeigt ähnliche Ergebnisse. Während mit rund 23% (22,9%) ähnlich viele Personen kein gesundheitliches Risiko durch GV-Lebensmittel sehen, also die Aussage bejahen, ist der Anteil an verneinenden Antworten mit fast 60% (58,6%) nun deutlich größer. Die Menge an unentschlossenen Personen ist entsprechend geringer, liegt aber mit 18,5% weiterhin in einem nennenswerten Bereich. Wenngleich diese beiden Items auf den ersten Blick nur aus verschiedener Perspektive, nämlich positiv bzw. negativ formuliert, auf dieselbe Frage abstellen, ist beim zweiten Item die Risikobewertung merklich höher. Eine nahe liegende Vermutung ist, dass es bei der ersten Frage um einen explizit gesundheitlichen Schaden geht, während die zweite Frage eher allgemein auf, unter Umständen auch diffuse, Ängste oder erwartete Schäden abstellt. Sprich, womöglich wird ein

Gesundheitsschaden von oder durch GV-Lebensmittel vergleichsweise weniger stark erwartet als weitere oder sonstige Gefahren[282].

Dass eine spezifische Gefährdung durch GV-Lebensmittel gesehen wird, zeigen zudem bereits die Ergebnisse aus 2001 (EB 55.2; n=1961) („*Es gibt keine besondere Gefährdung durch diese Art von Lebensmitteln.*"). Auch hier wird die Positivformulierung von der Mehrheit der Befragten (58,5%) abgelehnt, nur 13,1% stimmen ihr zu. Allerdings ist der Anteil an Unentschlossenen ebenfalls recht hoch (28,4%). Diese Einschätzung bleibt auch 2005 (EB 63.1; n=714) bestehen. Nur ein vergleichsweise kleiner Teil der Befragten lehnt die Aussage „*Nahrungsmittel aus genetisch veränderten Organismen sind gefährlich.*" ab. So stimmen 11,0% eher nicht zu und 2,6% lehnen sie völlig ab. Die Mehrheit stimmt eher (27,5%) bzw. stark (24,8%) zu. Allerdings findet sich erneut ein großer Anteil an Unentschlossenen, der mit 28,4% die am stärksten besetzte Antwortkategorie darstellt. 5,8% können sich kein Urteil bilden. Auch drei Jahre später, 2008 (GR 2008; 617 ≤ n ≤ 618), weist die Stichprobe eine ähnliche Tendenz auf wie in den Jahren zuvor. So verneinen 20,1% das Statement „*GVP in Lebensmitteln stellen kein Risiko für mich dar.*" eher und 48,5% lehnen es gänzlich ab. Zusammen weniger als 15% stimmen ihm eher (10,0%) oder voll und ganz (4,1%) zu. Unentschlossen sind zudem 17,3%.

Ebenso stimmt mit 38,0% bzw. 22.0% die Mehrheit der Stichprobe der Aussage „*GVP in Lebensmitteln stellen trotz aller Überprüfungen ein Gesundheitsrisiko dar.*" voll und ganz bzw. eher zu. 11,7% lehnen sie in der Tendenz ab und 7,0% verneinen sie gänzlich. Wiederum mehr als ein Fünftel (21,4%) ist unentschlossen.

Ein vergleichsweise überraschendes Ergebnis zeigen die Daten für eine weitere Studie aus dem Jahr 2008 (UB 2008; n=2016) (Tabelle 60). Wenngleich vier der fünf Antwortkategorien ein gewisses Ausmaß an er-

[282] Zu solchen „diffusen" Gefahren kann z.B. die Angst vor Veränderungen auf genetischer Ebene zählen, die zwar ggf. keinen unmittelbaren gesundheitlichen Effekt hätte, aber dennoch als Gefahr von GV-Lebensmitteln gesehen würde. Dass genau diese Frage sehr umstritten ist, zeigt auch Abschnitt 2.3.2.

warteter Gefährdung abbilden, so ist doch der Anteil der Personen, die sich oder ihre Familie in keiner Weise gefährdet sehen, mit 27,3% der in allen betrachteten Jahren und Stichproben höchste Wert, bezogen auf „keinerlei Risiko durch GV-Produkte".

Tabelle 60: Einschätzung Gesundheitsrisiko durch GVO in Lebensmitteln
Quelle: Umweltbewusstsein in Deutschland.

Wie stark fühlen Sie sich selbst bzw. wie stark ist Ihre Familie gesundheitlich gefährdet durch Lebensmittel aus gentechnisch veränderten Pflanzen oder Tieren?[283]	
überhaupt nicht gefährdet	27,3%
etwas gefährdet	30,5%
mittelmäßig gefährdet	26,9%
stark gefährdet	11,1%
äußerst gefährdet	4,2%

Dies ist vor allem vor dem Hintergrund besonders, dass innerhalb derselben Erhebung gesundheitliche Gefahren durch GV-Lebensmittel insgesamt nur von rund 4% der Befragten verneint wurden (Tabelle 59). Womöglich spiegelt aber die allgemeine Frage ein eher „global" gesehenes Gefahrenpotential wider, während unmittelbar für die eigene Person bzw. die Familie die Gefährlichkeit als deutlich geringer erachtet wird.

5.3.6 Risikobewertung kompakt

Im Fokus der Risikobewertung standen die als allgemeine Risikobewertung, persönliche und gesellschaftliche Gefährdung, Umweltgefährdung sowie Gesundheit und Lebensmittel bezeichneten Bereiche. Die oftmals benannte risikolastige Bewertung findet sich auch mehr oder weniger stark in allen betrachteten Punkten wieder. So ist in der Regel jeweils über die Hälfte der Stichprobe mehr oder minder besorgt bzw. sieht ein Risiko bei den Anwendungen der Grünen Gentechnik, ebenso, wie auch

283 Trotz einer gewissen Ähnlichkeit wurde die Frage nicht dem Bereich der Bewertung der persönlichen Gefährdung zugeordnet, da sie sich explizit auf den Gesundheitsaspekt bezieht.

die Entwicklung in diesem Bereich eher kritisch bewertet wird. Weiterhin scheint die mehrheitlich kritische Einschätzung bzw. Skepsis auch unabhängig von den genutzten Begrifflichkeiten Biotechnologie, GVO oder Grüne Gentechnik zu sein. Auch wenn bei Einzelaspekten durchaus nennenswerte Anteile der Befragten die kritische Haltung nicht teilen bzw. sich insgesamt oftmals Unentschlossene als die zweitgrößte Gruppe zeigen, bleibt in der Summe eine skeptische Haltung gegenüber Grüner Gentechnik festzuhalten. Mitunter zu findende Schwankungen in der Risikoeinschätzung zeichnen kein konträres Meinungsbild und für diese Schwankungen können in der Regel potentielle Erklärungen gegeben werden. So schließen sich auch ein vergleichsweise geringes persönliches Risiko aber eine insgesamt hohe Risiko- bzw. Gefährlichkeitsbewertung von GVO nicht zwingend aus. Wenn GVO an sich auch als risikoträchtig eingeschätzt werden, mag ein gewisses Vertrauen in zum Beispiel Behörden und/oder Kontrollen ebenso zu einer verringerten persönlichen Gefährdungseinschätzung führen wie die Tatsache, dass gegenwärtig faktisch keine GV-Produkte käuflich erwerbbar sind.
Auch bei der Umweltgefährdung ist eine hohe Risikobewertung vorherrschend, jedoch weniger stark ausgeprägt als bei der allgemeinen bzw. generellen Gefährlichkeitseinschätzung. Ebenso ist die Gruppe der Unentschlossenen bei diesen Fragen zumeist besonders ausgeprägt. Außerdem erhalten allgemein gehaltene Fragen zur potentiellen bzw. eventuellen Umweltgefährdung höhere Zustimmungsraten als deterministische Formulierungen der Folgewirkungen, die keinen Zweifel am Eintreten lassen. Hinsichtlich der Gesundheit bzw. der Lebensmittelsicherheit herrscht zwar ebenfalls meist mehrheitlich ein gewisses Maß an Sorge, gleichsam sind bei Einzelaspekten bis zu ein Drittel der Befragten wenig bis gar nicht besorgt. Explizit auf eine gesundheitliche Gefährdung bezogen steigt aber die Gefährlichkeitseinschätzung und die Gruppe der wenig oder gar nicht besorgten Personen schrumpft, bleibt aber bei bestimmten Fragen mit über 20% ebenso groß wie der Anteil der Unentschlossenen. In der Tendenz macht aber letztere Gruppe zunehmend größere Teile der Stichproben aus, während erste abnimmt.

Insgesamt betrachtet, herrschen Skepsis und eine vornehmlich kritische Einschätzung Grüner Gentechnik in den meisten Risikobereichen vor. Jedoch werden nicht alle Aspekte gleichsam negativ bewertet oder pauschal abgelehnt. Es findet sich eine vergleichsweise differenzierte Bewertung einzelner Punkte. Weiterhin scheint es, als erfahren allgemeine bzw. unspezifische Risikobewertungen verhältnismäßig höhere Zustimmungsraten als spezifische potentielle Folgen, die zwar ebenso eher negativ, aber weniger deutlich ausgeprägt gesehen werden. Außerdem sind oftmals nennenswerte Anteile an unentschlossenen Personen zu verzeichnen.

5.4 Vergleichende Analysen

Nachdem im vorherigen Teil verschiedene Aspekte ausschließlich Grüner Gentechnik im weiteren Sinne dargestellt wurden, widmet sich das folgende Unterkapitel nun zum einen einer vergleichenden Einordnung einzelner, bereits vorgestellter Aspekte Grüner Gentechnik im Verhältnis zu weiteren, zumeist ebenfalls als potentiell risikoträchtig bewerteten Bereichen. Zum anderen erfolgt eine kurze, eher allgemeine Betrachtung des Themas Produktkennzeichnung, die sich aber in den Kontext der Kennzeichnung von GV-Produkten einfügt. Darüber hinaus werden die zuvor inhaltlich deskriptiv beschriebenen Items der drei Dimensionen (Gesellschaftliche Dimension, Individuelle Dimension, Risikobewertung) bivariaten Analysen unterzogen, deren Ergebnisse in entsprechender Systematik ebenfalls in diesem Abschnitt folgen.

5.4.1 Grüne Gentechnik im Vergleich: Informationsstand

Stellt man nun die bereits zuvor (Abschnitt 5.2.1) vorgestellte Selbsteinschätzung hinsichtlich der Informiertheit beim Einsatz von GVO aus dem Jahr 2002 (EB 58.0; n=2013) weiteren Bereichen, wie verschiedenen Verschmutzungsarten oder Kernenergie gegenüber, ist der subjektive Informationsstand vergleichsweise am geringsten (Tabelle 61). Zusammen nur rund 27% der Befragten fühlen sich mehr oder weniger gut darüber informiert, in den anderen Fällen sind dies mindestens rund

36%. Der selbstberichtete Informationsstand ist demnach am höchsten bei Luftverschmutzung und der Verschmutzung von Flüssen und Seen, gefolgt von Kernenergie und radioaktiven Abfällen.

Tabelle 61: Vergleich Information
Quelle: Eurobarometer.

	Wie gut fühlen Sie sich informiert über...?[284]				
	sehr gut	**ziemlich gut**	**ziemlich schlecht**	**sehr schlecht**	**weiß nicht**
Einsatz GVO	3,9%	23,0%	41,2%	25,9%	6,0%
Verschmutzung Flüsse & Seen	6,1%	39,9%	38,9%	11,3%	3,6%
Verschmutzung durch Landwirtschaft	6,1%	31,9%	42,1%	15,2%	4,7%
Einsatz Pflanzenschutzmittel	4,8%	31,4%	43,3%	15,8%	4,7%
Luftverschmutzung	7,7%	47,2%	34,4%	7,5%	3,2%
Kernenergie & radioaktive Abfälle	8,1%	35,3%	37,1%	15,5%	4,1%

Bei den mit der Landwirtschaft verbundenen Verschmutzungen bzw. dem Einsatz von Pflanzenschutzmitteln ist die Informiertheit geringer als bei den anderen Beispielen, jedoch noch immer höher als beim Einsatz von GVO. Wenn auch der als ziemlich schlecht berichtete Informationsstand bei GVO ähnlich den anderen Beispielen ist, so weist dieser Bereich insgesamt aber gleichzeitig den geringsten Wert bei sehr gut und ziemlich gut informierten Personen als auch den mit Abstand höchsten Wert bei sehr schlecht informierten Personen auf.

5.4.2 Grüne Gentechnik im Vergleich: Kennzeichnung

Wenngleich zu diesem Punkt kein unmittelbarer Vergleich zu Fragen der Kennzeichnung von GV-Erzeugnissen gegeben ist, so geben die Items aus dem Jahr 2008 (UB 2008; n=2019) aber Aufschluss über die Rele-

[284] Aufgrund von Rundungen kommt es in der Summe teilweise zu Abweichungen von 100%.

vanz von und den Wunsch nach Kennzeichnungen insgesamt, die auch für den Bereich Grüne Gentechnik interessant sein können (Tabelle 62).

Tabelle 62: Vergleich Kennzeichnung
Quelle: Umweltbewusstsein in Deutschland.

	stimme überhaupt nicht zu	**stimme eher nicht zu**	**stimme eher zu**	**stimme voll & ganz zu**
Die Informationen sind ausreichend, um umwelt- und gesundheitsverträglich einkaufen zu können.	10,4%	40,7%	39,7%	9,3%
Die Angaben durch die Hersteller nützen wenig, da sie nur der Werbung dienen.	3,8%	26,5%	44,0%	25,7%
Die vielen verschiedenen Umweltzeichen sind für die Verbraucher und Verbraucherinnen verwirrend.	1,8%	14,7%	45,5%	38,0%
Jedes Produkt müsste mit einem Etikett versehen sein, das genaue Informationen zu seinen Umwelt- und Gesundheitsauswirkungen enthält.	1,7%	13,3%	45,7%	39,4%
Es müsste ein einziges Zeichen geben, an dem man erkennen kann, ob ein Produkt umwelt- und gesundheitsverträglich ist oder nicht.	0,8%	8,8%	35,4%	55,0%

Auf die Frage, ob die vorhandenen Informationen für einen umwelt- und gesundheitsverträglichen Einkauf ausreichend sind, antworten die Befragten relativ ausgeglichen. Die Gruppen der vollen Zustimmung und vollen Ablehnung sind jeweils annähernd gleich groß, ebenso wie die Gruppen der mittleren Einschätzungen, die eher zustimmen bzw. eher ablehnen. Die Bedenken und häufige Kritik an den Herstellerangaben spiegeln sich auch in dieser Befragung wider. Die Mehrheit von zusammen rund 70% hält diese Angaben mehr oder weniger stark für eine Werbemaßnahme, die den KonsumentInnen wenig nutzen. Zusammen

rund 30% widersprechen dieser Einschätzung jedoch. Eine vergleichsweise deutliche Einschätzung geben die Befragten hinsichtlich der Kennzeichnungsvielfalt und ihrem Wunsch, was Kennzeichnung leisten soll. So vertreten jeweils über 80% der Befragten die Auffassung, dass einerseits auf jedem Produkt Informationen über die Umwelt- und Gesundheitsauswirkungen zu finden sein sollen, andererseits empfinden sie aber die Vielzahl an Labels als Informationsflut bzw. als ein Zuviel an Kennzeichnung. Entsprechend stark ausgeprägt ist der Wunsch nach einem einzigen Kennzeichen, das Auskunft über die Umwelt- und Gesundheitsverträglichkeit gibt. Zusammen rund 90% stimmen der Aussage zu, wobei dies mit 55% über die Hälfte der Befragten voll und ganz tut. Nur ein kleiner Teil von unter 9% stimmt eher nicht zu und weniger als 1% der Stichprobe lehnt die Aussage voll und ganz ab.
Als Fazit lässt sich entsprechend ableiten, dass auch diese eher allgemeinen Fragen zur Kennzeichnung den Wunsch nach verlässlicher und verständlicher Kennzeichnung, wie er auch konkret für GV-Produkte im Abschnitt 5.1.3 gezeigt wurde, unterstreichen bzw. aber dieser Wunsch nicht spezifisch für GV-Produkte ist, sondern auch grundsätzlich besteht.

5.4.3 Grüne Gentechnik im Vergleich: Risiko

Zum Bereich der vergleichenden Einordnung der Risikoeinschätzung von Grüner Gentechnik im Verhältnis zu anderen Größen liegt verhältnismäßig die größte Anzahl an Fragen und Informationen vor. Der bereits bei der Betrachtung der Risikoeinschätzung im Zeitverlauf getroffenen Unterteilung folgend, wird nach den Unterpunkten *allgemeine Risikobewertung*, *persönliche* und *gesellschaftliche Gefährdung* sowie *Gesundheit und Lebensmittel* differenziert. Beginnend mit dem ersten Punkt, der **allgemeinen Risikobewertung**, zeigen die Daten für 1999 (EB 51.1; $1929 \leq n \leq 1948$), dass die Verwendung von GVO für Lebensmittel als ein im Vergleich eher geringes Problem gesehen wird. Der größte Anteil an sehr besorgten Personen findet sich bei der globalen Erwärmung, gefolgt von Umweltverschmutzungen bei Wasser, Luft und Boden. Bei den insgesamt fünf betrachteten Größen rangieren GVO an vorletzter Stelle hinsichtlich einer hohen Besorgnis. Fasst man die Gruppen der sehr und etwas besorgten Personen zusammen, so machen sich die Befragten um GVO die vergleichsweise geringsten Sorgen, auch wenn mit 63,4% die Mehrheit der Stichprobe (wie bei allen anderen Größen auch) ein gewisses Maß an Sorge hat (Tabelle 63).

Tabelle 63: Vergleich allgemeines Risiko I
Quelle: Eurobarometer.

	Wie besorgt sind Sie über...?[285]				
	sehr besorgt	**etwas besorgt**	**nicht sehr besorgt**	**überhaupt nicht besorgt**	**weiß nicht**
Verwendung GVO (Lebensmittel)	29,5%	33,9%	22,6%	9,4%	4,6%
globale Erwärmung/ Treibhauseffekt	35,1%	39,1%	18,2%	4,4%	3,1%
Verschmutzung Luft, Wasser, Boden	34,9%	44,0%	15,9%	3,8%	1,4%
Probleme in Städten (Verkehr, Lärm, etc.)	21,4%	45,1%	24,7%	6,8%	2,1%
Atomkraftwerke/ Wiederaufbereitung Atommüll	32,2%	35,9%	20,9%	8,2%	2,8%

Am meisten Besorgnis geht mit der globalen Erwärmung bzw. dem Treibhauseffekt einher. Zusammen fast drei Viertel der Befragten (74,2%) äußern sich sehr oder etwas besorgt. Der größte Anteil an überhaupt nicht besorgten Personen findet sich bei GVO sowie der geringste bei der globalen Erwärmung. Fasst man nun auch die beiden Gruppen der nicht sehr und überhaupt nicht besorgten Personen zusammen, so ist wiederum deren Anteil bei GVO mit 32,0% am größten, gefolgt von Problemen in der Stadt (31,5%) und Atomenergie (29,1%). Hinsichtlich des Treibhauseffekts sind zusammen nur knapp 20% (19,7%) wenig oder gar nicht besorgt. Somit stellen GVO auf Basis dieser Stichprobe ein, im Verhältnis, kleineres Problem dar als fast alle an-

285 Aufgrund von Rundungen kommt es in der Summe teilweise zu Abweichungen von 100%.

deren Größen. Nach diesem Befund liegt die Besorgnis bei GVO ungefähr im selben Ausmaß wie bei den urbanen Problemen Verkehr und Lärm.
In derselben Befragung aus dem Jahr 1999 (EB 51.1; 1939 ≤ n ≤ 1951) wurden den obigen Items sehr ähnliche Fragen nochmals gestellt, allerdings im Fragetext mit einem expliziten Verweis auf die BRD. Diese Items wurden dann in ähnlicher Form 2002 (EB 58.0; n=2013) erneut verwendet, so dass sie als eine Art Wiederholungsfragen behandelt werden. Für 1999 liegt der Anteil der über die Entwicklung der Biotechnologie sehr besorgten Personen mit knapp 20% im mittleren Bereich der betrachteten Größen. Am meisten Sorge geht von der Kernenergie und Luftverschmutzung aus, die geringste von der Gewässerverschmutzung (Tabelle 64).

Tabelle 64: Vergleich allgemeines Risiko II
Quelle: Eurobarometer.

		Wie besorgt sind Sie gegenwärtig über folgende Dinge?[286]				
		sehr besorgt	**etwas / ziemlich besorgt**	**nicht sehr besorgt**	**überhaupt nicht besorgt**	**weiß nicht**
Entwicklung Biotechnologie?/Einsatz GVO?	*1999*	19,7%	32,8%	31,9%	10,0%	5,7%
	2002	26,2%	34,0%	24,6%	6,8%	8,4%
Verschmutzung Flüsse und Seen?	*1999*	13,7%	44,7%	33,3%	6,2%	2,1%
	2002	35,9%	41,0%	17,4%	3,1%	2,6%
Luftverschmutzung?	*1999*	21,3%	48,0%	24,0%	4,8%	1,8%
	2002	32,3%	47,6%	15,4%	2,6%	2,0%
Umweltverschmutzung durch Landwirtschaft?	*1999*	18,4%	39,8%	31,5%	7,5%	2,8%
	2002	21,2%	37,5%	29,6%	6,7%	5,1%
Kernenergie?/ & radioaktive Abfälle?	*1999*	23,7%	36,6%	25,8%	10,3%	3,6%
	2002	43,9%	34,4%	15,0%	3,4%	3,4%
Einsatz Pflanzenschutzmittel?	*1999*	x	x	x	x	x
	2002	26,1%	46,1%	20,6%	4,3%	3,0%

286 Aufgrund von Rundungen kommt es in der Summe teilweise zu Abweichungen von 100%.

Fasst man jedoch abermals die beiden Gruppen der sehr und etwas besorgten Personen zusammen, so stellt die Entwicklung der Biotechnologie mit rund 54% für den im Verhältnis geringsten Teil der Befragten ein besorgniserregendes Thema dar. Mit zusammen fast 70% sind bezüglich der Luftverschmutzung die meisten Personen besorgt, danach folgen Kernenergie, Verschmutzungen durch die Landwirtschaft und Gewässerverschmutzungen. Ebenso ist der Anteil an wenig oder nicht besorgten Personen mit rund 42% für das Thema Biotechnologie am höchsten. Eine sehr ähnliche Rangfolge findet sich auch für das Jahr 2002, wobei nun für fast alle Bereiche eine deutliche Zunahme der Besorgnis, vor allem bei den sehr besorgten Personen, zu verzeichnen ist. Dennoch wird der Einsatz von GVO auch in jener Gruppe eher als mittleres Problem gewertet. Betrachtet man wieder jeweils die eher besorgten und eher weniger besorgten Personen zusammen, dann geht von GVO mit rund 60% die im Vergleich geringste Besorgnis aus, gegenüber beispielsweise rund 80% bei Luftverschmutzung oder 78% bei Atomkraft. Der größte Anteil an wenig oder gar nicht Besorgten findet sich mit rund 36% in diesem Jahr bei Umweltverschmutzungen durch die Landwirtschaft, gefolgt von rund 31% beim Einsatz von GVO.

Festgehalten werden kann, dass trotz mehrheitlicher Sorge Grüne Gentechnik im Vergleich eher im Mittelfeld liegt oder sogar im Verhältnis am wenigsten Sorge hervorruft. Obwohl die Ergebnisse aus Tabelle 63 und Tabelle 64 derselben Stichprobe entstammen, sind zum einen das Ausmaß der Besorgnis und zum anderen die Rangfolge der Besorgnis zum Teil verschieden. Im letzteren Fall standen die Fragen unter dem expliziten Verweis auf die BRD, während dies im ersten Fall nicht gegeben war. Ob sich daraus die einerseits insgesamt geringere Besorgnis und andererseits die auf den ersten Blick konträre Bewertung der Gewässerverschmutzung erklären lässt, kann diskutiert werden[287].

[287] Zudem wurden beim ersten Frageteil die Medien Luft, Wasser und Boden gemeinsam zur Bewertung gestellt, bei der zweiten Fragengruppe wurden Gewässer- und Luftverschmutzung getrennt. Fasst man beide Angaben zusammen, resultiert recht genau der Wert aus der ersten Fragengruppe.

Zur zweiten Gruppe des Risikovergleichs, der **persönlichen Gefährdung**, liegen faktisch identische Items von drei Erhebungszeitpunkten (2002, 2004, 2006) (UB 2002; UB 2004; UB 2006; $2346 \leq n \leq 2358$) vor. Dabei zielt die Frage auf die Bewertung der Gefährlichkeit verschiedener Größen, unmittelbar auf die eigene Person und die eigene Familie bezogen[288]. Die betrachteten Bereiche weisen hohe Ähnlichkeiten zu den zuvor beim allgemeinen Risiko verwendeten Größen auf.
Zu allen drei Zeitpunkten wird GVO in Lebensmitteln insgesamt eine im Vergleich mittlere Gefährlichkeit für die eigene Person und Familie zugeschrieben. Die Befragten sehen durch Atomkraftwerke und radioaktiven Müll die höchste Gefährlichkeit (Tabelle 65). Dies gilt sowohl für die Bewertung als äußerstes Risiko als auch für die Zusammenfassung der Antwortkategorien „äußerst" und „sehr". Die jeweils mit Abstand geringste Gefahr wird bei der Luftverschmutzung und Gewässerverschmutzung gesehen.
Betrachtet man zunächst einzig die höchste Gefährlichkeitseinschätzung, liegen GVO in Lebensmitteln jeweils an zweiter Position hinter der Atomenergie, meist jedoch mit einem nennenswerten Abstand. Fasst man hingegen die beiden höchsten Gefahreneinschätzungen zusammen, belegen GVO mit zwischen rund 44% (2002) und rund 51% (2004) stets den dritten Rang, hinter der treibhausbedingten Klimaveränderung. Während die Luft- und Gewässerverschmutzung zu allen Erhebungszeitpunkten annähernd gleich bewertet werden, findet sich für die anderen drei Bereiche jeweils im Jahr 2004 eine merkliche Steigerung der Gefährlichkeitseinschätzung, die jedoch 2006 wieder sinkt.
Wenn GVO in Lebensmitteln auch mehrheitlich eine gewisse Gefährlichkeit für die eigene Person und die eigene Familie zugeschrieben wird, rangieren sie im Vergleich mit den betrachteten Größen im mittleren Be-

[288] Aus welcher Perspektive (eigene Person oder Familie) die Bewertungen dabei erfolgen, einen Unterschied vorausgesetzt, wird zunächst nicht diskutiert. Neben einer individuellen Risikobewertung liegt die Annahme nahe, dass insbesondere im Falle von Kindern die familiäre Bewertung verstärkt wird und die Vorsicht zunimmt.

reich, hinter Atomenergie und Klimaveränderung. Als wenig bis überhaupt nicht gefährlich werden GVO von durchschnittlich ein Viertel der Befragten aus den verschiedenen Stichproben eingeschätzt.

Tabelle 65: Vergleich persönliche Gefährdung
Quelle: Umweltbewusstsein in Deutschland.

Wie gefährlich sind/ist [...] Ihrer Meinung nach für Sie und Ihre Familie?[289]		**äußerst**	**sehr**	**etwas**	**kaum**	**überhaupt nicht**
GVO in Lebensmitteln	*2002*	17,1%	27,3%	29,0%	19,8%	6,7%
	2004	22,7%	28,1%	26,8%	17,9%	4,6%
	2006	17,8%	23,8%	29,5%	21,3%	7,6%
Luftverschmutzung (durch Autos und Industrie)	*2002*	6,5%	23,2%	42,6%	22,4%	5,3%
	2004	6,5%	21,7%	44,4%	23,1%	4,2%
	2006	4,6%	22,7%	43,8%	23,4%	5,5%
Verschmutzen von Bächen, Flüssen und Seen	*2002*	6,2%	21,7%	37,0%	28,2%	6,9%
	2004	7,6%	23,1%	33,9%	30,1%	5,2%
	2006	6,6%	19,2%	36,4%	30,3%	7,5%
eine vom „Treibhauseffekt" verursache weltweite Klimaveränderung	*2002*	16,6%	28,8%	32,8%	16,9%	4,9%
	2004	18,9%	34,0%	30,8%	13,0%	3,2%
	2006	17,0%	30,1%	34,1%	15,2%	3,5%
Atomkraftwerke und radioaktiver Müll	*2002*	28,5%	24,6%	23,1%	15,9%	7,9%
	2004	33,0%	26,4%	19,9%	14,8%	6,0%
	2006	25,5%	22,3%	23,7%	21,2%	7,4%

Die **gesellschaftliche Gefährdung**, als dritte Gruppe, basiert auf Daten aus dem Jahr 2008 (UB 2008; $2017 \leq n \leq 2021$). Es werden ebenfalls verschiedene Größen zur Bewertung gestellt, für die die explizit gesellschaftliche Problematik eingeschätzt werden soll. Es scheint in dieser Stichprobe eine insgesamt geringere Risikoeinschätzung bzw. auch eine Verschiebung der Problemeinstufung bei den betrachteten Bereichen gegenüber den zuvor unter den Punkten allgemeines Risiko und persönliche Gefährdung vorgestellten Ergebnissen zu geben. Betrachtet man zu-

289 Aufgrund von Rundungen kommt es in der Summe teilweise zu Abweichungen von 100%.

nächst wieder die höchste Problemeinstufung, liegen Lebensmittel aus GV-Pflanzen oder –Tieren wiederum eher im Mittelfeld. Auch wenn man die Kategorien „sehr großes" und „großes" Problem zusammenfasst, bleibt es bei einer vergleichsweise mittleren Problemeinstufung von Grüner Gentechnik. Zusammen rund ein Drittel der Stichprobe (33,4%) sieht in ihr ein eher großes Problem. Annähernd gleich groß sind auch die Gruppen jener Personen, die Grüne Gentechnik für ein mittelmäßiges Problem (32,4%) oder für ein eher kleines bzw. gar kein Problem (34,1%) halten. Das zusammen größte Problem wird bei Autoabgasen (45,4%) und UV-Strahlung (40,4%) gesehen. Es folgen Schadstoffe in Lebensmitteln (36,4%) und Abgase aus Industrieanlagen (35,7%) vor den GV-Lebensmitteln. Das verhältnismäßig geringste Problem stellt für die Befragten Tabakrauch dar (Tabelle 66).

Tabelle 66: Vergleich gesellschaftliche Gefährdung
Quelle: Umweltbewusstsein in Deutschland.

	Inwiefern stellen diese Dinge ein Problem für die Bevölkerung insgesamt dar?[290]				
	keinerlei	**kleines**	**mittelmäßiges**	**großes**	**sehr großes**
Lebensmittel aus GV-Pflanzen oder -Tieren	9,2%	24,9%	32,4%	23,6%	9,8%
Autoabgase	3,1%	13,5%	38,0%	32,6%	12,8%
Abgase aus Industrieanlagen	7,3%	20,8%	36,3%	23,8%	11,9%
Verschmutzung von Gewässern	8,7%	28,0%	34,7%	22,5%	6,2%
UV-Strahlung von der Sonne (Ozonloch)	6,4%	19,7%	33,4%	29,7%	10,7%
Atomkraftwerke und radioaktiver Müll	11,5%	23,8%	33,7%	21,5%	9,5%
Tabakrauch	12,9%	33,2%	31,3%	17,1%	5,6%
Schadstoffe in Lebensmitteln	4,3%	22,6%	36,7%	26,8%	9,6%

290 Aufgrund von Rundungen kommt es in der Summe teilweise zu Abweichungen von 100%.

Während jeweils über 30% der Stichprobe ein mittelmäßiges Problem beim entsprechenden Bereich sehen, ist auffällig, dass neben GV-Lebensmitteln auch bei Gewässerverschmutzung und Atomenergie die Gruppe jener Personen, die es als ein kleines oder keinerlei Problem bewerten, zusammengenommen den jeweils größten Anteil an der Stichprobe ausmacht. Allerdings stellt dies jeweils weder die Mehrheit dar, noch ist der Unterschied zu den anderen Antwortkategorien übermäßig groß.

Die soeben benannten Bereiche wurden zudem in derselben Stichprobe im Jahr 2008 (UB 2008; 2014 ≤ n ≤ 2020) aus einer weiteren Perspektive zur Einschätzung gestellt, nämlich inwiefern sie eine gesundheitliche Gefährdung für die eigene Person bzw. die eigene Familie darstellen. Gemäß der Unterteilung des Risikovergleichs zählt diese Bewertung zur vierten Gruppe, **Gesundheit und Lebensmittel**. Mit dem Wechsel der Perspektive von einer gesellschaftlichen zu einer persönlichen und gesundheitlichen Gefährdung gehen auch deutliche Änderungen in den Einschätzungen einher (Tabelle 67).

Allgemein ist zunächst eine deutliche Reduzierung der höchsten Gefährlichkeitseinschätzung („äußerst") gegenüber der Einstufung als sehr großes gesellschaftliches Problem festzustellen. Der Anteil dieser Gruppe in den jeweiligen Bereichen ist maximal noch halb so groß wie zuvor, meist noch deutlich kleiner. Gleichzeitig ist die Gruppe derer, die sich überhaupt nicht gefährdet sieht, jeweils mindestens drei Mal größer als jene, die keinerlei gesellschaftliches Problem sieht. Zudem stellen die Personen, die sich für überhaupt nicht oder nur etwas gefährdet halten, zusammen bei jedem Bereich die Mehrheit der Stichprobe mit zwischen rund 51% und 82% dar. Stark oder äußerst gefährdet sehen sich zusammen zwischen rund 6% und 21% der Befragten, je nach Bereich. Lebensmittel aus GV-Pflanzen oder -Tieren im Speziellen erfahren mit 4,2% die im Vergleich größte Zustimmung in der Kategorie „äußerste" Gefahr, zusammen halten sie 15,3% der Befragten für mehr oder weniger stark gefährlich. Eine mittlere Gefahr schreiben ihnen gut ein Viertel der Stichprobe (26,9%) zu, während für den Großteil mit knapp 58% (57,8%) nur eine geringe oder keinerlei gesundheitliche Gefährdung für die eigene Person oder Familie ausgeht, wobei rund 27% die letztere Kategorie gewählt haben. Damit liegen GV-Pflanzen und -Tiere, weiterhin die Antwortgruppen zusammenfassend, in der Gefährlichkeitseinstufung etwas oberhalb der Mitte an dritter Stelle hinter UV-Strahlung (21,4%) und Schadstoffen in Lebensmitteln (16,7%).

Tabelle 67: Vergleich Gesundheitsgefährdung

Quelle: Umweltbewusstsein in Deutschland.

Wie stark fühlen Sie sich selbst bzw. wie stark ist Ihre Familie gesundheitlich gefährdet durch...?[291]

	überhaupt nicht	etwas	mittelmäßig	stark	äußerst
Lebensmittel aus GV-Pflanzen oder -Tieren	27,3%	30,5%	26,9%	11,1%	4,2%
Autoabgase	26,4%	37,8%	22,7%	9,6%	3,6%
Abgase aus Industrieanlagen	56,0%	26,3%	11,4%	4,7%	1,6%
Verschmutzung von Gewässern	42,2%	30,6%	18,3%	7,9%	1,0%
UV-Strahlung von der Sonne (Ozonloch)	22,5%	28,3%	27,8%	17,7%	3,7%
Atomkraftwerke und radioaktiver Müll	46,5%	25,2%	16,4%	8,4%	3,4%
Tabakrauch	51,6%	26,9%	13,4%	5,6%	2,6%
Schadstoffe in Lebensmitteln	18,7%	34,0%	30,5%	13,0%	3,7%

Auch für die umgekehrte Perspektive, nämlich eine geringe Gefährlichkeitsbewertung, erhalten sie ebenfalls hinter UV-Strahlung (50,8%) und Schadstoffen in Lebensmitteln (52,7%) die drittniedrigste Einschätzung. Da diese Bewertungen auf eine sehr persönliche Gefährdung abzielen, sind vermutlich die konkreten Lebensumstände eine wichtige Erklärungsgröße für die zum Teil deutlichen Unterschiede zur gesellschaftlichen Problemeinstufung. So mag, wie zum Beispiel beim Rauchen, die spezifische familiäre Situation relevant sein, denn wenn es keine rau-

[291] Aufgrund von Rundungen kommt es in der Summe teilweise zu Abweichungen von 100%.

chende Person in der Familie oder dem näheren Umfeld gibt, dann wird es mutmaßlich als kleineres Problem bzw. weniger unmittelbare gesundheitliche Gefährdung wahrgenommen und bewertet.
Ähnliches kann für die vergleichsweise geringe Gefährlichkeitseinstufung von Atomenergie gelten. Auffällig sind in jedem Fall die insgesamt großen Anteile an jenen Personen, die überhaupt keine persönliche Gefährdung sehen. Allerdings muss dies kein konträrer Befund zu anderen Ergebnissen sein, denn gleichwohl können Dinge als großes gesellschaftliches Problem gesehen werden, ohne dass eine unmittelbare persönliche Betroffenheit gegeben sein muss. Zusätzlich kann insbesondere bezüglich GV-Pflanzen und -Tieren gemutmaßt werden, dass beispielsweise der Mangel an Verfügbarkeit solcher Erzeugnisse oder eine Überzeugung im Sinne von „Beherrschbarkeit" oder „Steuerungsfähigkeit" des Risikos mittels des eigenen Kaufverhaltens zu dieser vergleichsweise niedrigen Gefährlichkeitsbewertung beigetragen haben.
Speziell zum Vergleich potentieller Lebensmittelrisiken liegen zudem Daten aus weiteren Stichproben aus den Jahren 2005 (EB 64.1; n=1465) und 2008 (GR 2008; $610 \leq n \leq 611$) vor. Abgesehen von leichten Formulierungsunterschieden greifen beide Befragungen auf identische, mögliche Lebensmittelrisiken zurück, von denen GV-Lebensmittel einen Bereich darstellen. Bei der Gegenüberstellung kritisch zu bedenken sind die jeweils genutzten Antwortoptionen, da es durchaus diskutiert werden kann, ob eine hohe Besorgnis mit einem hohen Risiko unmittelbar gleichgesetzt werden kann, auch wenn beides eine Form von Gefahr oder Skepsis erfasst. Zudem ist 2008 eine explizite Option „bin unentschlossen" enthalten, die mutmaßlich ein höheres Maß an Ambivalenz zum Ausdruck bringt und sich ebenso seitens der Intention deutlich von der Kategorie „weiß nicht" unterscheidet (Tabelle 68)[292]. So wird die Option „bin unentschlossen" von nennenswerten Teilen der Befragten gewählt und stellt bei allen Bereichen die zweit- oder drittgrößte Antwortgruppe dar. Die Kategorie „weiß nicht" macht hingegen nur jeweils rund 1% aus.

[292] Aufgrund von Rundungen kommt es in der Summe teilweise zu Abweichungen von 100%.

Die großen Anteile an Unentschlossenen zeigen sich vor allem bei der Verneinung eines Risikos in den entsprechenden Bereichen. Hier sind maßgebliche Unterschiede zu den Daten von 2005 zu finden, wo die Kategorien „nicht sehr besorgt" und „überhaupt nicht besorgt" zusammen zwischen rund 30% und 57% der Befragten ausmachen.

Tabelle 68: Vergleich Lebensmittelrisiko
Quelle: Eurobarometer, GeneRisk.

	2005		2008	
GV-Bestandteile in Lebensmitteln oder Getränken / GVP in Lebensmitteln	sehr besorgt	29,3%	sehr hohes Risiko	32,1%
	ziemlich besorgt	33,2%	hohes Risiko	28,5%
	nicht sehr besorgt	23,9%	geringes Risiko	11,3%
	überhaupt nicht besorgt	12,6%	kein Risiko	4,3%
	weiß nicht	1,1%	unentschlossen	23,9%
allergische Reaktion auf Lebensmittel (und Getränke)	sehr besorgt	15,2%	sehr hohes Risiko	34,2%
	ziemlich besorgt	27,7%	hohes Risiko	27,8%
	nicht sehr besorgt	33,2%	geringes Risiko	9,5%
	überhaupt nicht besorgt	23,3%	kein Risiko	5,2%
	weiß nicht	0,6%	unentschlossen	23,2%
Zusätze (Farbstoffe, Konservierungsstoffe, etc.) in Lebensmitteln und Getränken / Konservierungsstoffe in Lebensmitteln	sehr besorgt	19,1%	sehr hohes Risiko	19,8%
	ziemlich besorgt	35,3%	hohes Risiko	37,2%
	nicht sehr besorgt	31,3%	geringes Risiko	11,8%
	überhaupt nicht besorgt	13,6%	kein Risiko	3,1%
	weiß nicht	0,7%	unentschlossen	28,0%
Pestizidrückstände in Obst, Gemüse oder Getreideprodukten / Rückstände von Pflanzenschutzmitteln in Lebensmitteln	sehr besorgt	31,2%	sehr hohes Risiko	43,5%
	ziemlich besorgt	38,6%	hohes Risiko	31,9%
	nicht sehr besorgt	21,3%	geringes Risiko	6,2%
	überhaupt nicht besorgt	7,9%	kein Risiko	2,3%
	weiß nicht	1,0%	unentschlossen	16,0%

Die Gruppen jener, die ein geringes oder kein Risiko sehen, stellen hingegen zwischen rund 9% und 16% der Befragten. Betrachtet man stattdessen die Personen, die mehr oder weniger stark besorgt sind oder ein mehr oder minder hohes Risiko sehen, weisen die Datenquellen ver-

gleichsweise hohe Ähnlichkeiten auf. Der Anteil jener, die bei GV-Bestandteilen in Lebensmitteln sehr besorgt sind oder ein sehr hohes Risiko sehen, ist in beiden Befragungen mit rund 30% bzw. 32% annähernd gleich groß.
Ähnliches gilt für Zusätze bzw. Konservierungsstoffe in Lebensmitteln, wo rund 19% bzw. 20% der Befragten diese Antwortkategorie wählen. Bei Rückständen von Pflanzenschutzmitteln ist der Anteil 2008 mit 43,5% jedoch deutlich größer als 2005, wo er bei 31,2% liegt. Fasst man, wie bereits zuvor mehrfach geschehen, jeweils die Antwortoptionen zusammen, verdeutlicht sich die Ähnlichkeit der Risiko- bzw. Besorgniseinschätzung. GV-Bestandteile werden 2005 von zusammen 62,5% und 2008 von 60,6% der Befragten als mehr oder weniger großes Problem gesehen. Bei Zusätzen bzw. Konservierungsstoffen tun dies 2005 54,4% und im Jahr 2008 57,0%. Ebenfalls eine höhere Ähnlichkeit findet sich nunmehr auch bei Rückständen von Pflanzenschutzmitteln. Knapp 70% (69,8%) sehen in ihnen 2005 eher ein Problem, 2008 sind es 75,4%. Deutliche Unterschiede bestehen an dieser Stelle nur bei der Bewertung einer möglichen allergischen Reaktion auf Lebensmittel. Während 2005 die Mehrheit mit zusammen 56,5% eher wenig oder nicht besorgt ist und entsprechend 42,9% eher Besorgnis zeigen, ist dies 2008 entgegengesetzt. Der Großteil der Befragten (62,0%) sieht ein hohes oder sehr hohes Risiko und nur knapp 15% (14,7%) tun dies eher nicht, bei 23,2% unentschlossenen Personen. Stellt man nun abschließend die verschiedenen Bereiche auf der Basis der zusammengefassten Antwortoptionen einander gegenüber, rangieren GV-Bestandteile im Jahr 2005 hinsichtlich der Besorgnis hinter Pestizidrückständen an zweiter Stelle. Für 2008 sind sie an dritter Stelle zu finden, zusätzlich knapp hinter einer allergischen Reaktion auf Lebensmittel.

5.4.4 Bivariate Befunde: Gesellschaftliche Dimension

Weiterhin der gesetzten Unterteilung nach den verschiedenen Dimensionen und Bereichen folgend, werden in diesem und den beiden nachstehenden Abschnitten die entsprechenden bivariaten Befunde zu den Teilkapiteln 5.1, 5.2 und 5.3 dargestellt, ohne jedoch über jedes Item ausführlich zu berichten. Die Beschreibung fokussiert auf ausgewählte bzw. relevante Bereiche, für die nicht weiter behandelten Fragen liegen üblicherweise keine nennenswerten Befunde vor. Die Bezugsgrößen sind neben den soziodemographischen Faktoren (siehe Anhang 18) der Wissensstand zu Grüner Gentechnik bzw. ihren Regulierungen sowie der Informationsstand. In der Regel gilt, dass auf eine nachträgliche Dichotomisierung der Itemkategorien verzichtet wird. Einzig die neu geschaffenen Variablen Wissen (*Wissen*) und Informationsstand (*Info-Stand*), als Zusammenfassung der richtigen Antworten bei den Fragen zum Kenntnisstand zu Grüner Gentechnik (siehe Tabelle 39 und Tabelle 40) respektive des selbst eingeschätzten Informationsstandes, werden jeweils mittels zweier Kategorien beschrieben. Beim Wissen sind dies „eher gut (min. $^2/_3$ der Antworten korrekt)" bzw. „eher schlecht (weniger als $^2/_3$ korrekt)", beim Informationsstand „sehr & ziemlich gut" und „ziemlich & sehr schlecht"[293].

Generell werden für die Analysen die Ergebnisse des Tests auf statistische Unabhängigkeit (Chi² χ^2) mit der Anzahl der Freiheitsgrade (**df**) und der zweiseitigen Signifikanz (p) sowie das Maß des Zusammenhangs ausgewiesen. In Abhängigkeit des Skalenniveaus werden verschiedene Zusammenhangsmaße verwendet. Für nominalskalierte Daten werden χ^2-basierte, symmetrische Maße genutzt (Phi Φ für Vierfeldertafeln, Cramérs V für Mehrfeldertafeln) und bei ordinalem Datenniveau das paarvergleich-basierte, symmetrische Maß tau-b (τ_b), für das zusätzlich

[293] Dabei sei an dieser Stelle noch einmal darauf verwiesen, dass diese Größen nur in einigen Erhebungen vorliegen, während das Gros der soziodemographischen Faktoren bis auf wenige und bereits dargestellte Ausnahmen meist vollständig vorhanden ist.

die Signifikanz des Paarvergleichs angegeben wird. In Fällen von gemischten Skalenniveaus wird das Zusammenhangsmaß des jeweils niedrigeren Niveaus verwendet. Außerdem wird im Allgemeinen eine Irrtumswahrscheinlichkeit von $\alpha = 5\%$ zugrunde gelegt, aber anhand des χ^2-Wertes (zusammen mit der Anzahl der Freiheitsgrade und einer entsprechenden Tabelle der Quantile der χ^2-Verteilung) ist leicht nachvollziehbar, dass in vielen Fällen die Nullhypothese auch mit einer Irrtumswahrscheinlichkeit von $\alpha = 1\%$ abgelehnt werden kann. Zu grundsätzlichen Belangen und spezifischen Aspekten der verschiedenen Zusammenhangsmaße und ihrer Diskussion sei stellvertretend auf BENNINGHAUS (1998) und KÜHNEL & KREBS (2007) verwiesen. Zudem erfolgt eine inhaltliche Interpretation der Wertzusammenhangsstärke in der Regel nur in Fällen mit einer mehr oder minder nennenswerten Zusammenhangsstärke. Bei geringen Werten wird auf eine solche Interpretation verzichtet, zumal *„ein signifikantes Resultat [...] noch nicht [heißt], daß der Zusammenhang auch bedeutsam ist"* (DIEKMANN 1999: 596).

Nach diesen generellen Anmerkungen zu den bivariaten Analysen folgt nun die Ergebnisbetrachtung des ersten Bereichs der gesellschaftlichen Dimension, die **staatliche Verantwortung**. In allen vier Erhebungsjahren (UB 1996; UB 1998; UB 2000; UB 2006) zeigen sich signifikante Zusammenhänge zwischen dem Geschlecht und der Bewertung des staatlichen Engagements im Bereich des Bevölkerungsschutzes bei Grüner Gentechnik. Die Stärke des Zusammenhangs ist mit $0{,}0081 \leq V \leq 0{,}154$ jedoch eher gering ausgeprägt (Tabelle 69). Für das Jahr 1998 zeigt sich zudem für das Haushaltseinkommen (*HH-Einkommen*) und den Bildungsstand (*Bildung*) ein signifikanter Zusammenhang mit der Einschätzung der staatlichen Schutzbemühungen. Mit $0{,}057 \leq \tau_b \leq 0{,}089$ ($p_{hheink}=0{,}000$, $p_{bildung}=0{,}012$) liegt das Ausmaß des symmetrischen Zusammenhangs allerdings im geringen bzw. vernachlässigbaren Bereich. Jedoch kann dies auch auf einen nicht-monotonen Zusammenhang hinweisen, der einer statistischen Abhängigkeit beider Größen nicht entgegensteht.

Tabelle 69: Bivariate Analyse Staatliche Verantwortung
Quelle: eigene Berechnungen.

		p	χ^2	df	Maß
		- staatliche Verantwortung -			
	Glauben Sie, dass der Staat im Bereich der Gentechnik genug tut, um die Sicherheit und die Gesundheit der Bevölkerung zu gewährleisten?				
1996	*Geschlecht*	0,000	34,48	2	V=0,141
1998	*Geschlecht*	0,005	10,44	2	V=0,081
	HH-Einkommen	0,008	20,60	8	τ_b=0,089
	Bildung	0,002	24,93	8	τ_b=0,057
2000	*Geschlecht*	0,000	40,95	2	V=0,154
2006	*Geschlecht*	0,000	28,49	3	V=0,128

Der zweite Bereich der gesellschaftlichen Dimension zu Aspekten der **Regulierung** weist bei sieben Fragen signifikante Zusammenhänge zwischen dem jeweiligen Item und den Bezugsgrößen auf. Wenngleich je nach Item durchaus ein größeres Spektrum an Bezugsgrößen einen signifikanten Zusammenhang zeigt, fällt die Stärke der symmetrischen Zusammenhänge eher gering bzw. mäßig aus (Tabelle 70). Für das Geschlecht liegt dieser bei $0{,}050 \leq |\Phi| \leq 0{,}083$ bzw. V=0,157. Auch für die Bildung ist die Stärke des Zusammenhangs mit $0{,}088 \leq V \leq 0{,}105$ als eher gering zu bezeichnen.
Ebenso verhält es sich mit dem Alter mit V=0,128. Für den Zusammenhang des Wissens mit dem jeweiligen Item wird $0{,}050 \leq \Phi \leq 0{,}162$ bzw. V=0,138 ausgewiesen. Wenn auch nicht eindeutig festgelegt ist, wie die Bewertung von Φ jenseits der Extremwerte von $\Phi=0$ bzw. $\Phi=\pm1$ zu erfolgen hat (KÜHNEL & KREBS 2007), legen die vorhandenen Werte, oftmals nahe Null, einen eher geringen symmetrischen Zusammenhang in diesen Fällen nahe. Bei je einem Item findet sich zudem ein Zusammenhang mit der Haushaltsgröße (*HH-Personen*), dem Haushaltseinkommen (*HH-Einkommen*) und dem Vorhandensein eines Kindes unter 15 Jahren im Haushalt (*Kind15*).

Tabelle 70: Bivariate Analyse Regulierung
Quelle: eigene Berechnungen.

		p	χ^2	df	Maß
		- Regulierung -			
		Die derzeitigen Regelungen/gegenwärtigen Vorschriften reichen aus/sind ausreichend, um die Menschen vor allen/jeglichen Risiken zu schützen, die mit moderner Biotechnologie/ GV-Lebensmitteln verbunden sind. (EB 46.1; EB 58.0)			
1996	*Geschlecht*	0,042	4,14	1	Φ=0,050
	Bildung	0,001	18,13	4	V=0,105
	Wissen	0,006	7,45	1	Φ=0,067
2002	*Geschlecht*	0,023	5,19	1	Φ=0,083
		Ungeachtet der Regelungen werden Biotechniker immer machen, was sie wollen. (EB 46.1)			
1996	*Bildung*	0,012	12,92	4	V=0,088
	HH-Personen	0,003	15,70	4	V=0,097
	Wissen	0,000	43,73	1	Φ=0,162
	Kind15	0,009	6,85	1	Φ=-0,064
		Die Regelung der modernen Biotechnologie sollte hauptsächlich der Industrie überlassen werden. (EB 46.1)			
1996	*HH-Einkommen*	0,002	16,49	4	V=0,109
	Wissen	0,046	3,97	1	Φ=0,050
		Religiöse Organisationen müssen ein Mitspracherecht haben, wenn es darum geht, wie die moderne Biotechnologie reguliert wird. (EB 46.1)			
1996	*Alter (gruppiert)*	0,000	26,12	3	V=0,128
	Geschlecht	0,030	4,70	1	Φ=-0,054
	Wissen	0,003	9,09	1	Φ=0,075
		Wie zuversichtlich sind Sie in Hinblick auf die Sicherheit und gegenwärtigen Vorschriften, die genetisch veränderte Lebensmittel regeln? (EB 64.3)			
2005	*Geschlecht*	0,000	17,90	3	V=0,157
	Wissen	0,003	13,79	3	V=0,138
		Ab wann würden Sie ein Produkt als „ohne Gentechnik" bezeichnen? (GR 2008)			
2008	*Info-Stand*	0,001	15,16	2	V=0,186
		Ab wann sollte es Ihrer Meinung nach Pflicht sein, den Anteil an GVP bei Lebensmitteln zu kennzeichnen? (GR 2008)			
2008	*Info-Stand*	0,043	6,28	2	V=0,119

Aber auch in diesen Fällen ist die Stärke des Zusammenhangs mit V=0,097 und V=0,109 bzw. Φ=-0,064 bestenfalls mäßig. Geringfügig stärker, aber weiterhin im geringen Bereich ist der Zusammenhang mit dem Informationsstand mit $0,119 \leq V \leq 0,186$.

Der dritte und an dieser Stelle letzte Bereich der gesellschaftlichen Dimension bezieht sich auf Fragen der **Kennzeichnung** und welche Größen hiermit in einem nennenswerten Zusammenhang stehen (EB 49.0; EB 53.0) (Tabelle 71). Wenngleich es auch bei diesen Fragen für die verschiedenen Größen unwahrscheinlich ist, dass sie und das jeweilige Item unabhängig voneinander sind, so fällt die Stärke der symmetrischen Zusammenhänge wiederum eher begrenzt aus.

So ergibt sich für Bildung ein Zusammenhang von $0,084 \leq V \leq 0,133$ bzw. $\tau_b=0,053$ ($p_{bildung}=0,013$). Der Zusammenhang des Geschlechts liegt bei $-0,082 \leq \Phi \leq -0,065$ bzw. $0,081 \leq V \leq 0,099$. Für das Alter ergibt sich eine Stärke des Zusammenhangs von $0,056 \leq \tau_b \leq 0,065$ ($p_{alter}=0,007$ bzw. $p_{alter}=0,002$).

Tabelle 71: Bivariate Analyse Kennzeichnung
Quelle: eigene Berechnungen.

	p	χ^2	df	Maß
		- Kennzeichnung -		
Das Vorhandensein von GVO sollte immer auf den Etiketten angegeben sein. (1998)				
Bildung	0,002	16,85	4	V=0,098
Im Zweifelsfall sollte auf dem Etikett stehen: „Dieses Produkt könnte GVO enthalten". (1998)				
Bildung	0,001	19,91	4	V=0,107
Ein Produkt, das keine GVO enthält, sollte auch als solches gekennzeichnet sein. (1998)				
Bildung	0,001	30,49	4	V=0,133
Informationen über die Verwendung GVO bei der Herstellung von Lebensmitteln müssen auf dem Etikett stehen, selbst wenn GVO nur in einigen der Zutaten vorhanden sind. (2000)				
Geschlecht	0,007	7,37	1	Φ=-0,065
HH-Einkommen	0,044	9,78	4	V=0,083
Bildung	0,016	12,21	4	V=0,084

	p	χ^2	df	Maß
Informationen über die Verwendung GVO bei der Herstellung von Lebensmitteln müssen nur dann auf dem Etikett stehen, wenn GVO im Endprodukt vorhanden sind. (2000)				
Bildung	0,016	12.23	4	V=0,086
Wenn ein Lebensmittel völlig frei von GVO ist, wären Sie gerne darüber informiert? (2000)				
Geschlecht	0,001	11,79	1	Φ=-0,082
HH-Personen	0,020	11,68	4	V=0,082
HH-Einkommen	0,041	9,97	4	V=0,084
Kind15	0,004	8,20	1	Φ=0,068
Info-Stand	0,001	10,39	1	Φ=0,079
Wenn ein Lebensmittel ein Etikett hat, auf dem steht, dass es keine GVO enthält, sind Sie dann [...] geneigt, das Produkt zu kaufen? (2000)				
Alter (gruppiert)	0,004	19,02	6	τ_b=0,056
Geschlecht	0,000	17,04	2	V=0,099
HH-Personen	0,025	17,55	8	τ_b=0,044
HH-Einkommen	0,012	19,59	8	τ_b=0,082
Kind15	0,047	6,11	2	V=0,059
Info-Stand	0,001	14,65	2	V=0,094
Und wenn ein Lebensmittel andererseits ein Etikett hat, auf dem steht, dass es GVO enthält, sind Sie dann [...] geneigt, das Produkt zu kaufen? (2000)				
Alter (gruppiert)	0,011	16,57	6	τ_b=0,065
Geschlecht	0,003	11,41	2	V=0,081
HH-Personen	0,027	17,36	8	τ_b=-0,048
Bildung	0,006	21,51	8	τ_b=0,053
Info-Stand	0,000	15,49	2	V=0,097

Weiterhin bestehen signifikante Zusammenhänge mit dem Haushaltseinkommen (*HH-Einkommen*) und der Haushaltsgröße (*HH-Personen*), aber auch hier liegt die Zusammenhangsstärke mit $0{,}083 \leq V \leq 0{,}084$ und τ_b=0,082 (p_{hheink}=0,000) bzw. V=0,0082 und $-0{,}048 \leq \tau_b \leq 0{,}044$ (p_{hhpers}=0,025 bzw. p_{hhpers}=0,033) im eher geringen Bereich. Ähnlich sind auch die Befunde für den Zusammenhang mit dem Informationsstand (*Info-Stand*) bzw. dem Vorhandensein eines Kindes unter 15 Jahren im Haushalt (*Kind15*). Für ersteren ergibt sich Φ=0,079 bzw. V=0,094 und V=0,097, für den zweiten Φ=0,068 bzw. V=0,059.

5.4.5 Bivariate Befunde: Individuelle Dimension

Weiterhin auf Basis des zu Beginn des Abschnitts 5.4.4 ausgeführten Vorgehens werden an dieser Stelle nun relevante bivariate Befunde der individuellen Dimension dargestellt. Der erste Bereich bezieht sich auf den Zusammenhang zwischen den Bezugsgrößen und den Fragen zum **Information**sstand bzw. der Relevanz von Informationen zu Grüner Gentechnik. Bezüglich des Informationsstandes (Tabelle 72) zeigt sich ein signifikanter Zusammenhang mit dem Geschlecht, wobei dessen Stärke bei $\Phi=0,091$ bzw. $V=0,065$ und $V=0,093$ liegt. Für das Alter kann ein symmetrischer Zusammenhang von $0,061 \leq \tau_b \leq 0,124$ ($0,000 \leq p_{alter} \leq 0,003$) gezeigt werden.

Tabelle 72: Bivariate Analyse Informationsstand
Quelle: eigene Berechnungen.

		p	χ^2	df	Maß
		- Informationsstand -			
	Ich fühle mich über Biotechnologie ausreichend informiert. (EB 52.1)				
1999	*Geschlecht*	0,000	14,35	1	$\Phi=0,091$
	HH-Einkommen	0,000	20,00	4	V=0,117
	Bildung	0,000	29,73	4	V=0,131
	Wie gut sind Sie über GVO und deren mögliche Auswirkungen informiert? (EB 53.0)				
2000	*Alter (gruppiert)*	0,000	40,74	6	$\tau_b=0,077$
	Geschlecht	0,024	7,46	2	V=0,065
	HH-Einkommen	0,000	65,26	8	$\tau_b=0,134$
	Bildung	0,000	83,89	8	$\tau_b=0,161$
	Wie gut fühlen Sie sich informiert über den Einsatz von GVO? (EB 58.0)				
2002	*Alter (gruppiert)*	0,012	21,21	9	$\tau_b=0,061$
	Geschlecht	0,001	16,35	3	V=0,093
	HH-Einkommen	0,001	33,68	12	$\tau_b=0,069$
	Bildung	0,000	48,59	12	$\tau_b=0,101$
	Über Grüne Gentechnik fühle ich mich gut informiert. (GR 2008)				
2008	*Alter (gruppiert)*	0,001	23,17	12	$\tau_b=0,124$

Auch der Bildungsstand ist nicht unabhängig von Fragen des selbst eingeschätzten Informationsstandes, die Zusammenhangsstärke liegt bei V=0,131 bzw. τ_b=0,161 ($p_{bildung}$=0,000) und τ_b=0,101 ($p_{bildung}$=0,000). Wenngleich das Ausmaß des symmetrischen Zusammenhangs nur mäßig ist, so deutet es in der Tendenz auf eine mit dem Bildungsstand steigende Informiertheit bei Grüner Gentechnik hin. Ähnlich verhält es sich mit dem Haushaltseinkommen (*HH-Einkommen*). In der Tendenz liegt ein Zusammenhang derart vor, dass mit steigendem Einkommen die selbst bewertete Informiertheit bei Grüner Gentechnik ebenfalls zunimmt, aber auch hier ist die Stärke des Zusammenhangs mit V=0,117 bzw. τ_b=0,134 (p_{hheink}=0,000) und τ_b=0,069 (p_{hheink}=0,003) eher mäßig stark ausgeprägt.

Für die Relevanz von Informationen zu Grüner Gentechnik bzw. dem Interesse an dieser Thematik finden sich signifikante Zusammenhänge mit dem Alter, dem Geschlecht, dem Bildungsstand, dem Haushaltseinkommen, der Haushaltsgröße, dem Vorhandensein eines Kindes unter 15 Jahren im Haushalt sowie dem Informationsstand (Tabelle 73).

Tabelle 73: Bivariate Analyse Informationsrelevanz

Quelle: eigene Berechnungen.

		p	χ^2	df	Maß
		- Information: Relevanz -			
		Wie wichtig [ist moderne Biotechnologie] für Sie?/ Wie viel liegt Ihnen an diesem Thema? (EB 46.1; EB 64.3)			
1996	*Alter (gruppiert)*	0,003	14,16	3	V=0,090
	Geschlecht	0,006	7,62	1	Φ=-0,066
	HH-Einkommen	0,006	14,49	4	V=0,097
	Bildung	0,000	42,19	4	V=0,155
2005	*Alter (gruppiert)*	0,000	74,44	12	τ_b=0,093
	Geschlecht	0,001	19,40	4	V=0,115
	HH-Personen	0,001	40,42	16	τ_b=0,106
	Kind15	0,000	20,84	4	V=0,119
		Das Thema Grüne Gentechnik interessiert mich sehr. (GR 2008)			
2008	*Info-Stand*	0,004	15,21	4	V=0,181

Dabei liegt die Stärke des Zusammenhangs des Alters bei V=0,090 bzw. τ_b=0,093 (p_{alter}=0,000) und für das Geschlecht bei Φ=-0,066 bzw. V=0,115. Für den Bildungsstand weist der symmetrische Zusammenhang V=0,155 aus. Die Zusammenhangsstärke beim Haushaltseinkommen (*HH-Einkommen*) ist mit V=0,097 und bei der Haushaltsgröße (*HH-Personen*) mit τ_b=0,106 (p_{hhpers}=0,001) wiederum eher gering ausgeprägt. Ähnlich verhält es auch mit einem Kind unter 15 Jahren im Haushalt (*Kind15*) mit V=0,119. Der vergleichsweise größte symmetrische Zusammenhang der Relevanz von Informationen zu Grüner Gentechnik findet sich beim Informationsstand (*Info-Stand*) mit V=0,181, was aber dennoch bestenfalls mäßig stark ist. Betrachtet man zusätzlich das Verhältnis von Informationsstand und Bildungsstand, die zusammen aber nur zu drei Erhebungszeitpunkten (1999, 2002, 2008) vorliegen, kann für die ersten beiden Jahre mit χ^2=23.23 bzw. χ^2=29.73 und jeweils df=4 Freiheitsgraden ein signifikanter Zusammenhang (p=0,000) gefunden werden, der mit V=0,111 bzw. V=0,131 aber nur mäßig stark ausgeprägt ist. Für 2008 kann dieser Zusammenhang nicht gezeigt werden (χ^2=0.99, df=4).

Der zweite Bereich der individuellen Dimension befasst sich mit dem Zusammenhang des **Wissen**sstandes mit den betrachteten Bezugsgrößen (Tabelle 74). Dabei wird aus der Anzahl der korrekten Antworten bei den Wissensfragen des jeweiligen Erhebungszeitpunktes die dichotomisierte Variable *Wissen* generiert, bei der als gesetztes Entscheidungskriterium $\geq {}^2/_3$ richtige Antworten gilt. So kann für vier der fünf Erhebungszeitpunkte des Wissensstandes ein signifikanter Zusammenhang mit dem Alter und Geschlecht gefunden werden. Dabei liegt dessen Stärke für das Alter mit $0,116 \leq V \leq 0,209$ zwar weiterhin im eher mäßigen Bereich, ist aber dennoch verhältnismäßig stark ausgeprägt. Für das Geschlecht ist ein Zusammenhang von $0,069 \leq |\Phi| \leq 0,151$ zu verzeichnen. Zwischen dem Wissensstand und dem Haushaltseinkommen (*HH-Einkommen*) sowie der Haushaltsgröße (*HH-Personen*) sind für jeweils drei Erhebungszeitpunkte signifikante Zusammenhänge zu finden. Deren Stärke liegt mit $0,099 \leq V \leq 0,159$ für das Haushaltseinkommen und

0,118 ≤ V ≤ 0,139 für die Haushaltsgröße aber abermals im geringen bis mäßigen Bereich.

Tabelle 74: Bivariate Analyse Wissen
Quelle: eigene Berechnungen.

		p	χ^2	df	Maß
		- *Wissen* - (EB 46.1; EB 52.1; EB 58.0; EB 64.3; GR 2008)			
1996	*Alter (gruppiert)*	0,000	25,97	3	V=0,116
	Geschlecht	0,000	29,31	1	Φ=-0,123
	HH-Einkommen	0,003	16,33	4	V=0,099
	Bildung	0,000	50,43	4	V=0,162
1999	*Alter (gruppiert)*	0,000	58,99	3	V=0,175
	Geschlecht	0,002	9,16	1	Φ=-0,069
	HH-Einkommen	0,000	40,93	4	V=0,159
	Bildung	0,000	59,31	4	V=0,176
	HH-Personen	0,000	26,81	4	V=0,118
	Kind15	0,004	8,28	1	Φ=-0,065
	Info-Stand	0,000	19,99	1	Φ=-0,107
2002	*Alter (gruppiert)*	0,000	60,72	3	V=0,174
	Geschlecht	0,000	17,44	1	Φ=-0,093
	HH-Einkommen	0,001	18,66	4	V=0,109
	Bildung	0,000	96,51	4	V=0,220
2005	*Alter (gruppiert)*	0,000	64,94	3	V=0,209
	Geschlecht	0,000	33,76	1	Φ=-0,151
	HH-Personen	0,000	28,69	4	V=0,139
2008	*HH-Personen*	0,033	10,52	4	V=0,132
	Info-Stand	0,000	18,15	1	Φ=-0,196

In Relation stärker, aber nichtsdestotrotz ebenfalls nur mäßig ausgeprägt ist der signifikante Zusammenhang des Wissensstandes und des Bildungsstandes. Dieser ist mit 0,162 ≤ V ≤ 0,220 zu drei Erhebungszeitpunkten zu finden.

Ebenfalls nicht unabhängig voneinander sind der Wissens- und Informationsstand (*Info-Stand*). Mit Φ=-0,107 und Φ=-0,196 kann dieser Zusammenhang für zwei Zeitpunkte gezeigt werden. Seine Interpretation ist, wie zuvor bereits erwähnt, jenseits der Extremwerte nicht eindeutig festgelegt, in der Tendenz deutet er aber auf eine negative Beziehung zwischen den beiden Größen Wissens- und Informationsstand hin. Das Vorhandensein eines Kindes unter 15 Jahren im Haushalt weist zu einem Zeitpunkt einen signifikanten, symmetrischen Zusammenhang mit dem Wissensstand auf, der Φ=-0,065 beträgt.

Der dritte Bereich der individuellen Dimension erstreckt sich auf **generelle Überzeugungen** und umfasst dabei vor allem grundlegende Meinungen und Ansichten zu Aspekten von Grüner Gentechnik und GV-Lebensmitteln (Tabelle 75). Auch hier finden sich eine Reihe signifikanter Zusammenhänge. So liegt die Stärke des symmetrischen Zusammenhangs zwischen dem Alter und den entsprechenden Items bei $0,071 \leq V \leq 0,178$, für das Geschlecht bei $0,063 \leq |\Phi| \leq 0,127$ bzw. V=0,130. Für den Bildungsstand liegt das Ausmaß des Zusammenhangs bei $0,119 \leq V \leq 0,170$.

Tabelle 75: Bivariate Analyse Generelle Überzeugungen
Quelle: eigene Berechnungen.

	p	χ^2	df	Maß
	- Generelle Überzeugungen - (EB 55.2; EB 58.0; GR 2008)			
	Ich möchte diese Art von Lebensmitteln nicht. (2001)			
Alter (gruppiert)	0,028	9,06	3	V=0,071
Geschlecht	0,008	7,09	1	Φ=-0,063
	Lebensmittel auf der Grundlage von GVO [sind] gefährlich. (2001)			
Geschlecht	0,000	14,89	1	Φ=-0,104
Bildung	0,001	19,33	4	V=0,119
	GV-Lebensmittel werden mir und anderen Verbrauchern nützen. (2002)			
Alter (gruppiert)	0,000	27,31	3	V=0,178
Geschlecht	0,003	9,04	1	Φ=0,102
HH-Einkommen	0,001	19,93	4	V=0,171
Bildung	0,000	24,55	4	V=0,170
Info-Stand	0,002	9,89	1	Φ=0,110
Wissen	0,004	8,48	1	Φ=-0,099
	GV-Lebensmittel werden im Kampf gegen Hunger in der Dritten Welt nützlich sein. (2002)			
Wissen	0,017	5,66	1	Φ=-0,083

	p	χ^2	df	Maß
GV-Lebensmittel bedrohen die natürliche Ordnung der Dinge. (2002)				
Alter (gruppiert)	0,004	13,54	3	V=0,124
Geschlecht	0,000	14,30	1	Φ=-0,127
HH-Einkommen	0,005	14,81	4	V=0,145
Bildung	0,000	21,19	4	V=0,155
Info-Stand	0,047	3,94	1	Φ=-0,068
Es ist für mich wichtig, eine genaue Meinung zu GV-Lebensmitteln zu haben. (2002)				
Geschlecht	0,020	5,39	1	Φ=-0,078
Grüne Gentechnik sichert unsere Ernährung. (2008)				
Info-Stand	0,002	16,66	4	V=0,188
Grüne Gentechnik trägt zu einer schonenden Landwirtschaft bei. (2008)				
Info-Stand	0,001	19,71	4	V=0,205
Landwirtschaft mit & ohne Grüne Gentechnik kann harmonisch nebeneinander existieren. (2008)				
KTeen	0,048	9,59	4	V=0,125
Info-Stand	0,043	9,88	4	V=0,145
Grüne Gentechnik ist gegen die Gesetze der Natur. (2008)				
Geschlecht	0,038	10,13	4	V=0,130

Für den Informationsstand (*Info-Stand*) kann ein signifikanter Zusammenhang mit Φ=0,110 und Φ=-0,068 bzw. 0,145 ≤ V ≤ 0,205 gezeigt werden. Die Stärke des Zusammenhangs für das Haushaltseinkommen (*HH-Einkommen*) beträgt V=0,171 und V=0,145, für ein jugendliches Kind im Haushalt (*KTeen*) V=0,125.

Wenn auch mit dem Kenntnisstand zu Hintergründen und Regulierungen bei Grüner Gentechnik (*Wissen*) signifikante Zusammenhänge zu finden sind, ist deren symmetrischer Zusammenhang mit Φ=-0,099 respektive Φ=-0,083 sehr gering ausgeprägt.

Im Falle der Bewertung einzelner **Anwendungsfelder** Grüner Gentechnik, dem vierten Bereich der individuellen Dimension, bestehen zwischen der Einschätzung der jeweiligen Nutzung und dem Wissensstand (*Wissen*) hingegen deutlichere Zusammenhänge (Tabelle 76). So liegt deren Ausmaß für die allgemeine Bewertung von GV-Lebensmitteln bei V=0,160 sowie für die allgemeine Bewertung von GV-Pharmapflanzen bei V=0,184 und deutet trotz mäßiger Stärke auf eine entsprechende Tendenz zwischen dem Wissensstand und der Bewertung der Anwendungsbereiche Grüner Gentechnik hin.

Tabelle 76: Bivariate Analyse Bewertung Anwendungen
Quelle: eigene Berechnungen.

	p	χ^2	df	Maß
		- Bewertung Anwendung: Lebensmittel - (EB 64.3; GR 2008)		
		Bewertung GV-Lebensmittel allgemein. (2005)		
Geschlecht	0,000	25,26	3	V=0,187
Wissen	0,000	18,60	3	V=0,160
		GVP in Lebensmitteln stehe ich besorgt gegenüber. (2008)		
Geschlecht	0,000	24,57	4	V=0,201
Info-Stand	0,041	9,99	4	V=0,146
		GVP sollten nicht für Lebensmittel verwendet werden. (2008)		
Geschlecht	0,003	16,27	4	V=0,164
		GVP reduzieren für mich die Lebensmittelqualität. (2008)		
Geschlecht	0,006	14,35	4	V=0,154
		- Bewertung Anwendung: Pflanzenbau – (GR 2008)		
		GVP ermöglichen eine umweltschonendere Produktion. (2008)		
Info-Stand	0,004	15,21	4	V=0,180
Zusatz-Info	0,038	10,13	4	V=0,129
		GVP reduzieren den Einsatz von Pflanzenschutzmitteln. (2008)		
Geschlecht	0,014	12,44	4	V=0,144
Info-Stand	0,000	20,08	4	V=0,206
Zusatz-Info	0,002	17,00	4	V=0,166
		GVP schonen andere Pflanzen & Tiere auf dem Acker. (2008)		
Geschlecht	0,005	14,98	4	V=0,158
Info-Stand	0,018	11,93	4	V=0,159
		- Bewertung Anwendung: Pharmapflanzen – (EB 64.3)		
		Bewertung GV-Pharmapflanzen allgemein. (2005)		
Geschlecht	0,000	27,22	3	V=0,196
Wissen	0,000	24,05	3	V=0,184

Für die selbst eingeschätzte Informiertheit (*Info-Stand*) bezüglich Grüner Gentechnik zeigt sich eine Zusammenhangsstärke von $0,146 \leq V \leq 0,206$. Am häufigsten besteht ein signifikanter Zusammenhang zwischen dem Geschlecht und der Bewertung der verschiedenen Anwendungsbereiche Grüner Gentechnik, mit $0,144 \leq V \leq 0,201$.
Für den Informations-Split, also die Gabe von neutralen Zusatzinformationen zu Umweltwirkungen von GVP (siehe Kapitel 4.3 und Anhang 7) (*Zusatz-Info*), können lediglich für zwei Items aus dem Bereich der Bewertung des Pflanzenbaus (*„GVP ermöglichen eine umweltschonendere Produktion."*, *„GVP reduzieren den Einsatz von Pflanzenschutzmitteln."*) signifikante Zusammenhänge gezeigt werden. Diese weisen mit V=0,129 bzw. V=0,166 eine eher mäßige Stärke auf.
Den fünften und letzten Bereich der individuellen Dimension stellt der Aspekt des potentiellen **Kaufverhalten**s dar. Dieser wird, wie auch zuvor bei den deskriptiven Analysen, in fünf Gruppen untergliedert. Die erste Gruppe bilden Fragen zum potentiellen Kaufverhalten allgemein bzw. aus eher genereller Perspektive (Tabelle 77). Hierbei zeigt sich zu allen Erhebungszeitpunkten und bei beiden Items ein mit $0,067 \leq V \leq 0,181$ signifikanter Zusammenhang des Geschlechts mit der allgemeinen, potentiellen Kaufneigung von GV-Produkten. Für die weiteren Bezugsgrößen variieren die Zusammenhänge mit dem Erhebungsjahr und dem Item. Die Stärke des Zusammenhangs für das Alter liegt bei $0,045 \leq |\tau_b| \leq 0,102$ ($0,000 \leq p_{alter} \leq 0,022$), wobei dieser einzig 1998 über ein positives Vorzeichen verfügt, während in den anderen Jahren ein negativer Zusammenhang zwischen dem Alter und der potentiellen Kaufneigung nahe liegt, also mit steigendem Alter die Kaufbereitschaft abnimmt. Auch für die Bildung unterscheiden sich die Zusammenhänge teils im Vorzeichen, implizieren also in Abhängigkeit des Erhebungsjahres mitunter einen gegensätzlichen Zusammenhang zwischen dieser Größe und dem Item, allerdings ist dessen Stärke mit $0,049 \leq |\tau_b| \leq 0,104$ ($0,000 \leq p_{bildung} \leq 0,007$) eher gering.

Tabelle 77: Bivariate Analyse Potentielles Kaufverhalten, allgemein
Quelle: eigene Berechnungen.

		p	χ^2	df	Maß
	- allgemeine Kaufneigung - (UB 1996; UB 1998; UB 2000; UB 2002; UB 2004; UB 2006; UB 2008; EB 64.3)				
	Sind Sie bereit [GV-Lebensmittel] zu kaufen? / Würden Sie Lebensmittel aus GVO kaufen?				
1996	*Geschlecht*	0,000	20,83	3	V=0,095
	Bildung	0,012	25,67	12	τ_b=-0,049
1998	*Alter (gruppiert)*	0,000	30,36	9	τ_b=0,078
	Geschlecht	0,029	9,05	3	V=0,067
	HH-Einkommen	0,030	22,73	12	τ_b=0,057
	Bildung	0,000	74,98	12	τ_b=0,104
	Altkind	0,000	24,43	6	τ_b=0,122
2000	*Alter (gruppiert)*	0,000	50,12	9	τ_b=-0,045
	Geschlecht	0,000	53,58	3	V=0,164
2002	*Geschlecht*	0,000	39,02	3	V=0,129
	Kind15	0,023	9,51	3	V=0,064
2004	*Alter (gruppiert)*	0,001	26,99	9	τ_b=-0,051
	Geschlecht	0,000	65,70	3	V=0,181
	Bildung	0,017	24,60	12	τ_b=0,053
	Kind15	0,021	9,78	3	V=0,070
2006	*Geschlecht*	0,000	54,98	3	V=0,165
	KTeen	0,048	7,91	3	V=0,062
2008	*Geschlecht*	0,002	15,16	3	V=0,090
	Bildung	0,007	27,36	12	τ_b=-0,049
	Ich würde GV-Lebensmittel kaufen, wenn diese von den entsprechenden Behörden empfohlen würden. (2005)				
	Alter (gruppiert)	0,000	36,72	9	τ_b=-0,102
	Geschlecht	0,001	16,23	3	V=0,107
	Wissen	0,024	9,45	3	V=0,081

Vom Alter des jüngsten Kindes (*Altkind*, τ_b=0,122, $p_{altkind}$=0,000) bzw. dem Vorhandensein eines Kindes im Haushalt unter 15 Jahren (*Kind15*, V=0,064 bzw. V=0,070) geht ebenso wie einem jungendlichen Kind im Haushalt (*KTeen*, V=0,062) nur ein geringer Effekt aus bzw. besteht hiermit nur ein geringer symmetrischer Zusammenhang mit der allgemeinen, potentiellen Kaufneigung von GV-Erzeugnissen.

Ebenfalls sehr gering ist die Zusammenhangsstärke hinsichtlich des Haushaltseinkommens (*HH-Einkommen*, τ_b=0,057, p_{hheink}=0,012) und des Wissens, also der Kenntnis von Hintergründen und Regelungen bei Grüner Gentechnik (*Wissen*, V=0,081)[294].

Die zweite Gruppe des potentiellen Kaufverhaltens konzentriert sich auf die Akzeptanz unter bestimmten Umständen bzw. in konkreten Situationen und bezieht sich auf den Verzehr verschiedener GV-Erzeugnisse (Tabelle 78). Hier zeigen sich für alle Items signifikante Zusammenhänge mit dem Geschlecht und dem Informationsstand (*Info-Stand*), die für ersteres bei $0,073 \leq \Phi \leq 0,154$ und für den Informationsstand bei $0,056 \leq \Phi \leq 0,231$ liegen.

Für den Kenntnisstand (*Wissen*) kann für drei Items des Jahres 1999 ein signifikanter Zusammenhang mit $-0,217 \leq \Phi \leq -0,080$ gezeigt werden, der für einen negativen Zusammenhang zwischen dem Wissen und der Verzehr- bzw. Akzeptanzabsicht spricht. Die Stärke des symmetrischen Zusammenhangs von Akzeptanz und Bildung fällt mit $0,080 \leq V \leq 0,093$ gering aus, ebenso wie bei der Haushaltsgröße (*HH-Personen*) und dem Haushaltseinkommen (*HH-Einkommen*) mit V=0,080 und V=0,090 respektive V=0,090 und V=0,097. Ein etwas stärker ausgeprägter Zusammenhang zeigt sich beim Alter mit $0,099 \leq V \leq 0,148$.

[294] Es sei an dieser Stelle nochmals betont, dass geringe Werte des Zusammenhangsmaßes nicht automatisch bedeuten, dass kaum oder kein Zusammenhang zwischen den Variablen besteht, sondern vielmehr, dass die Art des Zusammenhangs (im Falle der dargestellten und genutzten Zusammenhangsmaße) wenig symmetrisch ist.

Tabelle 78: Bivariate Analyse Potentielles Kaufverhalten, Akzeptanz
Quelle: eigene Berechnungen.

	p	χ^2	df	Maß
- Akzeptanz in konkreten Situationen - (EB 52.1; EB 58.0))				
Ich wäre bereit, Speiseöl zu kaufen, das eine kleine Menge an GV-Soja enthält. (1999)				
Alter (gruppiert)	0,000	35,59	3	V=0,148
Geschlecht	0,000	22,76	1	Φ=0,118
Bildung	0,036	10,30	4	V=0,080
HH-Personen	0,033	10,48	4	V=0,080
Info-Stand	0,000	80,39	1	Φ=0,231
Wissen	0,000	76,95	1	Φ=-0,217
Wenn alle Spuren von genetischen Veränderungen aus GV-Zuckerrohr entfernt würden, dann würde ich diesen Zucker gern essen. (1999)				
Geschlecht	0,006	7,51	1	Φ=0,073
Info-Stand	0,035	4,43	1	Φ=0,059
Wissen	0,003	8,90	1	Φ=-0,080
Ich wäre bereit, Eier von Hühnern zu essen, die mit GV-Getreide gefüttert wurden. (1999)				
Alter (gruppiert)	0,001	16,17	3	V=0,099
Geschlecht	0,000	39,18	1	Φ=0,154
Bildung	0,007	14,13	4	V=0,093
HH-Einkommen	0,024	11,27	4	V=0,090
HH-Personen	0,009	13,53	4	V=0,090
Info-Stand	0,000	68,42	1	Φ=0,211
Wissen	0,000	74,58	1	Φ=-0,212
Es würde mir nichts ausmachen, wenn ich etwas in einem Restaurant essen würde, das GV-Zutaten enthielte. (2002)				
Alter (gruppiert)	0,000	23,72	3	V=0,116
Geschlecht	0,001	10,96	1	Φ=0,079
Bildung	0,006	14,53	4	V=0,092
HH-Einkommen	0,012	12,92	4	V=0,097
Info-Stand	0,021	5,32	1	Φ=0,056

Unmittelbare Produkteigenschaften von GV-Erzeugnissen stellen die dritte Gruppe des potentiellen Kaufverhaltens dar. Auch hier findet sich für alle Items über alle Erhebungszeitpunkte ein signifikanter Zusammenhang mit dem Geschlecht, dessen Stärke bei $0{,}063 \leq \Phi \leq 0{,}145$ und

V=0,141 liegt (Tabelle 79). Weiterhin besteht mit $0{,}026 \leq V \leq 0{,}119$ ein ähnlich mäßig ausgeprägter symmetrischer Zusammenhang zwischen Bildung und der Kaufabsicht aufgrund unmittelbarer Produkteigenschaften wie zwischen dem Alter und der Konsumintention mit $0{,}083 \leq V \leq 0{,}142$ bzw. τ_b=-0,084 (p_{alter}=0,000).

Tabelle 79: Bivariate Analyse Potentielles Kaufverhalten, Produktattribute

Quelle: eigene Berechnungen.

		p	χ^2	df	Maß
	- unmittelbare Produkteigenschaften - (EB 46.1; EB 52.1; EB 58.0; EB 64.3)				
	Ich würde GV-Früchte/Obst/Lebensmittel kaufen, wenn sie besser schmeckten/schmecken würden als normale Lebensmittel.				
1996	*Geschlecht*	0,000	22,83	1	Φ=0,120
	Bildung	0,026	11,07	4	V=0,026
	Wissen	0,000	36,35	1	Φ=-0,151
1999	*Alter (gruppiert)*	0,008	11,83	3	V=0,083
	Geschlecht	0,000	36,17	1	Φ=0,145
	Bildung	0,009	13,43	4	V=0,089
	Info-Stand	0,000	76,24	1	Φ=0,220
	Wissen	0,000	64,95	1	Φ=-0,195
2002	*Alter (gruppiert)*	0,000	34,93	3	V=0,142
	Geschlecht	0,000	14,46	1	Φ=0,091
	Bildung	0,006	14,28	4	V=0,091
	Ich würde GV-Lebensmittel kaufen, wenn diese weniger Fett enthielten als normale Lebensmittel. (2002)				
	Alter (gruppiert)	0,000	26,05	3	V=0,120
	Geschlecht	0,007	7,21	1	Φ=0,063
	Bildung	0,000	25,04	4	V=0,119
	Info-Stand	0,037	4,37	1	Φ=0,051
	Ich würde GV-Lebensmittel kaufen, wenn diese gesünder als normale Lebensmittel wären. (2005)				
	Alter (gruppiert)	0,000	30,67	9	τ_b=-0,084
	Geschlecht	0,000	29,03	3	V=0,141
	Wissen	0,000	27,60	3	V=0,138

Während die Stärke des Zusammenhangs beim Informationsstand (*Info-Stand*) mit $\Phi=0,220$ und $\Phi=0,051$ recht unterschiedlich ausfällt, ist sie beim Kenntnisstand (*Wissen*) mit $\Phi=-0,151$ und $\Phi=-0,195$ bzw. V=0,138 vergleichsweise deutlich ausgeprägt.

Betrachtet man nun das Verhältnis zwischen Preisaspekten und dem potentiellen Kaufverhalten als vierte Gruppe, finden sich bei allen Items signifikante Zusammenhänge für das Alter und das Geschlecht, die aber mit V=0,130 und $\tau_b=-0,129$ ($p_{alter}=0,000$) sowie V=0,071 bzw. $\Phi=0,094$, V=0,133 und $\Phi=-0,068$ in Abhängigkeit des Erhebungsjahres unterschiedlich stark ausgeprägt sind (Tabelle 80).

Tabelle 80: Bivariate Analyse Potentielles Kaufverhalten, Preisaspekte
Quelle: eigene Berechnungen.

		p	χ^2	df	Maß
	- Preisreduzierung GV-Lebensmittel – (EB 58.0; EB 64.3)				
	Ich würde GV-Lebensmittel kaufen, wenn diese günstiger wären als normale Lebensmittel.				
2002	*Alter (gruppiert)*	0,000	29,83	3	V=0,130
	Geschlecht	0,000	15,69	1	$\Phi=0,094$
	Bildung	0,000	23,01	4	V=0,115
	Info-Stand	0,006	7,52	1	$\Phi=0,067$
2005	*Alter (gruppiert)*	0,000	50,52	9	$\tau_b=-0,129$
	Geschlecht	0,000	25,80	3	V=0,133
	Wissen	0,000	20,95	3	V=0,120
	- Zahlungsbereitschaft für gentechnikfreie Lebensmittel – (EB 52.1)				
	Ich würde mehr für Lebensmittel zahlen, die nicht genetisch verändert sind. (1999)				
	Alter (gruppiert)	0,036	8,53	3	V=0,071
	Geschlecht	0,006	7,71	1	$\Phi=-0,068$
	Info-Stand	0,005	8,01	1	$\Phi=-0,072$
	Wissen	0,000	18,51	1	$\Phi=0,105$

Die Zusammenhangsstärke des Informationsstandes (*Info-Stand*) ist mit $\Phi=0,067$ und $\Phi=-0,072$ sehr gering ausgeprägt, wohingegen der Zusammenhang mit dem Bildungsstand (*Bildung*) mit V=0,115 etwas deut-

licher ausfällt, aber weiterhin im geringen bis mäßigen Bereich liegt. Der Zusammenhang von Kenntnisstand (*Wissen*) und der Kaufabsicht in Abhängigkeit von Preisfragen liegt bei V=0,120 bzw. Φ=0,105.
Die fünfte und letzte Gruppe des potentiellen Kaufverhaltens als Teil der individuellen Dimension befasst sich mit der Kaufabsicht bei GV-Lebensmitteln in Abhängigkeit bestimmter Anbauwirkungen von GVP.
Auch hier finden sich für alle Erhebungszeitpunkte signifikante Zusammenhänge mit dem Alter und dem Geschlecht, die V=0,114 und V=0,141 bzw. τ_b=-0,093 (p_{alter}=0,000) und τ_b=-0,099 (p_{alter}=0,000) für das Alter, respektive Φ=0,096 und Φ=0,068 sowie V=0,112 und V=0,094 für das Geschlecht betragen (Tabelle 81).

Tabelle 81: Bivariate Analyse Potentielles Kaufverhalten, Anbauwirkung
Quelle: eigene Berechnungen.

		p	χ^2	df	Maß
		- Anbauwirkung GVP – (EB 58.0; EB 64.3)			
		Ich würde GV-Lebensmittel kaufen, wenn diese weniger Rückstände von Schädlingsbekämpfungs-/ Pflanzenschutzmitteln enthalten würden als normale Lebensmittel.			
2002	*Alter (gruppiert)*	0,000	22,24	3	V=0,114
	Geschlecht	0,000	15,56	1	Φ=0,096
	Bildung	0,034	10,43	4	V=0,079
	HH-Einkommen	0,009	13,41	4	V=0,100
2005	*Alter (gruppiert)*	0,000	41,82	9	τ_b=-0,093
	Geschlecht	0,000	18,09	3	V=0,112
	Wissen	0,000	35,93	3	V=0,158
		Ich würde GV-Lebensmittel kaufen, wenn diese umweltschonender angebaut würden als normale Lebensmittel.			
2002	*Alter (gruppiert)*	0,000	34,04	3	V=0,141
	Geschlecht	0,005	7,90	1	Φ=0,068
	Bildung	0,004	15,20	4	V=0,095
	HH-Einkommen	0,038	10,13	4	V=0,087
2005	*Alter (gruppiert)*	0,000	39,93	9	τ_b=-0,099
	Geschlecht	0,006	12,58	3	V=0,094
	Wissen	0,000	30,55	3	V=0,146

Die Stärke des Zusammenhangs bezüglich des Bildungsstandes (*Bildung*) ist mit V=0,079 und V=0,095 eher gering, ähnlich dem Haushaltseinkommen (*HH-Einkommen*) mit V=0,100 und V=0,087. Der symmetrische Zusammenhang mit dem Wissensstand (*Wissen*) fällt vergleichsweise deutlich aus und liegt bei V=0,158 und V=0,146, bleibt aber dennoch bei einem objektiv eher geringen Wert.

5.4.6 Bivariate Befunde: Risikobewertung

Dieser Abschnitt stellt die Ergebnisse der bivariaten Analysen des Komplexes Risikobewertung dar und folgt dabei der zuvor gesetzten Unterteilung nach allgemeiner Risikobewertung, persönlicher und gesellschaftlicher Gefährdung, Umweltgefährdung sowie Risiken im Bereich Gesundheit und Lebensmittel. Auch die folgenden Ausführungen beruhen dabei auf dem zu Beginn des Abschnitts 5.4.4 geschilderten Vorgehen.

Für den ersten Bereich, die **allgemeine Risikobewertung** findet sich für alle betrachteten Items und Jahre ein signifikanter Zusammenhang zwischen dem Geschlecht und der generellen Risikoeinschätzung von im weiteren Sinne Grüner Gentechnik (Tabelle 82).

Die Stärke des Zusammenhangs liegt bei $0{,}081 \leq |\Phi| \leq 0{,}138$ und $0{,}082 \leq V \leq 0{,}151$. Was teilweise bereits durch das negative Vorzeichen von Φ nahe gelegt wird, zeigt sich auch bei näherer Betrachtung der Randverteilungen, nämlich eine Tendenz dahingehend, dass Frauen eher bzw. ein höheres Risiko sehen als Männer. Weiterhin kann auch für Alter und die allgemeine Risikobewertung ein, allerdings recht geringer, Zusammenhang von V=0,083 bzw. τ_b=0,069 (p_{alter}=0,001) gezeigt werden. Ähnlich gering, mit V=0,091 und τ_b=-0,058 (p_{hheink}=0,001), ist der symmetrische Zusammenhang beim Haushaltseinkommen (*HH-Einkommen*). Für den Bildungsstand (*Bildung*) ist der Zusammenhang mit V=0,173 und V=0,170 deutlicher, aber dennoch lediglich mäßig stark ausgeprägt. Die Zusammenhangsstärke für den Wissensstand (*Wissen*) und Informationsstand (*Info-Stand*) beträgt Φ=-0,096 bzw. V=0,124.

Tabelle 82: Bivariate Analyse Risikobewertung, allgemein
Quelle: eigene Berechnungen.

		p	χ^2	df	Maß
	- allgemeine Risikobewertung - (UB 1996; UB 1998; UB 2000; EB 51.1; EB 58.0)				
	Für wie gefährlich halten Sie die technologische Entwicklung [im Bereich Gentechnik]?				
1996	*Geschlecht*	0,000	34,00	1	Φ=-0,138
1998	*Alter (gruppiert)*	0,012	10,95	3	V=0,083
	Geschlecht	0,001	10,55	1	Φ=-0,081
	HH-Einkommen	0,042	9,88	4	V=0,091
	Bildung	0,000	47,63	4	V=0,173
2000	*Alter (gruppiert)*	0,000	35,48	9	τ_b=0,069
	Geschlecht	0,000	41,36	3	V=0,151
	Wenn Sie nun einmal an Deutschland denken, wie besorgt sind Sie über [die Entwicklung der Biotechnologie]? (1999)				
	Geschlecht	0,001	17,41	3	V=0,098
	GV-Lebensmittel stellen keine Bedrohung für zukünftige Generationen dar. (2002)				
	Geschlecht	0,005	8,06	1	Φ=0,104
	Bildung	0,000	21,44	4	V=0,170
	Wissen	0,008	6,93	1	Φ=-0,096
	Wie besorgt sind Sie über den Einsatz genetisch veränderter Organismen? (2002)				
	Geschlecht	0,006	12,34	3	V=0,082
	HH-Einkommen	0,013	25,35	12	τ_b=-0,058
	Info-Stand	0,000	27,17	3	V=0,124

Für den zweiten Bereich, die **persönliche und gesellschaftliche Gefährdung** durch GVO bzw. GV-Lebensmittel, besteht vor allem ein signifikanter Zusammenhang mit dem Geschlecht, der bei $0{,}084 \leq V \leq 0{,}121$ liegt und für beide Aspekte gefunden werden kann (Tabelle 83).
Der symmetrische Zusammenhang zwischen dem Bildungsstand (*Bildung*) und der Gefährdungseinschätzung ist mit τ_b=0,044 ($p_{bildung}$=0,017) und τ_b=0,057 ($p_{bildung}$=0,003) ähnlich niedrig ausgeprägt wie bei der Haushaltsgröße (*HH-Personen*) mit τ_b=0,040 (p_{hhpers}=0,028).

Tabelle 83: Bivariate Analyse Risikobewertung, Gefährdung
Quelle: eigene Berechnungen.

		p	χ^2	df	Maß
	- persönliche Gefährdung - (UB 2002; UB 2004; UB 2006)				
	Wie gefährlich ist die Verwendung von GVO (wie GV-Mais) in verschiedenen Lebensmitteln Ihrer Meinung nach für Sie und Ihre Familie?				
2002	*Geschlecht*	0,000	26,92	4	V=0,107
2004	*Geschlecht*	0,000	29,18	4	V=0,121
2006	*Geschlecht*	0,006	14,44	4	V=0,084
	Bildung	0,004	34,98	16	τ_b=0,044
	- gesellschaftliche Gefährdung - (UB 2008)				
	Und inwiefern stellen [Lebensmittel aus gentechnisch veränderten Pflanzen oder Tieren] ein Problem für die Bevölkerung insgesamt dar? (2008)				
	Geschlecht	0,002	16,53	4	V=0,091
	Bildung	0,000	45,57	16	τ_b=0,057
	HH-Personen	0,000	43,86	16	τ_b=0,040

Bei der **Umweltgefährdung** als drittem Bereich, weist für die meisten Items ebenfalls das Geschlecht mit Φ=-0,070 und Φ=-0,087 sowie 0,118 ≤ V ≤ 0,154 einen signifikanten Zusammenhang auf. Für das Alter ist dieser mit V=0,089 und V=0,115 nur gering ausgeprägt. Für den Bildungsstand (*Bildung*) kann ebenfalls für zwei Items ein Zusammenhang gezeigt werden, der bei V=0,115 und τ_b=0,111 ($p_{bildung}$=0,000) liegt und in der Tendenz bedeutet, dass Personen mit einem höheren Bildungsstand auch eher ein höheres Umweltrisiko sehen.

Weiterhin ist für je ein Item ein signifikanter Zusammenhang mit dem Haushaltseinkommen (*HH-Einkommen*) bzw. dem Informationsstand (*Info-Stand*) zu finden, der V=0,152 bzw. V=0,163 beträgt und damit als mäßig stark angesehen werden kann (Tabelle 84).

Tabelle 84: Bivariate Analyse Risikobewertung, Umweltrisiko
Quelle: eigene Berechnungen.

		p	χ^2	df	Maß
			-Umweltgefährdung - (EB 55.2; EB 58.0; UB 2006; UB 2008; GR 2008)		
	Es könnte schlechte Auswirkungen auf die Umwelt haben. (2001)				
	Alter (gruppiert)	0,011	11,13	3	V=0,089
	Geschlecht	0,009	6,89	1	Φ=-0,070
	Bildung	0,001	18,64	4	V=0,115
	Genetisch veränderte Lebensmittel anzubauen wird für die Umwelt schädlich. (2002)				
	Alter (gruppiert)	0,020	9,80	3	V=0,115
	Geschlecht	0,018	5,61	1	Φ=-0,087
	HH-Einkommen	0,009	13,48	4	V=0,152
	Wie gefährlich ist Ihrer Meinung nach der Anbau von GVP für Natur und Umwelt?				
2006	*Geschlecht*	0,000	38,27	3	V=0,138
2008	*Geschlecht*	0,000	27,83	3	V=0,118
	Bildung	0,000	56,39	12	τ_b=0,111
	GVP beeinträchtigen die Pflanzen- und Tierwelt auf dem Acker. (2008)				
	Geschlecht	0,007	14,19	4	V=0,154
	GVP stellen ein Risiko für die Natur an sich dar. (2008)				
	Info-Stand	0,014	12,54	4	V=0,163

Der an dieser Stelle vierte und letzte Bereich der Risikobewertung befasst sich mit Risiken und Gefährdungen hinsichtlich der **Gesundheit und Lebensmittel**n. Auch für die Items dieser Kategorie kann häufig ein signifikanter Zusammenhang mit dem Geschlecht gezeigt werden, der bei $0{,}104 \leq V \leq 0{,}247$ bzw. $\Phi=0{,}100$ liegt. Auch wenn das Ausmaß des Zusammenhangs prinzipiell weiterhin als eher mäßig stark zu bezeichnen ist, zeigt es in Relation zu den meisten vorherigen Ausführungen vergleichsweise deutlich die statistische Abhängigkeit von Geschlecht und der Bewertung von Gesundheits- bzw. Lebensmittelgefährdungen durch GVO und GVP bei den vorliegenden Daten (Tabelle 85).

Tabelle 85: Bivariate Analyse Risikobewertung, Gesundheit und Lebensmittel

Quelle: eigene Berechnungen.

	p	χ^2	df	Maß
- Gesundheits- und Lebensmittelgefährdung - (EB 51.1; EB 58.0; EB 63.1; EB 64.1; UB 2008; GR 2008)				
Wie besorgt sind Sie gegenwärtig über [die Verwendung von GVO, z.B. GV-Mais oder andere Lebensmittel]? (1999)				
Geschlecht	0,000	25,34	3	V=0,117
Der Verzehr [von] GV-Lebensmittel[n] wird meiner Gesundheit und der Gesundheit meiner Familie schaden. (2002)				
Alter (gruppiert)	0,028	9,11	3	V=0,112
Bildung	0,000	21,35	4	V=0,172
Ich glaube, dass ich gefahrlos, GV-Lebensmittel essen kann. (2002)				
Geschlecht	0,004	8,36	1	Φ=0,100
Nahrungsmittel aus GVO sind gefährlich. (2005)				
Geschlecht	0,000	40,85	4	V=0,247
Sagen Sie mir bitte, [wie beunruhigt Sie über genmanipulierte Bestandteile in Lebensmitteln oder Getränken sind]. (2005)				
Geschlecht	0,001	15,78	3	V=0,104
Wie stark fühlen Sie sich selbst bzw. wie stark ist Ihre Familie gesundheitlich gefährdet durch Lebensmittel aus GV-Pflanzen oder -Tieren? (2008)				
Bildung	0,000	48,77	16	τ_b=0,083
Wie groß sind Ihrer Meinung nach die gesundheitlichen Gefahren durch Verwendung von GVO für Lebensmittel? (2008)				
Geschlecht	0,000	29,18	3	V=0,121
Bildung	0,010	26,34	12	τ_b=0,079
Risiko durch GVP in Lebensmitteln. (2008)				
Info-Stand	0,032	10,59	4	V=0,150
GVP in Lebensmitteln stellen kein Risiko für mich dar. (2008)				
Geschlecht	0,000	22,15	4	V=0,191
Info-Stand	0,010	13,38	4	V=0,169
GVP in Lebensmitteln stellen trotz aller Überprüfungen ein Gesundheitsrisiko dar. (2008)				
Geschlecht	0,001	18,91	4	V=0,177

Weiterhin kann auch für den Bildungsstand (*Bildung*) ein Zusammenhang mit V=0,172 bzw. τ_b=0,083 ($p_{bildung}$=0,000) und τ_b=0,079 ($p_{bildung}$=0,000) nachgewiesen werden, dessen Ausmaß aber eher mäßig ist. Ein signifikanter Zusammenhang mit dem Alter findet sich nur bei einem Item und liegt mit V=0,112 ebenfalls im eher geringen Bereich.
Etwas deutlicher, aber dennoch bestenfalls mäßig, ist der symmetrische Zusammenhang zwischen dem Informationsstand (*Info-Stand*) und der Gefährlichkeitseinschätzung hinsichtlich Gesundheits- und Lebensmittelaspekten von GVO und GVP mit V=0,150 und V=0,169.

5.4.7 Vergleichende Analysen kompakt

Dieses Kapitel verfolgte zwei Hauptziele. Zum einen eine vergleichende Einordnung spezifischer Aspekte Grüner Gentechnik im Verhältnis zu weiteren, meist ebenso als potentiell risikoträchtig bewerteten Bereichen und zum anderen die Analyse von Zusammenhängen zwischen soziodemographischen Faktoren und dem Wissens- und Kenntnisstand mit der Bewertung Grüner Gentechnik auf Basis der in den Kapiteln 5.1, 5.2 sowie 5.3 vorgestellten Fragen.
Für den ersten Teil, den Vergleich der Bewertung von Grüner Gentechnik mit weiteren, zumeist als risikobehaftet betrachteten Bereichen, konnte gezeigt werden, dass besonders der selbst eingeschätzte Informationsstand bei Grüner Gentechnik im Verhältnis zu z.B. Atomenergie oder Gewässerverschmutzungen schlechter ausgeprägt ist. Bei der Risikoeinschätzung liegen die Fragen zur Grünen Gentechnik im Vergleich zu den anderen betrachteten Größen zumeist eher im mittleren Bereich oder werden als verhältnismäßig geringeres Problem bewertet. Dies betrifft sowohl die allgemeine Risikoeinschätzung als auch die Aspekte persönliche und gesellschaftliche Gefährdung.
Die im Vergleich größeren Sorgen der Befragten gehen demnach vor allem von den Bereichen Kernenergie, Klimaveränderungen, Autoabgasen, UV-Strahlung und zum Teil von der Luftverschmutzung aus. Allerdings sind mitunter erhebliche Schwankungen in der Risikoeinschätzung in Abhängigkeit der Perspektive, so der persönlichen oder gesellschaftlichen

Gefährdung, zu verzeichnen. Speziell für den Aspekt Gesundheits- und Lebensmittelrisiken herrscht eine besondere Sensibilität, die sich zum Teil in einer höheren grundsätzlichen Risikobewertung zeigt, gleichzeitig aber scheinbar auch eine spezifische Exponiertheit berücksichtigt, so dass die unmittelbare persönliche Gefährdung deutlich geringer eingeschätzt wird.

Im Verhältnis der verschiedenen Lebensmittelrisiken zueinander liegen GV-Bestandteile ebenfalls eher im mittleren Bereich, oftmals aber nahe den Vergleichsgrößen. Die höchste und deutlichste Gefährdung wird bei Rückständen von Pflanzenschutzmitteln gesehen. Darüber hinaus, so legen die vergleichenden Betrachtungen nahe, scheinen Fragen der Produktkennzeichnung und der Wunsch nach verlässlichen Labels grundsätzlich vorhanden zu sein und sind nicht spezifisch für GV-Produkte.

Für den zweiten Schwerpunkt dieses Kapitels, die bivariaten Analysen, konnten für alle Bezugsgrößen signifikante Zusammenhänge mit den Items zur Grünen Gentechnik gezeigt werden. Deren Häufigkeit und Ausmaß variiert mitunter in Abhängigkeit von der jeweiligen Dimension, insgesamt ist aber die Stärke der symmetrischen Zusammenhänge meist gering bis mäßig. Für die Größen Geschlecht, Alter und Bildungsstand finden sich die meisten Zusammenhänge. In der Tendenz, aber nicht grundsätzlich und bei allen Aspekten, legen die Ergebnisse zudem eine kritischere Sicht von Frauen auf Grüne Gentechnik nahe, ebenso wie von älteren Personen. Mit den nur für einzelne Jahre vorhandenen Größen Wissen und Informationsstand besteht ebenfalls ein signifikanter Zusammenhang.

5.5 Verkaufsexperiment zu Grüner Gentechnik

Dieses Teilkapitel widmet sich der Ergebnisdarstellung des Verkaufsexperimentes aus dem Abschnitt 4.3.2. Demgemäß bilden nun einzig die Daten aus der *GeneRisk*-Befragung aus dem Jahr 2008 (GR 2008) die Grundlage der Analysen. Die Betrachtung des potentiellen Kaufverhaltens bei dem Experiment erfolgt losgelöst von den Items zur mutmaßlichen Kaufabsicht aus den weiteren Datenquellen (siehe 5.2.5). Dies erscheint vor dem Hintergrund, dass die allgemeinen Items eher eine grundsätzliche Kaufneigung erfassen, während im Verkaufsexperiment eindeutige Erzeugnisse zur Wahl gestellt werden, angemessen und notwendig. Eine Zusammenführung der verschiedenen Befunde erfolgt später im Abschnitt 5.6. Nachfolgend werden als erstes die deskriptiven Resultate des Verkaufsexperimentes kurz dargestellt, ehe, unter Beachtung der Limitationen (siehe 4.3.2), die erweiterten Analysen anknüpfen und den Schwerpunkt dieses Abschnittes bilden.

5.5.1 Deskriptive Analysen

Betrachtet man das Verkaufsexperiment zunächst ganz allgemein, scheint es gut angenommen worden zu sein, auch in dem Sinne, dass es keine überdurchschnittliche Verweigerungsrate im Vergleich zu den anderen Fragen gibt[295]. Die Missing-Quote für die Produktauswahlen (*choice_1 - choice_7*) liegt zwischen 1,1% und 2,3% (siehe Anhang 14).

[295] Entsprechende Experimente sind vor allem in Deutschland in den meisten Bereichen noch wenig verbreitet und insbesondere ihre postalische Umsetzung ist eher begrenzt. Vor diesem Hintergrund mag es einigen Befragten ungewohnt oder untypisch erschienen sein, offensichtlich aber ohne nennenswerte Verunsicherungen zu verursachen. So haben rund 84% der Aussage *„Der Fragebogen insgesamt war sehr verständlich"* voll und ganz bzw. eher zugestimmt, nur 3,3% haben sie mehr oder weniger stark abgelehnt. Ebenso fühlte sich mit rund 70% die Mehrheit der befragten Personen insgesamt eher sicher beim Beantworten (*„Beim Beantworten der Fragen fühlte ich mich insgesamt sehr sicher"*), 6,5% verneinten dies. Die Differenz zu 100% entfällt jeweils auf die Gruppe „bin unentschlossen" und geringe Anteile an Missings.

Da unter anderem auf Aspekt der Kennzeichnung ein wichtiger Fokus gesetzt wurde, bildet dieser auch den Gegenstand der deskriptiven Betrachtungen. Auf dieser Ebene können aber nur Aussagen über die Häufigkeit der Wahl einer bestimmten Kennzeichnungsart getroffen werden, ohne aufzeigen zu können, in welchem Verhältnis die Kennzeichnungsarten zueinander stehen oder wie sie zusammen mit anderen Produktattributen (wie z.B. dem Preis) wirken. Antworten auf diese und weitere Fragen zu geben, ist der Gegenstand des Abschnitts 5.5.2.
Ingesamt sollten die Befragten sieben Mal eine Auswahl treffen, wobei jede Auswahl ein anderes Produkt (Cornflakes, Dosenmais, Pflanzenöl, Margarine, Frischmilch, Rindfleisch, Strom) betraf, bei dem (neben weiteren Produkteigenschaften) je die drei Kennzeichnungsarten „Ohne Gentechnik", „aus GVP" sowie „keine besondere Kennzeichnung" in unterschiedlicher Reihenfolge zur Wahl standen. Ebenso gab es die Option, keines der angebotenen Produkte zu wählen („*opt-out*"). Betrachtet man nun zunächst, wie oft bei den sieben Auswahlen jede Option genutzt wurde, zeigt sich, dass in der Regel nicht ausschließlich nach einer Kennzeichnung in dem Sinne entschieden wurde, als dass z.B. einzig „Ohne Gentechnik" gewählt wurde (Tabelle 86).

Tabelle 86: Verkaufsexperiment, Auswahlhäufigkeit je Kennzeichnung
Quelle: GeneRisk.

	Auswahl:[296]			
Häufigkeit	**Ohne Gentechnik**	**aus GVP**	**keine Kennzeichnung**	**opt-out**
0	5,1%	60,1%	29,2%	36,3%
1	8,3%	23,3%	28,4%	22,4%
2	17,7%	7,8%	22,3%	21,5%
3	19,6%	4,8%	12,9%	8,8%
4	21,8%	3,3%	5,4%	5,2%
5	16,3%	0,3%	1,7%	3,3%
6	7,6%	0,3%	0,2%	1,1%
7	3,6%	0,2%	0,0%	1,5%

296 Aufgrund von Rundungen kommt es in der Summe teilweise zu Abweichungen von 100%.

Abgesehen von jeweils geringen Anteilen haben alle Befragten Produkte mit verschiedenen Kennzeichnungen gewählt bzw. sich dem Produkt gänzlich verweigert ($606 \leq n \leq 615$).
Bereinigt um Personen, die den opt-out genutzt haben, wurde von rund 5% der Befragten nie ein als „Ohne Gentechnik" gekennzeichnetes Produkt gewählt, bei keiner besonderen Kennzeichnung liegt dieser Anteil bei rund 29%. Mit rund 60% deutlich größer ist jene Gruppe, die nie „aus GVP" gewählt hat. Allerdings bedeutet das nicht zwangsläufig ein bewusstes Meiden dieser Kennzeichnung. Jene Personen haben sich lediglich für eine der beiden anderen Kennzeichnungen bzw. den opt-out entschieden, was z.B. aus den weiteren Produkteigenschaften oder einer grundsätzlichen Ablehnung des Produktes (opt-out) resultieren kann. Im Umkehrschluss bedeutet dies aber auch, dass sich rund 40% der Stichprobe mindestens ein Mal für ein als „aus GVP" gekennzeichnetes Produkt entschieden haben. Stets Produkte mit derselben Kennzeichnung bei allen sieben Auswahlen haben nur geringe Anteile an Befragten gewählt. Knapp 4% votierten immer für „Ohne Gentechnik", 0,2% immer für „aus GVP". Von 1,5% der Befragten wurde in allen Fällen der opt-out genutzt. Bildet man nun aus den Auswahlentscheidungen auf Basis der gewählten Kennzeichnung bzw. des opt-outs und unter der Maßgabe, dass mindestens die Hälfte aller Auswahlen (also ≥4) für die identische Option getroffen wurde, verschiedene „Auswahltypen", so lässt sich knapp die Hälfte der Stichprobe (49,3%) als Typ „Ohne Gentechnik" klassifizieren, 4,1% entsprechen dem Typ „aus GVP" und weitere 11,1% dem Typ „Nichtkäufer" (opt-out) ($605 \leq n \leq 612$)[297]. Der verbleibende Anteil, und damit die zweitgrößte Gruppe der Stichprobe, variiert in ihren Auswahlen zu stark, als dass sie einem Typus zugeordnet werden kann. Nach den allgemeinen Häufigkeiten und der Klassifizierung anhand der Kennzeichnung bzw. der Verweigerung bei der Produktwahl folgt eine produktspezifische Betrachtung der vier Wahlmöglichkeiten des Experi-

[297] Auf den Typus „keine Kennzeichnung" wird bewusst verzichtet, da vor allem gentechnikspezifische Kennzeichnungen bzw. die Auswahlverweigerung (opt-out) inhaltlich von Bedeutung sind.

ments. Im Detail sind folgende Anteile für jede der Wahlmöglichkeiten zu verzeichnen (Tabelle 87):

Tabelle 87: Verkaufsexperiment, Auswahlhäufigkeit je Produkt
Quelle: GeneRisk.

	Auswahl:[298]			
Produkt	**Ohne Gentechnik**	**aus GVP**	**keine Kennzeichnung**	**opt-out**
Cornflakes	38,7%	6,4%	17,5%	37,4%
Dosenmais	43,8%	9,4%	17,1%	29,7%
Pflanzenöl	56,2%	7,4%	23,2%	13,3%
Margarine	44,6%	10,5%	25,5%	19,4%
Frischmilch	63,6%	8,2%	15,5%	12,7%
Rindfleisch	52,9%	8,5%	20,6%	18,0%
Strom	40,5%	20,3%	22,3%	16,9%

Weiterhin überwiegt bei allen Auswahlen „Ohne Gentechnik" deutlich. Auffällig ist zudem, dass bei den gering verarbeiteten Produkten Cornflakes und Dosenmais der Anteil des opt-outs, also der Produktverweigerung, die zweitgrößte Gruppe darstellt. Bei den anderen Produkten ist dies die Option „keine besondere Kennzeichnung". Der Anteil an Personen, die ein Produkt mit der Kennzeichnung „aus GVP" wählen, liegt zwischen rund 6% und rund 20%. Erwartungsgemäß ist der höchste Wert bei einer lebensmittelfernen Nutzung, der Stromgewinnung, zu verzeichnen.

Zum Abschluss der beschreibenden Betrachtung einzig der Kennzeichnungskomponente folgen kurz einige bivariate Befunde, analog dem im Abschnitt 5.4.4 ausgeführten Vorgehen. Es werden weiterhin χ^2-basierte symmetrische Zusammenhangsmaße betrachtet. Hierbei werden neben den Missings auch jene Fälle ausgeschlossen, die den opt-out gewählt haben, da sie für die Frage nach einem Zusammenhang zwischen einer der Kennzeichnungsarten und den verwendeten Bezugsgrößen nicht relevant sind. Vor dem Hintergrund der zum Teil erheblichen Anteile dieser

---

[298] Aufgrund von Rundungen kommt es in der Summe teilweise zu Abweichungen von 100%.

Gruppe führt dies aber zu einer entsprechenden Reduzierung des Stichprobenumfangs für diese Betrachtungen. Der Ausfall beträgt zusammen zwischen rund 14% bis 39%. Bei den verbleibenden Fällen werden die Kennzeichnungen in der Reihung „aus GVP", „keine Kennzeichnung" und „Ohne Gentechnik" in die Auswertungen einbezogen. Dabei zeigen sich folgende signifikante Zusammenhänge zwischen der Kennzeichnungswahl und den Bezugsgrößen (Tabelle 88):

Tabelle 88: Verkaufsexperiment, bivariate Analyse
Quelle: eigene Berechnungen.

	p	χ^2	df	Maß
		-Produktkennzeichnung -		
		Auswahl Cornflakes		
Geschlecht	0,003	11,35	2	V=0,175
		Auswahl Dosenmais		
Geschlecht	0,029	7,10	2	V=0,130
		Auswahl Margarine		
Geschlecht	0,009	9,42	2	V=0,140

Es kann einzig ein Zusammenhang zwischen der Produktwahl anhand der Kennzeichnung und dem Geschlecht für drei der sieben Auswahlen gezeigt werden. Die Stärke des symmetrischen Zusammenhangs liegt mit $0{,}130 \leq V \leq 0{,}175$ im mäßigen Bereich. Betrachtet man zudem die Randverteilungen, wählen Frauen in der Tendenz eher ein Produkt mit der Kennzeichnung „Ohne Gentechnik" als Männer. Für die anderen Bezugsgrößen konnte kein nennenswerter Zusammenhang auf dieser Analyseebene gefunden werden.

5.5.2 Erweiterte Analysen

Dieser Abschnitt hat vertiefende Betrachtungen des Verkaufsexperimentes zum Gegenstand, wobei diese sich vorrangig auf die Produkteigenschaften Kennzeichnung und Preis begrenzen, da unter Berücksichtigung der genannten Limitationen einige weitere Attribute nicht zielführend analysiert werden können und andere nicht für die Zielsetzung der Arbeit von Relevanz sind. Die Analysen basieren auf konditionalen Logit-Modellen (siehe Abschnitt 3.1.4) und wurden mit STATA® umgesetzt. Bei mehr als zwei Alternativen, wie im vorliegenden Fall, sind in der Regel konditionale Logit-Modelle das Mittel der Wahl (z.B. LOUVIERE ET AL. 2000). Sie modellieren den Einfluss der jeweiligen, zwischen den Alternativen variierenden Attribute auf die Auswahlwahrscheinlichkeit der Alternativen. Zudem werden in dieser Arbeit alternativenspezifische Konstanten (**ASC**) (siehe z.B. MAIER & WEISS 1990) verwendet, die als *„Platzhalter für systematische Einflüsse der einzelnen Alternativen, die (noch) nicht adäquat modelliert sind"* (AUSPURG & LIEBE 2011: 310), fungieren. Ebenso können die Eigenschaften bzw. Merkmale der Befragten (z.B. Soziodemographie) nicht unmittelbar als Variablen einbezogen werden, da sie nicht über die Alternativen variieren. Sie müssen stattdessen als Interaktion mit den ASC oder Attributen in die Schätzungen eingehen (BENNET & ADAMOWICZ 2001; BATEMAN ET AL. 2002). Für weitere Ausführungen, speziell auch die Sozialwissenschaften betreffend und kritische Überlegungen abdeckend, sei stellvertretend abermals auf AUSPURG & LIEBE (2011) verwiesen.

Die nun anschließenden Darstellungen folgen in der Regel der Logik, dass der Gesamteffekt des Attributes als Interaktion mit den ASC geschätzt wird und durch produktspezifische Betrachtungen ergänzt wird. Ebenfalls werden vergleichende Gesamtmodelle vorgestellt wie auch die bereits in den vorherigen Abschnitten genutzten Bezugsgrößen als Interaktion mit den ASC in die Analysen einbezogen werden. Als erstes sei an dieser Stelle einmalig ausführlicher auf die unmittelbaren Ausgaben (*Outputs*) von STATA® eingegangen (z.B. Abbildung 7), ehe teilweise eine zugunsten der Übersichtlichkeit und Lesbarkeit verkürzte, aber an die Ursprungsausgaben angelehnte tabellarische Darstellung gewählt wird. Die weiteren, ursprünglichen Programmausgaben sind im Anhang 21 verfügbar.

Im Kopf der Programmausgabe von STATA (Modellfit-Block) finden sich einige allgemeine Angaben zur Schätzungsgrundlage und Modellgüte. Dazu zählt die Anzahl der Beobachtungen (*Number of obs.*), die sich als Produkt aus der Fallzahl, der Anzahl an Auswahlen (Wiederholungen) und der Anzahl der jeweiligen Optionen ergibt, abzüglich von Missings (im konkreten Fall also 619 Befragte*7 Auswahlen*4 Optionen je Auswahl=17332, abzüglich Missings). Als Maß für die Modellgüte wird der Likelihood-Ratio-Test (*LR chi2*) mit der Anzahl an Freiheitsgraden ausgewiesen. Eine weitere Kennziffer der Modellgüte ist Pseudo-R^2 (*Pseudo R2*), das trotz prinzipieller Ähnlichkeiten zum R^2 der OLS-Regression jedoch in der Praxis deutlich geringere Werte annimmt und bereits im Bereich von 0,2 bis 0,4 auf eine gute bis sehr gute Schätzung hinweist (z.B. URBAN 1993)[299]. Die Koeffizienten der Modelle werden nach dem Maximum-Likelihood-Prinzip in einem iterativen Verfahren ermittelt. Die letzte Log-Likelihood (*Log likelihood*) wird ebenfalls im Kopf der Programmausgaben von STATA ausgewiesen.

Da für die Beurteilung des Modells auch der Unterschied zwischen der ersten Log-Likelihood und der letzen Log-Likelihood hilfreich ist (z.B. KOHLER & KREUTER 2008), wird die erste Log-Likelihood (L_0) zusätzlich bei den Programmoutputs aufgeführt. Im eigentlichen Ergebnisteil (Koeffizientenblock) werden neben den Variablen weitere Maßzahlen ausgegeben, zu denen der Standardfehler (*Std. Err.*), die z-Statistik (*z*), deren Signifikanz ($P>|z|$) und Konfidenzintervall (*Conf. Interval*) gehören. Außerdem können anhand des z-Wertes Rückschlüsse auf die Stärke des Effekts gezogen werden[300]. Aussagen über das Verhältnis der Variablen können als Koeffizient (*Coef.*) oder als Quoten- bzw. Chancenverhältnis (*Odds Ratio*) ausgeben werden.

Wenn nachfolgend auch teils beide Größen ausgewiesen werden, konzentrieren sich die Interpretationen vorwiegend auf letztere, da sie nach Ansicht des Autors für die betrachteten Fragestellungen verständlichere Deutungen bieten. Dabei ist die Interpretation der Odds Ratios derart,

---

[299] Dabei ist zu beachten, dass es nicht *das* Pseudo-R^2 gibt, sondern eine Vielzahl an verschiedenen Pseudo-R^2-Werten existiert (LONG & FREESE 2006; KOHLER & KREUTER 2008). In STATA wird McFaddens Pseudo-R^2 ausgegeben, also korrekterweise R^2_{RM} (KOHLER & KREUTER 2008).

[300] Genau genommen resultiert *z* aus der Teststatisitk und ist demnach kein Zusammenhangsmaß. Da aber üblicherweise ein monotoner Zusammenhang zur Erklärungsstärke besteht, ist es möglich, *z* als Stärke des Effektes zu interpretieren.

dass Werte von 1 eine gleiche Chance der Wahl zur Nichtwahl im Verhältnis zur Bezugsgröße, Werte größer 1 eine Steigerung der Auswahlchance, Werte kleiner 1 eine Reduzierung derselben bedeuten. Grundsätzlich erfolgen die Betrachtungen immer im Vergleich bzw. Verhältnis zu einer Referenzoption. Die konkreten Betrachtungen der verschiedenen Kennzeichnungsoptionen erfolgen mit dem Ziel, mögliche Unterschiede in den Effekten bzw. der Wirkung der Kennzeichnung, in Abhängigkeit von der Produktart, auf die Auswahlchance aufzuzeigen[301].

Die ursprünglichen Programmausgaben einschließlich der Maße für die Modellgüte sind im Anhang 21 aufgeführt. Alle Modelle liefern signifikante Schätzungen und die Modellgüte liegt in der Regel mit $0{,}1460 \leq \text{Pseudo-}R^2 \leq 0{,}2439$ im guten bzw. sehr guten Bereich. Allerdings ist die Modellgüte in Einzelfällen mit $0{,}0270 \leq \text{Pseudo-}R^2 \leq 0{,}0959$ eher gering (siehe Anhang 21). Betrachtet man nun den Effekt der beiden Kennzeichnungen „aus GVP" und „Ohne Gentechnik" auf die Auswahlchance einzeln für die sieben Produkte im Verhältnis zu „keiner besonderen Kennzeichnung", zeigt sich für alle Produkte eine deutliche Steigerung der Auswahlchance im Falle des Labels „Ohne Gentechnik" (Tabelle 89).

Die Stärke liegt bei $4{,}08 \leq z \leq 16{,}39$, wobei sie für Milch den mit Abstand höchsten Wert aufweist und mit Odds Ratio≈4,46 eine um über 340% erhöhte Auswahlchance gegenüber nicht besonders gekennzeichneter Milch bedeutet. Im umgekehrten Fall kann mit Ausnahme von Strom für alle Produkte ein mit $-3{,}45 \leq z \leq -8{,}56$ signifikanter und negativer Effekt der Kennzeichnung „aus GVP" gegenüber der Wahl von keiner Kennzeichnung gezeigt werden. Die derart gekennzeichneten Erzeugnisse weisen also eine signifikant geringere Auswahlchance gegenüber der Referenzkategorie auf. Einzig bei Strom liegt kein signifikanter

[301] Da die Option „opt-out" für diese Frage nicht relevant ist, wird diese Möglichkeit aus den weiteren Analysen ausgeklammert. Zudem ist, trotz ihrer generellen Bedeutung, die Modellierung dieser Option nicht immer eindeutig (z.B. HENSHER ET AL. 2005) und Bedarf einer klaren Zielsetzung, die im konkreten Fall nicht Gegenstand der Betrachtungen ist.

Effekt der Kennzeichnung „aus GVP" im Verhältnis zu „keiner besonderen Kennzeichnung" vor, was die Annahme unterstützt, dass bei lebensmittelferner Anwendung der Aspekt GVO bzw. GVP weniger bzw. nicht relevant ist.

Tabelle 89: Kennzeichnung produktspezifisch, Basis „Keine Kennzeichnung"

Quelle: eigene Berechnungen.

	Odds Ratio	Coef.	z	P>|z|
		Cornflakes		
asc_gvp	0,2349399	-1,448426	-8,56	0,000
asc_ogen	1,415663	0,3475977	4,08	0,000
		Dosenmais		
asc_gvp	0,4055945	-0,9024015	-6,27	0,000
asc_ogen	1,832168	0,6054999	7,08	0,000
		Pflanzenöl		
asc_gvp	0,4054054	-0,9028677	-5,52	0,000
asc_ogen	3,081081	1,125281	13,06	0,000
		Margarine		
asc_gvp	0,455218	-0,7841189	-5,62	0,000
asc_ogen	1,978261	0,6822181	7,99	0,000
		Milch		
asc_gvp	0,5747126	-0,5538851	-3,45	0,001
asc_ogen	4,45977	1,495097	16,39	0,000
		Rindfleisch		
asc_gvp	0,4491525	-0,8003933	-5,27	0,000
asc_ogen	2,737288	1,006968	11,76	0,000
		Strom		
asc_gvp	1,221757	0,2002903	1,91	0,057
asc_ogen	1,882845	0,632784	6,81	0,000

In einem nächsten Schritt können die Produkte zueinander ins Verhältnis gesetzt werden, wobei zunächst Mais ohne Kennzeichnung als am geringsten verarbeitetes Produkt als Referenzkategorie dient (Abbildung 7, Koeffizienten im Anhang 21). Für Cornflakes (*corn*) besteht im Verhältnis zu Mais ohne Kennzeichnung für beide Optionen eine reduzierte Auswahlwahrscheinlichkeit. Bei Öl ist für die Kennzeichnung „Ohne Gentechnik" (*oel_og*) eine erhöhte Auswahlchance gegenüber der Referenzkategorie zu verzeichnen, während für GV-Öl (*oel_gv*) keine veränderte Chance besteht.

Abbildung 7: Gesamtmodell Kennzeichnung, Basis Mais

Quelle: eigene Berechnungen. (L_0= -5299.2491)

```
Conditional (fixed-effects) logistic regression   Number of obs   =     17068
                                                  LR chi2(14)     =   1462.03
                                                  Prob > chi2     =    0.0000
Log likelihood = -5184.3035                       Pseudo R2       =    0.1236
```

choice	Odds Ratio	Std. Err.	z	P>|z|	[95% Conf.	Interval]
asc_gvp	.4055944	.0584082	-6.27	0.000	.3058534	.5378616
asc_ogen	1.832168	.156683	7.08	0.000	1.549431	2.166497
corn_gv	.579248	.1287325	-2.46	0.014	.3747079	.8954395
corn_og	.7726708	.0933003	-2.14	0.033	.6098339	.9789882
oel_gv	.999534	.2177622	-0.00	0.998	.6521562	1.531946
oel_og	1.681659	.2041798	4.28	0.000	1.325527	2.133473
marg_gv	1.125562	.2257702	0.59	0.555	.7596819	1.667659
marg_og	1.079738	.1304629	0.63	0.525	.8520578	1.368257
milch_gv	1.416964	.3055028	1.62	0.106	.9286167	2.162127
milch_og	2.434149	.3043927	7.11	0.000	1.905038	3.110218
rind_gv	1.107393	.2318742	0.49	0.626	.734634	1.669294
rind_og	1.494016	.1808103	3.32	0.001	1.178529	1.893957
strom_gv	3.012264	.5369211	6.19	0.000	2.124078	4.271845
strom_og	1.02766	.1297534	0.22	0.829	.8023721	1.316203

Auch für Margarine reduzieren sich die Auswahlchancen im Verhältnis zu Mais ohne Kennzeichnung nicht, dies sowohl für die Kennzeichnung „Ohne Gentechnik" (*marg_og*) als auch für „aus GVP" (*marg_gv*). Bei Milch hingegen steigt für „Ohne Gentechnik" (*milch_og*) die Auswahlchance, während sie für „aus GVP" (*milch_gv*) unverändert ist. Für Rindfleisch besteht ebenfalls für „Ohne Gentechnik" (*rind_og*) eine signifikante Veränderung der Auswahlchance gegenüber nicht besonders gekennzeichnetem Mais, sie ist rund 50% höher als für die Referenz. Für Strom hingegen zeigt sich für „aus GVP" (*strom_gv*) ein signifikanter Effekt. Für derartig gekennzeichneten Strom besteht eine um rund 200% erhöhte Auswahlchance gegenüber nicht gekennzeichnetem Mais.

Deutlicher, bzw. klarer für die Interpretation werden die Effekte, wenn nun Strom ohne Kennzeichnung (als lebensmittelferne Anwendung) die Referenzkategorie darstellt (Abbildung 8, Koeffizienten im Anhang 21).

Abbildung 8: Gesamtmodell Kennzeichnung, Basis Strom

Quelle: eigene Berechnungen. (L_0= -5299.2491)

Conditional (fixed-effects) logistic regression	Number of obs	=	17068
	LR chi2(14)	=	1462.03
	Prob > chi2	=	0.0000
Log likelihood = -5184.3035	Pseudo R2	=	0.1236

choice	Odds Ratio	Std. Err.	z	P>|z|	[95% Conf.	Interval]
asc_gvp	1.221757	.1283335	1.91	0.057	.9944311	1.50105
asc_ogen	1.882845	.1748974	6.81	0.000	1.569447	2.258826
mais_gv	.3319762	.0591731	-6.19	0.000	.2340909	.4707924
mais_og	.9730847	.1228627	-0.22	0.829	.7597611	1.246305
corn_gv	.1922966	.0383083	-8.28	0.000	.1301367	.2841472
corn_og	.7518742	.0947955	-2.26	0.024	.5872547	.9626398
oel_gv	.3318215	.0644795	-5.68	0.000	.226725	.4856348
oel_og	1.636396	.2073581	3.89	0.000	1.276519	2.09773
marg_gv	.3736599	.0652886	-5.63	0.000	.2653068	.5262652
marg_og	1.050676	.1325466	0.39	0.695	.8205155	1.345399
milch_gv	.4703984	.0902142	-3.93	0.000	.3230132	.6850328
milch_og	2.368633	.3084047	6.62	0.000	1.835136	3.057225
rind_gv	.3676283	.0679254	-5.42	0.000	.2559384	.5280589
rind_og	1.453804	.1836737	2.96	0.003	1.134919	1.862288

Nun zeigt sich für alle als „aus GVP" gekennzeichneten Produkte (*_gv*) eine signifikant reduzierte Auswahlchance gegenüber Strom. Eine im Vergleich erhöhte Auswahlchance besteht hingegen bei einer Kennzeichnung als „Ohne Gentechnik" (*_og*) für Öl, Milch und Rindfleisch, die mit z=6,62 für Milch vergleichsweise am deutlichsten ausfällt. Auffällig ist, dass für Cornflakes mit dem Label „Ohne Gentechnik" (*corn_og*) eine signifikant geringere Auswahlchance gegenüber Strom ohne gesonderte Kennzeichnung besteht.

Als nächstes folgt die Betrachtung des Preisattributes. Zu diesem Zweck bleibt die opt-out-Option aus den Analysen ausgeschlossen, da für diese als Möglichkeit der „Nichtwahl" eines Produktes naturgemäß keine Preisausprägung zugrunde liegt und sie sonst mit „0" in die Berechnungen eingehen würde. Dies wäre zusätzlich vor dem Hintergrund, dass „echte" Preise im Experiment genutzt wurden, deren Variation auf gleichen prozentualen Unterschieden (±10%, ±20%) basieren und auch keine Änderung gegenüber dem „Normalpreis" (also ±0%) vorkommt, problematisch. Denn die Grundlage für die Preisbetrachtungen bilden die prozentualen Variationen, bei denen keine Änderung ebenso mit „0" in die Analysen eingehen würde wie eine „0" im Falle des opt-outs. Somit wäre die opt-out-Option mit einem Preis=0 konfundiert.

Beginnend mit der Preisbetrachtung gemeinsam über alle Produkte, zeigt sich erwartungsgemäß ein negativer Effekt des Preises für alle Kennzeichnungsoptionen, wobei ein Preisanstieg bei einer Kennzeichnung als „aus GVP" (*gvp_prneu*) mit z=-10,68 am stärksten zu einer Reduzierung der Auswahlchance führt (Abbildung 9, Koeffizienten im Anhang 21).

Abbildung 9: Basismodell Preisattribut

Quelle: eigene Berechnungen. (L_0= -3182.0663)

```
Conditional (fixed-effects) logistic regression   Number of obs   =     10116
                                                  LR chi2(5)      =   1395.03
                                                  Prob > chi2     =    0.0000
Log likelihood = -3007.0061                       Pseudo R2       =    0.1883
```

choice	Odds Ratio	Std. Err.	z	P>|z|	[95% Conf.	Interval]
asc_gvp	.4702788	.0292937	-12.11	0.000	.4162306	.5313452
asc_ogen	2.41891	.0996554	21.44	0.000	2.231266	2.622333
gvp_prneu	.6841227	.0243258	-10.68	0.000	.6380684	.733501
ogen_prneu	.7993468	.0217402	-8.23	0.000	.7578526	.8431129
kken_prneu	.9255261	.0263448	-2.72	0.007	.8753051	.9786286

Wendet man sich nun wiederum der produktspezifischen Betrachtung zu, zeigen sich mitunter deutlich unterschiedliche Effekte des Preisattributes in Abhängigkeit vom konkreten Erzeugnis (Tabelle 90).

Bei Cornflakes reduziert ein zunehmender Preis die Auswahlchancen für die Kennzeichnungen „aus GVP" (*gvp_prneu*) und „Ohne Gentechnik" (*ogen_prneu*), wobei der Effekt für letzteren Fall stärker ist. Für Cornflakes ohne besondere Kennzeichnung (*kken_prneu*) gibt es keinen signifikanten Effekt auf die Auswahlwahrscheinlichkeit. Für Mais ist einzig im Fall ohne gesonderte Kennzeichnung ein nennenswerter Effekt des Preisattributes zu finden. Bei Pflanzenöl gilt dies für die Kennzeichnung „Ohne Gentechnik". Hier reduziert sich die Auswahlchance ebenfalls mit steigendem Preis. Für Margarine wiederum sind für „Ohne Gentechnik" und „keine besondere Kennzeichnung" signifikante Effekte des Preises zu finden, wobei auffällig ist, dass im ersten Fall eine deutliche Reduzierung der Auswahlwahrscheinlichkeit resultiert, während sie im zweiten Fall mit zunehmendem Preis steigt. Milch, als scheinbar besonders sensibles Produkt, weist für alle drei Kennzeichnungsvarianten nennenswerte Effekte auf.

Tabelle 90: Preismodelle, produktspezifisch
Quelle: eigene Berechnungen.

	Odds Ratio	**Coef.**	**z**	**P>|z|**
		Cornflakes		
gvp_prneu	0,7769252	-0,2524112	-2,17	0,030
ogen_prneu	0,6274102	-0,4661548	-5,36	0,000
kken_prneu	1,041793	0,0409432	0,49	0,627
		Dosenmais		
gvp_prneu	0,8342643	-0,181205	-1,84	0,066
ogen_prneu	0,8625692	-0,14784	-1,80	0,072
kken_prneu	0,6636829	-0,4099508	-4,70	0,000
		Pflanzenöl		
gvp_prneu	0,8738494	-0,1348473	-1,28	0,200
ogen_prneu	0,7716067	-0,2592803	-3,67	0,000
kken_prneu	0,9758377	-0,024459	-0,34	0,736
		Margarine		
gvp_prneu	0,9787897	-0,0214385	-0,19	0,850
ogen_prneu	0,4697285	-0,7556004	-6,74	0,000
kken_prneu	1,538023	0,430498	3,84	0,000
		Milch		
gvp_prneu	0,5486002	-0,6003854	-5,02	0,000
ogen_prneu	1,51275	0,413929	5,00	0,000
kken_prneu	0,606949	-0,4993105	-5,40	0,000
		Rindfleisch		
gvp_prneu	0,8228225	-0,1950147	-1,83	0,068
ogen_prneu	0,9100565	-0,0942486	-1,26	0,207
kken_prneu	0,7892053	-0,2367288	-3,15	0,002
		Strom		
gvp_prneu	0,3598447	-1,022083	-9,62	0,000
ogen_prneu	0,3559761	-1,032892	-10,32	0,000
kken_prneu	1,063283	0,0613612	0,75	0,454

Hier führt ein steigender Preis zu einer zunehmenden Auswahlchance für Milch mit dem Label „Ohne Gentechnik", während er für keine Kennzeichnung und „aus GVP" in einer Abnahme selbiger Chance resultiert. Dabei weisen die Effekte absolut betrachtet mit |z|≈5 annähernd die gleiche Stärke auf. Bei Rindfleisch ist nur die Abnahme der Auswahlchance für „keine gesonderte Kennzeichnung" bei steigendem Preis signifikant, für die beiden eindeutigen Kennzeichnungsoptionen besteht kein nennenswerter Effekt. Deren Auswahlchance ändert sich nicht in Abhängigkeit der Preisvariationen. Strom scheint zudem besonders preissensibel zu sein, zumindest bezüglich expliziter Kennzeichnungen hinsichtlich Verwendung oder Meidung von GVP. In beiden Fällen zeigt sich eine deutliche und zudem im Vergleich die stärkste Reduzierung der Auswahlchance.

Als weiterer Schritt werden nun die bereits bei den bivariaten Analysen betrachteten Bezugsgrößen berücksichtigt, wobei auch an dieser Stelle die Option opt-out nicht in die Auswertungen eingeht.

Wie bei den bivariaten Ergebnissen zuvor, geht bei den soziodemographischen Faktoren einzig vom Geschlecht ein nennenswerter Effekt aus. Dieser besteht bei der Auswahlchance des Labels „Ohne Gentechnik" (*sex_ogen*) und erhöht die Auswahlwahrscheinlichkeit in diesem Fall (Abbildung 10, Koeffizienten im Anhang 21).

Abbildung 10: Basismodell Interaktion Geschlecht

Quelle: eigene Berechnungen. (L_0= -3224.2473)

```
Conditional (fixed-effects) logistic regression   Number of obs   =       9924
                                                  LR chi2(4)      =    1176.60
                                                  Prob > chi2     =     0.0000
Log likelihood = -3045.9072                       Pseudo R2       =     0.1619
```

choice	Odds Ratio	Std. Err.	z	P>|z|	[95% Conf.	Interval]
asc_gvp	.5306245	.0311216	-10.80	0.000	.4730026	.595266
asc_ogen	2.382025	.0979397	21.11	0.000	2.197598	2.58193
sex_gvp	.9986669	.1220159	-0.01	0.991	.7859988	1.268877
sex_ogen	1.327785	.11281	3.34	0.001	1.12411	1.568364

Unter Berücksichtigung des Geschlechts besteht für das Label „aus GVP" (*sex_gvp*) allerdings keine signifikante Veränderung der Auswahlchance gegenüber keiner Kennzeichnung.

Auf der Ebene der produktspezifischen Analyse zeigen sich ähnliche Befunde wie bei den bivariaten Ergebnissen. Nunmehr ist der Geschlechtseffekt bei dem Label „Ohne Gentechnik" nur für Cornflakes und Mais nachweisbar. Im Sinne einer verbesserten Übersichtlichkeit werden nur diese beiden Produkte aufgeführt (Abbildung 11 und Abbildung 12), da bei den anderen Erzeugnissen kein signifikanter Effekt vorliegt (Koeffizienten im Anhang 21).

Abbildung 11: Interaktion Geschlecht produktspezifisch, Cornflakes
Quelle: eigene Berechnungen. (L_0= -346.79456)

```
Conditional (fixed-effects) logistic regression   Number of obs   =      1122
                                                   LR chi2(4)      =    167.22
                                                   Prob > chi2     =    0.0000
Log likelihood = -327.27124                        Pseudo R2       =    0.2035
```

choice	Odds Ratio	Std. Err.	z	P>|z|	[95% Conf.	Interval]
asc_gvp	.3719195	.0712104	-5.17	0.000	.2555476	.5412851
asc_ogen	2.205088	.2648137	6.58	0.000	1.742623	2.790285
cornog_sex	2.165254	.5406713	3.09	0.002	1.327275	3.532293
corngvp_sex	1.013889	.4122416	0.03	0.973	.4569794	2.249491

Abbildung 12: Interaktion Geschlecht produktspezifisch, Mais
Quelle: eigene Berechnungen. (L_0= -406.6541)

```
Conditional (fixed-effects) logistic regression   Number of obs   =      1257
                                                   LR chi2(4)      =    155.56
                                                   Prob > chi2     =    0.0000
Log likelihood = -382.54008                        Pseudo R2       =    0.1690
```

choice	Odds Ratio	Std. Err.	z	P>|z|	[95% Conf.	Interval]
asc_gvp	.5666777	.0936247	-3.44	0.001	.409924	.7833736
asc_ogen	2.492354	.2947017	7.72	0.000	1.976795	3.142373
maisog_sex	1.916402	.4755834	2.62	0.009	1.178279	3.116914
maisgvp_sex	1.685009	.5759924	1.53	0.127	.8622502	3.292846

Für beide Produkte mit der Kennzeichnung „Ohne Gentechnik" steigt bei Frauen die Auswahlchance. Bei Cornflakes (*cornog_sex*) nimmt sie im Vergleich zu keiner Kennzeichnung um rund 117% zu, bei Mais (*maisog_sex*) um rund 92%. Die Auswahlchance bei dem Label „aus GVP" ist für beide Produkte (wie auch im Basismodell) unter Berücksichtigung des Geschlechts nicht höher als für jene ohne spezielle Kennzeichnung.

Abschließend zu diesem Punkt folgt ein Gesamtmodell, das, wiederum im Vergleich zu Strom ohne gesonderte Kennzeichnung, für alle Produkte den Effekt des Geschlechtes auf die jeweilige Auswahlchance bzw. das Fehlen eines solchen Effekts zeigt (Abbildung 13, Koeffizienten im Anhang 21). Auch hier finden sich die zuvor geschilderten Ergebnisse wieder, nämlich dass einzig bei Cornflakes und Mais mit der Kennzeichnung „Ohne Gentechnik" eine signifikante Erhöhung der Auswahlchance bei Frauen gegenüber keiner besonderen Kennzeichnung, in diesem Fall bei Strom, besteht.

Abbildung 13: Gesamtmodell Interaktion Geschlecht, Basis Strom

Quelle: eigene Berechnungen. (L_0= -3216.1583)

Conditional (fixed-effects) logistic regression	Number of obs	=	9924
	LR chi2(**14**)	=	1194.69
	Prob > chi2	=	0.0000
Log likelihood = **-3036.8647**	Pseudo R2	=	0.1644

choice	Odds Ratio	Std. Err.	z	P>|z|	[95% Conf.	Interval]
asc_gvp	.5290804	.031185	-10.80	0.000	.4713573	.5938724
asc_ogen	2.383504	.0982713	21.07	0.000	2.198473	2.584108
maisog_sex	1.885425	.4569219	2.62	0.009	1.172534	3.031748
maisgvp_sex	1.658143	.5645027	1.49	0.137	.8508183	3.231524
cornog_sex	2.265779	.5834962	3.18	0.001	1.367764	3.753391
corngvp_sex	1.165097	.4292994	0.41	0.678	.565878	2.398841
oelog_sex	1.394075	.3003837	1.54	0.123	.9138528	2.12665
oelgvp_sex	1.481548	.4486315	1.30	0.194	.8183916	2.682071
margog_sex	1.465482	.3258694	1.72	0.086	.947773	2.265982
marggvp_sex	.6039992	.1971338	-1.54	0.122	.3185814	1.145123
milchog_sex	1.006125	.2124805	0.03	0.977	.6651033	1.522
milchgvp_sex	.9453669	.2858717	-0.19	0.853	.5226412	1.710004
rindog_sex	.9112733	.1982088	-0.43	0.669	.5949849	1.395698
rindgvp_sex	.8590279	.2683726	-0.49	0.627	.4656715	1.584655

Als letzter Punkt wird an dieser Stelle auf den Effekt der Gabe von neutralen Zusatzinformationen zu Umweltwirkungen von GVP (siehe Abschnitt 4.3 und Anhang 7) eingegangen. Es zeigt sich, dass zunächst bei Betrachtung aller Produkte gemeinsam, im Falle der Gabe derartiger Informationen, ein signifikanter negativer Effekt auf die Auswahlchance der Kennzeichnung „aus GVP" (*zinfo_gvp*) resultiert. Derartig gekennzeichnet, besteht eine rund 0,67-mal so große Chance auf Auswahl, im Verhältnis zur Auswahlchance bei keiner gesonderten Kennzeichnung. Auf die Auswahlwahrscheinlichkeit des Labels „Ohne Gentechnik" (*zinfo_ogen*) besteht hingegen kein nennenswerter Effekt (Abbildung 14, Koeffizienten im Anhang 21).

Abbildung 14: Basismodell Interaktion Zusatzinformationen
Quelle: eigene Berechnungen. (L_0= -3280.2333)

```
Conditional (fixed-effects) logistic regression   Number of obs   =     10116
                                                  LR chi2(4)      =   1209.83
                                                  Prob > chi2     =    0.0000
Log likelihood = -3099.6049                       Pseudo R2       =    0.1633
```

choice	Odds Ratio	Std. Err.	z	P>|z|	[95% Conf.	Interval]
asc_gvp	.6170678	.0467275	-6.38	0.000	.5319559	.7157975
asc_ogen	2.251641	.1265735	14.44	0.000	2.01674	2.513903
zinfo_gvp	.6749094	.0797695	-3.33	0.001	.5353522	.8508469
zinfo_ogen	1.095784	.0887698	1.13	0.259	.934908	1.284343

Betrachtet man nun erneut die produktspezifischen Effekte, zeigt sich jedoch, dass die Zusatzinformationen nur die Auswahlchance von Cornflakes und Öl mit dem Label „aus GVP" negativ beeinflussen (Tabelle 91).

Tabelle 91: Interaktion Zusatzinformationen, produktspezifisch
Quelle: eigene Berechnungen.

	Odds Ratio	Coef.	z	P>|z|
		Cornflakes		
cornog_info	0,9437055	-0,0579411	-0,25	0,804
corngvp_info	0,4002696	-0,9156171	-2,26	0,024
		Dosenmais		
maisog_info	1,265119	0,2351664	1,02	0,310
maisgvp_info	0,6354515	-0,4534195	-1,33	0,184
		Pflanzenöl		
oelog_info	1,273864	0,2420545	1,20	0,229
oelgvp_info	0,4824221	-0,7289359	-1,97	0,049
		Margarine		
margog_info	1,172945	0,1595179	0,80	0,426
marggvp_info	0,8732877	-0,1354903	-0,45	0,652
		Milch		
milchog_info	1,054395	0,0529668	0,23	0,817
milchgvp_info	1,046154	0,0451204	0,13	0,897
		Rindfleisch		
rindog_info	0,9457831	-0,055742	-0,27	0,791
rindgvp_info	0,5588236	-0,5819215	-1,73	0,085
		Strom		
stromog_info	1,106371	0,1010856	0,47	0,641
stromgvp_info	0,6683325	-0,4029695	-1,68	0,093

5.5.3 Verkaufsexperiment kompakt

Gegenstand des Verkaufsexperiments sind sieben verschiedene Produkte bzw. Erzeugnisse mit unterschiedlichen Verarbeitungsgraden, die jeweils mit zwei expliziten Labels („aus GVP", „Ohne Gentechnik") sowie ohne besondere Kennzeichnung zur Wahl stehen. Neben der Kennzeichnung sind die Produkte mit weiteren Eigenschaften wie dem Preis versehen. Zudem besteht die Möglichkeit, keines der Produkte zu wählen, so dass keine erzwungenen Entscheidungen resultieren.

Das Verkaufsexperiment ist mit einigen Limitationen verbunden, so dass vorrangig die Attribute Kennzeichnung und Preis analysiert und ins Verhältnis zu den Bezugsgrößen gesetzt werden. Bereits die deskriptiven und bivariaten Auswertungen, als erster Schritt, zeigen sowohl eine hohe Relevanz der Kennzeichnung, aber auch, dass diese nicht alleinig entscheidungsrelevant ist. So zeigen sich bereits auf dieser Analyseebene produktspezifische Effekte. Die vertiefenden Betrachtungen als zweiter Schritt unterstreichen die Tendenz und ermöglichen detaillierte Befunde. So bestehen deutliche produktspezifische Effekte, sowohl hinsichtlich der Kennzeichnungsarten als auch in Bezug auf den Preis, wobei letzterer erwartungsgemäß einen negativen Effekt auf die Produktwahl ausübt. In Abhängigkeit des konkreten Produktes variiert der Effekt beider Größen auf die Auswahlchance des jeweiligen Erzeugnisses mitunter maßgeblich. Von den betrachteten Bezugsgrößen geht lediglich ein Effekt des Geschlechts aus, derart, dass Frauen eher das Label „Ohne Gentechnik" wählen bzw. derart gekennzeichnete Produkte eine erhöhte Auswahlchance bei Frauen haben. Allerdings ist auch dieser Effekt spezifisch, er kann nur für einen Teil der Produkte gezeigt werden. Ähnliches gilt für einen Einfluss von zusätzlich gegebenen Informationen zu potentiellen Umweltwirkungen von GVP. Sie reduzieren in einzelnen Fällen die Auswahlchance des Labels „aus GVP".

Zusammengenommen zeigt das Verkaufsexperiment eine produktspezifische Bewertung der betrachteten Attribute. Es können gewisse Tendenzen ausgemacht werden, die spezifischen Effekte treten aber deutlich zutage. Es existieren offenbar differenzierte Einschätzungen und Abwägungen, auch bei GV-Lebensmitteln, ohne dass zwangsläufig Heuristiken für bestimmte Attribute zum Tragen kommen. Es zeigt sich klar, dass Grüne Gentechnik bei lebensmittelfernen Anwendungen (Strom) weniger kritisch oder problematisch gesehen wird. Gleichsam existieren aber offensichtlich sensible Produkte, zu denen vor allem Milch zählt.

5.6 Ergebnissynthese: Grüne Gentechnik in Deutschland

Dieser Abschnitt hat zum Ziel, die fünf Ergebnisteile zusammenzuführen und die unter 3.3 formulierten Bezugsgrößen aufzugreifen, ohne dies als klassischen Hypothesentest verstanden wissen zu wollen. Die Ergebnisse entstammen den Detaildarstellungen der drei Bereiche *Gesellschaftliche Dimension* (5.1), *Individuelle Dimension* (5.2) und *Risikobewertung* (5.3), weiterhin den vergleichenden Analysen (5.4), die sowohl Grüne Gentechnik in Bezug auf weitere, potentiell risikoträchtige Bereiche einordnen als auch die gewählten Bezugsgrößen auf ihren Zusammenhang mit den Items testen sowie den Befunden aus dem Verkaufsexperiment mit verschiedenen Produkten (5.5).

Die als ***gesellschaftliche Dimension*** zusammengefassten Aspekte Grüner Gentechnik bezeichnen die Bereiche staatliche Verantwortung beim Umgang mit dieser Technologie, deren Regulierung, Fragen der Kennzeichnung entsprechender Produkte, die Verfügbarkeit von gentechnikfreien Erzeugnissen sowie Erwartungen hinsichtlich des künftigen Anbaus von GVP. Neben vielen Einzelitems gibt es auch Wiederholungsfragen, so dass die meisten Bereiche auf eine verhältnismäßig breite Fragenbasis gestellt werden.

Das staatliche Engagement im Bereich Grüner Gentechnik wurde im Verlauf von zehn Jahren über mehrere Erhebungszeitpunkte erhoben, jedoch nur von je rund 10% als ausreichend eingeschätzt. Die Anteile der entgegengesetzt votierenden Gruppe sind in der Tendenz abnehmend, sie stellt aber zusammen mit einem zunehmenden Anteil unentschlossener Personen die deutliche Mehrheit der Befragten dar. Offenbar besteht aus Sicht dieser Personen noch Entwicklungspotential bei der staatlichen Verantwortung. Zudem zeigen sich für alle Erhebungszeitpunkte signifikante Zusammenhänge zwischen dem Geschlecht und der Bewertung des staatlichen Engagements im Bereich des Bevölkerungsschutzes bei Grüner Gentechnik. Deren Stärke ist jedoch eher gering ausgeprägt. Gleiches gilt für den Einfluss des Haushaltseinkommens und des Bildungsstandes, der nur für ein Erhebungsjahr gefunden werden kann.

Durch die gegenwärtigen Regelungen fühlt sich eher der geringere Teil der Befragten ausreichend geschützt. Die Mehrheit ist in dieser Hinsicht eher skeptisch, wobei es nennenswerte Anteile an unentschlossenen Personen gibt. Vergleichsweise Einigkeit herrscht aber in der Ansicht, dass die Regelungen und Regulierungen bei Grüner Gentechnik nicht einzig in den Händen der Industrie liegen sollten. Für alle Items aus dem Bereich Regulierung können Zusammenhänge mit den Bezugsgrößen (Geschlecht, Alter, Bildung, Wissensstand, Informationsstand, Haushaltsgröße, Kind unter 15 Jahren im Haushalt) gezeigt werden, je nach Frage aber in verschiedener Häufigkeit und Intensität. In allen Fällen ist die Stärke des symmetrischen Zusammenhangs eher gering bis mäßig ausgeprägt.
Bei der Kennzeichnung von Produkten beziehen die Befragten in der Regel vergleichsweise eindeutig Position. Auch wenn im Alltag offenbar nur begrenzt auf Kennzeichnungen geachtet wird, besteht ein generell hohes Interesse daran und es wird ihnen eine hohe Bedeutung beigemessen. Entsprechend haben die Befragten klare Vorstellungen, ab wann für sie ein Produkt „frei von GVO" ist und ab wann sie sich eine Kennzeichnung wünschen. In beiden Fällen wählt die Mehrheit Werte deutlich unterhalb der aktuellen Kennzeichnungsgrenze von 0,9%. Insgesamt herrscht ein starker Wunsch nach verlässlicher Information über Produkt- und Produktionseigenschaften vor, der mitunter auch als eine Art „vorsichtshalber/sicherheitshalber Kennzeichnung" verstanden werden kann. Dieser zeigt sich auch bei der Kennzeichnung von GV-Futtermitteln bei tierischen Erzeugnissen. Geringfügig schwächer, aber ebenso mehrheitlich, wird eine Negativkennzeichnung, sprich wenn keine GVO bzw. GVP verwendet wurden, gewünscht. Zudem legen die vergleichenden Betrachtungen nahe, dass Fragen der Produktkennzeichnung und der Wunsch nach verlässlichen Labels grundsätzlich vorhanden sind und nicht spezifisch für GV-Produkte bestehen. Auf Basis der gegebenen Selbstauskunft der Befragten würden beide Kennzeichnungsarten (Positiv- bzw. Negativkennzeichnung) mehrheitlich dazu führen, dass jeweils das gentechnikfreie Erzeugnis bzw. das nicht als gentechnisch verändert markierte Produkt eher gekauft würde. Während der Kennzeichnungswunsch hoch

ausgeprägt ist, herrscht lediglich ein mittelmäßiges Vertrauen in die Kennzeichnung als solche. Allerdings wird den staatlichen Kontrollen vergleichsweise eher vertraut als den Herstellerangaben. Auch für diese Aspekte fällt die Stärke der symmetrischen Zusammenhänge mit den Bezugsgrößen eher mäßig aus. Dies gilt für Bildung und Geschlecht ebenso wie für das Alter, das Haushaltseinkommen und die Haushaltsgröße. Ähnlich sind auch die Befunde für den Zusammenhang mit dem Informationsstand oder dem Vorhandensein eines Kindes unter 15 Jahren im Haushalt.

Bei einer Verknappung von gentechnikfreien Produkten bzw. einer Reduzierung ihrer Verfügbarkeit ist erwartungsgemäß die Besorgnis in dem Szenario am größten, wenn es keinerlei gentechnikfreie Erzeugnisse mehr gäbe. Insgesamt sind die Befragten in allen Szenarien mehrheitlich mehr oder weniger besorgt. Scheinbar gibt es hierbei einen Lokal- bzw. Regionaleffekt bezüglich der Produktherkunft.

Hinsichtlich der zukünftigen Entwicklung des Anbaus von GVP geht eine sehr deutliche Mehrheit mehr oder weniger sicher von einer Zunahme aus. Weniger als 10% glauben nicht daran, dass sich der Anbau steigern wird. Kritisch anzumerken zu dieser Frage ist jedoch, dass sie nicht danach differenziert, ob eine generelle bzw. globale Erwartung gemeint ist oder ob sie sich spezifisch auf Deutschland bezieht. Weder für den Bereich der Verfügbarkeit von gentechnikfreien Erzeugnissen noch für die Erwartungen hinsichtlich des künftigen Anbaus von GVP konnten nennenswerte Zusammenhänge mit den Bezugsgrößen gefunden werden.

Die ***individuelle Dimension*** umfasst die Aspekte Information und Informiertheit, Wissen, generelle Überzeugungen und Einstellungen, die Bewertung verschiedener Anwendungsfelder gentechnischer Veränderungen sowie das potentielle, selbstberichtete Kaufverhalten bei GV-Produkten. Bei annähernd allen Bereichen und Items sind in dieser Dimension nennenswerte Anteile an unentschlossenen Personen zu finden. Grundsätzlich scheint die Bekanntheit von Biotechnologie/GVO/GV-Lebensmitteln über die Jahre zuzunehmen. Allerdings scheint nach dem Bezug von verlässlichen Informationen zu diesem Thema ein deutlicher Bedarf zu bestehen. Gleichsam wird der individuelle Informationsstand mehrheitlich als nicht ausreichend bewertet, teilweise sogar vom Großteil der Befragten als eher oder sehr schlecht. Zudem ist die Informiertheit bezüglich Grüner Gentechnik im Vergleich zu anderen, potentiell risikobehafteten Bereichen am schlechtesten ausgeprägt. Dem Thema Grüne Gentechnik wird insgesamt eine mittlere, in der Tendenz auch hohe, Relevanz beigemessen. Insbesondere im Bereich GV-Lebensmittel herrscht ein vergleichsweise hohes Interesse an dieser Thematik. Für die Bezugsgrößen besteht für den Punkt Informationen und Informiertheit vor allem ein Zusammenhang mit dem Geschlecht und dem Alter. Darüber hinaus sind einzelne nennenswerte symmetrische Zusammenhänge mit den Größen Haushaltseinkommen, Bildungsstand, Haushaltsgröße, Informationsstand und dem Vorhandensein eines Kindes unter 15 Jahren im Haushalt zu verzeichnen. Die Stärke der Zusammenhänge liegt aber stets eher im mäßigen oder geringen Bereich.

Trotz eines hohen Interesses am Thema Grüne Gentechnik scheint das Wissen zu im weiteren Sinne technischen Hintergründen und gegenwärtigen Regulierungen unterschiedlich gut ausgeprägt zu sein. Obwohl der Anteil der richtigen Antworten beim „Hintergrundwissen" über die Zeit steigt, sind zumeist ebenfalls deutliche Anteile an falschen Antworten und/oder unschlüssigen Personen zu finden. Die Fragen zur Regulierung werden in der Regel korrekt beantwortet, jedoch ist auch hier die Gruppe an Unentschlossenen zum Teil nennenswert groß. Es bestehen signifikante Zusammenhänge sowohl zwischen dem Alter und der korrekten Beantwortung der Wissensfragen als auch zwischen dem Geschlecht und den richtigen Antworten. Gleiches gilt für den Bildungsstand. Darüber hinaus sind Zusammenhänge mit der Haushaltsgröße und dem Haushaltseinkommen ebenso zu finden, wie mit dem Informationsstand und dem Vorhandensein eines Kindes unter 15 Jahren im Haushalt. Bis auf wenige Ausnahmen sind diese Zusammenhänge verhältnismäßig deutlich ausgeprägt, wenngleich sie an sich betrachtet weiterhin eher mäßig stark sind.

Auf Ebene der generellen Einstellungen und Überzeugungen kann eine vergleichsweise eindeutige Einschätzung Grüner Gentechnik gezeigt werden. Sie wird mehrheitlich skeptisch gesehen sowie als risikoträchtig und unnatürlich empfunden. Sie geht zumeist mit einem Wunsch nach „garantierter", zumindest aber verlässlicher Sicherheit einher. Wenngleich es mitunter auch deutliche Anteile weniger skeptischer bzw. Grüne Gentechnik nicht grundsätzlich ablehnender Personen gibt, sind diese besonders hinsichtlich GV-Lebensmittel weniger zu finden, da dieser Aspekt besonders sensibel scheint und mit hoher Skepsis und Ablehnung behaftet ist. Oftmals fällt es den Befragten aber nicht leicht, sich hierzu eine genaue Meinung zu bilden. Ein direkter, persönlicher Nutzen durch Grüne Gentechnik wird zwar von einem gewissen Anteil an Personen gesehen, die Mehrheit teilt diese Einschätzung jedoch nicht. Ein Nutzen wird Grüner Gentechnik vorrangig für die Industrie bzw. im Kampf gegen den Hunger in der so genannten Dritten Welt zugeschrieben. Deutlich ausgeprägt ist zudem der Wunsch nach „Wahlfreiheit", also selbstbestimmt entscheiden zu können, ob GV-Lebensmittel konsumiert werden oder nicht. Weiterhin wird dem Staat Verantwortung für gentechnikfreie Lebensmittel und deren Preisniveau zugeschrieben. Auch in diesem Bereich variieren die Zusammenhänge mit den Bezugsgrößen in Abhängigkeit der Items, jedoch lassen sich für die meisten Fälle relevante Bezüge zwischen Alter und Geschlecht mit den Items zeigen. Zudem bestehen Zusammenhänge zwischen dem Bildungsstand, Informationsstand und Wissensstand mit den generellen Einstellungen und Überzeugungen. Vereinzelt können diese auch für das Haushaltseinkommen und ein jugendliches Kind im Haushalt gezeigt werden. Die stärksten Zusammenhänge sind für Alter, Geschlecht und Informationsstand zu finden.

Insgesamt betrachtet, wird der Bereich GV-Lebensmittel am kritischsten bewertet. Trotz einer vergleichsweise differenzierten Einschätzung sehen die Befragten an dieser Stelle den verhältnismäßig geringsten Nutzen und gleichsam das höchste Risiko. Dem Bereich des Pflanzenbaus wird hingegen ein höherer Nutzen zugeschrieben und er wird eher als ein zu fördernder Bereich eingeschätzt. In Relation am wenigsten kritisch bzw. mit dem höchsten Nutzen verbunden wird der Bereich Pharmapflanzen bewertet. Dabei bestehen signifikante Zusammenhänge vor allem zwischen dem Geschlecht und der Bewertung der Anwendungsgebiete Grüner Gentechnik. Ebenso gehen relevante Effekte vom Wissens- und Informationsstand aus. Für den Bereich des Pflanzenbaus zeigt sich zudem ein Zusammenhang mit Zusatzinformationen zu den Umweltwirkungen von GVP. Für alle Größen liegen die symmetrischen Zusammenhänge im mäßigen bis mittleren Bereich, sind aber im Verhältnis zu anderen Fragen und Aspekten Grüner Gentechnik kaum schwankend.

Vor dem Hintergrund, dass GV-Lebensmittel kritisch gesehen werden, liegt es nahe, dass ihr Kauf grundsätzlich von der Mehrheit der Befragten mehr oder minder stark abgelehnt wird. Ebenso gibt es aber gewisse Anteile, denen ein Kauf nichts ausmachen würde bzw. die solche Erzeugnisse auch sicher erwerben würden. Variierend mit der spezifischen (Akzeptanz-) Situation gibt es gewisse Schwankungen, aber die Mehrheit ist in der Regel eher gegen solche Produkte. Selbst wenn mit den GV-Erzeugnissen ein Zusatznutzen einhergeht, ist weiterhin nur der kleinere Teil der Befragten bereit, diese Produkte zu kaufen. Die vergleichsweise etwas geringere Mehrheit lehnt diese Produkte aber ab. Einzig im Falle von gesundheitlichen Vorteilen durch GV-Lebensmittel ist die Bewertung bzw. die Akzeptanz annähernd ausgeglichen. Je rund die Hälfte der Befragten würden dann eher zu einem Kauf tendieren bzw. weiterhin eine ablehnende Haltung einnehmen. Führen GV-Lebensmittel indes zu einer umweltschonenderen Anbauweise oder zu weniger Pflanzenschutzmittelrückständen auf dem Produkt, erhöht sich damit Akzeptanz bzw. Kaufbereitschaft. Aber dennoch überwiegt die Skepsis bzw. Ablehnung in diesen Fällen. Ein reduzierter Preis von GV-Lebensmitteln ist für die Mehrheit der Befragten keine verkaufsfördernde Eigenschaft. Ein relevanter Anteil würde die Produkte dann aber kaufen. Eine generelle Mehrzahlung für gentechnikfreie Produkte lehnt zwar die Mehrheit der Befragten ab, für eine garantierte „Gentechnikfreiheit" ist aber eine Zahlungsbereitschaft vorhanden. Auch wenn ein gesundheitlicher Nutzen von GV-Lebensmitteln die Akzeptanz erhöht, die Mehrkosten für diesen Vorteil würden lediglich von einem Teil der Befragten getragen werden. Bei den Bezugsgrößen besteht vor allem ein Zusammenhang mit dem Alter, dem Geschlecht, dem Wissensstand, dem Bildungsstand sowie dem Informationsstand. Aber auch für die anderen Größen können itemspezifische Zusammenhänge aufgezeigt werden. Neben einer vergleichsweise großen Anzahl an Items zu diesem Aspekt weisen auch die Bezugsgrößen teils sehr unterschiedliche Zusammenhänge auf, sowohl hinsichtlich ihrer Stärke als auch teilweise bezüglich ihrer Richtung, also dem Vorzeichen.

Die dritte Dimension, die ***Risikobewertung*** unterscheidet nach den Bereichen allgemeine Risikobewertung, persönliche und gesellschaftliche Gefährdung, Umweltgefährdung sowie Gesundheit und Lebensmittel. Zusammengenommen herrschen Skepsis und eine primär kritische Einschätzung Grüner Gentechnik in den meisten Risikobereichen vor. Es werden aber nicht alle Aspekte gleichermaßen negativ bewertet oder pauschal abgelehnt. Es zeigt sich eine mitunter differenzierte Bewertung einzelner Aspekte. Zudem scheint es, als würde allgemeinen und unspezifischen Risikobewertungen verhältnismäßig stärker zugestimmt als spezifischen, vermeintlichen Folgen. Wenn letztere auch ebenso eher negativ bewertet werden, ist dieser Trend weniger deutlich ausgeprägt. Nennenswerte Anteile an unentschlossenen Personen sind insgesamt auch bei diesen Fragen häufig zu finden.

Die oft betonte Bewertung als risikoträchtige Technologie (bzw. vielmehr als eine Anwendungsmöglichkeit der Gentechnik) spiegelt sich mehr oder minder deutlich ausgeprägt in allen betrachteten Punkten wider. In der Regel ist über die Hälfte der jeweiligen Stichprobe in einem gewissen Ausmaß besorgt bzw. sieht ein Risiko in den Anwendungen der Grünen Gentechnik. Auch die Entwicklungen in diesem Bereich werden eher kritisch eingeschätzt. Zudem scheint eine mehrheitlich kritische Bewertung bzw. Skepsis auch unabhängig von der Terminologie Biotechnologie, GVO oder Grüne Gentechnik zu existieren. Wenn auch bei Einzelaspekten vergleichsweise relevante Anteile der Befragten die kritische Haltung nicht teilen, tritt insgesamt eine skeptische Haltung gegenüber Grüner Gentechnik zutage. Allerdings stellen oftmals Unentschlossene die zweitgrößte Gruppe der Befragten. Insbesondere für das Geschlecht kann für diesen Teil der allgemeinen Risikobewertung ein nennenswerter Zusammenhang gefunden werden, der aber in seinem Ausmaß mäßig bis gering vorhanden ist. Aber auch für weitere Größen wie das Alter, den Bildungsstand, das Haushaltseinkommen oder den Wissens- bzw. Informations-

stand liegen signifikante Zusammenhänge vor, sie sind aber in der Regel eher schwach.
Mitunter zu findende Schwankungen in der Risikoeinschätzung (sowohl persönliche als auch gesellschaftliche Gefährdung) bedeuten aber nicht zwangsläufig ein gegenläufiges Meinungsbild. Ein vergleichsweise geringes persönliches Risiko bei einer gleichsam hohen Risiko- bzw. Gefährlichkeitseinschätzung von GVO insgesamt schließen sich nicht zwingend aus. Denn, wenn beispielsweise GVO an sich als risikoträchtig bewertet werden, können Vertrauen in Behörden und/oder Kontrollen ebenso zu einer geringer wahrgenommenen persönlichen Gefährdung führen wie die Tatsache, dass gegenwärtig faktisch keine GV-Produkte zum Kauf angeboten werden. Vor allem hinsichtlich des Geschlechts, teilweise auch für den Bildungsstand und die Haushaltsgröße bestehen signifikante Zusammenhänge mit der Gefährdungseinschätzung aus persönlicher oder gesellschaftlicher Perspektive. In allen Fällen ist die Stärke des symmetrischen Zusammenhangs eher mäßig ausgeprägt.
Eine hohe Risikobewertung herrscht auch bei der Umweltgefährdung vor. Sie ist aber weniger stark ausgeprägt als bei der generellen Gefährlichkeitseinschätzung. Zudem ist die Gruppe der Unentschlossenen bei diesen Fragen in der Regel besonders ausgeprägt. Des Weiteren erhalten allgemein gehaltene Fragen zur einer potentiellen Umweltgefährdung höhere Zustimmungsraten als deterministische Formulierungen von Folgewirkungen, die ein sicheres Eintreten des Ereignisses implizieren. Bei den Bezugsgrößen kann für den Bereich der Umweltgefährdung abermals für das Geschlecht ein signifikanter Zusammenhang mit mäßiger bis mittlerer Stärke gefunden werden. Zudem bestehen mit dem Alter, dem Bildungsstand, dem Haushaltseinkommen und dem Informationsstand vereinzelt relevante Zusammenhänge, wobei letzterer vergleichsweise am stärksten, aber dennoch eher mäßig ausgeprägt ist.
Bezüglich der Gesundheit bzw. der Lebensmittelsicherheit zeigt sich ebenfalls meist mehrheitlich ein gewisses Maß an Sorge. Bei Einzelaspekten sind hingegen bis zu einem Drittel der Befragten wenig bis gar nicht besorgt. Ausdrücklich auf eine gesundheitliche Gefährdung bezogen steigt aber die Gefährlichkeitseinschätzung und der Anteil der wenig oder

gar nicht besorgten Personen nimmt ab. Er bleibt aber bei Einzelitems mit über 20% ebenso groß wie die Gruppe der Unentschlossenen. Erneut besteht vor allem zwischen dem Geschlecht und der Bewertung der Gesundheits- und Lebensmittelgefährdung ein signifikanter Zusammenhang, der teils verhältnismäßig deutlich zutage tritt. Vereinzelt liegen Zusammenhänge auch mit den Bezugsgrößen Alter, Informationsstand und Bildungsstand vor, die bis auf letzteren im vergleichsweise akzeptablen Bereich liegen.

Betrachtet man die genannten Aspekte der Risikoeinschätzung von Grüner Gentechnik im Vergleich zu anderen, als potentiell risikobehaftet gesehenen Bereichen, liegen sie zumeist eher im mittleren Bereich bzw. werden als verhältnismäßig kleineres Problem gesehen. Dies trifft sowohl auf die allgemeine Risikoeinschätzung als auch auf die persönliche und gesellschaftliche Gefährdung zu. Die im Vergleich größeren Sorgen der Befragten bestehen vor allem bezüglich Kernenergie, Klimaveränderungen, Autoabgasen, UV-Strahlung und partiell hinsichtlich Luftverschmutzungen. Allerdings zeigen sich zum Teil maßgebliche Schwankungen im Ausmaß der Risikoeinschätzung in Abhängigkeit der Perspektive, also der persönlichen oder gesellschaftlichen Gefährdung, die von einer bestimmten Risikogröße ausgeht. Insbesondere bezüglich Gesundheits- und Lebensmittelrisiken herrscht eine erhöhte Sensibilität. Diese äußert sich zum Teil in einer höheren grundsätzlichen Risikobewertung, berücksichtigt gleichzeitig aber offenbar eine spezifische Exponiertheit, so dass die unmittelbare persönliche Gefährdung deutlich geringer ausfällt. Im Vergleich der verschiedenen Lebensmittelrisiken liegen GV-Bestandteile eher im mittleren Bereich, oftmals aber nahe den Vergleichsgrößen. Das höchste und deutlichste Risiko sehen die Befragten durch Rückstände von Pflanzenschutzmitteln.

Einen weiteren Ergebnisschwerpunkt stellt das ***Verkaufsexperiment*** zu Produkten aus bzw. unter Verwendung von GVP dar. Bei diesem stehen sieben verschiedene Produkte bzw. Erzeugnisse in unterschiedlichen Verarbeitungsgraden, mit jeweils zwei expliziten Kennzeichnungen („aus GVP", „Ohne Gentechnik") sowie ohne ein besonderes Label zur Wahl. Außer den Kennzeichnungen gibt es weitere Produkteigenschaften wie den Preis. Zudem besteht die Möglichkeit, keines der Produkte zu wählen, so dass keine Entscheidungen erzwungen werden. Bedingt durch einige Limitationen können vor allem die Attribute Kennzeichnung und Preis analysiert und ins Verhältnis zu den Bezugsgrößen gesetzt werden. Auf der Ebene der deskriptiven und bivariaten Auswertungen zeigt sich, dass eine hohe Relevanz der Kennzeichnung besteht, die Kennzeichnung alleine jedoch nicht entscheidungsrelevant ist. Vielmehr deuten sich produktspezifische Effekte an. Die vertiefenden Betrachtungen verdeutlichen diese Tendenz und ermöglichen detaillierte Befunde. So bestehen deutliche produktspezifische Effekte, sowohl hinsichtlich der Kennzeichnungsarten als auch in Bezug auf den Preis, wobei dessen Erhöhung grundsätzlich einen negativen Effekt auf die Auswahlchance der Produkte ausübt. In Abhängigkeit des spezifischen Produktes variiert der Effekt der beiden Größen Kennzeichnung und Preis auf die Auswahlchance der jeweiligen Produkte zum Teil deutlich. Von den betrachteten Bezugsgrößen geht einzig ein Effekt des Geschlechts aus. Frauen wählen eher das Label „Ohne Gentechnik" bzw. derart gekennzeichnete Produkte haben eine erhöhte Auswahlchance bei ihnen. Auch dieser Effekt variiert produktspezifisch. Ähnliches kann für den Einfluss von zusätzlich gegebenen Informationen zu potentiellen Umweltwirkungen von GVP gezeigt werden. Sie reduzieren in einzelnen Fällen (also für einzelne Produkte) die Auswahlchance des Labels „aus GVP".

Das Verkaufsexperiment zeigt also eine deutliche produktspezifische Bewertung der betrachteten Eigenschaften. Es existieren offenbar differenzierte Einschätzungen und Abwägungen und es zeigt sich deutlich, dass Grüne Gentechnik bei lebensmittelfernen Anwendungen weniger kritisch oder problematisch gesehen wird. Ebenso existieren scheinbar besonders sensible Produkte, bei denen vor allem Milch zu nennen ist. Vergleichsweise überraschend, im Sinne von konträr zur Erwartung, ist zudem die verhältnismäßig sensible Bewertung von Öl als hochverarbeitetem Produkt. Die Ausgangserwartung war eine abnehmende Problemeinstufung mit dem Verarbeitungsgrad, wie sie sich für Strom gezeigt hat. Insbesondere, dass Margarine als ähnlich stark verarbeitetes Produkt in der

Regel aus Öl hergestellt wird, aber nicht immer ähnliche Effekte zeigt, legt eine sensiblere Bewertung von Öl durch die Befragten nahe.

Betrachtet man nun die Befunde aus den Dimensionen und dem Verkaufsexperiment zusammen, so zeigen sie ein vornehmlich kritisches, aber keinesfalls undifferenziertes Bild bei Grüner Gentechnik und GV-Produkten. In Abhängigkeit spezifischer Bereiche und Aspekte variiert das Ausmaß an Ablehnung bzw. Zustimmung zu den Anwendungsmöglichkeiten dieser Technologie. Wenn auch in der Tendenz häufig kritische Einschätzungen die Mehrheit bilden, kann eine pauschale Ablehnung aber nicht gefunden werden. Vielmehr dominieren Risikoabwägungen, die ebenfalls durchaus spezifisch zwischen verschiedenen Situationen und unterschiedlichen Betroffenheitsperspektiven differenzieren. Als sehr sensibel zeigt sich außerdem der Bereich Lebensmittel und Gesundheitsaspekte bei Grüner Gentechnik. Zudem finden sich in fast allen Bereichen nennenswerte Anteile an unentschlossenen Personen, die offenbar (noch) kein eindeutiges Votum abgeben können oder sich nicht festlegen mögen. Für bestimmte Aspekte könnte deren Anteil das Bild von Grüner Gentechnik in die eine oder andere Richtung ändern oder verstärken.

Setzt man die Bewertungen Grüner Gentechnik ins Verhältnis zu weiteren, potentiell als risikobehaftet oder gesundheitlich gefährdend gesehenen Bereichen, nimmt sie zumeist eine Mittelstellung oder Position im unteren Bereich ein. Mangels eines objektiven Maßstabes ermöglicht dies aber nur eine begrenzte Einordnung. Würde man sie zu anderen Größen in Relation setzen, könnte das Bild ein anderes sein, wobei diese Aussage Spielraum in beide Richtungen ermöglicht.

Bei der Vielzahl an Bereichen, Aspekten und Items ist eine kurze, zusammenfassende Betrachtung naturgemäß mit einigen Unschärfen verbunden, in der Tendenz lassen sich aber vor allem die zuvor geschilderten Befunde ausmachen. So gibt es auch variierend mit den betrachteten Jahren, bzw. präziser, in Abhängigkeit der Datenquelle, also der jeweiligen Stichprobe, gewisse Unterschiede und Abweichungen, diese sind jedoch nie derart gravierend, dass sie ein gänzlich konträres Bild Grüner Gentechnik zeigen. Auch bei den betrachteten Bezugsgrößen fällt das Vorhandensein oder Fehlen eines Zusammenhangs mit den verwendeten

Items mitunter sehr heterogen aus. Die Stärke der gezeigten Zusammenhänge ist zudem bestenfalls mittelmäßig, häufig eher gering. Wie aber schon an früherer Stelle betont, bedeutet dies nicht, dass ausschließlich geringe oder gar keine Zusammenhänge bestehen, nur dass diese gemäß der den Tests zugrunde liegenden symmetrischen Form schwach oder mäßig ausgeprägt sind.
In der Tendenz kann aber dennoch festgehalten werden, dass Frauen gegenüber Grüner Gentechnik eher skeptischer und kritischer eingestellt sind als Männer, was sich auch beim Verkaufsexperiment zeigt. Häufig sind auch Zusammenhänge mit dem Alter und dem Bildungsstand zu finden. Sofern sie erhoben wurden, bestehen auch mit dem Wissens- und Informationsstand in der Regel nennenswerte Zusammenhänge. Die Wirkungsrichtung der Bezugsgrößen ist aber nicht immer gleichermaßen.

Als ein Fazit kann gezogen werden, dass generalisierende und pauschale Urteile weder der Komplexität des Themas, noch der in der Regel zu findenden differenzierenden Einschätzung der Befragten gerecht werden. Dies zeigt sich beispielhaft auch im Verkaufsexperiment, wo starke Produkteffekte vorherrschen, die in allgemeinen Fragen zur potentiellen Kauf- oder Verzehrabsicht nicht adäquat abgebildet werden können. Vor diesem Hintergrund erklären sich einerseits die teilweise heterogene Literaturlage zum Meinungsbild zu Grüner Gentechnik als auch andererseits die teils unterschiedlichen Befunde zum vermeintlichen oder tatsächlichen Kaufverhalten, die sich in der Regel auf ein bis wenige Produkte begrenzen. Zudem ermöglichen die meisten Befunde je nach Lesart durchaus unterschiedliche Interpretationen, so dass dies zusätzlich zur Diskussion um die „wirkliche" Bewertung Grüner Gentechnik beitragen kann.

Abschließend lassen sich die im Abschnitt 3.3 formulierten Überlegungen zu den Wirkungen bzw. Effekten der Bezugsgrößen nunmehr wie folgt beantworten:

(1) Die subjektiv empfundene Informiertheit führt zu einer entsprechenden Entschiedenheit der Einstellungen zu Grüner Gentechnik. Das heißt, mit steigender wahrgenommener Informiertheit nimmt die Entschiedenheit bzw. Vehemenz der Position gegenüber Grüner Gentechnik zu.

→ Dieser Punkt kann anhand der Datenquellen nur unzureichend beantwortet werden. Die vorliegenden Ergebnisse lassen aber die Vermutung zu, dass gerade mit steigender Informiertheit die differenzierende Bewertung zunimmt, so dass eben nicht monokausale oder pauschale Bewertungen resultieren.

(2) Die Gabe von neutralen Zusatzinformationen hat keinen Effekt auf die Bewertung und Akzeptanz von Grüner Gentechnik und GV-Lebensmitteln.

→ Dieser Effekt kann prinzipiell bestätigt werden. Allerdings zeigt sich für einzelne Produkte im Verkaufsexperiment eine reduzierte Auswahlchance für die Kennzeichnung „aus GVP" (Tabelle 91) sowie ein signifikanter Zusammenhang mit zwei Items aus dem Bereich der Bewertung des Anwendungsbereichs Pflanzenbau (Tabelle 76). Für alle anderen Aspekte konnte kein Effekt der Zusatzinformationen gefunden werden.

(3) Vom (objektiven) Wissen geht kein Effekt auf die Akzeptanz von Grüner Gentechnik und GV-Lebensmitteln aus.

→ Für den Wissensstand können für viele Aspekte signifikante Zusammenhänge gezeigt werden, besonders für die Bereiche der Anwendungsbewertung (Tabelle 76) und der Akzeptanz von GV-Lebensmitteln unter konkreten Umständen (Tabelle 78, Tabelle 79). Im Verkaufsexperiment hingegen bestehen keine Zusammenhänge zwischen dem Wissensstand und dem Auswahlverhalten.

(4) Mit zunehmender Nutzenwahrnehmung steigt auch die Akzeptanz von Grüner Gentechnik und GV-Lebensmitteln. Dies ist gleichbedeutend mit einer Reduzierung der Akzeptanz bei einer Zunahme der Risikobewertung, wobei davon ausgegangen wird, dass Risiken stärker wirken als Nutzenerwartungen.

→ Die Ergebnisse bestätigen die starke Wirkung und hohe Bedeutung von Risikoerwägungen. Diese sind in der Regel deutlich vorhanden und nehmen auch bei einem Zusatznutzen durch Grüne Gentechnik bzw. von GV-Erzeugnissen nur begrenzt ab. Einzig im Falle von gesundheitlichen Vorteilen reduziert sich die Ablehnung deutlich, so dass rund die Hälfte der Befragten diese Produkte kaufen würde. Auch führen weniger Rückstände von Pflanzenschutzmitteln zu einer verringerten Ablehnung von GV-Erzeugnissen, aber weniger stark. In der Tendenz lässt sich also die Ursprungsformulierung beibehalten, aber ein „Mehrnutzen" führt nicht zwangsläufig und bei allen Personen auch automatisch zu einer gleichermaßen zunehmenden Akzeptanz.

(5) Mit dem Vorhandensein von (Klein-) Kindern im Haushalt nimmt auch die Risikowahrnehmung bei Grüner Gentechnik und GV-Produkten zu.

→ Explizit für den Bereich der Risikobewertung konnte ein derartiger Zusammenhang nicht gefunden werden. Für Einzelitems anderer Bereiche (z.B. Kennzeichnung und allgemeine Kaufneigung) bestehen aber durchaus signifikante Zusammenhänge.

(6) Generelle Einstellungen bzw. bilanzierende Urteile drücken eine allgemeine Haltung aus, die sich in entsprechender Richtung in den anderen Bewertungen und Werturteilen widerspiegelt.

→ Eine ausführliche Überprüfung dieses Punktes war auf Basis der Datenlage nicht zielführend möglich. Die vielfach aufgezeigte, differenzierende Bewertung und Einschätzung legt aber nahe, dass in der Regel nicht einfach Heuristiken zum Tragen kommen und somit keine pauschalen, bei allen Aspekten Grüner Gentechnik unmittelbar identische, Wertungen resultieren. Der Zusammenhang bzw. die Wirkung der geäußerten Einstellungen auf die konkrete Produktwahl kann aufgrund der gegebenen Limitationen des Verkaufsexperiments nicht zufrieden stellend analysiert werden. In der Tendenz legen aber sowohl die Ergebnisse als auch die Literaturlage nahe, dass durchaus Divergenzen bestehen können bzw. Produkteigenschaften mitunter stärker wirken als die grundsätzlichen Werthaltungen und Ansichten.

(7) Es gibt einen hohen negativen Zusammenhang zwischen (objektivem) Wissen und der Risikowahrnehmung.

→ Explizit für den Bereich der Risikobewertung konnte ein derartiger Zusammenhang nicht gefunden werden. Einzig für ein Item aus dem Bereich der allgemeinen Risikobewertung besteht ein sehr geringer, symmetrischer Zusammenhang (Tabelle 82). Für die verschiedenen Aspekte eines potentiellen, selbst berichteten Kaufverhaltens bestehen hingegen mehrere Zusammenhänge mit dem Wissensstand. Ob oder inwiefern dies auch indirekt Risikoabwägungen der Personen beinhaltet, konnte nicht geklärt werden.

(8) Es gibt einen hohen negativen Zusammenhang zwischen (subjektiver) Informiertheit und der Risikowahrnehmung.

→ Ein Zusammenhang zwischen dem selbst eingeschätzten Informationsstand und Fragen der Risikobewertung kann für einige Items gezeigt werden. Wenngleich objektiv betrachtet eher im mäßigen Bereich liegend, ist die Stärke der Zusammenhänge verhältnismäßig gut (Tabelle 82, Tabelle 84, Tabelle 85).

(9) Es gibt einen hohen (positiven) Zusammenhang zwischen (objektivem) Wissen um Grüne Gentechnik und Bildung.
→ Für die meisten der betrachteten Jahre und Datenquellen kann ein signifikanter Zusammenhang zwischen dem Wissens- und Bildungsstand gezeigt werden, der vergleichsweise gut ausgeprägt ist (Tabelle 74).

(10) Aus den Punkten 7 und 9 folgt damit ein negativer Zusammenhang zwischen Bildung und Risikobewertung.
→ Für einen Teil der Items aus dem Bereich der Risikobewertung bestehen Zusammenhänge mit dem Bildungsstand, ihr Ausmaß ist aber unterschiedlich stark ausgeprägt (Tabelle 82, Tabelle 83, Tabelle 84, Tabelle 85).

(11) Von den soziodemographischen Faktoren Alter und Einkommen geht kein Effekt auf die Bewertung bzw. Akzeptanz von Grüner Gentechnik und GV-Produkten aus.
→ Entgegen der Ursprungsformulierung finden sich sehr häufig signifikante Zusammenhänge zwischen diesen beiden Bezugsgrößen und den jeweiligen Bereichen und Aspekten Grüner Gentechnik. Ihr Ausmaß ist jedoch unterschiedlich stark ausgeprägt und insbesondere für das Haushaltseinkommen ist deren Interpretation nicht immer nahe liegend bzw. einfach. Während sich die Zusammenhänge beispielsweise auch bei der allgemeinen Kaufneigung (Tabelle 77) oder der Akzeptanz in konkreten Situationen zeigen (Tabelle 78), können sie im Verkaufsexperiment nicht gefunden werden.

(12) Es gibt einen negativen Zusammenhang zwischen Geschlecht und der Bewertung Grüner Gentechnik (auch im Sinne der Risikobewertung).
→ Dieser Punkt kann mehrheitlich und in der Regel deutlich bejaht werden. Für die meisten Aspekte und Items findet sich ein geschlechtsspezifischer Zusammenhang derart, dass Frauen zumeist kritischer bzw. skeptischer bezüglich Grüner Gentechnik sind. Auch bei der Produktwahl im Verkaufsexperiment tritt dieser Effekt zutage, wenngleich nur für einzelne Erzeugnisse.

VI SCHLUSSBETRACHTUNGEN

Dieses Kapitel bildet nunmehr den Abschluss der vorliegenden Arbeit und wird sich vergleichsweise kurz den Punkten Diskussion und Fazit widmen, ehe Anregungen für weitere Beschäftigungen mit dem Thema Grüner Gentechnik gegeben werden. Die Arbeit endet mit einem persönlichen Resümee des Autors.

6.1 Diskussion und Fazit

Die Betrachtungen in dieser Arbeit beruhen mit den verschiedenen Datenquellen und Erhebungsjahren prinzipiell auf einer vergleichsweise breiten Datenbasis. Dennoch ist es nicht möglich, sämtliche Bereiche und Aspekte des sehr komplexen und viele individuelle und gesellschaftliche Elemente betreffenden Themas erschöpfend zu behandeln. Ebenso kann nicht auf alle Ergebnisse aus den unterschiedlichen Fächerkulturen eingegangen werden, die mit ihrer spezifischen Perspektive zu dem Gesamtbild von Grüner Gentechnik beitragen. Gleichwohl hofft der Autor, sowohl einen thematischen Überblick und Hinweise auf verwandte Forschungen gegeben zu haben, so dass einerseits die gesellschaftliche Einbettung des Themas verdeutlicht und andererseits auch die Vielschichtigkeit der unterschiedlichen Debatten und Diskussionsstränge aufgezeigt werden, als ebenso durch die gemeinsame Betrachtung verschiedener Datenquellen zu einem umfassenderen Bild der Meinungen und Ansichten der bundesdeutschen Bevölkerung über Grüne Gentechnik beigetragen zu haben.

Die Wahl der Datenbasen erfolgte nach den Kriterien der Verfügbarkeit und ihrer Eigenschaft als quasi-amtliche Erhebungen, so dass die Wahl auf verschiedene Wellen des *Eurobarometers* und mehrere Erhebungsjahre der regelmäßigen Studie *Umweltbewusstsein in Deutschland*, in beiden Fällen ab 1996, fiel. Diese wurden ergänzt um die Ergebnisse einer eigenen, im Rahmen des Drittmittelprojektes *GeneRisk* durchgeführten Erhebung aus dem Jahr 2008, was gleichzeitig den zeitlichen Endpunkt für die Betrachtungen markiert[302].

Zu allen drei Datenquellen sind auch kritische Anmerkungen angebracht, wie im jeweiligen Abschnitt bereits angeführt. Zu den beiden ersteren vor allem hinsichtlich ihres breiten Fokus, bei dem Grüne Gentechnik in der Regel lediglich ein Thema unter vielen darstellt und teilweise mit nur einer Frage behandelt wird. Zudem betont beispielsweise CONRAD (2004), dass die Daten der Eurobarometer-Erhebungen meist nur eine begrenzte Validität aufweisen. Dennoch spricht neben ihrer Kontinuität auch die vergleichsweise Neutralität in dem Sinne, dass sie keine Auftragsforschung einer bestimmten Interessengruppe darstellen[303], für die gewählten Quellen. Die GeneRisk-Befragung ist hingegen als explizite Studie zum Thema der Grünen Gentechnik konzipiert, aber auch hier gelten einige Einschränkungen. Neben dem projektspezifischen Fokus sind vor allem die Limitationen des Verkaufsexperimentes zu nennen, die nur eine begrenzte Ausschöpfung des methodischen Ansatzes ermöglichen. Dennoch resultieren im Rahmen der möglichen Analysen relevante Erkenntnisse. Wenn auch aus Sicht des Autors weniger problematisch, so unterscheiden sich die GeneRisk-Daten zudem darin, dass sie auf einer Zufallsstichprobe ohne Quotierung beruhen und daher im Unterschied zu den beiden anderen Datenbasen keine Aussagen über Deutschland insgesamt ermöglichen.

Bei einer gemeinsamen Betrachtung von vergleichsweise vielen und teils auch unterschiedlich erhobenen Daten ist ein gemeinsamer Nenner erforderlich, um sowohl die Umsetzbarkeit zu gewährleisten als auch im Sinne der Lesbarkeit ständige Perspektivwechsel zu vermeiden, so dass

[302] Im Rahmen des Eurobarometers und der Umweltbewusstseinsstudien wurden bis zum Frühjahr 2013 nur vereinzelt Aspekte aus den verwendeten Bereichen in weiteren Erhebungen oder Wellen berücksichtigt, ohne aber kontrastierende Befunde zu den vorgestellten Ergebnissen zu zeigen.

[303] Natürlich werden beide Studien im Auftrag der Europäischen Kommission bzw. des Umweltbundesamtes durchgeführt und in beiden Fällen mögen auch politische Momente enthalten sein, dennoch können sie als vergleichsweise neutral und unabhängig gelten.

zu diesem Zweck eine begrenzte Analysetiefe gewählt wurde, die aber der Zielsetzung der Arbeit nicht abträglich erscheint. Prinzipiell könnte jede Datenquelle an sich betrachtet noch tiefgehender analysiert werden, was aber bei der Menge an Daten an dieser Stelle nicht zielführend erscheint. Zudem ist sich der Autor der Kritik, wie sie CONRAD (2004) formuliert bewusst, nämlich dass

> „[...] von wenigen Ausnahmen abgesehen [...] die substanzielle theoretische Fundierung der meisten Arbeiten mit konzeptionell klar abgeleiteten, empirisch falsifizierbaren Aussagen einschließlich ihrer tatsächlichen Prüfung [...] wenig ausgeprägt [ist]. Es dominieren eher beschreibende Darstellungen [...]." (CONRAD 2004: 80).

So geht auch diese Arbeit vorrangig von einem beschreibenden Ansatz aus, der sich auf die, wie von TUTKUN & LEHMANN (2009) im Rahmen der TPB bei diesem Thema gezeigte, relevante Größe der Einstellungen konzentriert. Die aus dieser Perspektive auf Basis der gewählten Daten gewonnenen Ergebnisse stehen grundsätzlich im Einklang mit den Literaturbefunden und zeigen eine vornehmlich verhaltene und kritische Einschätzung der Grünen Gentechnik in der deutschen Bevölkerung, wie sie beispielsweise bei HAMPEL & RENN (1998) zu finden ist.

Im Einklang mit deren Befunden verdeutlichen auch die Betrachtungen über die verschiedenen Quellen und Jahre in dieser Arbeit, dass von globalen und undifferenzierten Einstellungen und Bewertungen nicht die Rede sein kann. Die verschiedenen Anwendungsmöglichkeiten und speziellen Situationen, in denen man mit Grüner Gentechnik konfrontiert werden kann, erfahren durchaus spezifische Einschätzungen. So wird beispielsweise der Anwendungsbereich der Pharmapflanzen deutlich unkritischer gesehen als reine Anbauvorteile oder die Verwendung von GVO und GVP für Lebensmittelzwecke.

Zu fragen ist an dieser Stelle, ob dies allein über das häufig zu findende Argument einer unterschiedlichen Nutzenbewertung oder -wahrnehmung erklärt werden kann oder ob Lebensmittel nicht vielmehr ein besonders sensibles Gut darstellen, bei dem bestimmte Werthaltungen stärker zum

Tragen kommen[304]. Bieten GV-Lebensmittel gesundheitliche Vorteile, reduziert sich die Ablehnung jedoch deutlich. Nun kann man davon ausgehen, dass diese Lebensmittel einen erkennbaren Mehrwert bieten, so dass die Nutzenabwägungen anders ausfallen. Ebenso ist es aber denkbar, dass einzig die potentiell gesundheitsfördernde Eigenschaft im Vordergrund steht, unabhängig davon, woraus sie resultiert. Sie wäre somit eine dominante Eigenschaft, die eher den Aspekt GVO bzw. GVP überlagert, als im eigentlichen Sinne seine Akzeptanz zu befördern[305]. Gleichwohl wird deutlich, dass Risikoerwägungen in allen betrachteten Bereichen eine wichtige Rolle spielen. Demgemäß ist von einem Zusammenspiel aus Nutzen- und Risikoaspekten insbesondere für den Bereich der GV-Lebensmittel auszugehen. So auch SCHOLDERER (2000):

> „Die Gesamteinstellung wird im wesentlichen durch den aus Verbrauchersicht fehlenden Nutzen der Lebensmittelgentechnik bestimmt. Die Risikoeinschätzung hingegen wirkt indirekt – erst in Kombination mit dem fehlenden Nutzen entfaltet sie ihre Wirkung. Wäre dieser Nutzen vorhanden, könnten die Verbraucher kleinere Risiken durchaus akzeptieren." (SCHOLDERER 2000: 217).

Dass entsprechende Abwägungen seitens der VerbraucherInnen durchaus unterschiedlich ausfallen können, wurde sowohl anhand der Literatur gezeigt als auch im Verkaufsexperiment deutlich. Trotz einer eindeutigen Kennzeichnung wurden die GV-Produkte keinesfalls immer gemieden. Es spielen also weitere Faktoren eine Rolle für die Abwägungen.

Zudem zeigen sich deutlich produktspezifische Effekte, die kontrastierend zu SCHOLDERER 2000 sind, der feststellt, dass *„Verbraucher [...] gar keine Einstellungen zu bestimmten Gentechnik-Produkten [haben], son-*

---

304 Diese scheinen in anderen Anwendungsbereichen gentechnologischer Verfahren weniger stark zu wiegen oder andere zu sein. So wirbt im Frühjahr 2012 ein namhafter Kosmetikhersteller explizit mit „inspiriert aus zehn Jahren Genforschung", offensichtlich ohne Probleme oder gar Umsatzeinbußen zu erwarten, vermutlich eher das Gegenteil. Im Falle Grüner Gentechnik wäre das zum gegenwärtigen Zeitpunkt in Deutschland kaum denkbar. Dann wäre eine merkliche öffentliche Resonanz gewiss, die Grundsatzfragen Grüner Gentechnik thematisieren würde.

305 Zudem unterscheiden KOPPELMANN & WILLERS (2008b) zwischen Akzeptanz und Kauf. Akzeptanz oder Widerstand sei nicht generell bzw. grundsätzlich mit Kauf oder Nicht-Kauf gleichzusetzen.

dern [...] die globale Bewertung eines ganzen Anwendungsbereichs [...] auf ein beliebiges Produkt, das mit dieser Technologie erzeugt wurde [übertragen]." (SCHOLDERER 2000: 218). Die sowohl für fast alle betrachteten Bereiche sowie im Verkaufsexperiment gezeigte differenzierte Betrachtung und Bewertung Grüner Gentechnik verdeutlicht, dass einfache bzw. monokausale Erklärungsansätze der Komplexität der Thematik und dem Zusammenwirken der unterschiedlichen Faktoren und ihrer Einflussebenen nicht gerecht werden (so auch CONRAD 2004). Entsprechend scheint es kaum möglich, dieses Thema mittels einfacher bzw. pauschaler Pro- und Contra-Standpunkte adäquat zu erfassen. Ebenso kann trotz der vornehmlich kritischen Einschätzung seitens der Befragten nicht von „der Ablehnung" Grüner Gentechnik gesprochen werden. Vor diesem Hintergrund mag auch ein Teil der insgesamt vielmals heterogenen Literaturlage, die im Zweifel für jeden Standpunkt in der Diskussion um Grüne Gentechnik empirische Fundierung bietet, erklärbar sein. Je nach betrachtetem Aspekt, verwendeter Methode oder Ausdifferenzierung der berücksichtigten Bereiche können durchaus größere Unterschiede in den Ergebnissen resultieren, die zudem je nach Lesart auch unterschiedliche Interpretationen ermöglichen. Hinzukommt nach KVAKKESTAD ET AL. (2007) ein deutlicher Effekt der persönlichen Meinung bzw. der Finanzierungsquelle der Forschenden auf ihre Sicht bzw. ihren (wissenschaftlichen) Umgang mit Grüner Gentechnik.

Weiterhin tragen „klassische" Bezugsgrößen wie soziodemographische Faktoren in ganz unterschiedlichem Maße zur Erklärung der Bewertung und Einschätzung Grüner Gentechnik bei, wie an vielen Stellen in dieser Arbeit gezeigt. Zudem spielen laut HOBBS & KERR (2005) Medienberichte eine relevante Rolle, derart, dass negative Berichte eine größere Auswirkung auf die Meinung zu Grüner Gentechnik ausüben als positive Berichte. Demgemäß sind bei gegebener zeitlicher Nähe zwischen medialer Auseinandersetzung und empirischer Erhebung entsprechende Effekte möglich. Außerdem steht zum Thema Grüne Gentechnik grundsätzlich eine Vielzahl an Informationen zur Verfügung, insbesondere auch zur Diskussion um GV-Lebensmittel. Vor diesem Hintergrund, wenngleich nicht mit dem thematischen Fokus, stellen HÄRLEN ET AL. (2004) fest,

dass *„die Vielfältigkeit der zur Verfügung stehenden Informationen über die Qualität von Lebensmitteln [...] bei einem erheblichen Teil der Verbraucher nicht zu einer Beruhigung, sondern zu einer Aktivierung von Ängsten [führt].“* (HÄRLEN ET AL. 2004: 9). Wie man aus einer Marketingperspektive dennoch eine Akzeptanzsteigerung bei GV-Lebensmitteln erzielen könnte, beschreiben KOPPELMANN & WILLERS (2008a), wobei zielgruppenspezifische Kommunikation als ein zentrales Moment gilt.
Was bleibt nun aber mitzunehmen bzw. wie lassen sich das Thema und die Ergebnisse auf den Punkt bringen? Grüne Gentechnik hat eine Stellvertreterfunktion im Sinne einer Kritik an der Entwicklung der Moderne inne (RENN 2005) und ihr wird zumeist kritisch und skeptisch begegnet. Dabei gehen bereits allein von den verwendeten Begrifflichkeiten unterschiedliche Folgen aus bzw. verschiedene Assoziationen mit ihnen einher (GASSERT 2003)[306]. Folglich kommt bereits der Operationalisierung der Fragen, also den genutzten Begrifflichkeiten und Formulierungen, eine wichtige Rolle zu. Trotz aller Debatten und emotionaler Diskussionen um das Thema Grüne Gentechnik scheint es aus Sicht der Befragten in der Regel nicht zu den dringlichsten Problemen zu gehören. So findet sich (Grüne) Gentechnik beispielsweise in der Erhebung 2006 des *Umweltbewusstsein in Deutschland* bei freier Nennung zu der Frage *„Was, glauben Sie, ist das wichtigste Problem, dem sich unser Land heute gegenübersieht?“* nicht unter den zehn häufigsten Nennungen (BMU 2006)[307]. Dies wird unterstrichen durch den Vergleich potentieller Risiken, bei denen Grüne Gentechnik bei den betrachteten Größen nie an erster Stelle zu finden ist. Vielmehr gibt es in der Regel eine differenzierte Bewertung der verschiedenen Facetten dieses Themas, so dass monokausale Erklärungsansätze eher unzulänglich sind. Es existieren kontextgebundene bzw. betroffenheitsgebundene Bewertungen in Abhängigkeit einer gesell-

[306] Im Kontext von Begrifflichkeiten und Metaphorik bei (Grüner) Gentechnik lesenswert ist außerdem JANICH & WEINGARTEN (2002).

[307] Natürlich mag man bei einer solchen Frage zuerst an die „klassischen“ Probleme Frieden, Arbeit, Umwelt etc. denken, andererseits kann man aber auch diskutieren, inwiefern erst eine Art von Problematisierung generiert wird.

schaftlichen oder persönlichen Perspektive, bei denen teils sehr verschiedene Einschätzungen vorherrschen. Ebenso gibt es eine hohe Produktspezifität bei GV-Erzeugnissen. Es wird nicht generell oder pauschal jedes Produkt aus bzw. unter Verwendung von GVP oder GVO gemieden. Aus dem Einfluss der Perspektive und des konkreten Produktes mag ein Teil der heterogenen Literaturbefunde erklärbar sein. Gleichzeitig verdeutlicht es, dass weder allgemeine Meinungsfragen noch Verkaufsstudien (mit meist nur einem Produkt) in der Lage sind, die ganze Bandbreite dieses komplexen Themas hinreichend zu erfassen. Zudem finden sich häufig große, mitunter erhebliche Anteile an Unentschlossenen. Diese könnten das Bild in die eine oder andere Richtung ändern bzw. verstärken.
Vor dem Hintergrund der Relevanz der Formulierungen und Operationalisierung der Fragen bei Grüner Gentechnik könnte für künftige Forschungen zielführend sein, zu ermitteln, wie emotional aufgeladen die einzelnen Begrifflichkeiten sind. Ebenso könnte es hilfreich sein, neben den Wissens- und Informationsaspekten auch eine Art generelles emotionales Involvement zu erfassen. Mit beiden Punkten zusammen scheint es möglich, die emotionale Herangehensweise der Befragten an das Thema zu erfassen und ggf. als Faktor in den Analysen zu berücksichtigen. Ebenso ist neben dem Verhältnis der Größen auch eine Art Index aus Wissen, Informiertheit und Emotion denkbar, der aufschlussreiche Erkenntnisse liefert.
Weiterhin erscheint es informativ, sowohl den Kenntnisstand als auch die (Wunsch-) Vorstellungen der Befragten zu (moderner) Landwirtschaft und aktueller Lebensmittelproduktion zu ermitteln. Denn, geht man von der „Standardproduktion" und den teils idyllischen, werbegeprägten Ansichten vieler VerbraucherInnen aus, dürften deutliche Diskrepanzen bestehen. Inwiefern sich Grüne Gentechnik hier einreihen und einordnen lässt, vor allem wenn ein Bewusstsein dafür herrscht, dass in der Realität nicht nur das Idyll existiert, erscheint aufschlussreich. Zudem, eine entsprechende Operationalisierung und Umsetzung vorausgesetzt, ließe sich vermutlich auch eine verlässliche Zahlungsbereitschaft ermitteln, die zu fundierten politischen und ökonomischen Planungen beitragen könnte.

Einen weiteren Punkt für künftige Forschungen sieht der Autor in der Weiterverfolgung der Untersuchung der Produktspezifität. Wie erwähnt, konzentrieren sich die Fragen zumeist auf einen generellen Kauf oder eine allgemeine Ablehnung oder es werden im Rahmen von Verkaufsexperimenten ein oder sehr wenige Produkte genutzt, auf deren Basis dann Aussagen über *das* Kaufverhalten und *die* Einstellungen getroffen werden. Da im Rahmen der Ergebnisse deutliche produktspezifische Effekte gezeigt, aber nur begrenzt analysiert werden konnten, erscheint eine Untersuchung mit einem ähnlichen methodischen Ansatz unter expliziter Einbeziehung mehrerer und verschiedener Produkte zielführend und interessant. Zudem könnte eine derartige Arbeit noch um den Aspekt der aus Befragtenperspektive besonders wertvollen oder sensiblen Erzeugnisse ergänzt werden, was vermutlich das produktspezifische Bild weiter differenzieren würde.

Neben den genannten weiteren Forschungsfeldern sieht der Autor aber vor allem einen grundsätzlichen Bedarf an systematischer und kontinuierlicher, empirischer Forschung in diesem Bereich. So könnten sowohl der Zusammenhang und das Zusammenwirken von Einstellungen und Präferenzen besser erfasst und ausgearbeitet als auch die zu findende, unterschiedliche Bewertung der verschiedenen Anwendungsfelder von Gentechnik klarer und systematischer verfolgt werden. Denn so kann neben reinen Nutzen- und Risikoerwägungen gefragt werden, ob beispielsweise die offenbar geringere Problematik Roter und Weißer (bzw. Grauer) Gentechnik daher rührt, dass keine Katastrophen eingetreten sind, sie vielleicht weniger auffällig bzw. bewusst sind oder sich vielleicht generell weniger Personen betroffen fühlen als im Bereich der Grünen Gentechnik. So sind Lebensmittel generell ein sensibler Bereich, zu dem womöglich Gentechnik als „Labortechnik“ nicht passt. Bei medizinischen Entwicklungen und Anwendungen hingegen, die in der Regel zunächst grundsätzlich im Labor erfolgen, mag Rote Gentechnik weniger „unnatürlich“ wirken.

6.2 Abschließende Bemerkungen

Den Abschluss dieser Arbeit bildet nachfolgend das persönliche Resümee des Autors zum thematischen Gegenstand seiner Arbeit: Grüne Gentechnik ist, und wird es wohl auf absehbare Zeit bleiben, ein kontroverses Thema in Europa und Deutschland, bei dem insbesondere auf politischer und regulativer Ebene vergleichsweise häufige Änderungen oder Neuerungen auftreten. Betrachtet man Grüne Gentechnik weltweit, so scheint es fragwürdig, ob sie grundsätzlich revidierbar ist, wie es sich Europa zum Teil zu wünschen scheint. Trotz der jährlichen Zuwachsraten ist sie zwar global betrachtet nicht grundsätzlich dominierend, aber bei vielen Sorten bestimmen GVP bereits den weltweiten Anbau. Unabhängig von der Frage des Anbaus in Europa kommen wir bereits in vielen anderen Bereichen fast unausweichlich mit (Grüner) Gentechnik in Berührung, sei es via Futtermitteln oder Enzymen und diversen Herstellungsprozessen. Vor diesem Hintergrund erscheint es verzerrt, dass im Rahmen vieler Diskussionen und Debatten zwar von *der* Grünen Gentechnik bzw. *der* Lebensmittelgentechnik gesprochen wird, in der Regel aber alleinig der Anbau von GVP gemeint ist. Dies wird der Realität nicht gerecht. Diese starke Fokussierung auf den Anbau erweckt aus Sicht des Autors teils den Anschein, dass „ein wenig" Gentechnik tolerabel oder besser vermittelbar erscheint, solange kein Anbau erfolgt, sie also nicht sichtbar ist. Somit entstehen Paralleldebatten, die in der Regel dem Großteil der Bevölkerung nicht bekannt sind und zu entsprechender Verunsicherung und Verwirrung führen können, wenn Grüne Gentechnik einerseits so stark mit dem Anbau in Verbindung gesetzt wird, der aber gegenwärtig in z.B. Deutschland gar nicht stattfindet, andererseits aber dann Futtermittel oder andere Produktionsbestandteile Gegenstand von Diskussionen oder Protestaktionen werden. Es fehlt also durchaus an sachlicher Aufklärung, nicht allein zu den weit reichenden und auch reell stattfindenden Anwendungen Grüner Gentechnik, sondern zur (modernen) Lebensmittelproduktion und Agrarerzeugung insgesamt.

Grüne Gentechnik hat in vielen Teilen eine Stellvertreterfunktion inne und die Debatten um sie weisen mitunter quasi-religiöse Züge auf, egal

ob hinsichtlich des Fortschritts- und Modernitätsglaubens oder eher naturalistischen Ansätzen. Entsprechend erfolgen die meisten Diskussionen sehr emotional aufgeladen und wenig differenziert. Derartig pauschale und verengte Betrachtungen werden weder der Komplexität des Themas noch der differenzierenden Bewertung der meisten Befragten gerecht. Außerdem können im Zweifel je nach Interessenlage bestimmte Ergebnisse auch „produziert" werden, was einer sachlichen Auseinandersetzung mit dem Thema abträglich ist und insbesondere bei jenen Personen, die sich wenig mit dem Thema auseinandersetzen, eher Befürchtungen wecken oder verstärken dürfte.
Der Autor hält Grüne Gentechnik insgesamt weder für „Teufelszeug", noch für ein „Wundermittel". Er plädiert für einen sachgeleiteten Umgang mit ihren Möglichkeiten, um den Anforderungen der heutigen Zeit zu begegnen, unter Berücksichtigung von kritischen Auseinandersetzungen mit potentiellen Problemen und Folgewirkungen sowie (aufgeklärten) VerbraucherInnen-Meinungen. Er möchte zu einer kritischen und vorurteilsfreien Auseinandersetzung mit diesem Thema anregen und glaubt, dass je mehr man sich mit dieser Thematik befasst bzw. je mehr konkretes Wissen (also nicht Glauben) man dazu hat, es umso schwerer ist, zu einem eindeutigen Pro- oder Contra-Standpunkt zu gelangen. Sachliche (und damit dann im Zweifel der Bevölkerung hilfreiche) Debatten könnten aber von einer (selbst-) kritischen und vorurteilsfreien Auseinandersetzung mit Grüner Gentechnik profitieren. Gleichwohl wird es auf absehbare Zeit vermutlich ein kontroverses Thema mit oftmals emotional geführten Debatten bleiben. Spannend bzw. interessant erscheint zudem die Frage, ob die weltweite Realität mit zunehmender Verbreitung und steigenden Einsatzgebieten, insbesondere bei Steigerung von konkreten Nutzen, die Einstellungen und Bewertungen vor allem der deutschen Bevölkerung überholt oder ob sich die Skepsis und Ablehnung durchsetzen, so dass der Trend von Ablehnung und Meidung in Europa und Deutschland fortgeschrieben wird und sich Wirtschaft und Politik entsprechend davon leiten lassen.

VII Quellennachweise

A

Acock, A.C. (2005): Working with missing Values. Journal of Marriage and Family 67(4): 1012-1028.

Agra-Europe (2009a): Kurzmeldungen 21/22. Ausgabe vom 02.03.2009, Bonn.

Agra-Europe (2009b): Länderberichte 2. Ausgabe vom 06.07.2009, Bonn.

Agra-Europe (2009c): Europa-Nachrichten 8. Ausgabe vom 20.07.2009, Bonn.

Agra-Europe (2009d): Länderberichte 46. Ausgabe vom 21.09.2009, Bonn.

Agrarministerkonferenz (2009): Agrarministerkonferenz am 18. September 2009, Lutherstadt Eisleben: Vorläufiges Ergebnisprotokoll.

Agrarzeitung Online (2008): BASF klagt gegen EU-Kommission. Ausgabe vom 24.07.2008.

Agrarzeitung Online (2009): BASF hält bei GV-Forschung für Kartoffeln inne. Ausgabe vom 09.07.2009.

Ajzen, I. (1991): The Theory of Planned Behavior. Organizational Behavior and Human Decision Processes 50(2): 179-211.

Ajzen, I. & Sexton, J. (1999): Depth of processing, belief congruence, and attitude-behavior correspondence. *in*: Chaiken, S. & Trope, Y. (Hrsg.) (1999): Dual-process theories in social psychology, Seiten 117-138. New York: Guilford.

AJZEN, I. & FISHBEIN, M. (2000): Attitudes and the attitude-behavior relation: Reasoned and automatic processes. *in*: Stroebe, W. & Hewstone, M. (Hrsg.) (2000): European review of social psychology, Volume 11, Seiten 1-33. Chichester: Wiley.

AJZEN, I. (2001): Nature and Operation of Attitudes. Annual Review of Psychology 52: 27-58.

AJZEN, I. (2005): Attitudes, personality and behavior. 2. Auflage, Maidenhead: Open University Press.

AJZEN, I. (2011): The theory of planned behaviour: Reactions and reflections. Psychology and Health 26(9): 1113-1127.

ALPIZAR F.; CARLSSON F. & MARTINSSON P. (2001): Using Choice-Experiments for Non-Market Valuation. Department of Economics, Working Papers in Economics no. 52.

ANDERSON, J.C.; WACHENHEIM, C.J. & LESCH, W.C. (2006): Perceptions of Genetically Modified and Organic Foods and Processes. AgBioForum 9(3): 180-194.

ARBEITSGEMEINSCHAFT BÄUERLICHE LANDWIRTSCHAFT E.V. (ABL) (2009): Ohne Gentechnik wachsen lassen. Pressemitteilung vom 22.04.2009.

ARONSON, E.; WILSON, T.D. & AKERT, R.M. (2004): Sozialpsychologie. 4. Auflage, München: Pearson Studium.

ARZHEIMER, K. & KLEIN, M. (1998): Die Wirkung materieller Incentives auf den Rücklauf einer schriftlichen Panelbefragung. ZA-Information 43: 6-31.

ATTESLANDER, P. (2010): Methoden der empirischen Sozialforschung. 13. Auflage, Berlin: Schmidt.

AUSPURG, K. & LIEBE, U. (2011): Choice-Experimente und die Messung von Handlungsentscheidungen in der Soziologie. Kölner Zeitschrift für Soziologie und Sozialpsychologie 63(2): 301-314.

B

BAKER, G. & MAZZOCCO, M. (2005): Who Should Certify the Safety of Genetically Modified Foods? International Food and Agribusiness Management Review 8(2): 1-20.

BALTES-GÖTZ, B. (2008): Behandlung fehlender Werte in SPSS und Amos. Manuskript des Universitäts-Rechenzentrum Trier.

BÁNÁTI, D. & LAKNER, Z. (2003): Modern Biotechnology and the Hungarian Consumers. Acta Alimentaria 32(Suppl.): 5-23.

BÁNÁTI, D. & SZABÓ, J.A. (2006): Knowledge and acceptance of genetically modified foodstuff in Hungary. Acta Biologica Szegediensis 50(3-4): 115-119.

BARKER, A.G. & BURNHAM, T.A. (2001): Consumer response to genetically modified foods: Market segment analysis and implications for producers and policy makers. Journal of Agricultural and Resource Economics 26(2): 387-403.

BASF (o.J.): Biotechnologie bei BASF. Ludwigshafen.

BASF PLANT SCIENCE; BAYER CROPSCIENCE; DOW AGROSCIENCES; DUPONT/PIONEER HI-BRED INTERNATIONAL; MONSANTO AGRAR DEUTSCHLAND & SYNGENTA DEUTSCHLAND (HRSG.) (2003): Kompendium Gentechnologie und Lebensmittel. 5. Auflage, Darmstadt: Direkt Druck & Verlagsservice.

BATEMAN, I.; CARSON, R.; DAY, B.; HANEMANN, M.; HANLEY, N.; HETT, T.; JONES-LEE, M.; LOOMES, G.; MOURATO, S.; ÖZDEMIROGLU, E.; PEARCE, D.W.; SUGDEN, R. & SWANSON, R. (HRSG.) (2002): Economic Valuation with Stated Preference Techniques: A Manual. Cheltenham: Edward Elgar.

BATRINOU, A.M.; SPILIOTIS, V. & SAKELLARIS, G. (2008): Acceptability of genetically modified maize by young people. British Food Journal 110(3): 250-259.

BAYERISCHES STAATSMINISTERIUM FÜR ERNÄHRUNG, LANDWIRTSCHAFT UND FORSTEN (2009): Fütterungsversuche bei Milchkühen mit MON 810-Mais. Begleitdokumentation zur Vorstellung der Ergebnisse am 25.03.2009, München.

BECKMANN, J. (2009): Die Gene sind nicht alles - Argumente für das Verständnis von Pflanzenzüchtung und Gentechnik aus einer erweiterten Sicht der Natur. 1. Auflage, Barsinghausen: Edition Zukunft.

BEN-AKIVA, M.E. & LERMAN, S.R. (1985): Discrete Choice Analysis: Theory and Application to Travel Demand. 2. Auflage, Cambridge: MIT Press.

BENDER, W. (1996): Gentechnik und Ethik – Aspekte eines ethischen Urteilsprozesses. *in*: Gassen, H.G. & Kemme, M. (Hrsg.) (1996): Gentechnik - Die Wachstumsbranche der Zukunft, Seiten 345-366. Originalausgabe, Frankfurt am Main: Fischer.

BENNET, J. & ADAMOWICZ, V. (2001): Some Fundamentals of Environmental Choice Modelling. *in*: Bennett, J. & Blamey, R. (Hrsg.) (2001): The Choice Modelling Approach to Environmental Valuation, Seiten 37 -72. Cheltenham: Edward Elgar.

BENNINGHAUS, H. (1998): Einführung in die sozialwissenschaftliche Datenanalyse. 5. Auflage, München: Oldenbourg.

BERGER, F. (2006): Zur Wirkung unterschiedlicher materieller Incentives in postalischen Befragungen – Ein Literaturbericht. ZUMA-Nachrichten 58: 81-100.

BERLINER ZEITUNG (2009): Aigner will Genmais verbieten. Ausgabe vom 18.02.2009, Berlin.

BERNARD, J.C. & GIFFORD, K. (2006): Consumer Willingness to Pay Premiums for Non-GM and Organic Foods. Consumer Interests Annual 52: 343-354.

BESCHORNER, T. & EGER, T. (HRSG.) (2005): Ethik und Ökonomie Band 1: Das Ethische in der Ökonomie - Festschrift zum 60. Geburtstag von Hans G. Nutzinger. 1. Auflage, Marburg: Metropolis.

BIOSICHERHEIT (2008): GVO-Zulassungsverfahren in der EU: Die nächste Reform? Stand: 12.09.2008, URL: http://www.biosicherheit.de/de/debatte/657.doku.html, Abrufdatum: 14.09.2009.

BIOSICHERHEIT (2009a): Lexikon: Transgen, URL: http://www.biosicherheit.de/de/lexikon/9.transgen.html, Abrufdatum: 30.07.2009.

BIOSICHERHEIT (2009b): Lexikon: Event, URL: http://www.biosicherheit.de/de/lexikon/163.event.html, Abrufdatum: 14.08.2009.

BIOSICHERHEIT (2009c): Koexistenz in den EU-Ländern: Ein europäischer Flickenteppich. Stand: 24.11.2008, URL: http://www.biosicherheit.de/de/koexistenz/513.doku.html, Abrufdatum: 25.08.2009.

BIOSICHERHEIT (2009d): Maiszünsler: Ein raffinierter Schädling. Stand: 01.09.2009, URL: http://www.biosicherheit.de/de/mais/bt-konzept/143.doku.html, Abrufdatum: 10.09.2009.

BOCK, A.-K.; LHEUREUX, K.; LIBEAU-DULOS, M.; NILSAGARD, H. & RODRÍGUEZ-CEREZO, E. (2002): Scenarios for co-existence of genetically modified, conventional and organic crops in European agriculture. European Commission: Joint Research Centre, IPTS-Report, EUR 20394 EN, Brussels.

BOECKER, A.; HARTL, J. & NOCELLA, G. (2008): How different are GM food accepters and rejecters really? A means-end chains application to yogurt in Germany. Food Quality and Preference 19(4): 383-394.

BÖCKER, F. (1986): Präferenzforschung als Mittel marktorientierter Unternehmensführung. Zeitschrift für betriebswirtschaftliche Forschung 38(7/8): 543-574.

BOHNER, G. (2003): Einstellungen. *in*: Stroebe, W.; Jonas, K. & Hewstone, M. (Hrsg.) (2003): Sozialpsychologie – Eine Einführung, Seiten 265-314. 4. Auflage, Berlin: Springer.

BONNY, S. (2003): Why are most Europeans opposed to GMOs? Factors explaining rejection in France and Europe. Electronic Journal of Biotechnology 6(1): 50-71.

BRECKLER, S.J. (1984): Empirical Validation of Affect, Behavior and Cognition as Distinct Components of Attitude. Journal of Personality and Social Psychology 47(6): 1191-1205.

BRECKLING, B.; MIDDELHOFF, U.; BORGMANN, P.; MENZEL, G.; BRAUNER, R.; BORN, A.; LAUE, H.; SCHMIDT, G.; SCHRÖDER, W.; WURBS, A.& GLEMNITZ, M. (2004): Generische Erfassungs- und Extrapolationsmethoden der Rapsausbreitung (Brassica napus L.). Abschlussbericht, FKZ: 0312637A-D.

BRECKLING, B. (2008): Evolutionary integrity: An issue to be considered in the long-term and large-scale assessment of genetically modified organisms. *in*: Breckling, B.; Reuter, H. & Verhoeven, R. (Hrsg.) (2008): Implications of GM-Crop Cultivation at Large Spatial Scales. Proceedings of the GMLS conference 2008 in Bremen, Theorie in der Ökologie 14, Seiten 169-176. Frankfurt: Peter Lang.

BREDAHL, L. (1999): Consumers' cognitions with regard to genetically modified foods. Results of a qualitative study in four countries. Appetite 33(3): 343-360.

BREDAHL, L. (2001): Determinants of consumer attitudes and purchase intentions with regard to genetically modified foods – results of a cross-national survey. Journal of Consumer Policy 24(1): 23-61.

BREUSTEDT, G.; MÜLLER-SCHEEßEL, J. & MEYER-SCHATZ, H.M. (2007): Unter welchen Umständen würden deutsche Landwirte gentechnisch veränderten Raps anbauen? Ein Discrete-Choice-Experiment. Agrarwirtschaft 56(7): 315-327.

BROOKES, G. & BARFOOT, P. (2006): Global Impact of Biotech Crops: Socio-Economic and Environmental Effects in the First Ten Years of Commercial Use. AgBioForum 9(3): 139-151.

BÜHL, A. (2009): Risikoanalyse Grüne Gentechnik. *in*: Bühl, A. (Hrsg.) (2009): Auf dem Weg zur biomächtigen Gesellschaft?, Seiten 371-343. 1. Auflage, Wiesbaden: Verlag für Sozialwissenschaften.

BÜNDNIS 90/DIE GRÜNEN (2009): Der grüne neue Gesellschaftsvertrag. Bundestagswahlprogramm 2009.

BÜNDNIS 90/DIE GRÜNEN (2013): Zeit für Grünen Wandel. Bundestagswahlprogramm 2013 (Beschluss vorläufig).

BÜSCHGES, G.; ABRAHAM, M. & FUNK, W. (1998): Grundzüge der Soziologie. 3. Auflage, München: Oldenbourg.

BUKENYA, J.O. & WRIGHT, N.R. (2007): Determinants of Consumer Attitudes and Purchase Intentions With Regard to Genetically Modified Tomatoes. Agribusiness 23(1): 117-130.

BUND FÜR UMWELT UND NATURSCHUTZ DEUTSCHLAND E.V. (BUND) (2009a): Gentechnik in der Landwirtschaft bedroht die Artenvielfalt. URL: http://www.bund.net/bundnet/themen_und_projekte/gentechnik/risiken/umwelt/, Abrufdatum: 25.09.2009.

BUND FÜR UMWELT UND NATURSCHUTZ DEUTSCHLAND E.V. (BUND) (2009b): Gentechnisch veränderte Lebensmittel: Auswirkungen auf die menschliche Gesundheit ungeklärt. URL: http://www.bund.net/bundnet/themen_und_projekte/gentechnik/risiken/gesundheit/, Abrufdatum: 07.10.2009.

BUND ÖKOLOGISCHE LEBENSMITTELWIRTSCHAFT E.V. (BÖLW) (2007): Keine Gentechnik in Bio-Lebensmitteln durch die Hintertür. Pressemitteilung vom 04.05.2007.

BUND ÖKOLOGISCHE LEBENSMITTELWIRTSCHAFT E.V. (BÖLW) & CAMPACT E.V. (HRSG.) (2009): Lässt sich der Anbau von Gen-Mais Mon810 in Deutschland verbieten? Eine wissenschaftliche und rechtliche Bewertung. Berlin.

BUNDESAMT FÜR NATURSCHUTZ (BFN) (2008): Welternährung, Biodiversität und Gentechnik: Kann die Agro-Gentechnik zur naturverträglichen und nachhaltigen Sicherung der Welternährung beitragen? Positionspapier des BfN, Stand Dezember 2008. Bonn.

BUNDESAMT FÜR VERBRAUCHERSCHUTZ UND LEBENSMITTELSICHERHEIT (BVL) (2008): Die Grüne Gentechnik: Ein Überblick. Berlin.

BUNDESAMT FÜR VERBRAUCHERSCHUTZ UND LEBENSMITTELSICHERHEIT (BVL) (2009a): URL: http://www.bvl.bund.de/cln_027/nn_491798/DE/06__Gentechnik/07__Anbau/01__Standortregister/HG-Auswertung__Stareg.html, Abrufdatum: 20.08.2009.

BUNDESAMT FÜR VERBRAUCHERSCHUTZ UND LEBENSMITTELSICHERHEIT (BVL) (2009b): Standortregister, verschiedene Jahrgänge, URL: http://apps2.bvl.bund.de/stareg_web/showflaechen.do, Abrufdatum: 20.08.2009.

BUNDESAMT FÜR VERBRAUCHERSCHUTZ UND LEBENSMITTELSICHERHEIT (BVL) (2009c): Nationale Regelungen: Gesetze und Verordnungen. URL: http://www.bvl.bund.de/cln_027/nn_491802/DE/06__Gentechnik/01__RechtlicheRahmenbed/01__NatGesetzgeb/natGesetzgeb.html#Nationale, Abrufdatum: 25.08.2009.

BUNDESKOSTENVERORDNUNG ZUM GENTECHNIKGESETZ (BGENTGKOSTV) (2004): Bundeskostenverordnung zum Gentechnikgesetz vom 9. Oktober 1991 (BGBl. I S. 1972), zuletzt geändert durch Artikel 1 § 4 des Gesetzes vom 22. März 2004 (BGBl. I S. 454).

BUNDESMINISTERIUM FÜR BILDUNG UND FORSCHUNG (BMBF) (2007): Schavan: Chancen der Gentechnik nutzen. Pressemitteilung 161/2007, Ausgabedatum 08.08.2007.

BUNDESMINISTERIUM FÜR ERNÄHRUNG, LANDWIRTSCHAFT UND VERBRAUCHERSCHUTZ (BMELV) (2009a): Aigner verbietet den Anbau von MON810. Pressemitteilung Nr. 063, Ausgabedatum 14.04.2009.

BUNDESMINISTERIUM FÜR ERNÄHRUNG, LANDWIRTSCHAFT UND VERBRAUCHERSCHUTZ (BMELV) (2009b): Hintergrundinformationen zur Ohne-Gentechnik-Kennzeichnung. URL: http://www.bmelv.de/cln_163/SharedDocs/Standardartikel/Ernaehrung/SichereLebensmittel/Kennzeichnung/OhneGentechnikKennzeichnungHG_Informationen.html?nn=406646, Abrufdatum: 07.09.2009.

BUNDESMINISTERIUM FÜR ERNÄHRUNG, LANDWIRTSCHAFT UND VERBRAUCHERSCHUTZ (BMELV) (2009c): Logo „Ohne Gentechnik": Mehr Transparenz beim Lebensmitteleinkauf. URL: http://www.bmelv.de/cln_163/SharedDocs/Standardartikel/Ernaehrung/SichereLebensmittel/Kennzeichnung/OhneGentechnikKennzeichnung.html, Abrufdatum: 07.09.2009.

BUNDESMINISTERIUM FÜR ERNÄHRUNG, LANDWIRTSCHAFT UND VERBRAUCHERSCHUTZ (BMELV) (HRSG.) (2010): Koexistenz Gentechnik in der Land- und Ernährungswirtschaft Stellungnahme Mai 2010 vom Wissenschaftlichen Beirat für Agrarpolitik beim Bundesministerium für Ernährung, Landwirtschaft und Verbraucherschutz. Berichte über Landwirtschaft 88(3): 365-386.

BUNDESMINISTERIUM FÜR UMWELT, NATURSCHUTZ UND REAKTORSICHERHEIT (BMU) (HRSG.) (2006): Umweltbewusstsein in Deutschland 2006: Ergebnisse einer repräsentativen Bevölkerungsumfrage. Berlin.

BUNDESMINISTERIUM FÜR UMWELT, NATURSCHUTZ UND REAKTORSICHERHEIT (BMU) (HRSG.) (2008): Umweltbewusstsein in Deutschland 2008: Ergebnisse einer repräsentativen Bevölkerungsumfrage. Berlin.

BUNDESMINISTERIUM FÜR UMWELT, NATURSCHUTZ UND REAKTORSICHERHEIT (BMU) (HRSG.) (2010): Umweltbewusstsein in Deutschland 2010: Ergebnisse einer repräsentativen Bevölkerungsumfrage. Berlin.

BUNDESMINISTERIUM FÜR UMWELT, NATURSCHUTZ UND REAKTORSICHERHEIT (BMU) (HRSG.) (2013): Umweltbewusstsein in Deutschland 2012: Ergebnisse einer repräsentativen Bevölkerungsumfrage. Berlin.

BUNDESMINISTERIUM FÜR VERBRAUCHERSCHUTZ, ERNÄHRUNG UND LANDWIRTSCHAFT (BMVEL) (2003): Diskurs Grüne Gentechnik: Hintergründe, Standpunkte und Erwartungen zum Einsatz der Gentechnik in der Land- und Ernährungswirtschaft. Bonn.

BUNDESRAT (2010): Beschluss zum Vorschlag für eine Verordnung des Europäischen Parlaments und des Rates zur Änderung der Richtlinie 2001/18/EG betreffend die den Mitgliedstaaten eingeräumte Möglichkeit, den Anbau von GVO auf ihrem Hoheitsgebiet zu beschränken oder zu untersagen KOM(2010) 375 endg. Drucksache 440/10, 24.09.2010.

BUNDESSORTENAMT (BSA) (2009): Beschreibende Sortenliste 2009. Hannover.

BUNDESSORTENAMT (BSA) (2010): Beschreibende Sortenliste 2010. Hannover.

BUNDESVERBAND DEUTSCHER PFLANZENZÜCHTER E.V. (BDP) (2009): Anbauverbot für MON 810 ist Willkürakt. Pressemitteilung vom 14.04.2009.

BUNDESVERFASSUNGSGERICHT (BVERFG) (2010): Leitsätze zum Urteil des Ersten Senats vom 24. November 2010. BVerfG, 1 BvF 2/05 vom 24.11.2010.

BUSCH, R.J. (2005): Die Kontroverse um die Grüne Gentechnik. *in*: GSF (Hrsg.) (2005): Grüne Gentechnik in Forschung und Anwendung, Seiten 11-16. Mensch & Umwelt spezial, 17. Ausgabe: Neuherberg.

C

CANAVARI M. & NAYGA R.M. (JR.) (2009): On consumers' willingness to purchase nutritionally enhanced genetically modified food. Applied Economics 41(1): 125-137.

CARLSSON, A.; FRYKBLOM, A. & LAGERKVIST, C.J. (2004): Consumer benefits of labels and bans on genetically modified food – An empirical analysis using Choice Experiments. Working Papers in Economics no. 129, Gothenburg University.

CARLSSON, A.; FRYKBLOM, A. & LAGERKVIST, C.J. (2007): Consumer Benefits of Labels and Bans on GM-Foods - Choice Experiments with Swedish Consumers. American Journal of Agricultural Economics 89(1): 152-161.

CARTER, C.A. & GRUÈRE, G.P. (2003): International Approaches to the Labeling of Genetically Modified Foods. Choices 18(2): 1-4.

CARVALHO, S.W.; BLOCK, L.G.; SIVARAMAKRISHNAN, S.; MANCHANDA, R.V. & MITAKAKIS, C. (2008): Risk perception and risk avoidance: The role of cultural identity and personal relevance. International Journal of Research in Marketing 25(4): 319-326.

CERDA, C. (2006): Valuing biological diversity in Navarino Island, Cape Horn Archipelago, Chile – a choice experiment approach. Dissertation, Elektronische Dissertationen der Georg-August-Universität Göttingen

CHEMISCHES UND VETERINÄRUNTERSUCHUNGSAMT FREIBURG (CVUA) (2011): Gentechnik und Lebensmittel 2010 - die Ergebnisse aus Baden-Württemberg liegen jetzt vor. Pressemitteilung vom 08.02.2011.

CHRISTLICH DEMOKRATISCHE UNION DEUTSCHLANDS/CHRISTLICH SOZIALE UNION (2009): Wir haben die Kraft – Gemeinsam für unser Land. Regierungsprogramm 2009-2013.

CHRISTLICH DEMOKRATISCHE UNION DEUTSCHLANDS/CHRISTLICH SOZIALE UNION (2013): Gemeinsam erfolgreich für Deutschland. Regierungsprogramm 2013-2017.

CHRISTOPH, I.B. (2008): Die Zahlungsbereitschaft für gentechnisch veränderte Produkte unter Berücksichtigung der Integration psychometrischer Daten. Frankfurt am Main: Peter Lang.

CHURCH, A.H. (1993): Estimating the effect of incentives on mail survey response rates: A meta-analysis. Public Opinion Quarterly 57(1): 62-79.

CLAUSEN, T. (2009): Rationalität und ökonomische Methode. 1. Auflage, Paderborn: Mentis.

CONRAD, J. (2004): Erklärungsansätze und Perspektiven sozialwissenschaftlicher Gentechnikforschung – Akzeptanz, Kontroversen, Regulierungsmuster, sozioökonomische Rahmenbedingungen und Entwicklungspfade. UFZ-Bericht 19/2004.

CONRAD, J. (2005): Grüne Gentechnik - Gestaltungschance und Entwicklungsrisiko: Perspektiven eines regionalen Innovationsnetzwerks. 1. Auflage, Wiesbaden: Deutscher Universitäts-Verlag.

COSTA-FONT, M.; GIL, J.M. & TRAILL, W.B. (2008): Consumer acceptance, valuation of and attitudes towards genetically modified food: Review and implications for food policy. Food Policy 33(2): 99-111.

CRESPI, J.M. & MARETTE, S. (2003): "Does Contain" vs. "Does Not Contain": Does it Matter which GMO Label is Used? European Journal of Law and Economics 16(3): 327–344.

CURTIS, K.R.; MCCLUSKEY, J.J. & WAHL, T.I. (2004): Consumer Acceptance of Genetically Modified Products in the Developing World. AgBio-Forum 7(1-2): 70-75.

CURTIS, K.R. & MOELTNER, K. (2006): Genetically Modified Food Market Participation and Consumer Risk Perceptions: A Cross-Country Comparison. Canadian Journal of Agricultural Economics 54(2): 289-310.

D

DANGOUR, A.D.; DODHIA, S.K.; HAYTER, A.; ALLEN,E.; LOCK, K. & UAUY, R. (2009): Nutritional quality of organic foods: a systematic review. The American Journal of Clinical Nutrition 90(3): 680-685.

DANNENBERG, A. (2008): Is it Who You Ask or How You Ask? Findings of a Meta-Analysis on Genetically Modified Food Valuation Studies. Zentrum für Europäische Wirtschaftsforschung (ZEW), Discussion Paper No. 08-096.

DANNENBERG, A.; SCATASTA, S. & STURM, B. (2009): Keine Chance für genetisch veränderte Lebensmittel in Deutschland? Eine experimentelle Analyse von Zahlungsbereitschaften. Perspektiven der Wirtschaftspolitik 10(2): 214-234.

DAVERN, M.; ROCKWOOD, T.H.; SHERROD, R. & CAMPBELL, S. (2003): Prepaid monetary incentives and data quality in face-to-face interviews: Data from the 1996 survey of income and program participation incentive experiment. Public Opinion Quarterly 67(1): 139-147.

DECKWER, W.-P.; PÜHLER, A. & SCHMID, R.D. (HRSG.) (1999): Römpp-Lexikon: Biotechnologie und Gentechnik. 2. Auflage, Stuttgart: Thieme.

DEICHMANN, T. (2009): Warum Angst vor Grüner Gentechnik? – Wie Fortschritt in den Biowissenschaften verhindert wird. 1. Auflage, Halle: Projekte-Verlag.

DESQUILBET, M & BULLOCK, D.S. (2009): Who pays the costs of non-GMO segregation and identity preservation? American Journal of Agricultural Economics 91(3): 656-672.

DEUTSCHE FORSCHUNGSGEMEINSCHAFT (DFG) (2009): Forschung in der Grünen Gentechnik unverzichtbar. Gemeinsame Pressemitteilung von Deutscher Forschungsgemeinschaft (DFG) und Deutscher Landwirtschafts-Gesellschaft (DLG), Pressemitteilung vom 13.05.2009.

DEUTSCHE FORSCHUNGSGEMEINSCHAFT (DFG) & DEUTSCHE LANDWIRTSCHAFTS-GESELLSCHAFT E.V. (DLG) (2009): „Forschung in Freiheit und Verantwortung": Zum Status quo der Forschungsrahmenbedingungen zur „Grünen Gentechnik". Memorandum von DLG und DFG-Senatskommission für Stoffe und Ressourcen in der Landwirtschaft.

DEUTSCHES MAISKOMITEE E.V. (DMK) (2009): Maisanbauflächen in Deutschland: Flächenentwicklung in Deutschland nach Bundesländern 2008/2009 (vorläufig). Stand: 28.05.2009.

DEUTSCHER BAUERNVERBAND E.V. (DBV) (2007): Keine Irreführung durch Aufweichung der Gentechnik-Kennzeichnungsvorschriften. Pressemitteilung vom 10.08.2007.

DEUTSCHER BAUERNVERBAND E.V. (DBV) (2009): Logo „ohne Gentechnik" kaum ein Beitrag zur Verbraucheraufklärung. Pressemitteilung vom 13.08.2009.

DEUTSCHER BUNDESTAG (2008): Antwort der Bundesregierung auf die Kleine Anfrage der Abgeordneten Ulrike Höfken, Cornelia Behm, Nicole Maisch, weiterer Abgeordneter und der Fraktion Bündnis 90/Die Grünen, Drucksache 16/9882.

DEUTSCHER RAIFFEISENVERBAND E.V. (DRV) (2009): Hintergrundpapier: Gentechnik und Futtermittel. Stand April 2009.

DIALEGO MARKET RESEARCH ONLINE (2009): Bundesbürger beäugen „Gen-Food" skeptisch. Pressemitteilung vom 31.03.2009.

DIEKMANN, A. (1996): Homo ÖKOnomicus. Anwendung und Probleme der Theorie rationalen Handelns im Umweltbereich. *in*: Diekmann, A. & Jaeger, C.C. (Hrsg.) (1996): Umweltsoziologie. Kölner Zeitschrift für Soziologie und Sozialpsychologie - Sonderheft 36, Seiten 89-118. Opladen: Westdeutscher.

DIEKMANN, A. (1998):Empirische Sozialforschung: Grundlagen, Methoden, Anwendungen. 4. Auflage, Reinbek bei Hamburg: Rowohlt.

DIEKMANN, A.; FRANZEN, A.; GAUTSCHI, T.& PREISENDÖRFER, P. (1998): Umweltbewußtsein in Deutschland 1996. GESIS Datenarchiv, Köln. ZA2964 Datenfile Version 1.0.0, doi:10.4232/1.2964.

DIEKMANN, A. & JANN, B. (2001): Anreizformen und Ausschöpfungsquoten bei postalischen Befragungen. Eine Prüfung der Reziprozitätshypothese. ZUMA-Nachrichten 48: 18-27.

DIEKMANN, A. & VOSS, T. (2004): Die Theorie rationalen Handelns. Stand und Perspektiven. *in*: Diekmann, A. & Voss, T. (Hrsg.) (2004): Rational-Choice-Theorie in den Sozialwissenschaften, Seiten 13-29. München: Oldenbourg.

DIEKMANN, A. (2008): Soziologie und Ökonomie: Der Beitrag experimenteller Wirtschaftsforschung zur Sozialtheorie. Kölner Zeitschrift für Soziologie und Sozialpsychologie 60(3): 528-550.

DIE LINKE (2009): Konsequent sozial. Für Demokratie und Frieden. Bundestagswahlprogramm 2009.

DIE LINKE (2013): 100 Prozent sozial. Leitantrag des Parteivorstandes zum Wahlprogramm Bundestagswahl 2013.

DIE WELT ONLINE (2007): Ohnmacht vor dem Öko-Vandalismus. Artikel vom 15.03.2007, URL: http://www.welt.de/welt_print/article761925/Ohnmacht_vor_dem_Oeko_Vandalismus.html, Abrufdatum: 13.09.2009.

DIE WELT ONLINE (2008): Ohne Gentechnik wird die Welt nicht mehr satt. Artikel vom 25.01.2008, URL: http://www.welt.de/meinung/article1594077/Ohne_Gentechnik_wird_die_Welt_nicht_mehr_satt.html, Abrufdatum: 10.08.2009.

DIE WELT ONLINE (2009): „Ohne Gentechnik" bedeutet nicht, was draufsteht. Artikel vom 10.08.2009, URL: http://www.welt.de/politik/deutschland/article4294693/Ohne-Gentechnik-bedeutet-nicht-was-draufsteht.html, Abrufdatum: 07.09.2009.

DILLMAN D.A. (1978): Mail and Telephone surveys: The Total Design Method. 1. Auflage, New York: Wiley.

DILLMAN D.A. (2000): Mail and Internet Surveys: The Tailored Design Method. 2. Auflage, New York: Wiley.

DORFMÜLLER, S. (2005): Transgene Pflanzen als Arzneimittelproduzenten. *in*: GSF (Hrsg.) (2005): Grüne Gentechnik in Forschung und Anwendung, Seiten 32-38. Mensch & Umwelt spezial, 17. Ausgabe: Neuherberg.

DREEZENS, E.; MARTIJN, C.; TENBÜLT, P.; KOK, G. & DE VRIES, N.K. (2005): Food and values: an examination of values underlying attitudes toward genetically modified- and organically grown food products. Appetite 44(1): 115-122.

DURANT, R.F. & LEGGE, J.S. (2005): Public Opinion, Risk Perceptions, and Genetically Modified Food Regulatory Policy: Reassessing the Calculus of Dissent among European Citizens. European Union Politics 6(2): 181-200.

E

EAGLY, A.H. & CHAIKEN, S. (1993): The Psychology of Attitudes. Fort Worth: Harcourt Brace Jovanovich College Publishers.

EISENFÜHR, F. & WEBER, M. (2003): Rationales Entscheiden. 4. Auflage, Berlin: Springer.

ENNEKING, U. (2003): Die Analyse von Lebensmittelpräferenzen mit Hilfe von Discret-Choice-Modellen am Beispiel ökologisch produzierter Wurstwaren. Agrarwirtschaft 52(5): 254-267.

ETZRODT, C. (2003): Sozialwissenschaftliche Handlungstheorien. Konstanz: UTB/UVK.

EUROPABIO (2009): EU biotech cultivation in 2008: +21% in 1 year (France not included). URL: http://www.europabio.org/documents/2008%20Cultivation%20chart.pdf, Abrufdatum: 27.08.2009.

EUROPABIO (2010): 2010 Biotech crop cultivation figures for Europe and beyond. URL: http://www.europabio.org/positions/GBE/2010-GMO-cultivation-figures-for-Europe-and-beyond.pdf, Abrufdatum: 30.06.2011.

EUROPÄISCHE KOMMISSION (1997): Eurobarometer 46.1 (1996). INRA, Brussels. GESIS Datenarchiv, Köln. ZA2899 Datenfile Version 1.0.0, doi:10.4232/1.2899.

EUROPÄISCHE KOMMISSION (1998): Eurobarometer 49 (1998). INRA, Brussels. GESIS Datenarchiv, Köln. ZA3052 Datenfile Version 1.0.0, doi:10.4232/1.3052.

EUROPÄISCHE KOMMISSION (1999): Eurobarometer 51.1 (1999). INRA, Brussels. GESIS Datenarchiv, Köln. ZA3172 Datenfile Version 1.0.0, doi:10.4232/1.3172.

EUROPÄISCHE KOMMISSION (2000a): Eurobarometer 52.1 (1999). INRA, Brussels. GESIS Datenarchiv, Köln. ZA3205 Datenfile Version 1.0.0, doi:10.4232/1.3205.

EUROPÄISCHE KOMMISSION (2000b): Eurobarometer 53 (2000). INRA, Brussels. GESIS Datenarchiv, Köln. ZA3296 Datenfile Version 1.0.0, doi:10.4232/1.3296.

EUROPÄISCHE KOMMISSION (2001): Eurobarometer 55.2 (2001). European Opinion Research Group (EORG), Brussels. GESIS Datenarchiv, Köln. ZA3509 Datenfile Version 1.0.0, doi:10.4232/1.3509.

EUROPÄISCHE KOMMISSION (2002): Eurobarometer 58.0 (2002). European Opinion Research Group (EORG), Brussels. GESIS Datenarchiv, Köln. ZA3692 Datenfile Version 1.0.0, doi:10.4232/1.3692.

EUROPÄISCHE KOMMISSION (2003): Empfehlung der Kommission vom 23. Juli 2003 mit Leitlinien für die Erarbeitung einzelstaatlicher Strategien und geeigneter Verfahren für die Koexistenz gentechnisch veränderter, konventioneller und ökologischer Kulturen.

EUROPÄISCHE KOMMISSION (2006a): Mitteilung der Kommission an den Rat und das Europäische Parlament: Bericht über die Durchführung der einzelstaatlichen Maßnahmen für die Koexistenz gentechnisch veränderter, konventioneller und ökologischer Kulturen.

EUROPÄISCHE KOMMISSION (2006b): Eurobarometer 66: Die öffentliche Meinung in der Europäischen Union. Standard Eurobarometer 66.

EUROPÄISCHE KOMMISSION (2006c): Eurobarometer 63.1 (2005). TNS OPINION & SOCIAL, Brussels [Producer]. GESIS Datenarchiv, Köln. ZA4233 Datenfile Version 1.0.0, doi:10.4232/1.4233.

EUROPÄISCHE KOMMISSION (2006d): Eurobarometer 64.1 (2005). TNS OPINION & SOCIAL, Brussels [Producer]. GESIS Datenarchiv, Köln. ZA4413 Datenfile Version 1.0.0, doi:10.4232/1.4413.

EUROPÄISCHE KOMMISSION (2006e): Eurobarometer 64.3 (2005). TNS OPINION & SOCIAL, Brussels [Producer]. GESIS Datenarchiv, Köln. ZA4415 Datenfile Version 1.0.0, doi:10.4232/1.4415.

EUROPÄISCHE KOMMISSION (2009): Bericht der Kommission an den Rat und das Europäische Parlament über die Koexistenz gentechnisch veränderter, konventioneller und ökologischer Kulturen.

EUROPÄISCHE KOMMISSION (2010a): Public Opinion – Eurobarometer surveys. URL: http://ec.europa.eu/public_opinion/index_en.htm, Abrufdatum: 02.07.2010.

EUROPÄISCHE KOMMISSION (2010b): Eurobarometer 68.2 (2007-2008). TNS OPINION & SOCIAL, Brussels [Producer]. GESIS Datenarchiv, Köln. ZA4742 Datenfile Version 4.0.0, doi:10.4232/1.10127.

EUROPÄISCHE KOMMISSION (2013): Community register of genetically modified food and feed. URL: http://ec.europa.eu/food/dyna/gm_register/index_en.cfm, Abrufdatum: 30.05.2013.

EUROPÄISCHE UNION (EU) (2008): Kommission lässt gentechnisch veränderten Mais der Sorte GA21 zu. Pressemitteilung IP/08/480, Ausgabedatum: 28.03.2008.

EUROPÄISCHE UNION (EU) (2009a): Kommission veröffentlicht neuen Bericht über einzelstaatliche Strategien für die der Koexistenz gentechnisch veränderter, konventioneller und ökologischer Kulturen. Pressemitteilung IP/09/532, Ausgabedatum: 02.04.2009.

EUROPÄISCHE UNION (EU) (2009b): Kanada und die EU legen WTO-Streit um gentechnisch veränderte Organismen bei. Pressemitteilung IP/09/1142, Ausgabedatum: 15.07.2009.

EUROPÄISCHE UNION (EU) (2010): GVO: Mitgliedstaaten sollen alleinzuständig über den Anbau in ihrem Hoheitsgebiet entscheiden können. Pressemitteilung IP/10/921, Ausgabedatum: 13.07.2010.

EUROPÄISCHE UNION (EU) (2011): Questions and answers on the low level presence (LLP) of GMOs in feed imports. MEMO/11/451, Ausgabedatum: 24.06.2011.

EUROPÄISCHER GERICHTSHOF (EUGH) (2011a): Schlussanträge des Generalanwalts Paolo Mengozzi vom 22. März 2011. URL: http://curia.europa.eu/jurisp/cgi-bin/gettext.pl?lang=de&num=79889677C19100062&doc=T&ouvert=T&seance=CONCL, Abrufdatum: 01.07.2011.

EUROPÄISCHER GERICHTSHOF (EUGH) (2011b): Honig und Nahrungsergänzungsmittel, die den Pollen eines GVO enthalten, sind aus GVO hergestellte Lebensmittel, die nicht ohne vorherige Zulassung in den Verkehr gebracht werden dürfen. Pressemitteilung 79/11, Ausgabedatum: 06.09.2011.

EUROPÄISCHER GERICHTSHOF (EUGH) (2011c): Der Gerichtshof äußert sich zu den Voraussetzungen, unter denen die französischen Behörden den Anbau der Maissorte MON810 vorübergehen verbieten dürfen. Pressemitteilung 86/11, Ausgabedatum: 08.09.11.

EUROPÄISCHES PARLAMENT UND RAT DER EU (1997): Verordnung Nr. 258/97 des europäischen Parlaments und des Rates vom 27. Januar 1997 über neuartige Lebensmittel und neuartige Lebensmittelzutaten.

EUROPÄISCHES PARLAMENT UND RAT DER EU (2001): Richtlinie 2001/18/EG des europäischen Parlaments und des Rates vom 12. März 2001 über die absichtliche Freisetzung genetisch veränderter Organismen in die Umwelt und zur Aufhebung der Richtlinie 90/220/EWG des Rates.

Europäisches Parlament und Rat der EU (2003a): Verordnung Nr. 1946/2003 des europäischen Parlaments und des Rates vom 15. Juli 2003 über grenzüberschreitende Verbringungen genetisch veränderter Organismen.

Europäisches Parlament und Rat der EU (2003b): Verordnung Nr. 1829/2003 des europäischen Parlaments und des Rates vom 22. September 2003 über genetisch veränderte Lebensmittel und Futtermittel.

Europäisches Parlament und Rat der EU (2003c): Verordnung Nr. 1830/2003 des europäischen Parlaments und des Rates vom 22. September 2003 über die Rückverfolgbarkeit und Kennzeichnung von genetisch veränderten Organismen und über die Rückverfolgbarkeit von aus genetisch veränderten Organismen hergestellten Lebensmitteln und Futtermitteln sowie zur Änderung der Richtlinie 2001/18/EG.

European Food Safety Authority (EFSA) (2004): EFSA provides scientific advice on the use of antibiotic resistance marker genes in genetically modified plants. Pressemitteilung vom 19.04.2004.

European Food Safety Authority (EFSA) (2006a): Guidance document of the Scientific Panel on Genetically Modified Organisms for the risk assessment of genetically modified plants and derived food and feed. The EFSA Journal 99: 1-100.

European Food Safety Authority (EFSA) (2006b): Guidance document of the Scientific Panel on Genetically Modified Organisms for the risk assessment of genetically modified microorganisms and their derived products intended for food and feed use. The EFSA Journal 374: 1-115.

European Food Safety Authority (EFSA) (2007a): EFSA GMO Panel reconfirms that the use of the nptII gene as a selectable marker in GM plants does not pose a risk to human or animal health or the environment. Webnachricht vom 13.04.2007.

EUROPEAN FOOD SAFETY AUTHORITY (EFSA) (2007b): EFSA statement on the fate of recombinant DNA or proteins in meat, milk and eggs from animals fed with GM feed. Veröffentlichungsdatum: 16.11.2007.

EUROPEAN FOOD SAFETY AUTHORITY (EFSA) (2008a): Environmental Risk Assessment of Genetically Modified Plants – Challenges and Approaches. EFSA Scientific Colloquium Summary Report, Parma.

EUROPEAN FOOD SAFETY AUTHORITY (EFSA) (2008b): Scientific Opinion of the Panel on Genetically Modified Organisms on a request from the European Commission related to the safeguard clause invoked by France on maize MON810 according to Article 23 of Directive 2001/18/EC and the emergency measure according to Article 34 of Regulation (EC) No 1829/2003. The EFSA Journal 850: 1-45.

EUROPEAN FOOD SAFETY AUTHORITY (EFSA) (2009a): EFSA bewertet Antibiotikaresistenz-Markergene in gentechnisch veränderten Pflanzen. Webnachricht vom 11.06.2009.

EUROPEAN FOOD SAFETY AUTHORITY (EFSA) (2009b): Scientific Opinion of the Panel on Genetically Modified Organisms on applications (EFSA-GMO-RX-MON810) for the renewal of authorisation for the continued marketing of (1) existing food and food ingredients produced from genetically modified insect resistant maize MON810; (2) feed consisting of and/or containing maize MON810, including the use of seed for cultivation; and of (3) food and feed additives, and feed materials produced from maize MON810, all under Regulation (EC) No 1829/2003 from Monsanto. The EFSA Journal 1149: 1-85.

EUROPEAN FOOD SAFETY AUTHORITY (EFSA) (2009c): Register of Questions. URL: http://registerofquestions.efsa.europa.eu/roqFrontend/questionsListLoader?panel=GMO&questiontype=2, Abrufdatum: 21.08.2009.

F

FAULBAUM, F.; PRÜFER, P. & REXROTH, M. (2009): Was ist eine gute Frage? – Die systematische Evaluation der Fragenqualität. 1. Auflage, Wiesbaden: Verlag für Sozialwissenschaften.

FINANCIAL TIMES DEUTSCHLAND (2006): Seehofers Gentechnik-Pläne lassen Industrie hoffen. Ausgabe vom 14.01.2006, Hamburg.

FINANCIAL TIMES DEUTSCHLAND (2009): Gentechnik muss sein. Gastkommentar von Annette Schavan. Ausgabe vom 18.05.2009, Hamburg.

FISHBEIN, M. & AJZEN, I. (1975): Belief, attitude, intention, and behavior: An introduction to theory and research. Reading: Addison-Wesley.

FOCUS (2006): Lassen uns nicht abschrecken. Interview mit Horst Seehofer. Fokus Nr. 24/2006 vom 12.06.2006, Seite 38, München.

FOCUS (2009): Gene statt Gießen. Fokus Nr. 12/2009 vom 16.03.2009, Seiten 68-71, München.

FOOD AND AGRICULTURE ORGANIZATION OF THE UNITED NATIONS (FAO) (2004): The State of Food and Agriculture – Agricultural Biotechnology: Meeting the needs of the poor? Rome.

FOOD AND AGRICULTURE ORGANIZATION OF THE UNITED NATIONS (FAO) (2011): URL: http://faostat.fao.org/, Abrufdatum: 30.06.2011.

FOOD STANDARDS AGENCY (FSA) (2009): Quarterly public tracker - June 2009.

FORSA - GESELLSCHAFT FÜR SOZIALFORSCHUNG UND STATISTISCHE ANALYSEN MBH (2009a): Meinungen zur Kennzeichnung „ohne Gentechnik". Umfrage im Auftrag des Bund für Umwelt und Naturschutz Deutschland e.V., Erhebungszeitraum 20./21.04.2009.

FORSA - GESELLSCHAFT FÜR SOZIALFORSCHUNG UND STATISTISCHE ANALYSEN MBH (2009b): Meinungen zu Gentechnik. Umfrage im Auftrag von Slow Food Deutschland e.V., Erhebungszeitraum 15./18.05.2009.

FORSCHUNGSZENTRUMS KARLSRUHE GMBH (2009): Diskursprojekt „Szenario-Workshops: Zukünfte der Grünen Gentechnik". URL: http://www.szenario-workshops-gruene-gentechnik.de/, Abrufdatum: 25.08.2009.

FRAUNHOFER GESELLSCHAFT (2011): Medikamente aus genetisch veränderten Pflanzen im Kliniktest. Presseinformation vom 19.07.2011.

FREIE DEMOKRATISCHE PARTEI (FDP) (2009a): Die Mitte stärken. Programm zur Bundestagswahl 2009.

FREIE DEMOKRATISCHE PARTEI (FDP) (2009b): Happach-Kasan: Einheitliches „Ohne Gentechnik"-Label ist Verbrauchertäuschung. Presseinformation Nr. 823 vom 10.08.2009.

FREIE DEMOKRATISCHE PARTEI (FDP) (2013): Bürgerprogramm 2013. Programm zur Bundestagswahl 2013 (vorläufige Fassung).

FREY, B.S. & BENZ, M. (2001): Ökonomie und Psychologie: eine Übersicht. IEW Working Paper Series, Nummer 92, ISSN: 1424-0459.

FRIEDRICHS, J. (1990): Methoden empirischer Sozialforschung. 14. Auflage, Opladen: Westdeutscher Verlag.

FRIENDS OF THE EARTH EUROPE; GREENPEACE E.V. & COORDINATION PAYSANNE EUROPÉENNE (CPE) (2008): EU animal feed imports and GMO policy. Brüssel.

FRIENDS OF THE EARTH EUROPE (2009): Media Briefing: Undoing the ISAAA Myths on GM Crops. Brüssel.

FRIENDS OF THE EARTH INTERNATIONAL (2008): Who benefits from gm crops? – The rise in pesticide use. Issue 112, Amsterdam.

FRIENDS OF THE EARTH INTERNATIONAL (2009): Who benefits from gm crops? Feeding the biotech giants, not the world's poor. Issue 116, Amsterdam.

FULTON, M. & GIANNAKAS, K. (2004): Inserting GM products into the food chain: the market and welfare effects of different labelling and regulatory regimes. American Journal of Agricultural Economics 86(1): 42–60.

G

GAO, G.; VEEMAN, M. & ADAMOWICZ, W.L. (2005): Consumers' search behaviour for GM food information. Journal of Public Affairs 5(3-4): 217-225.

GAO, Z.; HOUSE, L.O. & YU, X. (2010): Using choice experiments to estimate consumer valuation: the role of experimental design and attribute information loads. Agricultural Economics 41(6): 555-565.

GARNIERE, P.; CHERN, W.S. & HAHN, D. (2006): A Continuum of Consumer Attitudes Toward Genetically Modified Foods in the United States. Journal of Agricultural and Resource Economics 31(1): 129-149.

GASSERT, K. (2003): Risikokommunikation von Unternehmen: Modelle und Strategien am Beispiel gentechnisch veränderter Lebensmittel. 1. Auflage, Wiesbaden: Deutscher Universitäts-Verlag.

GAWRON, J.-C. & THEUVSEN, L. (2008): Kosten der Verarbeitung von gentechnisch veränderten Organismen: Eine Analyse am Beispiel der Raps- und Maisverarbeitung. Schriften der Gesellschaft für Wirtschafts- und Sozialwissenschaften des Landbaus 43: 143-152.

GENDRECK WEG (2009): diverse Seiten zum Themenbereich Gentechnik, URL: http://www.gendreck-weg.de/?id=10&lg=de, Abrufdatum: 13.09.2009.

GESETZ ZUR DURCHFÜHRUNG DER VERORDNUNGEN DER EUROPÄISCHEN GEMEINSCHAFT AUF DEM GEBIET DER GENTECHNIK UND ÜBER DIE KENNZEICHNUNG OHNE ANWENDUNG GENTECHNISCHER VERFAHREN HERGESTELLTER LEBENSMITTEL (EG-GENTECHNIK-DURCHFÜHRUNGS-GESETZ - EGGENTDURCHFG) (2008): EG-Gentechnik-Durchführungsgesetz vom 22. Juni 2004 (BGBl. I S. 1244), zuletzt geändert durch die Bekanntmachung vom 27. Mai 2008 (BGBl. I S. 919).

GESETZ ZUR REGELUNG DER GENTECHNIK – GENTECHNIKGESETZ (GENTG) (2008): Gentechnikgesetz in der Fassung der Bekanntmachung vom 16. Dezember 1993 (BGBl. I S. 2066), zuletzt geändert durch Artikel 1 des Gesetzes vom 1. April 2008 (BGBl. I S. 499).

GESETZ ZUR REGELUNG DER GENTECHNIK – GENTECHNIKGESETZ (GENTG) (2010): Gentechnikgesetz in der Fassung der Bekanntmachung vom 16. Dezember 1993 (BGBl. I S. 2066), zuletzt geändert durch Artikel 1 des Gesetzes vom 9. Dezember 2010 (BGBl. I S. 1934).

GEWERKSCHAFT NAHRUNG-GENUSS-GASTSTÄTTEN (NGG) (2006): Die Gentechnik im Lebensmittel- und Agrarsektor: Position der Gewerkschaft Nahrung-Genuss-Gaststätten. Hamburg.

GIANNAKAS, K. & YIANNAKA, A. (2008): Market and Welfare Effects of Second-Generation, Consumer-Oriented GM Products. American Journal of Agricultural Economics 90(1): 152-171.

GOTTSCHALK-MAZOUZ, N. (2008): Risiko, Akzeptanz und Akzeptabilität. Was die Nanotechnologie von der Gentechnologie lernen kann. *in*: Koslowski, P. & Hubig, C. (Hrsg.) (2008): Maschinen, die unsere Brüder werden. Mensch-Maschine-Interaktion in hybriden Systemen, Seiten 171-187. 1. Auflage, München: Wilhelm Fink.

GRAHAM, J.W.; CUMSILLE, P.E. & ELEK-FISK, E. (2003): Methods for handling missing data. *in*: Schinka, J.A. & Velicer, W.F. (Hrsg.) (2003): Handbook of psychology: Research methods in psychology, Volume 2, Seiten 87-114. 1. Auflage, New York: Wiley.

GREEN, C. & TUNSTALL, S. (1999): A Psychological Perspective. *in*: Bateman, I.J. & Willis, K.G. (Hrsg.) (1999): Valuing Environmental Preferences: Theory and Practice of the Contingent Valuation in the US, EU and Developing Countries, Seiten 207-257. Oxford: University Press.

GREENPEACE E.V. (2004): Marienkäfer gegen Hungersnot: Innovative Pflanzenforschung braucht keine Genmanipulation. Hamburg.

GREENPEACE E.V. (2005a): Golden Rice: Nicht alles, was glänzt, ist Gold. Hamburg.

GREENPEACE E.V. (2005b): Pflanzen-Patente: Monopol für Konzerne. Patentierung von Pflanzen gefährdet die Welternährung. Hamburg.

GREENPEACE E.V. (2007a): MON863 vergiftet Ratten. Hamburg.

GREENPEACE E.V. (2007b): Gen-Giganten und der Trick mit der Kanone. Hamburg.

GREENPEACE E.V. (2009a): URL: http://www.greenpeace.de/themen/gentechnik/muell_milchde/; http://www.greenpeace.de/themen/gentechnik/lebensmittel/artikel/verbraucher_skandal_bei_weihenstephan_sagen_sie_dem_konzern_ihre_meinung-1/, Abrufdatum: 07.09.2009.

GREENPEACE E.V. (2009b): Gene in der Milch? Hamburg.

GRICE, J. & LAWRENCE, G.A. (2003): Consumer surveys of biotechnology: asking the questions until we get the answers we want OR Empowering the public to express their opinion. Paper der Agrifood Research Network Conference, 21–24 April 2003, Akaroa.

GRÜNE JUGEND BUNDESVERBAND (2008): Gentechnik-Feldbefreiungen sind legitim. Stellungnahme vom 26.06.2008, URL: http://www.gruene-jugend.de/themen/gentechnik/448986.html, Abrufdatum: 13.09.2009.

GRUÈRE, G.P. & RAO, S.R. (2007): A Review of International Labeling Policies of Genetically Modified Food to Evaluate India's Proposed Rule. AgBioForum 10(1): 51-64.

GRUNENBERG, H.; KUCKARTZ, U.; BUNDESMINISTERIUM FÜR UMWELT, NATURSCHUTZ UND REAKTORSICHERHEIT, BERLIN (2003): Umweltbewußtsein in Deutschland 2002 . GESIS Datenarchiv, Köln. ZA3902 Datenfile Version 1.0.0, doi:10.4232/1.3902.

H

HACKER, J. (2001): Genetik der Bakterien. *in*: Köhler, W.; Eggers, H.J.; Fleischer, B.; Marre, R.; Pfister, H. & Pulverer, G. (Hrsg.) (2001): Medizinische Mikrobiologie, Seiten 180-197. 8. Auflage, München: Urban & Fischer.

HÄNZE, M. (2002): Emotion, Ambivalenz und Entscheidungskonflikt. 1. Auflage, Weinheim: Beltz.

HÄRLEN, I.; SIMONS, J. & VIERBOOM, C. (2004): Die Informationsflut bewältigen – Über den Umgang mit Informationen zu Lebensmitteln aus psychologischer Sicht. Heidelberg: Dr. Rainer Wild-Stiftung.

HAHN, C. (1997): Conjoint- und Discrete Choice Analyse als Verfahren zur Abbildung von Präferenzstrukturen und Produktauswahlentscheidungen: Ein theoretischer und computergestützter empirischer Vergleich. Betriebswirtschaftliche Schriften 80, Münster: Lit.

HALL, C. & MORAN, D. (2006): Investigating GM risk perceptions: A survey of anti-GM and environmental campaign group members. Journal of Rural Studies 22(1): 29-37.

HALLMAN, W.; ADELAJA, A. & SCHILLING, B. (2002): Public perceptions of agricultural biotechnology in the United States in 2001. New Brunswick: Food Policy Institute.

HAMPEL, J. & RENN, O. (HRSG.) (1998): Chancen und Risiken der Gentechnik aus Sicht der Öffentlichkeit. Kurzfassung der Ergebnisse des gleichnamigen Verbundprojektes. Fördernummer BMBF: PLI 1444.

HANDELSBLATT (2005): Neue Hoffnung für die grüne Gentechnik. Ausgabe vom 08.06.2005, Düsseldorf.

HANLEY, N.; WRIGHT, R.E. & ADAMOWICZ, V. (1998): Using choice experiments to value the environment - Design issues, current experience and future prospects. Environmental and Resource Economics 11(3-4): 413-428.

HANLEY, N.; MOURATO, S. & WRIGHT, R.E. (2001): Choice modelling approaches: A superior alternative for environmental evaluation? Journal of Economic Surveys 15(3): 435-462.

HARRISON, R.W.; BOCCALETTI, S. & HOUSE, L. (2004): Risk perceptions of urban Italian and United States consumers for genetically modified foods. AgBioForum 7(4): 195-201.

HARTL, J. (2007): Anwendung der Meta-Analyse zur Identifizierung von Determinanten der Zahlungsbereitschaft für gentechnisch veränderte Lebensmittel. Agrarökonomische Diskussionsbeiträge 85/2007, Giessen.

HARTL, J. & HERRMANN, R. (2009): Do they always say no? German consumers and second-generation GMO foods. Agricultural Economics 40(5): 551-560.

HELM, R. & STEINER, M. (2008): Präferenzmessung: Methodengestützte Entwicklung zielgruppenspezifischer Produktinnovationen. Stuttgart: Kohlhammer.

HENSELEIT, M.; KUBITZKI, S. & HERRMANN, R. (2009): ‚GMO-Free' labels - enhancing transparency or deceiving consumers? Paper zur 49. Jahrestagung der Gesellschaft für Wirtschafts- und Sozialwissenschaften des Landbaus, 30. September - 02. Oktober 2009, Kiel.

HENSHER, D.; ROSE, J. & GREENE, W. (HRSG.) (2005): Applied Choice Methods - A Primer. Cambridge: University Press.

HERRMANN R.; KUBITZKI S.; HENSELEIT M. & HENKEL T. (2008): Lebensmittelkennzeichnung „ohne Gentechnik": Verbraucherwahrnehmung und -verhalten. Abschlussbericht, Giessen.

HOBBS, J.E. & KERR, W.A. (2005): Will consumers lose or gain from the environmental impacts of transgenic crops? *in*: Wesseler, J.H.H. (Hrsg.) (2005): Environmental Costs and Benefits of Transgenic Crops, Seiten 249-262. Springer: Dordrecht.

HOCHSCHULE FÜR WIRTSCHAFT UND UMWELT NÜRTINGEN-GEILSINGEN (HFWU) (2009): HfWU stellt Genversuche ein. Pressemitteilung vom 09.04.2008.

HOFFMEYER-ZLOTNIK, J.H.P. & WARNER, U. (1998): Die Messung von Einkommen im nationalen und internationalen Vergleich. ZUMA-Nachrichten 42: 30-70.

HORTON, N.J.; LIPSITZ, S.R. & PARZEN, M. (2003): A Potential Bias When Rounding in Multiple Imputation. The American Statistician 57(4): 229-232.

HORTON, N.J. & KLEINMAN, K.P. (2007): Much Ado About Nothing: A Comparison of Missing Data Methods and Software to Fit Incomplete Data Regression Models. The American Statistician 61(1): 79-90.

HOSSAIN, F.; ONYANGO, B.; SCHILLING, B.; HALLMAN, W. & ADELAJA, A. (2003): Product attributes, consumer benefits and public approval of genetically modified foods. International Journal of Consumer Studies 27(5): 353-365.

HOUSE, L.; LUSK, J.L.; JAEGER, S.; TRAILL, W.B.; MOORE, M.; VALLI, C.; MORROW, B. & YEE, W.M.S. (2004): Objective and subjective knowledge: Impacts on Consumer Demand for Genetically Modified Foods in the United States and the European Union. AgBioForum 7(3): 113-123.

HU, W.; HÜNNEMEYER, A.; VEEMAN, M.; ADAMOWICZ, W. & SRIVASTAVA, L. (2004): Trading off health, environmental and genetically modification attributes in food. European Review of Agricultural Economics 31(3): 389-408.

HU, W.; VEEMAN, M.; ADAMOWICZ, W. & GAO, G. (2006): Consumers' Food Choices with Voluntary Access to Genetic Modification Information. Canadian Journal of Agricultural Economics 54(4): 585-604.

HUCHO, F.; BROCKHOFF, K.; VAN DEN DAELE, W.; KÖCHY, K.; REICH, J.; RHEINBERGER, H.-J.; MÜLLER-RÖBER, B.; SPERLING, K.; WOBUS, A.M.; BOYSEN, M. & KÖLSCH, M. (2005): Gentechnologiebericht - Analyse einer Hochtechnologie in Deutschland. Forschungsberichte der interdisziplinären Arbeitsgruppen der Berlin-Brandenburgischen Akademie der Wissenschaften, Band 14. 1. Auflage, München: Spektrum.

HUCHO, F. (2006): Ist Deutschland ein gentechnologisches Entwicklungsland? *in*: Berlin-Brandenburgische Akademie der Wissenschaften: Berichte und Abhandlungen, Band 12, Seiten 13-20. Berlin: Akademie.

HUFFMAN, W.E.; ROUSU, M.; SHOGREN, J.F. & TEGENE, A. (2003): The Public Good Value of Information from Agribusiness on Genetically Modified Foods. American Journal of Agricultural Economics 85(5): 1309-1315.

HUFFMAN, W.E.; ROUSU, M.; SHOGREN, J.F. & TEGENE, A. (2004): Consumer's Resistance to Genetically Modified Foods: The Role of Information in an Uncertain Environment. Journal of Agricultural and Food Industrial Organization 2(2): Article 8.

HUFFMAN, W.E.; ROUSU, M.; SHOGREN, J.F. & TEGENE, A. (2007): The effects of prior beliefs and learning on consumers' acceptance of genetically modified foods. Journal of Economic Behavior and Organization 63(1): 193-206.

HUTTON, P. (2006): GM Foods: What Europeans Really Think - An analysis of the progression of European consumer attitudes toward GM foods. EuropaBio: The European Association for Bioindustries, August 2006.

I

INSTITUT FÜR DEMOSKOPIE ALLENSBACH (IFD) (2009): Ökotrend Bayern. Studie im Auftrag des Bayerischen Staatsministeriums für Umwelt und Gesundheit, Erhebungszeitraum 05.-20.06.2009.

IRRGANG, B. (2005): Ethik der Gen- und der neuen Biotechnologie. *in*: Nida-Rümelin, J. (Hrsg.) (2005): Angewandte Ethik – Die Bereichsethiken und ihre theoretische Fundierung: Ein Handbuch, Seiten 648-689. 2. Auflage, Stuttgart: Kröner.

IRRGANG, B. (2008): Technik-Erwägungskultur und Leitbilder für die Grüne Gentechnologie. *in*: Busch, R. J.& Prütz, G. (Hrsg.). (2008): Biotechnologie in gesellschaftlicher Deutung, Seiten 91-99. München: Utz.

J

JAMES, C. (2004): Global Status of Commercialized Biotech/GM Crops: 2004. ISAAA Brief No. 32, Ithaca, New York.

JAMES, C. (2008): Global Status of Commercialized Biotech/GM Crops: 2008. ISAAA Brief No. 39, Ithaca, New York.

JAMES, C. (2010): Global Status of Commercialized Biotech/GM Crops: 2010. ISAAA Brief No. 42, Ithaca, New York.

JAMES, C. (2011): Global Status of Commercialized Biotech/GM Crops: 2011. ISAAA Brief No. 43, Ithaca, New York.

JAMES, C. (2012): Global Status of Commercialized Biotech/GM Crops: 2012. ISAAA Brief No. 44, Ithaca, New York.

JAMES, J.M. & BOLSTEIN, R. (1990): The effect of monetary incentives and follow-up mailings on the response rate and response quality in mail surveys. Public Opinion Quarterly 54(3): 346-361.

JAMES, S. & BURTON, M. (2003): Consumer preferences for GM food and other attributes of the food system. The Australian Journal of Agricultural and Resource Economics 47(4): 501-518.

JANICH, P. & WEINGARTEN, M. (2002): Verantwortung ohne Verständnis? Wie die Ethikdebatte zur Gentechnik von deren Wissenschaftstheorie abhängt. Journal for General Philosophy of Science 33(1): 85-120.

JANY, K.-D. (2005): Sind gentechnisch veränderte Lebensmittel ein Gesundheitsrisiko? *in*: Ministerium für Umwelt und Forsten Rheinland-Pfalz (Hrsg.) (2005): Herausforderung Grüne Gentechnik – Problem oder Problemlösung?, Seiten 37-38. Mainz.

JANY, K.-D. (2007): Sind Pollen aus gentechnisch veränderten Pflanzen im Honig als lebende gentechnisch veränderte Organismen einzustufen? Stellungnahme des Wissenschaftlerkreis Grüne Gentechnik e.V. (WGG) vom 22.05.2007. URL: http://www.wgg-ev.de/2007/05/sind-pollen-aus-gentechnisch-veranderten-pflanzen-im-honig-als-lebende-gentechnisch-veranderte-organismen-einzustufen/, Abrufdatum: 27.08.2009.

JULIUS KÜHN-INSTITUT, BUNDESFORSCHUNGSINSTITUT FÜR KULTURPFLANZEN (JKI) (2007): Ostrinia nubilalis - Ausbreitung und Bekämpfung des Maiszünslers. URL: http://www.jki.bund.de/nn_932586/DE/Aktuelles/aktschadorg/maiszuensler/maiszuensler__inhalt.html, Abrufdatum: 10.09.2009.

JUSTER, F.T. & SMITH, J.P. (1997): Improving the quality of economic data: Lessons from the HRS and AHEAD. Journal of the American Statistical Association 92(440):1268-1278.

K

KÄPPELI, O. & SCHULTE, E. (1998): Bio- und Gentechnologie II - Technikbeurteilung offener Systeme. Zürich: vdf-Hochschulverlag.

KAHNEMAN, D.; RITOV, I. & SCHKADE, D. (1999): Economic Preferences or Attitude Expressions?: An Analysis of Dollar Responses to Public Issues. Journal of Risk and Uncertainty 19(1-3): 203-235.

KALAITZANDONAKES, N.; MARKS, L.A. & VICKNER, S.S. (2004): Media Coverage of Biotech Foods and Influence on Consumer Choice. American Journal of Agricultural Economics 86(5): 1238-1246.

KANEKO, N. & CERN, W.S. (2005): Willingness to Pay for Genetically Modified Oil, Cornflakes, and Salmon: Evidence from a U.S. Telephone Survey. Journal of Agricultural and Applied Economics 37(3): 701-719.

KATZ, D. & STOTLAND, E. (1959): A Preliminary Statement of a Theory of Attitude Structure and Change. *in*: Koch, S. (Hrsg.) (1959): Psychology: A Study of a Science, Volume 3, Seiten 423-475. New York: McGraw-Hill.

KATZ, D. (1960): The functional approach to the study of attitudes. Public Opinion Quarterly 24(2): 336-346.

KAYE-BLAKE, W.; BICKNELL, K. & SAUNDERS, C. (2005): Process versus product: which determines consumer demand for genetically modified apples? The Australian Journal of Agricultural and Resource Economics 49(4): 413-427.

KEMME, M. (1996): Gentechnik als öffentliche Wissenschaft. *in*: Gassen, H.G. & Kemme, M. (Hrsg.) (1996): Gentechnik - Die Wachstumsbranche der Zukunft, Seiten 14-18. Originalausgabe, Frankfurt am Main: Fischer.

KEMME, M. & SACHSE, G.E. (1996): Entwicklungsstufen einer biologischen Industrie. *in*: Gassen, H.G. & Kemme, M. (Hrsg.) (1996): Gentechnik - Die Wachstumsbranche der Zukunft, Seiten 90-143. Originalausgabe, Frankfurt am Main: Fischer.

KEMPKEN, F. (2005): Von der Züchtung zur Genomforschung. *in*: GSF (Hrsg.) (2005): Grüne Gentechnik in Forschung und Anwendung, Seiten 5-10. Mensch & Umwelt spezial, 17. Ausgabe: Neuherberg.

KEMPKEN, F. & KEMPKEN, R. (2006): Gentechnik bei Pflanzen: Chancen und Risiken. 3. Auflage, Berlin: Springer.

KIMENJU S.C. & DE GROOTE H. (2008): Consumer willingness to pay for genetically modified food in Kenya. Agricultural Economics 38(1): 35-46.

KING, G.; HONAKER, J.; JOSEPH, A. & SCHEVE, K. (2001): Analyzing Incomplete Political Science Data: An Alternative Algorithm for Multiple Imputation. American Political Science Review 95(1): 49-69.

KING'S COLLEGE (2008): Do European Consumers buy GM Foods? Final Report, Project no. 518435, London.

KIRCHHOFF, S.; KUHNT, S.; LIPP, P. & SCHLAWIN, S. (2003): Der Fragebogen – Datenbasis, Konstruktion und Auswertung. 3. Auflage, Opladen: Leske+Budrich.

KLEIN, A.; ZAPILKO, M.; MENRAD, K. & GABRIEL, A. (2009): Consumer acceptance of genetically modified rapeseed-oil: A discrete-choice-experiment. Paper zur 49. Jahrestagung der Gesellschaft für Wirtschafts- und Sozialwissenschaften des Landbaus, 30. September – 02. Oktober 2009, Kiel.

KLEIN, S. & PORST, R. (2000): Mail Surveys – Ein Literaturbericht. ZUMA-Technischer Bericht 10/2000.

KLINKE, A. & RENN, O. (2002): A New Approach to Risk Evaluation and Management: Risk-Based, Precaution-Based, and Discourse-Based Strategies. Risk Analysis 22(6): 1071-1094.

KNIGHT, A.J. (2006): Does Application Matter? An Examination of Public Perception of Agricultural Biotechnology Applications. AgBioForum 9(2): 121-128.

KOHLER, R. (2005): Kosten der Koexistenz landwirtschaftlicher Anbausysteme mit und ohne Gentechnik – eine Literaturanalyse. Agroscope.

KOHLER, U. & KREUTER, F. (2008): Datenanalyse mit Stata. Allgemeine Konzepte der Datenanalyse und ihre praktische Anwendung. 3. Auflage, München: Oldenbourg.

KONTOLEON, A. & YABE, M. (2003): Assessing the Impacts of Alternative ‚Opt-out' Formats in Choice Experiment Studies: Consumer Preferences for Genetically Modified content and Production Information in Food. Journal of Agricultural Policy Research 5: 1-43.

KOPPELMANN, U. & WILLERS, C. (2008a): Marketing in Widerstandsmärkten. Absatzwirtschaft 02/2008: 28-32.

KOPPELMANN, U. & WILLERS, C. (2008b): Gentechnik und Lebensmittel – Marketing in Widerstandsmärkten. Marketing Review St. Gallen 05/2008: 40-44.

KOWARIK, I.; HEINK, U. & BARTZ, R. (2006): „Ökologische Schäden" in Folge der Ausbringung gentechnisch veränderter Organismen im Freiland – Entwicklung einer Begriffsdefinition und eines Konzeptes zur Operationalisierung. BfN-Skripten 166, Bonn.

KREß, A. & POTTHAST, T. (2000): Diskurse, Wagenburgen und die Allgegenwart der Inszenierung: Überlegungen zur Streitkultur am Beispiel der Gentechnik(debatte). *in*: von Schell, T. & Seltz, R. (Hrsg.) (2000): Inszenierungen zur Gentechnik, Seiten 54-67. 1. Auflage, Wiesbaden: Westdeutscher.

KRISHNA, V.V. & QAIM, M. (2008): Consumer Attitudes toward GM Food and Pesticide Residues in India. Review of Agricultural Economics 30(2): 233-251.

KUCKARTZ, U.; BUNDESMINISTERIUM FÜR UMWELT, NATURSCHUTZ UND REAKTORSICHERHEIT, BERLIN (2000): Umweltbewußtsein in Deutschland 2000. GESIS Datenarchiv, Köln. ZA3278 Datenfile Version 1.0.0, doi:10.4232/1.3278.

KUCKARTZ, U.; RHEINGANS-HEINTZE, A.; BUNDESMINISTERIUM FÜR UMWELT, NATURSCHUTZ UND REAKTORSICHERHEIT, BERLIN (2006): Umweltbewusstsein in Deutschland 2004. GESIS Datenarchiv, Köln. ZA4389 Datenfile Version 1.0.0, doi:10.4232/1.4389.

KUCKARTZ, U.; BUNDESMINISTERIUM FÜR UMWELT, NATURSCHUTZ UND REAKTORSICHERHEIT, BERLIN; RÄDIKER, S.; RHEINGANS-HEINTZE, A. (2007): Umweltbewusstsein in Deutschland 2006. GESIS Datenarchiv, Köln. ZA4497 Datenfile Version 1.0.0, doi:10.4232/1.4497.

KÜHNEL, S.-M. & KREBS, D. (2007): Statistik für die Sozialwissenschaften. Grundlagen, Methoden, Anwendungen. 4. Auflage, Reinbek bei Hamburg: Rowohlt.

KVAKKESTAD, V.; GILLUND, F.; KJØLBERG, K.A. & VATN, A. (2007): Scientists' Perspectives on the Deliberate Release of GM Crops. Environmental Values 16(1): 79-104.

KWS SAAT AG (o.J.): Grüne Gentechnik bei KWS. Einbeck.

L

LANCASTER, K. (1966): A new Approach to Consumer Theory. Journal of Political Economics 74(2): 132-157.

LANDESLABOR BERLIN-BRANDENBURG (2011): Molekularbiologische Untersuchung von Lebensmitteln auf GVOs 2010. URL: http://www.landeslabor.berlin-brandenburg.de/sixcms/-detail.php/bb1.c.246092.de, Abrufdatum: 01.07.2011.

LANDGERICHT MAGDEBURG (LGMD) (2009): Prozess gegen Gentechnikgegner in Berufung beim Oberlandesgericht Naumburg. Pressemitteilung Nr. 037/09, Ausgabedatum: 30.07.2009.

LARUE B.; WEST G.E.; GENDRON C. & LAMBERT R. (2004): Consumer Response to Functional Foods Produced by Conventional, Organic or Genetic Manipulation. Agribusiness 20(2): 155-166.

LAWRENCE, G.A.; NORTON, J. & VANCLAY, F. (2001): Gene technology, agrifood industries and consumers. *in*: Hindmarsh, R.A. & Lawrence, G.A. (Hrsg.) (2001): Altered Genes II: the Future?, Seiten 143-159. Melbourne: Scribe.

LI, Q.; MCCLUSKEY, J.J. & WAHL, T.I. (2004): Effects of Information on Consumers' Willingness to Pay for GM-Corn-Fed Beef. Journal of Agricultural and Food Industrial Organization 2(2): Article 9.

LIEBE, U. & MEYERHOFF, J. (2005): Die monetäre Bewertung kollektiver Umweltgüter: Theoretische Grundlagen, Methoden und Probleme. TU Berlin, Arbeitspapiere zum Management in der Umweltplanung 13/2005.

LIEBE, U. (2006): Zahlungsbereitschaft für kollektive Umweltgüter: Kritische Überlegungen zur Theorie geplanten Handelns. Zeitschrift für Umweltpolitik und Umweltrecht 29(1): 87-105.

LIEBE U. (2007): Zahlungsbereitschaft für kollektive Umweltgüter: Soziologische und ökonomische Analysen. Wiesbaden: Verlag für Sozialwissenschaften.

LIPPOLD, B. (2006): Der Regenbogen der Biotechnologie. Fachartikel der Chemie.DE Information Service GmbH, Berlin.

LITTLE, J.R. & RUBIN, D.B. (2002): Statistical analysis with missing data. 2. Auflage, New York: Wiley.

LME – LEBENSMITTEL-MARKT-ERNÄHRUNG (2007): Änderung der Gentechnik-Kennzeichnung: DVT warnt vor Verbrauchertäuschung. Meldung vom 31.07.2007, Gyhum.

LME – LEBENSMITTEL-MARKT-ERNÄHRUNG (2008a): EU: Toleranzschwellen für nicht zugelassene GVO? Meldung vom 25.03.2008, Gyhum.

LME – LEBENSMITTEL-MARKT-ERNÄHRUNG (2008b): EU-Kommission genehmigt Import einer weiteren Sorte Gentechnik-Soja. Meldung vom 09.09.2008, Gyhum.

LME – LEBENSMITTEL-MARKT-ERNÄHRUNG (2011): Keine Belege für ökologische Schäden: Ergebnisse der Initiative „Biologische Sicherheit gentechnisch veränderte Pflanzen" in Berlin vorgestellt. Meldung vom 30.03.2011, Gyhum.

LOCKIE, S.; LAWRENCE, G.; LYONS, K. & GRICE, J. (2005): Factors underlying support or opposition to biotechnology among Australian food consumers and implications for retailer-led food regulation. Food Policy 30(4): 399-418.

LONG, J.S. & FREESE, J. (2006): Regression Models for Categorial Dependent Variables Using Stata. 2. Auflage, College Station: Stata Press.

LOUREIRO, M.L & BUGBEE, M. (2005): Enhanced GM Foods: Are Consumers Ready to Pay for the Potential Benefits of Biotechnology? The Journal of Consumer Affairs 39(1): 52-70.

LOUREIRO, M.L & UMBERGER, W.J. (2007): A choice experiment model for beef: What US consumer responses tell us about relative preferences for food safety, country-of-origin labelling and traceability. Food Policy 32(4): 496-514.

LOUVIERE, J.J (2001): Choice Experiments: An Overview of Concepts and Issues. *in*: Bennett, J. & Blamey, R. (Hrsg.) (2001): The Choice Modelling Approach to Environmental Valuation, Seiten 13-36. Cheltenham: Edward Elgar.

LOUVIERE J.J.; HENSHER D.A. & SWAIT J.D. (2000): Stated Choice-Methods: Analysis and Applications. Cambridge: University Press.

LOUVIERE, J.J.; FLYNN, T.N. & CARSON, R.T. (2010): Discrete Choice Experiments Are Not Conjoint Analysis. Journal of Choice Modelling 3(3):57-72.

LUDWIG-MAYERHOFER, W. (2005): ILMES - Internet-Lexikon der Methoden der empirischen Sozialforschung. URL: http://www.lrz.de/~wlm/ilmes.htm, Abrufdatum: 14.01.2011.

LÜDTKE, O.; ROBITZSCH, A.; TRAUTWEIN, U. & KÖLLER, O. (2007): Umgang mit fehlenden Werten in der psychologischen Forschung. Psychologische Rundschau 58(2): 103-117.

LUSK J.L.; ROOSEN J. & FOX J.A. (2003): Demand for Beef from Cattle Administered Growth Hormones or Fed Genetically Modified Corn: A Comparison of Consumers in France, Germany, The United Kingdom, and the United States. American Journal of Agricultural Economics 85(1): 16-29.

LUSK, J.L.; HOUSE, L.O.; VALLI, C.; JAEGER, S.R.; MOORE, M.; MORROW, J.L. & TRAILL, W.B. (2004): Effect of information about benefits of biotechnology on consumer acceptance of genetically modified food: evidence from experimental auctions in the United States, England and France. European Review of Agricultural Economics 31(2): 179-204.

LUSK, J.L. & COBLE, K.H. (2005): Risk Perceptions, Risk Preference, and Acceptance of Risky Food. American Journal of Agricultural Economics 87(2): 393-405.

LUSK, J.L.; JAMAL, M.; KURLANDER, L.; ROUCAN, M. & TAULMAN, L. (2005): A Meta-Analysis of Genetically Modified Food Valuation Studies. Journal of Agricultural and Resource Economics 30(1): 28-44.

LUSK, J.L.; TRAILL, W.B.; HOUSE, L.O.; VALLI, C.; JAEGER, S.R.; MOORE, M. & MORROW, B. (2006): Comparative Advantage in Demand: Experimental Evidence of Preferences for Genetically Modified Food in the United States and European Union. Journal of Agricultural Economics 57(1): 1-21.

M

MACARIO, R.-E. & SAMIR, S. (2008): The environment feature in consumer purchasing preferences: The case of Genetically Modified foods. Paper zum Kongress "People, Food and Environments: Global Trends and European Strategies" der European Association of Agricultural Economists (EAAE), 26.-29. August 2008, Gent.

MADIGAN, M.T. & MARTINKO, J.M. (2006): Brock Mikrobiologie. 11. Auflage, München: Pearson Studium.

MAIER, G. & WEISS, P. (1990): Modelle diskreter Entscheidungen: Theorie und Anwendung in den Sozial- und Wirtschaftswissenschaften. Wien: Springer.

MARGGRAF, R. (2005): Ökonomische Grundlagen der Umweltbewertung. *in*: Marggraf, R.; Bräuer, I.; Fischer, A.; Menzel, S.; Stratmann, U. & Suhr, A. (2005): Ökonomische Bewertung bei umweltrelevanten Entscheidungen – Einsatzmöglichkeiten von Zahlungsbereitschaftsanalysen in Politik und Verwaltung, Seiten 61-83. 1. Auflage, Marburg: Metropolis.

MARIN, F. & NOTARO, S. (2007): Consumer attitudes toward GM food with hypothetical functional characteristics. Paper zum Seminar "International Marketing and International Trade of Quality Food Products" der European Association of Agricultural Economists (EAAE), 08.-10. März 2007, Bologna.

MARQUARD, E. & DURKA, W. (2005): Auswirkungen des Anbaus gentechnisch veränderter Pflanzen auf Umwelt und Gesundheit: Potentielle Schäden und Monitoring. UFZ-Umweltforschungszentrum Leipzig-Halle, Bericht im Auftrag des Sächsischen Staatsministeriums für Umwelt und Landwirtschaft (SMUL).

MAYERL, J. (2008): Kognitive Grundlagen sozialen Verhaltens. Theoretische und statistische Analysen zur Modellierung von Einstellungs-Verhaltens-Beziehungen. Dissertation, Universität Stuttgart.

MCFADDEN D.L. (1974): Conditional logit analysis of qualitative choice behaviour. *in*: Zarembka, P. (Hrsg.) (1974): Frontiers in Econometrics, Seiten 105-142. New York: Academic Press.

MCGUIRE, W.J. (1985): Attitudes and attitude change. *in*: Lindzey, G. & Aronson, E. (Hrsg.) (1985): Handbook of Social Psychology, Volume 2, Seiten 233-346. 3. Auflage, New York: Random House.

MEHLKOPF, G. & BECKER, R. (2007): Theoretische Überlegungen und empirische Befunde eines Methodenexperiments. Methoden-Daten-Analysen 1(1): 5-24.

MENRAD, K.; GAISSER, S.; HÜSING, B. & MENRAD, M. (2003): Gentechnik in der Landwirtschaft, Pflanzenzucht und Lebensmittelproduktion. Heidelberg: Physica.

MESSEAN, A.; ANGEVIN, F.; GÓMEZ-BARBERO, M.; MENRAD, K. & RODRÍGUEZ-CEREZO, E. (2006): New case studies on the coexistence of GM and non-GM crops in European agriculture. European Commission: Joint Research Centre, IPTS-Report, EUR 22102 EN, Brussels.

MEYERHOFF, J. (2004): Der Einfluss von Einstellungen auf die Zahlungsbereitschaft für Veränderungen in Natur und Landschaft - Ergebnisse aus zwei Kontingenten Bewertungen zum Wattenmeer und zur Elbe. 1. Auflage, Frankfurt am Main: Peter Lang.

MIDDELHOFF, U.; HILDEBRANDT, J. & BRECKLING, B. (2006): Die Ökologische Flächenstichprobe als Instrument eines GVO-Monitoring. BfN-Skripten 172, Bonn.

MINISTERIO DE MEDIO AMBIENTE Y MEDIO RURAL Y MARINO (MARM) (2009): Anuario de Estadística del Ministerio de Medio Ambiente y Medio Rural y Marino 2008. Secretaría General Técnica, Subdirección General de Estadística, Madrid.

MINISTERIUM FÜR ERNÄHRUNG UND LÄNDLICHEN RAUM BADEN-WÜRTTEMBERG (MLR) (2006): Anmerkungen zur Kennzeichnung von Honig. URL: http://www.landwirtschaft-mlr.baden-wuerttemberg.de /servlet/PB/show/1194134/Kennzeichnung%20von%20Honig1.pdf, Abrufdatum: 27.08.2009.

MINISTERIUM FÜR ERNÄHRUNG UND LÄNDLICHEN RAUM BADEN-WÜRTTEMBERG (MLR) (2009): Minister Peter Hauk MdL: „Baden-Württemberg deckt Verbrauchertäuschung bei Leinsamen auf". Pressemitteilung Nr. 207 vom 10.09.2009.

MINISTERIUM FÜR LANDWIRTSCHAFT, UMWELT UND VERBRAUCHERSCHUTZ MECKLENBURG-VORPOMMERN (MLUV) (2009): Minister Backhaus verurteilt Angriff auf Wachmann und Versuchsfeldzerstörung. Pressemitteilung Nr. 202/09, Ausgabedatum: 02.07.2009.

MOCH, K. (2006): Epigenetische Effekte bei transgenen Pflanzen: Auswirkungen auf die Risikobewertung. BfN-Skripten 187, Bonn.

MOON, W. & BALASUBRAMANIAN, S.K. (2001a): A multi-attribute model of public acceptance of genetically modified organisms. Paper der Jahrestagung der American Agricultural Economics Association, 05.-08. August 2001, Chicago.

MOON, W. & BALASUBRAMANIAN, S.K. (2001b): Public Perceptions and Willingness-to-Pay A Premium for non-GM Foods in the US and UK. AgBioForum 4(3&4): 221-231.

MOON, W. & BALASUBRAMANIAN, S.K. (2003a): Willingness to Pay for Nonbiotech Foods in the U.S. and U.K. The Journal of Consumer Affairs 37(2): 317-339.

MOON, W. & BALASUBRAMANIAN, S.K. (2003b): Is There a Market for Genetically Modified Foods in Europe? Contingent Valuation of GM and Non-GM Breakfast Cereals in the United Kingdom. AgBioForum 6(3): 128-133.

MOON, W. & BALASUBRAMANIAN, S.K. (2004): Public Attitudes Toward Agrobiotechnology: The Mediating Role of Risk Perception on the Impact of Trust, Awareness, and Outrage. Applied Economic Perspectives and Policy 26(2): 186-208.

MOON, W.; BALASUBRAMANIAN, S.K. & RIMAL, A. (2007): Willingness to Pay (WTP) a Premium for Non-GM Foods versus Willingness to Accept (WTA) a Discount for GM Foods. Journal of Agricultural and Resource Economics 32(2): 363-382.

MOSCHINI, G.C. (2008): Biotechnology and the development of food markets: retrospect and prospects. European Review of Agricultural Economics 35(3): 331-355.

MÜLLER-RÖBER, B.; HUCHO, F.; VAN DEN DAELE, W.; KÖCHY, K.; REICH, J.; RHEINBERGER, H-J.; SPERLING, K.; WOBUS, A.M.; BOYSEN, M. & KÖLSCH, M. (2007): Grüne Gentechnologie: aktuelle Entwicklungen in Wissenschaft und Wirtschaft – Supplement zum Gentechnologiebericht. Forschungsberichte der Interdisziplinären Arbeitsgruppen der Berlin-Brandenburgischen Akademie der Wissenschaften, Band 16. 2. Auflage, Limburg an der Lahn: Forum W - Wissenschaftlicher Verlag.

MUMMENDEY, H.D. & GRAU, I. (2008): Die Fragebogen-Methode. 5. Auflage, Göttingen: Hogrefe.

N

NATIONAL AGRICULTURAL STATISTICS SERVICE (NASS) (2009): Report Acreage June 2009. Veröffentlichungsdatum: 30.06.2009, Washington, DC.

NATURSCHUTZBUND DEUTSCHLAND E.V. (NABU) (2005): Agro-Gentechnik & Naturschutz: Auswirkungen des Anbaus von gentechnisch veränderten Pflanzen auf die biologische Vielfalt. Berlin.

NATURSCHUTZBUND DEUTSCHLAND E.V. (NABU) (2006): Agrogentechnik versus Agrobiodiversität – Transgene Pflanzen beeinträchtigen die biologische Vielfalt. Berlin.

NAYGA, R.M.; FISHER, M.G. & ONYANGO, B. (2006): Acceptance of genetically modified food: comparing consumer perspectives in the United States and South Korea. Agricultural Economics 34(3): 331-341.

NIEDERSÄCHSISCHES OBERVERWALTUNGSGERICHT (NOVG) (2009): Anbau von Genmais der Linie MON 810 bleibt verboten. Pressemitteilung vom 28.05.2009.

NOUSSAIR C.; ROBIN S. & RUFFIEUX B. (2002): Do consumers not care about biotech foods or do they just not read the labels? Economics Letters 75(1): 47-53.

NOUSSAIR C.; ROBIN S. & RUFFIEUX B. (2004): Do consumer really refuse to buy genetically modified foods? The Economic Journal 114(492): 102-120.

O

ONYANGO, B. & NAYGA, R.M. (2004): Consumer acceptance of nutritionally enhanced genetically modified food: Relevance of gene transfer technology. Journal of Agricultural and Resource Economics 29(3): 567-583.

ONYANGO, B.; NAYGA, R.M.; HOSSAIN, F. & SCHILLING, B. (2004): Role of Product Benefits and Potential Risks in Consumer Acceptance of Genetically Modified Foods. AgBioForum 7(4): 202-211.

ONYANGO, B. & GOVINDASAMY, R. (2005): Consumer Willingness to Pay for GM Food benefits: Pay-off or Empty Promise? – Implications for the Food Industry. Choices 20(4): 223-226.

OPPENHEIM, A.N. (2004): Questionnaire Design, Interviewing and Attitude Measurement. New Edition, reprinted, London: Continuum.

ORGANISATION FÜR WIRTSCHAFTLICHE ZUSAMMENARBEIT UND ENTWICKLUNG (OECD) (2005): Statistical definition of Biotechnology. Paris. (URL: http://www.oecd.org/document/42/0,3343,en_2649_34537_1933994_1_1_1_1,00.html, Abrufdatum: 03.08.2009).

ORGANISATION FÜR WIRTSCHAFTLICHE ZUSAMMENARBEIT UND ENTWICKLUNG (OECD) (2009): The Bioeconomy to 2030: Designing a Policy Agenda. Paris.

P

PHIPPS, R.H.; EINSPANIER, R. & FAUST, M.A. (2006): Safety of Meat, Milk and Eggs from Animals Fed Crops Derived from Modern Biotechnology. Council for Agricultural Science and Technology (CAST) Issue Paper 34: o.S.

PICKARDT, T. (2002a): Was ist Grüne Gentechnik? *in*: BMVEL (Hrsg.) (2002): Basisreader der Moderation zum Diskurs Grüne Gentechnik des BMVEL, Seiten 3-10. Bonn.

PICKARDT, T. (2002b): Aktuelle Praxis *in*: BMVEL (Hrsg.) (2002): Basisreader der Moderation zum Diskurs Grüne Gentechnik des BMVEL, Seiten. 27-53. Bonn.

PORST, R. (2000a): Praxis der Umfrageforschung. 2. Auflage, Stuttgart: Teubner.

PORST, R. (2000b): Question Wording – Zur Formulierung von Fragebogen-Fragen. ZUMA How-to-Reihe, Nr. 02.

PORST, R. (2001):Wie man die Rücklaufquote bei postalischen Befragungen erhöht. ZUMA How-to-Reihe, Nr. 09.

PORST, R. (2008): Fragebogen: Ein Arbeitsbuch. 1. Auflage, Wiesbaden: Verlag für Sozialwissenschaften.

PRATKANIS, A.R. & GREENWALD, A.G. (1989): A Sociocognitive Model of Attitude Structure and Function. Advances in Experimental Social Psychology 22: 245-285.

PREISENDÖRFER, P. & DIEKMANN, A. (2000): Umweltbewußtsein in Deutschland 1998. GESIS Datenarchiv, Köln. ZA3277 Datenfile Version 1.0.0, doi:10.4232/1.3277.

PREISENDÖRFER, P. (2004): Anwendungen der Rational-Choice-Theorie in der Umweltforschung. *in*: Diekmann, A. & Voss, T. (Hrsg.) (2004): Rational-Choice-Theorie in den Sozialwissenschaften, Seiten 271-287. München: Oldenbourg.

PRIEST, S.H. (2000): US public opinion divided over biotechnology? Nature Biotechnology 18(9): 939-942.

PROJEKTWERKSTATT.DE (2009): diverse Seiten zum Themenbereich Gentechnik, URL: http://www.projektwerkstatt.de/gen/index.htm, Abrufdatum: 13.09.2009.

PURCHASE, I.F.H. (2002): Ethical issues for bioscientists in the new millennium. Toxicology Letter 127(1-3): 307-313.

R

RAJMIS, S. (2008): Preferences for forest-based biodiversity and ecosystem insurance services in the Hainich National Park region. Dissertation, Elektronische Dissertationen der Georg-August-Universität Göttingen.

RAT DER EUROPÄISCHEN UNION (2007): Verordnung (EG) Nr. 834/2007 des Rates vom 28. Juni 2007 über die ökologische/biologische Produktion und die Kennzeichnung von ökologischen/biologischen Erzeugnissen und zur Aufhebung der Verordnung (EWG) Nr. 2092/91.

RAUPACH, K. & MARGGRAF, R. (2009): Verbraucherschutz vor dem Schimmelpilzgift Deoxynivalenol in Getreideprodukten: aktuelle Situation und Verbesserungsmöglichkeiten. Department für Agrarökonomie und Rurale Entwicklung der Georg-August Universität Göttingen, Diskussionspapiere Nr. 0904.

REESE, G.; VIETHS, S. & BECKER, W.-M. (2005): Gentechnik und Lebensmittelallergie. *in*: GSF (Hrsg.) (2005): Grüne Gentechnik in Forschung und Anwendung, Seiten 51-58. Mensch & Umwelt spezial, 17. Ausgabe: Neuherberg.

REGENASS-KLOTZ, M. (2004): Grundzüge der Gentechnik: Theorie und Praxis. 3. Auflage, Basel: Birkhäuser.

REHM, H.-J. & PRÄVE, P. (1994): Biotechnologie - Geschichte, Verfahren und Produkte. *in*: Präve, P.; Faust, U.; Sittich, W. & Sukatsch, D.A. (Hrsg.) (1994): Handbuch der Biotechnologie, Seiten 1-12. 4. Auflage, München: Oldenbourg.

REINHOLD, G. (HRSG.) (1997): Soziologie-Lexikon. 3. Auflage, München: Oldenbourg.

RENN, O. (2005): Technikakzeptanz: Lehren und Rückschlüsse der Akzeptanzforschung für die Bewältigung des technischen Wandels. Technikfolgenabschätzung - Theorie und Praxis 14(3): 29-38.

RENN, O. (2006): Risk Communication – Consumers Between Information and Irritation. Journal of Risk Research 9(8): 833-849.

RENN, O.; SCHWEIZER, P.-J.; DREYER, M. & KLINKE, A. (2007): Risiko – Über den gesellschaftlichen Umgang mit Unsicherheiten. München: oekom.

RENN, O. & KEIL, F. (2008): Systemische Risiken: Versuch einer Charakterisierung. GAIA 17(4): 349-354.

RENNEBERG, R. (2007): Biotechnologie für Einsteiger. 2. Auflage, Heidelberg: Spektrum.

RICROCH, A.; BERGÉ, J.B. & KUNTZ, M. (2010): Is the German suspension of MON810 maize cultivation scientifically justified? Transgenic Research 19(1): 1-12.

RIGBY, D.; YOUNG, T. & BURTON, M. (2004): Consumer willingness to pay to reduce GMOs in food and increase the robustness of GM labelling. Report to the Department of the Environment, Food and Rural Affairs, Manchester.

ROE, B. TEISL, M.F. (2007): Genetically modified food labeling: The impacts of message and messenger on consumer perceptions of labels and products. Food Policy 32(1): 49-66.

ROOSEN, J.; BLANCHEMANCHE, S. & MARETTE, S. (2009): Verbraucher und die Vermarktung gesundheitsfördernder Lebensmittel: Von individuellen Nutzen und Risiken zur Regulierung. *in*: Berg, E.; Hartmann, M.; Heckelei, T.; Holm-Müller, K. & Schiefer, G. (Hrsg.) (2009): Risiken in der Agrar- und Ernährungswirtschaft und ihre Bewältigung. Schriften der Gesellschaft für Wirtschafts- und Sozialwissenschaften des Landbaus 44, Seiten 11-18. Münster-Hiltrup: Landwirtschaftsverlag.

ROSENBERG, M.J. & HOVLAND, C.I. (1966): Cognitive, Affective, and Behavioral Components of Attitudes. *in*: Rosenberg, M.J.; Hovland, C.I.; McGuire, W.J.; Abelson, R.P. & Brehm, J.W. (Hrsg.) (1966): Attitude Organization and Change, Seiten. 1-14. New Haven: Yale University Press.

ROUSU, M.C.; HUFFMAN, W.E.; SHOGREN, J.F. & TEGENE, A. (2004): Estimating the Public Value of Conflicting Information: The Case of Genetically Modified Foods. Land Economics 80(1): 125-135.

RUBIN, D.B. (1976): Inference and missing data. Biometrika 63(3): 581-592.

RUBIN, D.B. (1987): Multiple Imputation for nonresponse in surveys. New York: Wiley.

S

SABA, A. & VASALLO, M. (2002): Consumer attitudes toward the use of gene technology in tomato production. Food and Quality Preference 13(1): 13-21.

SACHSE, G.E. & GASSEN, H.G. (1996): Einführung in die Grundlagen und Methoden der Gentechnik. *in*: Gassen, H.G. & Kemme, M. (Hrsg.) (1996): Gentechnik - Die Wachstumsbranche der Zukunft, Seiten 19-89. Originalausgabe, Frankfurt am Main: Fischer.

SAUTER, A. (2006): Grüne Gentechnik - transgene Pflanzen der 2. und 3. Generation. TAB-Arbeitsbericht Nr. 104, Büro für Technikfolgenaschätzung beim Deutschen Bundestag, Berlin.

SCARPA, R. & ROSE, J.M. (2008): Design efficiency for non-market valuation with choice modelling: how to measure it, what to report and why. Australian Journal of Agricultural and Resource Economics 52(3): 253-282.

SCATASTA, S.; WESSELER, J. & HOBBS, J. (2007): Differentiating the consumer benefits from labeling of GM food products. Agricultural Economics 37(2-3): 237–242.

SCHIER, A. (2008): Mykotoxine in Silo- und Körnermais: Vergleich zwischen Bt-Maissorten und den korrespondierenden nichtresistenten Isolinien. Mais 35(2): 64-67.

SCHIMPF, M. (2006): Koexistenz im landwirtschaftlichen Alltag: Bericht zur Verbreitung von gentechnischem Material durch Landmaschinen. Hamm.

SCHMITT, M.; SCHLÄPFER, F.& ROSCHEWITZ, A. (2005): Bewertung von Landschaftsveränderungen im Schweizer Mittelland aus Sicht der Bevölkerung. Birmensdorf: Eidgenössische Forschungsanstalt für Wald, Schnee und Landschaft WSL.

SCHMITZ, K. (2008): Die Bewertung von Multifunktionalität der Landschaft mit diskreten Choice Experimenten. 1. Auflage, Frankfurt am Main: Peter Lang.

SCHNEEKLOTH, U. & LEVEN, I. (2003): Woran bemisst sich eine „gute" allgemeine Bevölkerungsumfrage? – Analysen zu Ausmaß, Bedeutung und zu den Hintergründen von Nonresponse in zufallsbasierten Stichprobenerhebungen am Beispiel des ALLBUS. ZUMA-Nachrichten 53: 16-57.

SCHNELL, R.; HILL, P.B. & ESSER, E.(1999): Methoden der empirischen Sozialforschung. 6. Auflage, München: Oldenbourg.

SCHNURR, E.-M. (2009): Kopf gegen Bauch – Wenn Politiker nicht weiterwissen, fragen sie Wissenschaftler um Rat. Doch die fühlen sich oft missverstanden. Die Politikberatung steckt in der Krise, sagen Soziologen. Was läuft falsch? *in*: Die Zeit Wissen, Nr. 5/2009 vom 05.08.2009, Seiten 40-41, Hamburg.

SCHOLDERER. J. (2000): Kampagnen zur Gentechnik und ihre Wirkung auf Verbraucher. *in*: von Schnell, T. & Seltz, R. (Hrsg.) (2000): Inszenierungen zur Gentechnik – Konflikte, Kommunikation und Kommerz, Seiten 214-222. 1. Auflage, Wiesbaden: Westdeutscher.

SCHRÖDER, G.; GOETZKE, G. & KUNTZKE, D. (2006): Perspektiven der Kontrolle des Maiszünslers (*Ostrinia nubilalis* Hbn.) mit Insektiziden – Versuchsergebnisse aus dem Oderbruch. Gesunde Pflanzen 58(3): 143-151.

SCHÜßLER, R. (2004): Irrationalität und zyklische Präferenzen. *in*: Diekmann, A. & Voss, T. (Hrsg.) (2004): Rational-Choice-Theorie in den Sozialwissenschaften, Seiten 61-78. München: Oldenbourg.

SECRETARIAT OF THE CONVENTION ON BIOLOGICAL DIVERSITY (SCBD) (2000): Cartagena Protocol on Biosafety to the Convention on Biological Diversity: Text and Annexes. Montreal.

SECRETARIAT OF THE CONVENTION ON BIOLOGICAL DIVERSITY (SCBD) (2009a): The Cartagena Protocol on Biosafety. URL: http://www.cbd.int/biosafety/, Abrufdatum: 22.08.2009.

SECRETARIAT OF THE CONVENTION ON BIOLOGICAL DIVERSITY (SCBD) (2009b): The BCH Central Portal. URL: http://bch.cbd.int/, Abrufdatum: 22.08.2009.

SHAVIT, S. (1989): Operationalizing functional theories of attitudes. *in*: Pratkanis, A.R.; Breckler, S.J. & Geenwald, A.G. (Hrsg.) (1989): Attitudes structure and function, Seiten 311-337. Hillsdale: Erlbaum.

SIEGRIST, M. (2003): Perception of gene technology, and food risks: results of a survey in Switzerland. Journal of Risk Research 6(1): 45-60.

SINEMUS, K. & MINOL, K. (2005): Grüne Gentechnik – ein Beitrag zur Nachhaltigkeit? *in*: GSF (Hrsg.) (2005): Grüne Gentechnik in Forschung und Anwendung, Seiten 45-50. Mensch & Umwelt spezial, 17. Ausgabe: Neuherberg.

SINGER, E. (1998): Incentives for survey participation: Research on intended and unintended consequences. ZUMA-Nachrichten 42: 7-29.

SLABY, M. & URBAN, D. (2002): Subjektive Technikbewertung: Was leisten kognitive Einstellungsmodelle zur Analyse von Technikbewertungen – dargestellt an Beispielen aus der Gentechnik. Stuttgart: Lucius & Lucius.

SOZIALDEMOKRATISCHE PARTEI DEUTSCHLANDS (SPD) (2009): Sozial und Demokratisch. Regierungsprogramm der SPD 2009-2013.

SOZIALDEMOKRATISCHE PARTEI DEUTSCHLANDS (SPD) (2013): Das wir entscheidet. Regierungsprogramm 2013-2017.

SPASH, C.L. (2000): Ethical Motives and Charitable Contributions in Contingent Valuation: Empirical Evidence from Social Psychology and Economics. Environmental Values 9(4): 453-479.

SPENCE, A. & TOWNSEND, E. (2006): Examining Consumer Behavior Toward Genetically Modified (GM) Food in Britain. Risk Analysis 26(3): 657-670.

SPRINGER, A.; PAPASTEFANOU, G.; TSIOUMANIS, A. & MATTAS, K. (2005): Sociodemographic and Subjective Belief Reasons for Inter-EU Differences of Attitudes toward Genetically Modified Food. ZUMA-Nachrichten 56: 78-93.

STADTMÜLLER, S. & PORST, R. (2005): Zum Einsatz von Incentives bei postalischen Befragungen. ZUMA How-to-Reihe, Nr. 14.

STADTMÜLLER, S. (2009): Rücklauf gut, alles gut? Zu erwünschten und unerwünschten Effekten monetärer Anreize bei postalischen Befragungen. Methoden–Daten-Analysen 3(2): 167-185.

STATISTISCHES BUNDESAMT (2004): Demographische Standards, Ausgabe 2004. Wiesbaden.

STATISTISCHES BUNDESAMT (2008): Statistisches Jahrbuch 2008. Wiesbaden.

STATISTISCHES BUNDESAMT (2010): URL: http://www.destatis.de, diverse Seiten, Abrufdatum: 06.12.2010.

STEIN, A.J. & RODRÍGUEZ-CEREZO, E. (2009): The global pipeline of new GM crops: Implications of asynchronous approval for international trade. European Commission - Joint Research Centre: Scientific and Technical Reports, EUR 23486 EN. Office for Official Publications of the European Communities, Luxembourg.

STOCKÉ, V. (2002): Die Vorhersage von Fragenreihenfolgeeffekten durch Antwortlatenzen: Eine Validierungsstudie. ZUMA-Nachrichten 50: 26-53.

STREET, D.J. & BURGESS, L. (2007): The Construction of Optimal Stated Choice Experiments: Theory and Methods. Hoboken: Wiley.

SÜDDEUTSCHE ZEITUNG (2004): Grüne Gentechnik gefährlicher als Atomkraft. Interview mit Friedrich Wilhelm Graefe zu Baringdorf. Ausgabe vom 21.05.2004, München.

SÜDDEUTSCHE ZEITUNG (2008a): Mehrheit der Deutschen gegen Gentech-Nahrung. Ausgabe vom 18.03.2008. München.

SÜDDEUTSCHE ZEITUNG (2008b): In Bayern bin ich gegen Gentechnik. Interview mit Horst Seehofer. Ausgabe vom 22.09.2008, München.

T

TERAWAKI, T.; KANEKO, N. & CHERN, W.S. (2006): Determinants of Willingeness to Pay for Non-Genetically Modified Foods: The Mediating Role of Risk Perception. Paper des 3. Weltkongresses der Environmental and Reosurce Economists, 03.-07. Juli 2006, Kyoto.

THE INDEPENDENT (2009): Organic food debate boils over. Ausgabe vom 06.08.2009, London.

THEN, C. & LORCH, A. (2008): EU-Risikomanagement: Risikobewertung und -management von Lebensmitteln: Der Schlingerkurs der EU-Kommission. Studie im Auftrag von Hiltrud Breyer, Abgeordnete des Europäischen Parlaments. Brüssel.

THOMAS, W.I. & ZNANIECKI, F. (1958) [1918-1920]: The Polish Peasant in Europe and America, Volumes I & II. New York: Dover Publications.

TOEPFER INTERNATIONAL (2008): Marktbericht Januar 2008. Hamburg.

TRANSGEN – TRANSPARENZ FÜR GENTECHNIK BEI LEBENSMITTELN (1998): Anbau von gv-Mais in Europa. Meldung vom 24.08.1998.

TRANSGEN – TRANSPARENZ FÜR GENTECHNIK BEI LEBENSMITTELN (2003): Das Ende der „gentechnik-freien" Zeit. Meldung vom 03.07.2003.

TRANSGEN – TRANSPARENZ FÜR GENTECHNIK BEI LEBENSMITTELN (2004): Gv-Pflanzen - die nächste Generation: Neue Qualitäten. Rubrik: Produkteigenschaften, Stand: 01.12.2004.

TRANSGEN – TRANSPARENZ FÜR GENTECHNIK BEI LEBENSMITTELN (2006): Insektenresistenz: Mit den Waffen von Bakterien gegen Fraßinsekten. Rubrik: Anbaueigenschaften, Stand: 01.06.2006.

TRANSGEN – TRANSPARENZ FÜR GENTECHNIK BEI LEBENSMITTELN (2008): GVO-Überwachung: Ergebnisse bundesweit - Jedes vierte Soja-Produkt mit GVO-Spuren. Stand: 03.12.2008.

TRANSGEN – TRANSPARENZ FÜR GENTECHNIK BEI LEBENSMITTELN (2009a): Keine Mehrheiten: Politische Blockade in der EU bei gentechnisch verändertem Mais 1507 und Bt11. Meldung vom 26.02.2009.

TRANSGEN – TRANSPARENZ FÜR GENTECHNIK BEI LEBENSMITTELN (2009b): Züchtungsziel: Trockentolerante Nutzpflanzen. Mehr Hitze, weniger Wasser. Rubrik: Anbaueigenschaften, Stand: 21.04.2009.

TRANSGEN – TRANSPARENZ FÜR GENTECHNIK BEI LEBENSMITTELN (2009c): Transgen kompakt: Lebensmittel: Wo ist Gentechnik drin? Stand: Mai 2009.

TRANSGEN – TRANSPARENZ FÜR GENTECHNIK BEI LEBENSMITTELN (2009d): USA: Anbau gv-Pflanzen 2009. Rubrik: Anbau, Stand: Juli 2009.

TRANSGEN – TRANSPARENZ FÜR GENTECHNIK BEI LEBENSMITTELN (2010): Nationale „Selbstbestimmung" bei gentechnisch veränderten Pflanzen: Schon gescheitert?. Meldung vom 27.09.2010.

TRANSGEN – TRANSPARENZ FÜR GENTECHNIK BEI LEBENSMITTELN (2011a): Anbau von gv-Pflanzen in der EU 2010. Meldung vom 10.04.2011.

TRANSGEN – TRANSPARENZ FÜR GENTECHNIK BEI LEBENSMITTELN (2011b): Gentechnik-Gesetz wird geändert: Bundesländer dürfen eigene Koexistenz-Regeln festlegen. Meldung vom 28.05.2011.

TRANSGEN – TRANSPARENZ FÜR GENTECHNIK BEI LEBENSMITTELN (2012a): Politisches Tauziehen um Gentechnik-Mais MON810: Frankreich will neues Anbauverbot. Meldung vom 22.02.2012.

TRANSGEN – TRANSPARENZ FÜR GENTECHNIK BEI LEBENSMITTELN (2012b): EU will „technische Null" für nicht zugelassene gentechnisch veränderte Pflanzen auch bei Lebensmitteln einführen. Meldung vom 21.04.2012.

TRANSGEN – TRANSPARENZ FÜR GENTECHNIK BEI LEBENSMITTELN (2013a): EU-Kommission: Keine Anbauzulassung für Gentechnik-Pflanzen bis 2014. Meldung vom 22.01.2013.

TRANSGEN – TRANSPARENZ FÜR GENTECHNIK BEI LEBENSMITTELN (2013b): "Gen-Mais"-Pollen im Honig: Bald wieder erlaubt?. Meldung vom 27.03.2013.

TRANSGEN – TRANSPARENZ FÜR GENTECHNIK BEI LEBENSMITTELN (2013c): Gentechnik: Weltweit zahlreiche Freilandversuche, aber keine mehr in Deutschland? Meldung vom 09.04.2013.

TRANSGEN – TRANSPARENZ FÜR GENTECHNIK BEI LEBENSMITTELN (2013d): Gentechnisch veränderter Lachs: Zulassung nach über zehn Jahren? Meldung vom 13.05.2013.

TRANSGEN – TRANSPARENZ FÜR GENTECHNIK BEI LEBENSMITTELN (2013e): Lebensmittel: Informationen über mögliche Anwendungen der Gentechnik. URL: http://www.transgen.de/datenbank/lebensmittel/, Abrufdatum: 31.05.2013.

TRIANDIS, H.C. (1975): Einstellungen und Einstellungsänderungen. Weinheim: Beltz.

TUTKUN, A. & LEHMANN, B. (2009): Einstellungen gegenüber GVO-Lebensmitteln und GVO-Medikamenten in der Schweiz. Jahrbuch der Österreichischen Gesellschaft für Agrarökonomie 18(3): 127-136.

U

UMWELTINSTITUT MÜNCHEN E.V. (2008): Gentechnik: manipuliertes Leben. München.

UNITED NATIONS ECONOMIC COMMISSION FOR EUROPE (UNECE) (1998): Convention on Access to Information, Public Participation in Decision-making and Access to Justice in Environmental Matters. Aarhus.

UNITED NATIONS ECONOMIC COMMISSION FOR EUROPE (UNECE) (2005): Report of the second meeting of the Parties: Addendum Decision II/1 Genetically Modified Organisms. Almaty.

UNITED STATES DEPARTMENT OF AGRICULTURE (USDA) (2011): URL: http://www.usda.gov/wps/portal/usdahome, Abrufdatum: 30.06.2011.

UNIVERSITÄT BAYREUTH (2010): Studie bestätigt: Gentechnik-Kennzeichnung lässt Verbrauchertäuschung zu. Pressemitteilung Nr. 288/2010, Ausgabedatum: 07.10.2010.

URBAN, D. (1993): Logit-Analyse: Statistische Verfahren zur Analyse von Modellen mit qualitativen Response-Variablen. Stuttgart: G. Fischer.

URBAN, D. (1998): Technikeinstellungen: gibt es die überhaupt? Eine Längsschnittanalyse von Bewertungen der Gentechnik. Schriftenreihe des Instituts für Sozialwissenschaften der Universität Stuttgart SISS, No.2/1998.

URBAN, D. & PFENNING, U. (1999): Technikfurcht und Technikhoffnung - Die Struktur und Dynamik von Einstellungen zur Gentechnik. Stuttgart: Grauer.

URBAN, D. SLABY, M. (2003): Wann leisten wir uns Risikobewusstsein? - Eine empirische Analyse zur Bewertung neuer Anwendungen der Gentechnik. Österreichische Zeitschrift für Soziologie 28(3): 102-113.

V

VERBEKE, W. (2005): Consumer acceptance of functional foods: socio-demographic, cognitive and attitudinal determinants. Food Quality and Preference 16(1): 45-57.

VERBRAUCHERZENTRALE BADEN-WÜRTTEMBERG E.V. (VZBW) (2008): Gentechnik in Landwirtschaft und Lebensmittelproduktion. Stuttgart. (URL: http://www.vz-bawue.de/UNIQ124827244726493/link397671A.html, Abrufdatum: 11.08.2009).

VERBRAUCHERZENTRALE BUNDESVERBAND E.V. (VZBV) (2009): Einsatz der Gentechnik bei der Produktion von Lebensmitteln - Positionspapier des Verbraucherzentrale Bundesverbandes. Berlin.

VERMEULEN, B.; GOOS, P. & VANDEBROEK, M. (2008): Models and optimal designs for conjoint choice experiments including a no-choice option. International Journal of Research in Marketing 25(2): 94-103.

VERORDNUNG ÜBER DIE BETEILIGUNG DES RATES, DER KOMMISSION UND DER BEHÖRDEN DER MITGLIEDSTAATEN DER EUROPÄISCHEN UNION UND DER ANDEREN VERTRAGSSTAATEN DES ABKOMMENS ÜBER DEN EUROPÄISCHEN WIRTSCHAFTSRAUM IM VERFAHREN ZUR GENEHMIGUNG VON FREISETZUNGEN UND INVERKEHRBRINGEN SOWIE IM VERFAHREN BEI NACHTRÄGLICHEN MAßNAHMEN NACH DEM GENTECHNIKGESETZ (GENTECHNIK- BETEILIGUNGSVERORDNUNG - GENTBETV) (2006): Gentechnik-Beteiligungsverordnung vom 17. Mai 1995 (BGBl. I S. 734), zuletzt geändert durch Artikel 2 der Verordnung vom 23. März 2006 (BGBl. I S. 65).

VERORDNUNG ÜBER DIE GUTE FACHLICHE PRAXIS BEI DER ERZEUGUNG GENTECHNISCH VERÄNDERTER PFLANZEN (GENTPFLEV) (2008): Grundsätze der guten fachlichen Praxis im Sinne des § 16b Abs. 3 des Gentechnikgesetzes bei der erwerbsmäßigen Erzeugung gentechnisch veränderter Pflanzen vom 16. Dezember 1993 (BGBl. I S. 2066), Artikel 1 Nr. 14 des Gesetzes vom 21. Dezember 2004 (BGBl. 2005 I S. 186) eingefügt und durch Artikel 1 Nr. 17 des Gesetzes vom 1. April 2008 (BGBl. I S. 499) geändert.

VINEY, R.; SAVAGE, E. & LOUVIERE, J.J. (2005): Empirical investigation of experimental design properties of discrete choice experiments in health care. Health Economics 14(4): 349-362.

VOIGT, S. (2009): Institutionenökonomik. 2. Auflage, Paderborn: UTB/Fink.

VOSS, J.; SPILLER, A. & ENNEKING, U. (2009): Zur Akzeptanz von gentechnisch verändertem Saatgut in der deutschen Landwirtschaft. Agrarwirtschaft 58(3): 155-167.

W

WENZEL, G. (2005): Ein effizienter Weg zur besseren Pflanze. *in*: GSF (Hrsg.) (2005): Grüne Gentechnik in Forschung und Anwendung, Seiten 17-25. Mensch & Umwelt spezial, 17. Ausgabe: Neuherberg.

WILLERS, C. (2009): Akzeptanz ist nicht gleich Akzeptanz – Zum Akzeptanzbegriff in der Kontroverse um die Grüne Gentechnik. Technikfolgenabschätzung – Theorie und Praxis 18(1): 91-96.

WIPPERMANN, C.; KLEINHÜCKELKOTTEN, S.; BUNDESMINISTERIUM FÜR UMWELT, NATURSCHUTZ UND REAKTORSICHERHEIT, BERLIN; CALMBACH, M. (2009): Umweltbewusstsein in Deutschland 2008. GESIS Datenarchiv, Köln. ZA4660 Datenfile Version 1.0.0, doi:10.4232/1.4660.

WISSENSCHAFTLERKREIS GRÜNE GENTECHNIK E.V. (WGG) (2009): Offener Brief an Ilse Aigner, Bundesministerin für Ernährung, Landwirtschaft und Verbraucherschutz. Frankfurt.

WOLF, DOROTHEE (2005): Ökonomische Sicht(en) auf das Handeln. Ein Vergleich der Akteursmodelle in ausgewählten Rational-Choice-Konzeptionen. Marburg: Metropolis.

WU, F. (2006): Mycotoxin reduction in Bt corn: potential economic, health and regulatory impacts. Transgenic Research 15(3): 277-289.

Z

ZENTRALE KOMMISSION FÜR DIE BIOLOGISCHE SICHERHEIT (ZKBS) (2009): Stellungnahme der ZKBS zur Risikobewertung von MON810 – Neue Studien zur Umweltwirkung von MON810. Stellungnahme vom 07.07.2009, Az. 6788-02-13.

ZENTRALVERBAND DER DEUTSCHEN SCHWEINEPRODUKTION E.V. (ZDS) (2008): Futtermittelverknappung – die Politik ist gefordert. Resolution der ZDS-Mitgliederversammlung vom 19.05.2009, Celle.

ZWERINA, K.; HUBER, J. & KUHFELD, W.F. (1996): A general method for constructing efficient choice designs. Working Paper, Fuqua School of Business, Duke University.

VIII Anhang

Anhang 1: Anbauflächen gentechnisch veränderter Pflanzen 2008 weltweit

Quelle: Darstellung nach JAMES 2008.

Land	**Fläche** (Millionen Hektar)	**GVP**
USA	62,5	Sojabohnen, Mais, Baumwolle, Raps, Kürbis, Papaya, Alfalfa, Zuckerrüben
Argentinien	21,0	Sojabohnen, Mais, Baumwolle
Brasilien	15,8	Sojabohnen, Mais, Baumwolle
Indien	7,6	Baumwolle
Kanada	7,6	Raps, Mais, Sojabohnen, Zuckerrüben
China	3,8	Baumwolle, Tomaten, Pappeln, Petunien, Papaya, Paprika
Paraguay	2,7	Sojabohnen
Südafrika	1,8	Mais, Sojabohnen, Baumwolle
Uruguay	0,7	Sojabohnen, Mais
Bolivien	0,6	Sojabohnen
Philippinen	0,4	Mais
Australien	0,2	Baumwolle, Raps, Nelken
Mexiko	0,1	Baumwolle, Sojabohnen
Spanien	0,1	Mais
Chile	<0,1	Mais, Sojabohnen, Raps
Kolumbien	<0,1	Baumwolle, Nelken
Honduras	<0,1	Mais
Burkina Faso	<0,1	Baumwolle
Tschechische Republik	<0,1	Mais
Rumänien	<0,1	Mais
Portugal	<0,1	Mais
Deutschland	<0,1	Mais
Polen	<0,1	Mais
Slowakische Republik	<0,1	Mais
Ägypten	<0,1	Mais

Anhang 2: Auswahl Demographie Eurobarometer

Quelle: Eurobarometer.

Merkmal	**Erhebungszeitraum (Welle), Anteile in %**[308]										
	46.1	**49.0**	**51.1**	**52.1**	**53.0**	**55.2**	**58.0**	**63.1**	**64.1**	**64.3**	**68.2**
Geschlecht											
männlich	47,9	46,9	46,6	47,6	46,3	47,7	47,8	50,3	46,9	44,8	48,4
weiblich	52,1	53,1	53,4	52,4	53,7	52,3	52,2	49,7	53,1	55,2	51,6
Alter											
18-25	9,8	7,9	8,2	9,3	8,8	10,3	10,9	9,1	9,6	9,0	9,1
25-45	38,6	38,8	38,7	36,0	39,1	36,9	37,9	34,9	33,6	34,1	29,5
45-65	34,0	34,1	32,4	34,9	32,8	32,8	32,4	33,8	36,8	32,7	35,9
65 und mehr	17,6	19,2	20,7	19,8	19,3	19,9	18,8	22,2	20,0	24,3	25,5
Personen im HH											
1	26,7	28,9	29,3	29,0	27,7	x	x	24,7	26,0	25,9	27,5
2	36,2	35,5	37,5	38,6	37,6	x	x	51,8	38,6	38,4	42,3
3	18,8	17,6	17,3	17,8	18,3	x	x	14,1	16,3	14,0	12,9
4	13,5	13,1	11,4	11,3	12,0	x	x	7,6	12,6	13,5	12,5
5 und mehr	4,8	4,8	4,6	3,4	4,4	x	x	1,8	6,5	8,3	4,7

308 Aufgrund von Rundungen oder fehlenden Werten kommt es in der Summe teilweise zu Abweichungen von 100%. Die Anzahl der Personen im Haushalt liegt in einzelnen Wellen nicht in den Datensätzen vor (x). Wenngleich sie in der deutschen Fassung des jeweiligen Fragebogens erfasst wurde, ist dies nicht bei allen Übersetzungen der Fragen so und hat vermutlich demgemäß keinen Eingang in die Datensätze gefunden. In anderen Jahren wird die Anzahl der Personen teilweise uneinheitlich ermittelt.

Anhang 3: Auswahl Demographie Umweltbewusstsein in Deutschland
Quelle: Umweltbewusstsein in Deutschland.

Merkmal	**Erhebungszeitraum, Anteile in %**[309]						
	1996	**1998**	**2000**	**2002**	**2004**	**2006**	**2008**
Geschlecht							
männlich	46,0	45,5	47,4	47,2	47,7	47,7	47,5
weiblich	54,0	54,5	52,1	52,6	52,3	52,3	52,5
Alter[310]							
18-25	7,8	7,6	10,1	9,4	7,9	7,5	6,6
25-45	35,5	34,6	43,4	42,9	37,2	37,6	32,9
45-65	34,1	35,5	34,2	31,9	32,9	32,0	35,7
65 und mehr	22,5	22,2	12,2	15,7	22,0	22,9	24,8
Personen im HH							
1	24,4	23,3	24,1	23,0	20,4	20,4	30,5
2	38,8	40,5	33,1	38,7	38,1	37,9	37,2
3	17,4	16,6	19,8	17,6	19,3	19,9	14,0
4	14,7	14,8	16,8	15,4	15,3	16,0	14,4
5 und mehr	4,5	4,8	6,3	5,2	7,0	5,6	3,9

309 Aufgrund von Rundungen oder fehlenden Werten kommt es in der Summe teilweise zu Abweichungen von 100%.

310 Das Alter wurde, wenn es nicht explizit in den Daten vorlag, als Differenz aus Befragungsjahr und Geburtsjahr erzeugt.

Anhang 4: Vorankündigung der Befragung

GEORG-AUGUST-UNIVERSITÄT
GÖTTINGEN

Universität Göttingen · Postfach XXX · 370XXX Göttingen

ADRESSE

Göttingen, 05. Februar 2008

ANREDE,

aktuell wird oft über Ernährung, Lebensmittelqualität und Umweltveränderungen in Zeitung und Fernsehen berichtet.
Ein Thema, das viele dieser Aspekte berührt, ist die so genannte *Grüne Gentechnik*. Bei der Grünen Gentechnik werden neuartige Verfahren zur Pflanzenzüchtung eingesetzt. Unter dem Stichwort Grüne Gentechnik wird auch der Anbau dieser Pflanzen verstanden.

Zur Grünen Gentechnik bearbeitet die Georg-August-Universität Göttingen ein wichtiges, vom Bundesministerium für Bildung und Forschung (BMBF) gefördertes Forschungsprojekt.
Wir möchten von Ihnen wissen, welchen Umgang Sie sich mit Grüner Gentechnik in Zukunft wünschen. Ihre Einstellungen und Meinungen helfen dabei, die künftigen Regelungen in diesem Bereich mitzugestalten. Die Ergebnisse der Studie werden der Bundesregierung in anonymer Form zur Verfügung gestellt.

Wir haben Ihren Haushalt in einem statistischen Verfahren zufällig ausgewählt und möchten Sie herzlich bitten, an der Befragung teilzunehmen. Dazu erhalten Sie innerhalb der kommenden 10 Tage weitere nützliche Informationen und einen Fragebogen zur Grünen Gentechnik von uns.

Für Rückfragen stehen wir Ihnen gerne zu den üblichen Bürozeiten von 9-16 Uhr telefonisch oder per E-Mail zur Verfügung.

Mit freundlichen Grüßen

Manuel Thiel

Kontakt:

Herr Dipl.-Soz. Manuel Thiel
Georg-August-Universität
Göttingen

Platz der Göttinger Sieben 5
37073 Göttingen
Tel: (0551) 39-4814
E-Mail: mthiel1@uni-goettingen.de

Herr Dr. Jan Barkmann
Georg-August-Universität
Göttingen

Platz der Göttinger Sieben 5
37073 Göttingen
Tel: (0551) 39-14492

Herr Prof. Dr. Rainer Marggraf
Georg-August-Universität
Göttingen

Platz der Göttinger Sieben 5
37073 Göttingen
Tel: (0551) 39-4829

Anhang 5: Anschreiben zur Befragung

GEORG-AUGUST-UNIVERSITÄT
GÖTTINGEN

„Grüne Gentechnik" · Postfach XXXXX · 37XXX Göttingen

ADRESSE

Göttingen, 13. Februar 2008

ANREDE,

Sie erhalten heute den angekündigten Fragebogen zur *Grünen Gentechnik* in Deutschland. Dieser Fragebogen ist ein wichtiger Teil eines offiziellen, vom Bundesministerium für Bildung und Forschung geförderten Forschungsprojekts. Die Ergebnisse werden in anonymisierter Form der Bundesregierung zur Verfügung gestellt.
Ziel ist es, Informationen für den künftigen rechtlichen Umgang mit der Grünen Gentechnik in Deutschland - aber auch innerhalb der EU – zu gewinnen. Dazu ist Ihre Meinung wichtig!

Ihre Adresse wurde per Zufall in einem statistischen Verfahren ausgewählt. Ihre Anonymität und die Vertraulichkeit Ihrer Angaben sind selbstverständlich gewährleistet.

Für repräsentative Aussagen ist es sehr wichtig, dass genau die Person den Fragebogen ausfüllt, die in Ihrem Haushalt zuletzt Geburtstag hatte und über 18 Jahre alt ist. Dies gilt auch dann, wenn der Fragebogen an eine andere Person in Ihrem Haushalt adressiert ist. Wenn Sie alleine leben, füllen Sie bitte den Fragebogen aus.

Für eine bessere Übersicht haben wir den Fragebogen in drei Teile untergliedert. Die Fragen haben wir ebenfalls nach Themenbereichen sortiert, um Ihnen die Beantwortung zu erleichtern. Die Bearbeitung des Fragebogens wird rund 40 Minuten in Anspruch nehmen.

Wir informieren Sie auch gerne kostenlos über die Ergebnisse der Befragung. Dazu können Sie uns auf dem beiliegenden Formular eine Kontaktmöglichkeit angeben.

Vielen Dank im Voraus für Ihre Mitarbeit!

Mit freundlichen Grüßen

Manuel Thiel

Für Rückfragen stehen Ihnen gerne zur Verfügung:

Herr Dipl.-Soz. Manuel Thiel
Georg-August-Universität Göttingen
Platz der Göttinger Sieben 5
37073 Göttingen
Tel: (0551) 39-4814

Herr Dr. Jan Barkmann
Georg-August-Universität Göttingen
Platz der Göttinger Sieben 5
37073 Göttingen
Tel: (0551) 39-14492

Herr Prof. Dr. Rainer Marggraf
Georg-August-Universität Göttingen
Platz der Göttinger Sieben 5
37073 Göttingen
Tel: (0551) 39-4829

Anhang 6: Datenschutzerklärung zur Befragung

GEORG-AUGUST-UNIVERSITÄT GÖTTINGEN

Erklärung zum Datenschutz und zur absoluten Vertraulichkeit Ihrer Angaben

Die Universität Göttingen arbeitet nach den Vorschriften des Bundesdatenschutzgesetzes (BDSG) und allen anderen datenschutzrechtlichen Bestimmungen.

Grundsätzlich gilt: **Es gibt keine Weitergabe von Daten, die Ihre Person erkennen lassen!**

Bei dieser Studie werden Adresse und Fragenteil voneinander getrennt. Somit ist gewährleistet, dass bei der Auswertung ausschließlich Antworten ohne Personenbezug vorliegen.

Ihre Antworten auf die gestellten Fragen werden in Zahlen umgesetzt und **ohne Ihren Namen und ohne Ihre Adresse** (also anonymisiert) ausgewertet. Niemand kann aus den Ergebnissen erkennen, von welcher Person die Angaben gemacht worden sind.

In jedem Fall gilt:

- Die Teilnahme an der Befragung ist freiwillig. Bei Nicht-Teilnahme entstehen Ihnen keine Nachteile.
- Es ist selbstverständlich, dass die Universität Göttingen die Vorschriften des Datenschutzes einhält.

Sie können sicher sein, dass

- niemand erfährt, welche Antworten Sie gegeben haben.
- Ihr Name und Ihre Anschrift nicht an Dritte weitergegeben werden.
- keine Einzeldaten an Dritte weitergegeben werden, die eine Identifizierung Ihrer Person zulassen.

Wir nutzen verschiedene Varianten des Fragebogens. Damit wir diese unterscheiden können, ist jeder Fragebogen mit einer Zahl zwischen 1 und 8 versehen. Diese Nummer dient *ausschließlich* zur Identifikation der Fragebogenvariante und ermöglicht *keinerlei* Rückschlüsse auf Ihre Person.

Wir danken Ihnen für Ihre Mitwirkung und Ihr Vertrauen in unsere Arbeit!

Anhang 7: Zusatzinformationen zu Grüner Gentechnik

Zusatzinformationen

Zusatzinformationen zu Umweltwirkungen von gentechnisch verändertem Raps und Mais

Raps und Mais sind sehr verschiedene Pflanzen.
Gentechnisch veränderter **Raps** (HR-Raps) darf in Europa *nicht* angebaut werden. Einige Sorten von gentechnisch verändertem **Mais** (Bt-Mais) *dürfen* in Europa angebaut werden. Die *möglichen* Umweltwirkungen durch einen Anbau unterscheiden sich ebenfalls. Zu einigen Unterschieden finden Sie hier zusätzliche Informationen.

Ein Unterschied besteht in der Möglichkeit der so genannten ***Auskreuzung***.
Raps hat in Europa viele natürliche Kreuzungspartner, z.B. Wildpflanzen wie Senf oder Hederich. Wenn HR-Raps angebaut wird, kann es vorkommen, dass er mit diesen Wildpflanzen fruchtbare Samen erzeugt. So kann sich dann die gentechnische Veränderung in der Natur ausbreiten. Es ist unklar, ob dies gefährliche Folgewirkungen hat, z.B. schwer zu bekämpfende Problemunkräuter. Schon die Ausbreitung wird oft als unerwünscht angesehen.
Mais hat in Europa *keine* natürlichen Kreuzungspartner. Er kann sich nicht mit Wildpflanzen kreuzen, sondern nur mit anderen Maispflanzen.

Ein weiterer Unterschied besteht in der Möglichkeit der ***Ausbreitung***.
Auf dem Feld ausgefallene **Raps**samen können den Winter überleben. Im folgenden Jahr keimen und blühen sie und tragen die gentechnische Veränderung weiter. Das heißt, auch nachdem kein HR-Raps mehr angebaut wird, kann die gentechnische Veränderung noch jahrelang vorhanden bleiben. Darüber hinaus ist Raps außerhalb von Ackerflächen stark verbreitet, z.B. an Straßenrändern oder Bahngleisen. Mit diesem *Wildraps* könnte sich der HR-Raps kreuzen. Auch so könnte sich die gentechnische Veränderung ausbreiten.
Mais ist außerhalb von Ackerflächen kaum anzutreffen. Dies liegt unter anderem daran, dass keimfähige Maiskörner sehr selten beim Transport verloren gehen. Außerdem ist Mais normalerweise *nicht winterhart*. Er wächst gewöhnlich im folgenden Jahr nicht wieder, selbst wenn eine Pflanze auf dem Feld zurück bleibt. Nach einem milden Winter kann es aber vorkommen, dass sich Maispflanzen selbst wieder aussäen.

Ein weiterer Unterschied betrifft den ***Honig***. Raps ist im Gegensatz zu Mais eine Bienentrachtpflanze, zu der Bienen kilometerweit fliegen, um Nektar zu sammeln. Honig enthält immer auch Pollenkörner. Bei weit verbreitetem Anbau von HR-Raps können dessen Gene dann im Honig enthalten sein. Es wird daher schwieriger, garantiert „gentechnikfreien" Honig herzustellen. Dieses Problem tritt beim Mais weniger stark auf.

Anhang 8: Beispielfragebogen zur Befragung

GEORG-AUGUST-UNIVERSITÄT GÖTTINGEN

FRAGEBOGEN

„Grüne Gentechnik“ in Deutschland

GEFÖRDERT VOM

Bundesministerium für Bildung und Forschung

DLR

SÖF Sozial-ökologische Forschung

.pt Projektträger im DLR

Bitte zurücksenden bis zum 5. März 2008

Bitte zurücksenden bis zum 5. März 2008

GEORG-AUGUST-UNIVERSITÄT
GÖTTINGEN

Hinweise zum Ausfüllen des Fragebogens

Die Beantwortung dieses Fragebogens ist freiwillig.
Die Qualität dieser Studie hängt aber entscheidend von Ihrer Mitarbeit ab. Darum möchten wir Sie herzlich bitten, den Fragebogen sorgfältig auszufüllen und alle Fragen zu beantworten.

Der Fragebogen wird später maschinell eingelesen. Dazu ist es sehr wichtig, dass Sie...

- **nur einen schwarzen oder blauen Kugelschreiber verwenden**
- **beim Ankreuzen und Eintragen von Zahlen innerhalb der Kästchen bleiben.**

Ankreuzen: X

Zahlen eintragen: 1 1 1 1

Bitte senden Sie uns den ausgefüllten Fragebogen im beiliegenden Umschlag zurück.

Vielen Dank!

Einführung

Das Thema dieser Umfrage ist die so genannte *Grüne Gentechnik*.
Bei der Grünen Gentechnik werden bei Pflanzen die „Gene" (DNA) mit Hilfe spezieller Verfahren verändert, um neue Pflanzeneigenschaften zu entwickeln. Im Unterschied zur herkömmlichen Züchtung können dabei Gene auch über Artgrenzen hinweg übertragen werden, z.B. von Bakterien auf Pflanzen.
Grüne Gentechnik bedeutet vor allem, dass diese Pflanzensorten in der Landwirtschaft angebaut werden, um Nahrungsmittel oder Futtermittel zu produzieren.
Die Grüne Gentechnik kann ebenfalls genutzt werden, um gentechnisch veränderte Energiepflanzen z.B. für Biokraftstoffe zu erzeugen.

Der Fragebogen besteht insgesamt aus drei Teilen. Im ersten Abschnitt stellen wir Ihnen kurz den aktuellen Stand der Grünen Gentechnik in Deutschland vor. Danach möchten wir von Ihnen erfahren, wie Sie sich den Umgang mit Lebensmitteln aus Grüner Gentechnik wünschen. Abschließend folgen noch einige allgemeine Fragen für die Statistik.

Hinweise:

1) Der Übersichtlichkeit wegen wird im Folgenden für gentechnisch veränderte Pflanzen häufig die Abkürzung „**GVP**" verwendet.

2) Auf den folgenden Seiten ist häufig Ihre Einschätzung von Aussagen wichtig.
Dazu werden meist die Zahlen von 1 bis 5 verwendet.
Dabei bedeutet...

- **1**: „Stimme **voll und ganz** zu"
- **2**: „Stimme **eher** zu"
- **3**: „Bin **unentschlossen**"
- **4**: „Stimme **eher nicht** zu"
- **5**: „Stimme **überhaupt nicht** zu".

Teil I: Meinung zu Grüner Gentechnik

Wir beginnen ganz allgemein mit dem Thema Grüne Gentechnik.

Wie sehr stimmen Sie diesen Aussagen zu?
Die **1** bedeutet dabei „**Stimme voll und ganz zu**", die **5** „**Stimme überhaupt nicht zu**".
Mit den Werten dazwischen können Sie Ihre Bewertung abstufen.

	1	2	3	4	5
Über Grüne Gentechnik fühle ich mich gut informiert........................	☐	☐	☐	☐	☐
Das Thema Grüne Gentechnik interessiert mich sehr.........................	☐	☐	☐	☐	☐
Ich hätte gerne mehr Informationen zu Grüner Gentechnik.................	☐	☐	☐	☐	☐
Ich weiß, wo ich Informationen zur Grünen Gentechnik finden kann.....	☐	☐	☐	☐	☐

Erst seit einigen Jahren werden gentechnisch veränderte Pflanzen (**GVP**) genutzt, um Lebensmittel zu erzeugen. Daher sind die Einzelheiten vieler Regelungen den Menschen nicht genauer bekannt. **Sind die folgenden Aussagen Ihrer Kenntnis nach richtig?**

	richtig	falsch	weiß nicht
Es gibt GVP, die als Futtermittel in Deutschland erlaubt sind......	☐	☐	☐
Es gibt GVP, die als Lebensmittel in Deutschland erlaubt sind.....	☐	☐	☐
Es gibt GVP, deren Anbau in Deutschland erlaubt ist...............	☐	☐	☐
Es gibt eine Kennzeichnungspflicht für GVP in Lebensmitteln.....	☐	☐	☐
Es gibt eine Kennzeichnungspflicht für GVP in Futtermitteln.......	☐	☐	☐
Wenn Tiere mit GVP gefüttert wurden, muss das auf dem Produkt (z.B. Eier, Milch, Fleisch) stehen..................	☐	☐	☐

Teil I: Meinung zu Grüner Gentechnik

Es folgen nun einige Fragen zur Lebensmittelsicherheit. **Wie hoch schätzen Sie das Gesundheitsrisiko folgender Faktoren für sich persönlich ein?**
Die **1** bedeutet dabei „**Sehr hohes Risiko**", die **5** „**Kein Risiko**".
Mit den Werten dazwischen können Sie Ihre Bewertung abstufen.

	1	2	3	4	5
Risiko durch Rückstände von Pflanzenschutzmitteln in Lebensmitteln...	☐	☐	☐	☐	☐
Risiko durch Konservierungsstoffe in Lebensmitteln........................	☐	☐	☐	☐	☐
Risiko durch gentechnisch veränderte Pflanzen in Lebensmitteln.........	☐	☐	☐	☐	☐
Risiko einer allergischen Reaktion auf Lebensmittel........................	☐	☐	☐	☐	☐

Nun folgt ein **kurzer Überblick über gentechnisch veränderte Pflanzen in Deutschland.**

2

Teil I: Meinung zu Grüner Gentechnik

Informationen zu gentechnisch veränderten Pflanzen (GVP)

In Deutschland sind Raps und Mais wichtige Pflanzen für die Landwirtschaft. Weltweit werden viele gentechnisch veränderte Pflanzensorten entwickelt oder bereits genutzt, z.B. gentechnisch veränderter Raps und Mais. Je nachdem, wie die Politik entscheidet, können auch in Deutschland verstärkt gentechnisch veränderter Raps und Mais zum Einsatz kommen.

Durch die Europäischen Union („*Brüssel*") wird entschieden, welche gentechnisch veränderten Pflanzen zugelassen und für Futter- und Lebensmittel verwendet werden dürfen. Dabei wird geprüft, ob gentechnisch veränderte Pflanzen für Gesundheit und Umwelt gefährlich sind. Bei den zugelassenen GVP konnte nach Auffassung der Behörden keine Gefahr nachgewiesen werden. Viele Verbraucher- und Umweltorganisationen sind dennoch skeptisch. Ziel der Politik in Deutschland ist es, dass die Landwirtschaft mit und ohne „Grüne Gentechnik" nebeneinander ohne gegenseitige Beeinträchtigung existieren kann.

Gentechnisch veränderter **Raps** ist z.B. unempfindlich gegen ein bestimmtes Unkraut-Vernichtungsmittel. Spritzt der Landwirt dieses Mittel auf das Rapsfeld, gehen alle Pflanzen außer dem gentechnisch veränderten Raps ein. Dieser Raps heißt **HR-Raps** (Herbizid-resistenter Raps). Weltweit wird auf 5 Millionen Hektar HR-Raps angebaut.
EU-weit ist HR-Raps nicht für den Anbau zugelassen, er kann aber importiert und zu Lebens- und Futtermitteln verarbeitet werden.

Gentechnisch veränderter **Mais** erzeugt z.B. einen Stoff, der ein schädliches Insekt abtöten soll. Gegen dieses Insekt, den Maiszünsler, braucht dann z.B. nicht gespritzt werden. Dieser Mais wird **Bt-Mais** genannt. Er ist in der EU auch zum Anbau zugelassen und wurde in Deutschland im Jahr 2007 auf rund 2700 Hektar angebaut.

Typische Raps- und Maisprodukte sind **Pflanzenöl, Margarine**, **Dosenmais** und **Cornflakes**. Raps und Mais sind auch Ausgangsstoffe für verschiedene Lebensmittelzutaten. Außerdem werden Raps und Mais an Tiere verfüttert, um **Fleisch** und **Milch** zu produzieren.
Raps und Mais können auch zur Herstellung von Biogas und Biodiesel verwendet werden. Durch deren Verbrennung kann **Strom** erzeugt werden.

Teil I: Meinung zu Grüner Gentechnik

Nach dem kurzen Überblick zu gentechnisch veränderten Pflanzen (**GVP**) fragen wir wieder nach Ihrer Meinung. **Sagen Sie uns bitte, wie sehr Sie den folgenden Aussagen zustimmen.** Die **1** bedeutet dabei „**Stimme voll und ganz zu**", die **5** „**Stimme überhaupt nicht zu**". Mit den Werten dazwischen können Sie Ihre Bewertung abstufen.

	1	2	3	4	5
Grüne Gentechnik sichert unsere Ernährung	☐	☐	☐	☐	☐
Grüne Gentechnik trägt zu einer schonenden Landwirtschaft bei	☐	☐	☐	☐	☐
Landwirtschaft mit und ohne Grüne Gentechnik kann harmonisch nebeneinander existieren	☐	☐	☐	☐	☐
Die Wissenschaftler gehen mit der Grünen Gentechnik zu weit	☐	☐	☐	☐	☐
Grüne Gentechnik ist gegen die Gesetze der Natur	☐	☐	☐	☐	☐
Der großflächige Anbau von GVP ist zu risikoreich. Wir wissen einfach nicht, was passieren wird	☐	☐	☐	☐	☐

Grundsätzlich muss die Verwendung von gentechnisch veränderten Pflanzen auf der Zutatenliste eines Lebensmittels vermerkt sein (**Kennzeichnung**). Dabei muss jede einzelne Zutat, die aus gentechnisch veränderten Pflanzen gewonnen wurde, extra kenntlich gemacht werden. Für zufällige oder unvermeidbare Anteile gibt es einen Grenzwert. Dieser liegt gegenwärtig bei 0,9% für jede einzelne Zutat.
0,9% entsprechen ungefähr einem gehäuften Teelöffel Zucker aus einer 1-Kilogramm-Packung. Zufällige Anteile unterhalb dieser Grenze brauchen nicht gekennzeichnet werden.

Milch und Fleisch von Tieren, die mit Futter aus gentechnisch veränderten Pflanzen gefüttert wurden, müssen ***nicht*** gekennzeichnet werden. Es spielt dabei keine Rolle, wie viel dieser Futtermittel die Tiere bekommen haben.
Die Futtermittel selbst müssen aber gekennzeichnet werden.

Teil I: Meinung zu Grüner Gentechnik

Kritiker der Grünen Gentechnik befürchten für den Menschen beispielsweise ein erhöhtes Allergierisiko durch gentechnisch veränderte Pflanzen (**GVP**) in Lebensmitteln. Langzeitstudien über mögliche Auswirkungen fehlen. Befürworter der Grünen Gentechnik erwidern, dass keine anderen Lebensmittel so stark kontrolliert würden. Sie verweisen darauf, dass die GVP keine Zulassung erhalten, wenn Anhaltspunkte für Gefahren erkannt werden.

Wie sehr stimmen Sie den folgenden Aussagen zu?
Die **1** bedeutet dabei „**Stimme voll und ganz zu**", die **5** „**Stimme überhaupt nicht zu**". Mit den Werten dazwischen können Sie Ihre Bewertung abstufen.

	1	2	3	4	5
GVP in Lebensmitteln stehe ich besorgt gegenüber...........................	☐	☐	☐	☐	☐
GVP sollten nicht für Lebensmittel verwendet werden......................	☐	☐	☐	☐	☐
GVP in Lebensmitteln stellen *kein* Risiko für mich dar.....................	☐	☐	☐	☐	☐
GVP reduzieren für mich die Lebensmittelqualität...........................	☐	☐	☐	☐	☐
GVP in Lebensmitteln stellen trotz aller Überprüfungen ein Gesundheitsrisiko dar...	☐	☐	☐	☐	☐

Teil II: Umgang mit Grüner Gentechnik

Wir kommen nun zum zweiten Teil der Befragung.

Hier möchten wir erfahren, welchen Umgang mit der Grünen Gentechnik Sie sich in Deutschland wünschen. Ziel ist es, mit Ihrer Hilfe Empfehlungen für die zukünftige Handhabung von gentechnisch veränderten Pflanzen (GVP) zu geben.
Wir stellen Ihnen hierfür Lebensmittel und andere Produkte vor, die mit Grüner Gentechnik hergestellt werden können. Die Produkte haben sechs verschiedene Eigenschaften. Diese Eigenschaften stellen Informationen dar, die Ihnen für Ihre Entscheidung zur Verfügung stehen.
Beachten Sie bitte, dass es sich dabei um Informationen handeln kann, wie sie gegenwärtig noch nicht auf Produkten zu finden sind.

Die Eigenschaften sind:

- die ***Kennzeichnung*** der Produkte,
- Angaben aus den ***Herstellerunterlagen***,
- die Ergebnisse einer ***Laboruntersuchung*** der Produkte,
- ***Umweltwirkungen*** beim Anbau der Pflanzen für diese Produkte,
- die regionale oder nationale ***Herkunft*** der Produkte und
- der Produkt***preis*** beim Einkauf.

Teil II: Umgang mit Grüner Gentechnik

Eigenschaft 1: **Kennzeichnung der Produkte**

Die Kennzeichnung gibt Ihnen einen Hinweis darüber, ob ein Produkt gentechnisch veränderten Raps oder Mais enthält bzw. aus diesen hergestellt wurde. Die Kenzeichnung besteht entweder aus dem Aufdruck auf der Packung *„hergestellt aus GVP"* oder *„ohne Gentechnik"*. Es kann auch sein, dass das Produkt keinen besonderen Aufdruck hat.
Der Hinweis „ohne Gentechnik" bedeutet, dass der Hersteller nachgewiesen hat, dass keine gentechnisch veränderten Pflanzen verwendet wurden – auch nicht als Futtermittel. Dennoch dürfen auch hier zufällige oder nicht vermeidbare Anteile unter 0,9% enthalten sein.

Sind Ihnen in den letzten 12 Monaten Lebensmittel aufgefallen, die mit einem Hinweis auf Gentechnik bei der Herstellung versehen waren?

ja	**nein**	Darauf habe ich nicht geachtet.
☐	☐	☐

Eigenschaft 2: **GVP-Anteil bei der Produktion (*Herstellerunterlagen*)**

Der Anteil an gentechnisch veränderten Pflanzen (**GVP**) bei der Produktion kann anhand der Unterlagen der Hersteller angegeben werden. Das gilt für alle Lebens- und Futtermittel.
Da häufig das Produkt selbst kein gentechnisch verändertes Material mehr enthält (z.B. Öl, Fleisch oder Strom), können sich diese Werte von den Ergebnissen der Laboruntersuchung unterscheiden (*siehe Eigenschaft 3*). Das heißt, für Produkte, bei denen eine Laboruntersuchung z.B. keine Ergebnisse liefert, kann aber ermittelt werden, wie viel GVP bei der Produktion verwendet wurden.

Selbst 0,00% GVP kann herauskommen, wenn auf jeder Stufe der Produktion der Einsatz von gentechnisch veränderten Pflanzen sorgfältig ausgeschlossen wurde.

Teil II: Umgang mit Grüner Gentechnik

Wie sehr stimmen Sie diesen Aussagen auf einer Skala von 1 bis 5 zu?
Die 1 bedeutet dabei „**Stimme voll und ganz zu**", die 5 „**Stimme überhaupt nicht zu**".
Mit den Werten dazwischen können Sie Ihre Bewertung abstufen.

	1	2	3	4	5
Ich vertraue auf die Angaben der Hersteller der Produkte........................	☐	☐	☐	☐	☐
Ich vertraue auf die staatlichen Kontrollen der Kennzeichnungen.........	☐	☐	☐	☐	☐
Alle Lebensmittel mit GVP sollten gekennzeichnet werden, damit die Kunden selbst entscheiden können....................................	☐	☐	☐	☐	☐
Der Einsatz von GVP als Futtermittel sollte generell auf tierischen Produkten vermerkt sein..	☐	☐	☐	☐	☐
Es sollte auf allen Lebensmitteln ein Hinweis zu finden sein, ob sie ohne GVP oder ob sie mit GVP hergestellt wurden.....................	☐	☐	☐	☐	☐

Eigenschaft 3: **GVP-Anteil im Produkt (*Laboruntersuchung*)**

Im Labor kann für viele Lebensmittel gemessen werden, ob sie Spuren gentechnisch veränderter Pflanzen (**GVP**) enthalten. Hoch verarbeitete Produkte wie Pflanzenöl oder Margarine enthalten solche Spuren nicht mehr, **auch** wenn sie aus gentechnisch verändertem Mais oder Raps hergestellt wurden. Ob GVP als Futtermittel verwendet wurden, kann in tierischen Produkten, also z.B. Milch oder Fleisch, nicht nachgewiesen werden. Dies gilt natürlich auch für elektrischen Strom aus „Biogas". Für diese Produkte ergibt die Laboruntersuchung das Ergebnis *„nicht nachweisbar"*.

Für weniger verarbeitete Lebensmittel wie Dosenmais oder Cornflakes kann der konkrete GVP-Anteil im Produkt gemessen werden. Dabei gibt es eine untere Grenze für die Analyse. Ein Anteil an gentechnisch veränderten Bestandteilen unter 0,1% kann nicht erfasst werden. Das bestmögliche Ergebnis der Laboruntersuchung lautet daher auch hier *nicht nachweisbar*. Dies ist auch dann der Fall, wenn tatsächlich kein gentechnisch verändertes Material eingesetzt wurde.

Teil II: Umgang mit Grüner Gentechnik

In vielen Bereichen sind festgelegte Grenzwerte üblich. Bier darf beispielsweise als „alkoholfrei" bezeichnet werden, solange der Alkoholanteil unter 0,5% liegt.

Ab wann würden Sie ein Produkt als „*ohne Gentechnik*" bezeichnen?
Bitte kreuzen Sie Ihre Auswahl an.

0,00%	**0,1%**	**0,5%**	**0,9%**	**2%**	**höherer Wert**	Ich weiß nicht.
☐	☐	☐	☐	☐	☐	☐

Ab wann sollte es Ihrer Meinung nach Pflicht sein, den Anteil an gentechnisch veränderten Pflanzen bei Lebensmitteln zu kennzeichnen?
Bitte kreuzen Sie Ihre Auswahl an.

0,01%	**0,1%**	**0,5%**	**0,9%**	**2%**	**höherer Wert**	Ich weiß nicht.
☐	☐	☐	☐	☐	☐	☐

Nachfolgend erhalten Sie eine Übersicht zur Veranschaulichung der beiden Eigenschaften ***Herstellerunterlagen*** und ***Laboruntersuchung***. Dabei werden Produkte aus 99% gentechnisch veränderten Pflanzen (GVP) und ohne GVP (0,00%) gegenübergestellt.

	wenig verarbeitete Produkte (**Dosenmais, Cornflakes**)		hoch verarbeitete Produkte (**Pflanzenöl, Margarine**), tierische Produkte (**Milch, Rindfleisch**), Biomasse (**Strom**)	
GVP-Anteil bei der Herstellung (*Herstellerunterlagen*)	**99%**	**0,00%**	**99%**	**0,00%**
	⇩	⇩	⇩	⇩
GVP-Anteil im Produkt (*Laboruntersuchung*)	**99%**	**nicht nachweisbar**	**nicht nachweisbar**	**nicht nachweisbar**

Teil II: Umgang mit Grüner Gentechnik

Eigenschaft 4: **Umweltwirkungen beim Anbau**

Die Experten sind sich über die Auswirkungen von gentechnisch veränderten Pflanzen (**GVP**) auf die Umwelt ***nicht einig***. Die Befürworter erwarten z.B., dass weniger Pflanzenschutzmittel eingesetzt werden und mit weniger Aufwand angebaut werden kann. Gegner der Grünen Gentechnik erwarten ungünstige Folgen für die Pflanzen- und Tierwelt.

Da die konkreten Effekte auf die Umwelt unklar sind, haben wir jeweils Beispiele für ***mögliche*** Folgen ausgewählt, die beim Anbau von gentechnisch verändertem Mais und Raps auftreten können:

- Einsatz von *weniger Pflanzenschutzmitteln* oder
- *ungünstige* Wirkungen auf die heimische *Artenvielfalt* oder
- *Ausbreitung* der gentechnischen Veränderung in der Natur.

Es ist aber auch möglich, dass

- *keine* besonderen Auswirkungen auf die Umwelt eintreten.

Bis auf die Ausbreitung der gentechnischen Veränderung in der Natur können ***ähnliche*** Umweltwirkungen auch bei der Landwirtschaft ***ohne Grüne Gentechnik*** auftreten.

Auch wenn sich die Experten nicht einig sind, so haben doch viele Menschen eine Meinung zu den Wirkungen der Grünen Gentechnik.
Wie sehr stimmen Sie folgenden Aussagen zu?
Die 1 bedeutet dabei „**Stimme voll und ganz zu**", die **5** „**Stimme überhaupt nicht zu**".
Mit den Werten dazwischen können Sie Ihre Bewertung abstufen.

	1	2	3	4	5
GVP ermöglichen eine umweltschonendere Produktion……………………	☐	☐	☐	☐	☐
GVP reduzieren den Einsatz von Pflanzenschutzmitteln……………………	☐	☐	☐	☐	☐
GVP schonen andere Pflanzen & Tiere auf dem Acker…………………	☐	☐	☐	☐	☐
GVP werden sich in der Natur unkontrolliert ausbreiten…………………	☐	☐	☐	☐	☐
GVP beeinträchtigen die Pflanzen- und Tierwelt auf dem Acker……….	☐	☐	☐	☐	☐
GVP stellen ein Risiko für die Natur an sich dar………………………..	☐	☐	☐	☐	☐

10

Teil II: Umgang mit Grüner Gentechnik

Eigenschaft 5: **Herkunftsort der Produkte**

Es ist ein offizielles Ziel der Politik in Deutschland und in der EU, dass die Verbraucher auch bei verstärkter Nutzung der Grünen Gentechnik weiterhin gentechnikfreie Produkte kaufen können. Einigen Verbrauchern ist es außerdem wichtig zu wissen, woher die Produkte stammen.

Es gibt bei den Beispielprodukten die folgenden Möglichkeiten:
Produkte *„aus der Region"*, *„aus Deutschland"*, *„aus der Europäischen Union"* und *„von außerhalb der Europäischen Union"*.

Wie sehr sind Sie bei den folgenden Einschränkungen der Verfügbarkeit von Lebensmitteln *ohne* GVP besorgt?
Die 1 bedeutet dabei **„Bin sehr besorgt"**, die **5 „Bin überhaupt nicht besorgt"**.
Mit den Werten dazwischen können Sie Ihre Bewertung abstufen.

	1	2	3	4	5
Lebensmittel ohne GVP *nicht* mehr aus der *Region* erhältlich..............	☐	☐	☐	☐	☐
Lebensmittel ohne GVP *nicht* mehr aus *Deutschland* erhältlich..........	☐	☐	☐	☐	☐
Lebensmittel ohne GVP *nicht* mehr aus der *EU* erhältlich..................	☐	☐	☐	☐	☐
Lebensmittel ohne GVP *gar nicht mehr* erhältlich..............................	☐	☐	☐	☐	☐

Eigenschaft 6: **Preis der Produkte**

Das ist der Preis, den Sie für die jeweiligen Produkte zahlen würden.
Die Preise unserer Beispielprodukte basieren auf den durchschnittlichen Preisen im Supermarkt. Wenn Sie diese Produkte vorwiegend im Discounter (z.B. Aldi, Lidl) kaufen, wäre der Preis für die Beispielprodukte rund 10% niedriger, beim Einkauf in Bio- oder Feinkostläden rund 30% höher.

Teil II: Umgang mit Grüner Gentechnik

Wie sehr stimmen Sie folgenden Aussagen zu?
Die **1** bedeutet dabei „**Stimme voll und ganz zu**", die **5** „**Stimme überhaupt nicht zu**".
Mit den Werten dazwischen können Sie Ihre Bewertung abstufen.

	1	2	3	4	5
Ich bin grundsätzlich *nicht* bereit, für Produkte ohne GVP mehr zu bezahlen	☐	☐	☐	☐	☐
Der Staat muss dafür sorgen, dass ich ohne Preiserhöhung weiterhin Lebensmittel ohne GVP kaufen kann	☐	☐	☐	☐	☐
Für ein Produkt, das wirklich frei von GVP ist, zahle ich gerne etwas mehr	☐	☐	☐	☐	☐
Es ist mein gutes Recht, Produkte ohne GVP zu günstigen Preisen kaufen zu können	☐	☐	☐	☐	☐
Für ein Produkt aus GVP, das gesundheitliche Vorteile verspricht, bin ich bereit mehr zu bezahlen	☐	☐	☐	☐	☐

Wo kaufen Sie die folgenden Produkte am häufigsten? Im Discounter (z.B. Aldi, Lidl), im Supermarkt (z.B. Rewe, Kaufland, Edeka) oder im Feinkost-/Bioladen?
Bitte machen Sie pro Produkt nur ein Kreuz!

	Discounter	Supermarkt	Feinkost/Bio	weder noch
Cornflakes	☐	☐	☐	☐
Dosenmais	☐	☐	☐	☐
Margarine	☐	☐	☐	☐
Pflanzenöl	☐	☐	☐	☐
Milch	☐	☐	☐	☐

Wo kaufen Sie am häufigsten Rind- oder Schweinefleisch? Bitte nur ein Kreuz machen!

☐ Discounter
☐ Supermarkt
☐ Feinkost/Bio-Laden
☐ Fleischereifachgeschäft
☐ weder noch/gar nicht

Teil II: Umgang mit Grüner Gentechnik

Auf den nächsten Seiten finden Sie nun die zuvor vorgestellten Eigenschaften zur Beschreibung ausgewählter Lebensmittel. Raps und Mais sind dabei entweder die Grundlage für diese Lebensmittel, oder wurden als Futtermittel für die Tiere verwendet.

Die Produkte sind im Einzelnen: Cornflakes, Dosenmais, Margarine und Pflanzenöl, sowie Milch und Rindfleisch. Auch für die Herstellung von Strom aus Mais-Biomasse werden Sie diese Eigenschaften wieder finden.

Bei der Kombination der Eigenschaften kann es sich im Folgenden um Produkte handeln, wie sie *gegenwärtig* noch nicht zu kaufen sind.

Auf den folgenden Seiten stehen stets verschiedene Produkte zur Auswahl. Wählen Sie bitte jeweils das von Ihnen bevorzugte Produkt aus – als wenn Sie tatsächlich für sich und Ihre Familie einkaufen würden.

Es geht uns dabei nicht darum, wie Sie sich ein einziges Mal entscheiden, sondern wie Sie grundsätzlich einkaufen würden. Dies bedeutet: Ihnen würde jedes Jahr entweder mehr oder weniger Geld zur Verfügung stehen, je nach dem, welche Produktvariante Sie wählen. Insbesondere, wenn Sie die teuren Produkte ankreuzen, bedenken Sie bitte, dass Sie weniger Geld für andere Waren ausgeben könnten.

Für Ihre Auswahl stehen Ihnen immer die vorliegenden Angaben zur Verfügung. Fehlende Angaben bedeuten, dass keine weiteren Informationen vorhanden sind.

Bitte kreuzen Sie Ihre Auswahl an.

Auf dieser Seite bitte insgesamt zwei Kreuze machen. Pro Auswahl bitte nur ein Kreuz!

Auswahl 1:	**Cornflakes** *(375 g)*		
	Cornflakes	Cornflakes	Cornflakes
Kennzeichnung	„ohne Gentechnik"	„aus GVP"	---
Herstellerunterlagen	0,00%	0,01%	0,9%
Laboruntersuchung	nicht nachweisbar	nicht nachweisbar	0,9%
Umweltwirkung	---	---	---
Herkunft	„aus der EU"	„aus der Region"	„aus Deutschland"
Preis	1,35 €	1,79 €	1,35 €
Bitte wählen Sie das für Sie „beste" Produkt aus. ⇨	**Cornflakes A** ☐	**Cornflakes B** ☐	**Cornflakes C** ☐

☐ Ich würde keines dieser Produkte kaufen.

Auswahl 2:	**Dosenmais** *(425 ml)*		
	Mais	Mais	Mais
Kennzeichnung	„aus GVP"	„ohne Gentechnik"	---
Herstellerunterlagen	0,5%	0,00%	0,00%
Laboruntersuchung	0,5%	nicht nachweisbar	nicht nachweisbar
Umweltwirkung	ungünstige Wirkungen auf Artenvielfalt	5% weniger Pflanzenschutzmittel	ungünstige Wirkungen auf Artenvielfalt
Herkunft	„von außerhalb der EU"	„aus der EU"	„aus der EU"
Preis	0,89 €	0,65 €	0,95 €
Bitte wählen Sie das für Sie „beste" Produkt aus. ⇨	**Mais A** ☐	**Mais B** ☐	**Mais C** ☐

☐ Ich würde keines dieser Produkte kaufen.

14

Auf dieser Seite bitte insgesamt zwei Kreuze machen. Pro Auswahl bitte nur ein Kreuz!

Auswahl 3: **Pflanzenöl** *(aus Raps oder Mais, 0,75 l)*

	Öl	Öl	Öl
Kennzeichnung	---	„aus GVP"	„ohne Gentechnik"
Herstellerunterlagen	0,5%	0,1%	0,00%
Laboruntersuchung	nicht nachweisbar	nicht nachweisbar	nicht nachweisbar
Umweltwirkung	10% weniger Pflanzenschutzmittel	---	ungünstige Wirkungen auf Artenvielfalt
Herkunft	„aus Deutschland"	„aus der EU"	„aus der Region"
Preis	2,39 €	2,19 €	1,59 €
Bitte wählen Sie das für Sie „beste" Produkt aus. ⇨	Öl A ☐	Öl B ☐	Öl C ☐

☐ Ich würde keines dieser Produkte kaufen.

Auswahl 4: **Margarine** *(500 g)*

	Margarine	Margarine	Margarine
Kennzeichnung	„ohne Gentechnik"	---	„aus GVP"
Herstellerunterlagen	0,00%	0,5%	2%
Laboruntersuchung	nicht nachweisbar	nicht nachweisbar	nicht nachweisbar
Umweltwirkung	---	ungünstige Wirkungen auf Artenvielfalt	---
Herkunft	„aus Deutschland"	„von außerhalb der EU"	„aus der Region"
Preis	0,69 €	1,09 €	0,99 €
Bitte wählen Sie das für Sie „beste" Produkt aus. ⇨	Margarine A ☐	Margarine B ☐	Margarine C ☐

☐ Ich würde keines dieser Produkte kaufen.

Auf dieser Seite bitte insgesamt zwei Kreuze machen. Pro Auswahl bitte nur ein Kreuz!

Auswahl 5:	**Frischmilch** *(1 l)*		
	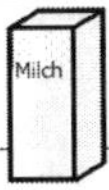	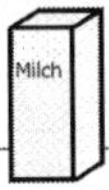	
Kennzeichnung	„ohne Gentechnik“	„aus GVP“	---
Herstellerunterlagen	0,00%	2%	0,01%
Laboruntersuchung	nicht nachweisbar	nicht nachweisbar	nicht nachweisbar
Umweltwirkung	---	5% weniger Pflanzenschutzmittel	10% weniger Pflanzenschutzmittel
Herkunft	„aus der EU“	„aus der EU“	„aus der EU“
Preis	0,62 €	0,83 €	0,83 €
Bitte wählen Sie das für Sie „beste“ Produkt aus. ⇨	**Milch A** ☐	**Milch B** ☐	**Milch C** ☐
	☐ Ich würde keines dieser Produkte kaufen.		

Auswahl 6:	**Rindfleisch** *(Braten, 500 g)*		

Kennzeichnung	---	„ohne Gentechnik“	„aus GVP“
Herstellerunterlagen	0,00%	0,00%	40%
Laboruntersuchung	nicht nachweisbar	nicht nachweisbar	nicht nachweisbar
Umweltwirkung	10% weniger Pflanzenschutzmittel	---	---
Herkunft	„aus der Region“	„aus Deutschland“	„aus der EU“
Preis	2,79 €	4,19 €	4,19 €
Bitte wählen Sie das für Sie „beste“ Produkt aus. ⇨	**Rindfleisch A** ☐	**Rindfleisch B** ☐	**Rindfleisch C** ☐
	☐ Ich würde keines dieser Produkte kaufen.		

16

Auf dieser Seite bitte insgesamt drei Kreuze machen. Bei der Auswahl bitte nur ein Kreuz!

Auswahl 7:	**Strom** *(aus Mais-Biomasse)*		
Kennzeichnung	---	„ohne Gentechnik"	„aus GVP"
Herstellerunterlagen	0,5%	0,00%	40%
Laboruntersuchung	nicht nachweisbar	nicht nachweisbar	nicht nachweisbar
Umweltwirkung	Ausbreitung in der Natur	ungünstige Wirkungen auf Artenvielfalt	5% weniger Pflanzenschutzmittel
Herkunft	„aus der Region"	„aus Deutschland"	„aus der Region"
Preis pro kWh	0,21 €	0,17 €	0,21 €
Bitte wählen Sie das für Sie „beste" Produkt aus. ⇨	Strom A ☐	Strom B ☐	Strom C ☐

☐ Ich würde keines dieser Produkte kaufen.

Wie verständlich waren die Produktbeschreibungen insgesamt für Sie?
Die **1** bedeutet dabei „**Sehr verständlich**", die **5** „**Völlig unverständlich**". Mit den Werten dazwischen können Sie Ihre Bewertung abstufen.

1	2	3	4	5
☐	☐	☐	☐	☐

Wie schwer ist es Ihnen gefallen, sich zwischen den einzelnen Produkten zu entscheiden?
Die **1** bedeutet dabei „**Sehr schwer**", die **5** „**Überhaupt nicht schwer**".
Mit den Werten dazwischen können Sie Ihre Bewertung abstufen.

1	2	3	4	5
☐	☐	☐	☐	☐

Teil III: Statistischer Teil

Den Hauptteil der Befragung haben Sie bereits geschafft!

Zum Abschluss der Befragung haben wir noch einige wenige Fragen zur Statistik. Diese Informationen sind für uns wichtig, um Aussagen über unterschiedliche Einwohnergruppen Deutschlands machen zu können.
Wir werden Ihre Angaben natürlich vertraulich behandeln und völlig anonym auswerten.

Bitte geben Sie Ihr Geschlecht und Ihr Geburtsjahr an.

Geschlecht: ☐ männlich ☐ weiblich

Geburtsjahr: ☐☐☐☐

Welche Staatsangehörigkeit haben Sie?
(Bei mehreren Staatsangehörigkeiten bitte die Erste angeben.)

☐ deutsche Staatsangehörigkeit
☐ Staatsangehörigkeit eines anderen europäischen Staates
☐ Staatsangehörigkeit eines nicht-europäischen Staates
☐ keine Staatsangehörigkeit

Wie viele Personen leben dauerhaft in Ihrem Haushalt, Sie selbst eingeschlossen?
Denken Sie dabei bitte auch an alle im Haushalt lebenden Kinder. ☐☐

Wenn Kinder in Ihrem Haushalt leben, wie alt ist das jüngste Kind? ☐☐

Welches ist Ihr höchster Schul- und Ausbildungsabschluss?

☐ Kein Schulabschluss
☐ Hauptschulabschluss
☐ Realschulabschluss
☐ Abitur
☐ Anderer Schulabschluss

☐ Kein Ausbildungsabschluss
☐ Abgeschlossene Lehre
☐ Abgeschlossenes Studium
☐ Meisterbrief
☐ Promotion
☐ Anderer Ausbildungsabschluss

Welche berufliche Stellung haben Sie derzeit?

☐ In Ausbildung/Studium
☐ Arbeitslos
☐ Arbeiter/in
☐ Selbstständige/r

☐ In Rente/Pension/Vorruhestand
☐ Hausfrau/Hausmann
☐ Angestellte/r
☐ Andere berufliche Stellung

18

Teil III: Statistischer Teil

Wie hoch ist das monatliche Nettoeinkommen Ihres Haushaltes insgesamt?
(Das ist die Summe sämtlicher Einkünfte aller Personen im Haushalt. Dazu zählen auch die Einkünfte aus öffentlichen Beihilfen, Wohngeld, Kindergeld und sonstige Einkünfte, abzüglich Steuern und Sozialversicherungsbeiträgen.)

Bitte kreuzen Sie die zutreffende Kategorie an.

☐ unter 500 Euro	☐ 500 bis unter 1000 Euro
☐ 1000 bis unter 1500 Euro	☐ 1500 bis unter 2000 Euro
☐ 2000 bis unter 2500 Euro	☐ 2500 bis unter 3000 Euro
☐ 3000 bis unter 4000 Euro	☐ 4000 bis unter 5000 Euro
☐ 5000 bis unter 7500 Euro	☐ 7500 bis unter 10.000 Euro
☐ mehr als 10.000 Euro	☐ Das möchte ich nicht angeben.

Es war uns sehr wichtig, dass der Fragebogen von der Person in Ihrem Haushalt ausgefüllt wurde, die zuletzt Geburtstag hatte und über 18 Jahre alt ist. War das bei Ihnen möglich?

☐ **ja** ☐ **nein**

Abschließend noch zwei kurze Fragen. **Wie sehr stimmen Sie folgenden Aussagen zu?** Die **1** bedeutet dabei **„Stimme voll und ganz zu"**, die **5** **„Stimme überhaupt nicht zu"**. Mit den Werten dazwischen können Sie Ihre Bewertung abstufen.

	1	2	3	4	5
Der Fragebogen insgesamt war sehr verständlich............................	☐	☐	☐	☐	☐
Beim Beantworten der Fragen fühlte ich mich insgesamt sehr sicher.....	☐	☐	☐	☐	☐

Auf der Rückseite finden Sie noch Platz, um uns Ihre Anregungen oder Kritik mitzuteilen.

Herzlichen Dank für Ihre Teilnahme und Mithilfe!

Bitte senden Sie den Fragebogen im beiliegenden Umschlag bis zum 05.03.2008 an uns zurück! 19

Hier können Sie uns Ihre Anmerkungen mitteilen.

Bitte senden Sie den Fragebogen im beiliegenden Umschlag bis zum 05.03.2008 an uns zurück!

Anhang 9: Ergebnisinformation

Ergebnisse der Studie

Wenn Sie über die Ergebnisse der Befragung informiert werden möchten, können Sie dazu nachfolgend Ihre Anschrift oder E-Mail-Adresse angeben. Andernfalls lassen sie das Feld bitte frei. Selbstverständlich ist dieser Service für Sie kostenlos.

Diese Seite ist nicht mit den anderen zusammen geheftet, damit wir Ihre Kontaktdaten sofort von Ihren Angaben im Fragebogen trennen können. Selbstverständlich können Sie uns dieses Blatt auch gesondert zuschicken.

(Bitte Druckbuchstaben verwenden!)

Anschrift:

____

____

____

____

____

E-Mail:

_______________@_______________

Anhang 10: Gewinnspielteilnahme

Teilnahme am Gewinnspiel

Wenn Sie an der Verlosung des **Laptops** teilnehmen möchten, können Sie dazu nachfolgend Ihre Anschrift oder Ihre E-Mail-Adresse angeben. Andernfalls lassen sie das Feld bitte frei. Im Gewinnfall werden Sie von uns benachrichtigt.

Diese Seite ist nicht mit den anderen zusammen geheftet, damit wir Ihre Kontaktdaten sofort von Ihren Angaben im Fragebogen trennen können. Selbstverständlich können Sie uns dieses Blatt auch gesondert zuschicken.

(Bitte Druckbuchstaben verwenden!)

Anschrift:

____

____

____

____

____

E-Mail:

______________@______________

Anhang 11: Erinnerungsschreiben zur Befragung

Georg-August-Universität Göttingen

Fakultät für Agrarwissenschaften
Department für Agrarökonomie und Rurale Entwicklung

Universität Göttingen Platz der Göttinger Sieben 5 37073 Göttingen

ADRESSE

Manuel Thiel

Tel. +49 (0) 551 / 39-4814
Fax +49 (0) 551 / 39-4812
mthiel1@uni-goettingen.de

Göttingen, 05. März 2008

Fragebogen zur „Grünen Gentechnik" in Deutschland

ANREDE,

wir möchten uns ganz herzlich bei allen Teilnehmerinnen und Teilnehmern unserer Befragung bedanken, die den Fragebogen bereits zurückgesandt haben. Sie haben damit sehr zum Gelingen eines wichtigen Teils unseres Forschungsprojektes beigetragen.

Bis zum **19. März 2008** an uns zurückgesandte Fragebögen können noch in der Auswertung berücksichtigt werden. Jeder beantwortete Fragebogen trägt entscheidend zur wissenschaftlichen Aussagekraft der Befragung bei.
Daher möchten wir alle, die den Fragebogen bislang nicht ausgefüllt haben, herzlich darum bitten, dies nachzuholen und ihn an uns zu schicken.

Erste Ergebnisse werden voraussichtlich Ende des Jahres vorliegen und allen Interessierten zur Verfügung gestellt.

Mit freundlichen Grüßen

Manuel Thiel

Platz der Göttinger Sieben 5
37073 Göttingen

Tel. +49 (0)551 / 39-4814
Fax +49 (0)551 / 39-4812

mthiel1@uni-goettingen.de
http://www.uni-goettingen.de/de/sh/46648.html

Anhang 12: Incentive-Experiment

Für die Berechnung der Rücklauf- und Ausschöpfungsquote ist zu entscheiden, wie die nicht zuordenbaren Ausfälle auf die Incentive-Gruppen verteilt werden. Sowohl die Adressausfälle als auch die leeren Fragebögen stellen dabei keine Schwierigkeit dar. Allerdings können die verbleibenden 72 Ausfälle nicht mehr den Gruppen zugeordnet bzw. ihre Zugehörigkeit nicht mehr reproduziert werden, da die Absagen teilweise anonym erfolgten und weiterhin über die Kontrolladressen keinerlei Informationen vorliegen. Eine einfache Aufteilung im Anteil von 25% an jede Gruppe erscheint nicht angemessen und gäbe auch nicht das Verhältnis dieser Gruppen an der Befragung adäquat wieder. Daher werden, entsprechend dem prozentualen Anteil der jeweiligen Gruppe an der Gesamtzahl von 3500 Adressen, für die Incentive-Gruppen 1 und 2 jeweils 10% und für die Incentive-Gruppen 3 und 4 jeweils 40% für die Verteilung der weiteren Ausfälle zugrunde gelegt. Damit ergeben sich für die vier Experimentalgruppen die folgenden Häufigkeiten bzw. Anteile an den Ausfällen (Tabelle 92).

Tabelle 92: Verteilung der Ausfälle auf die Incentive-Gruppen[311]
Quelle: eigene Darstellung.

Gruppe	**Adress-ausfall**		**leere Bögen**		**Kontrolladres-sen/ Absagen**		**Summe**	
	n	**%**	**n**	**%**	**n**	**%**	**n**	**%**
Incentive 1: Geld	17	4,6	3	0,9	7	2,0	27	7,6
Incentive 2: Scheck	18	5,1	3	0,9	7	2,0	28	8,0
Incentive 3: Gewinnspiel	70	5,0	3	0,2	29	2,1	102	7,3
Incentive 4: kein Incentive	65	4,6	5	0,4	29	2,1	99	7,1
Summe/Ø:	*170*	*4,9*	*14*	*0,6*	*72*	*2,1*	*256*	*7,5 (7,3)*

[311] Aufgrund von Rundungen ergeben sich an der einen oder anderen Stelle Abweichungen in den Nachkommastellen, die in der Summe dazu führen, dass es zu geringen Unterschieden gegenüber Tabelle 21 kommt.

Da die verschiedenen Incentives intentionsgemäß eine entsprechende Wirkung auf die Antwortrate haben sollen, wird die Ausschöpfungsquote getrennt für die einzelnen Incentive-Gruppe ermittelt und ausgewiesen (Tabelle 93), wobei vorherige Ausführungen und die in Tabelle 92 dargestellten Ausfälle pro Gruppe zugrunde gelegt werden. Betrachtet man die einzelnen Gruppen, zeigt sich deutlich der erwartete Effekt von Geld und geldnahen Geschenken, wobei auch deutlich wird, dass unmittelbar beigefügtes Geld die Antwortrate stärker begünstigt als Schecks in derselben Wertigkeit.

Tabelle 93: Ausschöpfungsstatistik Incentive-Gruppen

Quelle: eigene Darstellung.

Gruppe	*n* Brutto	*n* Netto	*n* gültig	%	p		
Incentive 1: Geld	350	323	126	39,0	0,004[a]	0,000[b]	0,000[c]
Incentive 2: Scheck	350	322	69	21,4	0,210[d]		0,400[c]
Incentive 3: Gewinnspiel	1400	1298	203	15,6	0,616[c]		
Incentive 4: kein Incentive	1400	1301	221	17,0			

a Test zweiseitig, Incentive-Gruppe 1 versus Incentive-Gruppe 2
b Test zweiseitig, Incentive-Gruppe 1 versus Incentive-Gruppe 3
c Test zweiseitig, jeweilige Incentive-Gruppe versus Incentive-Gruppe 4
d Test zweiseitig, Incentive-Gruppe 2 versus Incentive-Gruppe 3

Hierzu kann vermutet werden, dass mit der Einlösung eines Schecks mehr Aufwand verbunden ist als mit Geld, das unmittelbar zur Verwendung bereitsteht. Zumal in der heutigen Zeit viele Personen z.B. Direktkonten nutzen, steigen die mit einer Scheckeinlösung verbundenen Kosten[312]. Die Unterschiede zwischen den Gruppen sind ausschließlich im Vergleich von Geld zu den anderen Incentives für $\alpha = 0{,}05$ signifikant. Für

[312] An dieser Stelle sei angemerkt, dass von den letztlich 322 potentiell zugestellten Schecks 92 bis Ende 2009 eingelöst wurden. Dabei ist auffällig, dass nur 69 gültige Fragebögen mit diesem Incentive zurückgesandt wurden.

die anderen Incentives kann kein signifikanter Unterschied gezeigt werden (siehe Anhang 13).
Vor dem Hintergrund, dass prinzipiell jede Form von Incentive besser ist als keinerlei Incentive, ist es auffällig, dass die Ausschöpfungsquote in Gruppe 4 höher als in Gruppe 3 liegt. Da nur von den Gewinnspielteilnehmern (positive) Rückmeldungen ob der Prämie vorliegen, kann nur vermutet werden, ob andere Personengruppen diese Form des Incentives nicht angesprochen hat oder aber diese als unseriös empfunden wurde[313]. Wenngleich Incentives die Rücklaufquote und teilweise auch die Rücklaufgeschwindigkeit erhöhen, so haben sie aber nach bisherigem Kenntnisstand keine unerwünschten Effekte auf z.B. die Stichprobenzusammensetzung oder die Datenqualität (ARZHEIMER & KLEIN 1998; SINGER 1998; STADTMÜLLER 2009).

---

[313] Insgesamt haben 152 Personen am Gewinnspiel teilnehmen wollen und wurden entsprechend in der Verlosung des Laptops berücksichtigt. Letztlich gab es eine glückliche Gewinnerin.

Anhang 13: Signifikanz Prozentsatzdifferenzen

Quelle: GeneRisk, eigene Berechnungen.

	|Differenz|	|Teststatistik| (z)	p (zweiseitig)
Geld vs. Scheck	17,6	2,886	0,004
Geld vs. Spiel	23,4	9,345	0,000
Geld vs. kein Incentive	22,0	6,154	0,000
Scheck vs. Spiel	5,8	1,254	0,210
Scheck vs. kein Incentive	4,4	0,841	0,400
Spiel vs. kein Incentive	1,3	0,501	0,616

z ergibt sich dabei aus (siehe auch DIEKMANN 1999):

$$z = \frac{p_1 - p_2}{\sqrt{p * (1-p) * (\frac{1}{n_1} + \frac{1}{n_2})}} \quad \text{wobei} \quad p = \frac{n_1 p_1 + n_2 p_2}{n_1 + n_2}$$

Anhang 14: Übersicht fehlende Werte pro Variable

Quelle: GeneRisk.

	N	Mittelwert	Standardabweichung	Fehlend		Anzahl Extremwerte (a, b)	
				n	%	*Niedrig*	*Hoch*
INFOS_1	601	3,72	1,069	18	2,9	0	0
INFOS_2	597	2,33	1,004	22	3,6	0	17
INFOS_3	595	2,33	1,156	24	3,9	0	0
INFOS_4	598	3,46	1,315	21	3,4	0	0
KENNT_1	614	1,63	,895	5	,8	0	0
KENNT_2	617	1,96	,877	2	,3	0	0
KENNT_3	614	1,53	,835	5	,8	0	0
KENNT_4	615	1,55	,825	4	,6	0	0
KENNT_5	611	2,08	,918	8	1,3	0	0
KENNT_6	617	2,06	,828	2	,3	0	0
LMRISK_1	611	1,92	1,023	8	1,3	0	52
LMRISK_2	610	2,41	1,031	9	1,5	0	19
LMRISK_3	611	2,27	1,150	8	1,3	0	0
LMRISK_4	611	2,24	1,171	8	1,3	0	0
GRGEN_1	617	3,58	1,324	2	,3	0	0
GRGEN_2	616	3,62	1,254	3	,5	0	0
GRGEN_3	618	3,58	1,402	1	,2	0	0
GRGEN_4	614	2,79	1,371	5	,8	0	0
GRGEN_5	612	2,43	1,486	7	1,1	0	0
GRGEN_6	616	2,03	1,316	3	,5	0	0
HEALTH_1	618	2,08	1,243	1	,2	0	0
HEALTH_2	618	2,13	1,333	1	,2	0	0
HEALTH_3	617	3,99	1,194	2	,3	0	0
HEALTH_4	614	2,61	1,439	5	,8	0	0
HEALTH_5	618	2,28	1,270	1	,2	0	0
LABEL_LM	616	2,47	,595	3	,5	0	0
GGKENN_1	616	3,28	1,173	3	,5	0	0
GGKENN_2	616	2,84	1,197	3	,5	0	0
GGKENN_3	616	1,13	,507	3	,5	.	.
GGKENN_4	616	1,39	,854	3	,5	.	.
GGKENN_5	616	1,30	,839	3	,5	.	.
LABEL_OG	615	1,93	1,645	4	,6	0	72
LABEL_PF	614	2,12	1,640	5	,8	0	44

	N	Mittel-wert	Standard-abweichung	Fehlend		Anzahl Extremwerte (a, b)	
				n	*%*	*Niedrig*	*Hoch*
UMWELT_1	611	3,32	1,262	8	1,3	0	0
UMWELT_2	614	2,67	1,282	5	,8	0	0
UMWELT_3	613	3,68	1,215	6	1,0	0	0
UMWELT_4	611	2,02	1,120	8	1,3	0	0
UMWELT_5	614	2,20	1,205	5	,8	0	0
UMWELT_6	612	2,22	1,237	7	1,1	0	0
REGION_1	614	2,35	1,393	5	,8	0	0
REGION_2	613	2,35	1,375	6	1,0	0	0
REGION_3	612	2,43	1,409	7	1,1	0	0
REGION_4	612	2,37	1,550	7	1,1	0	0
KONSUM_1	609	2,77	1,572	10	1,6	0	0
KONSUM_2	609	2,04	1,344	10	1,6	0	0
KONSUM_3	610	2,82	1,486	9	1,5	0	0
KONSUM_4	609	1,94	1,177	10	1,6	0	0
KONSUM_5	608	3,47	1,464	11	1,8	0	0
WO_CORNF	604	2,60	1,174	15	2,4	0	0
WO_MAIS	601	2,33	1,173	18	2,9	0	0
WO_MARG	605	2,03	,931	14	2,3	0	80
WO_OEL	608	1,88	,686	11	1,8	0	6
WO_MILCH	609	1,87	,743	10	1,6	0	23
WO_TIER	605	3,17	1,140	14	2,3	0	0
CHOICE_1	605	2,54	1,331	14	2,3	0	0
CHOICE_2	607	2,33	1,301	12	1,9	0	0
CHOICE_3	609	1,94	1,150	10	1,6	0	0
CHOICE_4	612	2,20	1,201	7	1,1	0	0
CHOICE_5	612	1,77	1,119	7	1,1	0	0
CHOICE_6	611	2,04	1,207	8	1,3	0	0
CHOICE_7	610	2,16	1,132	9	1,5	0	0
AUSW_BES	611	2,19	,854	8	1,3	0	8
AUSW_ENT	613	3,38	1,097	6	1,0	19	0

	N	Mittelwert	Standardabweichung	Fehlend		Anzahl Extremwerte (a, b)	
				n	*%*	*Niedrig*	*Hoch*
NATION	607	1,03	,184	12	1,9	.	.
HH_PERS	602	2,44	1,211	17	2,7	0	30
KINDNEU	590	61,85	36,513	29	4,7	0	0
SCHULNEU	559	3,44	,872	60	9,7	3	0
AUSNEU	523	2,99	1,301	96	15,5	0	74
JOB	608	4,58	2,151	11	1,8	0	0
HH_EINK	601	6,06	2,760	18	2,9	0	60
GEB_VERF	601	1,14	,347	18	2,9	.	.
VERS_INS	606	1,91	,745	13	2,1	0	20
SICH_INS	604	2,18	,825	15	2,4	0	4
GESCHL	607			12	1,9		
JAHR	605	1956,13	15,539	14	2,3	0	0

a Anzahl der Fälle außerhalb des Bereichs (Q1 - 1,5*IQR, Q3 + 1,5*IQR).

b zeigt an, dass der IQR (Bereich zwischen den Quartilen) gleich Null ist.

Anhang 15: Zusammenfassung der geschätzten Mittelwerte
Quelle: GeneRisk.

Variablen	**Verfahren**			
	Listenweise	**Alle Werte**	**EM**	**Regression**
INFOS_1	3,71	3,72	3,71	3,70
INFOS_2	2,29	2,33	2,32	2,32
INFOS_3	2,31	2,33	2,34	2,33
INFOS_4	3,41	3,46	3,46	3,47
KENNT_1	1,58	1,63	1,63	1,63
KENNT_2	1,91	1,96	1,96	1,95
KENNT_3	1,47	1,53	1,53	1,52
KENNT_4	1,48	1,55	1,55	1,55
KENNT_5	2,04	2,08	2,07	2,08
KENNT_6	2,08	2,06	2,06	2,06
LMRISK_1	1,94	1,92	1,92	1,92
LMRISK_2	2,46	2,41	2,41	2,42
LMRISK_3	2,32	2,27	2,27	2,28
LMRISK_4	2,31	2,24	2,24	2,23
GRGEN_1	3,56	3,58	3,57	3,58
GRGEN_2	3,63	3,62	3,61	3,61
GRGEN_3	3,57	3,58	3,57	3,57
GRGEN_4	2,77	2,79	2,80	2,80
GRGEN_5	2,52	2,43	2,44	2,45
GRGEN_6	2,07	2,03	2,03	2,03
HEALTH_1	2,10	2,08	2,08	2,08
HEALTH_2	2,17	2,13	2,14	2,14
HEALTH_3	3,98	3,99	3,99	3,99
HEALTH_4	2,61	2,61	2,61	2,61
HEALTH_5	2,32	2,28	2,28	2,27
LABEL_LM	2,44	2,47	2,47	2,47
GGKENN_1	3,28	3,28	3,28	3,28
GGKENN_2	2,85	2,84	2,84	2,83
GGKENN_3	1,12	1,13	1,13	1,13
GGKENN_4	1,40	1,39	1,39	1,39
GGKENN_5	1,35	1,30	1,30	1,30
LABEL_OG	1,92	1,93	1,93	1,93
LABEL_PF	2,17	2,12	2,13	2,13

Variablen	Verfahren			
	Listenweise	Alle Werte	EM	Regression
UMWELT_1	3,30	3,32	3,31	3,31
UMWELT_2	2,65	2,67	2,68	2,67
UMWELT_3	3,72	3,68	3,68	3,67
UMWELT_4	2,03	2,02	2,02	2,02
UMWELT_5	2,21	2,20	2,21	2,21
UMWELT_6	2,23	2,22	2,22	2,22
REGION_1	2,37	2,35	2,35	2,35
REGION_2	2,37	2,35	2,34	2,34
REGION_3	2,43	2,43	2,43	2,43
REGION_4	2,35	2,37	2,36	2,36
KONSUM_1	2,86	2,77	2,77	2,78
KONSUM_2	2,15	2,04	2,04	2,02
KONSUM_3	2,80	2,82	2,82	2,82
KONSUM_4	1,98	1,94	1,94	1,94
KONSUM_5	3,48	3,47	3,47	3,48
WO_CORNF	2,57	2,60	2,61	2,60
WO_MAIS	2,26	2,33	2,35	2,35
WO_MARG	2,07	2,03	2,04	2,04
WO_OEL	1,89	1,88	1,88	1,88
WO_MILCH	1,86	1,87	1,87	1,87
WO_TIER	3,12	3,17	3,17	3,15
CHOICE_1	2,61	2,54	2,54	2,55
CHOICE_2	2,24	2,33	2,34	2,32
CHOICE_3	1,90	1,94	1,94	1,94
CHOICE_4	2,21	2,20	2,20	2,19
CHOICE_5	1,76	1,77	1,78	1,78
CHOICE_6	1,97	2,04	2,04	2,04
CHOICE_7	2,11	2,16	2,16	2,16
AUSW_BES	2,14	2,19	2,19	2,19
AUSW_ENT	3,42	3,38	3,38	3,39

Variablen	**Verfahren**			
	Listenweise	**Alle Werte**	**EM**	**Regression**
NATION	1,03	1,03	1,03	1,03
HH_PERS	2,45	2,44	2,43	2,43
KINDNEU	59,28	61,85	61,32	61,15
SCHULNEU	3,54	3,44	3,45	3,43
AUSNEU	3,00	2,99	2,98	2,99
JOB	4,73	4,58	4,58	4,58
HH_EINK	6,27	6,06	6,06	6,05
GEB_VERF	1,13	1,14	1,14	1,14
VERS_INS	1,88	1,91	1,92	1,92
SICH_INS	2,16	2,18	2,18	2,18
ALTER	49,61	51,87	51,88	51,91

Anhang 16: Restrukturierung Bereiche GeneRisk-Daten
Quelle: GeneRisk.

Bereich	**Anzahl Items**	**/ Itemformulierung**
Wissen	6	▪ Es gibt GVP, die als Futtermittel in Deutschland erlaubt sind. ▪ Es gibt GVP, die als Lebensmittel in Deutschland erlaubt sind. ▪ Es gibt GVP, deren Anbau in Deutschland erlaubt ist. ▪ Es gibt eine Kennzeichnungspflicht für GVP in Lebensmitteln. ▪ Es gibt eine Kennzeichnungspflicht für GVP in Futtermitteln. ▪ Wenn Tiere mit GVP gefüttert wurden, muss das auf dem Produkt (z.B. Eier, Milch, Fleisch) stehen.
Information		
Kenntnis	1	▪ Ich weiß, wo ich Informationen zur Grünen Gentechnik finden kann.
Informationsstand	1	▪ Über Grüne Gentechnik fühle ich mich gut informiert.
Relevanz	2	▪ Das Thema Grüne Gentechnik interessiert mich sehr. ▪ Ich hätte gerne mehr Informationen zu Grüner Gentechnik.
Generelle Überzeugungen	8	▪ Grüne Gentechnik sichert unsere Ernährung. ▪ Grüne Gentechnik trägt zu einer schonenden Landwirtschaft bei. ▪ Landwirtschaft mit und ohne Grüne Gentechnik kann harmonisch nebeneinander existieren. ▪ Die Wissenschaftler gehen mit der Grünen Gentechnik zu weit. ▪ Grüne Gentechnik ist gegen die Gesetze der Natur. ▪ Der großflächige Anbau von GVP ist zu risikoreich. Wir wissen einfach nicht, was passieren wird. ▪ Der Staat muss dafür sorgen, dass ich ohne Preiserhöhung weiterhin Lebensmittel ohne GVP kaufen kann. ▪ Es ist mein gutes Recht, Produkte ohne GVP zu günstigen Preisen kaufen zu können.

Bereich	Anzahl Items	/ Itemformulierung
Bewertung Anwendung		
Lebensmittel	3	▪ GVP in Lebensmitteln stehe ich besorgt gegenüber. ▪ GVP sollten nicht für Lebensmittel verwendet werden. ▪ GVP reduzieren für mich die Lebensmittelqualität.
Pflanzenbau	3	▪ GVP ermöglichen eine umweltschonendere Produktion. ▪ GVP reduzieren den Einsatz von Pflanzenschutzmitteln. ▪ GVP schonen andere Pflanzen & Tiere auf dem Acker.
Risiko		
Lebensmittelgefährdung	3	▪ Risiko durch gentechnisch veränderte Pflanzen in Lebensmitteln. ▪ GVP in Lebensmitteln stellen *kein* Risiko für mich dar. ▪ GVP in Lebensmitteln stellen trotz aller Überprüfungen ein Gesundheitsrisiko dar.
Umweltgefährdung	3	▪ GVP werden sich in der Natur unkontrolliert ausbreiten. ▪ GVP beeinträchtigen die Pflanzen- und Tierwelt auf dem Acker. ▪ GVP stellen ein Risiko für die Natur an sich dar.
Vergleich	3	▪ Risiko durch Rückstände von Pflanzenschutzmitteln in Lebensmitteln. ▪ Risiko durch Konservierungsstoffe in Lebensmitteln. ▪ Risiko einer allergischen Reaktion auf Lebensmittel.

Bereich	**Anzahl Items**	**/ Itemformulierung**
Kennzeichnung	5	▪ Ich vertraue auf die Angaben der Hersteller der Produkte. ▪ Ich vertraue auf die staatlichen Kontrollen der Kennzeichnungen. ▪ Alle Lebensmittel mit GVP sollten gekennzeichnet werden, damit die Kunden selbst entscheiden können. ▪ Der Einsatz von GVP als Futtermittel sollte generell auf tierischen Produkten vermerkt sein. ▪ Es sollte auf allen Lebensmitteln ein Hinweis zu finden sein, ob sie ohne GVP oder ob sie mit GVP hergestellt wurden.
Regulierung	3	▪ Sind Ihnen in den letzten 12 Monaten Lebensmittel aufgefallen, die mit einem Hinweis auf Gentechnik bei der Herstellung versehen waren? ▪ Ab wann würden Sie ein Produkt als *„ohne Gentechnik"* bezeichnen? ▪ Ab wann sollte es Ihrer Meinung nach Pflicht sein, den Anteil an gentechnisch veränderten Pflanzen bei Lebensmitteln zu kennzeichnen?
potentielles Kaufverhalten	3	▪ Ich bin grundsätzlich *nicht* bereit, für Produkte ohne GVP mehr zu bezahlen. ▪ Für ein Produkt, das wirklich frei von GVP ist, zahle ich gerne etwas mehr. ▪ Für ein Produkt aus GVP, das gesundheitliche Vorteile verspricht, bin ich bereit mehr zu bezahlen.
Verfügbarkeit GV-frei	4	▪ Lebensmittel ohne GVP *nicht* mehr aus der *Region* erhältlich. ▪ Lebensmittel ohne GVP *nicht* mehr aus *Deutschland* erhältlich. ▪ Lebensmittel ohne GVP *nicht* mehr aus der *EU* erhältlich. ▪ Lebensmittel ohne GVP *gar nicht mehr* erhältlich.

Anhang 17: Datenquellenübergreifender Vergleich Demographie

Quelle: Eurobarometer, Umweltbewusstsein in Deutschland, GeneRisk.

Merkmal	Datenquelle, ∅-Werte, Anteile in %[314]		
	GeneRisk	Umweltbewusstsein	Eurobarometer
Geschlecht			
männlich	58,6	47,0	47,6
weiblich	39,4	52,9	52,4
Alter			
18-25	3,9	8,1	9,3
25-45	31,7	37,7	36,0
45-65	37,2	33,8	33,9
65 und mehr	25,0	20,3	20,8
Personen im HH			
1	20,0	23,7	27,0
2	42,2	37,8	39,8
3	15,5	17,8	16,1
4	14,7	15,3	12,7
5 und mehr	4,8	5,3	4,8

[314] Aufgrund von Rundungen oder fehlenden Werten kommt es in der Summe teilweise zu Abweichungen von 100%.

Anhang 18: Übersicht gemeinsame soziodemographische Merkmale

Quelle: Eurobarometer, Umweltbewusstsein in Deutschland, GeneRisk.

ALTGRUP Alter, gruppiert

		Häufigkeit	Prozent	Gültige Prozente	Kumulierte Prozente
Gültig	1 18 bis 25 Jahre	3064	8,7	8,7	8,7
	2 25 bis 45 Jahre	13167	37,4	37,4	46,2
	3 45 bis 65 Jahre	12038	34,2	34,2	80,4
	4 65 und mehr Jahre	6892	19,6	19,6	100,0
	Gesamt	35161	100,0	100,0	
Fehlend	99 keine Angabe/missing	14	,0		
Gesamt		35175	100,0		

GESCHL Geschlecht

		Häufigkeit	Prozent	Gültige Prozente	Kumulierte Prozente
Gültig	1 männlich	16557	47,1	47,1	47,1
	2 weiblich	18592	52,9	52,9	100,0
	Gesamt	35149	99,9	100,0	
Fehlend	99 keine Angabe	26	,1		
Gesamt		35175	100,0		

HHPERS Haushaltsgröße

		Häufigkeit	Prozent	Gültige Prozente	Kumulierte Prozente
Gültig	1 1 Person	8183	23,3	26,2	26,2
	2 2 Personen	11845	33,7	38,0	64,2
	3 3 Personen	5256	14,9	16,9	81,1
	4 4 Personen	4282	12,2	13,7	94,8
	5 5 und mehr Personen	1619	4,6	5,2	100,0
	Gesamt	31185	88,7	100,0	
Fehlend	98 nicht verfügbar	3973	11,3		
	99 keine Angabe/missing	17	,0		
	Gesamt	3990	11,3		
Gesamt		35175	100,0		

HHEINK Haushaltsnettoeinkommen

		Häufigkeit	Prozent	Gültige Prozente	Kumulierte Prozente
Gültig	1 unter 1000 Euro	3792	10,8	14,6	14,6
	2 1000 bis unter 1500 Euro	5481	15,6	21,1	35,7
	3 1500 bis unter 2000 Euro	4420	12,6	17,0	52,8
	4 2000 bis unter 2500 Euro	3325	9,5	12,8	65,6
	5 über 2500 Euro	4178	11,9	16,1	81,7
	88 Angabe verweigert/möchte ich nicht angeben	4755	13,5	18,3	100,0
	Gesamt	25951	73,8	100,0	
Fehlend	98 nicht verfügbar	8287	23,6		
	99 keine Angabe/missing	937	2,7		
	Gesamt	9224	26,2		
Gesamt		35175	100,0		

BILDUNG höchster Bildungsabschluss

		Häufigkeit	Prozent	Gültige Prozente	Kumulierte Prozente
Gültig	1 (noch) keinen Abschluss	726	2,1	2,1	2,1
	2 Hauptschule oder vergleichbar	9902	28,2	28,2	30,3
	3 Realschule oder vergleichbar	11537	32,8	32,9	63,2
	4 Abitur oder vergleichbar	7657	21,8	21,8	85,0
	5 Hochschulabschluss oder vergleichbar	4820	13,7	13,7	98,8
	6 anderer Abschluss	432	1,2	1,2	100,0
	Gesamt	35074	99,7	100,0	
Fehlend	99 keine Angabe/missing	101	,3		
Gesamt		35175	100,0		

KTEEN jugendliches Kind im HH

		Häufigkeit	Prozent	Gültige Prozente	Kumulierte Prozente
Gültig	1 ja	2035	5,8	13,2	13,2
	2 nein	13372	38,0	86,8	100,0
	Gesamt	15407	43,8	100,0	
Fehlend	98 nicht verfügbar	19768	56,2		
Gesamt		35175	100,0		

ALTKIND jüngstes Kind im HH

		Häufigkeit	Prozent	Gültige Prozente	Kumulierte Prozente
Gültig	1 Kleinkind im HH (bis 6 Jahre)	1680	4,8	39,4	39,4
	2 Kind im HH (7-11 Jahre)	1178	3,3	27,6	67,0
	3 jugendliches Kind im HH (12-17 Jahre)	1409	4,0	33,0	100,0
	Gesamt	4267	12,1	100,0	
Fehlend	97 nicht zutreffend	11140	31,7		
	98 nicht verfügbar	19768	56,2		
	Gesamt	30908	87,9		
Gesamt		35175	100,0		

KIND15 Kind unter 15 Jahren im HH

		Häufigkeit	Prozent	Gültige Prozente	Kumulierte Prozente
Gültig	1 ja	6200	17,6	22,8	22,8
	2 nein	20955	59,6	77,2	100,0
	Gesamt	27155	77,2	100,0	
Fehlend	98 nicht verfügbar	8020	22,8		
Gesamt		35175	100,0		

Anhang 19: Thema Biotechnologie: Relevanz

Quelle: Eurobarometer.

V124_2 Wichtigkeit: Themen/ Dinge im Zusammenhang mit moderner Biotechnologie

		Häufigkeit	Prozent	Gültige Prozente	Kumulierte Prozente
Gültig	1 NOT AT ALL IMPORTANT	88	4,5	5,0	5,0
	2	76	3,9	4,3	9,3
	3	141	7,3	8,0	17,3
	4	147	7,6	8,3	25,6
	5	245	12,6	13,9	39,4
	6	257	13,2	14,5	54,0
	7	270	13,9	15,3	69,2
	8	262	13,5	14,9	84,1
	9	126	6,5	7,1	91,2
	10 EXTREMELY IMPORTANT	155	8,0	8,8	100,0
	Gesamt	1767	91,0	100,0	
Fehlend	88 REFUSAL	104	5,4		
	99 DK	71	3,6		
	Gesamt	175	9,0		
Gesamt		1942	100,0		

Anhang 20: Wissen Regelungen Grüne Gentechnik, korrekte Antworten

Quelle: GeneRisk.

WISSEN Regelungen GG, Anzahl richtige Antworten

		Häufigkeit	Prozent	Gültige Prozente	Kumulierte Prozente
Gültig	0	59	9,5	9,5	9,5
	1	44	7,1	7,1	16,7
	2	106	17,1	17,2	33,8
	3	137	22,1	22,2	56,0
	4	145	23,4	23,5	79,4
	5	93	15,0	15,0	94,5
	6	34	5,5	5,5	100,0
	Gesamt	618	99,8	100,0	
Fehlend	System	1	,2		
Gesamt		619	100,0		

Anhang 21: Programmausgaben konditionale Logit-Modelle

Quelle: eigene Berechnung.

- Kennzeichnung, produktspezifisch -

Cornflakes:

(L_0= -763.31197)

```
Conditional (fixed-effects) logistic regression   Number of obs   =      2424
                                                  LR chi2(2)      =    161.17
                                                  Prob > chi2     =    0.0000
Log likelihood = -759.50783                       Pseudo R2       =    0.0959
```

choice	Odds Ratio	Std. Err.	z	P>|z|	[95% Conf.	Interval]
asc_gvp	.2349399	.0397688	-8.56	0.000	.1686056	.3273719
asc_ogen	1.415663	.1206836	4.08	0.000	1.197832	1.673107

```
Conditional (fixed-effects) logistic regression   Number of obs   =      2424
                                                  LR chi2(2)      =    161.17
                                                  Prob > chi2     =    0.0000
Log likelihood = -759.50783                       Pseudo R2       =    0.0959
```

choice	Coef.	Std. Err.	z	P>|z|	[95% Conf.	Interval]
asc_gvp	-1.448426	.1692722	-8.56	0.000	-1.780193	-1.116658
asc_ogen	.3475977	.0852489	4.08	0.000	.180513	.5146824

Mais:

(L_0= -777.31045)

```
Conditional (fixed-effects) logistic regression   Number of obs   =      2424
                                                  LR chi2(2)      =    142.62
                                                  Prob > chi2     =    0.0000
Log likelihood = -768.78375                       Pseudo R2       =    0.0849
```

choice	Odds Ratio	Std. Err.	z	P>|z|	[95% Conf.	Interval]
asc_gvp	.4055945	.0584083	-6.27	0.000	.3058535	.5378617
asc_ogen	1.832168	.156683	7.08	0.000	1.549431	2.166497

```
Conditional (fixed-effects) logistic regression   Number of obs   =      2424
                                                  LR chi2(2)      =    142.62
                                                  Prob > chi2     =    0.0000
Log likelihood = -768.78375                       Pseudo R2       =    0.0849
```

choice	Coef.	Std. Err.	z	P>|z|	[95% Conf.	Interval]
asc_gvp	-.9024015	.1440065	-6.27	0.000	-1.184649	-.6201539
asc_ogen	.6054999	.0855178	7.08	0.000	.437888	.7731117

Öl:

(L_0= -722.49583)

Conditional (fixed-effects) logistic regression Number of obs = 2436
LR chi2(2) = 303.55
Prob > chi2 = 0.0000
Log likelihood = -692.47654 Pseudo R2 = 0.1798

choice	Odds Ratio	Std. Err.	z	P>|z|	[95% Conf.	Interval]
asc_gvp	.4054054	.0662769	-5.52	0.000	.2942608	.5585301
asc_ogen	3.081081	.2655542	13.06	0.000	2.602191	3.648102

Conditional (fixed-effects) logistic regression Number of obs = 2436
LR chi2(2) = 303.55
Prob > chi2 = 0.0000
Log likelihood = -692.47654 Pseudo R2 = 0.1798

choice	Coef.	Std. Err.	z	P>|z|	[95% Conf.	Interval]
asc_gvp	-.9028677	.1634831	-5.52	0.000	-1.223289	-.5824467
asc_ogen	1.125281	.0861886	13.06	0.000	.9563539	1.294207

Margarine:

(L_0= -785.17571)

Conditional (fixed-effects) logistic regression Number of obs = 2448
LR chi2(2) = 147.39
Prob > chi2 = 0.0000
Log likelihood = -774.71485 Pseudo R2 = 0.0869

choice	Odds Ratio	Std. Err.	z	P>|z|	[95% Conf.	Interval]
asc_gvp	.4565218	.0637436	-5.62	0.000	.3472236	.6002246
asc_ogen	1.978261	.1688628	7.99	0.000	1.6735	2.338522

Conditional (fixed-effects) logistic regression Number of obs = 2448
LR chi2(2) = 147.39
Prob > chi2 = 0.0000
Log likelihood = -774.71485 Pseudo R2 = 0.0869

choice	Coef.	Std. Err.	z	P>|z|	[95% Conf.	Interval]
asc_gvp	-.7841189	.1396288	-5.62	0.000	-1.057786	-.5104514
asc_ogen	.6822181	.0853592	7.99	0.000	.5149172	.8495191

Milch:

(L_0= -689.77456)

Conditional (fixed-effects) logistic regression

	Number of obs	=	2448
	LR chi2(2)	=	413.82
	Prob > chi2	=	0.0000
Log likelihood = -641.50092	Pseudo R2	=	0.2439

choice	Odds Ratio	Std. Err.	z	P>|z|	[95% Conf.	Interval]
asc_gvp	.5747126	.0922179	-3.45	0.001	.4196311	.787107
asc_ogen	4.45977	.4069023	16.39	0.000	3.729497	5.333039

Conditional (fixed-effects) logistic regression

	Number of obs	=	2448
	LR chi2(2)	=	413.82
	Prob > chi2	=	0.0000
Log likelihood = -641.50092	Pseudo R2	=	0.2439

choice	Coef.	Std. Err.	z	P>|z|	[95% Conf.	Interval]
asc_gvp	-.5538851	.1604591	-3.45	0.001	-.8683792	-.239391
asc_ogen	1.495097	.0912384	16.39	0.000	1.316273	1.673921

Rindfleisch:

(L_0= -748.05477)

Conditional (fixed-effects) logistic regression

	Number of obs	=	2448
	LR chi2(2)	=	247.72
	Prob > chi2	=	0.0000
Log likelihood = -724.55141	Pseudo R2	=	0.1460

choice	Odds Ratio	Std. Err.	z	P>|z|	[95% Conf.	Interval]
asc_gvp	.4491525	.068273	-5.27	0.000	.3334324	.6050342
asc_ogen	2.737288	.2344062	11.76	0.000	2.314346	3.237522

Conditional (fixed-effects) logistic regression

	Number of obs	=	2448
	LR chi2(2)	=	247.72
	Prob > chi2	=	0.0000
Log likelihood = -724.55141	Pseudo R2	=	0.1460

choice	Coef.	Std. Err.	z	P>|z|	[95% Conf.	Interval]
asc_gvp	-.8003933	.152004	-5.27	0.000	-1.098316	-.5024709
asc_ogen	1.006968	.0856345	11.76	0.000	.8391272	1.174808

Strom:

(L_0= -826.42976)

Iteration 3: log likelihood = -822.76819

Conditional (fixed-effects) logistic regression	Number of obs	=	2440
	LR chi2(2)	=	45.74
	Prob > chi2	=	0.0000
Log likelihood = -822.76819	Pseudo R2	=	0.0270

choice	Odds Ratio	Std. Err.	z	P>|z|	[95% Conf.	Interval]
asc_gvp	1.221757	.1283335	1.91	0.057	.9944311	1.50105
asc_ogen	1.882845	.1748974	6.81	0.000	1.569447	2.258826

Conditional (fixed-effects) logistic regression	Number of obs	=	2440
	LR chi2(2)	=	45.74
	Prob > chi2	=	0.0000
Log likelihood = -822.76819	Pseudo R2	=	0.0270

choice	Coef.	Std. Err.	z	P>|z|	[95% Conf.	Interval]
asc_gvp	.2002903	.1050401	1.91	0.057	-.0055845	.406165
asc_ogen	.632784	.09289	6.81	0.000	.4507231	.814845

- Gesamtmodell Kennzeichnung, Koeffizienten -

Basis: Mais ohne Kennzeichnung

(L_0= -5299.2491)

Conditional (fixed-effects) logistic regression	Number of obs	=	17068
	LR chi2(14)	=	1462.03
	Prob > chi2	=	0.0000
Log likelihood = -5184.3035	Pseudo R2	=	0.1236

choice	Coef.	Std. Err.	z	P>|z|	[95% Conf.	Interval]
asc_gvp	-.9024016	.1440065	-6.27	0.000	-1.184649	-.620154
asc_ogen	.6054999	.0855178	7.08	0.000	.437888	.7731117
corn_gv	-.5460245	.2222408	-2.46	0.014	-.9816084	-.1104406
corn_og	-.2579021	.1207504	-2.14	0.033	-.4945686	-.0212357
oel_gv	-.0004661	.2178637	-0.00	0.998	-.4274712	.426539
oel_og	.5197807	.1214157	4.28	0.000	.2818102	.7577511
marg_gv	.1182827	.2005844	0.59	0.555	-.2748555	.5114208
marg_og	.0767182	.1208283	0.63	0.525	-.160101	.3135374
milch_gv	.3485165	.2156038	1.62	0.106	-.0740592	.7710922
milch_og	.8895973	.125051	7.11	0.000	.644502	1.134693
rind_gv	.1020089	.2093874	0.49	0.626	-.3083829	.5124007
rind_og	.4014678	.121023	3.32	0.001	.1642672	.6386685
strom_gv	1.102692	.1782451	6.19	0.000	.753338	1.452046
strom_og	.0272842	.126261	0.22	0.829	-.2201829	.2747512

Basis: Strom ohne Kennzeichnung

(L_0= -5299.2491)

Conditional (fixed-effects) logistic regression			
	Number of obs	=	17068
	LR chi2(14)	=	1462.03
	Prob > chi2	=	0.0000
Log likelihood = -5184.3035	Pseudo R2	=	0.1236

choice	Coef.	Std. Err.	z	P>|z|	[95% Conf.	Interval]
asc_gvp	.2002903	.1050401	1.91	0.057	-.0055845	.406165
asc_ogen	.632784	.09289	6.81	0.000	.4507231	.814845
mais_gv	-1.102692	.1782451	-6.19	0.000	-1.452046	-.753338
mais_og	-.0272842	.126261	-0.22	0.829	-.2747512	.2201829
corn_gv	-1.648716	.1992147	-8.28	0.000	-2.03917	-1.258263
corn_og	-.2851863	.126079	-2.26	0.024	-.5322966	-.038076
oel_gv	-1.103158	.1943197	-5.68	0.000	-1.484018	-.7222984
oel_og	.4924965	.1267163	3.89	0.000	.2441371	.7408559
marg_gv	-.9844092	.1747273	-5.63	0.000	-1.326868	-.64195
marg_og	.0494341	.1261536	0.39	0.695	-.1978225	.2966906
milch_gv	-.7541754	.1917825	-3.93	0.000	-1.130062	-.3782885
milch_og	.8623132	.1302037	6.62	0.000	.6071187	1.117508
rind_gv	-1.000683	.1847664	-5.42	0.000	-1.362818	-.6385474
rind_og	.3741837	.12634	2.96	0.003	.1265617	.6218056

- Basismodell Preisattribut, Koeffizienten -

(L_0= -3182.0663)

Conditional (fixed-effects) logistic regression			
	Number of obs	=	10116
	LR chi2(5)	=	1395.03
	Prob > chi2	=	0.0000
Log likelihood = -3007.0061	Pseudo R2	=	0.1883

choice	Coef.	Std. Err.	z	P>|z|	[95% Conf.	Interval]
asc_gvp	-.7544296	.06229	-12.11	0.000	-.8765158	-.6323433
asc_ogen	.8833169	.0411985	21.44	0.000	.8025694	.9640644
gvp_prneu	-.379618	.0355577	-10.68	0.000	-.4493098	-.3099263
ogen_prneu	-.2239604	.0271974	-8.23	0.000	-.2772664	-.1706544
kken_prneu	-.0773929	.0284647	-2.72	0.007	-.1331827	-.0216031

- Preisattribut, produktspezifisch -

Cornflakes:

(L_0= -336.00079)

Conditional (fixed-effects) logistic regression	Number of obs	=	1143
	LR chi2(5)	=	201.81
	Prob > chi2	=	0.0000
Log likelihood = -317.66401	Pseudo R2	=	0.2411

choice	Coef.	Std. Err.	z	P>|z|	[95% Conf.	Interval]
asc_gvp	-1.085063	.1972778	-5.50	0.000	-1.47172	-.6984055
asc_ogen	.8464023	.1236256	6.85	0.000	.6041005	1.088704
gvp_prneu	-.2524112	.1162449	-2.17	0.030	-.4802469	-.0245755
ogen_prneu	-.4661548	.0869889	-5.36	0.000	-.6366498	-.2956598
kken_prneu	.0409432	.0841767	0.49	0.627	-.1240402	.2059265

Conditional (fixed-effects) logistic regression	Number of obs	=	1143
	LR chi2(5)	=	201.81
	Prob > chi2	=	0.0000
Log likelihood = -317.66401	Pseudo R2	=	0.2411

choice	Odds Ratio	Std. Err.	z	P>|z|	[95% Conf.	Interval]
asc_gvp	.3378806	.0666563	-5.50	0.000	.2295303	.4973778
asc_ogen	2.331245	.2882016	6.85	0.000	1.829606	2.970422
gvp_prneu	.7769252	.0903136	-2.17	0.030	.6186306	.9757241
ogen_prneu	.6274102	.0545777	-5.36	0.000	.5290619	.7440405
kken_prneu	1.041793	.0876947	0.49	0.627	.8833444	1.228663

Mais:

(L_0= -400.32404)

Conditional (fixed-effects) logistic regression	Number of obs	=	1278
	LR chi2(5)	=	183.96
	Prob > chi2	=	0.0000
Log likelihood = -376.02925	Pseudo R2	=	0.1965

choice	Coef.	Std. Err.	z	P>|z|	[95% Conf.	Interval]
asc_gvp	-.5807135	.1711113	-3.39	0.001	-.9160854	-.2453416
asc_ogen	.9810023	.1224793	8.01	0.000	.7409473	1.221057
gvp_prneu	-.181205	.0984113	-1.84	0.066	-.3740876	.0116776
ogen_prneu	-.14784	.0820486	-1.80	0.072	-.3086522	.0129722
kken_prneu	-.4099508	.087239	-4.70	0.000	-.5809361	-.2389655

Conditional (fixed-effects) logistic regression	Number of obs	=	1278
	LR chi2(5)	=	183.96
	Prob > chi2	=	0.0000
Log likelihood = -376.02925	Pseudo R2	=	0.1965

choice	Odds Ratio	Std. Err.	z	P>|z|	[95% Conf.	Interval]
asc_gvp	.559499	.0957366	-3.39	0.001	.4000821	.7824372
asc_ogen	2.667128	.3266679	8.01	0.000	2.097922	3.390771
gvp_prneu	.8342643	.082101	-1.84	0.066	.6879167	1.011746
ogen_prneu	.8625692	.0707726	-1.80	0.072	.7344362	1.013057
kken_prneu	.6636829	.057899	-4.70	0.000	.5593745	.7874421

Öl:

(L_0= -470.38596)

```
Conditional (fixed-effects) logistic regression   Number of obs   =      1581
                                                  LR chi2(5)      =    284.97
                                                  Prob > chi2     =    0.0000
Log likelihood = -436.48338                       Pseudo R2       =    0.2461
```

choice	Coef.	Std. Err.	z	P>|z|	[95% Conf.	Interval]
asc_gvp	-1.144356	.172934	-6.62	0.000	-1.4833	-.8054116
asc_ogen	.9132578	.1022207	8.93	0.000	.712909	1.113607
gvp_prneu	-.1348473	.1052914	-1.28	0.200	-.3412147	.0715201
ogen_prneu	-.2592803	.070655	-3.67	0.000	-.3977614	-.1207991
kken_prneu	-.024459	.0724304	-0.34	0.736	-.1664199	.117502

```
Conditional (fixed-effects) logistic regression   Number of obs   =      1581
                                                  LR chi2(5)      =    284.97
                                                  Prob > chi2     =    0.0000
Log likelihood = -436.48338                       Pseudo R2       =    0.2461
```

choice	Odds Ratio	Std. Err.	z	P>|z|	[95% Conf.	Interval]
asc_gvp	.3184289	.0550672	-6.62	0.000	.2268876	.4469039
asc_ogen	2.492429	.2547778	8.93	0.000	2.039917	3.045322
gvp_prneu	.8738494	.0920088	-1.28	0.200	.7109063	1.07414
ogen_prneu	.7716067	.0545178	-3.67	0.000	.6718223	.886212
kken_prneu	.9758377	.0706803	-0.34	0.736	.8466906	1.124684

Margarine:

(L_0= -457.69002)

```
Conditional (fixed-effects) logistic regression   Number of obs   =      1482
                                                  LR chi2(5)      =    219.29
                                                  Prob > chi2     =    0.0000
Log likelihood = -433.07107                       Pseudo R2       =    0.2020
```

choice	Coef.	Std. Err.	z	P>|z|	[95% Conf.	Interval]
asc_gvp	-1.118302	.1647542	-6.79	0.000	-1.441215	-.7953902
asc_ogen	.5544191	.1052144	5.27	0.000	.3482026	.7606356
gvp_prneu	-.0214385	.1134729	-0.19	0.850	-.2438413	.2009642
ogen_prneu	-.7556004	.1121795	-6.74	0.000	-.9754683	-.5357326
kken_prneu	.430498	.1121436	3.84	0.000	.2107005	.6502954

```
Conditional (fixed-effects) logistic regression   Number of obs   =      1482
                                                  LR chi2(5)      =    219.29
                                                  Prob > chi2     =    0.0000
Log likelihood = -433.07107                       Pseudo R2       =    0.2020
```

choice	Odds Ratio	Std. Err.	z	P>|z|	[95% Conf.	Interval]
asc_gvp	.3268342	.0538473	-6.79	0.000	.2366402	.4514051
asc_ogen	1.740929	.1831709	5.27	0.000	1.416519	2.139636
gvp_prneu	.9787897	.1110661	-0.19	0.850	.783612	1.222581
ogen_prneu	.4697285	.0526939	-6.74	0.000	.3770158	.5852404
kken_prneu	1.538023	.1724795	3.84	0.000	1.234543	1.916107

Milch:

(L_0= -417.04836)

Conditional (fixed-effects) logistic regression			
	Number of obs	=	1602
	LR chi2(5)	=	447.00
	Prob > chi2	=	0.0000
Log likelihood = -363.16036	Pseudo R2	=	0.3810

choice	Coef.	Std. Err.	z	P>|z|	[95% Conf.	Interval]
asc_gvp	-.978407	.2254633	-4.34	0.000	-1.420307	-.536507
asc_ogen	1.514326	.1259863	12.02	0.000	1.267397	1.761254
gvp_prneu	-.6003854	.1195565	-5.02	0.000	-.8347117	-.3660591
ogen_prneu	.413929	.0828479	5.00	0.000	.2515501	.5763078
kken_prneu	-.4993105	.0924668	-5.40	0.000	-.6805421	-.3180789

Conditional (fixed-effects) logistic regression			
	Number of obs	=	1602
	LR chi2(5)	=	447.00
	Prob > chi2	=	0.0000
Log likelihood = -363.16036	Pseudo R2	=	0.3810

choice	Odds Ratio	Std. Err.	z	P>|z|	[95% Conf.	Interval]
asc_gvp	.3759095	.0847538	-4.34	0.000	.2416398	.5847874
asc_ogen	4.546355	.5727782	12.02	0.000	3.551597	5.819732
gvp_prneu	.5486002	.0655887	-5.02	0.000	.4339996	.6934618
ogen_prneu	1.51275	.1253281	5.00	0.000	1.286017	1.779456
kken_prneu	.606949	.0561226	-5.40	0.000	.5063424	.7275454

Rindfleisch:

(L_0= -457.10932)

Conditional (fixed-effects) logistic regression			
	Number of obs	=	1506
	LR chi2(5)	=	253.20
	Prob > chi2	=	0.0000
Log likelihood = -424.90207	Pseudo R2	=	0.2296

choice	Coef.	Std. Err.	z	P>|z|	[95% Conf.	Interval]
asc_gvp	-.846662	.1707973	-4.96	0.000	-1.181418	-.5119055
asc_ogen	.9992669	.1094372	9.13	0.000	.7847739	1.21376
gvp_prneu	-.1950147	.1066928	-1.83	0.068	-.4041289	.0140994
ogen_prneu	-.0942486	.0746769	-1.26	0.207	-.2406126	.0521154
kken_prneu	-.2367288	.0752651	-3.15	0.002	-.3842458	-.0892118

Conditional (fixed-effects) logistic regression			
	Number of obs	=	1506
	LR chi2(5)	=	253.20
	Prob > chi2	=	0.0000
Log likelihood = -424.90207	Pseudo R2	=	0.2296

choice	Odds Ratio	Std. Err.	z	P>|z|	[95% Conf.	Interval]
asc_gvp	.428844	.0732454	-4.96	0.000	.3068432	.5993525
asc_ogen	2.71629	.2972632	9.13	0.000	2.191911	3.366117
gvp_prneu	.8228225	.0877893	-1.83	0.068	.6675581	1.014199
ogen_prneu	.9100565	.0679602	-1.26	0.207	.7861461	1.053497
kken_prneu	.7892053	.0593997	-3.15	0.002	.6809641	.9146518

Strom:

(L_0= -485.80375)

Conditional (fixed-effects) logistic regression

Number of obs	=	1524
LR chi2(5)	=	199.54
Prob > chi2	=	0.0000
Log likelihood = -458.32677	Pseudo R2	=	0.1788

choice	Coef.	Std. Err.	z	P>|z|	[95% Conf.	Interval]
asc_gvp	-.0508127	.1421336	-0.36	0.721	-.3293894	.227764
asc_ogen	1.065184	.1373372	7.76	0.000	.796008	1.33436
gvp_prneu	-1.022083	.1062926	-9.62	0.000	-1.230412	-.8137532
ogen_prneu	-1.032892	.1000598	-10.32	0.000	-1.229005	-.836778
kken_prneu	.0613612	.0819954	0.75	0.454	-.0993468	.2220691

Conditional (fixed-effects) logistic regression

Number of obs	=	1524
LR chi2(5)	=	199.54
Prob > chi2	=	0.0000
Log likelihood = -458.32677	Pseudo R2	=	0.1788

choice	Odds Ratio	Std. Err.	z	P>|z|	[95% Conf.	Interval]
asc_gvp	.9504567	.1350918	-0.36	0.721	.7193629	1.255789
asc_ogen	2.901372	.3984663	7.76	0.000	2.216674	3.797564
gvp_prneu	.3598447	.0382488	-9.62	0.000	.292172	.4431916
ogen_prneu	.3559761	.0356189	-10.32	0.000	.2925835	.4331037
kken_prneu	1.063283	.0871843	0.75	0.454	.9054287	1.248658

- Interaktion Geschlecht, Koeffizienten -

Basismodell:

(L_0= -3224.2473)

Conditional (fixed-effects) logistic regression

Number of obs	=	9924
LR chi2(4)	=	1176.60
Prob > chi2	=	0.0000
Log likelihood = -3045.9072	Pseudo R2	=	0.1619

choice	Coef.	Std. Err.	z	P>|z|	[95% Conf.	Interval]
asc_gvp	-.6337007	.0586509	-10.80	0.000	-.7486544	-.518747
asc_ogen	.8679512	.0411161	21.11	0.000	.787365	.9485373
sex_gvp	-.001334	.1221788	-0.01	0.991	-.2408	.2381321
sex_ogen	.2835125	.084961	3.34	0.001	.1169919	.4500331

Cornflakes:

(L_0= -346.79456)

Conditional (fixed-effects) logistic regression	Number of obs	=	1122
	LR chi2(4)	=	167.22
	Prob > chi2	=	0.0000
Log likelihood = -327.27124	Pseudo R2	=	0.2035

choice	Coef.	Std. Err.	z	P>|z|	[95% Conf.	Interval]
asc_gvp	-.9890779	.1914672	-5.17	0.000	-1.364347	-.6138092
asc_ogen	.7907675	.1200921	6.58	0.000	.5553914	1.026144
cornog_sex	.7725377	.2497034	3.09	0.002	.2831281	1.261947
corngvp_sex	.0137934	.4065944	0.03	0.973	-.7831169	.8107038

Mais:

(L_0= -406.6541)

Conditional (fixed-effects) logistic regression	Number of obs	=	1257
	LR chi2(4)	=	155.56
	Prob > chi2	=	0.0000
Log likelihood = -382.54008	Pseudo R2	=	0.1690

choice	Coef.	Std. Err.	z	P>|z|	[95% Conf.	Interval]
asc_gvp	-.5679646	.1652168	-3.44	0.001	-.8917836	-.2441456
asc_ogen	.9132276	.1182423	7.72	0.000	.6814769	1.144978
maisog_sex	.6504493	.2481648	2.62	0.009	.1640552	1.136843
maisgvp_sex	.5217712	.3418333	1.53	0.127	-.1482098	1.191752

Gesamtmodell, Basis Strom:

(L_0= -3216.1583)

Conditional (fixed-effects) logistic regression	Number of obs	=	9924
	LR chi2(14)	=	1194.69
	Prob > chi2	=	0.0000
Log likelihood = -3036.8647	Pseudo R2	=	0.1644

choice	Coef.	Std. Err.	z	P>|z|	[95% Conf.	Interval]
asc_gvp	-.6366149	.0589419	-10.80	0.000	-.7521389	-.5210909
asc_ogen	.8685717	.0412298	21.07	0.000	.7877628	.9493806
maisog_sex	.6341531	.2423443	2.62	0.009	.159167	1.109139
maisgvp_sex	.5056985	.3404426	1.49	0.137	-.1615567	1.172954
cornog_sex	.8179186	.2575257	3.18	0.001	.3131776	1.32266
corngvp_sex	.1528045	.3684666	0.41	0.678	-.5693768	.8749858
oelog_sex	.3322311	.2154717	1.54	0.123	-.0900857	.7545479
oelgvp_sex	.3930875	.3028126	1.30	0.194	-.2004143	.9865894
margog_sex	.3821839	.2223633	1.72	0.086	-.0536402	.8180081
marggvp_sex	-.5041825	.3263808	-1.54	0.122	-1.143877	.1355122
milchog_sex	.0061061	.211187	0.03	0.977	-.4078129	.4200251
milchgvp_sex	-.0561822	.3023923	-0.19	0.853	-.6488602	.5364959
rindog_sex	-.0929124	.2175075	-0.43	0.669	-.5192193	.3333945
rindgvp_sex	-.1519539	.3124144	-0.49	0.627	-.7642748	.460367

- Basismodell Interaktion Zusatzinformationen -

(L_0= -3280.2333)

```
Conditional (fixed-effects) logistic regression   Number of obs   =     10116
                                                  LR chi2(4)      =   1209.83
                                                  Prob > chi2     =    0.0000
Log likelihood = -3099.6049                       Pseudo R2       =    0.1633
```

choice	Coef.	Std. Err.	z	P>|z|	[95% Conf.	Interval]
asc_gvp	-.4827763	.075725	-6.38	0.000	-.6311947	-.334358
asc_ogen	.8116593	.0562139	14.44	0.000	.7014822	.9218365
zinfo_gvp	-.3931768	.1181928	-3.33	0.001	-.6248305	-.1615231
zinfo_ogen	.0914701	.0810103	1.13	0.259	-.0673071	.2502473

- Interaktion Zusatzinformationen, produktspezifisch -

Cornflakes:

(L_0= -355.75938)

```
Conditional (fixed-effects) logistic regression   Number of obs   =      1143
                                                  LR chi2(4)      =    166.58
                                                  Prob > chi2     =    0.0000
Log likelihood = -335.28041                       Pseudo R2       =    0.1990
```

choice	Coef.	Std. Err.	z	P>|z|	[95% Conf.	Interval]
asc_gvp	-.6567795	.2328794	-2.82	0.005	-1.113215	-.2003443
asc_ogen	.815037	.163448	4.99	0.000	.4946849	1.135389
cornog_info	-.0579411	.2333082	-0.25	0.804	-.5152168	.3993346
corngvp_info	-.9156171	.4049813	-2.26	0.024	-1.709366	-.1218684

```
Conditional (fixed-effects) logistic regression   Number of obs   =      1143
                                                  LR chi2(4)      =    166.58
                                                  Prob > chi2     =    0.0000
Log likelihood = -335.28041                       Pseudo R2       =    0.1990
```

choice	Odds Ratio	Std. Err.	z	P>|z|	[95% Conf.	Interval]
asc_gvp	.5185185	.1207523	-2.82	0.005	.3285012	.8184489
asc_ogen	2.259259	.3692713	4.99	0.000	1.639981	3.112384
cornog_info	.9437055	.2201743	-0.25	0.804	.5973711	1.490832
corngvp_info	.4002696	.1621017	-2.26	0.024	.1809805	.8852649

Mais:

(L_0= -411.8455)

Conditional (fixed-effects) logistic regression — Number of obs = 1278; LR chi2(4) = 160.67; Prob > chi2 = 0.0000; Pseudo R2 = 0.1717

Log likelihood = -387.6739

choice	Coef.	Std. Err.	z	P>|z|	[95% Conf.	Interval]
asc_gvp	-.4307829	.2056883	-2.09	0.036	-.8339247	-.0276412
asc_ogen	.7960046	.1555168	5.12	0.000	.4911973	1.100812
maisog_info	.2351664	.231682	1.02	0.310	-.2189219	.6892547
maisgvp_info	-.4534195	.3415822	-1.33	0.184	-1.122908	.2160693

Conditional (fixed-effects) logistic regression — Number of obs = 1278; LR chi2(4) = 160.67; Prob > chi2 = 0.0000; Pseudo R2 = 0.1717

Log likelihood = -387.6739

choice	Odds Ratio	Std. Err.	z	P>|z|	[95% Conf.	Interval]
asc_gvp	.65	.1336974	-2.09	0.036	.4343413	.9727373
asc_ogen	2.216667	.3447288	5.12	0.000	1.634272	3.006606
maisog_info	1.265119	.2931053	1.02	0.310	.8033845	1.99223
maisgvp_info	.6354515	.2170589	-1.33	0.184	.3253322	1.241188

Öl:

(L_0= -473.55855)

Conditional (fixed-effects) logistic regression — Number of obs = 1581; LR chi2(4) = 278.62; Prob > chi2 = 0.0000; Pseudo R2 = 0.2406

Log likelihood = -439.65706

choice	Coef.	Std. Err.	z	P>|z|	[95% Conf.	Interval]
asc_gvp	-.8649974	.2107318	-4.10	0.000	-1.278024	-.4519707
asc_ogen	.7752121	.1386308	5.59	0.000	.5035007	1.046924
oelog_info	.2420545	.2012293	1.20	0.229	-.1523476	.6364566
oelgvp_info	-.7289359	.3700756	-1.97	0.049	-1.454271	-.0036011

Conditional (fixed-effects) logistic regression — Number of obs = 1581; LR chi2(4) = 278.62; Prob > chi2 = 0.0000; Pseudo R2 = 0.2406

Log likelihood = -439.65706

choice	Odds Ratio	Std. Err.	z	P>|z|	[95% Conf.	Interval]
asc_gvp	.4210526	.0887292	-4.10	0.000	.2785872	.6363728
asc_ogen	2.171053	.3009748	5.59	0.000	1.654503	2.848873
oelog_info	1.273864	.2563386	1.20	0.229	.8586897	1.889773
oelgvp_info	.4824221	.1785326	-1.97	0.049	.2335706	.9964054

Margarine:

(L_0= -486.31507)

Conditional (fixed-effects) logistic regression	Number of obs	=	1482
	LR chi2(4)	=	143.31
	Prob > chi2	=	0.0000
Log likelihood = -471.06118	Pseudo R2	=	0.1320

choice	Coef.	Std. Err.	z	P>|z|	[95% Conf.	Interval]
asc_gvp	-.8591323	.1988529	-4.32	0.000	-1.248877	-.4693878
asc_ogen	.4700036	.1382666	3.40	0.001	.1990061	.7410011
margog_info	.1595179	.2002887	0.80	0.426	-.2330407	.5520764
marggvp_info	-.1354903	.3004632	-0.45	0.652	-.7243874	.4534068

Conditional (fixed-effects) logistic regression	Number of obs	=	1482
	LR chi2(4)	=	143.31
	Prob > chi2	=	0.0000
Log likelihood = -471.06118	Pseudo R2	=	0.1320

choice	Odds Ratio	Std. Err.	z	P>|z|	[95% Conf.	Interval]
asc_gvp	.4235294	.0842201	-4.32	0.000	.2868268	.625385
asc_ogen	1.6	.2212265	3.40	0.001	1.220189	2.098035
margog_info	1.172945	.2349276	0.80	0.426	.7921213	1.736856
marggvp_info	.8732877	.2623908	-0.45	0.652	.4846214	1.573664

Milch:

(L_0= -463.05666)

Conditional (fixed-effects) logistic regression	Number of obs	=	1602
	LR chi2(4)	=	359.21
	Prob > chi2	=	0.0000
Log likelihood = -407.05578	Pseudo R2	=	0.3061

choice	Coef.	Std. Err.	z	P>|z|	[95% Conf.	Interval]
asc_gvp	-.6737291	.2409759	-2.80	0.005	-1.146033	-.2014251
asc_ogen	1.371479	.1567896	8.75	0.000	1.064177	1.678781
milchog_info	.0529668	.2283698	0.23	0.817	-.3946298	.5005635
milchgvp_i~o	.0451204	.3492252	0.13	0.897	-.6393485	.7295893

Conditional (fixed-effects) logistic regression	Number of obs	=	1602
	LR chi2(4)	=	359.21
	Prob > chi2	=	0.0000
Log likelihood = -407.05578	Pseudo R2	=	0.3061

choice	Odds Ratio	Std. Err.	z	P>|z|	[95% Conf.	Interval]
asc_gvp	.5098039	.1228505	-2.80	0.005	.3178953	.8175648
asc_ogen	3.941176	.6179353	8.75	0.000	2.898454	5.35902
milchog_info	1.054395	.2407919	0.23	0.817	.6739295	1.649651
milchgvp_i~o	1.046154	.3653433	0.13	0.897	.5276361	2.074229

Rindfleisch:

(L_0= -467.52187)

```
Conditional (fixed-effects) logistic regression   Number of obs   =      1506
                                                  LR chi2(4)      =    234.90
                                                  Prob > chi2     =    0.0000
Log likelihood = -434.05516                       Pseudo R2       =    0.2130
```

choice	Coef.	Std. Err.	z	P>|z|	[95% Conf.	Interval]
asc_gvp	-.6167742	.2128022	-2.90	0.004	-1.033859	-.1996895
asc_ogen	.9688531	.1479767	6.55	0.000	.678824	1.258882
rindog_info	-.055742	.2100942	-0.27	0.791	-.467519	.356035
rindgvp_info	-.5819215	.3373268	-1.73	0.085	-1.24307	.0792269

```
Conditional (fixed-effects) logistic regression   Number of obs   =      1506
                                                  LR chi2(4)      =    234.90
                                                  Prob > chi2     =    0.0000
Log likelihood = -434.05516                       Pseudo R2       =    0.2130
```

choice	Odds Ratio	Std. Err.	z	P>|z|	[95% Conf.	Interval]
asc_gvp	.5396825	.1148456	-2.90	0.004	.355632	.818985
asc_ogen	2.634921	.3899069	6.55	0.000	1.971558	3.521483
rindog_info	.9457831	.1987035	-0.27	0.791	.6265548	1.427658
rindgvp_info	.5588236	.1885062	-1.73	0.085	.2884972	1.08245

Strom:

(L_0= -547.0866)

```
Conditional (fixed-effects) logistic regression   Number of obs   =      1524
                                                  LR chi2(4)      =     32.33
                                                  Prob > chi2     =    0.0000
Log likelihood = -541.92992                       Pseudo R2       =    0.0290
```

choice	Coef.	Std. Err.	z	P>|z|	[95% Conf.	Interval]
asc_gvp	.2464004	.1618646	1.52	0.128	-.0708483	.5636491
asc_ogen	.4439314	.15537	2.86	0.004	.1394117	.748451
stromog_info	.1010856	.2168778	0.47	0.641	-.323987	.5261582
stromgvp_i~o	-.4029695	.2400876	-1.68	0.093	-.8735325	.0675935

```
Conditional (fixed-effects) logistic regression   Number of obs   =      1524
                                                  LR chi2(4)      =     32.33
                                                  Prob > chi2     =    0.0000
Log likelihood = -541.92992                       Pseudo R2       =    0.0290
```

choice	Odds Ratio	Std. Err.	z	P>|z|	[95% Conf.	Interval]
asc_gvp	1.279412	.2070914	1.52	0.128	.9316032	1.757073
asc_ogen	1.558824	.2421945	2.86	0.004	1.149597	2.113723
stromog_info	1.106371	.2399473	0.47	0.641	.7232597	1.692418
stromgvp_i~o	.6683325	.1604583	-1.68	0.093	.4174742	1.06993

Sie haben die Wahl:

Bestellen Sie die Schriftenreihe
Ökonomische Forschungsbeiträge zur Umweltpolitik
einzeln oder im **Abonnement**

per E-Mail: vertrieb@ibidem-verlag.de | per Fax (0511/262 2201)
als Brief (*ibidem*-Verlag | Leuschnerstr. 40 | 30457 Hannover)

Bestellformular

❐ Ich abonniere die Schriftenreihe *Ökonomische Forschungsbeiträge zur Umweltpolitik* ab Band # ____

❐ Ich bestelle die folgenden Bände der Schriftenreihe *Ökonomische Forschungsbeiträge zur Umweltpolitik*
____; ____; ____; ____; ____; ____; ____; ____; ____; ____

Lieferanschrift:

Vorname, Name ....

Anschrift ....

E-Mail.. | Tel.:..

Datum .... | Unterschrift ....

Ihre Abonnement-Vorteile im Überblick:

- Sie erhalten jedes Buch der Schriftenreihe pünktlich zum Erscheinungstermin – immer aktuell, ohne weitere Bestellung durch Sie.
- Das Abonnement ist jederzeit kündbar.
- Die Lieferung ist innerhalb Deutschlands versandkostenfrei.
- Bei Nichtgefallen können Sie jedes Buch innerhalb von 14 Tagen an uns zurücksenden.

ibidem-Verlag
Melchiorstr. 15
D-70439 Stuttgart
info@ibidem-verlag.de

www.ibidem-verlag.de
www.ibidem.eu
www.edition-noema.de
www.autorenbetreuung.de